D1670857

Christian Tewes, Klaus Vieweg (Hg.)

Natur und Geist

Christian Tewes, Klaus Vieweg (Hg.)

Natur und Geist

Über ihre evolutionäre
Verhältnisbestimmung

Akademie Verlag

Einbandgestaltung unter Verwendung von: Darya von Berner, Bild aus der Serie Magnetismus.

Bibliografische Information der Deutschen Nationalbibliothek
Die Deutsche Nationalbibliothek verzeichnet diese Publikation in der Deutschen
Nationalbibliografie; detaillierte bibliografische Daten sind im Internet über
http://dnb.d-nb.de abrufbar.

© Akademie Verlag GmbH, Berlin 2011
Ein Wissenschaftsverlag der Oldenbourg Gruppe

www.akademie-verlag.de

Lektorat: Mischka Dammaschke
Einbandgestaltung: hauser lacour
Satz: Frank Hermenau, Kassel
Druck: MB Medienhaus Berlin
Bindung: Norbert Klotz, Jettingen-Scheppach

Dieses Papier ist alterungsbeständig nach DIN/ISO 9706.

ISBN 978-3-05-005176-5

für Wolfgang Welsch

Inhaltsverzeichnis

III. Leben, Subjektivität und Intentionalität

IV. Kontinuitäten und Diskontinuitäten zwischen Mensch und Tier

V. Historisch-systematische, kulturelle und interkulturelle Perspektiven

Einleitung

Es ist uns eine Freude, mit dieser Festschrift zu Wolfgang Welschs 65. Geburtstag einen Beitrag zur Würdigung seines umfassenden philosophischen Werkes und seines langjährigen akademischen Wirkens als Hochschullehrer leisten zu können. Bereits bei der Konzeption des vorliegenden Bandes hatten wir eine themenzentrierte Festschrift geplant, die in einer engen Beziehung zu Wolfgang Welschs gesamtem Oeuvre, aber insbesondere auch zu seinen Forschungsschwerpunkten und Projekten der letzten Jahre stehen sollte. Erinnert sei hier exemplarisch nur an das groß angelegte Forschungsprojekt *Evolutionary Continuity – Human Specifics – The Possibility of Objective Knowledge*, das im Dezember 2009 endete und in einem Verbund von sechs verschiedenen Wissenschaftsdisziplinen durchgeführt wurde. Der leitende konzeptionelle Gesichtspunkt bestand bei diesem Projekt darin, die Besonderheit der menschlichen Spezies – man denke an kulturelle Leistungen in Wissenschaft, Technik und Kunst – im Vergleich mit anderen Tierarten nicht mehr an einer zusätzlichen Eigenschaft wie in der klassischen aristotelischen Definition des Menschen als *animal rationale* festzumachen oder an einen Cluster von Eigenschaften wie der propositionalen Sprache, dem logischem Denken, der Fähigkeit zur (selbst)bewussten Reflexion oder einer Theorie des Geistes usw. zu binden. Denn wie vielfältige Forschungsergebnisse der letzten Jahrzehnte eindeutig belegt haben, sind mannigfaltige Aspekte der genannten Fähigkeiten und Eigenschaften zumindest in Vorformen bei unseren nächsten Verwandten wie den Schimpansen oder auch bei Krähen bereits anzutreffen. Das heißt jedoch, dass die Emergenz der menschlichen Spezies mit ihren kognitiven Fähigkeiten und kulturellen Erzeugnissen gerade auch unter einer evolutionär-anthropologischen Forschungsperspektive besonders aufklärungsbedürftig ist. Daraus ergaben sich für das Forschungsprojekt so grundlegende Fragen wie die nach der evolutionären Kontinuität zwischen Menschen und Tieren, aber auch nach den Faktoren, welche für die Diskontinuitäten zwischen der natürlichen und kulturellen Evolution verantwortlich sind.

Was bedeutet jedoch eine solche Forschungsperspektive und die hiermit verbundenen Forschungsresultate für die Bestimmung des Verhältnisses von *Natur* und *Geist*? Dieser umfassenden Frage soll im Rahmen dieses Sammelbandes sowohl aus philosophischer, naturwissenschaftlich-evolutionärer als auch historisch-systematischer und interkultureller Perspektive nachgegangen werden. Bei einigen der vorliegenden Beiträge handelt es sich dabei um Übersetzungen von bereits veröffentlichten Texten von Autoren, die Wolfgang Welsch aus seinen zahlreichen Forschungsprojekten kennt. Die Mehrzahl der Texte besteht jedoch aus Originalbeiträgen, die für die vorliegende Festschrift verfasst worden sind. Auf das den Leser erwartende Spektrum der Beiträge und die damit verbundenen inhaltlichen Akzentuierungen sollen im Folgenden – auch als Einführung in die Gesamtthematik – einige Schlaglichter geworfen werden.

Im ersten Teil des Sammelbandes steht zunächst die Frage im Vordergrund, welche konzeptuellen und strukturlogischen Wege sich als tragfähig erweisen könnten, das Verhältnis von Natur und Geist, das in der traditionellen Geistesgeschichte häufig als ein inkommensurabler, dualistischer Gegensatz verstanden wurde, trotz notwendiger regionalontologischer Differenzierungen *monistisch* zu begreifen. Arnold Berleant argumentiert in seinem Beitrag in dieser Hinsicht für einen konsequenten nicht-reduktiven evolutionären Naturalismus, der den ökologisch-ethischen Herausforderungen unseres Zeitalters unter besonderer Betonung der ästhetischen Empfindsamkeit des Menschen gerecht werden soll. Die Erkenntnis, dass der strikte Dualismus in seinen verschiedenen Spielarten im menschlichen Denken – Berleant spricht hier auch von der „Beharrlichkeit des Mythos im Denken" – im Lichte einer umfassenden Vernunftkonzeption nicht haltbar ist, verbindet dabei Berleants monistische Naturalismuskonzeption mit Christian Spahns Überlegungen zum Organischen, das sich in seiner Strukturlogik als ein Mittleres zwischen Physikalischem und Mentalem erweist und so zur Überwindung des strikten Dualismus prädestiniert zu sein scheint. Allerdings unterscheiden sich bereits Berleants und Spahns ontologische Grundeinschätzung dualistischer prima facie Intuitionen nicht unerheblich voneinander. Während Berleant schon die Rede von Bewusstsein, Selbst und Subjektivität in der Philosophie und Psychologie aus naturalistischer Sicht als dualistischen Obskurantismus brandmarkt, ist Spahn der Auffassung, dass ein konsequenter Naturalismus, der auf die kontrafaktische Semantik der Ethik verzichtet und die Wirklichkeit des Mentalen leugnet, nicht die Welt in zutreffender Form beschreibt, in der wir leben.

Der zweite Teil der Festschrift fokussiert nach diesen konzeptionellen Überlegungen sodann unterschiedliche Aspekte und Gesichtspunkte zur Verhältnisbestimmung von Gehirn, Geist und Evolution. So ist der Beitrag von Merlin Donald der evolutionären Entstehung und Bestimmung der menschlichen Natur gewidmet, wobei er die Bezugnahme auf den Naturbegriff hier dezidiert antiessentialistisch verstanden wissen möchte. Zu diesem Zweck unterscheidet er drei große Übergänge in der evolutionären Entwicklung vom Australopithecus bis hin zum heutigen Menschen. Die Besonderheit des menschlichen Geistes wird von ihm dabei nicht nur an der zunehmenden Enzephalisierung festgemacht, sondern ist auf das Engste mit der kulturellen Evolution, die nach Donald eine besondere Schubkraft durch den dritten Übergang erhalten hat, verbunden. Dieser Übergang wird von ihm in Bezug auf die Erfindung und Weitergabe externer Speichermedien in Verbindung mit der Entwicklung von symbolischen Artefakten (Schrift und Mathematik) charakterisiert. Dies hat seiner Auffassung nach die Etablierung neuer kognitiver Netzwerke ermöglicht, an die er die weitere Gehirnentwicklung symbiotisch gekoppelt sieht. Auch Wolf Singer betont in seinem

Beitrag die Bedeutung der kulturellen Evolution, insbesondere für die Evozierung emergenter intrapsychischer und interpersoneller Realitäten. Ohne die Entwicklung einer Theorie des Geistes, der Fähigkeit zur geteilten Aufmerksamkeit oder auch intentionalen Erziehung ist die Emergenz dieser Realitäten jedoch undenkbar. Die Grundlage dieser neuen kognitiven Fähigkeiten sieht er u. a in der Ausdifferenzierung zusätzlicher Hirnareale und der langen postnatalen Entwicklung des Gehirns begründet. Die Klärung der Frage, welche Bedeutung Rituale bei der Konstitution und Stabilisierung emergenter sozialer Realitäten haben, bildet den Hauptschwerpunkt seines Beitrages. Im folgenden Aufsatz zu den Forschungsperspektiven der noch sehr jungen Disziplin der Neuroästhetik untersucht Christian Tewes – ausgehend von einem in den Kognitionswissenschaften gängigen Modell dreier unterschiedlicher Erklärungsebenen – den möglichen wissenschaftlichen Beitrag, den die Neuroästhetik zur Entstehung und Konstitution ästhetischer Erfahrungen leisten kann. Dabei wird deutlich, dass die von der Neuroästhetik untersuchten Vorgänge im Gehirn sowohl die Bezugnahme auf basale evolutionär-adaptive Funktionen der Informationsverarbeitung des Gehirns erfordern, als auch psychologische und sozial-ergemente Rückkoppelungsprozesse mit berücksichtigt werden müssen. Die Bedeutung einer weitergehenden wissenschaftstheoretischen Bestimmung emergenter Eigenschaften und Organisationsformen für die wechselseitigen Dependenzen natürlicher und geistiger Prozesse bezüglich ästhetischer Erfahrungen wird so anhand der Neuroästhetik aufgezeigt. Dieter Wandschneider radikalisiert in seinem Beitrag die bisher aufgeführten Gesichtspunkte dahingehend, dass er die Frage stellt, was es eigentlich aus Sicht des objektiven Idealismus bedeutet, dass die Natur Gehirne hervorgebracht hat, welche die Emergenz des Geistes bzw. geistiger Fähigkeiten und Eigenschaften ermöglicht, die Menschen dazu befähigen, das Ideelle *als solches* zu erkennen, wobei Wandschneider mit Hegel das Ideelle auch als dasjenige bestimmt, was der Natur, insofern sie gesetzlich verfasst ist und wir diese Gesetze denkend erkennen können, zugrunde liegt. Ausgehend von diesem Gedanken argumentiert Wandschneider dafür, dass es unumgänglich ist, davon auszugehen, dass mit der Existenz von Natur auch der Geist dem natürlichen Dasein in einem näher zu spezifizierenden Sinne als Möglichkeit inhärent sein muss. Was dies für das umstrittene und viel diskutierte *anthropische Prinzip* bedeutet, wird von Wandschneider einer eingehenden Untersuchung unterzogen.

Im dritten Teil steht die Bedeutung des Lebendigen, der Subjektivität wie auch der Intentionalität für die weitergehende prinzipientheoretische Bestimmung geistiger Prozesse bis hin zu den Ursprüngen kultureller Kognition im Mittelpunkt der Betrachtung. So untersucht Annett Wienmeister in ihrem Beitrag, welche Bedeutung eine mögliche Kontinuität von Leben und Geist, die in der zeitgenössischen Forschung insbesondere von der Autopoiesisschule betont wird, für die Bestimmung der Reichweite menschlicher Erkenntnisfähigkeit haben könnte. Weder ein reiner Externalismus, der die konstitutiven kognitiven Leistungen des Akteurs bei der Bezugnahme auf die Umwelt vernachlässigt, noch ein reiner Internalismus, der den Beitrag der Welt für den Erkenntnisprozess höchstens als eine heuristische Idee begreift, kann dabei ihrer Auffassung nach die Implikationen dieser Kontinuität für die menschliche Erkenntnisfähigkeit befriedigend aufklären. Evan Thompson konzentriert sich in seinem Aufsatz darauf, mit Hilfe neuer Forschungsansätze wie dem *Enaktivismus* in die bereits angesprochene evolutionäre Kontinuität

von Geist und Leben auch die Dimension der Subjektivität zu integrieren. Ein solches
Vorhaben erfordert jedoch zwangsläufig eine Auseinandersetzung mit der im Rahmen
der Philosophie des Geistes von Levine aufgeworfenen Erklärungslücke, wie es nämlich möglich sein kann, dass neuronale Zustände mit phänomenal-bewussten Zuständen
einhergehen. Thompson sieht die Erklärungslücke in der Formulierung Levins jedoch
bereits durch ihre kategoriale Fixierung auf den mentalen und neuronalen Gegensatz als
verfehlt an. Um die evolutionäre Entstehung der subjektiven Domäne weiter aufklären
zu können, analysiert er deshalb alternativ die Relation der phänomenal-subjektiv erlebten Leiblichkeit zum lebendigen Körper in Verbindung mit seinen sensomotorischen
Aktivitäten. Geht es bei Thompson zunächst bezogen auf die strukturelle Kopplung von
Umwelt und Organismus um basalste Manifestationen intentionaler Strukturen (motorische Intentionalität), wird in dem Beitrag von Michael Tomasello, Malinda Carpenter
und Kollegen die Besonderheit *geteilter Intentionalität* als wesentliche Grundlage sozialer Kognition und menschlichen Handlungsvermögens herausgearbeitet. In Anlehnung
an Michael Bratman soll sich dieser Intentionalitätstyp (a) durch wechselseitige Re-
sponsivität zwischen Akteuren auszeichnen, (b) einem gemeinsam geteilten Ziel, das
angestrebt wird, wie auch (c) durch das Wissen um die jeweilig übernommenen Rollen
bei der gemeinsamen Aufgabenverteilung unter Einschluss der prinzipiellen Möglichkeit
der wechselseitige Rollenübernahme. Wie sich diese Aspekte ontogenetisch realisieren,
wird auf der Basis verhaltenspsychologischer Studien aufgezeigt und im Hinblick auf
weitere konzeptuelle Implikationen erörtert. Handelt es sich nun bei dem skizzierten Intentionalitätstyp um ein nur humanspezifisch realisiertes Vermögen als Ausgangspunkt
kultureller Kognition? Dieser umstrittene Punkt wird in einer vergleichenden Analyse
mit nichtmenschlichen Primaten zwar bejaht, aber durchaus zugestanden, dass Menschenaffen zumindest Teilaspekte intentionaler Handlungen verstehen können.

   Der zuletzt angeführte Gesichtspunkt leitet bereits über zum nächsten Themenschwer-
punkt des vorliegenden Bandes, bei dem Kontinuitäten und Diskontinuitäten zwischen
Mensch und Tier thematisiert werden. In Michael Forsters Aufsatz geht es dabei um
die epistemisch und auch forschungsmethodisch höchst bedeutsame Frage, wie man
überhaupt tierisches Verhalten, lautliche Artikulation und die sicherlich auch partiell
bestehenden begrifflichen Kapazitäten bei Tieren interpretieren kann, ohne die genannten Aspekte in unzulässiger Weise zu anthropomorphisieren. Forster ist der Auffassung,
dass die Tradition geistesgeschichtlicher Hermeneutik für die naturwissenschaftliche Erforschung der oben genannten Merkmale einen wichtigen Beitrag zur Lösung dieses
Problems leisten kann und demonstriert dies durch die Entwicklung einer Systema-
tik hermeneutisch-anwendungsrelevanter Kriterien. Joëlle Proust verfolgt in ihrem Text
letztendlich ein analoges Ziel, auch wenn sie bei der Beantwortung der Frage, in welchem Repräsentationsformat mentale Gehalte bei Tieren vorliegen, einen anderen phi-
losophisch-wissenschaftstheoretischen Bezugsrahmen als Forster wählt. Ausgehend von
Experimenten mit Rhesusaffen und Delfinen, die nahe zu legen scheinen, dass diese
Tiere über metakognitive Fähigkeiten verfügen, untersucht sie, in welchem Repräsentationsformat entsprechende selbstbezügliche mentale Inhalte bei diesen Tieren existieren,
wenn ausgeschlossen werden darf, dass letztere wie beim Menschen in propositionaler
Form verfügbar sind. Sie entwickelt dazu ein differenziertes Modell nicht-propositionaler Repräsentationsformate, die sich u. a. dadurch auszeichnen, dass die repräsentierten

Inhalte in nicht-begrifflicher Form vorliegen. Diese bilden aber ihrer Auffassung nach auch beim Menschen die ontogenetische und phylogenetische Grundlage für die Entstehung propositionaler Repräsentationen. Christian Illies setzt sich sodann mit der für die evolutionäre aber insbesondere auch philosophische Ästhetik bedeutsamen Frage auseinander, ob sich die sexuelle Selektion auf die natürliche Selektion reduzieren lässt, wovon Darwin gerade nicht ausging. Illies argumentiert dafür, dass die Mechanismen der sexuellen Selektion nicht vollständig auf eine Indikatorenfunktion für Lebenstauglichkeit zurückgeführt werden können, sondern davon sogar eine gewisse Independenz gewinnen. Wichtig erscheint hier die evolutionäre Entstehung eines genuin ästhetischen Sinnes, der sich bereits im Tierreich entwickelt habe, so dass ästhetische Gehalte *als solche* bei der Partnerwahl eine wichtige Rolle zu spielen beginnen. Obwohl es auch eine starke evolutionäre Kontinuität des ästhetischen Sinnes bei Menschen und Tieren gibt, geht Illies jedoch davon aus, dass die Wertschätzung ästhetischer Erfahrung sich beim Tier – anders als beim Menschen – niemals von ihrem sexuellen Ursprung vollständig lösen kann. Isidoro Reguera unternimmt in seinem Beitrag eine vergleichende Betrachtung zu Wolfgang Welschs und Wittgensteins Ausführungen zum Tierischen und Menschlichen. Ausgehend von Welschs zentraler Einsicht, dass die anthropische Denkform der Moderne, wonach der Mensch nur eine Welt aufbauen, aber nicht erkennen kann, radikal falsch ist, stellt sich die grundlegende Frage, wie diese Denkform überwunden werden kann. Berücksichtigt werden muss nach Welsch hier u. a. die Evolution und ihr Fortdauern im Menschen, wie auch die Tatsache, dass die Maßstäbe, mit der wir uns auf die Welt beziehen, aus der Evolution selber entstanden sind. Die Verbindung zum späten Wittgenstein stellt Reguera besonders über dessen Ausführungen zum Animalischen her, in denen Wittgenstein Lebensformen und Sprachspiele im Tierischem verankert sieht, wobei die animalische Lebensform selber keines „Beweises" mehr bedürftig ist, da es die Grundlage unseres Handelns darstellt. Reguera sieht hier jedoch durchaus die Möglichkeit, diesen animalischen Grund evolutionstheoretisch weiter aufzuklären. In Anlehung an Welsch weist er auf die Wichtigkeit hin, zu erforschen, wie die menschliche Spezies auf der Grundlage ihres prähumanen Startkapitals den Übergang zur kulturellen Evolution, also spezifisch humanen Lebensformen, tatsächlich vollziehen konnte.

Im letzten Teil der Festschrift wird noch einmal eine Erweiterung der Forschungsperspektiven bezüglich des gesamten Themenkomplexes von Natur und Geist vorgenommen. Zu diesem Zweck konzentrieren sich die Beiträge in diesem Abschnitt besonders auf historisch-systematische, kulturelle und interkulturelle Aspekte und Bezüge zur Gesamtthematik. Klaus Vieweg stellt in seinem Beitrag die Bedeutung der Einbildungskratft für Hegels Geistphilosophie heraus. Wie er zunächst aufzeigt, gehört die Einbildungskraft im Rahmen des Hegelschschen Systems zum theoretischen Geist, auf dessen Standpunkt dualistische Einseitigkeiten von Bewusstsein und Gegenstand, aber eben auch von Geist und Natur überwunden sind. In seinen vergleichenden Ausführungen zu den Konvergenzpunkten zwischen Hegel und dem Konfuzianismus konkretisiert Ralf Beuthan diesen Gesichtspunkt dahingehend, dass Hegels Geistbegriff keinesfalls mit einer Marginalisierung der Natur verbunden ist. Ganz im Gegenteil zeigt er auf, dass nach Hegel die Ordnung des Geistes durch dieselbe Prozesslogik, nämlich der Ausdifferenzierung reflexiver Prozesse, zustande kommt. Im Unterschied zur Natur vermag jedoch die biologisch entstandene Reflexivität in Gestalt des Selbstbewusstseins eine eigene Ordnungsstruktur zu formieren, die durch die Entfaltung kognitiver Prozesse die Realsierung von Bildung und Freiheit ermöglicht. Berührungspunkte zwischen Hegel und dem Konfizianismus sieht Beuthan dabei letztendlich im Bildungsbegriff, aber auch in einer Natur und Geist verbindenenden Prozessstruktur. Ryosuke Ohashi nähert sich der Verhältnisbestimmung von Natur und Geist ebenfalls intra- wie auch interkulturell an. Er untersucht zunächst die Relationsbestimmungen, die das Kunstsschöne im Verhältnis zum Naturschönen in der kulturellen Evolution der europäischen Ästhetik bei Kant, Hegel und Adorno im Hinblick auf verschiedene Aspekte des *Scheins* erhalten hat. Er skizziert zum Zwecke des Vergleichs zudem exemplarisch eine fernöstliche Perspektive zur Kunst im japanischen Kunstweg in Anlehnung an den Buddhismus, bei dem die *Erscheinung als Leere* in diesem Zusammenhang eine überragende Bedeutung besitzt. Dass jedoch bereits der Naturbegriff in der europäischen Tradition auf ganz anderen Wurzeln beruht als in der fernöstlichen Tradition, verweist nach Ohashi auf die weitergehende Herausfoderung, dass der interkultuerelle Dialog des Kunstweges mit der europäischen Tradition der Ästhetik nur durch zusätzliche intra- wie auch interkulturelle Entgrenzungen zu einem fruchtbaren Austausch kommen kann. Auch Yvonne Förster-Beuthan beschäftigt sich in ihrem Beitrag mit dem Verhältnis von Natur und Kunst, das mit Hilfe der von Merleau-Ponty geprägten Figur des *Sichtbaren* und *Unsichtbaren* näher untersucht werden soll. Zwei Gesichtspunkte stehen dabei im Mittelpunkt der Betrachtung. Der erste betrifft die vergleichende Frage, welche Rolle der Begriff von Natur in der Kunst oder auch in der Ästhetik, etwa bei Kant, im Vergleich mit der evolutionären Ästhetik spielt. Der zweite bezieht sich auf die Frage, ob man mit Hilfe von Kunstwerken die Natur als etwas der Kunst Vorausgehendes überhaupt sichtbar machen kann. Im vorletzten Beitrag der Festschrift von Eckart Förster steht sowohl die Erkennbarkeit der Ideen, wie sie Platon oder auch Goethe thematisiert haben, als auch ihre explanatorische Kraft zur Erkenntnis der Wirklichkeit im Zentrum der Betrachtung. Förster analysiert zu diesem Zweck die Methode der *diaresis* (Zerlegung) in den platonischen Dialogen und die berühmte an ihr geäußerte Kritik des Aristoteles. Wie er aufzeigt, besitzt die *diaresis* bei Platon eine besondere Beziehung zur *synagoge* (Zusammenfassung) der Begriffsbildung, die für das richtige Verständnis der Diaresen beachtet werden muss, um ihren tatsächlichen Beitrag zur Ideenerkenntnis einschätzen zu können. Förster differenziert abschließend in Anlehnung an Goethe insbesondere die *Art* der Erkenntnisbildung, die für das Erfassen wesentlicher Eigenschaften natürlicher Entitäten (natural kinds) als *scientia intuitiva* anders beschrieben werden muss als zum Beispiel der rein mathematische Erkenntnisvollzug. Der letzte Beitrag in der Festschrift stammt von Darya von Berner und besteht aus zwei Bilderserien. Die erste trägt den Name „Big Bang" und ist aus der intensiven Beschäftigung der Künstlerin mit der Evolution und der Frage nach dem Ursprung aller Dinge hervorgegangen. Die zweite Bilderserie heißt „Magnetismus" und ist eine künstlerische Annäherung an Kräfte, die aus dem Big Bang hervorgegangen sind.

Abschließend ist es uns ein großes Bedürfnis, darauf hinzuweisen, dass die vorliegende Festschrift nur mit Hilfe vielfältiger Unterstützung und selbstlosem Engagement verschiedener Personen in dieser Form fertig gestellt werden konnte. Besonders danken möchten wir an dieser Stelle Dr. Christian Spahn, Annett Wienmeister M.A., Gregor Stöber, Felix Timmermann, Katja Weber und Dr. Hugo Velarde, die unter anderem mit ihren Übersetzungstätigkeiten großen Anteil an der Entstehung des vorliegenden Bandes haben. Danken möchten wir ebenfalls Dr. Mischka Dammaschke vom Akademie-Verlag, der uns immer kompetent beraten und vielfältige Hilfe hat zuteil werden lassen. Dem Jubilar wünschen die Herausgeber und Autoren weiterhin viele philosophisch-kreative Ideen und beste Gesundheit!

Jena, Mai 2011

Christian Tewes, Klaus Vieweg

I. Auswege aus dem Dualismus

Arnold Berleant

Evolutionärer Naturalismus und das Ende des Dualismus

Von Anfang an hat das Wissen über die Natur das philosophische Denken maßgeblich beeinflusst. Diese Beobachtung lässt sich ohne weiteres mit einer Nachzeichnung der Geschichte der Philosophie von den Vorsokratikern bis hin zur Gegenwart belegen. Thales' Wasser und Anaximanders Luft waren nichts Geringeres als die ersten erfassten Naturphänomene, die zur Grundlage eines philosophischen Verständnisses der Welt gemacht wurden. Als eine gegenteilige Darstellung mag die Verunglimpfung der Natur durch die Neuplatoniker und später durch die Scholastiker betrachtet werden. Doch je näher man der Gegenwart kommt, desto mehr häufen sich die positiven Belege. Spinoza mag zwar in bemerkenswert gründlicher Weise dargelegt haben, wie sich die Wissenschaft zum Verständnis menschlicher Gefühle, Moralvorstellungen und Gesellschaften verwenden lässt. Doch war es Francis Bacon, der nur kurz zuvor, an der Wende zum 17. Jahrhundert, die Forderung nach einer Anwendung des naturwissenschaftlichen Wissens zur Vergegenständlichung und Kontrolle der Natur laut werden ließ.

Jedenfalls war der Einfluss naturwissenschaftlicher Erkenntnisse in den letzten anderthalb Jahrhunderten nicht nur maßgeblich, sondern beherrschend – sowohl für das philosophische als auch das populäre Naturverständnis. Die schiere Aufzählung der Höhepunkte modernen wissenschaftlichen Fortschritts erfasst daher gleichzeitig auch die zentralen Dimensionen der neuzeitlichen Naturbetrachtung: Relativität, Evolution, Ökologie und Genetik. Es besteht kein Zweifel, dass diese die menschliche Geisteshaltung erheblich ins Wanken gebracht haben – ohne sie jedoch großartig zu ändern. Die mittelalterliche Herabsetzung der Natur erhält sich im Zwiespalt zu den modernen Fortschritten im wissenschaftlichen Verständnis. Noch immer dauert die althergebrachte Skepsis gegenüber natürlichen Prozessen an und das vage Allgemeinverständnis wird von weitverbreitetem Widerstand und gar von Verleugnung begleitet. Trotz globalen Wissens um die ökologische Krise, hat es in der Anwendung der Technologie auf die Natur nicht den tiefgreifenden Wandel gegeben, den das wissenschaftliche Verständnis verlangt und das nackte Überleben erfordert. Auch mag das aktuelle Wiederaufleben des Anti-Evolutionismus in der Tat der Vorbote eines neu erwachenden dunklen Zeitalters sein. Gleichzeitig sind die technologischen Möglichkeiten der neuen Wissenschaften so gebietend, dass die Forschung weiter voranschreitet und neue Anwendungen in einer Häufigkeit zum Vorschein kommen, der nur schwer nachzukommen ist – was den Zwiespalt zwischen progressiver Wissenschaft einerseits und regressiver Mentalität andererseits nur noch vergrößert.

Es sind die biologischen Disziplinen, welche den tiefsten Eindruck hinterlassen haben. Obwohl die Astrophysik zu Beginn des vorigen Jahrhunderts jedermanns Vorstellungskraft mit der Relativitätstheorie beflügelte und zeitnaher mit der Wirklichkeit der Raumfahrt, erregt die Abstraktheit und Unpersönlichkeit der Raumzeit-Relativität eher eine gewisse Neugierde und stellt unsere Sichtweise des Universums auf den Kopf, doch veranlasst sie kaum eine Wandlung unserer Weltsicht aus der Perspektive unseres terrestrischen Standpunkts. Dagegen haben die biologischen Wissenschaftszweige Hypothesen bestätigt, die diese unsere Wahrnehmung des menschlichen Daseins selbst angehen.

Der tiefgreifendste Einbruch wurde offensichtlich durch die Evolutionstheorie verursacht, die unerklärlicher Weise noch immer von einer aberwitzigen Mischung aus Ignoranz, Angst und sehnsüchtiger Irrationalität angefochten wird. Religiöse Fundamentalisten sind nicht die einzigen, die den biologischen Werdegang als eine Bedrohung ihres vermeintlichen kosmischen Privilegs empfinden. So lange die intellektuellen Schichten der Gesellschaft den kognitiven Implikationen der Evolution nicht vollständig Rechnung tragen, so lange bleibt der moderne Geist voll von Überbleibseln vorwissenschaftlichen Gedankengutes.

Der folgende Kommentar wird den evolutionären Naturalismus zunächst in seinen Grundzügen umreißen und zeigen, dass er ein philosophisches Verständnis bietet, welches mit der Biologie widerspruchsfrei harmoniert. Im Anschluss daran sollen die Ideen festgestellt werden, die trotz ihres Ursprungs in Mythen und intellektuellen Fabeln ihren axiomatischen Status auch unter den vielen gut informierten Anhängern der modernen Biologie beständig beibehalten. Dieser Erläuterung nachfolgend sollen die Konsequenzen betrachtet werden, die sich für das beidseitige Fortbestehen des dualistischen Denkens einerseits und des konsistenten Naturalismus andererseits ergeben. Zu guter Letzt wird die Bedeutung ästhetischer Empfindsamkeit für das menschliche Überleben kurz erläutert werden.

1.   Mensch und Natur

Wie kann die Beziehung zwischen Mensch und Natur als konsistent mit der biologischen Theorie gedacht werden? Es sei hier zunächst die Ökologie beleuchtet, eine Theorie, die um einiges jünger ist als die der Evolution und auf den ersten Blick nicht ganz so bedrohlich. Etwa zur Wende des 20. Jahrhunderts von Ernst Haeckel benannt, ist die Ökologie ein Bereich der Biologie, der sich mit lebenden Organismen und ihrer Umwelt befasst und beides als einen wechselseitig abhängigen Komplex reziproker Beziehungen begreift. Die Ökologie ist ein vielversprechendes und fruchtbares Konzept, das nicht nur in der biologischen Forschung von Erfolg gekrönt war, sondern auch im sozialwissenschaftlichen Kontext, wo sie in Form von neu aufkommenden Disziplinen wie der Humanökologie, Kulturökologie und Urbanökologie Fuß gefasst hat. Neben ihrer

Anregung zu nützlicher Forschung in den Bio- und Geisteswissenschaften, bringt die Ökologie auch wichtige umweltpolitische Folgerungen mit sich.

Doch wäre die Etablierung ökologischen Denkens nicht möglich gewesen, hätte es nicht unbestreitbare Indizien für die Evolutionstheorie gegeben. Dies ist nicht der Ort, Beweise für die Evolution darzubringen, noch ist es anderswo notwendig. Dergleichen wurde zur Genüge in den letzten anderthalb Jahrhunderten unternommen. Eine ganze soziologische Geschichte könnte darüber verfasst werden, mit welch irrationalen Reaktionen die Akzeptanz der Evolutionstheorie abgewehrt wurde – Reaktionen, die ihre Verkörperung erst unlängst im „Kreationismus" gefunden haben. Entscheidend ist hier jedoch der Beweis, dass die Evolution dem Naturalismus Vorschub leistet und damit dem philosophischen Standpunkt, dass Menschen vollkommen in die Natur eingegliederte biologische Organismen sind, die mit jeder anderen Form des Lebens eine gemeinsame Geschichte teilen und sich erst in einem Prozess natürlicher Selektion als eigenständige Organismen von anderen differenziert haben.

In der Ordnung der Natur gibt es nichts, was den menschlichen Organismus von irgendeinem anderen abhebt oder einem solchen überordnet. Das ist nicht beschämend, sondern beruhigend: Dieselben biologischen Prozesse und natürlichen Kreisläufe wirken genauso auf den Menschen ein, wie sie auch auf alle anderen Arten einwirken. Darin liegt kein Mysterium. Das ermöglicht es, diese natürlichen Prozesse zu studieren und das daraus gewonnene Wissen zur Förderung des menschlichen Wohlergehens zu nützen. Für den philosophischen Naturalismus ist es von zentraler Bedeutung, der wissenschaftlichen Forschung zu vertrauen, welche bemüht ist, die natürlichen Prozesse zu erklären und uns zu befähigen, sie zu unserem Vorteil zu deuten. Auf der Grundlage empirischer Belege ist dies die vernünftigste Einsicht in die menschliche Stellung im Kosmos, die geltend gemacht werden kann. In ihrer praktischen Anwendung verkörpert sie, so könnte man sagen, das moderne Analogon der stoischen Maxime, im Einklang mit der Natur zu leben.

2.   Die Beharrlichkeit des Mythos im Denken

Die schlichte Klarheit des evolutionären Naturalismus birgt Überzeugungskraft in sich und würde in einer vernünftigen Welt zu ausnahmsloser Akzeptanz führen. Doch ist dies nicht der Fall: weiterverbreitet, ja, aber ausnahmslos? – nein. Einige Gründe für die Ablehnung der Evolution liegen auf der Hand. So werden etwa die Mythologie, Irrationalität und selbgefällige Moralität, die im Zentrum vieler traditioneller Religionen stehen, durch die Evolution entlarvt.

Doch wie gesagt: Diese Themen sind lange genug erörtert worden und die Evolutionstheorie ist rational so weit abgesichert, dass sie vernünftig nicht mehr in Frage zu stellen ist. Von größerem Interesse ist es dagegen zu betrachten, in welcher Form der Mythos im Denken nicht nur im gemeinen Geist, sondern ebenso in Wissenschaft und Philosophie fortbesteht. Eine genaue Betrachtung offenbart deutlich, dass die Wissenschaft wie auch die Philosophie noch immer von mythischen Entitäten, mentalen Konstrukten, hypostatischen Überzeugungen und anthropomorphen Vorstellungen durchsetzt sind. Diese

Mythen sind so verbreitet und vertraut, dass ihnen sogar der Anschein von Objektivität anhaftet, obwohl sie durch und durch mutmaßlich sind.

Wie gedachte Entitäten auf die Bildfläche traten und weitverbreitete Anwendung erfuhren, ist eine unglückliche Folge der frühen Entdeckung des Bewusstseins. Eine Quelle ist sicherlich der Einfluss Platonischen Denkens, der heute nicht minder tief im Bewusstsein verwurzelt ist, als schon zur Klassischen Zeit und in der Renaissance. Einer der Gründe für die eklatante Wirkung der Platonischen Dialoge ist ihre Fähigkeit, den Leser in ein Reich der Abstraktionen und Begriffe zu entführen. Mit seinen zunehmenden kognitiven Fähigkeiten macht der Intellekt die faszinierende Entdeckung, dass es möglich ist, über formale Ähnlichkeiten sehr verschiedene Empfindungen, Gegenstände und Verhaltenszüge miteinander zu verbinden. Und von welcher Macht ist dies für die Ordnung der überwältigenden Mannigfaltigkeit sinnlicher Wahrnehmung! Die fesselnde Kraft der formalen Ähnlichkeit zeigt sich beispielhaft in Sokrates' Fähigkeit von einem allgemeinen formalen Merkmal, das Gegenstände haben mögen, auf die Idee einer ihnen zugrundeliegenden Wirklichkeit zu schließen, der sie entspringen. Platons Ideenlehre ist das vermutlich auffälligste Beispiel einer Tendenz zu hypostatischen Vorstellungen. So peinlich es ist: Hierin liegt der Archetyp der philosophischen Praxis, Begriffe und Unterscheidungsmerkmale zu konstruieren, die anschließend zum Wesen der Dinge erklärt werden.

An dieser Stelle sind ein paar Worte zur Geschichte vonnöten. Die vermutlich einflussreichste Entwicklung in ihrem Verlauf war Descartes' Kodierung des Unterschieds zwischen sinnlicher Wahrnehmung und rationaler Erkenntnis – zwischen Anschauung und Begriff, wie Kant es später bestimmte – in zwei verschiedene Entitäten: Leib und Seele bzw. Materie und Geist. Die Unterscheidung war nun präzis und die Trennung absolut. Entsprungen im 17. Jahrhundert ist Descartes' Einfluss auf das Denken bis heute ungebrochen. Obwohl die moderne Physik und Biologie diese Art Denkmuster ohne weiteres hätten ablösen können, folgen sie Descartes darin, die Welt in zwei gesonderte Reiche zu teilen, halten beständig an scheinbarer Freiheit fest und bleiben doch in den Fesseln und Schleusen mentaler Ideen, die von der einen zur nächsten sickern.

Die Art der Einsicht, welche mithilfe des evolutionären Naturalismus erworben werden kann, mag dabei helfen, diesen Einfluss bloßzustellen. Wenn wir akzeptieren, dass Menschen Geschöpfe sind, deren Handlungen, Gewohnheiten, Gedanken und Vorstellungen ausnahmslos natürliche Ereignisse sind, so müssen wir auch damit rechnen, dass sie sich allesamt durch natürliche Prozesse erklären lassen. Dass sie sich so erklären lassen, haben die physiologische Psychologie und andere Verhaltenswissenschaften bereits gezeigt, doch spiegeln viele der in den Wissenschaften allgemein üblichen Begriffe nach wie vor ihre mythischen Ursprünge wider. Während Ideen wie „Leistung", „Kraft", „Essenz", „Base" und „edel" lediglich die Physik und Chemie befallen, besiedeln Begriffe wie „Geist", „Bewusstsein", „Gedanke", „Selbst" und „Persönlichkeit" sowohl die populäre wie auch die wissenschaftliche Psychologie, und in der Wissenschaft konnotiert der Ausdruck „Recht" nach wie vor sowohl den moralischen Zwang wie auch die logische Allgemeingültigkeit des anthropomorphen Konzepts des „positiven Rechts".

Insbesondere von der Philosophie werden mentale Konzepte bestens beherbergt. Neben „Geist" und „Bewusstsein" haben sich hier auch Begriffe wie „Subjektivität" und entsprechende Korrelate wie „Intersubjektivität" niedergelassen. Auch das Konstrukt des

„Selbst" schlägt eine Brücke zwischen Psychologie und Philosophie. Wir bewohnen damit nicht nur eine Welt, die gabelförmig gespalten ist, sondern außerdem eine, die vor imaginären Entitäten nur so wimmelt. Es ist vermutlich nur geringfügig übertrieben zu schlussfolgern, dass die wohldurchdachte Irrationalität, die von der Religion als Gottvertrauen gepriesen wird, mit dem durchdringenden Obskurantismus philosophischer und wissenschaftlicher Mythologien Hand in Hand geht.

Ein fest verankerter Widerspruch besteht zwischen allen derartigen Denkmustern und dem evolutionären Naturalismus. Die Weisheit der Naturphilosophie ist durchaus tröstlich, sobald wir uns der falschen Sicherheit der Mythologien entledigen. Sie gewährt die Einsicht, dass das menschliche Dasein vollständig in eine Welt natürlicher Erfahrungen eingebettet ist. Wir bedürfen nicht des hypostatischen Begriffes des Bewusstseins um uns die Erfahrung bestimmter Hirnprozesse, die wir „denken" nennen, zu „erklären". Auch brauchen wir nicht auf falsche Hoffnungen wie ein Leben nach dem Tod oder göttliche Gerechtigkeit zu setzen, um uns mit der Unbehaglichkeit unserer Sterblichkeit versöhnlich zu stimmen und die Tatsache allgegenwärtigen Unrechts zu verdrängen. Es ist die Hoffnung, die uns unglücklich macht, nicht das natürliche Ende des Lebenszyklus. Das blinde Wunschdenken bringt uns dazu, in vermeidbares Elend einzuwilligen, nicht die Unmöglichkeit, diese Gegebenheiten zu lindern oder hinzunehmen.

Eine naturalistische Ausrichtung hat daher kraftvolle philosophische Auswirkungen, sowohl ontologisch wie auch moralisch. Von diesem Standpunkt aus können wir Evolution und Ökologie als zwei komplementäre Theorien betrachten: Während die Evolution ihr Augenmerk auf den zeitlichen Verlauf eines biologisch-basierten Vorgangs legt, betrachtet die Ökologie die strukturellen oder organisatorischen Aspekte eines solchen. Und beider Schlussfolgerungen sind ontologisch. Die Evolution verortet den Menschen inmitten natürlicher, organischer Prozesse, die ihrerseits in klar erkennbare, teils zyklische Muster eingebettet sind: der Tag-Nacht-Zyklus, der Zyklus der Jahreszeiten und der Lebenszyklus. Als menschliche Organismen durchlaufen wir eine allgemeine Abfolge von Wachstum und Entwicklung und entdecken regelmäßige Muster von Gesundheit und Krankheit. Wir lernen viel aus diesen Gemeinsamkeiten, doch stellen wir nicht minder fest, dass es auch individuelle Abweichungen gibt, die in der natürlichen Selektion eine evolutionäre Rolle spielen können, sofern sie eine Art dazu befähigen, sich an veränderte Umweltbedingungen anzupassen.

Die Ökologie erbringt den empirischen Beweis, der die kontextuelle Natur organischen Lebens bestätigt, d. h. die Tatsache, dass alle Faktoren einer Lebenslage miteinander zusammenhängen und voneinander abhängig sind. Dieser Beweis stellt die Tradition des philosophischen Atomismus', der von Demokrit über Leibniz bis hin zum modernen Wirtschaftsliberalismus Komplexität einzig auf die Summe ihrer elementaren Bestandteile reduziert hat, unmittelbar infrage. Aus derartigen ontologischen Quellen entsprangen tiefgreifende ethische und soziale Folgerungen. Doch der Reduktionismus, der in den frühen Phasen moderner Wissenschaft so gute Dienste geleistet hat, ist äußerst unzureichend für den Umgang mit großen, komplexen Einheiten, wie sozialen Gruppen, gesellschaftlichen Bewegungen, wirtschaftlichen Beziehungen und sogar ästhetischen Sachlagen. Ökosysteme tendieren dazu, ihr Gleichgewicht zu halten, indem sie Veränderungen durch eine Neuanpassung ihrer internen Beziehungen begegnen – ein Prozess, der sich als Homöostase beschreiben lässt. Gleichzeitig sind Systeme konstant im Wandel. Das Auftreten von Veränderung berücksichtigend, bezeichnet man diesen kontinuierlichen Prozess steter Ausbalancierung daher als dynamisches Gleichgewicht.

Ein Verständnis des ökosystematischen Gefüges der Natur bezieht den Menschen als aktiven Teilnehmer ein. Es wandelt daher unsere gespaltene, losgelöste und ausbeuterische Haltung gegenüber der Natur in eine verständnisvolle, die gleichermaßen menschliche Bedürfnisse und Verhaltenszüge integriert, wie sie auch den natürlichen Prozessen Rechnung trägt. Die Auswirkungen eines solchen Verständnisses erstrecken sich von sozialer und politischer Theorie und Praxis bis zur Umweltpolitik, von religiöser Neugestaltung bis zu einem transformierten Sinn von Ehrerbietung und Heiligem. Die Tiefenökologie ist eine Entwicklung, die diese Auswirkungen in eine philosophische, genauer gesagt in eine ethische Richtung ausweitet, indem sie die Konsequenzen ungezügelten technologischen Ausbaus und wirtschaftlichen Wachstums hinterfragt. Ihr moralisches Betätigungsfeld betrifft nicht mehr nur den umweltpolitischen Wandel, sondern fordert ebenfalls eine unterschiedslose Wertschätzung menschlichen und nichtmenschlichen Lebens. Die Anwendung einer evolutionären Denkweise errichtet unser Heim inmitten der Natur und befähigt den Menschen, in einer Weise zu handeln, die diese Welt gastfreundlich zu machen vermag.

Der evolutionäre Naturalismus besitzt damit auch profunde philosophische Tragweiten, die noch nicht vollständig erfasst worden sind. Es ist klar, dass ein ganzheitliches, integratives Verständnis der Natur, welches auch das menschliche Dasein umfasst, unvereinbar mit der dualistischen Geisteshaltung ist, die das Westliche Denken seit seinen Ursprüngen vor mehr als 2000 Jahren beherrscht. Seine Jenseitigkeit verweigert jegliche Stellungnahme zum vernünftigen Argument und sucht stattdessen Zuflucht im Glauben, wo es seine Vorherrschaft seit dem Hohen Mittelalter ausübt. Die schlichte Tatsache ist jedoch, dass die Natur zusammenhängende Gefüge und Wechselwirkungen nicht nur aufweist, sondern wesentlich aus ihnen besteht. Dies zu verneinen bedeutet von blindem affektgesteuerten Denken geleitet zu werden – zum Nachteil der Gesundheit unseres Zusammenlebens und unserer Umwelt.

3.   Dualistisches Denken und Überleben

Evolutionärer Naturalismus und dualistisches Denken sind folglich plakativ widersprüchlich. So wie zwei nicht eins sein kann, so kann eins nicht zwei sein. Im Westlichen Kulturkreis, so denke ich, sind derartige Zeichen des Unbehagens in Form von Anomie und Heimatlosigkeit direkte Folgen von Glaubensüberzeugungen, die unsere Verankerung in der Natur zugunsten von Mythen aufgeben, deren Nebelschwaden sie unsere Hoffnungen und unser Überleben anvertrauen. Ich behaupte, dass diese Glaubensüberzeugungen außerdem mit den ökonomischen und sozialen Entwurzlungen zusammenhängen, die in unserer heutigen Zeit so vorherrschend sind. Es ist notwendig, solcherart besorgniserregende Umstände nicht als Folge bloß irrtümlicher Überzeugungen oder unbestimmter Gepflogenheiten zu begreifen, sondern als ein Ergebnis des Einflusses etablierter Denkmuster, welche von mythischen Entitäten und dualistischen Strukturen beherrscht werden.

Die Auswirkungen, welche diese Umstände auf die Möglichkeiten menschlichen Überlebens haben, zeichnen sich direkt vor uns ab. Den Dualismus für die Probleme unsere Zeit verantwortlich zu machen, vereinfacht diese Probleme nicht. Doch sollten sie nicht von derartigen Denkweisen verursacht worden sein, so sind sie jedenfalls zweifellos dadurch verschlimmert worden. Die Ausschöpfung natürlicher Ressourcen, das rapide Anwachsen der Weltbevölkerung, die kulturelle Krise und der politische Umbruch, die wirtschaftliche Instabilität und die persönliche Unsicherheit haben allesamt ihren Ursprung in einer dualistischen und technokratischen Einstellung zur natürlichen Welt und gehen Hand in Hand mit einer Ideologie der Hilflosigkeit, die auf jeglichen Versuch verzichtet, der Bedingungen Herr zu werden, welche die Quelle unserer Verzweiflung sind.

Blindes Vertrauen ist ein Merkmal vieler Glaubenssysteme – nicht nur der religiösen. Der Glauben an die Unantastbarkeit des globalen Kapitalismus bleibt im Angesicht wachsender Armut und zunehmender Ungleichheiten bezüglich der Verteilung des Wohlstands und der Annehmlichkeiten des Lebens weiterhin bestehen, mit der Folge einer Ungesundheit, die alle Schichten der Gesellschaft durchdringt.[1] Der Glauben an die Vorrangigkeit wirtschaftlichen Nutzens und profitabler Monokonzerne fördert sowohl die Ausbeutung des Menschen als auch die der physischen Welt. Es ist eine falsche Ideologie, die eine Dichotomie zwischen Person und Gesellschaft behauptet, um Zusammenarbeit und soziale Gerechtigkeit zu verhindern zu suchen. Die Verpackung der Demokratie in formelhafte, manipulierte und inhaltsarme Prozeduren, die die Interessen der Wähler nicht widerspiegeln, ist zu der zynischen Religion der Nationen und Klassen geworden, die die Macht über die Welt in den Händen halten.

Ein genauer Blick auf die globale Landschaft macht deutlich, dass die mechanische, manipulative Vergegenständlichung der Welt, welche die industrielle Entwicklung so erfolgreich vorangetrieben hat, uns in einen Zustand versetzt hat, der die Zukunft der menschlichen Spezies in Frage stellt. Dies ist eine Sichtweise, die zur Quelle ihrer eigenen Zerstörung geworden ist. Das Vertrauen auf die Eroberung neuer Gebiete zugunsten des Wohlstands, der Kolonialismus und die gedankenlose Ausbeutung der Ressourcen haben zu einer wachsenden Verknappung solch essentieller Güter wie Wasser, Nahrung und Brennstoff geführt und zur Erschöpfung nicht-erneuerbarer Rohstoffe wie Öl, sowie zu einer weltweiten politischen Instabilität beigetragen.

Die Formen und Muster des Glaubens, die hier diskutiert worden sind, und die Praktiken, die sie zur Folge haben, sind zu diesem Zeitpunkt der menschlichen Geschichte die größte Bedrohung des Überlebens und von einem Ausmaß, das für die Artenvielfalt von erheblicher Bedeutung ist. Die Schätzungen hinsichtlich der jährlichen Aussterberate der Arten rangieren zwischen 27 000 und 130 000.[2] Wann sind wohl wir an der Reihe?

Es ist klar, dass einschneidende Veränderungen notwendig sind. Die derzeitigen Umstände verlangen visionäre Handlungsspielräume und nicht nur logische sondern auch biologische und politische Konsistenz. Es ist wesentlich, sich ein Verständnis und ei-

---

[1] R. Wilkinson, K. Pickett, *The Spirit Level – Why Equality is Better for Everyone*, Bloomsbury 2010.

[2] Vgl. E. O. Wilson, *The Diversity of Life*, Cambridge 1992; J. H. Lawton, R. M. May (Hrsg.), *Extinction Rates*, Oxford 1995.

ne Vorstellung anzueignen, die die Erweiterung des wissenschaftlichen Forstschritts in theoretischer und technischer Hinsicht in diesem Maßstab garantiert und entsprechend einer Sicht zu handeln, die die Welt in ihrer Ökosystematik begreift. Dieser Aufruf verlangt nicht nach einer weiteren technologischen Revolution, sondern nach einer philosophischen. Was die Evolution lehrt, ist, dass das Überleben der Arten von ihrer Anpassung abhängt. Bei Arten, die fähig sind, sich von ihrer Verstandeskraft leiten zu lassen, meint Anpassung Anpassungsfähigkeit, die Fähigkeit zur Anpassung an ein klares und einsichtiges Verständnis der natürlichen Prozesse der Welt.

4.   Ästhetische Empfindsamkeit und die Zukunft des Menschen

Es bleibt nun noch einen wichtigen wenngleich nicht bezeichnend menschlichen Punkt der Überlebensgleichung zu erläutern: den Beitrag, den die Kunst, oder eine ästhetische Empfindung im Allgemeinen, zur Fortdauer der menschlichen Art zu leisten vermag.[3] Dies ist nicht etwa ein Zusatz zur Lossagung von dualistischen Denkmustern sondern, so könnte man sagen, eher eine geistige Verfassung, die die Art von Mentalität verkörpert, welche die Integration und Harmonie veranschaulicht, die einer naturweltlichen Sichtweise und ihrem entsprechenden sozialen Korrelat innewohnen. Die Bedeutung ästhetischer Empfindsamkeit für das Überleben ist eine empirische Behauptung, welche weder durch Argumente noch durch Zitation ihrer Fürsprecher bewiesen werden kann. Ihre sachgerechte Prüfung erfordert eine gesonderte Forschung. Gleichzeitig entbehrt sie nicht einer gewissen Nähe zum Thema dieses Artikels. Insoweit als hier die Implikationen des Naturalismus für evolutionistisches Denken zur Debatte standen, kann der Bezug des Ästhetischen auf das menschliche Überleben nicht außen vor gelassen werden.

Bei der Ansprache dieses Themas kann es auch nicht unterlassen werden, den bekanntesten und eloquentesten Fürsprecher der Bedeutung des Ästhetischen für die menschliche Gesellschaft zu nennen. Am Ende seiner Briefsammlung *Über die Ästhetische Erziehung des Menschen* zieht Friedrich Schiller den Schluss, dass nur die Schönheit imstande ist, dem Menschen einen geselligen Charakter zu erteilen und dass, während andere Arten der Mitteilung die Gesellschaft entzweien, "nur die schöne Mitteilung [...] die Gesellschaft [vereinigt], weil sie sich auf das Gemeinsame aller bezieht."[4] Auch wenn diese Aussage die obige Behauptung nicht beweist, so legt sie doch deren Glaubwürdigkeit nahe. Viele von denen, welche sich künstlerisch betätigen, werden den beruhigenden Einfluss bezeugen können, der in ästhetischen Momenten so häufig wahrgenommen wird. Starke Gefühle der Zusammengehörigkeit begleiten typischerweise künstlerische Veranstaltungen wie Chor-Konzerte, Opern, Vernissagen, Theateraufführungen und sogar Filmvorführungen. Auftretende Künstler sind sich der Tatsache bewusst, dass ihr Publikum im Allgemeinen ein charakteristisches, einheitliches Wesen besitzt und eben dieses bespielen sie. Auch individuelle Gelegenheiten zu ästhetischer Wertschätzung können die Erfahrung inniger Verbundenheit zwischen

---

[3] Ch. Darwin.

[4] F. Schiller, *Über die Ästhetische Erziehung des Menschen*, 27. Brief, in: F. Schiller, *Sämtliche Werke*, Bd. 5, München [3]1962, S. 667.

dem Wertschätzer und dem Objekt der Wertschätzung vermitteln, angefangen beim Erlebnis des Sich-Verlierens in der Welt eines Romans, bis hin zur Entrückung in den Sog eines musikalischen Klangs oder die Bilderbeschwörung eines Gemäldes. All diese Erfahrungen sind Menschen, die sich zur Kunst hingezogen fühlen, wohlvertraut.

Derartige Erlebnisse sind weder ein seltenes noch ein lokales Phänomen. Trotz der Gewahrung erheblicher kultureller Unterschiede in der Bedeutungszumessung von Kunst und der Erkenntnis, dass der Begriff in vielen Kulturen nicht einmal existiert, werden regelmäßig Versuche unternommen, die Idee der Kunst zu verbreiten und neu zu definieren, um diese Differenzen zu überwinden. Sie mögen dennoch unüberwindbar sein, denn „Kunst" ist ein westlicher Begriff, der sich im Verlauf einer charakteristischen 2000-jährigen Geschichte entwickelt hat und dessen Bedeutung völlig verdreht werden müsste, um an nicht-westliche kunstähnliche Praktiken angepasst zu werden. Das Problem besteht darin, dass Kunst nur auf bestimmte Gegenstände und Fertigkeiten referiert und diese weichen innerhalb der Weltkulturen in Material, Form und Methode erheblich voneinander ab. Wie in vielen anderen nicht-westlichen Kulturen findet sich auch in Japan eine weite Bandbreite künstlerischer Gebräuche. Die Teezeremonie ist nicht Teil des Kanons westlicher Kunst, noch zählen dort Ikebana und Kalligraphie zu den bildenden Künsten, parallel dazu fällt es den Gartenidyllen der westlichen Tradition schwer, die trockenen und landschaftlich weiten japanischen Lustwandelgärten in sich aufzunehmen. Die Reihe derartiger Beispiele ästhetischer Mannigfaltigkeit ließe sich noch ewig fortsetzen.[5]

Ein effektiver Weg zur Überwindung dieses Problems könnte aber möglicherweise darin bestehen, unser Augenmerk nicht auf die Kunst, sondern auf das Ästhetische zu richten. Das heißt, statt zu versuchen, die Gegenstände zu ermitteln, welche als Kunst bezeichnet werden können, sollten wir uns besser auf Ereignisse konzentrieren, bei welchen diese Gegenstände eine maßgebliche Rolle spielen und auf die Erlebnisse, die die Menschen gemeinhin durch sie erfahren. Dies beinhaltet einen Fokuswechsel von Gegenständen zu Empfindungen. Gewiss, es besteht kein Konsens in der Frage, worin ästhetische Empfindung besteht. Kant ist die Quelle solcher Unterscheidungen wie der zwischen dem Schönen und dem Angenehmen, Schönheit und Zweckmäßigkeit, freier und anhängender Schönheit, Interesse und Interesselosigkeit, welche im westlichen Kulturkreis breite Akzeptanz gefunden haben und gemeinhin geltend gemacht werden, wenn es um die Wahrung westlich-exklusiver Konventionen geht. Doch diese werden mittlerweile von mehreren Seiten in Frage gestellt und von verschiedenen Teilen der akademischen Gemeinschaft, die in Bereichen wie feministischer Ästhetik, Alltagsästhetik und Umweltästhetik tätig sind, sogar abgelehnt. Ein weiter Begriff von Empfindsamkeit und empfindsamer Erfahrung bietet eine Basis, auf der auch stark voneinander abweichende Kunstkonzepte gemeinsam Fuß fassen können.

---

[5] Die kulturelle Diversität in ästhetischen Belangen und ihr Bezug auf das menschliche Überleben wird vielerorts besprochen. Vgl. D. Dutton, *The Art Instinct: Beauty, Pleasure, and Human Evolution*, Bloomsbury Press 2009; Aesthetics and Evolutionary Psychology, in: *The Oxford Handbook of Aesthetics*, ed. Jerrold Levinson, Oxford 2005; But They Don't Have Our Concept of Art, in: N. Carroll (Hrsg.), *Aestheticus: Where Art Comes From and Why*, Seattle 1995.

Doch welche evolutionäre Bedeutung besitzen solche Erfahrungen? Zunächst muss man sehen, dass ästhetische Begegnungen tatsächlich die gewohnheitsmäßige Distanz überbrücken, welche zwischen unserem Bewusstsein und der Welt der Gegenstände besteht, die wir – dualistisch denkend – zu bewohnen meinen. Diese Welt verliert dadurch ihre Unpersönlichkeit und ähnelt zusehends der beseelten Lebenswelt, die den nicht-westlichen Gesellschaften aus vorschriftlicher Zeit gemeinsam ist. Die Weltentfremdung wird dadurch nicht nur überflügelt, sondern es kommen auch erste Anzeichen einer Schlichtung der Gegensätze und Konflikte zum Vorschein, die in unserem derzeitigen weltlichen Durcheinander so vorherrschend sind.

Hierin findet sich ein Anhaltspunkt der Voraussetzung für evolutionären Erfolg, sofern unter diesem das Überleben verstanden wird. Das Potential zu evolutionären Wandel nimmt für den Menschen als zoon politikon kulturelle Gestalt an, und unsere Erfahrungen des Ästhetischen bieten einen ersten Vorgeschmack der sozialen Möglichkeiten. Die menschliche Spezies wird von ihren eigenen, inneren Feindlichkeiten so bedroht, dass ihre Selbstzerstörung unmittelbar bevorsteht – sei es instantan durch einen nuklearen Konflikt oder verzögert doch nicht weniger heftig durch die Umweltverschmutzung, die Erschöpfung der Ressourcen oder die Toxizität des Junk Foods und anderer massenproduzierter Nahrung und ihrer Verpackung. Für den Menschen würde eine Schlichtung dieser Konflikte nicht nur Frieden bedeuten, sondern vor allem eine höhere Wahrscheinlichkeit das Endziel zu erreichen: schlichtes Überleben. Die evolutionäre Bedeutung des Ästhetischen ist damit stringent erwiesen. Ein konsistenter Naturalismus vermag das Fundament zu liefern, ästhetische Empfindsamkeit das nötige Material.

Übersetzung aus dem Englischen von Katja Weber

CHRISTIAN SPAHN

Qualia und Moralia

Auf der Suche nach dem Vernünftigen im Organischen und dem Natürlichen in der Vernunft

Zwei Herausforderungen bestimmen die Konturen der gegenwärtigen Philosophie. Sie muss sich einerseits ihrer Methode versichern und im Zeitalter der Postmoderne die Reichweite philosophischer Vernunft gegen innere Skepsis ausloten. Sie muss sich andererseits im Zeitalter der Wissenschaft nach außen mit dem Wahrheitsanspruch und den Ergebnissen der Naturwissenschaften auseinandersetzen. Es ist eines der herausragenden Kennzeichen der Philosophie Wolfgang Welschs, auf *beiden Gebieten* Vorschläge zu einer zeitgemäßen philosophischen Deutung der Gegenwart erarbeitet zu haben. *Transversale Vernunft* soll zwischen den verschiedenen Diskursen der Vernunft sowohl innerhalb einer Kultur als auch über die Kulturgrenzen hinweg vermitteln.[1] Den Arbeiten zur Vernunfttheorie (einschließlich einschlägiger Überlegungen zur ästhetischen Vernunft) folgen Arbeiten zur Frage einer *zeitgemäßen Anthropologie*, die die Ergebnisse der Evolutionsbiologie produktiv aufnimmt. Eine Ehrung von Wolfgang Welsch kann damit am besten dort ansetzen, wo sich jüngst die Arbeit jenes integrativ und umfassend denkenden Philosophen fokussiert: bei der Suche nach einem Bild des Menschen jenseits von plattem Reduktionismus und überkommenen Dualismen.[2]

Spätestens die Evolutionstheorie, so eine verbreitete These, zwinge uns aufgrund ihrer Kontinuitätsannahmen dazu, den Graben zwischen ‚Natur‘ einerseits und ‚Geist‘ andererseits zuzuschütten und alles Neue im Reich des Lebendigen, zu dem auch menschliches Bewusstsein gehört, am Kontinuitätsparadigma des *„descent with modification"* zu verstehen: Geist und Natur sind eine Einheit. Als Stammväter des zu überwindenden Dualismus werden sowohl die christliche Trennung von Natur und Geist als auch ihre philosophisch schärfste Formulierung im Cartesianismus[3] genannt, und gegen diese gilt es, das Datum der Evolution ontologisch, metaphysisch und ethisch richtig zu verstehen.

---

[1] W. Welsch, *Vernunft*, Frankfurt a.M. 1995, die Grundidee wird schon skizziert in: ders., *Unsere postmoderne Moderne*, Weinheim 1987.

[2] Siehe die Ergebnisse des von Wolfgang Welsch initiierten Forschungsverbundes: W. Welsch, W. Singer, A. Wunder (Hrsg.), *Interdisciplinary Anthropology*, Berlin/New York 2011.

[3] Vgl. vor allem die sechste Meditation von Descartes' *Meditationes de prima philosophia*.

Damit ist angedeutet, dass die zu überwindende Trennung nicht nur eine überkommene ontische These darstellt, die einen Wesensunterschied zweier Wirklichkeitsbereiche markiert, vielmehr ist sie zugleich in ihrer historischen Form immer auch eine axiologische These gewesen: Geist als *ab*-gesondert von der Natur ist zugleich wesentlich etwas *Be*-sonderes im ansonsten neutralen kausalen Geschehen der Welt. Eine Einordnung des Geistes in die Natur stellt damit zugleich immer auch eine Herausforderung an das normative Selbstbild des Menschen dar, so dass die Debatte darüber, welche Konsequenzen aus einer evolutionären Erklärung des Menschen gezogen werden, naturgemäß kontrovers geführt wird. Nicht selten wird hierbei eine Einordnung in die Natur als *Entwertung* des Menschen betrachtet. Spiegelbildlich wird dem Menschen oftmals nur gerade insofern ein Wert zugesprochen, als er die Natur hinter sich lässt: Er ist ein freies Wesen, das Werte zu setzen und zu befolgen vermag.[4] Argumentiert man entlang dieser Valenzen, so übernimmt man jedoch auch noch in der Abgrenzung vom *ontischen* Dualismus die implizit-dualistischen *axiologischen* Wertungen.[5]

Will man dieses Spielfeld von *naturalistisch-entwertender Reduktion* und *kulturalistisch-abgrenzender Aufwertung* hinter sich lassen, empfiehlt sich erstens ein genauer Blick auf die impliziten Prämissen des tradierten Dualismus. Zunächst müssen diejenigen Intuitionen, die dem Dualismus zugrunde liegen und denen eine moderne nichtreduktive Theorie des Geistes Rechnung tragen muss, untersucht werden (1). Zweitens soll die These analysiert werden, dass eine genauere Betrachtung der *Struktur des Organischen* uns helfen mag, den Graben zwischen Geist und Natur zu überbrücken. ‚Geist' ist demnach nicht schlechterdings in die ‚Natur' einzuordnen, sondern das Organische stellt einen *mittleren* Bereich *zwischen* Physikalischen und Mentalen dar.[6] Wesentliche Ergebnisse einer philosophischen Theorie des Organischen sollen im Überblick[7] zusammengefasst werden, um zu skizzieren, welche Beziehung zwischen dem Organischen

---

[4] Vgl. zur Typologie möglicher Reaktionen auf die Herausforderung durch die Evolutionstheorie – im speziellen Fall für die Soziobiologie V. Hösle, *Moral und Politik*, München 1993, S. 272f. – gegenüber Biologisierungen insgesamt: Ch. Illies, *Philosophische Anthropologie im biologischen Zeitalter*, Frankfurt a.M. 2006, 27ff.; Ch. Spahn, Ch. Tewes, Naturalismus oder integrativer Monismus?, in: Petra Kolmer, Kristian Köchy (Hrsg.), *Gott und Natur*, Freiburg/München 2011, S. 141-185, S. 143ff. Für einen Überblick der unterschiedlichen Phasen der Auseinandersetzung mit der Evolutionstheorie in der Betrachtung des Menschen siehe C. Spahn, Sociobiology: Nature-Nurture, in: H. J. Birx (Hrsg.), *21st Century Anthropology: A Reference Handbook*, Thousand Oaks (Calif.), vol. 2, S. 938-949.

[5] Ch. Spahn/Ch. Tewes, *Naturalismus,* S. 157f.

[6] E. Thompson, *Mind in Life: Biology, Phenomenology and the Science of Mind,* Cambridge (Ma.) 2007, S. 236f. Ähnlich schon H. Jonas, *Das Prinzip Leben*, Frankfurt a.M. 1997 [1973] (zunächst veröffentlicht unter dem Titel *Organismus und Freiheit*), S. 44f.

[7] Ich greife zurück auf meine Analysen zu Hegels Theorie des Organischen in: C. Spahn, *Lebendiger Begriff – Begriffenes Leben. Zur Grundlegung der Theorie des Organischen bei G. W. F. Hegel*, Würzburg 2006, sowie auf H. Jonas, *Prinzip Leben*, E. Thompson, *Mind in Life*. Der vorliegende Text verdankt den Diskussionen und Workshops zu diesen Themen am Lehrstuhl für Theoretische Philosophie in Jena viel. Neben Wolfgang Welsch ist es mir ein Anliegen für zahlreiche Gespräche Ralf Beuthan, Hanno Birken-Bertsch, Christian Tewes, Annett Wienmeister und André Wunder zu danken.

und dem Geistigen zu ziehen ist (2). Abschließend wird programmatisch zu fragen sein, ob eine solche Einordnung tatsächlich den Graben schließt (3).

1. Der Dualismus von Sein und Sollen und von Erleben und Geschehen

Die Moderne kennt verschiedene Varianten der Gegenüberstellung von ‚Natur' und ‚Geist', die sich schließlich noch bis in die Arbeitsteilung von Natur- und Geisteswissenschaften niederschlägt. Einer traditionellen Auffassung folgend gilt es, Natur kausalgesetzlich zu *erklären*, menschliche Handlungen gilt es, auf ihren Sinngehalt hin zu *verstehen*.[8] Was sind nun die Besonderheiten des ‚Geistes', die eine Abgrenzung von der übrigen Natur als notwendig, ja als wesentlich erscheinen lassen?

Klassischerweise wird ‚Geist'[9] zumeist als (i) ‚vernünftige Intelligenz' verstanden, die (ii) zudem subjektiv erlebt wird und (iii) emotional wie kognitiv eine normative Dimension aufspannt. Der menschliche Geist kann aus Einsicht in allgemeine Gründe handeln, er kann ‚wahr' und ‚falsch' sowie ‚gut' und ‚böse' unterscheiden, und er kann Welt erleben. Handlungen und Bewegungen, physikalische Reaktionen und intentionales Verhalten, Kausalität und Begründungsvorgänge sind damit voneinander zu unterscheiden. Während eine Atombewegung kein intentionales Ziel verfolgt, nicht etwas erstrebt, keinen Abwägungsprozess von verschiedenen Gründen darstellt, Atome keine Verantwortung tragen oder Schuld auf sich laden, kurz gesagt: mechanische Prozesse einfach *geschehen*, so kennzeichnen all diese fehlenden Prädikate dem geläufigen Verständnis zufolge menschliches Handeln, und vielleicht nur dieses. Erstreben, Abwägen und Nachdenken geht somit zumeist mit einem Verständnis von *Freiheit* einher: Der Mensch kann sich von äußeren Bestimmungen und Ursachen, Trieben, Vorurteilen usf. lösen, um *Gründen* zu folgen, etwa auch dann, wenn er über seine Stellung in der Natur oder über das richtige Naturbild nachdenkt. Äußere Kausalität der Natur steht im Gegensatz zur inneren Zwecksetzung und zur Fähigkeit, Gründe *innerlich repräsentieren* zu können und ihnen *aus freier Einsicht* zu folgen.

Betrachtet man all diese hier freilich nur knapp skizzierten Unterscheidungen, erscheinen dualistische Intuitionen bezüglich des Verhältnisses von Geist und Natur keine extravagante ‚Grille der Philosophen' zu sein, sondern einen *qualitativen Unterschied* in der Welt zu markieren: Es mag Indeterminiertheit in der Natur geben, doch dies ist keine Freiheit, es mögen Kräfte und Energien existieren, doch diese sind kein zielgerichtetes Streben, es mögen Abläufe stattfinden, doch diese werden nicht erlebt und erlitten. Damit ist ausgesagt, dass Natur in diesem modernen Sinne ‚vernunftfremd' oder ‚geistlos'

---

[8] Noch immer grundlegend C. P. Snow, *The two cultures and the scientific revolution*, Cambridge 1959. Zum Unterschied von szientistischer Vernunft und hermeneutischen Verstehen siehe K.-O. Apel, *Transformation der Philosophie*, Frankfurt a.M. 1973, ders., *Die Erklären:Verstehen-Kontroverse in transzendentalpragmatischer Sicht*, Frankfurt a.M. 1979, Jürgen Habermas, *Theorie des kommunikativen Handelns*, Frankfurt a.M. 1981.

[9] Für das Folgende sei ‚Geist' zunächst als summarischer Oberbegriff für Bewusstsein, Ratio usf. verstanden. Ebenso sei zunächst die Frage, worin der Unterschied zwischen menschlichem und tierischem Geist besteht, noch zurückgestellt.

ist.[10] Naturgesetze *müssen* befolgt werden, sie sind *Beschreibungen,* andernfalls wären sie eben keine Gesetze des Naturgeschehens. Logische Regeln des Denkens und ethische Imperative sind *Vorschriften,* sie können gebrochen werden, ja die ‚Besonderheit' des Menschen mag just darin bestehen, in diesem Bereich Meister zu sein.[11]

Damit lässt sich, diese Vermutung sei abschließend gewagt, hinter der jüngeren Gegenüberstellung von Natur und Geist erstens als eigentliche Grundmatrix der dualistischen Probleme der Moderne insbesondere die Annahme eines grundsätzlichen Unterschieds zwischen *Sein* und *Sollen* bzw. zwischen *Genese*denken und *Geltungs*denken entdecken. Andererseits ist das zweite hartnäckige Problem sicher die Irreduzibilität der Erlebnisqualität von ‚Innenseiten'. *Qualia* und *res moralia* stellen somit die beiden wichtigsten Herausforderungen des Naturalismus dar. Obwohl das erste Problem eine hohe Prominenz in der gegenwärtigen Philosophie genießt, ist die Vermutung vielleicht nicht abwegig, dass nicht das Body-Mind-Problem konzeptionell oder empirisch das schwerwiegendere Problem ist, weswegen hier einige kurze Bemerkungen zum zweiten Problemfeld erlaubt seien. Freilich kennen wir Normativ-Richtiges und Gut-Begründetes *als Geschehen in der Welt,* aber im modernen Verständnis eben nur als Teil *der kulturellen Welt des Geistes,*[12] nicht aus der deskriptiv gefassten ‚Welt der Natur'. Der cartesische Dualismus, die Hume'sche Trennung von Sein und Sollen, das kantische Programm der Trennung von noumenaler und phänomenaler Welt, die konsequente Ablehnung der Möglichkeit einer rationalen Ethik unter den Prämissen des orthodoxen Logischen Empirismus, Moores Analysen des naturalistischen Fehlschlusses bis hin zu Mackies These der ‚Queerness' moralischer Prädikate als auch noch McDowells Überlegungen zum Unterschied zwischen ‚erster' und ‚zweiter' Natur, all diese modernen Problemstellungen sind Ausdruck des aktuellen, wesentlich deskriptiv-kausalen naturwissenschaftlichen, nicht mehr vormodernen antiknormativen Kosmos- und Naturbilds, in dem – will man nicht letztlich Normativität auf Faktizität reduzieren – für diese kein Platz zu sein scheint.

Eine grundsätzliche philosophische Vorentscheidung besteht dementsprechend darin, ob man Philosophie vornehmlich als *Seinsphilosophie* fasst und von dort aus das Problem der Geltungsansprüche in den Blick bekommen will – man also aus einem *gegebenen* Natur-, oder emphatisch gesprochen, aus einem *gegebenen* Seinsverständnis

---

[10] Zur historischen Entwicklung vom magisch-animistischen Naturbild zur Moderne vgl. H. Jonas, *Prinzip Leben,* 25-43, und zum Gegensatz zwischen szientistischen und antiszientistischen Naturbildern siehe ausführlich Ch. Spahn, *Lebendiger Begriff,* S. 16-47.

[11] Oftmals wird die Fähigkeit, aus Einsicht in allgemeine Gründe, insbesondere in moralische Gründe, zu handeln, als *Humanspezifikum* verstanden: *Nur der Mensch könne dies, nicht* aber *das Tier.* Ein Pessimist könnte sagen: In der Tat ist hiermit vielleicht ein wesentlicher Unterschied markiert, nur dürfte dies nicht der gesuchte Unterschied *zwischen Tier und Mensch* sein, es ist der Unterschied zwischen manchen Menschen und anderen Menschen.

[12] Die Überzeugung ist nicht abwegig, dass eine normativ richtige Überzeugung oder eine wahre Theorie auch dann wahr und richtig bleibt, wenn niemand sie vertritt, weswegen ein Verständnis von Werten (und Theoriegebilden) als ein bloßer Bestandteil der Popperschen ‚Welt Drei' (der Welt der kulturellen Produkte) stets strittig bleiben wird. Theorien und Wertungen in ihrem Anspruch auf Wahrheit und Begründbarkeit haftet immer auch ein *kontrafaktisches* Moment an, worauf hier freilich nicht weiter eingegangen werden kann.

auch den Menschen und das Problem der Geltung in den Blick bekommt – oder ob man Philosophie umgekehrt vornehmlich als *Geltungsphilosophie* versteht und von hier aus auf die Welt blickt. Insofern dies an anderer Stelle ausführlicher erörtert wurde,[13] möge hier nur die Mitteilung einer Vermutung stehen: Es scheint auf den ersten Blick ein Vorteil, dass das ‚Ausgehen vom Sein' dem monistischen Bedürfnis einer *Einheit* der Welt entgegenkommt, diese Einheit aber unter dem naturalistischen Vorzeichen der Moderne, wenn man wahrhaft konsequent ist, wohl nur um den Preis der Aufgabe kontrafaktischer Semantik in der Ethik und der Aufgabe einer eigenständigen Wirklichkeit des Mentalen gelingt. Die so skizzierte einheitliche Welt ist dann aber wohl nicht die Welt, in der wir leben, sondern, so drängt es sich auf, eine *vereinseitigte* Welt. Andererseits bewahrt eine *dualistische Trennung* der Welt oder der Perspektiven, wie sie etwa für geltungstheoretisch orientiertes Denken kennzeichnend ist, den qualitativen Unterschied von Geist und Natur, Geltung und Sein, Ich-Perspektive und objektiver Perspektive, aber scheinbar nur um den Preis einer *Aufgabe der Einheit der Welt* bzw. um den Preis des Postulats einer *weltlosen* Vernunft und einer *weltlosen* Normativität.

Gerade vor diesem Hintergrund dieser hier skizzierten Zuspitzung des dualistischen Dilemmas scheint der Rettungsvorschlag, demzufolge sich *im* Organischen *Geist und Natur* treffen und somit eine Betrachtung des Organischen *zwischen* den Extremen des bloß Natürlichen und des Geistigen vermittelt, eine attraktive These zu sein.

2.   Die Struktur des Organischen und ihre Beziehung zum ‚Geist'

Die eindrucksvollsten und detailliertesten Betrachtungen der *Eigenlogik des Organischen* in seiner engen Beziehung zum Mentalen stellen einerseits im deutschsprachigen Raum sicher die (auf Kants Kritik der Urteilskraft zurückgreifende) Theorie des organischen Lebens in *Hegels Naturphilosophie* sowie die *Jonasche Philosophie des Organischen* einerseits und andererseits jüngst im englischsprachigen Raum die Theorie *Evan Thompsons* dar, die neben ihrer Beeinflussung durch die Autopoiesis-Theorie auch explizit auf Jonas', Kants und Merleau-Pontys Einsichten zurückgreift.[14] Bei allen Unterschieden ist die inhaltliche Konvergenz dieser Theorien in strukturlogischen Fragen beachtlich, gerade wenn man bedenkt, dass sie aus sehr unterschiedlichen philosophischen Perspektiven das Phänomen des Lebendigen in den Blick bekommen. Gemeinsam ist ihnen zudem der Nachweis einer engen Beziehung zwischen Geistigen und Organischen, auch wenn die Abgrenzung von Geist und Organismus unterschiedlich ausfällt. Der enge Zusammenhang wird explizit deutlich im Titel und im Programm von Thomp-

---

[13] Zum Problem neokantischer Lösungen siehe Ch. Spahn, „Was können wir (nicht) wissen", in: H. W. Ingensiep, H. Baranzke, A. Eusterschulte (Hrsg.), *Kant-Reader*, Würzburg 2004, S. 34-52. Zum Konflikt der Naturbilder siehe Ch. Spahn, *Lebendiger Begriff*, S. 64ff. Zu den zwei Problemen des Naturalismus siehe Ch. Spahn, Ch. Tewes, *Naturalismus*. Sowohl der *objektive Idealismus* einerseits (siehe auch den Beitrag von Dieter Wandschneider in diesem Band) als auch die Möglichkcit einer Verbindung der Bereiche mittels *transversaler* Überlegungen andererseits stellen eine Alternative zur hier zugespitzten Entscheidung zur Einseitigkeit dar; insofern darf mit Spannung das neue Buch von Wolfgang Welsch erwartet werden.

[14] E. Thompson, *Mind in Life*, S. 66ff., 91ff., 128ff.

sons Buch,[15] Jonas will die Geschichte des Organischen anti-dualistisch als Geschichte einer Naturentwicklung zur Freiheit interpretieren,[16] Hegel schließlich versteht das Leben als diejenige Struktur in der natürlichen Welt, die der spezifischen Identitätsstruktur des Geistes am nächsten kommt.[17] Der folgende Überblick soll in aller Kürze synoptisch diejenigen gemeinsamen Aspekte der Strukturanalysen des Organischen benennen, die auf die *enge Verwandtschaft* von Mentalen und Lebendigen verweisen, wobei einzelne Unterschiede, ja Gegensätze in der philosophischen Grundaufstellung, der Fassung der Natur und des Geistes usf. hier vernachlässigt werden sollen.[18]

Sucht man der Fragestellung dieses Aufsatzes entsprechend nach einer Einordnung des Geistes in das Reich des Organischen, die zugleich dem skizzierten Unterschied des Geistes von der ‚Natur' gerecht werden soll, ist erstens zunächst die Frage der Abgrenzung des *Organischen vom Anorganischen* zu betrachten. Gegen einen platten Mechanismus betonen alle drei Ansätze einen wesentlichen Unterschied des Lebens von anorganischen Strukturen. Die genannten Theorien kommen – zumindest weitestgehend – darin überein, dass die wesentliche *Neuheit* des Lebens hauptsächlich *kategorial* oder *strukturlogisch* zu verstehen ist. Leben realisiert eine neue, dem Anorganischen fremde ‚Art zu sein', eine Identitätsstruktur, die als Zweck oder ‚selbstische' und ‚subjektive' Einheit bei Hegel, als metabolistische Einheit von Form und Materie bei Jonas oder als autopoietische Struktur bei Thompson[19] beschrieben wird. Der Unterschied zum Anorganischen wird damit nicht primär vormodern substanz- oder kraftdualistisch als Auftreten einer neuen Lebens*kraft* oder eines neuen irreduziblen Lebens*stoffs* (wie im Vitalismus) verstanden,[20] sondern wesentlich als Realisierung einer neuen Organisationsform oder einer neuen Struktur.

Die Frage ist damit nicht (mindestens bei Jonas und Thompson), ob das Leben *entweder* aus anorganischen Materien und Kräften besteht und aus diesen hervorgegangen ist *oder* etwas genuin Neues darstellt, sondern es ist emergenztheoretisch als die Verwirklichung einer *neuen* Struktur aus gleichwohl *gegebenen*, auch mechanisch zu analysieren-

---

[15] E. Thompson schreibt (*Mind in Life*, ix): „Where there is life there is mind, and mind in its most articulated forms belongs to life."

[16] H. Jonas, *Prinzip Leben*, S. 17ff., 157ff.

[17] Ch. Spahn, *Lebendiger Begriff*, S. 177f.

[18] Idealiter versucht eine jede gute Philosophie des Lebens die Eigenschaften des Lebendigen nicht nur additiv aufzuzählen, sondern sie systematisch aus dem ‚Wesen' des Lebendigen abzuleiten. Im Folgenden sollen jedoch nur einige zentrale Momente eher additiv aufgeführt werden. Für eine systematische Diskussion siehe Ch. Spahn, *Lebendiger Begriff*, inbes. S. 177f.

[19] G. W. F. Hegel, *Werke*, Frankfurt a.M. 1996, 9.337, 6.468ff., H. Jonas, *Prinzip Leben,* 151f., 155f., E. Thompson*, Mind in Life*, S. 128ff.

[20] Zum Problem des ‚Vitalismus' bei Hegel siehe C. Spahn, *Lebendiger Begriff*, S. 232ff. Trotz gewisser vitalistischer Züge bei Hegel besteht die zentrale Einsicht Hegels nicht in jener Abgrenzung, sondern in dem *Begreifen der Strukturlogik des Lebens*. Auch Jonas hält an der Vorstellung eines typisch organischen *Strebens* fest und fragt, ob die Erklärung der Lebensvielfalt aus blinden Mutationen ausreicht, sieht sich aber ebenfalls aus *monistischen Impulsen* dazu veranlasst, die Möglichkeit zum Organischen schon in das Wesen der Materie zu verlagern, vgl. *Prinzip Leben*, S. 83, ders., *Philosophische Untersuchungen und metaphysische Vermutungen*, Frankfurt a.M. 1997, S. 209-255. Gleichwohl betont auch Jonas den strukturlogischen Unterschied zwischen Leben als Bestimmtsein durch ‚die Form' im Unterschied zum Anorganischen, *Prinzip Leben*, S. 149ff.

den Kräften und Teilen zu verstehen.[21] Das Leben, wie Lorenz es pointiert ausdrückt, ist damit nicht ‚eigentlich‘ etwas Anorganisches, denn es hat *Eigen*schaften *zu eigen*,[22] die eben dem Anorganischen *als* Anorganischen nicht zukommen. Alle drei Ansätze verbinden damit einen *monistischen* Impuls mit dem Festhalten an *Wesensunterschieden*. Inmitten einer kraft- und stoffhomogenen Natur treten genuin *neue* Eigenschaften auf.

Worin, wenn nicht in neuen Kräften und Stoffen, besteht nun diese neue und andersartige Identitätsstruktur? Lebendiges verwirklicht seine *Selbstidentität bzw. seinen Selbsterhalt* metabolistisch durch *Stoff- und Energieaustausch* mit der Umwelt in einer Weise, dass just *durch* diesen Austausch (dem *Wandel* im ‚Stoff‘) die *Identität* der ‚Form‘ des Lebendigen gewahrt wird. Seine Struktur kann damit treffend als innere Zweckhaftigkeit einer Selbsterhaltung und Selbstherstellung durch Selbstveränderung, als *autopoietisch*, als offenes System im Fließgleichgewicht[23] usf. bezeichnet werden. Der strukturlogischen Fragestellung des Aufsatzes folgend, interessiert hierbei nun vor allem der *kategoriale Gehalt* jener unterschiedlichen Beschreibungen: Was ist in ihnen zunächst allgemein und dann konkret über das ‚Selbst-Sein‘ des Organischen ausgesagt, das eine Brücke zum ‚Geist‘ schlagen könnte?

Beginnen wir zunächst sehr allgemein: In Hegels kategorialer Sprache ausgedrückt verbindet das Organische zwei unterschiedliche Relationsarten von Identität und Differenz, die er ‚dem Mechanischen‘ und ‚dem Chemischen‘ zuordnet: Während ein chemischer Prozess in Hegels Sinne eine Veränderung darstellt, an deren Ende die anfängliche *qualitative Beschaffenheit* des Objektes *verloren* gegangen ist, und während ein ‚mechanisches Objekt‘ sein bestimmtes Sosein und seinen Erhalt (seine ‚Identität von Materie und Form‘) durch *Abwehr von Veränderung* realisiert[24] (– womit es eher dauert, als ‚sich erhält‘), ist das Leben hingegen im Wesentlichen nur *dadurch mit sich identisch und das, was es ist, indem es sich verändert*.[25] Es ist ein Prozess, an dessen Ende der Selbsterhalt des Prozesses steht, eine Veränderung, in der die qualitative Bestimmtheit (die ‚Art‘ oder ‚Gattungsallgemeinheit‘ als *spezifische* Form und Struktur, so und nicht anders lebendig zu sein)[26] nicht nur resultativ erhalten wird, sondern *sich durch ihre eigenen gesteuer-*

---

[21] Zur Emergenz siehe E. Thompson, *Mind in Life*, S. 37ff.

[22] K. Lorenz, *Das sogenannte Böse*, München 1984 [1963], S. 321.

[23] Zur kybernetischen Theorie des Lebens vgl. L. v. Bertalanffy, *Das biologische Weltbild*, Bern 1949, ders., *General System Theory. Foundations, Development, Applications*, New York 1968. Die Autopoiesistheorie beschreibt Zusammenhang und Unterschied von Leben und Welt als energetische Offenheit bei operationaler (struktureller) Geschlossenheit, vgl. E. Thompson in Anknüpfung an Maturana und Varela, *Mind in Life*, S. 91ff.

[24] G. W. F. Hegel, *Werke*, 6.436f., 9.21ff., 9.287ff.

[25] Zum Mechanismus und Chemismus siehe G. W. F. Hegel, *Werke*, 6.436f., 9.21ff., 9.287ff., zum Leben 6.466ff. In ähnlicher dialektischer Sprache formuliert auch Jonas die Struktur des Lebens, vgl. insbesondere *Prinzip Leben*, 151ff. E. Thompson schließt sich Jonas und Kants Formulierungen an, siehe *Mind in Life*, S. 128f., 149f.

[26] Von der langfristigen evolutionären Veränderung der Gattungsallgemeinheit (‚der Art‘) sei hier abgesehen.

ten Prozesse erhält.[27] Das Organische verwirklicht damit eine Struktur, die durch das *Prinzip Selbsterhalt*[28] gekennzeichnet ist.

Ein solches Seiendes muss aber zugleich eine teleonomische Gestalt aufweisen, also im Sinne der kantischen Bestimmung ‚innere Zweckmäßigkeit‘[29] aufweisen. Nach Kant ist im lebendigen Organismus wesentlich ‚alles zugleich Zweck und wechselseitig Mittel‘, und zwar Mittel zum Selbsterhalt: zum Erhalt der Mittel und der inneren Zweckstruktur. Indem die Organe etwa dazu beitragen, den Organismus zu erhalten, erhalten sie zugleich vermittelt sich selbst.[30] Aufgrund dieser selbstbezüglichen Struktur und der mit ihr einhergehenden Merkmale kann das Leben zudem Hegel zufolge als eine ‚selbstische‘ und ‚subjektive‘ Einheit bezeichnet werden.[31] Wie ist nun, konkreter gefragt, diese ‚selbstische Einheit‘ des Organismus, seine Identität mit sich, zu verstehen?

Der entscheidende Punkt in allen betrachteten Analysen des Organischen ist die sich aus jener Identitätsweise ergebende notwendige Doppelung und innere Entgegensetzung von *Innen* und *Außen*, von Jetzt-Zustand des Systems (kybernetisch: seine ‚Ist-Werte‘) und seinem ‚Sollzustand‘: Organisches als metabolistisches System ist aufgrund des Prinzips des Erhalts durch Stoffaustausch nicht mit *seinem gegebenen Stoff identisch*, es hat eine Unabhängigkeit, nach Jonas emphatisch gar ‚Freiheit‘ von *diesem* Material, aus dem es besteht, es kann ihn austauschen, und dennoch (oder besser als Lebendiges: nur so) es selbst bleiben.[32] Allerdings bedeutet jene radikale *Freiheit der ‚Form‘ von diesem Stoff* (und in der Replikation gar von diesem Individuum) auch ein *Angewiesen-Sein* und eine *Abhängigkeit* von der Umwelt. Der Organismus *muss* Stoff und Energie austauschen, um seine ‚unwahrscheinliche‘ Form zu erhalten, er muss Entropie um sich vermehren, um seinen fragilen und gefährdeten Zustand gegen die Tendenz zur Vergrößerung der Entropie zu erhalten. *Freiheit* von jenem Stoff und gleichzeitige *notwendige* Angewiesenheit auf Stoffaustausch kennzeichnen damit das Lebendige.[33] Selbsterhalt und teleonome Gestalt, Assimilation und Selbstreproduktion lassen sich damit als Kernmerkmale des Lebendigen benennen, wodurch der Bereich des Lebens vom Anorganischen strukturlogisch hinreichend abgegrenzt wird.

---

[27] Treffend schreibt Hegel, würde der chemische Prozess sich selbst anfangen, dann wäre er Leben, was sich durchaus mit der Autopoiesistheorie einerseits und Eigens Idee des Hyperzyklus in Verbindung bringen lässt, Hegel, *Werke* 9.333, V. Hösle, *Hegels System*, S. 314f.

[28] Ausführlicher, auch zum Unterschied zwischen organischem System und einem organisiertem System wie dem Sonnensystem C. Spahn, *Lebendiger Begriff*, S. 182f.

[29] Kant, *Kritik der Urteilskraft*, A 280-295.

[30] Kant, *KdU*, A 292. Ihm folgt E. Thompson, *Mind in Life*, S. 129ff., auf S. 140 heißt es: „I have claimed that the theory of autopoiesis offers a naturalized, biological account of Kant's notion of a natural purpose."

[31] G. W. F. Hegel, 9.337.

[32] In der *Selbstreplikation* steigert sich diese Unabhängigkeit der Form noch weiter, insofern sie nicht nur eine Unabhängigkeit von diesem Stoff, sondern auch eine Unabhängigkeit *von diesem Individuum* darstellt.

[33] H. Jonas, *Prinzip Leben*, 157ff., aufgegriffen bei E. Thompson, *Mind in Life*, S. 150f. Vgl. auch die analogen Ausführungen über Macht und Empfindung des Mangels in der tierischen Assimilation bei G. W. F. Hegel, *Werke,* 9.468f.

Ebenfalls ist klar, dass, fassen wir weiterhin lebendige Individualität als geprägt durch ‚Selbsterhalt durch Stoffaustausch‘ auf, sich so idealiter zwei wesentlich verschiedene Lebensformen denken lassen. Entweder kann anorganisches Material und anorganische Energie verzerrt werden, sodann können Organismen selbst anderen Organismen als Energie- bzw. Nahrungsquelle dienen. Es lassen sich sicher verschiedenste Einteilungen des Reichs des Lebens denken, doch ist leicht zu sehen, dass die Einteilung zwischen *vegetativer* und *animalischer* Organizität im engen Zusammenhang mit dem ‚Prinzip des Lebens‘ steht. Organische Systeme können im Wesentlichen *autotroph* oder *heterotroph* sein, woraus sich die bekannten Konsequenzen für ihre ‚Lebensweise‘ ergeben.[34] Die Besonderheiten *animalischer Organizität* verweisen nun in allen drei Ansätzen auf einen *besonders engen* Zusammenhang von ‚Mind‘ und ‚Life‘, der nun abschließend zu betrachten ist.

Pflanzliches Leben ist im Wesentlichen eine kybernetische oder autopoietische Steuerung des Wachstums und des Erhalts, die Pflanze besitzt eine sessile, ‚äußerliche‘ Lebensform – in vielen Theorien wird sie negativ *in Abgrenzung zum Tier* bestimmt: Ihr ermangelt die integrierte Zentralität der Gestalt, Lokomotion, Perzeption, Gefühl, Ausdifferenzierung der Glieder, die aus einem Tier etwa nicht im gleichen Maße entnommen und verpflanzt werden können; sie ist mit Plessner das ‚Dividuum‘, wohingegen das Tier ‚subjektivistischer‘ ‚nach Innen‘ organisiert ist.[35] Anorganische Nahrung aufzunehmen und umzuwandeln stellt zwar chemisch andere (weit komplexere) Herausforderungen dar, als die in Pflanzen oder anderen Tieren gespeicherte Energie zu verwenden, doch nötigt letzteres nicht nur zur Strukturierung nach innen, es eröffnet auch neue evolutionäre Wege: Heterotrophe Lebensformen können nicht an Ort und Stelle gepflanzt sein. Wenn sie alle organische Nahrung vertilgt haben, müssen sie sich neue suchen, womit *Lokomotion* und Steuerung der Lokomotion, also Rückbindung von Lokomotion an *Perzeption*, erforderlich wird.

Es ist nun eine interessante Vermutung, dass durch diese Doppelaufgabe der Koordination von Lokomotion und Perzeption – in den Worten Wandschneiders von Funktionsselbst (Steuerung des Metabolismus) und Aktionsselbst (Steuerung und Kopplung von Perzeption und Lokomotion) – eine ‚Innensphäre‘ aufgespannt wird, die komplexe Steuerungsaufgaben übernehmen muss, und somit Innerlichkeit emergiert.[36] *Das Gefühl* vermittelt hierbei zwischen dem Erleben innerer Zustände (Mangel, Sattheit usf.) und äußerer Wahrnehmung und Empfindung. Animalisches Gefühl muss damit immer *sub-*

---

[34] Zum Problem der Einteilung der Reiche des Lebens und dem hegelschen Unterschied zwischen Pflanze und Tier im Lichte moderner Biologie siehe Ch. Spahn, *Lebendiger Begriff*, S. 236f.

[35] H. Plessner, *Die Stufen des Organischen und der Mensch*, in: *Gesammelte Werke*, hg. v. G. Dux, O. Marquard, E. Ströker, Bd. I, Frankfurt a.M. 1971, S. 221ff.

[36] Hegel spricht vom ‚Selbst-Selbst‘ des Tieres im Unterschied zum reinen ‚Selbst‘ der Pflanze: Im Gefühl ‚finde‘ das Tier ‚sich in sich selbst‘, vgl. G. W. F. Hegel, *Werke*, 9.432. Zur emergenztheoretischen Interpretation siehe D. Wandschneider, Das Problem der Emergenz von Psychischem – im Anschluß an Hegels Theorie der Empfindung, in: *Jahrbuch für Philosophie des Forschungsinstituts für Philosophie Hannover*, Bd. 10 (1999), S. 69-95. Zum Wesen des tierischen Gefühls siehe sehr instruktiv H. Jonas, *Prinzip Leben*, S. 181ff. Einen analogen Zusammenhang von Organizität und Mind skizziert E. Thompson, S. 222ff., 235ff. Zu Thompsons epistemischen Überlegungen zur Kognition siehe den Artikel von Annett Wienmeister in diesem Band.

jektiv und objektiv zugleich sein. Im Hunger spürt das Tier seinen eigenen Mangel, den es zwar als *seinen* Zustand erkennen, aber zugleich auch auf Aktions- und Handlungsmöglichkeiten *in der Umwelt* beziehen muss. Das animalische Erleben muss damit nach subjektiven Relevanzkriterien eingefärbt sein. Diese subjektive Färbung entsprechend der Relevanz („x ist für mich Nahrung, ist Gefahr, ist giftig usf.") muss freilich objektiv zutreffen, ansonsten wird es schwierig, mit einer falschen Kalibrierung zu überleben, zumal genauere, schnellere und zutreffendere Perzeptionsmöglichkeiten einen Konkurrenzvorteil darstellen.[37]

Jonas argumentiert nun, dass das innere emotionale Erleben als handlungsleitend sowohl Aspekte der Umweltwahrnehmung, der inneren Befindlichkeit und der Handlungsmöglichkeiten *auf die Zukunft* synthetisieren muss, um die ‚Lücke' zu schließen, die im Tier, sofern es angewiesen auf äußeren Stoff und zukünftige Zielerreichung der Handlungen ist, besteht.[38] Während ein Reflexbogen nicht unbedingt Gefühle voraussetzt, müsse für komplexere Handlungsvorgänge in der Zeit etwa bei der Jagd das Gefühl der Anspannung oder der Jagdlust die Zeit zwischen Handlungsbeginn und -erfolg überbrücken, soll nicht die Jagd sofort dann beendet sein, wenn die Beute aus dem Wahrnehmungsfeld verschwindet.[39] Den Jonaschen Ausführungen, Wandschneiders an Hegel orientierten Überlegungen zur Emergenz des Bewusstseins und Thompsons Konzeption ist gemeinsam, dass animalisches Empfinden und animalische Kognition in ihrer triadischen Struktur zwischen Selbstwahrnehmung, Weltwahrnehmung gemäß der inneren Handlungsmöglichkeiten und der Zielstrebigkeit einer notwendigen Überbrückung der Kluft von ‚Ist' und ‚Sollen' vermitteln muss. Damit wird aber Umwelt zunächst niemals passiv wahrgenommen, sondern grundsätzlich auf den Zweck des Selbsterhalts hin *bewertet*.

Welche Brücken zur Überwindung der Kluft von Natur und Geist ergeben sich nun aus diesen hier nur sehr summarisch wiedergegebenen Überlegungen? Zwei wesentliche Aspekte der Strukturlogik des Organischen können festgehalten werden. Organisches ist durch *realisierte Innerlichkeit als Selbstbezug* gekennzeichnet. Als sich selbst erhaltendes Wesen ist es je über sein ‚Hier und Jetzt' notwendig hinaus, baut sich durch Austausch neu auf, hat seine Identität in dieser Veränderung, die ‚frei' *von konkretem* Stoff, aber nicht dualistisch ‚neben' oder ‚außerhalb' des Stoffs existiert. Die Parallelität mit einer guten *Theorie der Identitätsstruktur des Bewusstseins* ist verblüffend. Will man etwa die gängigen Aporien einer Theorie des ‚Ich-Bewusstseins', um sich gleich auf das menschliche Denken zu beziehen, vermeiden, so wird man weder an der Existenz eines *leeren* „Ich denke" *jenseits* aller konkreten Denkakte festhalten wollen. Jedes Ich muss *etwas* denken. Gleichzeitig ist andererseits unser Bewusstsein oder unser Ich

---

[37] Organismen müssen entsprechend eine strukturelle Kopplung an die Umwelt leisten. Vgl. dazu auch Thompsons Theorie des ‚sense-making', derzufolge mit der Bedürfnisstruktur des Organischen eine Sphäre der Relevanz in der Umwelt aufgespannt wird, *Mind in Life*, S. 147ff., 152ff. Siehe auch den Zusammenhang zwischen Affordanz und animalischer Kognition im Text von J. Proust in diesem Band. Schon J. v. Uexküll, *Theoretische Biologie*, Frankfurt a.M. 1973 [1920], S. 151f., betont bekanntlich die Beziehung zwischen Merkwelt und Wirkwelt.

[38] *Prinzip Leben*, S. 190f.

[39] *Prinzip Leben*, S. 184f., 190f. Ähnlich zur Funktion des Gefühls Wandschneider, *Emergenz*, S. 81ff., 84ff., entsprechend siehe die zitierten Passagen Thompsons zum ‚sense-making'.

niemals *mit einem gegebenen Gedanken identisch,* es kann sich von ihm lösen, ihn kritisieren, es kann sich, ja muss sich *im Wechsel der Gedanken* als mit sich identisch erhalten können, soll ein Ich, und nicht bloß ein ‚stream of consciousness‘ konstituiert werden (das Ich kann sich gar seinem ganzen Sein, seinem Selbst entgegenstellen und dies verurteilen).[40] Jene hier nur angedeutete komplexe dialektische Identitätsstruktur des Bewusstseins mag in der Tat auf einen engen strukturlogischen Zusammenhang zwischen jener Identitätsweise und organischer Seinsweise im Unterschied zur bloßen Form-Materie-Identität anorganischer Körper verweisen.

Entsprechend betont Thompson, dass man den Graben zwischen Physikalischen und Mentalen vielleicht nicht einfach auflösen kann, doch lässt er sich nach eingehender Analyse des Organischen neu formulieren. Es bestehe kein Body-Mind Problem, sondern ein Body-Body-Problem: Dass *Innerlichkeit* im geschilderten dialektischen Sinne gerade im Organischen eine große Rolle spielt, dass das Tier eine selbstische, gegliederte lebendige Einheit darstellt, nicht ein Aggregat oder einen bloßen physikalischen Körper, all dies kommt im philosophischen Vokabular den Bestimmungen des Geistes nahe.[41] Insofern schon der ‚organische Körper‘ nicht am Paradigma eines anorganischen Dinges zu verstehen ist, sondern durch Innerlichkeit („Inwardness" bzw. „Interiority" bei Thompson)[42] gekennzeichnet ist, rückt das Organische strukturlogisch an das Bewusste heran. Beides realisiert eine Struktur, die sowohl verkörpert ist, die aber im beschriebenen Sinne strukturell gleichermaßen auch als nicht *strikt* identisch mit dem Material, dem Hier- und Jetztsein verstanden werden kann.[43] Die innere Struktur des Organischen ist mit der inneren Struktur des Bewusstseins eng verwandt. Lässt sich so eine Brücke im Leib-Seele-Problem bauen, wenn schon die innere Identität des Organismus anders als dinglich verstanden werden kann?[44]

---

[40] Vgl. schon die kurzen Ausführungen zur Identitätsstruktur des Ichs in Hegels Logik, 6.253ff., und siehe die instruktiven Überlegungen zum dialektischen Verhältnis von Ich und Selbst in V. Hösle, *Moral und Politik,* S. 291f. Für Kontinuität und Diskontinuität zwischen Leben und Geist ist ferner Hösles dort formulierte dialektische These interessant, dass der Geist die *Tendenz des Lebens* zur *Selbstentgegensetzung* fortsetze und zugleich radikalisiere, worin der Übergang und Unterschied zwischen menschlicher und animalischer Kognition bestehe.

[41] E. Thompson, *Mind in Life,* S. 225, spricht von ‚Interiority‘ und unterscheidet einen belebten Körper (Leib) strikt von einem physikalischen, um so die cartesische Gegenüberstellung zu überwinden (S. 235ff. zum ‚Body-Body-Problem‘). Seine Überlegungen zum Leib-Seele-Problem sind, ähnlich denen von Wandschneider, *Emergenz,* besonders faszinierend, insofern sie tatsächlich über eine bloß dualistische und abstrakte Konfrontation von ‚physical‘ und ‚mental‘ hinausgehen.

[42] Zur Abgrenzung vom Physikalismus siehe E. Thompson, *Mind in Life,* S. 141ff., 224. Thompson verweist auf Rosens Thesen (dort S. 238f.), dass eine erweiterte, eher biologische Fassung des Physikalischen hilfreich wäre. Vergleichbar ist sicher Wandschneiders Bemühen um einen nicht-cartesischen dynamischen Naturbegriff, demzufolge in Anknüpfung an Hegel Naturseiendes insgesamt jeweils kategorial als eine *Verbindung von Innerlichkeit und Äußerlichkeit* zu verstehen ist, nicht als bloße res extensa, instruktiv siehe D. Wandschneider, *Naturphilosophie,* Bamberg 2008.

[43] Pointiert Jonas zur ‚Transzendenz‘ des Lebens, S. 20f., 159f., aufgegriffen bei E. Thompson, 154ff. Thompson verweist auf die analogen dialektischen identitätstheoretischen Überlegungen von Merleau-Ponty zum Verhältnis von Ich und Leib, S. 245f.

[44] So explizit E. Thompson, *Mind in Life,* S. 225ff., Wandschneider in Anschluss an Hegel, *Emergenz,* programmatisch H. Jonas, *Prinzip Leben,* S. 160f.

Zweitens ist ebenso klar, dass die skizzierte *Außenbeziehung* des Animalischen im beschriebenen Sinne *evaluativ* ist, dass Organismen ihre Umwelt im Erleben und Behandeln nach Überlebensrelevanz bewerten müssen. Die biologische Umwelt ist damit, so schreibt Thompson in Anschluss an Varela,[45] kein neutrales physikalisches Milieu mehr, sondern mit dem auf Selbsterhalt zielenden ‚sense-making' wird in einer ansonsten neutralen Welt eine Welt der Relevanz oder Signifikanz aufgespannt.[46] Diese *Bedeutung* (etwas Physikalisches ist Nahrung, etwas ist Anzeichen für usf.) und das Interesse sind rein an ‚vitalen Zielen' orientiert, doch gelangt in der Tat Bedeutung im Sinne einer funktionalen Brauchbarkeit durch die Logik der Assimilation in eine ansonsten *bedeutungslose* Welt bloßer Faktizität. Ergibt sich hier eine zweite Brücke, wie in einer faktizistisch verstandenen Natur ein Übergang zum Wertungs- und Geltungsgeschehen des Geistes hergestellt werden kann?

3. Die Brücke zum Geist: offene Fragen

Es steht nicht zu bestreiten, dass eine genaue Analyse des Organischen, insbesondere dann, wenn sie auf strukturlogische Untersuchungen abzielt, den Graben zwischen ‚Natur' und ‚Geist' bedeutend verkleinert. Nur eine präzise begriffslogische Klärung kann uns helfen, die Begriffe Natur und Geist nicht mehr nur als kontravalent, sondern auch in ihrem Zusammenhang und ihren Übergängen zu verstehen, ohne freilich wesentliche Neuheiten zu nivellieren.[47] Insofern ist dem Ansatz vor allem von Hans Jonas und Evan Thompson ebenso zuzustimmen, wie sicher Hegels Bemühen einer argumentativen Abfolge kategorialer Bestimmungen in der Logik eines der beeindruckensten Programme des Versuches, jene gesuchte Einheit des Denkens herzustellen, bleibt. Doch aller Notwendigkeit, über alte Dualismen hinauszukommen, zum Trotz sollen folgende offene Anfragen nicht verhehlt werden.

So mag man zunächst erstens festhalten, dass es das eine ist, eine strukturlogische kausale Theorie der Referenz und Relevanz plausibel zu machen, und dies mag durch den Verweis auf die *Zweckstruktur des Organischen* und auf seine Interaktionsmöglichkeiten durchaus gelingen. Indem Leben sich selbst erhält, bekommt die Umwelt Relevanz und Bedeutung für das Individuum. Indem Lebendiges nicht nur ein ‚Körper' ist, sondern als Struktureinheit, die sich im Austausch von Materie konstituiert, verstanden wird, hat es in der Tat eine *innerliche* Seite und ist über ein ‚plattes physikalisches Dasein' hinaus.

---

[45] E. Thompson, *Mind in Life*, S. 154.

[46] Entsprechend H. Jonas, *Prinzip Leben*, S. 161 zum *Interesse* am Selbsterhalt, das durch den Organismus in eine ansonsten neutrale Welt gelangt.

[47] So programmatisch H. Jonas, *Prinzip Leben*, S. 20. Thompson schreibt, durchaus im Jonaschen Sinne: „My point is [...] that to make headway on the problem of consciousness we need to go beyond the dualistic concepts of consciousness and life [...]. In particular, we need to go beyond the idea that life is simply an „external" phenomenon in the usual materialist sense. Contrary to both dualism and materialism, life or living being is already beyond the gap between ‚internal' and ‚external'', *Mind in Life*, S. 224f., und pointiert S. 225: „The problem of making comprehensible the relation of mind and body cannot be solved as long as consciousness and life are conceptualized in such a way that they intrinsically exclude one another."

Es bleibt aber die Frage, ob wir auf diesem Wege wirklich über Metaphern hinaus zu einer *ganz anderen* Theorie der Innerlichkeit, der ‚Innerlichkeit‘ des Erlebens als Erleben, gelangen, also wirklich begriffslogisch das Qualia-Problem zu lösen vermögen.[48] All die geschilderten Vorgänge, auch teleonomische Beziehungen und Regulierung der inneren Einheit, Verbindung von Aktionsselbst und Funktionsselbst, Kopplung der Aktivitäten im Nervensystem usf. *könnten* unbewusst ablaufen, und sind so, wie sie hier oder bei Thompson und Wandschneider beschrieben werden, in der Sprache der dritten Personen-Perspektive formuliert. Ich sehe derzeit aller sicher vorhandenen Indizien und Korrelationen zum Trotz kein begriffslogisch *zwingendes* Argument einer *monistischen Identifizierung* jener Strukturverfasstheit animalischer Lebendigkeit und bewussten Erlebens. Nagels bekannter Qualia-Einwand und Chalmers' Zombie-Frage lässt sich wiederholen: Dass etwa die Struktur zwischen Aktionsselbst und Funktionsselbst eine ‚Innensphäre‘ mit all jenen metabolistischen Elementen und Eigenschaften aufspannt, ließe sich in einem rein objektivistischen Vokabular verstehen, ohne dass damit zu sehen ist, warum diese Rückkopplungsbeziehungen erlebt werden oder gar ‚Bewusstsein‘ darstellen oder *sind*.[49] Es bleibt also abzuwarten, ob uns die von Thompson in Aussicht gestellte Verkleinerung des Grabens hilft, diesen zu überqueren, oder ob sich bei genauester Überprüfung, die hier nicht prätendiert sein soll, Wandschneiders Überlegungen gar schon am rettenden Ufer befinden. Es scheint jedoch, dass es noch immer einer begriffslogischen Brücke bedarf, auch wenn in der Tat durch diese Analysen der Graben bedeutend kleiner geworden ist.

Paradoxerweise ist zweitens der Verdacht nicht unbegründet, dass der andere Graben, der zwischen Faktizität und Geltung, *nicht kleiner* geworden ist. Auch hier ist sicher festzuhalten, dass in der Tat mit dem Leben Wertsetzungen, wenn man sich so ausdrücken will, und eben auch ‚Wert-‘ oder ‚Relevanzempfinden‘ in die Welt kommt. Etwas als gut fürs Überleben zu verstehen oder so zu behandeln, ist und bleibt die erste denkbare Wertung im ‚natürlichen Geschehen‘, für die wir nichts Vergleichbares im neutralen anorganischen Sein finden können. Beim Organischen können wir nicht mehr von blinder und äußerer Kausalität sprechen. Auch mag man der These zustimmen, dass, insofern Lebendiges sich aktiv um seinen Selbsterhalt bemüht, seine ‚Sterblichkeit‘ ein viel größeres metaphysisches Problem darstellt als etwa der Zerfall eines Atoms.[50] So sehr also mit dem Organischen Evaluation in die Welt kommt, so sehr Relevanz fürs

---

[48] Vorsichtig schreibt auch E. Thompson, *Mind in Life*, S. 236: „Although the explanatory gap does not go away when we adopt this approach, it does take on a different character."

[49] Das Zombie-Argument wird entsprechend durchaus eindrucksvoll von Thompson attackiert, *Mind in Life*, S. 230f. Eine gründliche Debatte kann hier nicht geführt werden. Thompson ist recht zu geben, dass man nicht von vornherein alle Denkmöglichkeiten für real halten sollte. Seiner Theorie zufolge muss ein Zombiekörper, sofern er identisch mit meinem wäre, auch Bewusstsein haben. Aber genau dies gelte es zu zeigen, nur bedürfte dies einer ausgefeilten Theorie transzendentallogischer Denknotwendigkeiten und einer klaren semantischen Überführung von Innerlichkeit im ersten Sinne (organologisch) zur mentalen Innerlichkeit, die eben auch andere Merkmale (Qualia) hat. Zudem könnte Chalmers erwidern, dass eben nicht nur seine Annahme, dass Zombies möglich wären, gegeben der Dualismus trifft zu, zirkulär ist, sondern dass auch umgekehrt Thompsons Annahme voraussetzt, was sie zeigen will.

[50] V. Hösle, *Moral und Politik*, S. 257, H. Jonas, *Prinzip Leben*, S. 161f.

Überleben eine normative Sphäre aufspannt, so sehr wir spätestens im animalischen Interesse und Erleben als Freude und Leidensfähigkeit Wertungen erkennen können, so sehr ist auch hier klar, dass dies nicht den *Kern* dessen betrifft, was wir mit ethischer Geltung (oder mit der Suchen nach Wahrheit) meinen. Die Werte des Lebens bleiben funktional und vital, wir können uns *von ihnen distanzieren*, selbst dann, wenn wir nicht pessimistisch alles Leben unter der Sonne nur als Leiden betrachten wollen. Warum es *gut* sein *soll*, dass Leben ist, ist ebenso eine ernstzunehmende philosophische Frage, wie es unklar ist, wie wir von organologisch fundierten Evaluationen über bloß vitale Werte hinausgelangen. Warum soll etwas, das gut für den Selbsterhalt ist, auch gut in einem normativen Sinne sein? Lässt sich menschliche Ethik, ohne dass ich zum naturalistischen Fehlschluss greife, wirklich auf biologische oder Gattungsimperative reduzieren?[51] Können wir dem *kontrafaktischen* Moment des Normativen Rechnung tragen in einem Modell, das Normativität letztlich vornehmlich aus der Perspektive der Relevanz für Lebendigkeit begreift, was im schlechten Fall entweder in einem Reduktionismus mündet, oder im besten Fall zugleich gegen das moderne neutrale Naturbild[52] schon voraussetzt, dass etwa Lebendiges sein soll und etwa neo-aristotelisch ein natürliches ‚flourishing‘ schon ein Gut darstellt?

So wie eine genauere philosophische und einzelwissenschaftliche Analyse der Kontinuität zwischen Geist und Organismus jenen anfangs skizzierten Dualismus abmildern hilft, so bleiben freilich auch Fragen und Kontravalenzen offen, von denen ohne weitere Argumente nicht klar ist, in welche Richtung sie aufgelöst oder beantwortet werden sollten. So wie Organisches vom Anorganischen trotz Kontinuität abzugrenzen war, so mag die Fähigkeit, nach allgemeinen Gründen, nach Wahrheit und Konsistenz im Weltbild, nach Vermittlung zwischen normativen Intuitionen und ontischen Theorien zu suchen, eine spezifische neue Form der Kognition voraussetzen, die gleichwohl ihre evolutionären Wurzeln besitzt. Für eine moderne Ontologie ist damit die dringlichste Aufgabe, *Wesensunterschiede inmitten von Kontinuität* erfassen und ausbuchstabieren zu können, was sowohl einzelwissenschaftliche wie kategorienwissenschaftliche Arbeit verlangt – transversales Denken im besten Sinne des Wortes bleibt damit nicht nur epistemisch, sondern auch ontologisch von höchster Aktualität.

---

[51] Ich greife damit über die hier im zweiten Abschnitt behandelten Autoren hinaus – keiner von ihnen strebt eine biologische Ethik an – und kehre zur allgemeinen Anfangsfrage zurück, inwiefern auch hier eine Betrachtung des Organischen eine Mittelstellung einnimmt. Ausführlicher zu dieser Frage siehe C. Spahn, C. Tewes, *Naturalismus*, S. 157ff., sowie insgesamt Illies, *Philosophische Anthropologie*. Zum Problem der Begründung der Jonaschen Verantwortungstheorie und seiner These des intrinsischen Wertes der Organismen vgl. jüngst Wellistony C. Viana, *Das Prinzip Verantwortung aus der Perspektive des objektiven Idealismus*, Würzburg 2011.

[52] Der objektive Idealismus stellt sicher die zurzeit modernste Variante zum klassischen Naturbild dar, womit er sich einer genauen Überprüfung empfiehlt, vgl. D. Wandschneider, *Naturphilosophie*.

II. Geist, Gehirn und Evolution

Merlin W. Donald

Die Definition der menschlichen Natur

Wie wir die menschliche Natur definieren, bietet uns ein begriffliches Fundament für unsere Vorstellungen von Menschenrechten, individueller Verantwortung und persönlicher Freiheit. Diese Begriffe haben ihren Ursprung in den Geisteswissenschaften und sind letztlich die säkularen, modernen Nachkommen der Konzeption des „Naturrechts", das seinerseits auf älteren religiösen und philosophischen Traditionen basiert. Eine solche Definition ist in diesem Zusammenhang kein unbedeutendes Unterfangen. Sie liefert ein begriffliches Fundament für unser Rechtssystem ebenso wie für den Schutz der Menschenrechte, der in unseren Verfassungen festgeschrieben ist. Seit der Zeit Charles Darwins hat es viele Versuche gegeben, die menschliche Natur mehr in wissenschaftlichen Begriffen zu definieren. Dies ist schließlich auf den Versuch hinausgelaufen, eine neue Art von Naturrecht zu entwickeln, das auf naturwissenschaftlichen Belegen und insbesondere auf der Evolutionstheorie basiert. Ich meine damit nicht die ältere Richtung des Sozialdarwinismus, der auf naive Weise versucht hat, die Gesetze der natürlichen Selektion auf die menschliche Gesellschaft zu übertragen, sondern jüngere Versuche, eine kulturinvariante Beschreibung der *conditio humana* zu finden und mit den Begriffen der Evolution und der Genetik zu erklären.

In solchen Ansätzen wird normalerweise angenommen, dass die menschliche Natur in dem Moment fixiert wurde, als sich unsere Art im Jungpaläolithikum entwickelte. Wir sind also genetisch so ausgestattet, dass wir unter den speziellen Bedingungen der späten Steinzeit überleben können. Das wirft wiederum die beunruhigende Möglichkeit auf, dass sich die menschliche Natur als schlecht angepasst an die heutige schnelle, urbanisierte Hightechwelt erweisen könnte. Andererseits ist die Logik hinter diesem Schluss nicht unbedingt zwingend. Sie beruht auf zwei Annahmen. Die erste ist, dass Menschen relativ starren Beschränkungen ihres geistigen und sozialen Lebens unterworfen sind, die ihnen von einem unflexiblen genetischen Erbe auferlegt werden. Die zweite besteht darin, dass das menschliche Geistes- und Sozialleben weitgehend von organismischen Variablen determiniert ist und dass der Geist des Menschen wie der jeder anderen Art behandelt werden kann. Es gibt jedoch eine andere Sicht der menschlichen Natur, die ebenfalls auf naturwissenschaftlichen Belegen und der Evolutionstheorie beruht, aber zu einem anderen Ergebnis kommt und sogar besser zu den vorliegenden naturwissenschaftlichen Befunden passt. Sie basiert auf anderen Annahmen. Die erste ist, dass die menschliche Natur gerade durch ihre Flexibilität charakterisiert ist, nicht durch ihre Starrheit. Dies liegt v.a. an der Überentwicklung von Bewusstseinsprozessen und denjenigen Gehirnrealen, die diese Prozesse ausführen. Die zweite ist, dass der Mensch als Art eine völlig neue Weise entwickelt hat, kognitive Aktivitäten auszuführen: verteilte kognitiv-kulturelle Netzwerke. Der menschliche Geist hat eine Symbiose entwickelt, die die Gehirnentwicklung an kognitive Netzwerke koppelt, deren Eigenschaften sich radikal verändern können. Entscheidende geistige Fähigkeiten wie Sprache und zeichenbasiertes Denken (wie in der Mathematik) werden erst dadurch ermöglicht, dass solche verteilten Systeme entwickelt werden. Kultur selbst hat Netzwerkeigenschaften, die sich nicht in individuellen Gehirnen finden. Der individuelle Geist ist also ein Zwitterwesen: teils organismischen, teils ökologischen Ursprungs, geformt durch ein dynamisches verteiltes Netzwerk, dessen Eigenschaften sich ändern. Eine wissenschaftliche Definition der menschlichen Natur muss diese Tatsache widerspiegeln und sich nicht allein von vorwissenschaftlichen Begriffen vom Ursprung des Menschen freihalten, sondern auch von beschränkten und veralteten Begriffen der organismischen Evolution.

Eine Konsequenz aus diesem Gedanken ist, dass die „Natur des Menschen", betrachtet im Kontext der Evolution, besonders durch ihre Flexibilität, Formbarkeit und Veränderungsfähigkeit charakterisiert ist. Das Schicksal des menschlichen Geistes und damit der Natur des Menschen selbst ist geknüpft an kulturelle und technologische Veränderungen. Der Mensch ist sozusagen das kognitive Chamäleon des Universums geworden. Wir besitzen ein bildsames, hochgradig bewusstes Nervensystem, dessen Eigenschaften uns erlauben, uns schnell an die komplizierten kognitiven Herausforderungen unserer dynamischen kognitiven Umwelt anzupassen. Während sich der Mensch von mündlichen Kulturen über primitive Schriftsysteme bis hin zu Hochgeschwindigkeitscomputern entwickelt hat, ist sein Gehirn in seinen grundlegenden Eigenschaften unverändert geblieben – doch die Art und Weise seines Umgangs mit Ressourcen hat sich massiv verändert. Es entwickelt sich in einer sich rapide verändernden kulturellen Umgebung, die weitgehend sein eigenes Produkt ist. Das Ergebnis ist eine Spezies, deren Natur sich von der aller anderen auf diesem Planeten unterscheidet und deren Bestimmung letztlich unvorhersehbar ist.

1.   Ursprünge des Menschen

Anatomische und DNA-Befunde belegen, dass der Mensch als neue Spezies vor etwa 160.000 Jahren in Afrika entstanden und dann über den Großteil der Alten Welt gewandert ist, wobei er alle anderen Hominiden verdrängt hat. Das Abenteuer des Menschen begann mit den Menschenaffen des Miozän, die vor etwa fünf Millionen Jahren in Afrika lebten und den gemeinsamen Vorfahren von uns und den modernen Schimpansen und Bonobos darstellen. Der Zweig der Primaten, der zur Menschheit führte, spaltete sich von den Orang-Utans vor etwa elf Millionen Jahren ab, von den Gorillas vor etwa sieben Millionen Jahren und von einer Art, die den modernen Schimpansen ähnelt, vor etwa fünf Millionen Jahren. Die nächste Phase in der Geschichte der Menschheit verlief über eine Reihe von menschenartigen (hominiden) Arten, die eine gut dokumentierte Brücke zu unseren entfernten Verwandten, den Menschenaffen, darstellen. Der erste, der sich in Richtung des Menschen bewegte, war der Australopithecus. Er dominierte die Nische der Hominiden etwa von vor vier Millionen bis vor zwei Millionen Jahren. Als erste Primatenart, die sich aufrecht fortbewegte, überschritt der Australopithecus eine bedeutende Schwelle auf dem Weg zum modernen Menschen. Seine Gehirngröße war allerdings nicht wesentlich größer als die seiner affenartigen Vorläufer. Obwohl in dieser Zeit einige bedeutende Züge des Menschen entstanden, z. B. die Paarbindung, gibt es keine überzeugenden Belege für die These, dass der Australopithecus bedeutende Fortschritte hin zu unseren kognitiven Fähigkeiten gemacht hätte.

Der erste Schritt in diese Richtung wurde viel später gemacht, vor etwa zwei Millionen Jahren mit dem ersten Mitglied der Gattung *Homo*: *Homo habilis*. Der Habilis hatte ein Gehirn, das etwas größer als das seiner Vorgänger war, und besaß eine charakteristisch menschliche Oberflächenmorphologie. Diese Veränderung war das Ergebnis einer Ausdehnung des tertiären Parietalcortex und ist ebenso für den modernen Menschen charakteristisch. Der Habilis wurde nur einige hunderttausend Jahre später durch größere Hominiden verdrängt, die in ihrer Erscheinung sehr viel menschenähnlicher waren und einen viel höheren Enzephalisationsquotienten besaßen, der schließlich etwa 70% von dem des modernen Menschen erreichte. Diese archaischen Hominiden, die teils auch als *Homo erectus, archaischer Homo sapiens* oder *Homo sapiens praesapiens* bezeichnet werden, besaßen größere Gehirne, die auf Kosten einer reduzierten Darmgröße erreicht wurden – ein Stoffwechselkompromiss, der notwendig war, um ihre energieintensiven Gehirne betreiben zu können. Das heißt, dass sie vermutlich nicht einfach von Nahrung leben konnten, die sie sich suchten, sondern etwa Gemüse und Fleisch vorher zubereiten mussten, bis sie verdaulich war. Dies machte einen beträchtlichen Fortschritt in ihren kognitiven Fähigkeiten erforderlich, denn die Zubereitung von Nahrung erfordert vorausschauendes Denken, und die nötigen Werkzeuge verlangen die Aufteilung von komplexen Fähigkeiten auf alle Mitglieder der Gruppe. Sehr bald nach seinem Erscheinen in Afrika wanderte Homo erectus nach Eurasien, und über die nächsten hunderttausend Jahre zähmte er das Feuer, bis er schließlich sogar die beträchtlichen technischen Anforderungen seines fortgesetzten Gebrauchs meisterte. Homo erectus entwickelte ferner bessere Steinwerkzeuge (die so genannte Werkzeugkultur des Acheuléen, die damit entstand, blieb für gut eine Million Jahre in Gebrauch) und durchlief eine Reihe von anderen bedeutenden Veränderungen, einschließlich der Verwendung von nach und nach immer anspruchsvolleren Lagerplätzen, die sich teilweise weit von den Quellen für Werkzeugmaterial und Wasser entfernt befanden. Das legt Veränderungen in seinen Strategien nahe, Nahrung und Wasser zu finden und zu transportieren, in seiner Arbeitsteilung, seiner Nahrung und in seinen Jagdfähigkeiten. Ich habe diese lange Periode als den ersten Übergang bezeichnet, d. h. die erste Periode, in der Hominiden entscheidende Schritte hin zur Entwicklung der modernen Form des menschlichen Geistes durchlaufen haben.

Der zweite Übergang vollzog sich viel später: Er begann vor etwa 500.000 Jahren und endete mit dem Auftreten unserer eigenen Art. Diese Zeit ist gekennzeichnet durch eine rasche Vergrößerung des Gehirns, die sich bis vor relativ kurzer Zeit fortgesetzt hat. Einer seiner prominentesten Züge war das Auftreten der Kultur des Moustérien, die etwa von vor 200.000 bis vor 75.000 Jahren dauerte und so spezielle Züge wie den Gebrauch einfacher Grabmale, gebaute Unterstände und systematisch konstruierte Herde aufwies. Das Werkzeug des Moustérien war fortschrittlicher und umfasste differenziertere Werkzeugarten und bessere Ausführung. Diese zwei Übergänge kulminierten in der Entstehung unserer eigenen Art und können von einem biologischen Standpunkt als das Ende der Geschichte des Menschen angesehen werden.

Von einem kognitiven Standpunkt aus war die menschliche Geschichte damit jedoch noch keineswegs am Ende. Ich habe deswegen einen dritten Übergang vorgeschlagen, der im Wesentlichen von der Kultur angetrieben wurde und, wenn überhaupt, nicht viel biologische Evolution beinhaltet. Dennoch sind die kognitiven Grundlagen dafür, dass ich diesen dritten Übergang vorgeschlagen habe, dieselben wie bei den beiden anderen: fundamentale Veränderungen in der Natur der mentalen Repräsentation. Diese dritte Veränderungsperiode, die vor etwa 40.000 Jahren begann und noch im Gange ist, ist charakterisiert durch die Erfindung und Verbreitung externer Speichermedien. Das umfasst Zeichen, den Gebrauch von symbolischen Artefakten einschließlich wissenschaftlicher Instrumente, Schrift- und mathematische Systeme und eine Reihe anderer Speichermedien wie Computer. Ihre größte Errungenschaft war das Wachstum von kognitiven Netzwerken zunehmender Komplexität. Diese Netzwerke, zu denen etwa Regierungen und institutionalisierte Wissenschaft und Technik gehören, leisten kognitive Arbeit auf eine andere Weise als der individuelle Geist. Das hat zu einer kognitiven Revolution geführt, die sich leicht mit den zwei früheren messen kann.

Diese Übergangsperioden bilden ein chronologisches Gerüst für jedes Szenario kognitiver Evolution, aber sie stellen nicht die primäre Evidenz für eine grundlegendere kognitive Theorie der Ursprünge dar. Die wichtigsten Belege dafür stammen aus der Kognitions- und Neurowissenschaft. Eines der kontroversesten Themen im Bereich der menschlichen Evolution ist die Frage, ob Menschen Spezialisten- oder Generalistengehirne haben. Es gibt Belege für beide Positionen. Einerseits besitzen wir einige einzigartige intellektuelle Fähigkeiten wie Sprache und Rechtshändigkeit, die ein spezialisiertes Gehirn vorauszusetzen scheinen. Solche Fähigkeiten werden von vielen Forschern als angeboren oder instinktiv betrachtet, weil sie sich universell in allen Kulturen finden und nur schwierig oder gar nicht verändert werden können. Sie werden daher als integraler Bestandteil der menschlichen Natur betrachtet, eingebaut ins Genom, und als Resultat der Anpassung an Umweltdruck, der für die Zeit der Entstehung unserer Art spezifisch war. Andererseits ist der menschliche Geist bemerkenswert flexibel und anpassungsfähig an viele verschiedene Zwecke. Unsere abstrakten Denkfähigkeiten können in einer Vielzahl von Bereichen angewendet werden, die zur Zeit unserer Entstehung noch gar nicht existierten, z. B. Mathematik oder polyphone Musik. Unsere Fähigkeiten in diesen Gebieten können daher nicht das Ergebnis der direkten Evolution von spezialisierten Fähigkeiten in Mathematik und Musik sein, denn die natürliche Auslese kann nur auf der Grundlage von bereits bestehenden Differenzen wirksam werden. Unsere Kenntnisse über das menschliche Gehirn scheinen die Konzeption, dass das Vermögen des menschlichen Geistes die Folge vieler spezialisierter Neuronenanpassungen ist, in ihrer starken Form auszuschließen. Wir kennen viele Beispiele von Spezialisierung in anderen Arten, und wir wissen, wie solche Anpassungen aussehen. Solche kognitiven

Fähigkeiten beruhen normalerweise auf identifizierbaren neuronalen Strukturen, so genannten Modulen. Vogelgesang basiert z. B. auf bestimmten klar umrissen Gehirnnuklei, die bei Singvögeln auf einzigartige Weise ausgeprägt sind. Neuronale Module dieser Art gibt es bei vielen Arten: Sie steuern z. B. solche Fähigkeiten wie die Echoorientierung bei Fledermäusen, magnetische Navigation bei Zugvögeln und Stereowahrnehmung bei Primaten, und sie beruhen alle auf spezialisierten Sinnesorganen samt dazugehörigen Gehirnstrukturen. Das spezialisierte Profil teilt der Mensch mit den Primaten, einschließlich hervorragender Stereowahrnehmung, aber wir haben – mit der Ausnahme unseres stimmlichen Apparates – keine Module, die für uns spezifisch sind. Einige Forscher stürzen sich auf die gesprochene Sprache als eine spezifische spezialisierte Anpassung, und zu einem gewissen Grad ist sie das tatsächlich. Aber der Haken ist, dass wir unseren stimmlichen Apparat nicht brauchen, um Sprache zu produzieren. Gebärdensprache, wie sie von Gehörlosen verwendet wird, macht z. B. keinen Gebrauch von unserem speziellen Stimmapparat. Zudem scheint die Sprache, obwohl sie normalerweise in der linken Gehirnhälfte lokalisiert ist, nicht auf irgendeinen bestimmten Lappen im Gehirn oder einen bestimmten Teil des Assoziationskortex oder auch nur auf die linke Hälfte beschränkt zu sein. Es ist daher problematisch, zu behaupten, es gebe ein neuronales Modul dafür.

Wenn wir die Geschichte des Wirbeltiergehirns betrachten, so gibt es nur sehr wenige neue Module, die sich während seiner 500 Millionen Jahre dauernden Evolution entwickelt haben, und jedes hat sehr viel Zeit dafür benötigt. Das motorische Gehirn hat etwa eine massive modulare Neuorganisation durchlaufen, nachdem die Wirbeltiere das Land erobert hatten, und die normale motorische Gehirnarchitektur der Landlebewesen, insbesondere der höheren Säugetiere, unterscheidet sich signifikant von der von Fischen. Dennoch ist das Gehirn der Fische praktisch völlig intakt in unserem Nervensystem enthalten, obwohl es durch mächtige neue Module umgeben ist. Das aquatische Gehirn hat sich entwickelt, um die Schlangenbewegungen und alternierenden Rhythmen, die typisch für Fische sind, zu steuern. Doch es hat sich ein komplexes Netz weiterer Strukturen entwickelt, um die vielen neuen Anforderungen zu bewältigen, denen sich Landwirbeltiere ausgesetzt sehen. Die neuropsychologische Untersuchung der Komponentenstruktur des menschlichen Gehirns hat keine wirklich neuen Strukturen in Form von Gehirnlappen, Nuklei oder Ganglien entdeckt, die kein homologes Äquivalent bei Menschenaffen hätten, oder ein neues Transmittersystem, Netzwerke von Neurotubuli oder auch nur dendritische Strukturen, die völlig auf unsere Art beschränkt wären. Zugegebenermaßen ist die Vergrößerung des menschlichen Gehirns beispiellos, und es hat einige epigenetische Veränderung in den Mustern von synaptischem Wachstum und Verbindungen gegeben, doch die grundlegende Architektur des Primatengehirns hat sich durch diese Vergrößerung nicht verändert. Die dramatischste Veränderung hinsichtlich der Konnektivität liegt im präfrontalen Kortex,[1] wo ein überproportionales Wachstum dazu geführt hat, dass sich der frontale Kortex in einzelne Unterregionen aufgeteilt hat und in Gegenden vorgedrungen ist, die er bei anderen Arten nicht typischerweise einnimmt. Unsere Frontallappen haben einen größeren Einfluss, und unsere Art ist in ihren intellektuellen Strategien hochgradig frontalisiert. Zudem sind die Assoziationszonen

---

[1] Vgl. T. Deacon, *The symbolic species*, New York 1996.

unseres Neokortex, Cerebellum und Hippocampus viel größer als die entsprechenden Strukturen bei Schimpansen. Doch nicht einmal diese Entwicklung beschränkt sich auf uns. Die zunehmende Enzephalisation der Primaten ist seit Dutzenden Millionen Jahren im Gange, und ungefähr dieselben Strukturen haben sich bei unserer eigenen Spezies weiter vergrößert. Wie sich die Gehirngröße zwischen primitiven Affen und Schimpansen verdreifacht hat, so hat sie sich zwischen den Menschenaffen und uns verdreifacht. Das wirft einige Fragen auf. Wenn der Mensch eine Gehirnarchitektur ererbt hat, die relativ universell ist für die höheren Wirbeltiere, warum ist unser Geist dann so besonders?

Eine Antwort besteht darin, dass die Evolution des Gehirns nicht alles an uns erklären kann. Kultur ist ein enormer Faktor im Leben des Menschen, und die verteilten Netzwerke der Kultur haben seit sehr langer Zeit Wissen angehäuft. Die Existenz von Kultur als einer immensen kollektiven kognitiven Ressource ist eine neue Entwicklung in der Evolution. Die Kultur ist natürlich durch die Biologie eingeschränkt, und es gibt häufig eine Verzögerung zwischen evolutionären Veränderungen des Gehirns und bedeutenden kulturellen Fortschritten. Zum Beispiel entwickelten sich der verbesserte Werkzeuggebrauch und die Zähmung des Feuers viele Generationen nach der Zeit (vor etwa zwei Millionen Jahren), als es eine rapide Gehirnevolution der Hominiden gab. Diese großen Zeitverschiebungen zwischen neuronalen und kulturellen Veränderungen weisen darauf hin, dass das Wachstum der Gehirngröße ursprünglich nicht von unmittelbaren Verbesserungen in der Werkzeugherstellung und im Feuerhüten angetrieben wurden – diese hatten noch gar nicht stattgefunden. Das menschliche Gehirn hat einen Großteil seiner physischen Eigenschaften aus anderen Gründen entwickelt, in Verbindung mit Dingen wie Nahrung, Umwelt, sozialer Koordination und Entwicklungsplastizität. Unsere hauptsächlichen kulturellen Errungenschaften sind offensichtlich die verspäteten Nebenprodukte biologischer Anpassungen an andere Dinge. Dasselbe gilt für die zweite große Gehirnausdehnung der Hominiden, die die Entstehung unseres modernen Stimmapparats begleitete. Unser Gehirn erreichte seine moderne Form vor weniger als 200.000 Jahren, aber Belege für einen schnellen kulturellen Wandel tauchen erst vor 50.000 Jahren auf. Unser größerer Gehirn- und Vokaltrakt muss das Produkt anderer bedeutender Anpassungsvorteile gewesen sein, vielleicht im Zusammenhang mit dem Überleben während der Eiszeiten, die keine unmittelbare Revolution auf der kulturellen Ebene hervorriefen. Gesprochene Sprache könnte die Hauptveränderung gewesen sein und hätte keine unmittelbare Evidenz ihres Auftretens hinterlassen. Das langfristige Ergebnis war eine verbesserte kognitive Plastizität. Die logische Schlussfolgerung daraus ist, dass die archaischen Menschen eine Menge von flexiblen intellektuellen Fähigkeiten erworben haben müssen, die zu einem schrittweisen, kontinuierlichen kulturellen Wandel führten.

2.   Über den Rubikon

Der Schlüssel zu diesem schnellen kulturellen Wandel ist die Sprache. Der menschliche Geist ist der einzige in der Natur, der sprachliche Zeichen und Grammatiken erfunden hat. Einige Menschenaffen können darauf trainiert werden, menschliche Symbole in begrenztem Ausmaß zu verwenden, aber sie haben sie nie in freier Wildbahn entwickelt.

Das gilt selbst für enkulturierte Affen, die einige Fertigkeiten im Umgang mit Symbolen entwickelt haben, und daraus lässt sich schließen, dass der bloße *Besitz* von Zeichen an sich zu keiner radikalen Veränderung führt. Es ist die Fähigkeit, Zeichen zu *schaffen*, die ihnen fehlt. Der Übergang von der vorsymbolischen zur symbolbasierten Kognition war ein spezifisch menschliches Unternehmen, und folgerichtig gibt es eine gigantische Kluft zwischen der menschlichen Kultur und dem Rest des Tierreichs. Jede Gesamttheorie der kognitiven Evolution des Menschen steht und fällt letztlich mit ihrer Erklärung, wie diese Kluft überbrückt werden kann.

In der Kognitionswissenschaft gibt es, grob gesagt, zwei Traditionen: die der künstlichen Intelligenz (KI), die zeichenbasierte Modelle des Geistes konstruiert, und die der neuronalen Netzwerke, die Modelle von simulierten Nervensystemen entwickelt. Diese können lernen, ohne Zeichen zu benutzen, indem sie hologrammartige Erfahrungsgedächtnisse konstruieren. Ein neuronales Netzwerk ist im Grunde eine *tabula rasa* aus zufällig miteinander verbundenen Speichereinheiten, die aus dem Feedback ihrer Umwelt lernen, indem sie Verknüpfungen in einem relativ unstrukturierten Gedächtnisnetz konstruieren, ganz wie Tiere. KI-Modelle dagegen beruhen auf vorher festgelegten Zeichenwerkzeugen (in Form elementarer Kategorien und Regeln), die ihnen von einem Programmierer gegeben werden, und diese werden benutzt, um symbolische Beschreibungen der Welt zu konstruieren, ähnlich denen, die Menschen mit Sprache bauen. Doch es gibt einen entscheidenden Unterschied zwischen solchen künstlichen Expertensystemen und dem menschlichen Geist. Expertensysteme haben kein unabhängiges Weltwissen und bleiben auf der symbolischen Ebene eingesperrt, so dass sie, um einen Satz zu verstehen, darauf angewiesen sind, Zeichen in einer Art Computerlexikon nachzuschlagen, wobei jede Definition in endlosen Schleifen von Lexikoneinträgen nur zu weiteren Wörtern oder Handlungen führt. In solchen Systemen gibt es keinen Weg zurück zu einem Modell der wirklichen Welt, und Zeichen können nur durch andere Zeichen verstanden werden. Da, wie Wittgenstein beobachtete, die überwiegende Mehrheit der Wörter nicht adäquat mit anderen Wörtern definiert werden kann, ist das keine belanglose Beschränkung. Die Entwicklung der KI-Tradition ist, wie Dreyfus vor zwanzig Jahren prophezeit hat, gegen eine Mauer gelaufen, eben weil sie die Grenze zwischen vorsymbolischer und symbolischer Repräsentation nicht überqueren und die holistischen, nichtsymbolischen Arten von Wissen nicht einholen kann, mit denen der Mensch seine symbolischen Konstrukte aufzuladen pflegt.

Die entscheidende Frage der kognitiven Evolution des Menschen kann in Begriffen dieser Dichotomie reformuliert werden: Irgendwo in der Evolution des Menschen muss das Nervensystem der Säugetiere die Mechanismen erworben haben, die für zeichenbasiertes Denken notwendig sind, ohne dabei seine ursprüngliche Wissensbasis zu verlieren. Um die Metapher auszuweiten, hat der Geist der Säugetiere seine archaische Netzwerkstrategie gleichsam dadurch angereichert, dass er verschiedene zeichenbasierte Methoden erfunden hat, die Wirklichkeit zu repräsentieren. Das ist vermutlich der Grund, weshalb das menschliche Gehirn nicht an den Beschränkungen der KI leidet; es hat die grundlegenden Wissenssysteme der Primaten bewahrt, während es gleichzeitig wirkungsvollere entwickelt hat, die der Agenda einer nichtsymbolischen Repräsentation dienen. Wie jedoch konnten die Nervensysteme der frühen Hominiden die vorsymbolische Kluft überqueren? Was sind die notwendigen kognitiven Vorbedingungen symbolischer Erfindungen? Die Kognition des Menschen ist ein kollektives Produkt. Das isolierte Gehirn erfindet keine externen Symbole. Menschliche Gehirne erfinden Symbole kollektiv in einem kreativen und dynamischen Prozess. Das wirft eine weitere wichtige Frage auf: Wie werden Zeichen erfunden? Ich schreibe diese Fähigkeit exekutiven Fertigkeiten zu, die ein Nervensystem geschaffen haben, das wiederum notwendigerweise Repräsentation erfunden hat.

Wenn wir die Ursprünge einer radikalen Veränderung in den kognitiven Fähigkeiten des Menschen betrachten, müssen wir die Abfolge der kulturellen Veränderungen (inklusive der Kulturen der Affen und Hominiden) ansehen. Die kognitive Kultur der Menschenaffen kann als „episodisch" bezeichnet werden. Ihr Leben findet ganz in der Gegenwart als eine Folge konkreter Episoden statt, und das höchste Element der Gedächtnisrepräsentation befindet sich auf der Ebene der Ereignisrepräsentation. Tiere können keinen spontanen Zugang zu ihren eigenen Speicherbanken erwerben, weil sie wie neuronale Netzwerke von der Umwelt abhängen, um auf ihr Gedächtnis zuzugreifen. Sie sind Konditionierungswesen und denken allein unter dem Aspekt von Reaktion auf die gegenwärtige oder unmittelbar vergangene Umwelt (das beinhaltet selbst ihren Gebrauch von Zeichen, der ihnen durch einen Trainer vermittelt wurde und sehr konkret ist). Menschen allein haben selbstinitiierten Zugang zu ihrem Gedächtnis. Man kann das „Autocueing" nennen oder die Fähigkeit, spontan besondere Gedächtnisinhalte abzurufen, ohne Einfluss der Umwelt. Betrachten wir ein Tier, das sich durch einen Wald bewegt; sein Verhalten wird durch seine äußere Umwelt bestimmt, und natürlich kann es sehr geschickt im Umgang mit dieser Umwelt sein. Aber ein Mensch kann sich durch denselben Wald bewegen und an etwas denken, was in keinerlei Zusammenhang mit der unmittelbaren Umwelt steht – zum Beispiel die letzte Wahl, einen Film oder einen Artikel in der Zeitung. Wenn er über ein Thema nachdenkt, zieht der Denkende ein Element aus seinem Gedächtnis, reflektiert darüber, greift auf einen anderen Gedächtnisinhalt zu, verbindet ihn mit der letzten Vorstellung, und so fort in wiederholten Schleifen. Diese Reflexionsfähigkeit beruht auf spontanem Autocueing; jeder Gedächtnisinhalt wird ausgewählt, präzise verortet und abgerufen, idealerweise ohne viele andere, unerwünschte Inhalte abzurufen und ohne sich darauf zu verlassen, dass die Umwelt mit den relevanten Schlüsselreizen aufwartet, um den Gedächtnisinhalt wiederzufinden. Unsere Fähigkeit, über die unmittelbare Umwelt hinauszugehen, hätte sich ohne die Fähigkeit zum Autocueing nicht entwickeln können. Beachten Sie, dass ich nicht behauptet habe, dass wir über den Vorgang, durch den wir spontan Gedächtnisinhalte abrufen, etwas durch Introspektion herausfinden können. Wir müssen kein Bewusstsein vom Abrufprozess haben, um ihn spontan kontrollieren zu können. Sprache ist „spontane" Kognition, aber wenn wir sprechen, haben wir kein Bewusstsein davon, wo die Wörter herkommen. Die erste zeichenhafte Gedächtnisrepräsentation musste Zugang zu dem impliziten Wissen erwerben, das in den neuronalen Netzen liegt. Der ursprüngliche Anpassungswert der repräsentationalen Erfindungen der ersten Menschen dürfte darin gelegen haben, Abrufpfade zu einer Wissensbasis zu liefern, die bei den Primaten zwar bereits vorhanden, aber noch nicht spontan zugänglich war. Doch wo können solche Pfade angelegt worden sein, wenn man das funktionale Arrangement des Primatengehirns als gegeben annimmt?

3.   Der erste Schritt zur Sprache: Mimesis

Der erste kognitive Übergang fand vor etwa 2,2 bis 1,5 Millionen Jahren statt, als bedeutende Änderungen im menschlichen Genom in der Erscheinung von *Homo erectus* kulminierten, dessen Leistungen auf eine verbesserte Gedächtniskapazität hinweisen. Diese Art produzierte (und verwendete) komplexe Steinwerkzeuge, erfand Strategien für die Jagd über große Distanzen einschließlich des Baues von saisonalen Lagerplätzen und wanderte aus Afrika über einen Großteil der eurasischen Landmasse, wobei sie sich an eine große Menge verschiedener Umwelten anpasste.

Viele Evolutionsbiologen sind darauf fixiert, dass es nur einen großen kognitiven Durchbruch für den Menschen gab: die Sprache, dass dieser Durchbruch früh stattfand, mit Homo erectus, und dass alle anderen höheren menschlichen Geistesfähigkeiten daraus entsprungen sind. Bickerton[2] hat gemeint, dass eine Form von Protosprache zur Zeit von Homo erectus existiert haben muss, was die kulturellen Errungenschaften der frühen Hominiden mit einer einzigen Anpassung erklären könnte (einer Art Sprache ohne Grammatik), die sich später zum modernen Sprachvermögen weiterentwickelt hat. Pinker[3] hat vorgeschlagen, dass die Evolution der Grammatik selbst früh begonnen hat und dass einige Teile eines Sprachmoduls bereits bei Homo erectus vorhanden gewesen sein müssen.

Ich finde das nicht überzeugend. Erstens zeigen die archäologischen Befunde die Sprache nicht an einer so frühen Stelle der Evolution; keiner der Hauptindikatoren für menschliche Sprache – der abgesenkte Kehlkopf und schneller kultureller Wandel – tritt vor dem Erscheinen von Homo sapiens auf, der mehr als eine Million Jahre später erschien. Zweitens hatten die frühen Hominiden noch keine sprachliche Umgebung, und selbst eine Protosprache wäre auf das Vermögen zur Erfindung von Wörtern angewiesen gewesen. Dieser Punkt ist entscheidend, weil er die Frage nach dem Autocueing von Gedächtnisinhalten aufwirft: Erfindungen von Wörtern müssen so gestaltet sein, dass der Sprecher sie selbst abrufen kann. Echte sprachliche Symbole, selbst die einfachsten, konnten in der Evolution nicht einfach auftauchen, bevor es ein Prinzip von spontanem Gedächtnisabruf im Gehirn des Hominiden gab; um von Nutzen zu sein, mussten die erfundenen Wörter spontan abrufbar und veränderlich sein, wie echte repräsentationale Akte, die intentional einen bestimmten Aspekt der Realität modellieren.

Bevor die Erfindung von Wörtern in den Bereich des Möglichen treten konnte, musste im prälinguistischen Gehirn spontaner Abruf oder eben Autocueing eingeführt sein. Dieselbe Anpassung dürfte dann auch die kognitiven Voraussetzungen für eine Reihe von nichtverbalen repräsentationalen Fähigkeiten geboten haben. Schließlich ist Sprache nicht der einzige spezifisch menschliche kognitive Fortschritt, der in der Evolution erklärt werden muss.[4] Wenn alle unseren höheren Denkfähigkeiten auf unserem sprachlichen Vermögen beruhen würden, wie könnten wir dann die praktische Autonomie einiger nichtverbaler Formen der menschlichen Intelligenz erklären? Eine gute evolutionäre Theorie der vorsprachlichen Anpassung sollte so viele dieser Fähigkeiten wie

---

[2] Vgl. D. Bickerton, *Language and Species*, Chicago 1990.
[3] Vgl. S. Pinker, *The language instinct*, New York 1994.
[4] Vgl. D. Premack, *Gavagai!*, Cambridge (Massachusetts) 1986.

möglich erklären, aber gleichzeitig die kognitiven Grundlagen für Sprache liefern. Mein Kernvorschlag lautet, dass der erste Durchbruch in unserer kognitiven Evolution eine radikale Verbesserung der spontanen motorischen Kontrolle war, die ein neues Mittel zur Repräsentation der Wirklichkeit bot. Das Geschenk von Homo erectus an die Menschheit war die Fähigkeit zur Mimesis, eine revolutionäre Verbesserung der spontanen motorischen Kontrolle, die zu der einzigartigen Fähigkeit des Menschen führte, den ganzen Körper als subtiles Kommunikationsmittel zu benutzen. Diese körperliche Fertigkeit war Mimesis, eine Begabung für metaphorisches Handeln. Sie könnte ohne Sprache eine Kultur hervorgebracht haben, die hinsichtlich ihrer Fähigkeiten zur Werkzeugherstellung, Weiterentwicklung von Fähigkeiten und flexiblen Sozialorganisation sehr viel leistungsstärker war als jede bekannte Kultur von Menschenaffen.

Mimetische Fähigkeiten gehen logisch der Sprache voraus und bestehen unabhängig von echt sprachlichen Repräsentationsmodi. Sie sind die grundlegende menschliche Denkfähigkeit, ohne die es gar nicht die evolutionäre Möglichkeit gegeben hätte, dass sich Sprache entwickelt. Mimesis ist eine Zwischenschicht von Wissen und Kultur und stellt die erste evolutionäre Verbindung zwischen den vorsymbolischen Wissenssystemen von Tieren und den symbolischen Systemen moderner Menschen dar. Sie basiert auf einem Gedächtnissystem, das Bewegungen mit Blick auf ein kohärentes Wahrnehmungsmodell des Körpers in seiner Umwelt spontan und systematisch testen und weiterentwickeln kann und das auf einem abstrakten Modell von Modellen beruht, durch das jede Handlung des Körpers unter bewusster Kontrolle gestoppt, neu ausgeführt und ausgeworfen werden kann. Das ist im Wesentlichen ein „Autocueing-Pfad", denn das Ergebnis des Modells ist ein praktisch anwendbares Selbstbild. Obwohl die genauen physiologischen Mechanismen dieses Systems unbekannt sind, verwendet sein funktionaler Abrufpfad kinematische Metaphorik. Das Prinzip der Abrufbarkeit wurde damit zuerst an der Spitze des motorischen Systems etabliert, und abrufbare Körperbewegungen waren die ersten echten Repräsentationen.

Mimesis ist eine supramodale Fähigkeit. Ein mimetisches Szenario kann mit Augen, Händen, Füßen, Körperhaltung, Fortbewegung, Gesichtsausdruck, Stimme und jeder anderen Modalität oder Kombination von Modalitäten durchgespielt werden. Das ist offensichtlich im Fall des spezifisch menschlichen Verhaltensmusters, das als Rhythmus bekannt ist und die motorische Übersetzung eines abstrakten Geräuschmusters darstellt – die Übertragung von Geräusch in Bewegung. Rhythmus ist wahrhaft supramodal: Besucher eines Rockkonzerts benutzen jeden Muskel ihres Körpers zur Übertragung eines abstrakten Geräuschmusters in eine Bewegung. Aber komplexere motorische Fähigkeiten des Menschen verlangen mehr als nur die Fähigkeit, supramodal zu trainieren: Sie erfordern ebenso die Fähigkeit zur zielgerichteten Sequenzierung umfangreicher Handlungsmuster, z. B. derjenigen, die für fortgeschrittene Werkzeugproduktion benutzt werden. Das geht von einer größeren Fähigkeit zur Selbstmodellierung aus, durch die eine Folge von Handlungen imaginiert und dann verändert oder neu angeordnet werden kann. Diese Art von erweiterter kinematischer Vorstellung ist immer noch die Grundlage für die nonverbale Vorstellung des Menschen und fundamental für das Training von Menschen, die mit ihrem Körper arbeiten wie etwa Schauspieler und Sportler. Obwohl sie manchmal als primär visuell angesehen wird, ist nonverbale Vorstellung eine körperbasierte Fähigkeit, die visuelle Bilder nach sich zieht. Es ist kein Zufall, dass die antiken Mnemotechniken, die von den Griechen und späteren europäischen Kulturen bevorzugt wurden, nicht auf statischen visuellen Bildern beruhte, sondern darauf, ein Bild von Bewegung in einem imaginären visuellen Raum zu kreieren, in dem das kinematische Bild zum Motor der visuellen Erinnerung gemacht wurde.

Die Universalität dieser spezifisch menschlichen Körperfähigkeit wird immer noch an Kindern aller Kulturen deutlich, die ihre motorischen Fähigkeiten regelmäßig ohne Unterweisung und Konditionierung trainieren und verbessern; Bilder von Jungen, die einen Ball immer wieder gegen eine Wand werfen, oder von Mädchen, die endlos Seilspringen üben, drängen sich auf. Ein Fortschritt der motorischen Repräsentation des Menschen in dieser Größenordnung dürfte automatisch Auswirkungen auf dem Gebiet der Ausdrucksfähigkeit nach sich gezogen haben. Handlungen und Ereignisse könnten unabhängig von der Umwelt repräsentiert und nachgespielt worden sein; das führte zu einer Verbesserung der Herstellung des Gebrauchs von Werkzeugen sowie von Konstruktions- und anderen instrumentellen Fähigkeiten. Doch wie bei vielen anderen evolutionären Anpassungen dürften mimetische Fähigkeiten auch unvorhergesehene Folgen gehabt haben: Hominiden hatten jetzt ein Mittel, sich und anderen durch spontanes Handeln die Welt zu repräsentieren. Das bedeutet, dass Hominiden viel mehr konnten als nur vorhandene Bewegungsmuster zu trainieren und zu verfeinern; sie konnten auch völlig neue imaginieren und erfinden, wie es Sportler, Tänzer, Schauspieler und Wasserspringer immer noch tun. Und sie konnten Ereignisse und Szenarien wiederaufführen und so eine Art gestisches Prototheater des Alltags schaffen. Der Körper wurde ein Ausdrucksmittel; es musste nur die soziale Nützlichkeit dieser Fähigkeit entdeckt werden.

Der expressive und soziale Aspekt der mimetischen Fähigkeit des Menschen könnte reine Mimesis genannt werden. Für lange Zeit (mehr als eine Million Jahre) lebten Hominiden in einer mimetischen Kultur, die auf verbesserten spontanen motorischen Fähigkeiten, dem ausgedehnten Gebrauch der Nachahmung für pädagogische Zwecke sowie einem weit ausgefeilteren Spektrum spontaner Gesichts- und Stimmausdrücke beruhte, gepaart mit öffentlicher Handlungs-Metaphorik, die die Grundlage für den Großteil von Sitte und Ritual bildete. Können solche Kulturen ohne Sprache Homo erectus zu den Höhen gebracht haben, die er erreichte? Gute Gründe für die Bedeutung und für die Autonomie nonverbaler geistiger Aktivität finden sich bei der Untersuchung des modernen Menschen.

Eine Begründungslinie ist die anhaltende kulturelle Autonomie der Mimesis. Ganze Bereiche der modernen menschlichen Kultur laufen nach wie vor mit minimalem Spracheinsatz hervorragend ab. Dies beinhaltet die Übung und Vermittlung vieler Handwerke und Beschäftigungen sowie Spiele, insbesondere Kinderspiele; viele Aspekte der Sitte, des sozialen Rituals und komplexe interaktive Szenarien wie die, die Eibl-Eibesfeldt dokumentiert hat;[5] athletische Fähigkeiten und viele Sitten des Gruppenausdrucks – zum Beispiel den systematischen Gebrauch kollektiven Gelächters als einer Form von Ausschluss oder Bestrafung und kulturspezifische Sitten, um Unterordnung, Zuneigung, Männlichkeit, Weiblichkeit, Schmerztoleranz, Triumph, Aufrechterhaltung der Gruppen-

---

[5] I. Eibl-Eibesfeldt, *Human Ethology*, New York 1989. Vgl. auch M. Argyle, *Bodily Communication*, London 1975.

solidarität usw. anzuzeigen. Diese Aspekte der Kultur sind weder für ihre ursprüngliche Erfindung noch für ihre Weitergabe von einer Generation zur nächsten auf sprachliche Fähigkeiten angewiesen.

Eine andere Begründungslinie ist die neurobiologische. Diese Fähigkeitsbereiche werden typischerweise in manchen Fällen von Globaler Aphasie nicht beeinträchtigt. Das wird besonders an temporären Aphasien klar, die durch einige Arten von Epilepsie verursacht werden. Hier können Patienten zwar für einige Stunden jeglichen Sprachgebrauch (einschließlich des inneren Sprechens) verlieren, bleiben aber bewusst und sind auf einem nichtsymbolischen Level weiter aktiv. Sie können sich immer noch in zielgerichteter Weise zurechtfinden, mit relativ komplexen Geräten wie Radios oder Fahrstühlen umgehen und mimetische Sozialkommunikation aufrechterhalten (sie wissen z. B., wann sie einen Anfall haben und können dies anderen durch Gesten mitteilen). Das bedeutet, dass mimetische Fähigkeiten von einer autonomen Repräsentationsebene im Gehirn herrühren, die von einem vorübergehenden völligen Verlust von Sprache unberührt bleibt. Weitere Evidenz für die Unabhängigkeit reiner Mimesis stammt aus den Lebensbeschreibungen gehörloser Analphabeten des 18. und 19. Jahrhunderts vor der Verbreitung der Gebärdensprache. Ohne irgendeine Art von Kommunikationstraining mussten diese Menschen ohne lexikalische, syntaktische oder morphologische Spracheigenschaften überleben. Sie konnten nicht hören und hatten somit kein tonbasiertes Lexikon; sie hatten kein orales Lexikon; sie konnten weder lesen noch schreiben und besaßen daher kein visuelles Lexikon; und da es keine Gehörlosen-Community mit einer Gebärdensprache gab, hatten sie kein Gebärdenlexikon. Keine der lexikalischen Komponenten von Sprache war also vorhanden, und das dürfte die Möglichkeit ausgeschlossen haben, irgendetwas zu konstruieren, was wir als echte sprachliche Repräsentationen anerkennen könnten. Doch sie führten häufig ein außergewöhnliches Leben,[6] und nach den überlieferten Berichten konnten sie reine Mimesis auf recht komplexe Weise verwenden, sowohl was ihre konstruktiven Fähigkeiten als auch was die kommunikative und metaphorische Gestik betrifft. Mimetische Repräsentation ist eine autonome, spezifisch menschliche Geistesebene, die noch immer die nichtsprachliche kognitive Infrastruktur menschlicher Gesellschaften stützt. Sie erlaubte es dem Menschen, den Rahmen der Primaten zu sprengen und zum ersten Mal abrufbare Gedächtnisrepräsentationen zu konstruieren. Sie führte ferner zu einem langsamen Prozess kulturellen Wandels, der in den erkennbar menschlichen Kulturen des späten Homo erectus kulminierte, und bereitete den Boden für eine zweite drastische Innovation, die zu einem sehr viel leistungsfähigeren Repräsentationsmittel führen sollte.

4. Der zweite Schritt: Die mythische Kultur

Der zweite Übergang, von der mimetischen zur mythischen Kultur, wurde durch Sprache ermöglicht. Im Ergebnis kam das verstreute, konkrete Repertoire der mimetischen Kultur unter die Herrschaft des narrativen Denkens und schließlich des integrativen Mythos. Archäologische Befunde zeigen an, dass eine lange Übergangszeit, von vor etwa 500.000

---

[6] Vgl. H. Lane, *When the Mind Hears*, New York 1984.

bis vor 100.000 Jahren, dem Erscheinen des modernen Homo sapiens vorausging. Das ist die Zeit, in der sich vermutlich die Sprache entwickelt hat. Sprache beinhaltet eine andere Art kognitiver Operationen als die holistische motorische Strategie, die reiner Mimesis zugrundeliegt. Sie beruht vor allem auf dem Vermögen, tausende von lexikalischen Einheiten – Wörtern – in Verbindung mit den Regeln für ihren Gebrauch zu erfinden und abzurufen sowie narrative Kommentare aus diesen lexikalischen Einheiten zu konstruieren. Wörter waren die ersten echten Zeichen, und Sprache in diesem Sinne ist das Merkmal der modernen Spezies Mensch. Evolutionärer Druck, der ein so leistungsfähiges Repräsentationsmittel gefördert hat, dürfte stark zugenommen haben, als eine Umwelt mimetischer Kommunikation ein kritisches Maß an Komplexität erreicht hatte. Mimesis ist an sich eine mehrdeutige Weise, die Welt zu repräsentieren, und Wörter sind ein effektives Mittel, mimetische Botschaften eindeutig zu machen. Auch heute lernen Kinder Sprache auf diese Weise, wenn viele ihrer ersten Äußerungen in mimetischen Austausch eingebettet sind, wie Zeigen, Zerren, prosodische Stimmgeräusche, Augenkontakt, nichtsprachliche Geräusche und Gesten und mimetische Bewegungen des ganzen Körpers. Selbst wenn Kleinkinder mit sich selbst sprechen, tun sie dies normalerweise in einem mimetischen Kontext.

Lexikalische Erfindung ist ein konstanter Prozess des Etikettierens, Definierens und Differenzierens verschiedener Aspekte der wahrnehmbaren Welt (einschließlich der Sprachprodukte selbst). Menschen erfinden ständig neue lexikalische Einheiten oder erwerben sie von anderen, und natürliche Sprachen bleiben selten für längere Zeit statisch. Das verdeutlicht eine permanente Spannung zwischen lexikalischen Erfindungen und ihren Bedeutungen, als gäbe es eine natürliche Tendenz des Systems, die Realität immer wieder zu differenzieren und zu definieren. Wie Mimesis ist Sprache essentiell eine Denkfähigkeit, doch statt der holistischen Strategie, der Quasi-Wahrnehmung motorischer Mimesisfähigkeiten verwendet sie echte Symbole und konstruiert narrative Beschreibungen der Wirklichkeit.

Die gesprochene Sprache bot den Menschen eine zweite Art von abrufbarem Wissen und eine sehr viel leistungsfähigere Methode, ihr Wissen zu formatieren. Das natürliche Produkt der Sprache ist narratives Denken oder Erzählen. Erzählen hatte einen Vorläufer in mimetischen Wiederaufführungen von Ereignissen, doch unterscheidet es sich davon wesentlich durch die Methoden, durch die es seine Ziele erreicht, und ist sehr viel flexibler hinsichtlich seiner Inhalte. Mimetische Wiederaufführungen sind daran geknüpft, dass Bilder des ursprünglichen Ereignisses abgebildet werden, doch der essentiell narrative Akt – die verbale Benennung von Akteuren, Handlungen und ihren Beziehungen – erhebt den Beobachter über Raum und Zeit und gestattet, dass die Komponenten der Geschichte in sehr viel freierer Weise untersucht, restrukturiert und geteilt werden können.

Die gesprochene Sprache veränderte die menschliche Kultur nicht nur hinsichtlich der Zahl und Komplexität vorhandener Wörter und Grammatiken, sondern auch hinsichtlich der geteilten Produkte oraler Kulturen. Der kollektive Gebrauch narrativen Denkens führte unausweichlich zu Standardbeschreibungen – geteilten, anerkannten Versionen vergangener Ereignisse. Diese bildeten die Grundlage von Mythos und Religion, die das direkte Ergebnis der sich entwickelnden linguistischen Fähigkeiten waren. Es ist bezeichnend, dass mythische Erfindungen allen anderen Fortschritten in der Werkzeugherstellung vorausgegangen zu sein scheinen. Selbst die technologisch primitivsten Kulturen haben vollentwickelte gesprochene Sprache und mythische Systeme. Doch die neuen mündlichen Kulturen schafften die mimetische Repräsentation nicht ab; im Gegenteil, sie integrierten die konkretere, pragmatischere Mimesiskultur, die im Wesentlichen wie in der Vergangenheit weiterlief, in ihre eigenen traditionellen kulturellen Arenen. Mimetische Fähigkeiten stellen immer noch die kognitive Basis für soziale Institutionen wie Handwerk, Sport, Tanz und die komplexen nonverbalen Ausdrucksdimensionen dar, die in Ritual, Schauspiel und Theater erfasst und kultiviert werden. Sprache liefert den narrativen Rahmen, der diese Institutionen letztlich beherrscht. Mythos und narratives Denken sind die dominante Gedankenebene in mündlichen Kulturen. Ob sie sich dessen bewusst sind oder nicht, alle Menschen wachsen in einem mythischen System auf. Mythen bilden den kulturellen Leim, der Gesellschaften zusammenhält. Mythen und Geschichten beinhalten und verdrängen die Prototypen und mimetischen Stereotypen sozialer Rollen, sozialer Strukturen und Sitten. Sie beruhen auf Allegorie und Metapher und es mangelt ihnen an Genauigkeit, aber sie bleiben die universelle Form des integrativen Denkens des Menschen und einer der leistungsfähigsten und wichtigsten Wege, die Wirklichkeit abzubilden.

Beim modernen Menschen arbeiten Sprache und mimetische Fähigkeit beim Ausdruck von Gedanken Hand in Hand, aber sie können auch unabhängig voneinander verwendet werden, um Botschaften zu erzeugen, die sich gleichzeitig widersprechen. Solche Kontraste sind ein gebräuchliches Mittel in vielen Bereichen der Kultur, insbesondere aber im Kino, im Theater, in der Komödie und Oper, wo der mimetisch-sprachliche Kontrapunkt sehr effektiv eingesetzt wird. Die Spannung, die dadurch erzeugt wird, dass diese zwei kontrastierenden Repräsentationsmodi in verschiedene Richtungen weisen, ist ein sehr wirksames dramaturgisches Mittel. Das legt den Gedanken nahe, dass diese separaten Repräsentationsareale im Gehirn unabhängig genug voneinander sind, um gleichzeitig operieren zu können, ohne miteinander zu interferieren.

5.   Der dritte kognitiv-kulturelle Übergang: Theoretische Kultur

Der dritte Übergang beinhaltet einen Wechsel von mythischer zu theoretischer Kontrolle. Die zwei evolutionären Schritte, die oben beschrieben wurden, bilden die angeborene strukturelle Grundlage des menschlichen Denkens, unser genetisches kognitives Erbe. Doch die kognitive Evolution hörte nicht auf, als wir irgendwann vor 100.000 bis 50.000 Jahren unsere moderne Form erreichten. Ein dritter entscheidender kognitiver Durchbruch muss angenommen werden, der die erstaunlichen Veränderungen erklärt, die in jüngerer Vergangenheit stattgefunden haben. Diese Veränderungen drehen sich um den zentralen Trend, der die Geschichte der letzten 20.000 Jahre dominiert hat: die Externalisierung des Gedächtnisses.

Die ersten Menschen waren ebenso wie ihre Vorgänger von ihren natürlichen oder biologischen Gedächtniskapazitäten abhängig. Obwohl Sprache und mimetischer Ausdruck es dem Menschen erlaubten, ein beträchtliches Maß von kulturell geteiltem Wissen anzuhäufen, war der physische Speicher dieses Wissens doch abhängig von den internen Gedächtniskapazitäten der einzelnen Mitglieder der Gesellschaft. Denken fand komplett im Kopf statt; alles, was gesehen oder gehört wurde, musste mündlich erinnert und aufgeführt oder in der Phantasie visualisiert werden. Die Vorteile externer Speicherung sind offensichtlich, aber die Erfindung externer Speichermedien hat mindestens 20.000 Jahre gedauert, und die volle Erkenntnis der Möglichkeiten externer Zeichen ist sehr jung. Das allgemeine Schlüsselwort für die jüngste Phase dieser Transformation ist Schriftlichkeit, aber dieser Begriff muss auf mehr als seine konventionelle Bedeutung ausgeweitet werden, die sich in der westlichen Kultur häufig auf die Fähigkeit beschränkt, alphabetische Zeichen lesen und schreiben zu können. Eine adäquatere Beschreibung menschlicher Schriftlichkeit würde alle Fähigkeiten einschließen, die man braucht, um jede Art von permanenten externen Zeichen zu gebrauchen, von den Piktogrammen und Linienzeichnungen des Jungpaläolithikum über die Astrolabien und alchemistischen Diagramme des Mittelalter bis hin zu den digitalen Informationscodes, die in der modernen elektronischen Kommunikation verwendet werden.

Es hat keine Periode der genetischen Anpassung an externen Zeichengebrauch gegeben. Wir haben im Wesentlichen immer noch dasselbe Gehirn wie vor 50.000 Jahren. Man könnte meinen, dass der Wechsel zum externen Gedächtnis rein kulturell und daher nicht so grundlegend wie die zwei vorangegangenen war. Doch wenn man dieselben Kriterien anwendet, die herangezogen werden, um frühere kognitive Schritte einzustufen, dann stellen die jüngsten Veränderungen starke Gründe dafür dar, einen dritten entscheidenden Durchbruch in unserer kognitiven Evolution anzunehmen. Sowohl das physikalische Medium als auch die funktionale Architektur des menschlichen Gedächtnisses haben sich verändert, und neue Repräsentationsweisen sind möglich geworden. Externe Zeichen haben das Speichermedium verändert, obwohl sie eher eine Veränderung der technischen als der biologischen Hardware darstellen. Das ist nicht ohne Bedeutung, denn die Speichereigenschaften externer Medien sind sehr verschieden von denen im Kopf. Während biologische Gedächtnisaufzeichnungen in einem unbeständigen, fixierten Medium mit einem eingeschränkten Format vorliegen, sind externe Aufzeichnungen normalerweise in einem dauerhaften, verbesserungsfähigen und umformatierbaren Medium vorhanden. Diese Eigenschaften erlauben es dem Menschen, völlig neue Arten von Gedächtnisaufzeichnungen zu konstruieren und die Menge von Wissen, die im Gedächtnis gespeichert ist, massiv auszuweiten. Externe Speicherung hat außerdem neue Methoden des Abrufs und der Organisation von Information hervorgebracht; die Zugpferde des biologischen Gedächtnisses (Ähnlichkeit sowie raum-zeitliche Kontiguität) sind beim externen Gedächtnisabruf nicht besonders relevant. Die Hinzufügung so vieler externer Medien hat tatsächlich unsere Gedächtnisarchitektur verändert (also die Speicher- und Prozessoptionen des Systems sowie ihre Konfiguration), was uns erlaubt, uns frei durch einen externen Informationsraum zu bewegen, der praktisch zeitlich „eingefroren" ist. Wegen ihrer stabilen Anzeigeeigenschaften haben uns externe Gedächtnismedien erlaubt, die Kraft unseres Wahrnehmungs-, insbesondere des visuellen Systems, für reflexives Denken einzuspannen; und sie haben buchstäblich einen Einfluss darauf gehabt, mit welchem Teil des Gehirns wir einen Großteil unserer Denkarbeit zu verrichten pflegen. Das hat unsere Optionen für das Stiften von Beziehungen zwischen verschiedenen Arten von Bildern und Information sowie für die Verrichtung geistiger Arbeit in Gruppen erweitert. All dies hat eine neuropsychologische Dimension. Es hat eine Invasion des

Gehirns durch ein kulturell bestimmtes Programmieren gegeben, vor allem in Form von institutionalisierter Bildung.

Ein auszugsweiser Überblick über die Medien, die Menschen auf ihrem Weg zur vollen symbolischen Schriftlichkeit erlernt haben, umfasst (in etwa historischer Reihenfolge) Ikonographie, Karten, Wappen, Totems, zeichnerische Repräsentationen, Piktogramme, Abfolgenanzeiger wie geknotete Fäden oder Rosenkränze, verschiedene Arten von Gegenständen, Währungen, Eigentumskennzeichnungen, Schrift- und Zahlsysteme, mathematische Notationen, schematische und geometrische Diagramme, Listen, Silbenschriften und Alphabete, Schriftrollen, Bücher, archivarische Aufzeichnungen verschiedener Art, militärische Pläne, Diagramme von Organisationen, Umweltzeichen verschiedener Art, graphische Darstellungen, wissenschaftliche Handbücher, Graphen, analoge Werkzeuge, spezialisierte Fachsprachen, Programmiersprachen und eine Reihe von modernen multimedialen Speichermedien, die von quasi allen vorgenannten Gebrauch machen. Selbst unser persönliches Gedächtnissystem ist mit Photographien, Notizen, Fernsehbildern und anderen Arten von gespeichertem Wissen programmiert worden. Wenn einmal die erforderlichen Codes im Gehirn vorhanden sind und das semantische Gedächtnissystem eine ausreichende Wissensbasis für die Arbeit hat, kann ein erfolgreiches externes Speichermedium einen beabsichtigten Geisteszustand in einem Leser oder Betrachter wieder hervorrufen. Für einen Expertenleser sind die Enkodierungsstrategien so tief verankert, dass das Medium selbst unsichtbar ist; die Vorstellungen springen gleichsam aus der Seite heraus, und die Botschaft wird unbewusst verarbeitet. Wenn man ein großes symbolisches Artefakt verarbeitet, z. B. einen Roman, wird im Geist des Lesers eine bestimmte Menge abstrakter Repräsentationen aufgebaut; und dieser vorübergehende Geisteszustand ist hochgradig abhängig von dem externen Medium. Wenn das Artefakt entfernt wird, bleibt wenig; legen Sie einen langen Roman zur Seite, und der vorübergehende Reichtum der Geschichte verschwindet sofort und hinterlässt nur einen allgemeinen Eindruck der Geschichte und ihrer Figuren. Nehmen Sie ihn wieder zur Hand, und binnen Minuten entsteht die vom Autor geschaffene Welt wieder neu in Ihrem Kopf.

Der sprachbegabte Geist ist auf diese Weise extern programmierbar geworden, was sowohl ein Vorteil als auch eine Gefahr ist. Der Vorteil liegt in den kreativen Möglichkeiten von Zeichen; Gesellschaften können viel komplexer sein, Naturwissenschaft und Technik können Fortschritte machen, Forschung wird ermöglicht, und Künstler und Schriftsteller werden zu kognitiven Ingenieuren, die ihr Publikum durch verwickelte zeichenbasierte Gedankenwelten zu Endzuständen führen, deren Erreichen anders nicht vorstellbar wäre. Die Gefahr besteht in potentiellen Bedrohungen für die individuelle Integrität; der freie Zugang zu externem Gedächtnis hat die Tendenz, die Einheit des Geistes zu zerreißen, die Erfahrung zu fragmentieren, die einfacheren, mythischen Denkstrukturen zu unterminieren, die den Menschen lieb geworden sind, und sie einer verstörenden Vielzahl von hochkomplexen Botschaften auszusetzen.

Die komplexeren Formen des Zeichengebrauchs erfordern die Kombination aller Arten von visueller Repräsentation – bildhafter, ideographischer und phonetischer – zu großen externen Artefakten wie architektonischen Vorschlägen, Konstruktionsplänen, Regierungskommissionen, wissenschaftlichen Abhandlungen, Drehbüchern für Filme oder Kunstwerken. Die anspruchsvollen Fähigkeiten, die für diese Art von geistiger Arbeit nötig sind, lassen sich nur schwer erwerben und sind alles andere als universell für den Menschen. Diese schönen neuen Fähigkeiten ließen sich nicht ohne Kompromisse erwerben. Es gibt nur eine begrenzte Menge Gehirnmaterial (oder Geistesmaterial). Die Physiologie der Gehirnplastizität legt nahe, dass mit steigenden Ansprüchen an ein Gehirnareal sein Territorium mehr oder weniger proportional zu seiner Belastung steigt. Entsprechend wird die Gehirnaktivität verbraucht und steht nicht mehr für andere Aufgaben zur Verfügung. Es gibt Belege, dass wir mit der Schriftlichkeit ein gewisses Maß an visueller Phantasie geopfert haben und dass wir unsere Fähigkeit zu verbalen Routinefähigkeiten wie Kopfrechnen und Auswendiglernen verlieren.[7] Die Natur dieser Prozesse sollte weiter untersucht werden, weil sich symbolische Schriftlichkeit nicht wie Mimesis und Sprache einfach oder natürlich im Laufe der Entwicklung erwerben lässt. Schriftlichkeit ist unnatürlich und erfordert eine anstrengende Umstrukturierung von Gehirnressourcen.

Man unterschätzt leicht, in welchem Ausmaß wir von externen Zeichen abhängig sind. An einem normalen Tag begegnen wir einer großen Menge von ihnen: Von Uhren über Müsliboxen bis hin zu Mikrowellen, Karten, Comics und Verkehrszeichen ist unser Tag voll von digitalen, analogen und bildhaften Repräsentationen ebenso wie von komplexen Medien und Artefakten wie Gleichungen, Gedichten und Computern. Der Einfluss externer Zeichen auf unser Gehirn, abgesehen von ihrer Fähigkeit, unsere Geisteszustände erzeugen zu können, besteht in größerer Gehirnbelastung in einigen Bereichen und geringerer Beanspruchung in anderen. Exogramme (im Gegensatz zu Engrammen, d. h. internen Gehirnrepräsentationen) bieten uns eine permanente externe Gedächtnisaufzeichnung und erlauben uns, kognitive Arbeit auf viele Individuen zu verteilen. Zudem ist ihre Kapazität für wiederholte Verbesserung unbegrenzt, ihre Abrufpfade sind unbeschränkt, und der Wahrnehmungszugang zu ihnen ist sehr gut. Das gibt ihnen einen Vorteil über Engramme, die sich oft nur schwer verbessern lassen, nur über wenige Abrufwege verfügen und nur sehr bescheidenen Wahrnehmungszugang gewähren.

6. Schlussfolgerungen

Eine abschließende Bemerkung über die Zwischenrolle des Bewusstseins. In traditionellen Theorien ist das Bewusstsein oft definiert worden als ein relativ schmaler Streifen des Kurzzeitgedächtnisses, ein Fenster, das nur einige Sekunden offen ist, in dem wir uns durch den Erfahrungsstrom bewegen, aus dem ein Leben besteht. Das Langzeitgedächtnis enthält vielleicht alles, was wir wissen, aber es ist unbewusst und daher für uns als bewusste Wesen so lange nutzlos, wie wir es nicht ins Bewusstsein rufen können. Doch zwischen diesen beiden Systemen gibt es eine Ebene bewusster Prozesse, die ich „intermediate-term governance" genannt habe. Das ist eine viel weitere, langsamer sich bewegende Form von Arbeitsgedächtnis, die alle gleichzeitig vorgehende mentale Aktivität beinhaltet, einschließlich der Aktivität, die nicht so lebendig bewusst ist wie z. B. visuelle Wahrnehmung, aber dennoch ein sehr aktives und kausal bedeutendes Element im Verhalten bildet. Ein Beispiel dafür ist der Komplex von Kräften, der

---

[7] Vgl. z. B. A. Richardson, *Mental imagery*, New York 1969.

eine Unterhaltung zwischen mehreren Menschen kontrolliert. Eine solche Unterhaltung besitzt ein lebendiges bewusstes Element, das von seiner Dauer her sehr kurzlebig ist (die Geräusche der Wörter, wenn sie ausgesprochen werden). Aber es besitzt auch eine sich langsamer bewegende Dynamik, die stundenlang andauern kann, und umfasst das strategische Verfolgen verschiedener Linien von Gedankenverknüpfungen und die feinen Anpassungen, die man vornimmt, wenn sich die Unterhaltung in den Gedächtnissystemen der Teilnehmer entfaltet. Nach meinem Vorschlag legt die Existenz dieser langsamen Bewusstseinsprozesse nahe, dass es eine Dimension der Gehirnaktivität gibt, die wir noch nicht verstehen und die der Schwerpunkt einer neuen Generation neurophysiologischer Experimente werden sollte, die auf langsame integrative neuronale Prozesse abzielen.

Der zweite Schwerpunkt dieser Studien sollte die Interaktion von Gehirn und Kultur selbst sein. Das eröffnet eine ganze Reihe neuer Felder und Spezialisierungen, doch von herausragender Bedeutung ist die Erforschung der neuronalen Effekte von Schriftlichkeitstraining. Wenn wir externe symbolische Speicherung in die traditionelle Architektur des menschlichen Gedächtnisses einführen, findet ein radikaler Wandel im Wesen der kognitiven Modelle statt, die wir vorschlagen können: Tatsächlich reflektieren wir die komplette interne Gedächtnisstruktur auf die Außenwelt, und der bewusste Geist wird zu einem Mediator zwischen zwei parallelen Gedächtnissystemen, einem innerhalb des Gehirns, und dem anderen (viel größeren und flexibleren) außerhalb. Natürlich behalten wir unsere traditionellen biologischen Gedächtnisstrukturen, aber wir haben auch eine große Menge an permanentem externem symbolischem Speicher erworben, mit neuen Abruf- und Speichereigenschaften. Zudem wird eine neue Eigenschaft in das kognitive Modell eingeführt – das externe Arbeitsgedächtnisfeld, welches ein sehr aktives Forschungsgebiet geworden ist. Externer Speicher ergänzt traditionelle biologische Arbeitsgedächtnissysteme. Wenn wir z. B. vor einem Computer sitzen, wird der Bildschirm zu einem vorübergehenden externen Arbeitsgedächtnisfeld. Alles, was wir darauf anzeigen, wird im Bewusstsein verarbeitet, und der Betrachter ist während seines Schaffens, Schreibens oder Denkens in eine interaktive Schleife mit dem Display eingeschlossen. Das verändert die traditionelle Funktion des biologischen Arbeitsgedächtnissystems des Gehirns. Im Prinzip trifft das nicht bloß auf Computerbildschirme zu, sondern auch auf andere Arten externer Zeichenanzeigen. Zum Beispiele interagieren Maler auf diese Weise mit ihrer Staffelei, Dichter mit ihrem Papier, Buchhalter mit ihren Tabellen usw. Das externe Gedächtnismedium ist direkt in das kognitive System eingebaut und kann die Eigenschaften des Systems verändern. Der Einfluss solcher Technik ist sogar noch größer, wenn die Technik ein aktiver Teilnehmer ist, wie etwa im Fall interaktiver Anzeigesysteme mit eigenen kognitiven Eigenschaften.

Das verändert nicht nur die Art und Weise, wie sich das wachsende Gehirn an seine Informationsumwelt anpasst, sondern führt zu einer noch fundamentaleren Veränderung der existenziellen Dilemmata der Individuen, da sie gigantische Wissensnetzwerke über die Welt anhäufen, die teils extern, teils intern gespeichert sind. Wir können uns vielleicht immer noch als „Monaden" im leibnizschen Sinne vorstellen, als abgeschlossene Einheiten, die durch ihre Hautmembran begrenzt werden. Doch als rastlose Geister in einem Netzwerk sind wir eingetaucht in eine riesige externe Gedächtnisumwelt, in der wir uns umherbewegen können. Wir können uns mit einer fast unbegrenzten Zahl von

Netzwerken draußen verbinden. Wir können für einen Augenblick Gedächtnis mit anderen Menschen teilen, und zu dieser Zeit bilden wir ein Netzwerk mit ihnen. Das erzeugt neue Möglichkeiten für Massenmanipulation, und bei einigen von ihnen fällt es nicht schwer, sie sich auszumalen. Doch es bietet auch mehr Möglichkeiten für Freiheit und Individualität als zu jedem anderen Zeitpunkt der Geschichte. In einfachen mündlichen Kulturen waren Freiheit und Individualität, wie wir sie kennen, praktisch unmöglich. Doch in unseren komplexen Kulturen gibt es so viele verschiedene Methoden, die Welt zu konfigurieren, dass extreme Individualität möglich geworden ist.

Übersetzung aus dem Englischen von Felix Timmermann

WOLF SINGER

Entstehung und Bedeutung von Ritualen

Ein Versuch

1. Rituale und die fünf Sinne

Leben hat sich innerhalb eines eng begrenzten Segments der uns bislang bekannten Welt entwickelt. Organismen besetzen einen Raum, der sich von Mikrometern bis zu wenigen Metern erstreckt. Entsprechend haben sich die Sinnessysteme von Lebewesen an Signale angepasst, die in diesem mesoskopischen Bereich der Welt verfügbar und *dem Überleben und der Reproduktion dienlich sind*. So entwickelten Organismen einige wenige aber hoch spezialisierte Sinnessysteme, die relevante Signale aus der Umwelt in neuronale Aktivität umsetzen und der Anpassung von Verhalten an die jeweiligen Gegebenheiten dienen. Aus diesen vergleichsweise spärlichen Daten erzeugt unser Gehirn die Primärwahrnehmungen, die uns über die Verfasstheit der vorgefundenen Welt Auskunft geben.

Obgleich sich diese Wahrnehmungen außerordentlich komplexen, rekonstruktiven Prozessen verdanken, die auf einer Fülle von implizitem Vorwissen beruhen, erscheinen uns die Inhalte unserer Primärwahrnehmungen nicht als Interpretationen, sondern als objektive Darstellung von Wirklichkeit. Das für die Interpretation der Sinnessignale erforderliche Vorwissen residiert in der funktionellen Architektur des Gehirns. Gemeint ist damit die Art und Weise wie die neuronalen Netzwerke der Sinnessysteme verschaltet sind: Zwischen welchen Neuronen Verbindungen bestehen, ob diese erregende oder hemmende Wirkung haben und ob die jeweiligen Kopplungen stark oder schwach sind. Diese Verschaltungsarchitekturen legen fest, auf welche Weise Sinnessignale miteinander verrechnet werden, wie sie verbunden werden, um aus der Vielzahl der möglichen Kombinationen genau jene Signale zusammenzufassen, die von einzelnen Objekten herrühren.

Da all dieses Vorwissen in der Verschaltung des Gehirns residieren muß, reduziert sich die Frage nach der Herkunft dieses Vorwissens auf die Frage nach den Determinanten der funktionellen Architektur des Gehirns. Den größten Einfluss auf die Auslegung dieser Architektur hat fraglos die Evolution, denn die Grundverschaltung des Gehirns ist genetisch festgelegt. Verschaltungsstrategien, die sich im Laufe der Evolution als zweckmäßig erwiesen haben, wurden in den Genen konserviert und werden in jedem neu geborenen Organismus repliziert. Das im Lauf der Evolution durch Variation und Selektion erworbene Wissen über zweckmäßige Verarbeitungsstrategien findet auf diese Weise seinen Niederschlag in der funktionellen Architektur des Gehirns. Dabei handelt es sich um sogenanntes implizites Wissen. Wir sind uns nicht gewahr, dass wir es besitzen, weil wir nicht dabei waren, als es erworben wurde. Dennoch bestimmt es in hohem Maße, wie wir die Welt wahrnehmen, nach welchen Kategorien wir die Signale aus der Umwelt ordnen, nach welchen Kriterien wir ein Objekt als solches definieren, nach welchen Regeln wir Ereignisse in der Welt als unabhängig oder kausal verknüpft interpretieren.

Ein weiterer Prozess, der die funktionelle Architektur des Gehirns nachhaltig beeinflusst, ist die erfahrungsabhängige Entwicklung des Gehirns. Das menschliche Gehirn entwickelt sich bis zum 20. Lebensjahr strukturell weiter. In dieser Phase werden eine Vielzahl neuronaler Verbindungen angelegt und gleichzeitig wird ein beträchtlicher Anteil wieder vernichtet. Welche Verbindungen erhalten bleiben, wird nach funktionellen Kriterien ermittelt. Auf diese Weise passt sich die genetisch vorgegebene Anlage an die realen Lebensbedingungen an. Die umfangreichsten Anpassungsprozesse erfolgen während der ersten Lebensjahre. Da sich aber das episodische Gedächtnis erst spät ausbildet, fehlt meist die Erinnerung an diese frühen Prägungsprozesse. Deshalb ist auch dieses früh erworbene Wissen zum großen Teil implizit. Parallel zu diesen strukturellen Anpassungsvorgängen, die zu irreversiblen Verschaltungsänderungen führen, spielen sich die Lernprozesse ab, die uns ein Leben lang begleiten. Diese beruhen auf einer zum Teil auch reversiblen Veränderung der Effizienz bestehender Verbindungen. Das auf diese Weise erworbene Wissen ist meist explizit, da seine Verursachung erinnert werden kann.

Das Wissen, das über diese drei Quellen, die Evolution, die frühe Prägung und lebenslanges Lernen erworben wurde, manifestiert sich also in der spezifischen Auslegung der funktionellen Architektur unserer Gehirne und legt fest, nach welchen Regeln Sinnessignale zu wahrnehmbaren Interpretationen werden. Da es sich bei einem Großteil dieses Vorwissens um implizites Wissen handelt, dessen konstruktive Rolle uns verborgen bleibt, nehmen wir das, was uns unsere Primärwahrnehmung vermittelt, als nicht relativierbare Fakten, als nicht relativierbares Abbild einer so und nicht anders gestalteten Realität wahr.

Dieser kurze Ausflug in die Neurophysiologie von Wahrnehmungsprozessen war erforderlich, um deutlich zu machen, dass und warum unsere Primärwahrnehmungen beschränkt sind auf jene Signale, die während der biologischen Evolution verfügbar und wichtig waren.

2.   Die Emergenz sozialer Realitäten

Seit es Menschen gelungen ist, aufgrund einiger besonderer kognitiver Leistungen ihrer Gehirne der biologischen die kulturelle Evolution hinzuzufügen, müssen sie sich in zwei Realitäten zurechtfinden. Die eine ist die, in der sich die biologische Evolution vollzogen hat. Für diese haben wir spezifische Sinnessignale entwickelt und angepasste kognitive Schemata, mit denen wir verfügbare Sinnessysteme in primäre Wahrnehmungen verwandeln, die unhinterfragbar als zutreffend erlebt werden. Da wir uns den gleichen evolutionären Prozessen verdanken wie unsere nächsten Verwandten, die nicht menschlichen Primaten, verfügen diese über ganz ähnliche Sinnessysteme und, soweit wir wissen, über ähnliche Strategien zur Interpretation von Signalen. Durch die kulturelle Evolution kamen jedoch zusätzliche, von Menschen geschöpfte Wirklichkeiten in die Welt, für deren Wahrnehmung die biologische Evolution keine speziellen Sinneswerkzeuge hervorbringen konnte. Unsere Primärwahrnehmungen beruhen nach wie vor auf dem, was uns unsere fünf Sinne zu vermitteln vermögen.

Hervorgebracht haben diese neuen Realitäten eine Reihe von spezifisch menschlichen kognitiven Fähigkeiten, die hier nur kurz rekapituliert werden sollen. Die vielleicht wichtigste Leistung ist die Fähigkeit von Menschen, eine Theorie des Geistes zu entwickeln, - sich vorstellen zu können, was im je anderen vorgeht, wenn dieser sich in einer bestimmten Situation befindet, ohne durch sinnlich wahrnehmbare Äußerungen erkennen zu lassen, wie es ihm geht. Ein weiteres wichtiges Attribut ist die Gabe von Menschen zur geteilten Aufmerksamkeit, die Möglichkeit, die Aufmerksamkeit des anderen durch Verweis auf das gleiche Objekt lenken zu können und dann im Bewusstsein zu handeln, dass beide sich mit dem Gleichen befassen. Hinzu kommt die Fähigkeit zur Abstraktion und symbolischen Repräsentation von Inhalten, die im wesentlichen darauf beruht, im Verschiedenen das Gleiche erkennen zu können. Diese Leistung rührt vermutlich daher, dass es im menschlichen Gehirn sehr viel mehr Verbindungen zwischen den verschiedenen Sinnessystemen gibt als in den Gehirnen von Tieren, so dass z. B. Gesehenes als mit Ertastetem identisch erkannt werden kann. Diese Fähigkeit zur Abstraktion wiederum dürfte eine der wichtigsten Voraussetzungen für die symbolische Kodierung von Inhalten und damit für die Entwicklung rationaler Sprachen gewesen sein. Und schließlich unterscheiden sich Menschen von den nicht menschlichen Primaten dadurch, dass sie zu intentionaler Erziehung fähig sind. Affenkinder ahmen das Verhalten ihrer Eltern nach. Es gibt aber keinen Hinweis dafür, dass Affenmütter ihre Kinder vorsätzlich erziehen und sie anweisen, wie den Fährnissen des Lebens am besten zu begegnen sei.

All diese spezifisch menschlichen und letztlich die kulturelle Evolution ermöglichenden Fähigkeiten verdanken sich der Ausdifferenzierung zusätzlicher Hirnrindenareale, über die neue Verschaltungsoptionen eröffnet und damit diese besonderen kognitiven Leistungen ermöglicht wurden. Besonders begünstigend für die Dynamik der kulturellen Evolution und deren beispiellose Akzeleration dürfte das Zusammenspiel der neuen Fähigkeit zur intentionalen Erziehung mit der weit ausgedehnten postnatalen Entwicklungsphase des menschlichen Gehirns gewesen sein. Beide Faktoren zusammen eröffneten völlig neue Freiräume für die epigenetische Prägung von Hirnarchitekturen. Diese Bedingungen ermöglichen es Menschen, zu Lebzeiten erworbenes Wissen in die Hirnarchitekturen der jeweils Nachgeborenen einzuschreiben. Damit wurde ein Weg zur Generationen überschreitenden Vermittlung von implizitem und explizitem Wissen eröffnet, der wesentlich schnellere Anpassungen erlaubt als die genetische Übertragung evolutionär erworbenen Wissens.

Mit dem Einsetzen der kulturellen Evolution fügten Menschen der vorgefundenen Welt ständig neue Wirklichkeiten hinzu, die wir als soziale Realitäten bezeichnen. Diese sind unseren primären Sinnen nicht zugänglich, sie sind weder sichtbar noch greifbar, aber dennoch erfahrbar, weshalb wir ihnen einen anderen ontologischen Status zuschrei-

ben als den Inhalten unserer Primärwahrnehmung. Wir betrachten sie als einer immateriellen, geistigen oder seelischen Welt zugehörig, als Phänomene, die zwar benennbar
aber von anderer Qualität sind als das, was unsere natürlichen Sinne zu erfassen vermögen. Diese neuen Realitäten umfassen all die Phänomene, die entstehen, wenn Menschen
miteinander in Beziehung treten, - wobei es sich sowohl um intrapsychische als auch um
interpersonelle, soziale Phänomene handeln kann.

Hier einige Beispiele für die neuen Phänomene, die erst im Lauf der kulturellen Evolution zu wichtigen Faktoren des Miteinander wurden: Zu ihnen zählen intrapsychische
Phänomene wie Empathie, Fairness, Treue, Trauer, Liebe, Demut und soziale Realitäten wie implizite Vereinbarungen, Gelübde und Versprechen, Wertesysteme, soziale
Regel- und Glaubenssysteme, moralische Setzungen sowie ästhetische Übereinkünfte,
sozialer Status, Macht, Verantwortung und schließlich Schuld. Eine weitere Realität, der
sich erst der Mensch zunehmend gewahr wurde, ist die Zeit und mit ihr das Konzept
der Endlichkeit. Auch für dieses Phänomen haben wir kein spezialisiertes Sinnessystem.
Erst die hohe Differenzierung der kognitiven Leistungen des menschlichen Gehirns mit
der Fähigkeit zur Bildung von Metarepräsentationen für das eigene Sein erlaubt uns die
Erfahrung des Eingebundenseins in den Fluss der Zeit, die Erfahrung von Endlichkeit,
Anfang und Ende, Vergänglichkeit, Unumkehrbarkeit, Reifung und Verfall. Soweit wir
ermessen können, sind selbst unsere nächsten Verwandten, die Menschenaffen, nicht zur
Konzeptionalisierung ihrer eigenen Endlichkeit in der Lage.

3.   Rituale übersetzen soziale in sinnlich fassbare Realitäten

Die Inhalte der von unseren fünf Sinnen vermittelten Primärwahrnehmungen haben für
uns die Qualität gegebener, nicht hinterfragbarer Realitäten. Wie aber verhält es sich mit
den zwar erfahrbaren, aber nicht unmittelbar wahrnehmbaren sozialen Realitäten? Sie
manifestieren sich zwar auch in subjektiv Erfahr- und Erlebbarem, aber sie entziehen
sich zunächst der Möglichkeit zur Vergewisserung durch geteilte Wahrnehmbarkeit. Anders als ein Objekt der Primärwahrnehmung können sich Menschen nicht ohne weiteres
über geteilte Aufmerksamkeit darüber verständigen, dass das Wahrgenommene auch für
andere existiert. Um den, unseren natürlichen Sinnen unzugänglichen sozialen Wirklichkeiten den Status von verbindlichen Realitäten zuschreiben zu können, bedarf es
der Übersetzung in sinnlich wahrnehmbare Objekte, die der Primärerfahrung zugänglich
sind. Es bedarf der Rückbindung dieser immateriellen Phänomene an die sinnlich direkt
erfassbare Welt. Es bedarf der Erzeugung sinnlich wahrnehmbarer, symbolischer Objekte, deren Stellvertreterfunktion von Gemeinschaften unmittelbar erkannt und gemeinsam
wahrgenommen werden kann, damit diese als real erlebbar und schließlich benennbar
werden.

Meine Hypothese ist also, dass Rituale der Rückbindung nur indirekt erfahrbarer, im-
materieller sozialer Realitäten an die sinnlich erfassbare Welt dienen, um diesen neuen
Realitäten den Status gemeinsam wahrnehmbarer und damit verbindlicher Wirklichkeiten zu sichern. Diese Hypothese impliziert, dass sich die Existenz der sich entwickelnden
sozialen Realitäten zunächst nur in impliziten Ahnungen manifestierte, die ihre Konkretisierung und Einordnung in die "reale Welt" erst durch Rituale erfuhren. Es würde dies

bedeuten, dass erst durch diese Konkretisierung die begriffliche Fassung der im Ritual symbolisch dargestellten, jetzt aber sinnlich erfassbaren Realitäten möglich wurde.

4.   Das Ritual als Objekt

Wenn Rituale diese Übersetzerfunktion erfüllen sollen, dann müssen sie all die Attribute aufweisen, die Objekte haben müssen, um geteilte Wahrnehmbarkeit zu erlangen. Sie müssen als abgegrenzte, eigenständige Objekte erkennbar sein, denen geteilte Aufmerksamkeit gespendet werden kann. Es muss auf sie verwiesen werden können. Kriterien, die von Objekten erfüllt werden müssen, damit sie als solche erkannt werden, hat die Gestaltpsychologie definiert. Objekte zeichnen sich aus durch Geschlossenheit, durch ihre Konstanz in Raum und Zeit, und durch das Vorliegen einer klaren inneren Struktur, wobei Symmetriebeziehungen in Raum und Zeit eine besondere Bedeutung zukommt. Ferner müssen Objekte deutlich vom Hintergrund abgrenzbar sein, sich also von ihm strukturell unterscheiden. Und dann müssen sie bestimmten kognitiven Schemata, bestimmten Vorerwartungen entsprechen, um überhaupt als solche wahrgenommen werden zu können. Hier kommt das oben Angesprochene implizite und explizite Vorwissen zum Tragen.

Nun besitzen die meisten der zu vermittelnden sozialen Realitäten zusätzlich starke emotionale Konnotationen. Sollte die Hypothese zutreffen, dass Rituale der Rückbindung sozialer Realitäten an sinnliche Primärwahrnehmungen dienen sollen, dann müssten Rituale nicht nur abstrakte Bezüge, sondern auch die emotionalen Beiwerte sinnlich direkt erfahrbar bzw. erlebbar machen.

Einiges weist nun tatsächlich darauf hin, dass Rituale viele der strukturellen Aspekte aufweisen, die erfüllt sein müssen, wenn sie ihre Rolle als symbolische Objekte mit starker emotionaler Konnotation erfüllen sollen. Den Objektcharakter sichert ihr kanonisierter Ablauf, mit klarem Anfang und Ende und deutlich vom Alltäglichen unterschiedener interner Struktur. Die für Rituale typische Wiederholung verleiht dem Objekt Konstanz und erhöht seinen Wirklichkeitsgehalt. Dann eignet es den meisten Ritualen, gemeinsam vollzogen zu werden. Das Ritual erfüllt also die Funktion eines Objektes, auf das geteilte Aufmerksamkeit gerichtet werden kann, um sich seiner Existenz zu versichern. Gesorgt ist bei den meisten Ritualen auch für die emotionale Verankerung des inszenierten Objektes, fehlt doch in kaum einem Ritual ein Attribut, das geeignet ist, starke Emotionen bis hin zu veränderten Bewusstseinszuständen zu induzieren: Rhythmische Bewegungen und Atemtechniken, die bis zur Ekstase oder Erschöpfung gesteigert werden können, emotional aufgeladene Klänge, gemeinsam aufgeführte Tänze und Gesänge und schließlich die vielen, mit Schmerzen verbundenen Praktiken zur Körpermodifikation.

5.   Beispiele für rituell inszenierte soziale Realitäten

Einige Beispiele mögen genügen, um zu verdeutlichen, welche sozialen Realitäten durch Rituale ihre Konkretisierung erfahren. Die Konzepte von Verantwortung und Treue finden ihre sinnlich fassbare Inszenierung in Trauzeremonien und Blutsbrüderschaften. Die abstrakten, sozialen Konstrukte wie Status und Macht werden in Begrüßungsritualen, Körperschmuck und Ernennungszeremonien sichtbar gemacht. Der für den sozialen Status so eminent wichtige Übergang von der Kindheit zum Status des Erwachsenseins, der sich kontinuierlich und kaum fassbar vollzieht, findet in Initiationsriten seine verbindliche Konkretisierung. Das Konzept der Zugehörigkeit zu Religionsgemeinschaften und Ethnien wird erfahrbare Realität durch Beschneidungs- und Taufzeremonien. Abstrakta wie Gerechtigkeit, Fairness und Wiedergutmachung erfahren ihre Inszenierung in ritualisierten Gerichtsverfahren, Urteilsverkündigungen und Bestrafungszeremonien. Und schließlich sind da die in allen Kulturen verbreiteten religiösen Rituale, die die Existenz des wohl am schwersten zu fassenden sozialen Konstrukts wirkmächtiger Gottheiten sinnlich erlebbar und damit konsensfähig machen sollen -- durch Opfer-, Anbetungs- und Bußzeremonien.

Zahlreich sind auch die Rituale zur Konkretisierung der Konzepte von Zeit und Endlichkeit. Sonnwend-, Lichter-, Frühlings- und Erntefeste externalisieren das implizite Wissen um den Lauf der Zeit und wiederkehrender Zyklen. Aber wie viele Rituale haben auch diese, der Darstellung von Zeitlichkeit gewidmeten, mehrfache Funktionen oder machen einen Funktionswandel durch. Die Versuche zur Konkretisierung jahreszeitlicher Zyklen dienen zugleich der Verdeutlichung von Konzepten zur Fruchtbarkeit und der Beschwörung von Gottheiten. Die für die Definition von sozialer Ordnung so wichtigen Übergangsrituale sind zugleich Inszenierungen für die Verdeutlichung der Wirkungen von Zeit. Und das gleiche gilt für Sterbe- und Totenrituale. Sie versinnbildlichen die Irreversibilität zeitlicher Abläufe, aber zugleich konkretisieren sie die Antinomie von Sein- und Nichtsein.

In all diesen Ritualen werden Phänomene, für die uns die Evolution nicht mit spezialisierten Sinnessystemen ausgestattet hat, so inszeniert, dass sie ihre Rückbindung an die sinnlich erfassbare Welt erfahren und von Gemeinschaften als konkret vorhanden erlebt werden können. Erst wenn diese symbolische Verdichtung zu sinnlich Erfahrbarem und von mehreren gemeinsam Erlebbarem erfolgt, sind die Voraussetzungen dafür erfüllt, das Phänomen begrifflich zu fassen und zu benennen – so zumindest meine ungeprüfte Hypothese. Im Prinzip – so die daraus resultierende Vermutung – haben Rituale dann ihre primäre Funktion erfüllt, wenn die Inhalte, die in ihnen ihre sinnlich fassbare Rückbindung erhalten, ihre begriffliche Festlegung erfahren haben. Von diesem Moment an kann die Konsensbildung und Rückversicherung hinsichtlich der Realität sozialer Phänomene über die Verständigung durch rationale Sprache erfolgen. Da aber rationale Sprachen erlernt werden müssen und die semantischen Bedeutungsfelder von Begriffen durch Anschauung und Erfahrung immer wieder neu erworben werden müssen, kann es durchaus sein, dass Rituale gleichermaßen zur immer erneuten Auffrischung der Bedeutung von Begriffen für soziale Realitäten benötigt werden.

6.   Traditionen vergessene Bedeutungen und Nebenwirkungen

Aber selbst wenn die ursprüngliche Bedeutung von Ritualen längst vergessen ist, leben sie oft als Traditionen fort. Der Grund ist vermutlich, dass Rituale wegen ihrer besonderen Struktur eine Fülle von Wirkungen entfalten, die unabhängig von ihrer ursprünglichen Funktion eine große Bedeutung für den Zusammenhalt sozialer Systeme haben. Der kanonisierte Ablauf und die regelmäßige Wiederkehr ritueller Handlungen dienen der Strukturierung von Lebensabläufen und gewähren deshalb Sicherheit und Geborgenheit. Es tut gut, wenn Vorausgesagtes eintritt, wenn man mit anderen die gleichen Erwartungen teilen kann und sich im Vertrauten als Wissende erlebt. Dann erlauben es die emotionalen Aufladungen ritueller Handlungen und die kollektive Anteilnahme, Gefühle zu entwickeln, deren Intensität und Qualität oft über das hinausgeht, was Menschen ohne solche Inszenierungen zu empfinden in der Lage wären. Und schließlich gestatten es rituelle Handlungen, Tabus zu brechen und sich ohne Sanktionen Verbotenem hinzugeben.

Es wäre verwunderlich, wenn so wirkmächtige Inszenierungen wie Rituale nicht auch Nebenwirkungen hätten und pathologische Varianten. So können Reinigungsrituale zu Waschzwängen werden, in denen das Strukturmerkmal der Wiederholung in Verhaltensstereotypien mündet. Ritualisiertes Schmerzerleben kann zu selbstverletzendem Verhalten pervertieren und die Gemeinsamkeit stiftende Funktion ritualisierter Handlungen kann zu despotischem Sektierertum werden. Schließlich kann die in Ritualen nicht selten gesuchte und erlebte Ekstase in Suchtverhalten konvertieren. Wo genau die Grenzen zwischen Alltäglichem, Rituellem und Pathologischem liegen, bedürfte einer gründlichen Untersuchung, wobei kulturanthropologische Gesichtspunkte mit einzubeziehen wären, da anzunehmen ist, dass diese Grenzen von Kultur zu Kultur verschieden gesetzt werden.

CHRISTIAN TEWES

Wissenschaftstheoretische Aspekte zum Forschungsrahmen und den Forschungsperspektiven der Neuroästhetik

1. Einleitung

Die Neuroästhetik ist ein relativ junges Forschungsfeld innerhalb der Neurowissenschaften, in der die neuronalen Mechanismen, welche ästhetischen Erfahrungen zugrunde liegen, untersucht werden. Dies heißt auf der einen Seite, dass die Neuroästhetik in einem weit verzweigten Forschungszusammenhang zum Beispiel mit der evolutionären Ästhetik,[1] der Ethologie oder eben auch den Kognitionswissenschaften steht, also Disziplinen, in denen es gleichfalls um die Erforschung biologischer Grundlagen und Prinzipien ästhetischen Erlebens geht oder auch um die Erforschung produktionsästhetischer Mechanismen, die u. a. dem Kunstschaffen, aber auch der Produktion von Alltags- oder sakralen Gegenständen zugrunde liegen. Auf der anderen Seite ist aber auch unmittelbar einsichtig, dass der untersuchte Gegenstandsbereich sich nicht auf die Erforschung rein natürlich-biologischer Mechanismen beschränken lässt, sondern geistige Leistungen des Menschen mit umfasst, die zumindest auch auf besonderen kognitiv-mentalen Prozessen wie auch der gesamten Eigenlogik der kulturell-gesellschaftlichen Reproduktion und Evolution beruhen. So hat beispielsweise der Ethologe Eibl-Eibesfeldt im Rahmen seines verhaltensbiologischen Ansatzes zur Untersuchung der ästhetischen Wahrnehmung drei Ebenen, nämlich (i) die wahrnehmungsphysiologische, (ii) die ethologische wie auch (iii) die kulturelle unterschieden. (Eibl-Eibesfeldt 2004, 916). Die unterste Ebene gilt für ihn als basal, weil sich hier sinnesphysiologische Aspekte der Wahrnehmung spezifizieren lassen, die der Mensch mit anderen Primaten teilt. Es handelt sich dabei insbesondere um Prinzipien, die bereits von der Gestaltpsychologie expliziert wurden und der Mustererkennung, der räumlichen Orientierung oder auch Konstanzphänomenen der Wahrnehmung zugrunde liegen. Deren neurowissenschaftliche Grundlagen sind zum Beispiel von Singer, Zeki oder auch Varela weitergehend untersucht worden. Die grundlegende Idee der letztgenannten Neurowissenschaftler ist diesbezüglich, dass eine kohärente Gestaltwahrnehmung aufgrund von Synchronisationsleistungen verschie-

---

[1] Vgl. zur evolutionären Ästhetik auch den Beitrag von Illies in diesem Band.

denster Neuronen in der Hirnrinde zustande kommt, die mit der Repräsentation des gleichen Objektes beschäftigt sind (Singer 2002, 69). Die zeitliche Kohärenz entsprechender neuronaler Ensembles zum Beispiel im visuellen Cortex bewegt sich dabei im Millisekundenbereich, wobei die Synchronisationsprozesse auf der Basis von Oszillationsprozessen im Gamma-Frequenzbereich 30-60-Hz Bereich stattfinden (Singer 2009, 255). Die evolutionär-adaptive Rolle entsprechender Gestaltprinzipien in der Wahrnehmung liegt dabei auf der Hand: Sie ermöglichen die Erkennung von Ordnungsstrukturen und Regelmäßigkeiten in der Umwelt, welche die conditio sine qua non für planvollzielgerichtetes Handeln darstellt. Was die *ästhetische* Wahrnehmung anbelangt, geht sie über die gewöhnliche Wahrnehmung insofern hinaus, als sie häufig mit einem besonders intensiv-erlebten Empfindungsgehalt emotionaler und kognitiver Art einhergeht, worauf sich spezifisch ästhetische Urteilsmodi, die das Wahrgenommene als *schön, hässlich, faszinierend, atemberaubend* oder auch *erhaben* bewerten, entsprechend aufbauen können. Auf der zweiten von Eibl-Eibesfeldt unterschiedenen Ebene geht es hingegen um die prototypische Erkennung artspezifischer Merkmale wie die besonders ausgeprägte Gesichtserkennung beim Menschen, bei der Aspekte der Attraktivität und des Schönheitsempfindens eine große Rolle spielen, die sowohl neurowissenschaftlich als auch kognitionspsychologisch immer genauer erforscht werden (Slater et al. 1998, 352-353).

Auf der letzten Ebene steht schließlich die kulturelle Dimension und Funktion ästhetischer Wahrnehmung und Produktion im Vordergrund. In der Kunst geht es nach Eibel-Eibesfeldt aus ethologischer Sicht um das „intuitive Setzen" besonderer Sinnesreize, die das ästhetische Erleben aktivieren und bis zu einem hohen Extrem zu steigern vermögen und einen starken Selbstzweckcharakter gewinnen kann (Eibl-Eibesfeldt 2004, 932). Leder spricht hier aus kognitionspsychologischer Sicht von positiven Selbstbelohnungsmechanismen, welche die Verarbeitung ästhetischer Erfahrungen auszeichnen, was grundsätzlich erklären soll, warum Menschen von der Kunst eigentlich so angezogen werden (Leder 2004, 489). Dies schließt natürlich komplementäre gesellschaftlichfunktionale Zwecke ästhetischer Wahrnehmung und Produktion keineswegs aus, wie beispielsweise die (Selbst-)Darstellung einer besonderen Expressivität der Persönlichkeit im öffentlichen Raum, wie Sennett sie für die Entwicklung der Kunst (Theater, Musik) seit dem 19. Jahrhundert konstatiert (Sennett 1987, 262) oder auch die Nutzung besonderer ästhetischer Wirkungen zum Zweck der Gruppenidentität und Gruppenkohäsion, wie sie beispielsweise durch die verschiedenen Stilepochen von Romanik, Gotik usw. nachgewiesen werden kann.

Ähnliche Ebenenmodelle wie die von Eibl-Eibelsfeldt finden sich vielfach in den Kognitionswissenschaften zum Beispiel zur visuellen Wahrnehmung im Allgemeinen (Maar 2002) oder eben auch zur Ästhetik und Kunstproduktion im Besonderen wie zum Beispiel bei Cupchik, der ganz ähnlich zwischen einer *physiologischen, individuellen* und einer *sozialen* Ebene unterscheidet (Cupchik 1992, 83). Die explanatorisch interessante Frage ist nun die, wie sich die verschiedenen Ebenen im Hinblick auf die Konstitution ästhetischer Erfahrung und Kunstproduktion zueinander verhalten. Dass die genannten Ebenen sowohl natürliche als auch mentale Vorgänge, Prozesse und Zustände umfassen, bedeutet zudem, dass eine Untersuchung ihrer Beziehungen und Relationen zueinander auch einen Beitrag zur weitergehenden Aufklärung des Verhältnisses von

Natur und Geist bezüglich ästhetischer Phänomene zu leisten verspricht.[2] Um dies zu erreichen, sollen zunächst (a) einige Forschungsergebnisse und prototypische Theorien der neuronalen Ästhetik vorgestellt und erörtert werden, um dann in einem weiteren Schritt (b) die Frage nach den wechselseitigen Einflüssen und Dependenzen der Ebenen zueinander in den Vordergrund zu stellen. Abschließend (c) wird eine mögliche Erweiterung der neuroästhetischen Forschungsperspektive basierend auf den vorhergehenden Ausführungen erläutert.

2. Prototypische Ansätze und Modelle in der Neuroästhetik

a. Zeki: Die Tätigkeit des Künstlers als erweiterte Tätigkeit des Gehirns

Semir Zeki, der den Begriff der Neuroästhetik erstmals geprägt hat, definiert in *Art and the Brain* insbesondere die Funktion der Kunst als eine Erweiterung der Funktion des Gehirns (Zeki 1998, 72). Wie ist diese zunächst sicherlich ungewöhnlich anmutende These zu verstehen? Zeki knüpft an evolutionstheoretische Überlegungen an, wenn er die Funktion der verschiedenen Sinnesmodalitäten in Verbindung mit dem Gehirn dahingehend bestimmt, dass sie eine Aneignung von Wissen über die Welt ermöglichen. Dem Sehsinn kommt in diesem Zusammenhang eine überragende Rolle zu, da es sich bei ihm nach Zeki beim Menschen um denjenigen Sinneskanal handelt, welcher diese Funktion am effektivsten erfüllt. ‚Wissenserwerb‘ bedeutet aus dieser Perspektive, dass das Gehirn darauf ausgerichtet ist, permanente, essentielle oder charakteristische Eigenschaften von Objekten zu diskriminieren, um sie entsprechend kategorisieren zu können (Zeki 1998, 73). Die zu bewältigende Aufgabe des Gehirns besteht somit darin, aus kontinuierlich wechselnden Beleuchtungsumständen, unterschiedlichen Blickwinkeln und Bewegungsabläufen invariante Merkmale zu extrahieren, die den offensichtlichen Konstanzphänomenen (Objekt- und Farbidentität) in der Perzeption zugrunde liegen. Zeki bezieht sich ausschließlich auf das visuelle System bzw. den visuellen Kortex, um aufzuzeigen, wie diese funktionalen Anforderungen vom Gehirn erfüllt werden. Entscheidend ist hier sein Ansatz der *modularen* Informationsverarbeitung: Wie die eingehende neurowissenschaftliche Erforschung des visuellen Systems ergeben hat, sind die verschiedenen Areale und Kompartimente des visuellen Kortex hoch spezialisiert. In Areal V4 findet beispielsweise die Verarbeitung von Farbinformation statt, wohingegen die Wahrnehmung von Bewegungen mit Aktivitäten in V5 korreliert ist. Diese Prozesse laufen im Millisekundebereich durchaus nicht vollständig synchron ab, so dass Zeki davon ausgeht, dass das visuelle Gehirn (a) einerseits ein parallel verarbeitendes Informationssystem ist, das (b) andererseits in den verschiedenen Verarbeitungsmodi auch eine zeitliche Hierarchie aufweist.[3]

---

[2] Weitergehende strukturlogische Gesichtspunkte zum Verhältnis von Natur und Geist finden sich in Christian Spahn, Christian Tewes (2011).

[3] Zeki geht davon aus, dass die unterschiedlichen Verarbeitungszeiten von Eigenschaften wie Farbe oder Bewegung im visuellen System die Auffassung rechtfertigt, dass wir es hier nicht mit einem einheitlichen, sondern mehreren Bewusstseinsformen (micro-consciousnesses) zu tun haben, die

Was haben jedoch diese physiologischen Ausführungen mit ästhetischer Wahrnehmung und Kunstproduktion zu tun? Zeki geht diesbezüglich von einer strengen Analogie zwischen der Arbeitsweise des Gehirns und den Tätigkeiten eines Künstlers aus:

> I shall thus define the general function of art as a search for the constant, lasting, essential, and enduring features of objects, surfaces, faces, situations, and so on, which allows us not only to acquire knowledge about the particular object … but to generalize based on that, about many other objects … (Zeki 1998, 76)

Offenbar ist Zeki auch der Auffassung, dass – neben weiteren Aspekten wie die Schönheit oder auch Ambiguität eines Kunstwerkes – nicht nur die ästhetische Produktion, sondern auch die ästhetische Wahrnehmung durch die besondere Suche nach Konstanz geprägt ist. Nach den vorhergehenden Ausführungen ist es wenig überraschend, dass Zeki die Funktion der Kunst deshalb insbesondere in der modernen Malerei verwirklicht sieht. Der späte Cézanne, der fast nur noch mit geometrisierenden Formen arbeitet und auf erkennbare Gegenstandsrepräsentationen fast verzichtet, insbesondere aber auch Picasso in der frühen Phase des Kubismus oder Mondrian und Malevich veranschaulichen nach Zeki besonders eindringlich, dass in der Kunst die Funktion des Gehirns bzw. des modular arbeitenden visuellen Kortex ihren Ausdruck findet und fortgesetzt wird. So analysiert er anhand von Kunstwerken und Aussagen der genannten Künstler prototypisch die Bedeutung der Linie, die nach Mondrians eigenen Aussagen und Deutungen das dominierende und konstante Element der Realität darstellt. Aufschlussreich ist allerdings, dass Zeki keinen Zweifel daran hegt, dass ihn die intellektuellen Selbstdeutungen und Motive von Künstlern und deren Tätigkeiten oder auch epochenspezifische Merkmale als Neurowissenschaftler wenig interessieren. Entscheidend ist für ihn vielmehr, dass Hubel und Wiese 1959 die Entdeckung gemacht haben, dass es im visuellen Kortex Zellen gibt, die auf dominante Linien im visuellen Gesichtsfeld selektiv reagieren (Zeki 1999, 111–113), was offenbar nur bedeuten kann, dass er die eigentliche Erklärung für die Beschäftigung mit den „Problemen der Form" (Gombrich 1984, 495) in der modernen Malerei in den Neurowissenschaften sucht.

Bezogen auf die eingangs unterschiedenen Ebenen würde dies bedeuten, dass wahrnehmungsphysiologische Prinzipien, die in der Neurowissenschaft erforscht werden, nicht nur einen explanatorischen Beitrag zu artspezifischen ästhetischen Wahrnehmungen leisten – wie zum Beispiel zur besonderen Ausprägung der Gesichtserkennung des Menschen im Hinblick auf Schönheit und Attraktivität – sondern selbst kulturell-ästhetische Leistungen wie Picassos Werke seiner kubistischen Schaffensperiode oder die

---

erst in einem weiteren Schritt zu einem einheitlichen Perzept (Gegenstandsrepräsentation) verbunden werden. Dies folgt seiner Auffassung nach aus der Tatsache, dass Perzepte per definitionem alle bewusst sind, da wir eben Dinge nicht wahrnehmen würden, denen die Bewusstseinsqualität fehlt (Zeki 1999, 67). Dieses Argument setzt natürlich voraus, was zu beweisen wäre, nämlich dass die zeitlich disparaten Verarbeitungsvorgänge *vor* ihrer Integration tatsächlich entsprechende Perzepte generieren. Um dies festzustellen, reicht jedoch die Untersuchung neuronaler Vorgänge keineswegs aus, sondern bedarf einer komplementären phänomenologischen Untersuchung, da schließlich nicht alle Verarbeitungsprozesse im Gehirn – wozu auch vielfältige Bindungsprozesse gehören – bewusst sind.

Bilder Mondrians einer vollständigen „Bottom-Up"-Erklärung zugänglich wären, was die grundsätzliche Möglichkeit einer reduktiven Analyse implizieren würde. Diese starke Lesart wird jedoch von Zeki selber abgeschwächt, wenn er betont, dass das Vorhandensein bestimmter Zellensembles, die auf Farbveränderungen oder auf Linien reagieren, zwar notwendige Bedingungen für die korrespondierende ästhetische Erfahrung wie von Malevichs Schwarzem Quadrat oder Mondrians Linien seien, aber eben nicht alleine die entsprechenden ästhetischen Erlebnisse produzieren (Zeki 1999, 116 u. 120). Es ist jedoch bezeichnend, dass Zeki zum Beispiel in der Auseinandersetzung mit Malevich weder auf die (a) phänomenalen Erfahrungen, die aus der intensiven Betrachtung seiner schwarzen Quadrate resultieren können, noch (b) auf Malevichs Ausführungen zum Suprematismus näher eingeht. Wolfgang Welsch beschreibt den möglichen und für Malevich selber auch entscheidenden erfahrbaren Werkgehalt des Bildes hingegen wie folgt:

> In dem Moment, wo der Blick des Betrachters sich auf das schwarze Quadrat konzentriert und seines Schwarz wirklich als Schwarz gewahr wird, verliert der Blick den Anhalt an der Oberfläche und schießt in die Tiefe, wird wie durch einen quadratischen Schacht im Nu ins Unendliche hinausgesogen. Das ist die Erfahrung, auf die es Malewitsch ankam (Welsch 2004, 741-742).

Dass es im Suprematismus Malevich selber auf eine entsprechende Dimension kosmischer Erfahrung ankam, blendet Zeki ebenfalls konsequent aus. Zwar räumt er an anderer Stelle auch durchaus die Wichtigkeit kultureller Bedingungen für die ästhetische Erfahrung ein, schließt also Top-Down-Einflüsse keinesfalls aus, aber eine Klärung der genaueren Zusammenhänge sucht man vergebens, was er auch einräumt (Zeki 2004, 169). Allerdings wird man sagen müssen, dass er auch schlichtweg nicht über den notwendigen forschungstheoretischen Rahmen verfügt, das Verhältnis von Kognition, Bewusstsein, kulturellen Einflüssen und Gehirnleistungen im Hinblick auf ästhetische Erfahrungen weiter aufzuklären.[4] Mechanismen kultureller Evolution werden beispielsweise vollständig ausgeblendet, wodurch mögliche kausal-funktionale Wechselwirkungen zwischen den genannten Ebenen erst gar nicht in das Blickfeld gelangen können. Dadurch stellt sich aber auch für die neuronale Forschungsebene selber die Frage, ob Zeki in seiner Bestimmung der neuronalen Korrelate für die ästhetische Erfahrung und Kunstproduktion nicht viel zu einseitig die modulare Arbeitsweise des visuellen Kortex betont und andere wichtige Hirnfunktionen und Arealen, die zur Konstitution ästhetischer Erfahrung ebenfalls notwendig sind, vernachlässigt (Cinzia, Vittorio 2009, 682). Diese Einseitigkeit lässt sich noch viel grundsätzlicher dahingehend kritisieren, dass Zeki in seinem Modell davon auszugehen scheint, dass die ästhetischen Erfahrungen des menschlichen Geistes lediglich im Gehirn und nicht im gesamten Leib verankert sind. Dabei übersieht er, dass mentale Aktivitäten grundsätzlich in die gesamten organismischen Tätigkeiten des Leibes auf ganz verschiedenen Ebenen eingebunden sind. Geistige Aktivitäten können beispielsweise ohne die sensomotorische Kopplung des Leibes mit der Welt, die sich

---

[4] Es ist deshalb fraglich, ob Cinzia und Vittorio mit ihrer Einschätzung richtig liegen, dass Zekis funktionale Parallelisierung von Kunst und visuellem System zumindest prima facie konzeptuell überzeugend ist (Cinzia, Vittorio 2009, 682).

nach Thompson in Perzeptionen, Emotionen und Handlungen ausdrückt, gar nicht erst entstehen, sind also in der gesamten Leiblichkeit und nicht nur im Gehirn verankert.[5]

b.   Ramachandran und Hirstein: Universelle biologische Prinzipien als Grundlage des ästhetischen Erlebens und Kunstschaffens?

Ramachandran und Hirstein stellen in das Zentrum ihrer Überlegungen die besonderen ästhetisch-künstlerischen Erfahrungen des Menschen wie auch die besonderen neuronalen Mechanismen, die hieran beteiligt sind. Ähnlich wie bei Zeki spielt auch in ihrer Theorie die Tätigkeit des Künstlers eine besondere Rolle, der bewusst oder unbewusst Prinzipen bzw. „Gesetze" im Rahmen der visuellen Kunst anwendet, um visuelle Areale des Gehirns zu stimulieren (Ramachandran, Hirstein 1999, 17). Ihr Forschungsansatz ist jedoch grundsätzlich komplexer als das visuell-modulare Modell Zekis, da sie zumindest idealtypisch drei Sachfragen unterscheiden, die zur Aufklärung ästhetischer Wahrnehmungen beitragen sollen: (a) die interne Logik der ästhetischen Phänomene bzw. die ihnen zugrunde liegenden Prinzipien bzw. Gesetze, (b) deren evolutionäre Erklärung, nämlich warum bestimmte Gesetze in ihrer speziellen Form überhaupt entstanden sind und (c) die neurophysiologische Erklärungsebene. Insgesamt identifizieren sie acht Prinzipien oder Gesetze, von denen ich nur einige wenige stellvertretend einer erörternden Betrachtung unterziehen möchte.[6]

Analog zu Zekis Vorgehen sehen auch Ramachandran und Hirstein die Hauptfunktion der Kunst darin, die Essenz einer Sache zur Darstellung zu bringen, um eine spezifisch ästhetische Wahrnehmung im Betrachter hervorzurufen. Die Fähigkeit, essentielle Merkmale einer Sache herauszustellen und auf redundante Informationen zu verzichten, involviert dabei nach ihrer Überzeugung als eines der wichtigsten Prinzipien den so genannten Peak-Shift-Effekt (Hanson 1959), der sowohl zum Verständnis vielfältiger Elemente in der visuellen Kunst als auch der ästhetischen Erfahrung eine zentrale explanatorische Stellung bei den von Ramachandran und Hirstein aufgeführten Prinzipien besitzt. Das Prinzip ist bei verhaltenspsychologischen Untersuchungen zum diskriminierenden Lernen entdeckt worden. Wenn eine Ratte darauf trainiert wird, ein Viereck von einem Rechteck zu unterscheiden, wird es relativ schnell lernen, häufiger auf Rechtecke bei entsprechender Belohnung zu reagieren. Interessanterweise lässt sich jedoch zeigen, dass die Ratte nicht auf ein konkretes Rechteck trainiert wird, sondern in der Lage ist, eine „Rechteckregel" anzuwenden. Ist die Ratte beispielsweise immer einem Rechteck mit dem Verhältnis von 3:2 ausgesetzt worden und wird dann erstmalig mit einem Rechteck von einem Verhältnis von 4:1 konfrontiert, reagiert sie auf letzteres stärker als auf den originalen Prototypen, was eben als Peak-Shift, als Abweichung der Spitze des Generalisierungsgradienten vom ursprünglichen Reiz (S+) bezeichnet wird.

---

[5] Vgl. diesbezüglich den Beitrag von Thompson in diesem Band.

[6] Die weiteren sieben Prinzipien neben Peak-Shift-Effekt beinhalten (a) die Isolation wichtiger Schlüsselelemente der Komposition, (b) Gruppierungseffekte, (c) der Kontrast abgetrennter Merkmale, (d) Problemlösungsstrategien zur Extrahierung relevanter Informationen, (e) die Präferenz einer allgemeinen Sicht, (f) visuelle Metaphern und (g) Symmetrie.

Dass dieses Prinzip auch in der Kunstproduktion wirksam ist, versuchen die beiden zunächst einmal im Hinblick auf Karikaturen zu verdeutlichen. Das Resultat einer (gelungenen) Nixon-Karikatur bestehe darin, dass es Nixon-ähnlicher sei als das Original (Ramachandran, Hirstein 1999, 18). Die Relata dieser Analogie sehen sie in der jeweiligen Verstärkung der charakteristischen Elemente des ursprünglichen Prototyps. Im Fall der Nixon-Karikatur bedeutet dies, dass der Künstler unbewusst über die Repräsentation eines durchschnittlichen prototypischen Gesichts verfügt und die Differenzen zum Nixon-Gesicht in der Darstellung einer entsprechenden Verstärkung unterzieht. Dieses Prinzip sehen sie in vielen Bereichen der visuellen Kunst verwirklicht. Als Beispiele werden indische Skulpturen von Frauen genannt, deren besondere Verstärkung ihrer weiblichen Formen und Haltungen diesem Prinzip entspringen sollen, aber auch van Goghs Sonnenblumen oder Monets Wasserlilien wie auch bestimmte Werke des Kubismus sollen sich diesem Prinzip verdanken. Was die neuronale Realisierungsebene anbelangt, wird insbesondere auf die modulare Verarbeitungsweise des visuellen Kortex verwiesen wie auch auf eine Verstärkung limbischer Aktivitäten (Ramachandran, Hirstein 18-21).

Interessant ist nun insbesondere für die Frage nach den wechselseitigen Einflüssen zwischen den eingangs unterschiedenen Ebenen, dass Ramachandran und Hirstein für den Peak-Shift-Effekt in der Kunst auch eine mnemotechnisch-kognitive Komponente geltend machen, wenn Künstler sich beispielsweise in ihren Werken auf frühere Epochen, Stile, Künstler oder Kunstwerke beziehen und hierfür ebenfalls der Peak-Shift-Effekt verantwortlich sein soll. Zu diesen Ausführungen ist folgendes zu bemerken: Ramachandran und Hirstein sind im Rahmen ihrer Erörterungen weit davon entfernt, eine vollständig befriedigende *neuronale* oder auch *rein biologisch-evolutionäre* Erklärung für den Peak-Shift-Effekt zu liefern. Der Hinweis, dass der Peak-Shift-Effekt sich auch auf der kulturellen Ebene der bewussten Bezugnahme auf frühere künstlerische Stile, Epochen und Kunstwerke seine Wirksamkeit entfaltet, verschleiert nur, dass der Effekt zwar sicherlich auch eine genetische Grundlage hat, aber seine komplexe Entfaltung auf der verhaltenspsychologischen Ebene nicht erst bei Ratten sondern auch bereits bei Insekten vielfältige genuin kognitive Leistungen involviert (Lynn, Cnaani, Papay 2005).[7] Dies muss insbesondere auch im evolutionstheoretischen Erklärungsparadigma berücksichtigt werden, um die Ebenen, Eigenschaften und Entitäten, an denen die positive Selektion ansetzt, entsprechend bestimmen zu können.[8] Dies gilt a fortiori für die Funktion der mnemotechnischen „Intertextualiät" im Bereich der visuellen Kunst, wobei hier

---

[7] Lynn, Cnaani und Papay zeigen beispielsweise in ihrer 2005 erschienenen Studie auf, dass das von ihnen analysierte Lernverhalten von Hummeln, das mit dem forschungstheoretischen Ansatz der Signal-Detektions-Theorie untersucht wurde, bei dem Peak-Shift-Effekte nachgewiesen werden können, sich nicht vollständig auf genetische Mechanismen zurückführen lassen, sondern genuinem Lernverhalten entspringen, da der Peak-Shift selber von der erlernten Diskriminierung (S- u. S+) der in dieser Studie relevanten Stimuli abhängt (Lynn, Cnaani, Papay 2005, 1303).

[8] Millikan verweist darauf, dass zum Beispiel konditionierte Verhaltensweisen – wie einen konkreten süßen Geschmack zu bevorzugen – auf einer anderen Ebene selektiert werden als Gene, die das Verhalten zur Aufnahme kalorienreicher Nahrung befördern. Nicht jedes kalorienhaltige Essen ist süß und außerdem ist die Verstärkung eines solchen Verhaltens in aller Regel das Ergebnis von Erfahrungen bzw. Lernprozessen, die bereits vielfältigen kulturellen Bedingungen unterliegen. (Millikan 2004, 23)

auch noch zusätzlich die hierarchisch gegliederte Struktur humaner Kognition berücksichtigt werden muss.[9]

Einige weitergehende Gesetze, die Ramachandran und Hirstein erwähnen, beziehen sich auf gestaltpsychologische Gesetze und Bindungsprozesse, auf die wir bereits zu Beginn des Textes eingegangen sind und die hier nicht weiter ausgeführt zu werden brauchen. Wichtig für unseren Zusammenhang ist hingegen ein weiteres Prinzip, bei dem es um die Isolierung spezifisch visueller Elemente (Form, Farbe, Tiefe usw.) wie bei einer Radierung geht, das zu einer besonderen Art der „Signalverstärkung" führt, was bedeutet, dass eine skizzenhafte Zeichnung künstlerisch effektiver sein kann als eine detaillierte Photographie. ‚Effektiv' heißt in diesem Zusammenhang, dass die künstlerische Isolierung von Einzelmerkmalen zu einer leichteren Zuordnung von Aufmerksamkeitsressourcen führen soll, ein Prinzip, das sicherlich plausibel ist und einen wichtigen und in der visuellen Kunst und in den Medien vielfach angewandten Mechanismus beschreibt, aber erneut weit davon entfernt ist, eine reine neuronale Struktur oder Funktion zum Ausdruck zu bringen. Denn ‚Aufmerksamkeit' impliziert bereits eine bewusste Zuwendungsleistung, wobei selbst Singer darauf verwiesen hat, dass aufmerksamkeitsunabhängige Bindungsprozesse auf der neuronalen Ebene von *aufmerksamkeitsabhängigen* Synchronisationsprozesse abgegrenzt werden müssen (Singer 2009, 256), so dass sich bei letzteren individuelle und soziale Einflüsse als Ordnungsparameter direkt auf der neuronalen Ebene auswirken. Außerdem handelt es sich dabei um Prozesse, die in einem spezifisch-sozialen Raum produziert und insbesondere auch rezipiert werden (Museen, Galerien oder sakrale Orten), so dass vermutet werden darf – und, wie wir noch ausführen werden, auch experimentell nachgewiesen wurde – dass hier die Aufmerksamkeitsressourcen des Betrachters und Künstlers eine besondere kognitive Verstärkung und Lenkung erfahren, die für den ästhetischen Eindruck essentiell ist.

Dies legt aber auch für die Neuroästhetik eine Erweiterung ihres theoretischen Rahmens wie auch die vielfältige Vernetzung mit weiteren Forschungsdisziplinen nahe, um die offensichtlichen Rückkoppelungsmechanismen der verschiedenen Ebenen zueinander, die für die ästhetische Erfahrung und Produktion unabdingbar sind, überhaupt einer tatsächlichen Erforschung zugänglich machen zu können. Dies wird besonders auch am Prinzip der *Symmetrie*, das Ramachandran und Hirstein nur am Rande betrachten, deutlich. So ist es eine kulturgeschichtlich bedeutsame Tatsache, dass der Mensch sich mindestens seit dem ägyptischen Zeitalter mit Proportionen, Symmetrien und deren Abweichungen beschäftigt und zum Beispiel mit dem goldenen Schnitt besonders in der Malerei in der Bildkomposition zu verwirklichen suchte (Cramer, Kaempfer 1992, 264). Insbesondere den Kognitionswissenschaften kommt es dabei zu, auch empirisch zu überprüfen, welche Zusammenhänge es zwischen bestimmten Symmetrieeigenschaften

---

[9] Wie insbesondere Zelazo aufgezeigt hat, ist für die menschliche Entwicklung die Ausbildung einer komplexen kognitiven Struktur entscheidend, für die die generalisierende Transponierung von Regelkompetenzen charakteristisch ist (Zelazo 2004). Wie sich diese grundsätzliche Regelkompetenz, die wir natürlich auch für den Künstler voraussetzen dürfen, überhaupt zum Peak-Shift-Effekt verhält, müsste gesondert untersucht werden. Allerdings hängt von der Klärung dieser Frage gerade ab, ob und wenn, dann in welcher Form, die Übertragung des Peak-Shift-Effekts eine Erklärung zur allgemein-begrifflichen Regelkompetenz des Menschen liefert.

von Formen, deren Komplexität und darauf basierenden evaluativ-ästhetischen Urteilen bezüglich der Schönheit und Harmonie einer perzipierten Struktur gibt. Jacobsen konnte in dieser Hinsicht einen statistisch signifikanten Zusammenhang zwischen der Komplexität einer symmetrischen Eigenschaft und ihrer ästhetischen Kategorisierung als ‚schön' nachweisen (Jacobsen). Mit Hilfe entsprechend experimentell untersuchter Differenzierungen wie zwischen rein beschreibenden Urteilen und evaluativ-ästhetischen Urteilen von Probanden zum selben Stimulus-Material ist es dann aufgrund bildgebender Verfahren möglich, neuronale Netzwerke, die mit ästhetischen Urteilen korrelieren, zu identifizieren (Jacobsen, Schubotz, Höfel, Cramon 2006, 282). Besonders interessant sind in dieser Hinsicht auch die Symmetrieeigenschaften selbstähnlicher Strukturen, die in der fraktalen Geometrie untersucht werden und in Wachstumsspiralen von Tieren und Pflanzen, aber auch der Morphogenese von Wolkenkonfigurationen und Landschaften eine große Rolle spielen (Cramer, Kaempfer 1992, 268 ff.). Dass entsprechende Strukturen der Selbstähnlichkeit dabei häufig mit einer besonderen ästhetischen Anziehungskraft verbunden sind, ist vielfach bemerkt worden (Spehar, Clifford, Newell 2003, 815). Solche Strukturen der Selbstähnlichkeit lassen sich sowohl, wie beschrieben, in der Natur, als auch bei kulturellen Artefakten, also geistigen Erzeugnissen, nachweisen, wie man an Jackson Pollocks Bildern oder speziell computergenerierten Bildern aufzeigen kann, denen ebenfalls fraktale Strukturen inhärent sind.[10]

Die Erforschung der Bedeutung symmetrischer Strukturen für die Evozierung ästhetischer Emotionen und Gehalte umgreift somit natürliche und kulturell-geistige Phänomene und involviert auch für die konkrete neuroästhetische Forschung symmetrischer bzw. selbstähnlicher Phänomenbestände so unterschiedliche Disziplinen wie die Evolutionsbiologie, Kognitionspsychologie, Informatik (statistisch-digitale Bildverarbeitung), Mathematik und auch kulturwissenschaftliche Forschungsansätze, gerade auch wenn es beispielsweise um die Klärung und Bedeutung symmetrischer Strukturen in der Lebenswelt und ihre prägende Kraft für kulturell-induzierte Sehgewohnheiten geht.[11] Eine umfassende Deutung und Interpretation der hier angedeuteten Strukturisomorphien zwischen Naturformen, mathematischen Gesetzen und deren Bedeutung

---

[10] Dass ein Bild selbstähnliche Strukturen aufweist, ist allerdings noch keine hinreichende Bedingung für die besonders hohe ästhetische Anziehungskraft eines Bildes. Wie in einer übergreifenden Studie gezeigt werden konnte (Vergleich zwischen fraktalen Computerbildern, Bildern von Pollock und Bilder von Naturvorgängen), ist die ästhetische Präferenz entsprechender Bilder von dem Wert ihrer fraktalen Dimension D abhängig. Der Wert mit der höchsten Korrelation einer hohen ästhetischen Präferenz liegt hier zwischen 1.3 und 1.5. (Spehar, Clifford, Newell 2003, 813). Redies und Denzler haben aufgrund einer vergleichenden Studie unter Anwendung der Fourier-Spektralanalyse auf photographierte *Portraits* und *natürlichen Szenen* zeigen können, dass die genannten Bildtypen skalierungsinvariante bzw. fraktalähnliche Strukturen aufweisen (anders als beispielsweise Photographien von lebensweltlichen Alltagsgegenständen), so dass die Vermutung nahe liegt, dass Künstler über subpersonales statistisches Wissen verfügen und natürliche Szenen entsprechend präferieren und der Gestaltung von Portraits zugrunde legen (Redies, Hänisch, Blickhan, Denzler 2007).

[11] Jacobsen verweist in diesem Zusammenhang auf die Schwierigkeit, dass gerade die Reizkomplexität bei kulturellen Artefakten im ästhetischen Erleben von Architektur, Musik, Skulpturen und Bildern es sehr erschwerten, die den ästhetischen Erleben zugrunde liegenden Stimuli experimentell zu kontrollieren (Jacobsen 2009, 30). Aber diese Schwierigkeiten bedeutet natürlich nicht, dass

für die Bildgesetze der Kunst erfordert zudem einen systemphilosophischen Ansatz, um die verschiedenen Ebenen, ihren wechselseitigen kausal-funktionalen Verbindungen und ihre strukturlogischen Verbindungen in eine umfassende naturphilosophisch-ontologische Theorie integrieren zu können.

Wie könnte nun aber eine strukturelle Extension und Veränderung des bisher erörterten neurowissenschaftlich-forschungstheoretischen Rahmens – neben der angedeuteten notwendigen Erweiterung interdisziplinärer Forschungsschwerpunkte – weiter konkretisiert werden? Um zu einer vorläufigen, tentativen Beantwortung dieser Frage kommen zu können, sollen ausgehend von einem kognitionswissenschaftlichen Modell Leders zur ästhetischen Erfahrung hierzu einige weiterführende und abschließende Hinweise gegeben werden.

3. Leders kognitionswissenschaftliches Modell zur ästhetischen Erfahrung

Wie die vorangegangenen Ausführungen gezeigt haben, bieten die unidirektionalen neuroästhetischen Ansätze von Zeki und Ramachandran, Hirstein zwar interessante und wichtige neurobiologische Erklärungsansätze für die ästhetische Erfahrung wie auch die (visuelle) Kunstproduktion, aber beide Modelle sind weit davon entfernt, rein biologisch-neuronale Mechanismen angeben zu können, mit denen man die Komplexität ästhetischer Erfahrung vollständig *reduktiv* im Sinne eines monokausalen Ableitungsverhältnisses bestimmen könnte. Neuere kognitionswissenschaftliche Modelle zur ästhetischen Erfahrung wie die von Leder (2004), Jacobsen (2009) oder auch von Cupchik (2009) beziehen hingegen verschiedene Dimensionen und Ebenen ästhetischer Erfahrungen und Faktoren mit ein und stellen in das Zentrum der Forschung – hier insbesondere Leder – die forschungstheoretisch besonders interessanten Wechselwirkungen bzw. Rückkoppelungsprozesse zwischen den verschiedenen Ebenen wie den physiologischen Mechanismen, psychologischen Faktoren und kulturellen Variablen, die prima facie jeweils an der Konstitution ästhetischer Erfahrung und Produktion beteiligt sind.

So betont Leder die Bedeutung des Kontextes, in dem ästhetische Erfahrungen auftreten. Die grundlegende These ist hier, dass eine notwendige Bedingung für ästhetische Erfahrung in einer besonderen ästhetischen *Einstellung* bzw. dem *Engagement* des Betrachters besteht, einen Gegenstand oder ein Wahrnehmungsszenario überhaupt unter ästhetischen Gesichtspunkten zu betrachten, damit sich beispielsweise so etwas wie ein „interesseloses Wohlgefallen" gegenüber Kunstwerken im Kantischen Sinne in weitergehenden reflexiv-kognitiven Verarbeitungsprozessen einstellen kann. Galerien, Museen oder auch sakrale Orte bieten hier kontextuelle Rahmenbedingungen an, welche aufgrund gesellschaftlich-konventioneller Vermittlungsprozesse eine bewusste ästhetische Haltung induzieren und eine Vorabklassifizierung von ästhetischen Objekten, Kategorien und spezifisch affektiven Reaktionen nahe legen (Leder 2004, 495). In der Auseinander-

---

die Einbeziehung mehrdimensionaler kultureller Faktoren für das ästhetische Erleben grundsätzlich unerforschbar ist.

setzung mit der Kunst befindet sich der Betrachter nach Leder dabei in einer Situation der Herausforderung: Es handelt sich um einen komplexen Prozess, der Vergnügen oder Wohlgefallen bereiten kann, aber eben auch Verstehensprozesse und vielfältige kognitive Leistungen mit involviert. Deshalb geht er davon aus, dass es sich bei der ästhetischen Erfahrung um einen grundsätzlich kognitiven Prozess handelt, der zunächst in seiner zeitlichen Entfaltung von affektiven Zuständen begleitet wird, und dass letztere dadurch, dass sie eine (kognitive) Neubewertung erfahren, wiederum verändert werden und in einer ästhetischen Emotion resultieren. Letztere ist dabei so definiert, dass im Betrachter aufgrund des sukzessiven ästhetischen Verarbeitungsprozesses, wie bereits erwähnt, ein Zustand der Freude oder sogar des Glücks hervorgerufen werden kann, aber natürlich auch negativ besetzte Emotionen. Zwar ist das ästhetische Urteil als Resultat des ästhetischen Prozesses komplementär in Leders Modell zur emotionalen Erfahrung angeordnet, aber es ist nach Leders Auffassung durchaus möglich, dass es eine Dissoziierung des emotionalen Gehaltes und der ästhetischen Bewertung eines Kunstwerkes gibt (Leder 2004, 501). In Anlehnung an Cupchik betont Leder in seinem Modell hier zunächst den Verarbeitungsschritt der *expliziten Klassifikation* eines Kunstwerken. Wie Cupchik auch empirisch nachgewiesen hat, unterscheiden sich Laien und Kunstkenner bei der ästhetischen Evaluation eines Kunstwerkes unter anderem darin, dass erstere nach bekannten *inhaltlichen* Elementen in einem Kunstwerk suchen, wohingegen Kunstexperten gerade auch visuelle Effekte in die Analyse mit einbeziehen, die spezifische Stilelemente beinhalten (Cupchik 1988, 39). Der nächste Schritt in der *kognitiven Verarbeitung* (Cognitive Mastering) betrifft nach Leder dann den expliziten Verstehensprozess, also den Versuch, ein Kunstwerk nach semantisch-ästhetischen Gesichtspunkten zu evaluieren, ein Vorgang, der gerade auch in der modernen Kunst eine große Rolle spielt, und zwar deshalb, weil hier, wie bereits beschrieben, der inhaltlich-repräsentationale ästhetische Gehalt selber in den Hintergrund tritt und Farben und Formen *als solche* – wie im Kubismus oder bei Mondrian – das Sujet des Bildes ausmachen. Dies führt dazu, dass hier ein besonderes Bedürfnis nach Interpretation erzeugt wird und häufig ohne weitergehende Expertise und Kennerschaft und persönliche Anstrengung in der Auseinandersetzung mit dem Kunstwerk der Zugang zur mehrdimensionalen komplexen ästhetischen Erfahrung und Evaluation verschlossen bleibt.

Bekanntlich hat Danto in seiner philosophischen Ästhetik gerade diesen Gesichtspunkt der kognitiven Evaluierung und Interpretation als besondere Konstitutionsleistung im Hinblick auf das Kunstwerk bis zum Äußersten betont, wenn er die Bedeutung des Werktitels dadurch zu veranschaulichen sucht, dass (im Gedankenexperiment) ein differenter Titel bei gleich bleibenden visuellen Elementen ein vollständig anderes Kunstwerk (oder auch Nicht-Kunstwerk) und damit auch vollkommen divergente ästhetische Erlebnisse und Urteile von Kunstbetrachtern realisieren könne (Danto 1981).[12] Die materiale Basis des Kunstwerkes und dessen perzeptuelle Analyse spielt somit gegenüber der kog-

---

[12] So heißt es in *The Transfiguration of the Commonplace* „… I cited the slogan in the philosophy of science, which holds that there is no observation without interpretation and that the observation terms of science are, in consequence, theoryladen to such a degree that to seek after a neutral description in favor of some account of science as ideally unprejudiced is exactly to forswear the possibility of doing science at all. My analysis […] suggests that something of the same order

nitiven Interpretation bei der *ästhetischen Konstitution* des Kunstwerkes als Kunstwerk keine konstitutive Rolle. Obwohl Leder Top-Down-Prozesse auf der Ebene des persönlichen Geschmacks und des Expertenwissens dezidiert in sein Modell integriert und Rückkoppelungsprozesse zwischen den Verarbeitungsschritten der expliziten Klassifikation und weitergehenden kognitiven Verarbeitungsschritten fokussiert, ist sein Modell der ästhetischen Erfahrung und Evaluation von Dantos Ansatz trotzdem abzugrenzen. Anders als bei Danto verbirgt sich nämlich in Leders kognitionswissenschaftlicher Theorie zur ästhetischen Erfahrung ein klar abgrenzbares Ebenenmodell, in dem *sowohl* Top-Down- *als auch* Bottom-Up-Prozesse zur Konstitution und Evaluierung ästhetischer Erfahrung an einigen neuralgischen Schnittstellen klar unterschieden werden können. Als ‚Basisebene‘ fungiert bei Leder hier u. a. die ‚Perzeptuelle Analyse‘, die sich auf die bereits erörterte Elemente wie ‚Symmetrie‘, ‚Gruppierung‘ oder auch ‚Kontrast‘ bezieht. Leder scheint davon auszugehen, dass die Verarbeitung der genannten Elemente, denen bereits eine ästhetische Dimension inne wohnt und die in einem sehr frühen Stadium der perzeptuellen Diskriminierung detektiert werden, vollständig automatisch und unbewusst ablaufen. Bezogen auf diese „Sockelebene“ gibt es deshalb seiner Auffassung nach auch keinerlei Rückkoppelungsprozesse mit höherstufigen Ebenen, die hier einen funktionalen oder kausalen Einfluss ausüben. Ähnliches soll offenbar auch für die nächste höhere Ebene der impliziten Gedächtnisverarbeitung gelten, auf der er den Peak-Shift-Effekt ansiedelt oder auch die Präferenz für bestimmte Prototypen. Allerdings räumt er im Hinblick auf letztere ein, dass hier nicht nur die vorausgegangene Erfahrung eine implizite Rolle spielt, sondern möglicherweise Expertenwissen für die Bildung spezifischer Prototypen ebenfalls mitverantwortlich ist. Dies käme dann aber eben doch einem Top-Down-Prozess und somit einer entsprechenden Rückkoppelung mit einer „höheren“ Ebene gleich.

4.   Fazit: Perspektiven eines erweiterten neuroästhetischen Forschungsrahmens

Leders kognitionswissenschaftliches Modell eröffnet aus meiner Sicht gegenüber neuroästhetischen Ansätzen wie denen von Zeki und Ramachandran die Möglichkeit, gerade auch dezidiert kognitiv-bewusste Erfahrungen und Verarbeitungsprozesse in die neurowissenschaftliche Erforschung ästhetischer Phänomene mit einzubeziehen. Allerdings sollte ebenfalls deutlich geworden sein, dass Leders Modell selber in seiner strikten Unterscheidung zwischen einer Sockelebene, die völlig frei von jeglichen höherstufigen Rückkopplungsprozessen ist und solchen Ebenen, für die das nicht gilt, nicht vollständig überzeugend ist. So ist es problematisch, davon auszugehen, dass sämtliche Gruppierungseffekte oder auch die Detektion von Symmetrien und Komplexität entspringen einer vollständigen automatischen und nicht-bewussten Hirnverarbeitung. Neben dem faktischen Nachweis, dass es tatsächlich aufmerksamkeitsbasierte Bindungsprozesse im Gehirn gibt, ist auch daran zu erinnern, dass interessanterweise Zeki für die modular-

---

is true in art. To seek a neutral description is to see the work *as a thing* and hence not as an artwork.“ (Danto 1981, 124)

visuelle Verarbeitung des Gehirns geltend macht, dass den Verarbeitungsresultaten der einzelnen Areale des visuellen Kortes jeweils ein ‚Mikrobewusstsein' entspricht, was darauf verweist, dass der Bewusstseinsbegriff bzw. dessen Eigenschaften in diesem Zusammenhang selber zunächst klärungsbedürftig ist und deshalb bereits aus konzeptuellen Gründen unklar ist, ob diese Ebene der ästhetischen Verarbeitung tatsächlich frei von Bewusstseinsprozessen ist. Dies gilt a fortiori für den Peak-Shift-Effekt oder die Bildung von Prototypen, wie aus den vorangegangenen Ausführungen deutlich geworden sein dürfte. Für letztere sind sicherlich genetische Grundlagen nachweisbar, aber ihre konkrete Entfaltung ist von individuellen und sozialen Erfahrungsräumen mit abhängig und involviert somit bereits auf dieser Stufe wechselseitige Dependenzen wie auch weitergehende Einbettungen in kognitive Hierarchien, die insbesondere, aber möglicherweise nicht ausschließlich, für den Menschen charakteristisch sind (Zelazo 2004).

Nehmen wir also an, dass es tatsächlich keine basale Ebene gibt, die von Rückkoppelungsprozessen und abwärtsgerichteten Wirkungen von „höheren" Ebenen gänzlich frei ist. Bedeutet dies dann, dass man grundsätzlich auf das Ebenenmodell zur Erforschung ästhetischer Erfahrung und Kunstproduktion verzichten sollte? Dies wäre aus meiner Sicht ein *non sequitur*. Dass es vielfache Rückkoppelungsprozesse zwischen genetischen, neuronalen, und erfahrungsbasierten individuellen und sozialen Prozessen gibt, besagt natürlich keinesfalls, dass man beispielsweise den neurowissenschaftlichen Forschungsgegenstand von dem genetischen nicht klar unterscheiden könnte. Allerdings ist ebenfalls zu beachten, dass bereits die Rede von einer basalen Erklärungsebene im Rahmen der Neurophysiologie oder Genetik irreführend sein kann, wenn nicht bedacht wird, dass diese Ebene selber wiederum zum Beispiel unter evolutionstheoretischen Gesichtspunkten entstanden und aufklärungsbedürftig ist, wie besonders von Ramachandran und Hirstein für die Neuroästhetik völlig zu recht herausgestellt wurde. Hält man nun an dem Ebenenmodell fest, stellt sich für die explanatorische Erschließung ihrer Wechselwirkungen die weitergehende Frage, ob wir es auf den „höheren" Ebenen nicht nur mit neuen *Eigenschaften* sondern auch mit neuen *Organisationsformen* zu tun haben. Gemeint ist Folgendes: Wie man sicherlich einräumen wird, sind genuin ästhetische Erfahrungen ohne die basalen Gesetzmäßigkeiten der Wahrnehmung, wie sie von Zeki und Ramachandran beschrieben werden, nicht denkbar. Trotzdem haben die vorangegangenen Ausführungen ergeben, dass sich die spezifisch ästhetische Wertschätzung und Kategorisierung von Erfahrungsgehalten weder auf diese Vorgänge reduzieren lassen, noch als lediglich eine, wenn auch erhebliche, quantitative Steigerung bereits vorhandener Elemente zu bestimmen sind. Wie gezeigt wurde, sind die kulturellen Rahmenbedingungen in vielen Fällen wichtige Voraussetzung für die ästhetische Erfahrung und Evaluation (Museen, Galerien usw.), die sich bis hin zur Aktivierung bestimmter neuronaler Areale nachweisen lassen. Dies würde jedoch bedeuten, dass ästhetische Erfahrungen zumindest partiell auch als Resultat *emergenter* holistischen Organisationsformen kognitiv-kultureller Art anzusehen sind, die nicht nur neue qualitative Eigenschaften aufweisen, sondern auch prinzipiell von basaleren Ebenen aus nicht prognostizierbar sind (Campbell, Bickhard 2002, 27-30, Thompson 2007, 420-421). Allerdings wäre eine solche Tatsache, so interessant sie aus ontologischer Sicht auch wäre, zu pauschal: Im Rahmen einer erweiterten Forschungsperspektive geht es darum, genau zu bestimmen, welche Aspekte, Zustände und Eigenschaften der ästhetischen Erfahrung tatsächlich emergenter Natur im letztgenannten Sinne sind und welche nicht. Es ist zumindest nicht *a priori* auszuschließen, dass Erlebnisse und ästhetische Urteile über das Erhabene vollständig biologisch explizierbar sind, hingegen Erfahrungsgehalte zum Schönen und Hässlichen aber nicht oder eben auch umgekehrt. Dass speziell ästhetisch-emergente Eigenschaften auf den höheren Ebenen auftreten, die sich durch qualitative Neuheit auszeichnen, schließt natürlich keinesfalls aus, dass es außerdem auch Strukturformen gibt, die ästhetischen Erfahrungen zugrunde liegen, die sowohl natürlichen als auch geistigen Prozessen *gemeinsam* zugrunde liegen und in metamorphisierter Form auf den verschiedenen Ebenen in Erscheinung treten. Dass Strukturen, die aus Prozessen der Selbstähnlichkeit hervorgehen, und sich durch spezielle Symmetrieeigenschaften auszeichnen, hier insbesondere für diese übergreifende strukturelle Kontinuität in Frage kommen, ist bereits ausgeführt worden. Wolfgang Welsch macht dazu den weitergehenden Vorschlag, dass der Mensch einen Schönheitssinn entwickelt habe, der als kognitiver Detektor für entsprechende holistische Strukturen der Selbstähnlichkeit fungiert, die aufgrund ihrer formalen Eigenschaften nicht an eine besondere Gegenstandsklasse gebunden sind. Tatsächlich ist die adaptiv-evolutionäre Erklärung zur Entwicklung eines entsprechenden Schönheitssinnes bestechend, da ein solcher Schönheitssinn auch gleichzeitig als ein Lust erzeugender Kohärenzdetektor fungiert (Welsch 2008, 105-106).

Mit diesen Gesichtspunkten sind auch weitergehende Fragen zu den von Leder geltend gemachten Rückkoppelungsprozessen zur Konstitution ästhetischer Erfahrung verbunden. Denn es wird in seinem Modell nicht weiter ausgeführt, wie die von ihm behaupteten und teilweise auch empirisch bestätigten Rückkoppelungsprozesse in ihrer Realisierung weitergehend wissenschaftstheoretisch zu bestimmen sind. Es könnte sich bei den von Leder beschriebenen Prozessen beispielsweise um eine Form der reziproken Kausalität handeln, wie sie von Varela und Thompson im Rahmen der Neurophänomenologie in Anlehnung an Selbstorganisationstheorien und die dynamische Systemtheorie theoretisch fruchtbar gemacht worden ist. Emergente Phänomene haben in diesem Modell grundsätzlich zwei Bewegungsrichtungen: Lokale Prozesse determinieren bzw. verursachen aufwärtsgerichtete emergente Eigenschaften auf einer höheren Ebene, wie beispielsweise neuronale Prozesse phänomenale Bewusstseinsphänomene. Letztere entsprechen hingegen nach Auffassung von Varela und Thompson oder auch Freeman globalen Strukturen des Systems und sind in der Lage, lokale Prozesse zu beeinflussen (Freeman 2009). Diese Form der abwärtsgerichteten Kausalität soll sich dabei nicht in der Interaktion dynamischer Variablen äußern, sondern vielmehr in der Veränderung von Randbedingungen und Kontrollparametern, die das Verhalten lokaler neuronaler Ensembles determinieren (Thompson, Varela 2001 419-421). Tatsächlich konnte Cupchik in einer kürzlich durchgeführten vergleichenden fMRT-Studie nachweisen, dass die Gehirnaktivitäten von Probanden, die Bilder einmal unter objektidentifikatorischen und ein anderes Mal unter ästhetisch-evaluativen Kriterien betrachten, in letzterem Fall zu verstärkten lateralen Aktivitäten im präfrontalen Kortex führen (Cupchik 2009, 89). Fähigkeiten wie kognitive Kontrolle, Aufmerksamkeit oder auch das Vermögen zur evaluativen Selbstregulierung sind dabei eng unter anderem eng mit den Aktivitäten des präfrontalen Kortex korreliert (Ardila 2008, Rueda, Posner, Rothbart 2005, 578, Gruber, Goschke 2004, 108). Cupchiks ursprüngliche Erwartung vor der durchgeführten Studie, die sich dann auch bestätigte, bestand darin, dass aufgrund der ästhetischen Orientierung bzw. Einstellung ein höheres Maß an kognitiver Kontrolle und Aufmerksamkeit bei der Bildbetrachtung notwendig sein würde, als im Fall der bloßen objektidentifizierende Einstellung (Cupchik 2009, 85). Cupchik deutet die Befunde dahingehend, dass die besonderen Aktivitäten im linken parietalen Kortex einer exekutiven Top-Down-Kontrolle während der ästhetischen Orientierung gegenüber den perzeptuellen Stimuli (Bildern) entsprechen (Cupchik 2009, 89-90). Um diese Vermutung weiter zu erhärten oder auch zu falsifizieren, wäre es sehr interessant, bei derselben komparativ-diskriminatorischen Aufgabe die nicht-linearen dynamischen Veränderungen der EEG-Korrelate, also die globalen Oszillations- und Synchronisierungsprozesse neuronaler Ensembles, zu untersuchen.[13]

Wie deutlich geworden sein sollte, verspricht die vorgeschlagene Extension des neuroästhetischen Forschungsrahmens somit eine weitergehende empirische wie auch begrifflich-strukturelle Klärung des Verhältnisses von natürlichen und geistigen Prozessen im Hinblick auf die Emergenz ästhetischer Eigenschaften und Gehalte wie auch deren Realisierung auf den verschiedenen Ebenen.

5. Literatur

Ardilla, A. 2008: On the evolutionary origins of executive functions, in: Brain and Cognition, 68, 92-99.

Campbell, R., Bickhard, M. H. 2002: Physicalism, Emergence and Downward Causation. Nicht veröffentlicht. http://www.lehigh.edu/~mbh0/physicalemergence.pdf

Chatterjee, A. 2010: Neuroästhetics: A Coming of Age Story, in: Journal of Cognitive Neuroscience. Vol. 23(10), 53-62.

Cinzia, D. D., Vittorio G. 2009. Neuroaesthetics: a review, in: Current Opinion in Neurobiology,19, 682-687.

Cramer, F., Kaempfer, W. 1992: Die Natur der Schönheit. Zur Dynamik der schönen Formen. Frankfurt am Main, Leipzig.

Cupchik, G. C., Gebotys, R. J. 1988: The Search for Meaning in Art: Interpretative Styles and Judgments of Quality, in: Visual Arts Research, 14, 38-50.

Cupchik, G. C. 1992. From perception to production: A multi-level analysis of the aesthetic process. In G. C. Cupchik, J. Laszlo (Eds.)., Emerging visions of the aesthetic process: Psychology, Semiology, Philosophy, 83-99. New York, Cambridge.

Cupchik, G. C., Vartanian, O., Crawley, A., Mikulis, D. J. 2009: Viewing artworks: Contribution of cognitive control and perceptual facilitation to aesthetic experience, in: Brain and Cognition 70, 84-91.

Danto, A. C. 1981 [1924]: The transfiguration of the commonplace. Cambridge, Massachusetts, London.

Eibl-Eibesfeldt 2004: Die Biologie des menschlichen Verhaltens. Grundriß der Humanethologie, Vierkirchen-Pasenbach.

---

[13] Anjan Chatterjee macht in seinen Ausführungen zur Neuroästhetik sicherlich zu Recht geltend, dass die explanatorische Relevanz der Neuroästhetik für die Psychologie der Ästhetik noch weitergehend aufgewiesen werden muss (Chatterjee 2010, 59-60). Allerdings greift dieser Ansatzpunkt, so wichtig er auch ist, zu kurz, wenn man die evolutionäre Kontinuität ästhetischer Phänomene wie auch deren besondere soziale Prägung für den Menschen nicht mit bedenkt. Neben einer exakten Phänomenologie der ästhetischen Erfahrungen als Ausgangspunkt der Neuroästhetik, müssen auch diese Gesichtspunkte in ein erweitertes neuroästhetisches Forschungsmodell bezüglich ihrer explanatorischen Relevanz integriert werden.

Freeman, W. J. 2006: Consciousness, Intentionality, and Causality, in: Susan Pockett, William P. Banks, Shaun Gallagher (Hg.): Does Consciousness Cause Behaviour? Cambridge, Massachussetts, London, 73-105, 84-88.

Gombrich, E. H. 1986^2:Die Geschichte der modernen Kunst. Neubearbeitete und erweiterte Auflage. Stuttgart Zürich.

Gruber, O., Goschke, T. 2004: Executive control emerging from dynamic interactions between brain systems mediating language, working memory and attentional processes, in: Acta Psychologica, 115, 105-121.

Hanson, H. M. 1959. Effects of discrimination training on stimulus generalization. J. Exp. Psychol. 58:321–334

Jacobsen, T., Schubotz, R. I., Höfel, L., Yves, D. Cramon, v. 2006: Brain correlates of aesthetic judgment of beauty, in: NeuroImage 29, 276-285.

Jacobsen, T. 2009: Neuroaesthetics and the Psychology of Aesthetics, in: M. Skov, O. Vartanian (Hgg.), Neuroaesthetics. New York, 27-42.

Leder, H. Belke, B. Oeberist, Augustin, D. 2004: A model of aesthetic appreciation and aesthetic judgments, in: British Journal of Psychology, 95, 489-508.

Lynn S. K. Cnaani, A., Papay, D. R. 2005: Peak shift discrimination learning as a mechanism of signal evolution, in: Evolution, 59(6),1300–1305.

Marr, D.1982: Vision. A Computational investigation into the human representation and processing of visual information. New York.

Millikan, R. G. 2004: Die Vielfalt der Bedeutung. Zeichen, Ziele und ihre Verwandtschaft. Aus dem Amerikanischen von Hajo Greif. Frankfurt am Main.

Ramachandran, V. S., Hirstein, W.1999: The Science of Art. A Neurological Theory of Aesthetic Experience, in: Journal of Consciousness Studies, 6, No 6-7, 15-51.

Redies, C. Hänisch, J. Blickhan, M. Denzler, J. 2007: Artist portray human faces with the Fourier statistics of complex natural scenes, in: Network: Computation in Neural Systems, 18(3), 235-248.

Rueda, M. R., Posner, M. I., Rothbart, M. K. 2005: The Development of Executive Attention: Contributions to the Emergence of Self-Regulation, in: Development Neuropychology, 573-594.

Sennett, R 1987: Verfall und Ende des öffentlichen Lebens. Die Tyrannei der Intimität. Frankfurt am Main.

Singer, W. 2002: Vom Gehirn zum Bewusstsein, in: ders. (Hg.), Der Beobachter im Gehirn. Essays zur Hirnforschung. Frankfurt am Main, 60-76.

Singer, W. 2009: Neural Synchrony and Feature Binding. In: L. R. Squire (Hg.), Encyclopedia of Neuroscience. Vol. 6. Oxford, 253-259.

Slater, A. Von der Schulenburg, C., Brown, E., Badenoch, M., Butterworth, Parsons, S., Samuels, C. 1998: Newborn Infants Prefer Attractive Faces, in: Infant Behauvior & Development 21 (2), 345-354.

Spahn, C./Tewes, C. 2011: Naturalismus oder integrativer Monismus?, in: Petra Kolmer, Kristian Köchy (Hgg.): Gott und Natur, Freiburg/München,141-185.

Spehar, B., Clifford, C. W. G., Newell, B. R., Taylor, R. P. 2003: Chaos and graphics. Universal aesthetic of fractals, in: Computer & Graphics 27, 813-820.

Thompson, E.,Varela, F. J. 2001: Radical embodiment:neural dynamics and consciousness (2001), in: Trends in Cognitive Sciences Vol.5 No.10, 418-425.

Thompson, E. 2005: Sensorimotor subjectivity and the enactive approach to experience, in: Phenomenology and the Cognitive Sciences 4: 407-427.

Thompson, E. 2007: Mind in Life. Biology, Phenomenology, and the Sciences of the Mind. Cambridge, Massachusetts, London.

Welsch, W. 2004: Die Kunst und das Inhumane, in: Grenzen und Grenzüberschreitungen, XIX. Deutscher Kongress für Philosophie 2002. Berlin, 730-751.

Welsch, W. 2009: Von der universalen Schätzung des Schönen, in: Sachs, M, Sander (Hgg.): Die Permanenz des Ästhetischen, 93-121.

Zeki, S. 1998: Art and the Brain, in: Daedalus 127, No. 2. 71-103.

Zeki, S 1999: Inner Vision. An Exploration of Art and the Brain. Oxford.

Zeki, S. 2004: The neurobiology of ambiguity, in: Consciousness and Cognition, 13, 173-196.

Zelazo, P. D. 2004:: The development of conscious control in childhood, in: Trends in Cognitive Sciences, Vol. 8 No 1, January, 12-17, 13.

Dieter Wandschneider

Das evolutionäre Gehirn und die Sonderstellung des Geistes –

in Hegelscher Perspektive

1. Einleitung

Nach langer Ächtung in der analytischen Philosophie des zwanzigsten Jahrhunderts ist *Geist* heute wieder ein legitimes, wenn auch hoch-kontrovers diskutiertes Thema der Philosophie. Als solches entstammt es freilich nicht einer ehrwürdig-überkommenen geistphilosophischen Tradition, sondern ist ironischerweise – und für die analytischen Protagonisten vielleicht auch überraschend – in ihrem eigenen Mainstream aufgetaucht: In der Adaption des analytischen Denkduktus an die neuen Naturwissenschaften – insbesondere Evolutionstheorie, Ethologie, Genetik, Kybernetik, Neurobiologie, Hirnforschung etc. – erschienen auf der philosophischen Bühne evolutionäre Erkenntnis-, Handlungs- und Kunsttheorien, eine flächendeckend diskutierte ‚Philosophy of Mind‘, flankiert von Debatten pro und contra zur Frage der Willensfreiheit.

In diesen Kontext fügt sich auch ein auf den ersten Blick bizarr anmutender Gedanke ein, der unter dem Titel eines *anthropischen Prinzips* weitreichende Theoriediskussionen und Spekulationen angestoßen hat.[1] Die Grundaussage des anthropischen Prinzips geht dahin, dass die Naturgesetze gerade so beschaffen sind, dass die Naturevolution eben auch menschlichen Geist hervorbrachte –, dass dies *möglich* war als *schwache* Version, dass dies *notwendig* war als *starke* Version und die *Unumkehrbarkeit* eines solchen Prozesses in der *finalen* Version. Ein Ende der schon über Jahrzehnte gehenden Auseinandersetzungen hierzu ist bis heute nicht in Sicht. Sicher scheint nur soviel zu sein, dass geringfügigste Abweichungen von der bekannten Form der Naturgesetze (die Naturkonstanten eingeschlossen) ein ‚geist-loses‘ Universum zur Folge hätten. Gab es also so etwas wie ein *Intelligent Design*, eine göttliche, *zielgerichtete Planung* des Naturentwurfs hin auf die Entwicklung des Geistes? Oder ist unser Universum mit ‚unseren‘, Geist ermöglichenden Naturgesetzen, nur eines unter unendlich vielen anderen Universen mit ganz andersartigen Naturgesetzen – nur eine der unendlich vielen Zufalls-Konstellationen eines hypothetischen *Multiversums*?

---

[1] Hierzu Breuer 1984; Barrow/Tipler 1986; Barrow 1992; Rees 2003; Carr 2006; Davies 2008.

Es ist nicht zu leugnen, dass uns die Frage irgendwie angeht, wenn wir ins Grübeln darüber geraten, woher wir kommen, wie unser Stellenwert im Universum (oder Multiversum) ist und welchen Sinn das Ganze hat. Die Diskussion hierzu ist weithin *naturwissenschaftlich* geführt worden, wobei sich zweifellos höchst interessante theoretische Perspektiven ergeben haben, auch im Blick auf eine *Grand Unified Theory* – gleichsam der heilige Gral der Physik –, im Resultat freilich in der Form offener Hypothesen. *Theologisch* hingegen ist der Fall klar, starken Glauben vorausgesetzt, und damit wiederum *zu* klar. Was also bleibt, wenn am Prinzip rationaler Ausweisbarkeit festgehalten wird?

In diesem Sinn habe ich an anderer Stelle eine *philosophische Deutung* auf der Grundlage des Hegelschen *objektiv-idealistischen* Systembegriffs unternommen (Wandschneider 2011). Im Folgenden fasse ich diese Argumentation kurz zusammen, um daran Überlegungen zum Verhältnis von Natur und Geist anzuschließen, auch in kritischer Absicht im Blick auf gegenwärtige Denkansätze der evolutionären Erkenntnistheorie.

2. Der objektiv-idealistische Naturbegriff

Basis der objektiv-idealistischen[2] Deutung ist nicht ein psychologistisch verstandenes Ich wie bei Berkeley oder auch ein transzendentales Ich wie bei Fichte, sondern die objektive Verbindlichkeit der *Logik*. Für die rationale Ausweisbarkeit dieser Position ist das entscheidend. Unter ‚Logik‘ ist dabei nicht eine der diversen formalen ‚Logiken‘ verstanden, die ja auf Axiomen, also beliebig wählbaren Konventionen beruhen, sondern eine diesen formalen Systemen noch vorausliegende, *fundamentale* Logik. Instruktiv als Exempel ist das *(Nicht-)Widerspruchsprinzip*: Wäre es aufgehoben, wäre der Widerspruch also zugelassen, wäre bekanntlich jeder beliebige Satz formal ableitbar, d. h. Beweisen wäre ein müßiges, sinnloses Unterfangen. Zudem könnte nicht mehr zwischen A und Non-A unterschieden werden, d. h. es gäbe keine Negation. Ohne Negation gibt es aber nicht die Möglichkeit der Abgrenzung und infolgedessen auch nicht der Begriffsbestimmung, d. h. sinnvolle Begriffe wären so unmöglich. Im Umkehrschluss heißt das, werden sinnvolle Begriffe verwendet, ist auch das Widerspruchsprinzip in Geltung. In diesem Sinn ist es als fundamental zu verstehen und insofern als eines der Grundprinzipien der *Fundamentallogik*.

Als Fundamentallogik hat diese Logik *Absolutheitscharakter* oder, in aktueller Diktion, sie ist *letztbegründbar*. Das ergibt sich daraus, dass sie nicht von einer logik-externen Instanz her begründet werden kann, denn Begründen ist eine *logische* Operation, setzt die Logik also schon voraus. Logik kann sich nur *selbst begründen*, und eben diese *Reflexivität* qualifiziert sie als *absolut*.

Diese Absolutheit der Fundamentallogik kann, soviel ist sicher, mit der Pluralität und insofern Relativität der unterschiedlichen Logiksysteme zusammenbestehen, denn recht verstanden bildet sie deren Voraussetzung (wie am Widerspruchsprinzip illustriert). Zwar betont Wolfgang Welsch, der zu Recht die Pluralität und den Eigenwert der verschiedenen *Rationalitätsformen* geltend macht, dass deren Verhältnis „nicht mehr

---

[2] Umfassend und klärend zu Begründungsfragen des objektiven Idealismus s. Hösle 1987b.

durch Rekurs auf eine einzige verbindliche Form von Rationalität, auf eine Art Hyper-Rationalität geregelt werden" könne. Aber er stellt unmittelbar auch klar, dass „die Heterogenität der Rationalitäten nicht das letzte Wort sein" kann (Welsch 2002, 7). Im Sinn seines Konzepts *transversaler Vernunft* (Welsch 1996) seien divergierende Ansprüche vielmehr zu prüfen, abzuwägen und in ihr Recht einzusetzen. Dies sei „nur im Medium solcher Vernunft erfahrbar und feststellbar" (Welsch 2002, 306). Ist dieses *Medium* der Vernunft aber nicht die Logik und näher jene fundamentale Logik? Wie anders sollte die Klärung strittiger Sachverhalte möglich sein, wenn nicht auf dem Grund einer Logik, die ihrerseits *nicht* mehr beliebig ist. Dort etwa, denke ich, müsste jener von Welsch erkundete transversale „Königsweg der Vernunft" verlaufen (Welsch 2002, 306). „Am Ende ergibt sich also doch eine gewisse Auszeichnung: zwar nicht des Pluralitätskonzepts als solchen, wohl aber des mit ihm verbundenen Konzepts der transversalen Vernunft" (Welsch 1996, 933), die ihre Kompetenz, so wäre zu ergänzen, allein aus der Logik bezieht. Und so wäre wohl auch Welschs an Wittgenstein anknüpfendes Verdikt: „Der Vernunft entkommt man nicht" zu verstehen (Welsch 1996, 427).

Konkreter: Dass wir „allenthalben auf Relativität" stoßen (Welsch 1996, 943), dürfe, um den performativen Widerspruch zu vermeiden, nicht selbstrefentiell behauptet werden, und das heißt, dass philosophische Konzeptionen, die als solche immer Aussagen über das Ganze machen, „strikt am Gebot performativer Konsistenz unter Bedingungen ihrer Selbstreferentialität zu messen sind" (Welsch 1996, 924). Dass somit der *Widerspruch prinzipiell zu vermeiden* ist,[3] bedeutet aber, dass ein logisches Prinzip wie das Widerspruchsprinzip sich auch im Zeichen transversaler Vernunft als unaufgebbar darstellt – die Alternative wäre das epistemische Desaster: Auch transversale Vernunft bedarf unumgänglich einer solchen logischen Basis, der – eben wegen ihrer Unaufgebbarkeit und insofern auch Unhintergehbarkeit – *Absolutheitscharakter* zugesprochen werden muss. Wenn auch ein „Unterschied zu Hegel" bestehe, werde doch, so Welsch, „hier verschiedentlich die Grenze zu Hegel gestreift" (Welsch 2002, 308).

Einem so verstandenen Konzept transversaler Vernunft wird man die Zustimmung schwerlich versagen können. Mit dieser Klarstellung kann die sehr verkürzte, im Folgenden nicht weiter zu problematisierende – und zweifellos höchst unzeitgemäße – Rede von der Absolutheit einer fundamentalen Logik – bei weiterhin vorhandenen, aber wohl eher programmatischen Differenzen – vielleicht so stehenbleiben.

Hegel charakterisiert das System einer solchen Logik im Ganzen als *absolute Idee*. Es ist gleichsam das ‚Reich des rein Ideellen', dessen Absolutheit so wesentlich auch als schlechthinnige Nicht-Bedingtheit durch Nicht-Ideelles zu verstehen ist: Im Absolutheitscharakter der Idee ist somit der Bezug auf das Nicht-Ideelle implizit, aber unumgänglich *mitgesetzt*. Aber was ist das Nicht-Ideelle? Nun, ist das Logisch-Ideelle durch begrifflichen Zusammenhang charakterisiert, dann ist das Nicht-Ideelle, Unbegriffliche

---

[3] Es gibt freilich auch Versuche, sogenannte ‚parakonsistente Logiken' zu entwickeln, d. h. Logiksysteme, in denen das Widerspruchsprinzip nicht gilt. Aber damit solche Systeme nicht *trivial* werden, müssen bestimmte Sonderregeln, also willkürliche Konventionen eingeführt werden, die bestimmte Operationen einfach verbieten. Durch solche Konstrukte ist das Widerspruchsprinzip nur maskiert (vgl. z. B. Costa 1974).

durch Getrenntheit, Auseinandersein[4] bestimmt, wie es empirisch in der räumlich-zeitlichen Verfasstheit der *Natur* begegnet. Objektiv-idealistisch ist die Natur so – hier extrem verkürzt in der Form eines Plausibilitätsarguments – als logisch notwendiges Begleitphänomen der absoluten Idee zu verstehen: Wenn es die Logik gibt, und es kann *prinzipiell* kein Argument geben, dass es sie nicht gibt (denn das hätte selbst logischen Charakter), dann muss es auch die Natur geben.[5]

Die Natur als das Nicht-Ideelle ist danach durch das Ideelle, also das ihm zugrunde liegende Positive, prinzipiiert und bleibt deshalb essentiell auf das Ideelle bezogen: Ihrer *Erscheinung* nach ist die Natur ein Auseinandersein, dem aber Ideelles als sein *Wesen* zugrunde liegt. Diese für das Natursein charakteristische *Ambivalenz* zeigt sich in der Tat darin, dass es in seiner räumlich-zeitlichen *Realität* durch *Naturgesetze* bestimmt ist, die ja ihrerseits kein räumlich-zeitlich reales Naturseiendes sind, sondern *logisch-ideellen* Charakter besitzen.

Diese intrinsische Ambivalenz ist nun Hegel zufolge der eigentliche Grund dafür, dass sich das Auseinander der Natur zu komplexeren Strukturen weiter ausdifferenziert. Beispielsweise ist das naturhafte Nicht-Ideelle ursprünglich lediglich als *reines Auseinander* bestimmt, also noch ohne alle Unterschiede. Ohne alle Unterschiede kann es freilich nicht *auseinander* sein. ,Reines' Auseinander kollabiert somit – begrifflich – in ein Nicht-Auseinander, den Punkt. *Beides* hat sein Recht, und ist zugleich unvereinbar. *Vereinbar* wird es aber in der *Linie*: In Längsrichtung ist sie ein Auseinander, in der Richtung ,quer' dazu ein Nicht-Auseinander. Die Linie und die ihr zugeordnete Querdimension bilden so erste Formen räumlicher Bestimmtheit. Das ursprünglich völlig amorphe, bestimmungslose Auseinander bleibt nicht, was es ist, sondern es *folgt* etwas daraus. In der Entfaltung der in ihm enthaltenen immanenten Dialektik entwickelt es *Bestimmtheit* und insoweit tendenziell *ideellen* Charakter.

Eine derartige *Idealisierungstendenz* bestimmt Hegel zufolge das gesamte Natursein. Die Explikation der Naturbestimmungen macht sichtbar, dass naturales Auseinander zunehmend aufgehoben und zu Ganzheiten verklammert wird – nicht im Sinn einer realen Natur-Evolution, die Hegel, ca. dreißig Jahre vor dem Erscheinen von Darwins ,On the Origin of Species', ablehnt, sondern in der Weise begrifflicher Dialektik.[6] Hier ist nicht die Frage, inwieweit dieser Anspruch bei Hegel argumentativ eingelöst ist. Wesentlich ist im gegenwärtigen Zusammenhang, dass jene Idealisierungstendenz zweifellos ein Charakteristikum des Naturseins darstellt. So repräsentiert der Organismus durch den Selbst-Bezug auf sein *Artallgemeines* offenbar in höherem Maß *Bestimmtheit* und *Einheit* als jede noch so komplexe anorganische Struktur.[7] Und in Gestalt von Wahrnehmung, Emp-

---

[4] Hegel spricht vom *Außereinander* der Natur oder auch von ihrem *Außersichsein* (Hegel z. B. 9. § 253 u. Zus. – zur Zitierweise s. Literaturverzeichnis), gelegentlich auch nur von einem *Auseinandersein* (z. B. 9. § 260). Ich verwende hier einfachheitshalber durchgängig den letzteren, umgangssprachlich vertrauten Ausdruck, da die beiden anderen Formen erklärungsbedürftig sind.

[5] Hierzu ausführlich Wandschneider 1985.

[6] Dass Hegels Naturbegriff gleichwohl gute Gründe – auch und gerade im Sinn objektiv-idealistischer Naturontologie – für eine evolutionstheoretische Lesart bietet, habe ich in Wandschneider 2002 dargelegt; vgl. hierzu auch Spahn 2007, 267 ff.

[7] Zu Hegels Philosophie des Lebendigen vgl. die ausführliche Untersuchung von Christian Spahn (2007, Teil II).

findung, Gefühl auf der Stufe höherer Tiere treten schon Formen des *Psychischen* und damit auch des *Ideellen* selbst (Bedeutungsgehalte!) in Erscheinung. Diese Entwicklung kulminiert im Auftreten des *Geistes*, also faktisch des *Menschen*.

3.   Das anthropische Prinzip – objektiv-idealistisch gedeutet

Warum ist damit das eigentliche *Telos* jener in der Natur wirksamen Idealisierungstendenz erreicht? Weil das Ideelle hier explizit *als Ideelles* hervortritt. Es ist nun nicht mehr das verborgene Wesen der Natur wie das Naturgesetz. Es ist auch nicht mehr nur das Artallgemeine als Prinzip organismischer Selbsterhaltung oder die psychische Befindlichkeit höherer Tiere, sondern nun Ideelles als solches. Was heißt das aber?

Ideelles als solches, so Hegel, ist erst im Medium des *Denkens* realisiert. Doch was ist Denken? Hegel gibt darauf die wenig überraschende Antwort: „*Denken*“ sei „*Gedanken haben*“ (10.283). Wesentlich dafür sei aber „das Gebundensein des Gedankens an das Wort“ (10. 280 Zus.): „Es ist in Namen, dass wir *denken*“ (10.278). Hier wird die Bedeutung der *Sprache* sichtbar: Erst durch den Akt der Benennung, also durch die Bindung an einzelne, vom Subjekt selbst hervorgebrachte Laute oder Schriftzeichen, werden in dem kontinuierlichen Bewusstseinsstrom diskrete Einheiten konturiert und als *Vorstellungen* festgehalten. Diese können dann über den Namen, *unabhängig* von der konkreten empirischen Situation, als ‚Gedanken‘ nach Belieben wieder aufgerufen und verfügbar gemacht werden. Insofern bedarf der Gedanke der Sprache, also einer naturalen ‚Verankerung‘ in Form von Lauten oder Schriftzeichen. Und erst so wird *Denken* möglich, und das heißt, mit einzelnen diskreten Gedanken operieren zu können.

Hervorheben möchte ich in diesem Zusammenhang aber etwas anderes: dass der Gedanke, in seiner Ablösung von der konkreten Situation, nicht einen hier und jetzt existierenden Gegenstand repräsentiert, sondern ein *Allgemeines*, einen *Begriff*.[8] Der Begriff ‚Baum‘ meint nicht einen konkreten, empirischen Baum, sondern das allen Bäumen gemeinsame ‚Baumhafte‘. Der Geist verwandelt sein Objekt in ein Allgemeines, um es so begrifflich nachzubilden und damit *als ein Ideelles* zu fassen. Er begreift es damit als ihm selbst verwandt: kein jenseitiges, unerkennbares Ding-an-sich, sondern dem Denken zugänglich. Der Geist, so Hegel, offenbart somit „im Anderen nur sich selber, seine eigene Natur“ (10.28 Zus.). Eben diese *Reflexivität* ist für die gesamte Tätigkeit des Geistes charakteristisch. Er ist, so Hegel, „wesentlich nur das, was er von sich selber weiß“ (10.33).

Dieser *Selbstbezug* ist für Hegels Geistbegriff konstitutiv: Grundbestimmung des Geistes ist danach die „*Idealität*, d. h. das Aufheben des Andersseins der Idee“ (10.18 Zus.), und so „die aus ihrem Anderssein *in sich zurückkehrende* Idee“ (10.26 Zus., Hvh. D.W.). Dadurch sei der Geist essentiell *Manifestation*, Offenbaren des *Ideellen* in allem Sein, damit aber zugleich Offenbaren, daß seine Bestimmung im Offenbaren besteht (10.27). Er sei so das „*sich selber Sichoffenbarende*“ (10.28 Zus., Hvh. D.W.). Und so sei er, indem er das Ideelle in allem erfasst, im Andern immer auch *bei sich selbst*, also

---

[8] Die von Robert Brandom pointierte *inferentielle Struktur* des Begriffs im Sinn der Subsumtionszusammenhänge, in die er eingebettet ist (vgl. Brandom 2000), kann hier außer Betracht bleiben.

frei (10. § 382 u. Zus.): Auch die Freiheit des Geistes ist Ausdruck seiner Reflexivität. Diese konstitutive Idealität und Reflexivität des Geistes weist ihn Hegel zufolge als *Vollendung* jener in der Natur wirksamen Idealisierungstendenz aus, deren Telos die Rückführung naturalen Auseinanderseins zur Idee ist.

Aber – diese Frage mag sich hier aufdrängen – warum bleibt die Idee nicht einfach die Idee, warum dieser ,Umweg' im Durchgang durch die Natur über den Geist zurück zur Idee? Weil, so die Antwort, in der Absolutheit der Idee, wie dargelegt, die Natur unumgänglich ,mitgesetzt' ist. Wenn es aber Natur gibt, dann muss diese im Sinn jener in ihr wirksamen *Idealisierungstendenz* auch ,aufgehoben' und in der Form des Geistes zur Idee zurückgeführt werden. Diese Idealisierungstendenz wird bei Hegel, wie gesagt, mit der Diskrepanz von Erscheinung und Wesen der Natur begründet, wobei er sich freilich eher bildhafter Formulierungen bedient, etwa dieser, „das Ziel der Natur" sei, „sich selbst zu töten und ihre Rinde des Unmittelbaren, Sinnlichen zu durchbrechen, sich als Phönix zu verbrennen, um aus dieser Äußerlichkeit verjüngt als Geist hervorzutreten" (9.538 Zus.).

In diesem Zusammenhang sind zwei Fragen zentral: (1) Ist die beanspruchte Entwicklung hin zum Geist wirklich triftig? (2) Und wieso führt sie nicht unbeschränkt über den Geist hinaus weiter? Die erste Frage, die Triftigkeit betreffend, muss hier offenbleiben, weil sie letztlich nur im Rahmen eines fertig ausgearbeiteten Systems des objektiven Idealismus beantwortbar wäre, was absehbar nicht gegeben ist. Dennoch, in jedem Fall ist eine in der Natur wirksame Idealisierungstendenz unübersehbar, was hier allerdings nur skizziert werden konnte.[9]

Demgegenüber lässt sich für die Beantwortung der zweiten Frage, den Telos-Charakter des Geistes betreffend, ein gewichtiges Argument beibringen. Vittorio Hösle weist in seiner umfassenden Untersuchung *Hegels System* darauf hin, dass die Formen des Auseinanderseins objektiv-idealistisch durch die absolute Idee prinzipiiert sind und deshalb – ebenso wie die absolute Idee selbst – „in einer höchsten Reflexivität gipfeln" müssen, wie sie erst im *Selbstbezug des Geistes* realisiert ist (Hösle 1987a, 55). Insofern kommt dem Geist in der Tat Abschlusscharakter zu. Eine über ihn hinaus weitergehende Entwicklung kann im objektiv-idealistischen Rahmen aus logischen Gründen ausgeschlossen werden.[10]

Insgesamt: Wenn es *Natur* gibt – und das ist objektiv-idealistisch aus den angegebenen Gründen unumgänglich –, dann *muss* es auch *Geist* geben. Der Fall, dass ausschließlich Natur, d. h. *ohne* die abschließende Vollendung durch den Geist, existiert, ist danach nicht möglich.[11] Es liegt auf der Hand, dass diese Konsequenz für das *anthropische Prin-*

---

[9] Hierzu ausführlich Wandschneider 2000.

[10] Übrigens, wie mir scheint, wohl auch aus *empirischen* Gründen: Denn mit dem Auftreten des Geistes ist die *natürliche* Selektion weitgehend ,ausgehängt': In einer Welt, die Kliniken, Spitzenmedizin, Möglichkeiten des Organersatzes etc. entwickelt hat, kann das rein physische ,survival of the fittest' kein Überlebenskriterium mehr sein. Die Fortsetzung der Evolution findet dann wesentlich auf der geistigen Ebene statt, d. h. als *kulturelle* Evolution. Insofern ist es *auch evolutiontheoretisch* nicht abwegig, den Geist gleichsam als *Ziel* der Evolution zu sehen. Hierzu ausführlich Wandschneider 2005.

[11] Gemeint ist natürlich die Natur *im Ganzen*. Dass weite Teile des Kosmos geist-los sind, ist somit kein Gegenargument.

zip unmittelbare Relevanz besitzt. Im Rahmen des objektiv-idealistischen Natur- und Geistbegriffs muss die Natur – wie auch immer – so beschaffen sein, dass die Existenz von Geist möglich ist. Eine Natur ohne die Möglichkeit des Geistes, die Kritiker des anthropischen Prinzips für den Normalfall halten, ist danach recht verstanden nicht denkbar. Man hat somit, denke ich, gute *philosophische* Argumente für das anthropische Prinzip bzw. gegen dessen Kritik. Ist es am Ende vielleicht sogar so, dass letztlich überhaupt nur diese Art der Begründung dem Problem gerecht wird, während physikalische Ansätze tatsächlich nur hoch-spekulative Hypothesen produziert haben?

4. Evolutionstheoretischer Naturalismus

Soweit – in lockerer Anknüfung an Hegel – das objektiv-idealististische Argument. Doch was bedeutet diese Begründung des anthropischen Prinzips *ontologisch* für das Verhältnis von Natur und Geist? Wenn der Geist danach die Natur zur Voraussetzung hat: Ist der Geist dann als Implikat der Natur zu verstehen?

Von Hegel her gesehen ist allerdings klar, dass der Geist durch die *Idee* prinzipiiert ist, nicht durch die *reale Natur*. Eine solche Auffassung wirkt heute freilich, angesichts der herrschenden naturalistischen Grundeinstellung,[12] eher exotisch. Diese soll deshalb näher ins Auge gefasst werden.

Wir sind in der Tat gewohnt, die Natur als die unhintergehbare Basis alles Seienden zu betrachten. Die Evolutionstheorie hat diese Auffassung – insbesondere für die belebte Natur – argumentativ ausgearbeitet. Das Auftreten des Geistes ist danach ein spätes und eher abseitiges Phänomen der Naturevolution. Elementare Erkenntnisformen wie Wahrnehmung, Empfindung, Gefühle, so liest es sich seit Konrad Lorenz, haben ursprünglich eine rein vitale Funktion, gleichsam als spezielle Organe im Überlebenskampf höherer Tiere. In diesem Sinn sind sie an die je spezifische Umwelt einer Art angepasst. Die durch sie vermittelte Erkenntnis hat artspezifischen Charakter und enthält nur das, was jeweils biologisch relevant ist. Soweit, so gut; man wird dem schwerlich widersprechen können und wollen.

Wer sich allerdings daran gewöhnt hat, alles in dieser Perspektive zu sehen, dem muss die Entwicklung *menschlicher Vernunft* und damit des *Geistes* freilich wie ein Missgriff der Natur erscheinen. Denn damit ist der *rein biologische* Rahmen gesprengt. Der Geist hat sich von natürlichen Bindungen weitgehend emanzipiert. Zwar ist auch seine Funktion an den Körper und dessen Gesundheit gebunden. Aber es ist ihm auch möglich, sich davon loszusagen, seine biologischen, ökologischen und sozialen Bedingungen zu ignorieren, ja sich selbst zu zerstören. Insofern ist der Mensch in der Tat kein gutes, sprich natur-angepasstes Tier mehr. Mit dem Auftreten des Geistes hat eine in der Natur bisher nie dagewesene Selbstermächtigung einer Tierart stattgefunden, die seitdem den Planeten global verwandelt hat.

Wie konnte es dazu kommen? Rupert Riedl etwa sieht in der Entwicklung von „zureichend potenten Gehirnen" die Ursache für eine zunehmend beschleunigte Evolution, die schließlich zu einem völlig ‚verkopften' Wesen führte. Indem seine

---

[12] Vgl. z. B. Vollmer 2005, 261 ff.

biologische Steuerung mehr und mehr aus dem Ruder lief, wurde es zum „Zauber-
lehrling der Evolution".[13] Das war nicht mehr der *ratiomorphe Apparat*,[14] also das
an einen Selektionsbereich angepasste animalische Normalgehirn, sondern Agent
einer biologisch emanzipierten, freischwebenden *ratio*, die seitdem die naturgewollte
Ordnung missachtet und auf den Kopf stellt – eine, wie die Geschichte der Menschheit
hinlänglich bezeugt, hochbrisante Verbindung aus Vitalität und Vernunft.[15]

Sicher waren damit auch ganz neue Dimensionen eröffnet, die im Horizont der ‚ge-
wachsenen' Natur nicht einmal zu erahnen sind – man denke an Kunst, Religion, Philosophie auf der einen Seite und auf der anderen Seite die grandiosen Entwicklungen der
Technik, der Medizin, der Naturforschung überhaupt. Alles das ist in der Wildnis nicht
anzutreffen.

Sicher nicht – das wird ohne Einschränkung eingeräumt, immer wieder aber mit
der Kautele, dass es dort eben doch *entstanden* sei: Auch Kunst, Religion, Ethik,
Erkenntnis hätten stammesgeschichtliche Wurzeln und seien deshalb gleichermaßen als
Resultate evolutionärer Selektion zu verstehen, so wie etwa auch die Entwicklung von
Kiemen oder Flügeln. Unser Sinn für *Schönheit* hat sich danach im Rahmen sexueller
Partnerwahl herausgebildet. Schon Darwin hat Tieren dergestalt „Schönheitssinn"
zugesprochen.[16] Das prächtige Gefieder von Vögeln etwa wird mit besonderem
Fortpflanzungserfolg in Zusammenhang gebracht, der einen Selektionsvorteil bedeutet
(Richter 1999, 286). Ähnlich wird das, was wir gemeinhin unter einer ‚schönen' Landschaft verstehen, selektionistisch gedeutet: Gemeint ist die offene Savannenlandschaft,
die einerseits übersichtlich ist, anderseits durch vereinzeltes Buschwerk Schutz vor
Feinden bietet und insofern einen Überlebensvorteil darstellt (Eibl-Eibesfeldt 1998,
24). Analog wird im Gottesglauben ein Selektionsvorteil gesehen, weil er geeignet
ist, Siegeszuversicht und Mut im Überlebenskampf zu stärken.[17] Auch die *Religion*
hat danach biologische Wurzeln[18] – nicht minder als die *Ethik*, deren Normen in
evolutionärer Perspektive *soziobiologisch* rekonstruiert werden.[19]

Alle diese Ansätze, Formen des Geistigen biologisch zu funktionalisieren, kulmi-
nieren in der *evolutionären Erkenntnistheorie*. Auch sie macht naturale, insbesondere
stammesgeschichtliche Bedingungen des Erkennens geltend, das demnach ebenso ein
Selektionsprodukt der Evolution ist wie – nochmals – die Entwicklung von Kiemen oder
Flügeln. Auch die exzeptionellen Erkenntnismöglichkeiten des Menschen, die mit einer
vermuteten Gehirnvergrößerung in Zusammenhang gebracht werden, sind demzufolge
Resultat der natürlichen Evolution. Von daher wird Kants transzendentalphilosopische
Auffassung, wonach das menschliche Subjekt *immer schon* – und zwar nicht im Sinn
einer *biologischen* Anlage – mit apriorischen Anschauungsformen und Kategorien ausgestattet sei, kritisiert, oder vielmehr *naturalistisch* umgedeutet, indem jene konstitutiven

---

[13] Riedl 1980, 28 f; vgl. auch 79, 185 ff.
[14] Riedl 1980, 35, im Anschluss an Egon Brunswik.
[15] Instruktiv hierzu Hösle 1991, 520, 535, 537.
[16] Darwin AM, 118 ff, vgl. auch Kap. 16, 19, 20.
[17] Zum Pro und Contra s. z. B. Daecke/Schnakenberg (ed. 2000).
[18] Hierzu ausführlich Stieve 2000 und Sommer 2000.
[19] Dawkins 1978; klärend die kritische Würdigung der Soziobiologie in Hösle 1997, Kap. 4.1.2.

Formen des Erkennens nicht transzendental, sondern eben als stammesgeschichtliches Erbe des Menschen verstanden werden sollen.

Ich denke, gegen diese evolutionären Perspektiven ist zunächst einmal grundsätzlich nichts einzuwenden. Natürlich ist der Mensch eines der höheren Tiere und hat somit ebenfalls eine Evolution hinter sich, einschließlich der Formen des Erkennens.

5. Geist erschließt Ideelles

Nun kommt es mit dem Erscheinen des Menschen freilich – aufgrund vergrößerten Gehirnvolumens oder wie auch immer – zur Entwicklung *geistiger* Fähigkeiten. Dass sich etwas so 'Ätherisches' wie der Geist auf materieller Basis entwickelt hat, ist immer wieder als ein Wunder betrachtet worden und als 'Body-Mind-Problem' eines der Hauptthemen der aktuellen philosophischen Diskussion. Ich möchte jetzt darauf aber nicht näher eingehen. Ich habe an anderer Stelle dargelegt, inwiefern der *systemtheoretische* Begriff der *Emergenz*[20] für die weitere Klärung dieser Thematik m.E. entscheidend ist.[21] Denn von daher wird verstehbar, dass ein System als Ganzes völlig neue Eigenschaften gegenüber denen seiner Teilsysteme haben kann (beispielsweise ein Radio im Vergleich zu den Transistoren, Kondensatoren etc., aus denen es besteht, die ihrerseits wiederum andere Systemeigenschaften haben als die sie konstituierenden Moleküle, Atome etc.).

Im gegenwärtigen Zusammenhang geht es vielmehr um die Frage, was die Entstehung geistiger Fähigkeiten *ontologisch* bedeutet. Die vorherigen Bemerkungen zur Natur des *Denkens* geben dazu einen ersten Hinweis: Denken ermöglicht allererst die Erfassung von Allgemeinem *als Allgemeinem*. Was heißt das aber konkret? Betrachten wir zunächst die Erkenntnismöglichkeiten des Tiers, etwa einer Biene, die einen Baum voller Blüten vor sich sieht. Damit verbindet sich für sie zweifellos so etwas wie die 'Gewissheit', dass *alle* für einen Bienenbesuch in Frage kommen – ob jeder erfolgreich sein wird oder nicht, ist jetzt nicht wesentlich. Und mit der Gewissheit, dass *alle* in Frage kommen, kann sie auch gewiss sein, dass *jede einzelne* gleichermaßen in Frage kommt. Dementsprechend macht sie sich ohne Zögern daran, eine davon aufzusuchen, dann die nächste und so fort. Was für alle gilt, gilt auch für jede einzelne – vollzieht die Biene einen solchen *Denkakt*? Sicher nicht. Sie folgt einfach dem in ihr 'verschalteten' Instinktverhalten bezüglich Blüten: ein physiologischer Kausalprozess.

Denken funktioniert anders. Wählen wir statt einer Aussage über Blüten eine von technischem Interesse, etwa dass Kupfer stromleitend ist. Das gilt also für *alle* Kupfergegenstände, woraus folgt, dass auch *dieses* Stück Kupfer stromleitend ist. Gleicht dieser Übergang aber nicht ganz dem der Biene, die sich von der Wahrnehmung aller Blüten einer einzelnen zuwendet? Keineswegs, wie gesagt: Das Bienenverhalten beruht auf einer physiologischen Instinkt-Disposition. Der Schritt von einer All-Aussage auf einen darin mitgemeinten einzelnen Gegenstand ('Allspezialisierung') hingegen ist ein *logischer* Akt, dessen Berechtigung sich semantisch aus der Bedeutung von 'alle' ergibt. Diese muss somit *als solche*, d. h. in ihrer Allgemeinheit erfasst sein. In dieser Form ist

---

[20] Konrad Lorenz hat dafür den Ausdruck *Fulguration* eingeführt (Lorenz 1973, Kap. II.2).
[21] Wandschneider 1999; Welsch 2006, 16 ff; Wandschneider 2008, 207 f, Kap. 7.6.

‚alle' nicht mehr an eine konkrete empirische Situation gebunden (‚alle Blüten *dieses* Baums'), die eine kausale Reaktion auslöst, sondern ein *ideeller Gehalt*, der in den verschiedensten Sachverhalten instantiiert sein kann (so etwa auch: ‚alle Kupfergegenstände sind stromleitend'). In diesem Sinn bildet das Ideelle gleichsam ein eigenes Reich mit eigenen Gesetzen – den Gesetzen der *Logik*.

Zur weiteren Verdeutlichung kann auch an die oben erwähnte Argumentation Hegels bezüglich des Übergangs vom reinen Auseinander zur Linie erinnert werden (Kap. 2): *Reines* Auseinander wäre als solches ohne alle Unterschiede, somit eigentlich *kein* Auseinander, also ein *Punkt*. Auseinander und Punkt sind insofern einerseits identisch, andererseits aber bedeutungsmäßig unvereinbar. *Vereinbar* werden sie jedoch in der Form der *Linie* (in Längsrichtung ein Auseinander, quer dazu ein Nicht-Auseinander). Damit hat sich eine neue räumliche Struktur ergeben, indem auf den *Sinn* von Auseinander reflektiert wurde. Benötigt wurden dafür die abstrakten Bestimmungen des Unterschieds und der Negation von Auseinander, die sinnmäßig in Beziehung gesetzt wurden. Das sind Reflexionsbewegungen im Medium der Bedeutungen und logischen Zusammenhänge, auch wenn sich die zugeordneten Gehirnprozesse in Raum und Zeit vollziehen. Das Gehirn ist zweifellos ein Evolutionsprodukt, nicht aber die damit inhaltlich neu erschlossene Dimension des *Ideellen*.

Die Mathematik ist dafür ein weiteres, besonders instruktives Beispiel: Zwar sind ihre Theoreme abhängig von den zugrunde liegenden Axiomen (mit Parallelenaxiom beträgt die Winkelsumme im Dreieck 180 Grad, ohne das Axiom kann sie davon verschiedene Werte annehmen). Aber das sind Aussagen, die von allen nur denkbaren *empirischen* Bedingungen unabhängig sind, da sie im Medium des *Ideellen* operieren. Auch als Denkkonstrukte sind mathematische Sachverhalte nicht grenzenlos beliebig, sondern strikt an logische und letztlich fundamentallogische Prinzipien gebunden. Diese bleiben ihr Kriterium, wie auch immer die Denkprozesse im Kopf eines konkreten Menschen ablaufen mögen. Gerhard Vollmer, einer der Protagonisten der evolutionären Erkenntnistheorie verwechselt *Geltung und Genese* der Erkenntnis, wenn er meint, der Mensch habe lediglich „ein allgemeines Abstraktions- und Generalisierungsvermögen" entwickelt, „nicht ‚das mathematische Denken'" (Vollmer 2002, 121). Denn auch, wenn die Denkfähigkeit sicher evolutionären Ursprungs ist, so besteht ihr Geschäft eben darin auszumachen, was im ‚Reich des Ideellen' logisch möglich ist und was nicht. Damit ist philosophisch einer platonistischen, also objektiv-idealistischen Auffassung das Wort geredet – dies an die Adresse eines subjektivistisch verstiegenen Konstruktivismus, während dieser Recht behält im Blick auf tastende Theorieentwürfe und Beweisstrategien realer Mathematiker. *Geltungsfragen* indes können definitv immer nur auf dem Boden des Logisch-Ideellen verhandelt und entschieden werden.

Die Evolution selbst kann deshalb kein Geltungsgrund sein.[22] So kann auch die vom Evolutionstheoretiker formulierte Behauptung eines naturalistisch zu deutenden Geistes nicht deshalb schon als wahr genommen werden, weil der Geist des existierenden Evolutionstheoretikers selbst ein Produkt der Evolution ist, die als solche alles wahr mache,

---

[22] „Als biologische Theorie kann die evolutionäre Erkenntnistheorie allenfalls erklären, warum wir Menschen immer wieder Geltungsansprüche erheben. Sie kann jedoch nicht darüber entscheiden, ob diese zu Recht bestehen" (Engels 1983, 154).

was am Ende erhalten ist. Zu Recht wird von Eve-Marie Engels an die evolutionäre Erkenntnistheorie die Forderung gerichtet, die längst fällige „Klärung des Verhältnisses von Wahrheits- und Anpassungsbegriff" zu leisten (Engels 1983, 162). Bisher jedenfalls sei es jener „nicht gelungen", ihre eigenen „normativen Ansprüche zu begründen oder gar zu erfüllen" (159). Vollmers Prätention, die evolutionäre Erkenntnistheorie könne die Fragen „nach Ursprung, Geltung, Umfang und Grenzen unserer Erkenntnis beantworten", wäre deshalb auf die erstgenannte der vier Alternativen zu reduzieren (Vollmer 2002, 116).

Die Evolution hat zweifellos auch das menschliche Gehirn hervorgebracht. Aber die Wahrheit dessen, was der *Geist* erkennt, nachdem er einmal aufgetreten ist, unterliegt keiner *natürlichen* Macht mehr. Wahrheit ist im Medium des Begrifflich-Ideellen beheimatet und nicht zu verwechseln mit selektionistischer Bewährung, die an das biologische Überlebensprinzip gebunden ist. Einschlägige Beispiele sind mathematische Theoreme, naturwissenschaftliche Theorien, philosophische Argumentationen. Was der Evolutionstheoretiker als Folge eines fehlgeleiteten Evolutionsschritts zu deuten geneigt ist – das Erscheinen der Vernunft –, ist tatsächlich ein Phänomen, das die reale Natur *übersteigt*, und er selbst ist ein Exempel dessen. Denn er entwickelt Theorien, die, ob verfehlt oder nicht, in jedem Fall Begriffe, Bedeutungsbeziehungen, logische Operationen erfordern – alles Dinge, die im Reich des Ideellen angesiedelt sind. In der Tat: Menschliche Erkenntnis *übersteigt* die reale Natur; sie bewegt sich in einer anderen, nicht kausal-realen, sondern ideellen Dimension.

Die Erkenntnis der *Natur* insbesondere ist so das Erfassen ihres ideellen Wesens, der Gesetzmäßigkeit der Natur – etwas, das die Natur selbst nicht, sondern erst der Geist zu leisten vermag. Zugleich wird damit ein *ontologischer Sinn* des anthropischen Prinzips sichtbar: In der Form des Naturseins ist das Sein noch unvollständig. Zu seiner Vollendung bedarf es des Geistes, dem die Erschließung der *ideellen Dimension* vorbehalten ist. Wenn man davon ausgeht, dass die Natur das Gehirn hervorgebracht hat – was evolutionär zweifellos zutreffend ist –, dann hat sie damit gleichsam ein physisches Organ entwickelt, das nun auch imstande ist, ihr eigenes ideelles Wesen zu enthüllen und zur Geltung zu bringen.

Bei Naturwissenschaftlern, insbesondere Evolutionsbiologen löst ein solches Verdikt Skepsis aus bis hin zu tiefer Abneigung: Wird da nicht etwas in die Natur *hineinphilosophiert*? Ist die Natur nicht einfach die *existierende reale* Natur? Ein davon unabhängig existierendes ‚Reich des Ideellen' – absurd. Alle in der Natur real ablaufenden Prozesse sind energetisch-kausal veranlasst.

Indes, bestimmt sind sie durch die ihnen zugrunde liegenden *Naturgesetze*. Diese sind von ganz anderer Art als das reale Naturseiende. Das Fallgesetz kann selbst nicht fallen, die Maxwellschen Gleichungen der Elektrodynamik sind selbst nicht elektrisch. Naturgesetzlichkeiten sind logisch-mathematischer[23] und als solche ideeller Natur. Das Ideelle

---

[23] Ich lasse das der Kürze halber einmal so stehen und übergehe gewisse grundsätzliche Vorbehalte bezüglich der mathematisierten Naturerkenntnis, wie sie etwa von Husserl in der Krisisschrift oder auch von Hans Jonas formuliert wurden (Husserl KW, § 9; Jonas 1973, 278 ff).

ist es, was von der Naturerkenntnis erfasst und als das eigentliche *Wesen* der realen, faktischen Natur erkannt wird.[24]

Im Unterschied zum faktischen Naturzustand ist damit zudem eine *Möglichkeitsdimension* aufgespannt, die im universellen Charakter der Naturgesetze gründet: Diese umfassen – im wörtlichen Sinn – unendlich viel mehr an Möglichkeiten als die je faktische 'Wildform' des Naturseienden hier und jetzt. Unmittelbar greifbar wird das in der Technik, die weit über die 'gewachsene' Natur hinausgeht. Möglichkeit ist im Übrigen die Grundvoraussetzung aller Evolution; andernfalls wäre die Natur auf einen faktischen, unveränderbaren Zustand festgelegt. Auch der Evolutionstheoretiker hat insofern immer schon eine der realen Natur zugrunde liegende Möglichkeitsdimension und damit ein Ideelles der Natur implizit unterstellt und akzeptiert; andernfalls müsste er Evolution für unmöglich halten. Möglichkeit aber: das ist kein reales Ding, an dem man sich stoßen kann, sondern eben *Ideelles*.

6. Idealistische Korrekturen

Das Ideelle, so hatte sich gezeigt, ist – in objektiv-idealistischer Perspektive – der Grund dafür, dass es auch Natur gibt. Gibt es aber Natur, muss es im Sinn des so gedeuteten anthropischen Prinzips, wie dargelegt, auch Geist geben. Ist dieser also, wie die evolutionäre Erkenntnistheorie geltend macht, das Resultat der Natur? Die entwickelten Überlegungen nötigen zu einer differenzierteren Sicht: Die reale Natur hat zwar das Gehirn hervorgebracht, aber das ist nicht die ganze Wahrheit. Entscheidend ist, dass damit die logisch-begriffliche Erkenntnisform des Geistes ermöglicht ist, die ihn befähigt, Ideelles *als solches* zu erfassen.[25] Das gilt insbesondere auch für dasjenige Ideelle, wie es

---

[24] Bedeutende Naturwissenschaftler teilen diese Sicht. Für Carl Friedrich v. Weizsäcker etwa stellt es sich so dar, dass „der Gegenstand der Naturwissenschaft nichts dem Geist Fremdes ist, sondern nur gerade der Geist selbst, insofern er sich der Verstandesoperation des Unterscheidens und Objektivierens fügt" (Weizsäcker 1971, 290). Der „Ansatz, der vom Geist beginnt", sei demnach „der tiefere und der eigentliche und der wahre Ansatz", auch wenn die faktische Entwicklung der Naturwissenschaft „wesentlich vorangetrieben worden [sei] in einem Gegensatz, einer Gegenwehr gegen diesen Ansatz" (304). „Die klassische Formel, die Natur sei Geist, drängt sich als Stenographie dieser Probleme auf, ohne darum im geringsten verstanden zu sein" (470). Und „das Naturgesetz ist in der Natur der Repräsentant dessen, was Platon die Idee nennt" (310). – Werner Heisenberg betrachtet die Materie, ebenfalls unter ausdrücklicher Bezugnahme auf Platon, als Inbegriff mathematischer Symmetrieprinzipien (Heisenberg 1973, 280 f), und Paul Davies, ebenfalls Physiker, gibt zu bedenken: „Aber was ist mit den Gesetzen? Sie müssen erst einmal 'da' sein, damit das Universum entstehen kann ... Vielleicht erweisen sich die Gesetze ... als das einzig logisch mögliche physikalische Prinzip" (Davies 1986, 279). Ähnlich Alfred Gierer: Im Hinblick darauf, dass wir *Erkenntnis* von der Evolution haben können, „erscheint die Verstehbarkeit der Welt schon als Voraussetzung und nicht erst als Ergebnis der Evolution des menschlichen Gehirns, als notwendige Bedingung der Entwicklung des menschlichen Denkens, durch die 'der Geist in die Welt' kam" (Gierer 1985, 118).

[25] Im Unterschied zum Ideellen, dem hier ontologischer Status zukommt, ist *Geist* – von Hegels Konzept des objektiven und absoluten Geistes einmal abgesehen – als eine Kompetenz menschlicher Subjekte realisiert, die insoweit mit Welschs Verständnis 'transversaler' Vernunft als *Vernünftigkeit* übereinkommt (Welsch 1996, 933).

als Grund der Natur konfiguriert ist, die Naturgesetze. Und in dieser Weise schließt sich der Kreis: Das Ideelle bestimmt die Natur und deren Evolution, die schließlich zur Entwicklung eines geistfähigen Gehirns führt. Der Geist ist seinerseits dazu befähigt, den ideellen Grund der Natur zu erfassen – und damit auch seiner selbst. So betrachtet, hat das Ideelle im Geist die Möglichkeit seiner eigenen Selbstenthüllung geschaffen. Das ist der objektiv-idealistisch verstandene ontologische Sinn des anthropischen Prinzips. Die reale Natur ist dabei nur das Werkzeug des ihr zugrunde liegenden Ideellen.

In genau diesem Punkt wären an der evolutionären Erkenntnistheorie somit Korrekturen anzubringen. Auch wenn das menschliche Gehirn ein Evolutionsprodukt ist, machen die so ermöglichten *geistigen* Fähigkeiten überhaupt erst die Sphäre des Logisch-Ideellen *als solchen* zugänglich. Dadurch werden – gegenüber der animalischen Wahrnehmung und Empfindung – ganz neuartige Erkenntnisleistungen möglich, die etwa zur Entwicklung von *Theorien* befähigen und damit auch zur *Erkenntnis* der Natur: etwas, das die reale, geist-lose Natur selbst nicht vermag. In diesem – sozusagen ‚anthropisch-prinzipiellen‘ – Sinn kommt dem Geist eine privilegierte *Sonderstellung* zu.[26] Auch der Evolutionstheoretiker partizipiert an dieser Privilegierung des Geistes, was er implizit dadurch bestätigt, dass er den Evolutionsmechanismus von Mutation und Selektion erfasst und damit wiederum die Naturgesetze als die solchen Prozessen zugrunde liegende Logik versteht – gleichsam die *Tiefengrammatik* des Naturseins, von der die anderen Naturwesen nichts ahnen.[27] In der Tat, „indem wir biozentrisch *denken*, denken wir anthropozentrisch" (Spaemann/Löw 1981, 274).

Der Naturwissenschaftler unterstellt der Natur, *eben als Wissenschaftler*, dass sie begrifflich erkennbar ist und somit eine wesenhaft *ideelle Dimension* besitzt, ohne dies

---

[26] Selbst Konrad Lorenz, einer der Väter der evolutionären Erkenntnistheorie, räumt das unumwunden ein (Lorenz 1973, Kap. VIII.1): „Es fehlt in der Definition des Lebens ein essentieller Teil, nämlich alles das, was menschliches Leben, *geistiges* Leben, ausmacht. Es ist daher keine Übertreibung zu sagen, dass *das geistige Leben des Menschen eine neue Art von Leben sei*" (228 f). In diesem Sinn charakterisiert Lorenz den Menschen als „einzigartig" (223). Franz Wuketits, ehemaliger Direktor des Konrad Lorenz Instituts für Evolutions- und Kognitionsforschung, sieht das freilich gar nicht mehr wie Lorenz: „Heute, hundert Jahre nach Darwins Tod, sind die Stimmen derer, die den Menschen als ausgezeichnetes Wesen im Kosmos wissen wollen, noch immer nicht verstummt; die Biologie aber, so hat es den Anschein, hat den Menschen längst seiner Sonderstellung in dieser Welt beraubt" (Wuketits 1983, 2).

[27] Vollmers Diktum, die evolutionäre Erkenntnistheorie nehme den Menschen „aus seiner zentralen Stellung heraus", indem sie ihn in das gesamte „kosmische Geschehen" einordne und dadurch eine „Entanthropomorphisierung" vollziehe, widerspricht unmittelbar seiner darauf folgenden Aussage, dass „die Wissenschaft eine Objektivierung der Erkenntnis" anstrebe (Vollmer 2002, 189): Die Möglichkeit von *Wissenschaft* und *objektiver* Erkenntnis ist eine den Geist und nur diesen auszeichnende Fähigkeit, dem insofern in der Tat eine zentrale, exzeptionelle Stellung im Kosmus zukommt. Zwar repräsentieren auch Wahrnehmung und Empfindung, wie sie höheren Tieren eignen, schon Formen der Erkenntnis, aber diese sind stets *subjektiv getönt*, d. h. abhängig von der *Gestimmtheit* des Tiersubjekts. Was jeweils und wie es wahrgenommen und empfunden wird, hängt essentiell von subjektiven Befindlichkeiten wie Hunger, Furcht, Lust etc. ab. Erst *begriffliches Denken* ist – grundsätzlich – von dieser existentiell-organismischen Bindung befreit. Erst so wird es deshalb – grundsätzlich – möglich, das *Objekt selbst* zum Gegenstand des Erkennens zu machen.

allerdings selbst zum Thema zu machen. Das ist erst der Philosophie aufgegeben (die sich diesem Anspruch mehr oder auch weniger bereitwillig stellt). Angemessen fassbar wird diese ideelle Dimension aber erst im Rahmen einer *objektiv-idealistischen* Deutung, die damit zweifellos kein verfehltes, anachronistisches Unterfangen ist. Indem sie begreift, dass die Natur selbst einen ideellen Grund hat, ist darin das eigene Prinzip des Geistes wiedererkannt und damit die intrinsische Verwandtschaft von Natur und Geist. „Der Geist, der sich erfasst hat", so Hegel, „will sich auch in der Natur erkennen". „Diese Versöhnung des Geistes mit der Natur und der Wirklichkeit ist allein seine wahrhafte Befreiung", nämlich in Form der „Naturphilosophie" (9.539 Zus.). Das ist nicht mehr nur die technische Befreiung von Naturzwängen, auch nicht Naturbeherrschung im Sinn ökologischer Selbstermächtigung, sondern der Blick hinter die Kulisse der Fremdheit der Natur und darin das Sich-Wiederfinden des Geistes, der sich so als das *alles Durchwaltende*, d. h. *Göttliche* erfasst. In dieser Perspektive wird eine Affinität zur *Religion* sichtbar, die zu Recht zu den Spezifika menschlichen Seins gezählt wird.

Zu diesen gehört zweifellos auch die *Kunst*, nun nicht mehr im Sinn eines Selektionsvorteils, sondern ebenfalls als eine Weise, den Geist *als Geist* anzusprechen, von den frühen Höhlenzeichnungen bis hin zur Postmoderne. Aber auf dieser ‚Transversale' möchte ich *Wolfgang Welsch* den Vortritt lassen.

7. Literatur

Barrow, John D./ Tipler, Frank J. (1986) The Anthropic Cosmological Principle. Oxford 1986

Barrow, John D. (1992) Theorien für Alles. Die philosophischen Ansätze der modernen Physik. Heidelberg, Berlin, New york 1992

Brandom, Robert B. (2000) Expressive Vernunft. Begründung, Repräsentation und diskursive Festlegung. Frankfurt/M. 2000

Breuer, Reinhard (1984) Das anthropische Prinzip. Der Mensch im Fadenkreuz der Naturgesetze. Frankfurt/M., Berlin, Wien 1984

Carr, Bernard (ed. 2006) Universe or Multiverse? Cambridge 2006

Costa, Newton C.A. da (1974) On the Theory of Inconsistent Formal Systems, in: Notre Dame Journal of Symbolic Logic XV (1974), 497–510

Daecke, Sigurd Martin/ Schnakenberg, Jürgen (ed. 2000) Gottesglaube – ein Selektionsvorteil? Gütersloh 2000

Darwin, Charles (AM) Die Abstammung des Menschen und die geschlechtliche Zuchtwahl. 2 Bde. Stuttgart 1875

Davies, Paul (1986) Gott und die moderne Physik. München 1986

Davies, Paul (2008) Der kosmische Volltreffer. Warum wir hier sind und das Universum wie für uns geschaffen ist. Frankfurt/M. 2008

Dawkins, Richard (1978) Das egoistische Gen. Berlin, Heidelberg, New York 1978

Eibl-Eibesfeldt (1998) Ernst Haeckel – Der Künstler im Wissenschaftler, in: Haeckel 1998, 19–29

Engels, Eve-Marie (1983) evolutionäre Erkenntnistheorie – ein biologischer Ausverkauf der Philosophie? in: Zeitschrift für allgemeine Wissenschaftstheorie XIV (1983)

Gierer, Alfred (1985) Die Physik, das Leben und die Seele. München, Zürich 1985

Haeckel, Ernst (1998) Kunstformen der Natur. München, New York 1998

Hegel, Georg Wilhelm Friedrich, Werke, 20 Bände, ed. Eva Moldenhauer und Karl Markus Michel. Frankfurt/M. 1969 ff. – Zitierweise, Beispiel: ‚(9.58 Zus.)' verweist auf Band 9, S. 58, Zusatz.

Heisenberg, Werner (1973) Der Teil und das Ganze. München 1973

Hösle, Vittorio (1987a) Hegels System. Der Idealismus der Subjektivität und das Problem der Intersubjektivität. Hamburg 1987

Hösle, Vittorio (1987b) Begründungsfragen des objektiven Idealismus, in: Köhler/Kuhlmann/Rohs (ed. 1987), 212–267

Hösle, Vittorio (1991) Sein und Subjektivität. Zur Metaphysik der ökologischen Krise, in: prima philosophia, Bd. 4 (1991), 519–541

Hösle, Vittorio (1997) Moral und Politik. Grundlagen einer Politischen Ethik für das 21. Jahrhundert. München 1997

Hösle, Vittorio/ Koslowski, Peter/ Schenk, Richard (ed. 1999), Jahrbuch für Philosophie des Forschungsinstituts für Philosophie Hannover 1999, Bd. 10. Wien 1999

Hösle, Vittorio/ Illies, Christian (ed. 2005) Darwinism & Philosophy. Notre Dame (IN, USA) 2005

Husserl, Edmund (KW) Die Krisis der europäischen Wissenschaften und die transzendentale Phänomenologie. Hamburg 1977

Jonas, Hans (1973) Organismus und Freiheit. Ansätze zu einer philosophischen Biologie. Göttingen 1973

Köhler, Wolfgang R./ Kuhlmann, Wolfgang/ Rohs, Peter (ed. 1987, Forum für Philosophie Bad Homburg) Philosophie und Begründung. Frankfurt/M. 1987

Lorenz, Konrad (1973) Die Rückseite des Spiegels. Versuch einer Naturgeschichte menschlichen Erkennens. München 1973

Rees, Martin (2003) Das Rätsel unseres Universums. Hatte Gott eine Wahl? München 2003

Richter, Klaus (1999) Die Herkunft des Schönen. Grundzüge der evolutionären Ästhetik. Mainz 1999

Riedl, Rupert/ Parey, Paul (1980) Biologie der Erkenntnis. Die stammesgeschichtlichen Grundlagen der Vernunft. Berlin, Hamburg 1980

Sommer, Volker (2000) Vom Ursprung der Religion im Konfliktfeld der Geschlechter, in: Daecke/Schnakenberg (ed. 2000), 66–81

Spaemann, Robert/ Löw, Reinhard (1981) Die Frage Wozu? Geschichte und Wierderentdeckung des teleologischen Denkens. München, Zürich1981

Spahn, Christian (2007) Lebendiger Begriff – Begriffenes Leben. Würzburg 2007

Stieve, Henning (2000) Über biologische Wurzeln religiösen Verhaltens, in: Daecke/Schnakenberg (ed. 2000), 42–65

Vollmer, Gerhard (2002) evolutionäre Erkenntnistheorie. Angeborene Erkenntnisstrukturen im Kontext von Biologie, Psychologie, Linguistik, Philosophie und Wissenschaftstheorie. Stuttgart, Leipzig [8]2002

Vollmer, Gerhard (2005) How is It That We Can Know This World? New Arguments in Evolutionary Epistemology, in: Hösle/Illies (ed. 2005), 259–274

Wandschneider, Dieter (1985) Die Absolutheit des Logischen und das Sein der Natur. Systematische Überlegungen zum absolut-idealistischen Ansatz Hegels, in: Zeitschrift für philosophische Forschung 39 (1985), 331–351

Wandschneider, Dieter (1999) Das Problem der Emergenz von Psychischem – im Anschluß an Hegels Theorie der Empfindung, in: Hösle/Koslowski/Schenk (ed. 1999), 69–95

Wandschneider, Dieter (2000) From the Separateness of Space to the Ideality of Sensation. Thoughts on the Possibilities of Actualizing Hegel's Philosophy of Nature, in: Bulletin of the Hegel Society of Great Britain 41/42 (2000), 86–103

Wandschneider, Dieter (2002) Hegel und die Evolution, in: Breidbach/Engelhardt (ed. 2002), 225–240

Wandschneider, Dieter (2005) On the Problem of Direction and Goal in Biological Evolution, in: Hösle/Illies (ed. 2005), 196–215

Wandschneider, Dieter (2008) Naturphilosophie. Bamberg 2008

Wandschneider, Dieter (2011) Das anthropische Prinzip in Hegelscher – objektiv-idealistischer – Perspektive, in: Wiegerling, Klaus/ Lenski, Wolfgang (ed. 2011) Wissenschaft und Natur. Studien zur Aktualität der Philosophiegeschichte. Wolfgang Neuser zum 60. Geburtstag. Nordhausen 2011: Traugott Bautz, 31–50

Weizsäcker, Carl Friedrich (1971) Die Einheit der Natur. München 1971

Welsch, Wolfgang (1996) Vernunft. Die zeitgenössische Vernunftkritik und das Konzept der transversalen Vernunft. Frankfurt/M. 1996

Welsch, Wolfgang (2002) Unsere postmoderne Moderne. Berlin [6]2002
Welsch, Wolfgang (2006) Anthropologie im Umbruch – Das Paradigma der Emergenz. Internet-
    Publikation:<http://www.uni-jena.de/unijenamedia/Downloads/faculties/phil/inst_phil/ls_theophil/eho/
    Welsch_Emergenz.pdf>
Wuketits, Franz (1983) Herausforderungen durch die moderne Biologie, in: Philosophische Rundschau 30, 1–23

III. Leben, Subjektivität und Intentionalität

ANNETT WIENMEISTER

Von der Bio-Logik zur Epistemo-Logik
Zur Kontinuität von Leben und Geist

Eine evolutionäre Perspektive auf die Phänomene des Geistes führt uns bis zur Entstehung des Lebendigen zurück, von wo aus Einsichten in einige der grundlegenden Prinzipien des Geistes gewonnen werden können.[1] Dieser Behauptung liegt die Überzeugung zugrunde, dass eine tiefe Kontinuität zwischen Leben und Geist besteht oder gar, dass mit der Entstehung von lebenden Systemen auch die Entstehung basaler (prä)kognitiver Fähigkeiten einhergeht.[2] Entsprechend begreift Hans Jonas die Entstehung lebender Organismen als den Ursprung geistiger Phänomene im Sinne des kognitiven Bezugs eines Lebewesens auf seine Umwelt:

> Leben ist wesentlich Bezogenheit auf etwas; und Beziehung als solche impliziert „Transzendenz", ein Über-sich-Hinausweisen seitens dessen, das die Beziehung unterhält. Wenn es uns gelingt, die Anwesenheit einer solchen Transzendenz und der sie artikulierenden Polaritäten schon am Grunde des Lebens selbst aufzuweisen, wie rudimentär und vor-geistig ihre Form dort auch sei, so haben wir die Behauptung wahr gemacht, daß der Geist in der organischen Existenz als solcher präfiguriert ist. (Jonas 1997, 20)[3]

---

[1] Der Begriff des ‚Geistes' ist in den folgenden Ausführungen als Oberbegriff für Prozesse des kognitiven Weltbezugs zu verstehen und konzentriert sich auf verschiedene Formen der ‚Intentionalität' und der ‚Bedeutungsgenerierung' kognitiver Systeme.

[2] Evan Thomspon stellt als zentrales Thema seines Buches *Mind in Life* die tiefe Kontinuität von Leben und Geist heraus: „Where there is life there is mind, and mind in its most articulated forms belongs to life" (Thomspon 2007, ix).

[3] Die im Zitat angesprochenen Polaritäten, die sich mit der lebendigen Organisation herausbilden, beschreibt Hans Jonas als die „Antithese von Sein und Nichtsein, von Selbst und Welt, von Form und Stoff, von Freiheit und Notwendigkeit" (Jonas 1997, 19). Für Jonas stellt der Stoffwechsel von Organismen insofern eine Vorform des Geistes dar, als dieser eine Form von ‚Freiheit' realisiert. In Bezug auf den Metabolismus besteht die Freiheit einer „lebenden Substanz" im „Verhältnis prekärer Unabhängigkeit gegenüber derselben Materie [...] die doch für ihr Dasein unentbehrlich ist; indem sie ihre eigene Identität [unterscheidet] von der ihres zeitweiligen Stoffes, durch den sie doch ein Teil der gemeinsamen physikalischen Welt ist" (ebd.). Im weiteren Verlauf der Aus-

Gegenstand des vorliegenden Aufsatzes ist es, anhand einer Rekapitulation neuerer Erkenntnisse zu minimalen Lebensformen kritisch zu hinterfragen, welche Konsequenzen aus den Thesen des grundlegenden Zusammenhangs und der Kontinuität von Leben und Geist für unser Verständnis der Bedingungen, der Möglichkeiten und der Grenzen menschlicher Erkenntnis zu ziehen sind. Im Rahmen dieser Untersuchung soll in einem ersten Teil der Kognitionsbegriff der Autopoiesisschule[4] skizziert werden, die ganz im Sinne von Hans Jonas die Realisierungsbedingungen von Kognition in der natürlichen Welt erforscht und eine entsprechende Ontologie kognitiver Akteure erarbeitet. Ihre These, wonach lebendige Systeme notwendiger Weise kognitive Systeme sind, wird im Zentrum des Abschnitts zur Bio-Logik der Kognition stehen.[5]

Die epistemologischen Konsequenzen, die sich aus dem herausgearbeiteten Zusammenhang zwischen dem Lebens- und dem Kognitionsbegriff der Autopoiesisschule ergeben, werden im zweiten Abschnitt diskutiert. Hierzu werden die expliziten und impliziten Grundannahmen der Autopoiesisschule sowie deren aus den Forschungsergebnissen gezogenen epistemologischen Schlussfolgerungen kritisch analysiert. Zudem sollen die Möglichkeiten der Rechtfertigung von Wissen, die sich aus dieser Theorie selbst ergeben, erörtert werden.

Dass eine epistemologische Auseinandersetzung mit der Autopoiesisschule notwendig ist, ergibt sich aus zwei ihrer grundlegenden Thesen: Zum einen handelt es sich dabei um die These, dass ein System genau dann ein kognitives System ist, wenn es sich gemäß selbstgenerierter Normen auf seine Umgebung bezieht, wenn es in diesem Sinne autonom ist. Im Zusammenhang mit der zweiten These der Kontinuität, wonach auch das menschliche Erkenntnisbemühen aus dem Prozess der Evolution hervorgegangen ist, stellt sich nun die Frage, inwiefern es menschlicher Erkenntnis überhaupt möglich ist, andere Lebewesen zutreffend als autonome und somit kognitive Akteure auszuzeichnen, ohne dass der Mensch dabei alleinige Quelle dieser Autonomiebestimmung ist.

Aus den bis dahin gewonnenen Einsichten soll schließlich eine Bedingung entwickelt werden, welche alle Theorien, die sich mit der Evolution von Erkenntnisfähigkeiten auseinandersetzen, erfüllen müssen: Diese Theorien müssen inhaltlich derart aufgestellt

---

führungen unterscheidet Jonas unterschiedliche Grade von Freiheit in Bezug auf Wahrnehmen und Handeln und erkennt bei Pflanzen, Tieren und Menschen aufsteigende Freiheitsgrade, die durch ein Anwachsen der Mittelbarkeit zwischen Organismus und Umwelt realisiert werden (als kurze Zusammenfassung siehe Jonas 1997, 305-310).

[4] Da bisher auf eine einheitliche Namensgebung dieses relativ jungen und verschiedene Disziplinen übergreifenden Forschungsansatzes verzichtet wurde, soll im Folgenden in Anlehnung an Weber und Varela (2002) von der Autopoiesisschule die Rede sein. Unter diese Bezeichnung sind Studien von Wissenschaftlern aus den Bereichen der Biologie, der Kognitionswissenschaft, aber auch der künstlichen Intelligenzforschung zu subsumieren, die sich an der Ausarbeitung und Erweiterung der ursprünglich von Humberto Maturana und Francisco Varela entwickelten Theorie der Autopoiesis beteiligen. Vertreter sind u. a. Evan Thompson, Ezequiel Di Paolo, Paul Bourgine, Alvaro Moreno und Xabier Barandiaran.

[5] Der Begriff der ‚Bio-Logik‘ als Bezeichnung für kognitive Prozesse einzelliger Lebewesen findet sich ebenso wie die Bezeichnung der ‚Neuro-Logik‘ für kognitive Prozesse auf der Ebene des Nervensystems bei Varela (1992). Ich erlaube mir die Logik dieser Namensgebung fortzusetzen und sie auch auf andere Formen der Kognition anzuwenden, so etwa auf erkenntnistheoretische Überlegungen, wie sie im dritten Abschnitt zur ‚Epistemo-Logik‘ der Kognition diskutiert werden.

sein, dass ihre Ontologie (als Theorie darüber, was Kognition und Erkenntnis sind) und ihre Epistemologie (als Theorie darüber, wie wir davon wissen können) miteinander vereinbar sind und im besten Falle sich gegenseitig stützen. Vor dem Hintergrund dieser Überlegungen sollen im abschließenden Teil die von der Autopoiesisschule thematisierten Realisierungs- und Rechtfertigungsbedingungen von Kognition neu bewertet werden. Hierbei kann gezeigt werden, dass die Ontologie kognitiver Akteure um den Begriff der Objektivität erweitert werden muss und dass diese Ergänzung sowohl unter ontologischen als auch unter epistemologischen Gesichtspunkten und zudem aus einer evolutionären Perspektive sinnvoll ist.

1.   Geist in der Welt: Eine Bio-Logik der Kognition

Die Theorie der Autopoiesis wurde im letzten Viertel des 20. Jahrhunderts von Humberto Maturana und Francisco Varela[6] erstmalig ausgearbeitet und stellte eine Herausforderung jener vorherrschenden kognitionswissenschaftlichen Ansätze dar, die kognitive Prozesse vorrangig als rein symbolverarbeitend verstanden. Vor dem Hintergrund dieser biologisch fundierten Kognitionstheorie entwickelten die Autoren die These, dass eine Erklärung kognitiver Prozesse nicht ohne den Bezug auf ihren je spezifisch situativen Charakter gegeben werden kann (vgl. Varela 1992, 5, 11). Die Situiertheit von Kognition bezieht sich auf die Tatsache, dass Kognition sowohl an bestimmte materielle bzw. körperliche Prozesse gebunden ist (‚embodied Cognition‘) als auch dass sie in bestimmten Umwelten stattfindet (‚embedded Cognition‘).[7]

Das ursprüngliche Anwendungsgebiet der frühen Autopoiesistheorie ist die Zellbiologie mit einem besonderen Fokus auf einzellige Organismen. Autopoiesis im Sinne der biologischen Selbsterzeugung und -erhaltung wird dabei als Hauptcharakteristikum zur Unterscheidung von lebenden und unlebendigen Systemen herangezogen (vgl. Varela 1992, 5). Aber Varela erkennt früh den begrenzten Erklärungswert des Begriffs der Autopoiesis für höherstufige kognitive Prozesse und rückt daher den weiteren Begriff der Autonomie in den Mittelpunkt, der Autopoiesis als eine Realisierungsform von Autonomie auf zellulärer Ebene umfasst (vgl. Varela 1987, 119). Varela versteht autonome Systeme als dynamische Systeme, die sich dadurch auszeichnen, dass sie organisationell geschlossen sind. Als organisationell geschlossene Einheit definiert er dabei eine zusammengesetzte Einheit, die „durch ein Netzwerk von Interaktionen der Bestandteile" bestimmt ist, die

---

[6] Ins Deutsche übertragene frühe Hauptwerke sind u.a Maturana/Varela (1984) und Maturana (1985).

[7] Eine ähnliche Unterscheidung innerhalb der Kognitionswissenschaften trifft auch Michael Wheeler. Er attestiert den ‚orthodoxen‘ Kognitionswissenschaften, zu denen er die klassische Kognitionswissenschaft und den Konnektionismus zählt, ein eher cartesianisches Bild eines entkörperlichten und situationslosen Geistes. Er kontrastiert diese Positionen mit den Ansätzen der ‚embodied cognition‘ wie etwa der Autopoiesistheorie oder der Theorie des Extended Mind, die er selbst vertritt (vgl. Wheeler 2011). Siehe dazu auch Varela/Thompson/Rosch (1991), Thompson (2007) sowie Dreyfus (1972) zur Kritik an der Künstlichen Intelligenzforschung der 1960er Jahre.

1. durch ihre Interaktionen rekursiv das Netzwerk derjenigen Interaktionen regenerieren, das sie hergestellt hat, und die

2. das Netzwerk als eine Einheit in demjenigen Raum verwirklichen, wo die Bestandteile existieren, indem sie die Grenzen der Einheit als Ablösung vom Hintergrund konstituieren und spezifizieren (Varela 1987, 121).[8]

Autonomie im Sinne der organisationellen Geschlossenheit ist laut Varela sowohl in Zellsystemen, im Immunsystem als auch im Nervensystem nachgewiesen. Im ersten Fall handelt es sich um zelluläre Produktions- und Erhaltungsprozesse, deren Bestandteile Moleküle sind. Die sich dadurch herausbildende operational geschlossene Einheit definiert ihre Grenze dabei topologisch in Form einer semipermeablen Membran. Diese Form der zellulären Autonomie ist mit Autopoiesis identisch (vgl. Varela 1987, 122). Die organisationelle Geschlossenheit des Immunsystems konstituiert sich aus den Bestandteilen der Klone von Lymphozyten, wobei deren Interaktionen in „Beziehungen molekularer Co-Adaptation zwischen den Oberflächendeterminanten auf den Lymphozyten" bestehen (ebd., 125).[9] Im Unterschied zur zellulären autonomen Einheit bildet das Immunsystem keine topologische Grenze, sondern bestimmt seine Grenze „in einem Raum molekularer Konfigurationen durch Angabe der Bestimmungen, welche Gestalten zu jedem Zeitpunkt in die ablaufenden Interaktionen des Systems eindringen können" (ebd., 126). Das Nervensystem schließlich ist ein autonomes System, welches sich aus Neuronen (Zellen, kortikalen Säulen) zusammensetzt, deren Interaktionen in Zuständen relativer Aktivität bestehen (vgl. ebd., 125). Durch die Kopplung von Sensoren und Effektoren bilden sich Wahrnehmungs-Handlungs-Korrelationen heraus, die über ein interneuronales Netzwerk realisiert werden. Die organisationelle Geschlossenheit des Nervensystems besteht im selbstreferenziellen Charakter des Interneuronennetzwerkes und der sensorischen und motorischen Oberflächen, deren Korrelationen es unterhält. Es bilden sich dabei durch das Interneuronennetzwerk vermittelte sensomotorische Invarianten bzw. kohärente Korrelationen von Wahrnehmungen und Bewegungen im Raum heraus, welche laut Varela die autonome Einheit eines neurokognitiven Selbsts konstituieren (vgl. Varela 1992, 9ff.; Varela 1997, 81ff.).[10]

---

[8] Während Varela die Begriffe der organisationellen und operationellen Geschlossenheit gleichbedeutend verwendet, spezifiziert Evan Thompson beide Begrifflichkeiten: „*Organizational closure* refers to the self-referential (circular and recursive) network of relations that defines the system as a unity, and *operational closure* to the reentrant and recurrent dynamics of such a system" (Thompson 2007, 45). „Thus the operation of a system has operational closure if the results of its activity remain within the system itself" (ebd. 448).

[9] Für eine ausführliche Betrachtung des Immunsystems als organisationell geschlossenes System siehe Varela/Anspach/Coutinho (1991). Für einen Überblick über die verschiedenen Formen autopoietischer und nichtautopoietischer Autonomie siehe Bourgine/Stewart (2004).

[10] Dementsprechend bezeichnet Varela die organisationell geschlossene Einheit auf zellulärer Ebene als zelluläres Selbst und auf Ebene des Immunsystems als immunologisches Selbst. Die Natur des zellulären, des immunologischen und des neurologischen Selbsts ergibt sich jeweils aus der Emergenz distribuierter Prozesse. Die dabei entstehenden kohärenten globalen Muster benötigen keinen zentralen Punkt der Steuerung und sind doch für das kohärente Verhalten des Organismus zentral. In diesem Sinne können kognitive Akteure auf allen Ebenen als „selbstlose Selbste" bezeichnet werden (Varela 1992, 11). Autonome Systeme zeichnen sich somit durch ihr „dialektisches Verhält-

In welcher Beziehung stehen nun Autonomie und Kognition? Laut Varela beziehen sie sich aufeinander „wie die Innen- und Außenseite eines Kreises, der auf einer Fläche gezeichnet wird" (Varela 1987, 129). Doch wie lässt sich diese Analogie auf das Innen-Außenverhältnis autopoietischer Systeme übertragen? Ein organisationell geschlossenes autopoietisches System ist nicht als eine isolierte Einheit, als ein „solipsistischer Geist" zu verstehen (Varela 1992, 12). Es kann ohne die strukturelle Kopplung mit der Umgebung und den sich daraus ergebenden Regularitäten nicht überleben. Varela beschreibt dies als paradoxale Situation: Der lebende Organismus grenzt sich von seiner Umgebung als Identität ab und muss zu diesem Zwecke zugleich an sie gebunden bleiben: „The living system must distinguish itself from its environment, while at the same time maintaining its coupling; this linkage cannot be detached since it is against this very environment from which the organism arises" (ebd., 7).

Zur Realisierung der sich aus der autopoietischen Organisation ergebenden Normativität des Selbsterhalts muss der Organismus sein thermodynamisches Ungleichgewicht gegenüber der Umgebung aufrecht erhalten.[11] Dies kann das Lebewesen nur durch die aktive Regulierung seiner Interaktionen mit der Umgebung gewährleisten. Bei einzelligen Organismen geschieht das durch die aktive Steuerung thermodynamischer und energetischer Austauschprozesse, indem beispielsweise die interne Konzentration bestimmter Ionen mithilfe der Membrandurchlässigkeit oder durch chemotaktisches Verhalten reguliert wird.[12] Diese Form der aktiven Kontrolle und Regulierung der Kopplung mit der Umgebung durch das Lebewesen selbst kann als „interaktionale Asymmetrie" bezeichnet werden (Barandiaran, Di Paolo, Rohde 2009, 370).[13]

---

nis" von lokalen Komponenten und den aus diesen hervorgehenden und auf sie zurückwirkenden globalen Einheiten aus. Diese Form der „reziproken Kausalität" (Varela 1992, 6f.) stellt den Kern der naturalistischen und zugleich nichtreduktionistischen Ausrichtung der Autopoiesisschule dar. Zum Konzept der Emergenz siehe Thompson 2007, 37-65, 417-441.

[11] Unter dem Aspekt der thermodynamischen Realisierungsbedingungen beschreibt Autopoiesis „the capacity of a system to *manage* the flow of matter and energy through it so that it can, at the same time, regulate, modify, and control: (i) internal self-constructive processes and (ii) processes of exchange with the environment" (Ruiz-Mirazo/Moreno 2004, 240).

[12] Ein häufig in der Literatur angeführtes Beispiel ist das der motilen Bakterien, die ihre Bewegungen anhand der für sie nahrhaften Zuckerkonzentration in ihrer Umgebung ausrichten (siehe dazu Thompson 2007, 157). Diese Zellen bewegen sich solange willkürlich, bis die Molekularrezeptoren in ihren Membranen eine erhöhte Zuckerkonzentration in der Umgebung feststellen, was dazu führt, dass sie mithilfe von Rotationsbewegungen ihrer Flagella vorwärts entlang der steigenden Zuckerkonzentration schwimmen. Die Bakterien sind also durch ein spezialisiertes sensomotorisches Subsystem an die Umgebung gekoppelt, dessen aktive Regulierung durch das Lebewesen für dessen Selbsterhalt essentiell ist. Die Art der Kopplung ist dabei vollständig den Gesetzen der Physik unterworfen. Es ist dem Einzeller unmöglich, Reaktions- und Diffusionsgesetze außer Kraft zu setzen. Vielmehr ist die aktive Kopplung des Organismus auf diese Regularitäten angewiesen und baut auf sie auf. „What is given to the organism is the parametrical control of those laws by its influence on the constraints of the coupling dynamics." (Di Paolo 2005, 442)

[13] Mit der interaktionalen Asymmetrie ist neben Individualität und Normativität laut Di Paolo auch die dritte Bedingung erfüllt, um ein System als Akteur und dessen Aktivität als Verhalten bezeichnen zu können: „Unregulated coupling is better described as suffering an exchange while behavior is the control and selection of what exchanges to suffer" (Di Paolo, 2005, 442). Mit der Akteurschaft geht auch die Möglichkeit des Fehlverhaltens einher, wenn es dem Organismus

Mit der aktiv aufrechterhaltenen, selbstaffirmativen zellulären Identität des Organismus wird zugleich logisch und operational ein Bereich der möglichen Interaktionen mit der Umgebung und ein Referenzpunkt bzw. eine Perspektive auf diese spezifiziert (vgl. Thompson 2007, 147). Es ist also nicht nur so, dass sich im Zuge der aktiven Generierung und Erhaltung der Identität eines autopoietischen Systems die Unterscheidung System/Umgebung herausbildet. Zusätzlich bestimmt die sich aus der autopoietischen Organisation ergebende Form der Autonomie, was in der Umgebung für das Lebewesen von Bedeutung ist und worauf es sich – kognitiv – beziehen kann:

> What I emphasize here is that what is meaningful for an organism is precisely given by its constitution as a distributed process, with an indissociable link between local processes where an interaction occurs (i.e. physico-chemical forces acting on the cell), and the coordinated entity which is the autopoietic unity, giving rise to the handling of its environment. (Varela 1992, 7f.)[14]

Diese Form der aktiv regulierten, perspektivischen Bezogenheit eines Organismus auf seine Umwelt generiert laut Varela einen Überschuss an Bedeutung ('surplus of signification'),[15] der die Quelle natürlicher Intentionalität ist: „This surplus is the mother of

---

nicht gelingt, bestimmten Normen (etwa der metabolisch instanziierten Norm des Selbsterhalts) mit entsprechenden Handlungen gerecht zu werden: „The norm *must* be followed, not doing it becomes a *failure*. Note that this is not the case for all kinds of systems. Planets cannot 'fail' to follow the laws of nature. Agents, however, actively regulate their interactions and this regulation can produce failure or success according to some norm." (Barandiaran, Di Paolo, Rohde 2009, 372). Die Bezeichnung schon einfachster Lebewesen als Akteure mag an dieser Stelle ungewohnt erscheinen, ist aber im Hinblick auf die grundlegende Logik kognitiver Prozesse zu Beginn der Evolution des Lebens in Abgrenzung zu nichtlebenden Systemen durchaus überzeugend. Zur Unterscheidung von autonomen Systemen und anderen dissipativen Strukturen (wie etwa Tornados oder Kerzenflammen) siehe auch Moreno/Etxeberria/Umerez 2008, 311.

[14] Hinsichtlich des Beispiels der motilen Bakterien bedeutet dies, dass sie zur aktiven Regulierung ihrer sensomotorischen Kopplung mit der Umwelt genau jene Eigenschaften differenzieren, die für ihr Überleben von Bedeutung sind, in diesem Falle Zuckermoleküle. „Consequently, every sensorimotor interaction and every discriminable feature of the environment embodies or reflects the bacterial perspective." (Thompson 2007, 157f.) Der perspektivische Bezug kann allerdings nicht arbiträr sein. Das Bakterium kann nicht einfach irgendetwas in seinem Milieu als Zucker bestimmen, sondern muss Saccharose von anderen Stoffen unterscheiden. Unter diesem Gesichtspunkt betrachtet, ist der kognitive Bezug des Bakteriums nicht allein durch dessen Autonomie und Perspektivität bestimmt, sondern ebenso durch die Beschaffenheit der Umgebung determiniert.

[15] Zuckermoleküle (Saccharose) sind zwar reale Gegebenheiten der Umgebung des Bakteriums, ihren Status als Nahrung erlangen sie allerdings nur in Relation zum Metabolismus des Lebewesens. Es handelt sich bei der Eigenschaft des Zuckers als Nährstoff nicht um eine intrinsische, sondern um eine relationale Eigenschaft, die erst in dem Milieu, welches der Organismus selbst hervorbringt, die Bedeutung als Nahrung erlangt (vgl. Varela 1992, 7; Thompson 2007, 158). Varela unterscheidet an dieser Stelle zwischen Umgebung ('environment') des lebenden Systems, die sich aus der Perspektive eines Beobachters (Wissenschaftlers) ohne Referenz zur autopoietischen Einheit ergibt und der Umwelt ('world') des Organismus, die sich mit der Identität des lebenden Systems herausbildet und nur durch die gegenseitige Definition besteht. Thompson und Stapelton (2009) bezeichnen im Gegensatz dazu den externen Bereich eines Organismus, der aufgrund des-

intentionality" (Varela 1992, 7).[16] Das Hervorbringen einer Umwelt mit Bedeutung und Wertigkeit beschreiben die Autoren der Autopoiesisschule als die grundlegende biologische Form der Kognition im Sinne eines einfachen ,sense-making':

> Even the simplest organisms regulate their interactions with the world in such a way that they transform the world into a place of salience, meaning, and value – into an environment (Umwelt) in the proper sense of the term. [...] Sense-making is behavior or conduct in relation to environmental significance and valence, which the organism itself enacts or brings forth on the basis of autonomy (Thompson/Stapleton 2009, 25).

Die Welt eines kognitiven Akteurs ist nach diesem Verständnis kein vordefinierter, externer Bereich, der intern repräsentiert wird, sondern bezeichnet eine relationale Domäne, die vom autonomen Akteur und dessen aktiv regulierter Kopplung mit der Umgebung erst hervorgebracht wird: „This cognitive domain does not exist ,out there' in an environment that acts as a landing pad for an organism that somehow drops or is parachuted into the world. Instead, living beings and their worlds of meaning stand in relation to each other through mutual specification or co-determination." (Varela 1992, 14)[17]

Das Konzept der autonomen Ko-Determinierung von Identität und Welt soll für die Ausweisung von Systemen als kognitiv nicht nur auf der zellulären, sondern auch auf der immunologischen und der neuronalen Ebene gültige Anwendung finden: „Identity and knowledge stand in relation to each other as two sides of a single process: that forms the core of the dialectics of all selves" (Varela 1992, 14). So entstehen beispielsweise auf zellulärer Ebene metabolische Netzwerke (lokal) und Zellmembranen (global), die von den mikrobiologischen physiko-chemischen Gesetzen abhängig bleiben (Kopplung) und die zugleich Ursprung zellulärer Semantik (Intentionalität und Bedeutung) sind. Auf der Ebene des Nervensystems bilden sich neuronale Netzwerke (lokal) und integrierte sensomotorische Akteure (global), die in makroskopische physikalische Verhältnisse

---

sen autonomer Organisation an Wertigkeit und Bedeutung gewinnt, im Anschluss an Uexküll als ,environment', womit sie allerdings auf dasselbe referieren, was Varela Umwelt nennt.

[16] Mit dem Begriff der Intentionalität im Sinne der Gerichtetheit und der Transzendenz von Kognitionsleistungen knüpft die Autopoiesisschule an die von Brentano herausgearbeitete Bedeutung an. Während bei diesem allerdings Intentionalität als das Unterscheidungskriterium von Physischem und Psychischem dient, verläuft die Trennlinie nun zwischen unbelebten und lebenden und somit zwischen unbelebten und kognitiven Systemen. Diese bilden erstmalig eine semiotische Relation zu ihrem Milieu aus, so dass ein Stoff in der Umgebung (z. B. Saccharose) die ,Bedeutung' von etwas Bestimmtem (Nahrung) für ein Subjekt (Organismus) annimmt.

[17] Der Aspekt der Ko-Determinierung von kognitivem Akteur und Welt hat das Potential, die Diskussion zum Thema epistemologischer Externalismus vs. Internalismus zu bereichern. Prospektiv müsste ein solches epistemologisches Projekt freilich konkret bestimmen, was autonome Ko-Determinierung für die Rechtfertigung menschlicher Erkenntnis impliziert. Der vorliegende Aufsatz kann nur erste Schritte in diese Richtung andeuten. Als einführenden Einblick in die Debatte um Externalismus und Internalismus in der gegenwärtigen Erkenntnistheorie siehe das Kapitel zum ,epistemischen Externalismus' in Ernest Sosa/Jaegwon Kim 2000, 335-432.

eingebettet sind (Kopplung) und gleichzeitig bedeutungsgenerierende sensomotorische Regularitäten (Intentionalität und Bedeutung) etablieren (vgl. ebd.).[18]

Aus dem bisher Dargestellten lässt sich als Resümee zum Kognitionsbegriff der Autopoiesisschule Folgendes festhalten: Aufgrund ihrer autonomen Organisation beziehen sich kognitive Systeme aktiv auf ihre Umgebung gemäß selbstgenerierter Normen. Während sich jedes System in einer bestimmten strukturellen Kopplung zu seiner Umgebung befindet, zeichnen sich kognitive Systeme durch ihre interaktionale Asymmetrie aus. Autonomie ist dabei die conditio sine qua non für den Ursprung von Kognition:

> Being autonomous is a necessary condition for a system to embody original intentionality. Unless processes that make up a system constitute that system as an adaptive self-sustaining unity, there is no perspective or reference point for sense-making and hence no cognizing agent. Without autonomy (operational closure) there is no original meaning. (Thompson/Stapelton 2009, 28)[19]

Bei Autonomie, interaktionaler Asymmetrie und Bedeutungsgenerierung (‚sense-making‘) handelt es sich somit um jene Konzepte, mit denen die Autopoiesisschule die Kontinuität kognitiver Prozesse aufzeigen möchte. Diese Begrifflichkeiten beschränken sich dabei nicht nur auf zelluläre, immunologische und neurologische Phänomene, sondern finden ebenso auf soziale Phänomene Anwendung:

> Cognition is sense-making in interaction: the regulation of coupling with respect to norms established by the self-constituted identity that gives rise to such regulation in order to conserve itself. This identity may be that of the living organism, but also other identities based on other forms of organizatio-

---

[18] Mit Blick auf die Kontinuität kognitiver Prozesse weist Varela besonders auf die für alle kognitiven Prozesse grundlegende Logik der autonomen Ko-Determinierung von Identität und Welt hin. Zur Frage, wie sich über diese doch recht abstrakte Charakterisierung hinaus die kognitive Kontinuität konkret beschreiben ließe, finden sich bemerkenswerter Weise nur Andeutungen. Varela etwa spricht von ‚Familienähnlichkeiten‘ zwischen den verschiedenen Formen der Autonomie (vgl. Varela 1992, 14), Thompson von einer ‚Rekapitulation‘ der biologischen durch die neurologische Autonomie (vgl. Thompson 2005, 417) oder aber er bezeichnet den einzelligen Organismus als das ‚paradigmatische Beispiel‘ eines autonomen Systems (vgl. Thompson 2007, 44). Eine elaborierte Theorie der Kontinuität von Leben und Geist bedarf allerdings noch zusätzlicher Spezifizierungen der konkreten Gemeinsamkeiten und Unterschiede kognitiver Prozesse auf den verschiedenen Ebenen. Dazu müssen sowohl die notwendigen, als auch die jeweils hinreichenden Bedingungen herausgestellt werden. In diesem Zusammenhang ist der Artikel von Moreno/Etxeberria/Umerez (2008) relevant, der das Verhältnis der verschiedenen Ebenen von Autonomie zueinander problematisiert.

[19] Mit dem Verweis auf die Adaptionsfähigkeit als zusätzliche Realisierungsbedingung kognitiver Systeme berücksichtigen die Autoren den Umstand, dass die aktive Regulierung der Interaktionen mit der Umwelt durch Autopoiesis bzw. Autonomie allein nicht erklärt werden kann, da diese lediglich den ‚Alles-oder-Nichts-Wert‘ der Erhaltung bereitstellen. Kognitive Systeme müssen allerdings nicht nur robust sein im Sinne der Toleranz von äußeren und inneren Störungen bis zu dem Punkt, an welchem sich das System nicht mehr erhalten kann, sondern sie müssen auch adaptiv sein: „Self-monitoring and appropriate regulation are necessary to be able to speak of meaning from the perspective of the organism" (Di Paolo 2005, 438).

nally closed networks of processes, such as sociolinguistic selves, organized bundles of habits, etc. (DiPaolo 2009, 19)[20]

Wenn es zutrifft, dass eine tiefe Kontinuität zwischen Leben und Kognition besteht, und wenn zudem autonome Ko-Determinierung und die daraus resultierende Perspektivität als conditio sine qua non jeglicher kognitiver Fähigkeiten gelten, dann gewinnen diese Einsichten auch für die Beurteilung menschlicher Erkenntnis an Relevanz. Vor diesem Hintergrund entwickelt Evan Thompson folgende Einschätzung hinsichtlich wissenschaftlicher Forschung:

> When we ask the constitutional question of how objects are disclosed to us, then any object, including any scientific object, must be regarded in its correlation to the mental activity that intends it. This transcendental orientation in no way denies the existence of a real physical world, but rather rejects an objectivist conception of our relation to it. The world is never given to us as a brute fact detachable from our conceptual frameworks. Rather, it shows up in all the describable ways it does thanks to the structure of our subjectivity and our intentional activities (Thompson 2007, 82).

Aus diesem Zusammenhang ergibt sich die Frage, was eine transzendentale Deutung der Unhintergehbarkeit menschlicher Begriffsbildung für die Möglichkeiten und Grenzen objektiver Erkenntnis bedeutet. Diese Frage, so soll in folgendem Abschnitt gezeigt werden, ist besonders hinsichtlich der Gültigkeit der Theorie der Autopoiesisschule relevant.

2.   Welt im Geist: Eine Epistemo-Logik der Kognition

Spätestens seit Kants Transzendentalphilosophie steht die These der Unhintergehbarkeit der menschlichen und subjektiven Konstitutionsleistungen für unsere Erkenntnis im Vordergrund epistemologischer Fragestellungen. Während Kant zu dieser Einschätzung durch eine kritische Analyse der menschlichen Erkenntnisfähigkeiten gelangt, bestärkt die Autopoiesisschule diesen Gedanken mithilfe naturwissenschaftlicher Forschung über kognitive Systeme.[21] Der epistemologisch interessante Aspekt scheint dabei weniger die Tatsache zu sein, dass es erkenntniskonstituierende Elemente gibt, sondern vielmehr die Frage, welche Folgerungen für die Möglichkeit objektiver Erkenntnis daraus zu

---

[20] Im Rahmen der Ausweitung des Autonomie- und Kognitionsbegriffs wird innerhalb der Autopoiesisschule diskutiert, inwiefern Formen künstlicher Intelligenz über einen autonomen und kognitiven Status verfügen können. Ezequil Di Paolo hat dazu ein spezielles Modell eines lichtbetriebenen Braitenbergfahrzeugs entwickelt, das via Phototaxis seine Batterien selbst aufladen und interne Stabilität aufgrund einer selbst hervorgebrachten homeostatischen Kontrollfunktion erlangen kann (vgl. Di Paolo 2003).

[21] Zudem thematisiert Thompson bestimmte unhintergehbare Strukturen des menschlichen Selbst- und Weltbezugs aus einer phänomenologischen Perspektive. So stellt er im Anschluss an Merleau-Ponty den transzendentalen Charakter leiblicher Erfahrung heraus: „Experience is *die unhintergehbarkeit* – the ‚ungobehindable.‘", (Thompson 2004, 394; siehe dazu ausführlich Thompson 2007).

ziehen sind. Philosophiegeschichtlich lassen sich in der jüngeren Philosophie – die dezidiert anti-idealistisch bzw. mit einem realistischen Bekenntnis zur Objektivität in den
Wissenschaften begann – Ansätze mit antirealistischer, internalistischer oder auch kon-
struktivistischer Ausrichtung finden.[22] Der gemeinsame Tenor besteht in der Auffassung,
dass, da jede Erkenntnis notwendiger Weise die Erkenntnis eines Erkenntnissubjekts
oder einer Gemeinschaft mit den dazugehörigen erkenntniskonstituierenden Elementen
ist, eine Welt an sich jenseits dieser Begriffsbildungen nicht erkannt, ja nicht einmal
sinnvoll gedacht werden könne.

Wie geht nun die Autopoiesisschule als eine Kognitionstheorie, die die Kontinuitätsthese von Natur, Leben und Geist vertritt, mit der durch sie selbst entwickelten These um, dass Erkenntnis als ‚view from nowhere‘ unmöglich ist und Autonomie und
Perspektivität voraussetzt, und dass zudem auch menschliche Erkenntnis ihre Begrifflichkeiten und Sichtweisen nicht transzendieren kann? Unter Geltung dieser Prämissen
sieht sich die Autopoiesisschule mit einer besonderen Herausforderung konfrontiert: Da
sie Autonomie in den Stand der conditio sine qua non von Kognition erhebt, muss sie
gewährleisten, dass wir, die wir uns selbst als kognitive Akteure verstehen, andere kognitive Akteure in der Natur als Systeme erkennen können, denen die Organisationsform
der Autonomie tatsächlich *eigen* ist: „How do we know our linguistic descriptions are
not simply observer-relative, but rather correspond to symbolic structures that belong to
the system itself and play a role in its operation?“ (Thompson 2007, 54)

In den frühen Ausarbeitungen der Autopoiesistheorie entwickelt Humberto Maturana
ausgehend von seiner biologisch fundierten Kognitionstheorie eine radikal konstruktivistische Epistemologie.[23] So ist es sein Anliegen, den konnotativen (im Gegensatz
zum denotativen) Charakter von Sprache herauszustellen, um schließlich zur Einschätzung zu gelangen, mittels Sprache seien keine Informationen übertragbar (vgl. Maturana
1985, 57). Beschreibungen eines kognitiven Systems (etwa einer Person) können also
nie Beschreibungen eines außerhalb des beschreibenden Systems Existierenden sein,
weshalb eine Realität als Welt unabhängiger Gegenstände, über die wir uns informa-

---

[22] Thomas Nagel attestiert in seinem Buch *The View from Nowhere* (1986) einigen Philosophen
eine idealistische Grundausrichtung. So seien nach Berkeley und Kant etwa auch der späte Wittgenstein und Davidson nicht in der Lage, das Verhältnis von menschlicher Erkenntnis und Welt
befriedigend zu klären, da sie Erkenntnisansprüche über die Konstitutionsbedingungen der Intersubjektivität (Wittgenstein) und der menschlichen Sprache (Davidson) hinaus nicht ausreichend
begründen können (vgl. Nagel 1986, 90-109). Antirealistische Tendenzen sind des Öfteren in der
analytischen Philosophie contre cœur prominent und lassen sich ihrem Selbstverständnis nach
explizit realistischen Positionen nachweisen, so etwa bei Quine, der die Beantwortung der ontologischen Frage, was es in der Welt gibt, in Anschluss an Carnap weitgehend von der Definition
bzw. der Wahl des Begriffssystems abhängig macht. Auch Putnams Hauptargument für den Internen Realismus, wonach Wissen über die Welt notwendiger Weise immer unser menschliches
Wissen sei, ist antirealistisch konnotiert (siehe hierzu Spahn 2011, 61ff.). Aber nicht nur in der
Philosophie, sondern auch in den Naturwissenschaften und der Soziologie waren und sind immer
wieder in diesem Zusammenhang antirealistisch-konstruktivistische Tendenzen dominant (etwa bei
von Glaserfeld, Roth, von Förster und Luhmann).

[23] Maturana will selbst nicht als Konstruktivist bezeichnet werden, obwohl seine Epistemologie auch
später noch ganz eindeutig radikalkonstruktivistische Züge trägt. Siehe hierzu das Interview mit
Astrid Kaiser „Ich bin kein Konstruktivist …“ (2003).

tiv austauschen könnten, eine Fiktion des deskriptiven Bereichs sei. Dies führt letztlich zur konsequenten Schlussfolgerung, dass es keine Gegenstände der Erkenntnis gibt (vgl. ebd., 76).

Da diese radikal konstruktivistischen Schlussfolgerungen nicht nur epistemologisch inkonsistent und performativ widersprüchlich sind,[24] sondern zudem diese Position die Möglichkeit der Erkenntnis autonomer Systeme als von unserer Beschreibung unabhängiger Systeme nicht zu erklären vermag, kann an dieser Stelle eine weiterführende kritische Auseinandersetzung mit dem Radikalen Konstruktivismus von Maturana unterbleiben.[25] Viel zwingender ist die Frage, ob die hier skizzierten Ansätze der Autopoiesisschule sicherstellen können, dass es uns Menschen als Wissenschaftlern möglich ist, Autonomie als genuine Organisationsform anderer Organismen zu erkennen.

Einen ersten Begründungsansatz gibt Evan Thompson, der den Autonomiebegriff als einen heuristischen Begriff ausweist und als eine Art „kognitive Hilfe" für die wissenschaftliche Beschreibung von bestimmten Phänomenen charakterisiert (vgl. Thompson 2007, 50). Nach seinem Verständnis können wir als Wissenschaftler nicht alle Phänomene vollständig aus der Außenperspektive bzw. der heteronomen Perspektive beschreiben. Es handle sich dabei um erkennbare Muster, die aus der internen Dynamik des Systems und nicht aus externen Parametern hervorgehen. Zu ihrer Beschreibung müssten wir als Beobachter die Perspektive der Autonomie einnehmen (vgl. ebd.).[26]

Eine Charakterisierung des Autonomiebegriffs als ‚heuristische Hilfe', wie sie im obigen Argument vorgestellt und begründet wird, ist allerdings für den Ansatz der Autopoiesisschule problematisch. Es wird dadurch nämlich der Status der Notwendigkeit des Autonomiebegriffs als conditio sine qua non von Kognition angreifbar. Warum sollte ein bestimmtes heuristisches Konzept das rechte und notwendige Konzept zur Erfassung kognitiver Prozesse sein und nicht vielmehr ein anderes? An dieser Stelle können nur gute Argumente für das eine oder das andere Konzept sprechen, allerdings rechtfertigt Thompson den Autonomiebegriff als heuristischen Begriff zirkulär: Wir erkennen autonome Systeme angemessener Weise als solche, weil sie autonome Systeme sind und wir zu ihrer vollständigen Beschreibung anstelle der heteronomen die autonome Perspektive einnehmen müssen, der gemäß wir Systeme als operational geschlossene Einheiten begreifen. Genau genommen wird hiermit kein Argument für die Erkennbarkeit autonomer Existenz gegeben, sondern lediglich noch einmal die These der Autopoiesisschule wiederholt.

Auch ein zweites Argument von Thompson zum Ursprung und zur Genese des Begriffs der Autonomie kann diesen Zirkel nicht auflösen. Zur Entstehung und zur Anwen-

---

[24] Inkonsistent ist diese Position, weil sie die antirealistische These aus naturwissenschaftlichen Untersuchungen herleitet, welche die Objektivität der Realität immer schon unterstellen, und performativ widersprüchlich ist sie, weil sie die These, es gäbe keine Gegenstände der Erkenntnis, mit einem starken Erkenntnisanspruch vertritt.

[25] Für eine ausführliche Kritik siehe Norbert Groeben (1995).

[26] Thompson charakterisiert die heteronome Perspektive des Wissenschaftlers in Bezug auf den Informationsbegriff als eine solche, „in which an observer or designer stands outside the system and states what is to count as information". Dagegen besagt die autonome Perspektive: „Here the system, on the basis of its operationally closed dynamics and mode of structural coupling with the environment, helps determine what information is or can be." (ders. 2007, 52)

dungsbedingung dieses und anderer für die Erfassung kognitiver Systeme notwendiger Konzepte hält Thompson Folgendes fest: „These concepts and the biological accounts in which they figure are not derivable from some observer-independent, nonindexical, objective, physicochemical description, as the physicalist myth of science would have us believe." (Thompson 2007, 164). Vielmehr verhalte es sich so, dass über diese Begriffe nur ein leibliches Subjekt, welches am eigenen Leib die Bedeutung erfährt, lebendig zu sein, verfügen könne: „The source of the meaning of these concepts is the lived body, our original experience of our own bodily existence." (ebd.) Die Beantwortung der Frage, wie wir biologisches Wissen über den Ursprung von Leben und Kognition erlangen können, kulminiert letztlich in einer Formel, die Varela und Thompson von Hans Jonas aufgreifen: „Leben kann nur von Leben erkannt werden." (Jonas 1997, 169). Die phänomenologischen Implikationen dieser These sind eindeutig: Bevor wir Wissenschaftler sind, sind wir zu allererst lebende Wesen, die aus der Perspektive der ersten Person über die Evidenz ihrer eigenen teleologischen Verfassung verfügen (vgl. Weber und Varela 2002, 110). „And, in observing other creatures struggling to continue their existence – starting from simple bacteria that actively swim away from a chemical repellent – we can, by our own evidence, understand teleology as the governing force of the realm of the living." (ebd.) Es ist somit die Evidenz der eigenen Erfahrung, ein Lebewesen zu sein, die – zusammen mit der Fähigkeit der Empathie (vgl. Thompson 2007, 164f.) – uns die Erkenntnis anderer kognitiver Systeme gewährleisten soll.

Während sich die zirkuläre Struktur bei obigem Argument aus einem ontologischen Postulat über autonome Systeme ergibt, resultiert an dieser Stelle die petitio principii aus der Einbindung der phänomenologischen Grundlegung in ein transzendentales Argument bezüglich unseres Wissens. So sind Erfahrung und Empathie diejenigen Bedingungen, die die Möglichkeit biologischen Wissens begründen, *gegeben*, wir verfügen über ein solches Wissen: „The proposition that life can be known only by life is also a transcendental one in the phenomenological sense. It is about the conditions for the possibility of knowing life, given that we do actually have biological knowledge." (Thompson 2007, 164)[27]. Auch das phänomenologische Argument, wonach wir Lebewesen als solche tatsächlich erkennen können, weil wir selbst lebendig sind, verfängt daher nicht, weil es biologisches Wissen um die Autonomie kognitiver Systeme immer schon voraussetzt und lediglich erklärt, wie wir zu diesem Wissen gelangen – nämlich aufgrund unserer eigenen Erfahrung, lebendig zu sein. Das Argument reicht daher leider über den phänomenologisch-transzendentalen Selbstbezug des Menschen nicht hinaus und vermag es nicht sicherzustellen, dass nicht nur der Mensch die Quelle der Identitätsstiftung anderer autonomer Systeme ist.[28]

---

[27] Thompson spezifiziert in diesem Zusammenhang biologisches Wissen als evolutionsbiologisches Wissen: „We can, through the evidence of our own experience and the Darwinian evidence of the continuity of life, view inwardness and purposiveness as proper to living being." (ders. 2007, 163)

[28] Man beachte in diesem Zusammenhang auch Thompsons These, dass die heuristischen Begriffe der Autonomie, der Heteronomie und des Systems als kognitive Hilfen oder Richtlinien auf den interpretativen Standpunkt des Beobachters oder der wissenschaftlichen Gemeinschaft referieren (vgl. ders. 2007, 50).

Dieses zweite phänomenologisch-transzendentale Argument von Varela und Thompson ist aber auch aus einem weiteren Grund problematisch. Es impliziert nämlich einen Intentionalitätsbegriff, der all jene Charakteristika menschlicher Erfahrung mit einschließt, die bei einzelligen Lebewesen nicht zu vermuten sind, so etwa Bewusstsein, Empfindung des Leibes und phänomenale Wahrnehmung. Während Thompson sich an anderer Stelle gegen eine Projektion menschlicher Kognitionscharakteristika in minimale Lebensformen ausspricht (vgl. Thompson 2007, 162), werden hier unkritisch menschliche Formen des Weltbezugs als Erkenntnisgarant ausgewiesen. Im Rahmen der Autopoiesisschule wäre es vielmehr von Vorteil, die erkenntnisstiftende Kontinuität von Lebens- und Kognitionsformen ausführlich anhand operationaler Begriffe (wie etwa dem der autonomen Ko-Determinierung) auszuweisen und nicht auf phänomenologisch konnotierte Begriffe zu gründen.

Die bisherigen Überlegungen machen deutlich, dass die Autopoiesisschule ihre naturwissenschaftlich fundierte These der Unhintergehbarkeit und der Perspektivität von Kognition mit der Möglichkeit der objektiven Erkenntnis anderer autonomer und somit genuin kognitiver Systeme in Einklang bringen muss. Ihre Ontologie kognitiver Akteure muss mit der daraus resultierenden Epistemologie konsistent sein, d.h. die Theorie darüber, was kognitive Systeme sind, muss mit der Theorie darüber, wie wir als Wissenschaftler, die wir selbst kognitive Akteure sind, davon wissen können, zusammenstimmen. Aus welchen Gründen dies der Autopoiesisschule bisher nicht gelingt, hoffe ich in diesem Abschnitt gezeigt zu haben. Mögliche Ergänzungen hinsichtlich der Realisierungs- und Rechtfertigungsbedingungen sollen im Rahmen eines kurzen Ausblicks erwogen werden.

3. Resümee und Ausblick

Will die Autopoiesschule die Erkenntnis autonom-kognitiver Existenz anderer Lebewesen auf ein epistemologisch und ontologisch gesichertes Fundament stellen, muss ihr Ansatz zu allererst die Möglichkeit der Objektivität von Kognition gewährleisten können. Eine Reflexion auf die transzendental-phänomenologischen Konstitutionsbedingungen menschlicher Erkenntnis unter der Prämisse der ‚hilfreichen' Heuristik wissenschaftlicher Begriffsbildung allein vermag das nicht. Vielmehr bedarf die von ihr herausgearbeitete These, dass es konstitutive und unhintergehbare Bedingungen gibt, welche die Welthaltigkeit von Kognition erst ermöglichen, einer anderen argumentativen Fundierung.[29]

---

[29] Christian Spahn betont in diesem Zusammenhang, dass die tautologische These der Unhintergehbarkeit der eigenen Erkenntnisleistungen nicht zwangsweise zu einer antirealistischen Interpretation führen muss, sondern vielmehr auch als ein Argument für den Realismus genutzt werden kann. Er argumentiert, dass die antirealistische Interpretation nur dann Sinn ergibt, wenn eine grundlegend dualistische Auffassung von Geist und Welt, von menschlichem Wissen und objektiver Realität immer schon vorausgesetzt ist (vgl. Spahn 2011, 63). Auf die Frage nach der Tragweite und den Grenzen dieses reflexiv-transzendentalen Argumentes, die im Rahmen einer umfassenden Diskussion zu den Möglichkeiten der Objektivität von Erkenntnis unerlässlich ist, kann im Rahmen dieses Ausblicks nur hingewiesen werden.

Mit Blick auf den zentralen Aspekt der Unhintergehbarkeit bietet sich dafür ein zwei-
stufiges Verfahren an: In einem ersten Schritt muss gegen die radikal konstruktivistische
Skepsis bezüglich eines Realitätsgehaltes unserer Erkenntnis die prinzipielle Möglichkeit ihrer Objektivität gesichert sein. Die Zirkularität der dafür notwendigen Argumentation darf dabei selbst nicht mehr hintergehbar sein. Dies ist der Fall bei der Einsicht,
dass die Möglichkeit einer Objektivität unserer Erkenntnis nur um den Preis des Selbst-
widerspruchs bestritten werden kann.[30] Die Annahme einer prinzipiellen Möglichkeit
der Objektivität von Kognition im Sinne einer Erfassung objektiver Sachverhalte mittels
welthaltiger Erkenntniskategorien erweist sich somit als wohlbegründet. In einem zweiten Schritt muss diese grundsätzliche Rechtfertigung durch wissenschaftstheoretische
Überlegungen erweitert werden, indem Objektivitätskriterien herausgearbeitet werden,
anhand derer Erkenntnisansprüche in den Wissenschaften gerechtfertigt werden können
(so beispielsweise Kohärenz, Konsistenz, Prognostizierbarkeit, Konvergenz etc).[31] Die
normativen Werte, die im Bereich der Wissenschaften in Anspruch genommen werden,
gehen dabei freilich weit über die autopoietische Norm der Viabilität hinaus. Während
beim Einzeller adaptive Autonomie im Form der Autopoiesis möglicherweise sowohl
notwendige als auch hinreichende Bedingung von Kognition ist, sind die erkenntnisstif-
tenden Normen im wissenschaftlichen Weltbezug nicht mehr allein durch das Überleben
der wissenschaftlichen Akteure zu erklären.

An diesem Punkt wird die enge Verknüpfung der Frage, warum Erkenntnis gültig ist,
mit der Frage, wie diese im Verlauf der Evolution entsteht, deutlich. Die ontologische
Herausforderung an die Autopoiesisschule besteht nämlich zum einen darin, die Kontinuität autonomer Kognitionsformen aufzuzeigen, indem sowohl die Gemeinsamkeiten
als auch die Unterschiede sowie die Beziehungen zwischen den verschiedenen Ebenen
der zellulären, der immunologischen, der neurologischen, der linguistischen und der so-
ziologischen Autonomie etc. herausgearbeitet werden. Über das Konzept der Autonomie
als notwendige Bedingung der Möglichkeit von Kognition hinaus wären dafür noch die
jeweiligen hinreichenden Bedingungen der verschiedenen Kognitionsformen zu identifizieren.

Als ebenso wichtig erweist sich zum anderen aber auch die Erarbeitung einer Ontologie der Objektivität, welche die verschiedenen Formen der Welthaltigkeit von Kognition bei unterschiedlichen Lebewesen erforscht.[32] Denn wenn die Autopoiesisschule ihre
These, wonach Autonomie eine die Kontinuität von Leben und Geist stiftende conditio
sine qua non für natürliche Intentionalität und Kognition sei, als inhaltsreiche Erkenntnis über Kognitionsformen in der Welt geltend machen will, so muss sie auch nach dem

---

[30] Die These, unsere Begriffe könnten per se nicht realitätshaltig sein, ist insofern inkonsistent, als
sie – zumindest für sich selbst – den Anspruch der zutreffenden Weltbeschreibung erhebt.

[31] Gerhard Vollmer (2002) etwa entwickelt im Rahmen der Evolutionären Erkenntnistheorie eine
Wissenschaftstheorie, die sich von dem hier vorgeschlagenen Ansatz allerdings darin unterscheidet,
dass sie auf einem kritischen Rationalismus gründet. Unter der Prämisse der Unhintergehbarkeit
unserer konstitutiven Erkenntnisleistungen scheint mir jedoch der hier vorgestellte Ansatz plausibler.

[32] Dies beinhaltet natürlich auch das Studium der verschiedenen Möglichkeiten des Verfehlens von
Erkenntnisbemühungen und des Gewahrseins von Irrtum.

Ursprung und der Kontinuität der Objektivitätsmöglichkeiten von Erkenntnis fragen.[33] Dazu sollte hinter bisher gewonnene Einsichten nicht zurückgegangen werden: Sowohl epistemologische als auch naturwissenschaftliche Überlegungen zeigen auf, dass es konstitutive und unhintergehbare Elemente von Kognition und Erkenntnis auf Seiten des Erkenntnissubjekts bzw. der Erkenntnisgemeinschaft gibt. Über den transzendentalen Selbstbezug hinaus muss allerdings auch der konstitutive Beitrag der Welt, zu welcher das Erkenntnissubjekt selbst gehört, berücksichtigt werden. Dass dies wiederum nur mithilfe unserer subjektiv-menschlichen Erkenntnisleistungen erfolgen kann, erweist sich genau dann als ein Argument für die Möglichkeit objektiver Erkenntnis, wenn man – meines Erachtens zu Recht – die Unhintergehbarkeitsthese als Erkenntnis ernst nimmt und das Verhältnis von Geist und Welt, von Erkenntnis und Welt im Licht der Evolution betrachtet.[34]

4. Literatur

Xabier Barandiaran, Ezequiel Di Paolo, Marieke Rohde (2009), Defining Agency. Individuality, normativity, asymmetry and spatio-temporality in action, in: Adaptive Behavior, 17, 367-386.

Paul Bourgine/John Stewart (2004), Autopoiesis and Cognition, in: Artificial Life, 10, 327-345.

Ezequil Di Paolo (2003), Organismically-inspired robotics: Homeostatic adaptation and natural teleology beyond the closed sensorimotor loop, in: K. Murase & T. Asakura (Hrsg.), Dynamical Systems Approach to Embodiment and Sociality, Advanced Knowledge International, Adelaide, 19-42.

Ezequiel Di Paolo (2005), Autopoiesis, adaptivity, teleology, agency, in: Phenomenology and the Cognitive Sciences, 4, 429-452.

Ezequiel Di Paolo (2009), Extended Life, in: Topoi, 28, 9-21.

Hubert Dreyfus (1972), What computers can't do. A critique of artificial reason, New York.

---

[33] Als Ausblick sollen hier einige Autoren genannt sein, die eine Ontologie der Evolution von Kognition und deren mögliche Formen der Objektivität (von rein funktionalen Relationen über zahlreiche evolutionäre Stufen bis zur menschlichen Kognition) unter je verschiedenen Aspekten herausgearbeitet haben. Zu ihnen zählen etwa Konrad Lorenz (Stufenfolge verschiedener Mechanismen der Informationsspeicherung bei unterschiedlichen Lebewesen), Donald Campbell (Wirkmechanismen der evolutionären Prinzipien der Variation, Selektion und Bewahrung auf verschiedenen Stufen kognitiver Systeme) sowie Vertreter der Teleosemantik wie etwa Ruth Millikan, David Papineau oder Fred Dretske (Erklärung des Gehalts von Repräsentationen über biologische Funktionen). Für den Bereich der kulturellen Evolution sind besonders Michael Tomasellos Studien zur Evolution kollektiver Intentionalität beim Menschen sowie Merlin Donalds Arbeiten zur Evolution des menschlichen Bewusstseins zu nennen.

[34] Die Frage nach den Möglichkeiten, Erkenntnis aufgrund der Evolution des Menschen als objektiv auszuweisen, stellte einen thematischen Schwerpunkt des von Prof. Dr. Welsch angeregten und geleiteten Forschungsverbundes „Interdisziplinäre Anthropologie: Fortwirken der Evolution im Menschen – Humanspezifik – Objektivitätschancen der Erkenntnis" (EHO) an der Universität Jena in den Jahren 2006-2009 dar. Zahlreiche Vortragsreihen, Workshops und Diskussionsrunden, die in dieser Zeit am Lehrstuhl für Theoretische Philosophie organisiert wurden, waren für mich eine große Bereicherung und so möchte ich neben Wolfgang Welsch auch Christian Spahn, Christian Tewes und André Wunder für anregende und erhellende Gespräche während dieser Zeit herzlich danken.

Norbert Groeben (1995), Zur Kritik einer unnötigen, widersinnigen und destruktiven Radikalität, in: Hans Rudi Fischer (Hrsg.), Die Wirklichkeit des Konstruktivismus. Zur Auseinandersetzung um ein neues Paradigma, Heidelberg, 149-159.

Hans Jonas (1997), Das Prinzip Leben. Ansätze zu einer philosophischen Biologie, Frankfurt am Main.

Astrid Kaiser (2003), „Ich bin kein Konstruktivist …". Interview mit Humberto Maturana im Juli 2002, in: Päd Forum: unterrichten, erziehen, 31, 109-111.

Humberto Maturana, Francisco Varela (1984), Der Baum der Erkenntnis. Die biologischen Wurzeln des menschlichen Erkennens, übers. von Kurt Ludewig, München.

Humberto Maturana (1985), Erkennen. Die Organisation und Verkörperung von Wirklichkeit, Ausgewählte Arbeiten zur biologischen Epistemologie, übers. von Wolfram Köck, Braunschweig (1982).

Alvaro Moreno, Arantza Etxeberria, Jon Umerez (2008), The autonomy of biological individuals and artificial models, in: Biosystems, 91, 209-319.

Thomas Nagel (1986), The View from Nowhere, New York.

Kepa Ruiz-Mirazo/Alvaro Moreno (2004), Basic Autonomy as a Fundamental Step in the Synthesis of Life, in: Artificial Life, 10, 235-159.

Ernest Sosa/Jaegwon Kim (Hrsg.) (2000), Epistemology. An Anthology, Malden/Oxford.

Christian Spahn (2011), Prospects of Objective Knowledge, in: Wolfgang Welsch, Wolf Singer, André Wunder, Interdisciplinary Anthropology. Continuing Evolution of Man, Berlin/Heidelberg, 55-77.

Evan Thomspon (2004), Life and mind: From autopoiesis to neurophenomenology. A tribute to Francisco Varela, in: Phenomenology and the Cognitive Sciences, 3, 381-398.

Evan Thompson (2005), Sensorimotor subjectivity and the enactive approach to experience, in: Phenomenology and the Cognitive Sciences, 4, 407-427.

Evan Thompson (2007), Mind in Life. Biology, Phenomenology and the Sciences of Mind, Cambridge/London.

Evan Thompson/ Mog Stapleton (2009), Making Sense of Sense-Making. Reflections on Enactive and Extended Mind Theories, in: Topoi, 28, 23-30.

Francisco Varela (1987), Autonomie und Autopoiese, in: Siegfried J. Schmidt, Der Diskurs des Radikalen Konstruktivismus, Frankfurt am Main, 119-132.

Franciso Varela (1992), Autopoiesis and a Biology of Intentionality, in: Barry McMullin/Noel Murphy (Hrsg.), Autopoiesis and Perception. Proceedings of a workshop held in Dublin City University, August 25th and 25th. School of Electronic Engineering Technical Report bmcm9401. Online: http://alife.rince.ie/bmcm9401/.

Francisco Varela/Evan Thompson/Eleanor Rosch (1991), The Embodied Mind. Cognitive Science and Human Experience, Cambridge/London.

Francisco Varela/Mark Anspach/Antonio Coutinho (1991), Immuknowledge. Learning mechanisms of somatic individuation, in: J. Brockman (Hrsg.), Doing Science, Prentice-Hall, New York, 237-257.

Francisco Varela (1997), Patterns of Life. Intertwining Identity and Cognition, in: Brain and Cognition, 34, 72-87.

Gerhard Vollmer (2002), Evolutionäre Erkenntnistheorie, Angeborene Erkenntnisstrukturen im Kontext von Biologie, Psychologie, Linguistik, Philosophie und Wissenschaftstheorie, Stuttgart/Leipzig.

Andreas Weber und Francisco Varela (2002), Life after Kant. Natural purposes and the autopoietic foundations of biological individuality, in: Phenomenology and the Cognitive Sciences, 1, 97-125.

Wolfgang Welsch, Wolf Singer, André Wunder (Hrsg.) (2011), Interdisciplinary Anthropology. Continuing Evolution of Man, Berlin/Heidelberg.

Michael Wheeler (2011), Embodied Cognition and the Extended Mind, in: James Garvey (Hrsg.), The Continuum Companion to the Philosophy of Mind, London/New York, 220-238.

Evan Thompson

Sensomotorische Subjektivität und die enaktive Annäherung an Erfahrung

1. Der enaktive Ansatz

Die Bezeichnung „enaktiver Ansatz" und der dazugehörige Begriff der *Enaktion* (enaction) wurden von Varela, Thompson und Rosch (1991) in die Kognitionswissenschaften mit dem Ziel eingeführt, etliche miteinander verwandte Ideen unter einen Begriff zu fassen.[1] Dabei handelt es sich zum Ersten um die Auffassung, dass Lebewesen autonome Akteure sind, die aktiv ihre Identitäten generieren und erhalten und dabei ihre eigenen kognitiven Domänen hervorbringen bzw. enagieren. Zweitens wird auch das Nervensystem als ein autonomes System verstanden: Als ein organisationell geschlossenes bzw. zirkuläres und selbstreferentielles sensomotorisches Netzwerk interagierender Neuronen generiert und erhält es aktiv seine kohärenten und bedeutungsvollen Aktivitätsmuster. Das Nervensystem verarbeitet Informationen nicht im komputationalen Sinn, sondern es bringt Bedeutung hervor. Eine dritte These besagt, dass Kognition eine Form verkörperter Handlung ist (embodied action) und dass kognitive Strukturen und Prozesse aus wiederkehrenden sensomotorischen Wahrnehmungs- und Aktivitätsmustern hervorgehen. Die sensomotorische Kopplung zwischen Organismus und Umwelt determiniert dabei

---

[1] Die Bezeichnung des „enaktiven Ansatzes" wurde von Varela erstmalig im Sommer des Jahres 1986 in Paris eingeführt, während er gemeinsam mit Thompson die Arbeit an *The Embodied Mind* aufnahm. Zuvor wählte er den Namen „hermeneutischer Ansatz", um die Nähe seiner Gedanken zur philosophischen Schule der Hermeneutik auszudrücken – eine Nähe, die auch von anderen Theoretikern der Verkörperten Kognition (embodied cognition) zu dieser Zeit geteilt wurde (siehe dazu Varela, Thompson, und Rosch 1991, 149f.). Die ersten zwei der oben angesprochenen Ideen hat Varela in seinem Buch *Principles of Biological Autonomy* (1979) vorgestellt. Sie wurden gemeinsam mit Humberto Maturana entwickelt und gingen aus Maturanas früheren Arbeiten zur Biologie der Kognition hervor (Maturana 1969, 1970; Maturana und Varela 1980, 1987). Die übrigen Ideen wurden von Varela, Thompson und Rosch (1991) und Thompson, Palacios und Varela (1992) vorgestellt und von Varela und Thompson in zahlreichen, nachfolgenden Aufsätzen weiter ausgearbeitet (z. B. Varela 1991, 1997; Thompson 2001; Thompson und Varela 2001, Varela und Thompson 2003).

zwar nicht, aber sie moduliert die Herausbildung von endogenen dynamischen Mustern neuronaler Aktivität, welche wiederum die sensomotorische Kopplung beeinflussen. Ein zentraler Gedanke ist viertens, dass die Welt eines kognitiven Lebewesens kein präspezifizierter externer Bereich ist, der vom Gehirn intern repräsentiert wird. Vielmehr handelt es sich dabei um eine relationale Domäne, die von der autonomen Tätigkeit des Lebewesens sowie aus seiner spezifischen Kopplung mit der Umgebung enagiert bzw. hervorgebracht wird. Mit dieser Auffassung nimmt der enaktive Ansatz Anregungen aus der phänomenologischen Philosophie auf. Beiden Herangehensweisen ist die Annahme gemein, dass Kognition in einer konstitutiven Beziehung zu ihren Objekten steht. In klassisch-phänomenologischem Vokabular ausgedrückt bedeutet dies, dass das Objekt als das dem Subjekt Gegebene und von diesem Erfahrene durch dessen mentale Aktivität bedingt ist. In existentiell-phänomenologischem Vokabular ausgedrückt bedeutet es, dass die Welt eines kognitiven Lebewesens – was auch immer es erfahren, wissen und tun kann – durch dessen Form oder Struktur bedingt ist. Unsere subjektive „Konstitution" oder unsere spezifische Form des In-der-Welt-seins ist uns im Alltag nicht gegenwärtig, sondern bedarf sowohl der wissenschaftlichen als auch der phänomenologischen systematischen Analyse, um aufgedeckt zu werden. Dieser Gedanke führt uns fünftens zur These, dass Erfahrung kein epiphänomenales Randthema, sondern von zentraler Bedeutung für ein Verständnis des Geistes ist und sorgfältig phänomenologisch erforscht werden muss. Aus diesem Grund hat sich der enaktive Ansatz von Beginn an dafür ausgesprochen, dass sich Kognitionswissenschaften und Phänomenologie gegenseitig ergänzen.

Der enaktive Ansatz geht davon aus, dass der menschliche Geist in unserem gesamten Organismus verkörpert und in die Welt eingebettet ist, weshalb er nicht auf Strukturen im Kopf reduziert werden darf. Unser mentales Leben schließt Selbstregulation, sensomotorische Kopplung und intersubjektive Interaktion als drei beständige und ineinander verflochtene Formen körperlicher Aktivität ein (Thompson und Varela 2001). Selbstregulation ist notwendig, um lebendig und empfindungsfähig zu sein. Sie ist für Emotionen und Empfindungen sowie für die Zustände des Wachens oder des Schlafens, der Aufmerksamkeit oder der Erschöpfung, des Hungers oder der Sättigung von grundlegender Bedeutung. Sensomotorische Kopplung mit der Welt spielt bei der Wahrnehmung, bei Emotionen und auch bei Handlungen eine große Rolle. Intersubjektive Interaktion beinhaltet das Erkennen und gefühlsbezogene Erleben des Selbsts und des Anderen. Das menschliche Gehirn ist für alle drei Prozesse essentiell, aber es wird auch umgekehrt durch sie während des gesamten Lebens auf verschiedenen Ebenen gestaltet und strukturiert. Wenn der Geist eines jeden Menschen aus diesen erweiterten Modi der Aktivität hervorgeht und wenn er dementsprechend als eine dynamische Ganzheit verkörpert und eingebettet ist im Sinne eines Knotens oder eines Netzes aus wiederkehrenden und ablaufinvarianten Prozessen eines Organismus (Hurley 1998), dann ist die „astonishing hypothesis" des Neuroreduktionismus – dass man „nothing but a pack of neurons" ist (Crick 1994, 2), oder dass gilt: „You are your synapses" (LeDoux 2002) – sowohl ein Kategorienfehler als auch biologisch falsch. Ganz im Gegenteil ist der Mensch ein lebendiges leibliches Subjekt der Erfahrung und ein intersubjektives geistiges Wesen.

Der vorliegende Aufsatz konzentriert sich auf die zweite der angesprochenen körperlichen Aktivitätsformen, die dynamische sensomotorische Aktivität. Neuere dynamisch-sensomotorische Ansätze der Wahrnehmung und der Handlung haben bedeutende Beiträge zum wissenschaftlichen und philosophischen Verständnis von Bewusstsein geleistet (Hurley 1998; O'Regan and Noë 2001 a,b; Hurley and Noë 2003; Noë 2004). Ziel dieses Aufsatzes ist es, auf diese Theorien aufbauend, eine von mir an anderer Stelle als „Leib-Körper Problem" bezeichnete Fragestellung erneut aufzugreifen. Es handelt sich dabei um die Frage, wie der subjektiv erlebte Leib zum Organismus bzw. zum lebenden Körper, der man selbst ist, in Beziehung steht (Hanna und Thompson 2003; Thompson 2004). Dazu werde ich die dynamisch-sensomotorische Theorie der Wahrnehmungserfahrung mit einem enaktiven Ansatz des Selbstseins sowie mit einer phänomenologischen Beschreibung des leiblichen Selbstbewusstseins verbinden.

2.   Phänomenologie: Subjektivität und leibliches Selbstbewusstsein

Das Leib-Körper Problem ist eine uncartesianische Umgestaltung des Problems der Erklärungslücke zwischen bewusstem Geist und physikalischem Körper. Beim Leib-Körper Problem liegt die Kluft nicht mehr zwischen zwei grundlegend verschiedenen Ontologien (dem Mentalen und dem Physischen), sondern zwischen zwei Arten innerhalb einer Typologie von Verkörperung (dem subjektiv erlebten Leib und dem lebendigen Körper). Die Erklärungslücke ist nicht mehr absolut, weil wir für ihre Formulierung gleichsam auf das Leben bzw. auf Lebewesen Bezug nehmen.

Das Leib-Körper Problem betrifft den Zusammenhang zwischen dem eigenen Leib, wie er subjektiv erlebt wird und dem eigenen Körper, wie er als Organismus in der Welt existiert. Dieses Problem ist wiederum Teil der allgemeinen Frage nach der Beziehung von Selbst und Welt, da der lebendige Körper Teil der Welt und der subjektiv erlebte Leib Teil des Sich-Erfahrens als ein Selbst ist. Wir können daher zwei Fragen stellen: in welcher Beziehung steht der erlebte Leib zur Welt und wie verhält er sich zu sich selbst? Die Auseinandersetzung mit diesen Fragen stellt eine Möglichkeit dar, die sensomotorische Subjektivität des Körpers näher zu betrachten.

Das Verhältnis zwischen dem eigenen Selbst und der Welt beinhaltet die Beziehung zwischen dem eigenen Selbst und dem eigenen Körper. Descartes weist in seiner sechsten Meditation darauf hin, dass sich das eigene Selbst im Körper nicht wie ein Steuermann auf einem Schiff befindet, sondern dass es mit dem Körper „aufs engste verbunden" und „vermischt" ist, so dass beide eine „Einheit" bilden. Dennoch bleiben Selbst und Körper zweigeteilt. Merleau-Ponty lehnt diesen Dualismus ab. Das eigene Selbst ist nicht nur verkörpert, sondern leiblich: „Doch mein Leib steht nicht vor mir, sondern ich bin in meinem Leib, oder vielmehr *ich bin mein Leib*" (1974, 180, meine Hervorhebung). Doch Merleau-Ponty weigert sich auch, die Aussage „Ich bin mein Leib" materialistisch in dem Sinne zu verstehen, dass ich (oder mein Selbst) nichts anderes als ein komplexes physikalisches *Objekt* bin. Stattdessen hält er an der ursprünglichen Auffassung fest, wonach ich ein *leibliches Subjekt* bin, im Sinne eines subjektiven Objektes oder eines physikalischen Subjektes. Auf diese Weise lehnt er sowohl die traditionellen Begriffe von Geist und Körper sowie von Subjekt und Objekt als auch die Ontologien, die sie implizieren, ab (Dualismus, Materialismus und Idealismus) (siehe Priest 1998, 56f.).

Da er an dieser ursprünglichen Sichtweise festhält, versteht Merleau-Ponty die Beziehung von Selbst und Welt auch nicht vordergründig als ein Verhältnis von Subjekt zu Objekt, sondern als ein In-der-Welt-sein, wie er es in Anlehnung an Heidegger nennt. Für ein leibliches Subjekt ist es unmöglich zu bestimmen, was das Subjekt in Abzug der Welt oder was die Welt in Abzug des Subjekts sei: „Die Welt ist unabtrennbar vom Subjekt, von einem Subjekt jedoch, das selbst nichts anderes ist als Entwurf der Welt, und das Subjekt ist untrennbar von der Welt, doch von einer Welt, die es selbst entwirft" (Merleau-Ponty 1974, 489). Auf diese Weise zur Welt zu gehören bedeutet auch, dass unser primärer Zugang zu den Dingen weder rein sensorisch und reflexiv noch kognitiv oder intellektuell, sondern vielmehr leiblich und fähigkeitsbasiert ist. Merleau-Ponty nennt diese Art der leiblichen Intentionalität „Bewegungsintentionalität" (1974, 135ff., 166ff.). Als Beispiel führt er das Ergreifen oder absichtliche Erfassen eines Objektes an. Indem wir uns beim Ergreifen eines Gegenstandes diesem zuwenden, handeln wir intentional. Aber in der Handlung beziehen wir uns auf den Gegenstand nicht vermittels der Repräsentation dessen objektiver und vollständig bestimmter Merkmale; vielmehr beziehen wir uns pragmatisch im Licht eines kontextabhängigen motorischen Ziels, welches vom Leib hervorgebracht wurde, auf den Gegenstand (1974, 167). So etwa bestimme ich beim Anheben einer Teetasse, von der ich trinken möchte, nicht deren objektive Lage im Raum, sondern deren Lage in Bezug auf meine Hände. Zudem erfasse ich sie immer schon im Licht meines Vorhabens, von ihr zu trinken. Andererseits haben auch die Gegenstände in meiner Umgebung wie etwa Teetassen, Computertasten, Treppen etc. motorischen Sinn bzw. motorische Bedeutung, so genannte Angebote für Handlungsmöglichkeiten („affordances", Gibson 1979), die zu angemessenen Handlungen führen. Gegenstände in der Welt veranlassen im Subjekt geeignete intentionale Handlungen und motorische Vorhaben (das Subjekt ist ein Entwurf der Welt), zugleich aber verfügen die Gegenstände in der Welt über ihre spezifischen motorischen Bedeutungen oder Angebote nur in Relation zu den motorischen Fähigkeiten des Subjekts (die Welt ist ein Entwurf des Subjekts). Dieser Kreislauf motorischer Intentionalität, der sich zwischen Leib und Umgebung herausbildet, ist konstitutiv für den von Merleau-Ponty so genannten „intentionalen Bogen", der das bewusste Leben aufspannt und Sensibilität und Motilität, Wahrnehmung und Handlung integriert (1974, 164). Der intentionale Bogen und das In-der-Welt-sein sind insgesamt weder rein erstpersonal (subjektiv) noch rein drittpersonal (objektiv), sind weder geistig noch physikalisch. Es handelt sich dabei vielmehr um existentielle Strukturen, die diesen Abstraktionen vorausgehen und grundlegender sind als sie. Aus diesem Grund hält Merleau-Ponty dafür, dass sie im Rahmen einer existentiellen Analyse leiblicher Subjektivität (und deren pathologischer Störungen) das Vermögen haben, „zwischen ‚Physischem' und ‚Physiologischem' eine Brücke zu schlagen" (1974, 104).

Da der intentionale Bogen das bewusste Leben aufspannt, ist der eigene Leib „nicht als Gegenstand unter Gegenständen, sondern als Vehikel des Zur-Welt-seins" präsent (Merleau-Ponty 1974, 168). Wenn aber der eigene Leib das Vehikel des In-der-Welt-seins und in diesem Sinne eine Bedingung der Möglichkeit von Erfahrung ist, auf welche Weise kann er dann selbst erfahren werden? Wie erfährt man sich selbst als ein leibliches Subjekt bzw. wie erfährt sich ein Leib als Leib?

Eine Möglichkeit, sich des Themas des leiblichen Selbstbewusstseins anzunehmen, ist es, von der Welt, die über das leibliche Selbst hinausgeht, auf den Leib, welcher das Korrelat ihrer Gegenwart in der Wahrnehmung ist, rückzuschließen. Ein bekanntes, von Husserl herausgearbeitetes Leitmotiv der Phänomenologie besagt, dass der Leib eine Voraussetzung für die Präsenz der Welt in der Wahrnehmung ist. So werden Gegenstände immer in Relation zu unseren wahrnehmenden und sich bewegenden Körpern lokalisiert. Das Hochheben einer Teetasse impliziert, dass man sie aus einem bestimmten Winkel ergreift und sie auf bestimmte Weise handhabt. Hört man etwas im Radio, nimmt man das Gehörte immer aus einer bestimmten Position heraus wahr, die sich ändert, wenn man sich im Raum bewegt. Das Sehen einer Weinflasche auf einem Tisch beinhaltet ihre Wahrnehmung aus einer bestimmten Perspektive sowie das Abschätzen ihrer Erreichbarkeit. Wenn etwas perspektivisch erscheint, so muss das Subjekt, das den Gegenstand wahrnimmt, zu diesem in räumlicher Beziehung stehen, was wiederum voraussetzt, dass das Subjekt verkörpert ist. Wenn wir über eine bestimmte Ansicht eines Gegenstandes verfügen, wissen wir zugleich, dass es noch andere, uns momentan in der Wahrnehmung nicht gegebene, aber ebenso mögliche Ansichten gibt. In diesem Sinne referiert jede Ansicht, die wir von einem Gegenstand haben, immer auch auf diese anderen Ansichten; jede einzelne impliziert auch die anderen. Die Bezugnahme auf mögliche andere Ansichten entspricht unserer Fähigkeit, aufgrund unserer eigenen Bewegungen eine Ansicht durch eine andere zu ersetzen, etwa indem wir unseren Kopf neigen, ein Objekt in unseren Händen bewegen oder um etwas herumlaufen etc. In Bezug auf den Leib sind in diesem Kontext zwei Aspekte entscheidend: Zum einen fungiert der Leib als der „Null-Punkt der Orientierung" schlechthin, als das absolute indexikalische „hier", von welchem aus die Gegenstände perspektivisch erscheinen. Zum anderen kann der Leib nicht als ein gewöhnliches intentionales Objekt der Wahrnehmung verstanden werden, sondern geht über diese Form der Intentionalität immer schon hinaus. Der Leib erscheint in der perzeptuellen Erfahrung nicht primär als ein intentionales Objekt, sondern als ein implizites und praktisches „Ich kann" der Bewegung und der motorischen Intentionalität (Husserl 1991, 253-265). Husserl stellt dieses „Ich kann" dem „Ich denke" von Descartes gegenüber, da die intentionale Struktur leiblicher Subjektivität nicht dem *Ich denke einen bestimmten Gedanken (ego cogito cogitatum)* entspricht, sondern eher dem *Ich bin in der Lage, mich auf verschiedene Arten zu bewegen und tue dies auch* (Husserl 1991, 151, 216, 261; siehe auch Sheets-Johnstone 1999a, 133-134, 230-232). Dies ist eine Weise unter vielen, wie mit perzeptueller Erfahrung ein nicht-intentionales und implizites Bewusstsein des eigenen Leibes einhergeht, ein intransitives und präreflexives leibliches Selbstbewusstsein.[2]

---

[2] Präreflexives leibliches Selbstbewusstsein kommt dem Begriff des „Perspektivierten Selbstbewusstseins" (perspectival self-consciousness) von Hurley sehr nahe (Hurley 1998, S. 140-143). Perspektiviertes Selbstbewusstsein bezeichnet das Gewahrsein der eigenen intentionalen motorischen Aktivität während der Wahrnehmung. Diese Form des Bewusstseins ist für das Haben einer einheitlichen Perspektive auf die Welt konstitutiv, steht sie doch für die Fähigkeit, die Interdependenz von Wahrnehmung und Handlung nachzuverfolgen. Laut Hurley schließt perspektiviertes Selbstbewusstsein begrifflich strukturierte Gedanken oder Schlussfolgerungen nicht mit ein (siehe dazu allerdings Noë 2002, 2004). Perspektiviertes Selbstbewusstsein ist nicht mit dem Begriff

Das schließt natürlich nicht aus, dass man seinen Leib auch als Objekt wahrnehmen kann, etwa wenn man ihn direkt oder im Spiegel anschaut. In diesen Fällen hat man es mit dem so genannten bewussten „Körperbild" (body image) zu tun, welches vom unbewussten „Körperschema" (body schema) zu unterscheiden ist (Gallagher 1986b, 1995). Der Begriff des Körperbildes referiert auf den Leib als ein intentionales Objekt des Bewusstseins. Es handelt sich dabei um das Bewusstsein des Leibes-als-Objekt (Legrand 2006). Durch das Körperbild wird der Leib als dem erfahrenden Subjekt zugehörig erlebt, wobei das Bild typischerweise nur eine partielle Repräsentation darstellt, da sich die bewusste Wahrnehmung gewöhnlich nur auf einen Teil oder eine Gegend des Körpers zu einer bestimmten Zeit konzentriert. Beim Körperschema handelt es sich andererseits weder um ein intentionales Objekt des Bewusstseins, noch um eine partielle Repräsentation des Körpers, sondern eher um ein integriertes Ensemble dynamischer sensomotorischer Prinzipien, die Wahrnehmungen und Handlungen auf subpersonaler und unbewusster Ebene organisieren. Diese Unterscheidung in Körperschema und Körperbild lässt allerdings eine weitere grundlegende Form von leiblicher Erfahrung unberücksichtigt, und zwar das präreflexive leibliche Selbstbewusstsein (Zahivi 1999, 98, 240; Legrand 2006). Zum einen ist das Körperschema dem Subjekt phänomenologisch nicht zugänglich: „The body schema … is not the perception of ‚my‘ body; it is not the image, the representation, or even the marginal consciousness of the body. Rather, it is precisely the style that organizes the body as it functions in communion with its environment" (Gallagher 1986a, 549). Zum anderen ist das Bewusstsein des eigenen Leibes weder auf das Körperbild begrenzt, noch ist das Körperbild die grundlegendste Form leiblichen Bewusstseins. Ganz im Gegenteil ist der eigene Leib die meiste Zeit nicht als ein intentionales Objekt präsent, sondern wird nicht-intentional und präreflexiv erfahren. Bei dieser Art der Erfahrung handelt es sich um das Bewusstsein des Leibes-als-Subjekt (Legrand 2006). Es entspricht der Beziehung des Leibes zu sich selbst, d.h. der Erfahrung des eigenen Leibes als wahrnehmend und handelnd und nicht als wahrgenommen.[3] Sartre nennt diese Art von Selbstbewusstsein „nicht-setzend" oder „nicht-thetisch", weil es den eigenen Leib nicht als Objekt vor-stellt; Merleau-Ponty nennt es präreflexiv. Autoren der analytischen Tradition in der Philosophie haben es als eine nicht aufgrund von Beobachtungen gewonnene Form des Selbstbewusstseins beschrieben (Shoemaker 1968, 1984).

Präreflexives leibliches Selbstbewusstsein ist bei Berührungen präsent, da wir nicht nur die Gegenstände, welche wir berühren, sondern auch uns selbst spüren, wie wir sie und sie uns berühren. Wenn ich eine Tasse mit heißem Tee halte, spüre ich die heiße, glatte Oberfläche des Porzellans und wie die Wärme langsam meine Finger durchdringt.

---

    des präreflexiven Selbstbewusstseins in der Phänomenologie identisch, wohl aber mit dem Aspekt leiblichen Selbstbewusstseins, der Handlungsbewusstsein einschließt.

[3] Präreflexives leibliches Selbstbewusstsein entspricht dem Bewusstsein des eigenen Leibes-als-Subjekt und ist somit nicht gleichbedeutend mit Propriozeption, wird diese als perzeptuelles Bewusstsein des eigenen Leibes-als-Objekt verstanden. Ob ein solches Verständnis von Propriozeption angemessen ist, wird in der Philosophie kontrovers diskutiert. Bermúdez (1998) ist der Meinung, dass Propriozeption eine Form der Perzeption ist. Gallagher (2003) versteht sie als eine Art nichtperzeptuellen leiblichen Bewusstseins, während Legrand (2006) der Überzeugung ist, dass es sich dabei zwar um eine Form der Perzeption handelt, diese allein aber für präreflexives leibliches Selbstbewusstsein unzureichend ist.

Diese Empfindungen bleiben auch nachdem ich die Tasse wieder zurück auf den Tisch gestellt habe für eine gewisse Zeit bestehen. Leibliche Erfahrung dieser Art bringt nicht nur die Erfahrung von physikalischen Ereignissen, die den eigenen Leib zu Gegenständen in Beziehung setzen, mit sich, sondern auch die Erfahrung von solchen sinnlichen Ereignissen, die den subjektiv erlebten Leib zu sich selbst in Beziehung setzen. Üblicherweise wird hierbei der eigene Leib nicht explizit wahrgenommen. Wenn ich die Teetasse halte, erlebe ich die Wärme in meinen Fingern, aber das Wahrnehmungsobjekt bin nicht ich, sondern ist die Teetasse. Der eigene Körper kann sich aber durchaus auch selbst als Objekt wahrnehmen, etwa wenn eine Hand die andere berührt. In diesem Fall ist die berührende Hand zugleich das berührte Objekt und das berührte Objekt nimmt sich selbst als das berührte wahr.

Phänomenologen haben über diese Form leiblicher Selbsterfahrung aus vielerlei wichtigen Gründen nachgedacht. Es besteht insofern eine dynamische Verknüpfung von äußerer Wahrnehmung und innerer Empfindung, als man der eigenen leiblichen Empfindung unmittelbar begegnet. Der eigene Leib zeigt sich als materieller Gegenstand, aber als einer, der innerlich mit Empfindung und Beweglichkeit erfüllt ist (Husserl 1991, 145). Diese Form des leiblichen Selbstbewusstseins macht den außergewöhnlichen Status des Leibes als ein physikalisches Subjekt besonders deutlich:

> Wenn meine rechte Hand meine linke berührt, empfinde ich sie als ein ‚physisches Ding‘, aber im selben Augenblick tritt, wenn ich will, ein außerordentliches Ereignis ein: Auch meine linke Hand beginnt meine rechte Hand zu empfinden, das Ding verändert sich, *es wird Leib, es empfindet.*[4] Das physische Ding belebt sich – oder genauer, es bleibt, was es war, das Ereignis bereichert es nicht, aber eine erkundende Kraft legt sich auf es oder bewohnt es. Ich berühre mich also berührend, mein Leib vollzieht ‚eine Art Reflexion‘. In ihm, durch ihn besteht nicht nur eine Beziehung in einer Richtung, von dem der fühlt, zu dem, was er fühlt: Das Verhältnis kehrt sich um, die berührte Hand wird zur berührenden, und ich muß sagen, daß das Berühren hier im ganzen Leib verbreitet ist und daß der Leib ‚empfindendes Ding‘, ‚subjektives Objekt‘ ist. (Merleau-Ponty 2007, 243)

Allerdings fallen die Erfahrungen des Berührens und des Berührtwerdens niemals in eins. Das gegenseitige Berühren beider Hände und ihr Berührtwerden finden niemals zeitgleich statt, vielmehr wechseln die beiden Hände ihre Rollen spontan (Merleau-Ponty 1974, 118). Dieses Alternieren ist Ausdruck der dynamischen sensomotorischen Beziehung des Leibes zu seiner eigenen Subjektivität und diese Art des Selbstverhältnisses unterscheidet den eigenen Leib von anderen in der Wahrnehmung gegebenen Objekten (siehe dazu Merleau-Ponty 1974, 118; Husserl 1963, 128).

Anhand dieser Erfahrung können wir auch einen Eindruck davon bekommen, wie sensomotorische Subjektivität eine Form der sensomotorischen Intersubjektivität mit einschließen kann. Denn es findet dabei auch ein dynamischer Prozess von Selbst- und Anderssein statt, indem der eigene Körper das Andere zu sich selbst wird. Wenn meine

---

[4] Merleau-Ponty spielt an dieser Stelle auf eine Passage aus Husserls *Ideen II* an (Husserl 1991, 145). (Anm. d. Übers.: Deutsch im Original.)

linke Hand meine rechte Hand berührt (oder wenn ich meinen Körper auf andere Weise erfahre), dann habe ich die Möglichkeit, sowohl die Art und Weise zu antizipieren, wie ein anderes leibliches Subjekt mich erfahren würde, als auch die Art und Weise, wie ich eine andere Person erfahren würde. Leibliches Selbstbewusstsein ist daher durch eine Form des Anderssein bzw. der Alterität bedingt. Laut Husserl ist diese Dynamik des Selbst- und Andersseins eine Voraussetzung für Empathie im Sinne der Fähigkeit, andere auf der Grundlage ihrer leiblichen Präsenz als Subjekte wie sich selbst zu verstehen (Zahavi 2003, 113). Es ist genau diese Doppelstellung des Leibes als „Subjekt-Objekt", als ein subjektiv erlebter Körper (*Leib/körperlicher Leib*) und als ein objektiver lebender Körper (*Körper/leiblicher Körper*),[5] ebenso wie das dieser Ambiguität innewohnende dynamische Wechselspiel zwischen Ipseität (Selbstsein) und Alterität (Anderssein), das einen dazu befähigt, andere Körper als leibliche Subjekte, wie man selbst eines ist, zu verstehen (siehe Thompson 2001, 2005). Diese kurzen phänomenologischen Betrachtungen genügen, um zu verdeutlichen, dass der Leib auf besondere doppelstellige Weise in das Bewusstsein eingebunden ist. Man erfährt seinen Leib sowohl als Subjekt als auch als Objekt. Der Leib ist das intentionale Objekt des Bewusstseins, wenn man seine Aufmerksamkeit auf den einen oder anderen Aspekt bzw. Teil von ihm richtet. Der Inhalt leiblichen Gewahrseins dieser Art entspricht dem Körperbild oder dem Leib-als-Objekt. Aber leibliches Bewusstsein kann nicht allein auf diese Form der Erfahrung reduziert werden, da man auch den eigenen Leib-als-Subjekt präreflexiv und nicht-intentional erfährt. Die Herausforderung für alle wissenschaftlichen Beschreibungen des Bewusstseins ist es, diesen einzigartigen Doppelstatus des leiblichen Selbstbewusstseins zu berücksichtigen.

Demzufolge muss jeder wissenschaftliche Ansatz folgende zwei Kriterien erfüllen: er muss sowohl den verschiedenen Formen des intentionalen Weltbezugs des Leibes als auch der nichtintentionalen Eigenwahrnehmung, die nicht in der perzeptuellen Bestimmung des Leibes-als-Objekt besteht, Rechnung tragen.

Legrand hat eine Theorie leiblichen Selbstbewusstseins entwickelt, die diese Kriterien erfüllt (Legrand 2006). Sie argumentiert, dass sich leibliches Bewusstsein im Falle des Handlungsbewusstseins weder auf das Gewahrsein von Handlungsintentionen noch auf Propriozeption als einem internen Modus der Erkennung des eigenen Körpers reduzieren lässt und deshalb nicht auf efferenten oder afferenten Mechanismen allein basieren kann. Leibliches Bewusstsein besteht in der Erfahrung des eigenen Leibes als eines Konvergenzbereichs von Perzeption und Handlung und ist somit von der Übereinstimmung sensorischer und motorischer Informationen abhängig, so dass Wahrnehmung und Handlung als kohärent erlebt werden (siehe auch Hurley 1998, 140-143). Dazu braucht es eine genaue Abgleichung (i) der Intention zu handeln, (ii) der motorischen Folgen dieser Absicht inklusive der Regulierung körperlicher Bewegungen während der Handlungsausführung und (iii) der sensorischen Folgen dieser Handlung, sowohl für die Propriozeption als auch für die Exterozeption.

Es ist eine entscheidende Schlussfolgerung dieses Ansatzes, dass neuronale Korrelate von Selbstbewusstsein in ihrer Erklärungskraft für mentales Erleben unzureichend bleiben, so lange wir sie lediglich im Hinblick auf ihre intrinsischen neuronalen Ei-

---

[5] Anm. d. Übers.: Deutsch im Original.

genschaften und nicht im dynamischen sensomotorischen Kontext des ganzen Körpers verstehen (Thompson und Varela 2001; Hurley und Noë 2003; Legrand 2003). Dieser Punkt führt uns zu dynamisch-sensomotorischen Theorien perzeptueller Erfahrung und ihrer Bedeutung für das Leib-Körper Problem.

3. Die Erweiterung der dynamisch-sensomotorischen Annäherung an Bewusstsein

In einem kürzlich erschienen Beitrag zum Problem der „Erklärungslücke" zwischen Bewusstsein und Gehirn bemerkt Nicholas Humphrey: „There can be no hope of scientific progress so long as we continue to write down the identity [mental state m = brain state b] in such a way that the mind terms and the brain terms are patently *incommensurable* … We shall need to work on both sides to define the relevant mental states and brain states in terms of concepts that really do have dual currency – being equally applicable to the mental and the material" (Humphrey 2000, 7, 10).

Diese Strategie des Erforschens beider Seiten verfolgt auch der dynamisch-sensomotorische Ansatz. Um Erfahrung zu erklären, schaut er eher auf die dynamischen sensomotorischen Beziehungen zwischen neuronaler Aktivität, dem Körper und der Welt als auf die intrinsischen Eigenschaften neuronaler Aktivität allein. Als denjenigen Begriff, der Geltung für beide Seiten der Lücke beanspruchen kann, wählt dieser Denkansatz den Begriff der dynamischen sensomotorischen Aktivität. Auf der Seite des Mentalen werden perzeptuelle Erfahrungen als Handlungen verstanden, die teilweise durch das implizite und praktische Wissen des Perzipierenden bzw. dessen Handhabung der Beziehung von sensorischer Erfahrung und Bewegung erzeugt werden (O'Regan und Noë 2001a, Noë 2004). Die Sinne zeigen unterschiedliche charakteristische Muster sensomotorischer Abhängigkeit auf, die von den Perzipierenden auf implizite und geeignete Weise bewältigt werden. Auf der Seite des Gehirns werden neuronale Zustände nicht auf der Ebene ihrer intrinsischen neurophysiologischen Eigenschaften oder als neuronale Korrelate mentaler Zustände beschrieben, sondern hinsichtlich ihrer Teilhabe an dynamischen sensomotorischen Mustern, die den ganzen aktiven Organismus einschließen (Hurley und Noë 2003).

Der dynamisch-sensomotorische Ansatz hat nicht die Bestrebung die Erklärungslücke im reduktionistischen Sinne zu schließen, sondern er versucht die Lücke zu überbrücken, indem er neue theoretische Ressourcen einsetzt, die perzeptuelle Erfahrung und neuronale Prozesse innerhalb eines kohärenten und übergreifenden dynamisch-sensomotorischen Begriffsrahmens erfassen. Für jede Sinnesmodalität – Sehen, Hören, Tasten etc. – ist ein entsprechendes Muster sensomotorischer Interdependenz charakteristisch, welches für diese Modalität konstitutiv ist. Die Welt perzeptuell zu erfahren bedeutet, sein fähigkeitsbasiertes Wissen über bestimmte Muster sensomotorischer Abhängigkeit zwischen dem wahrnehmenden und sich bewegenden Körper und der Umgebung angemessen anzuwenden. Wenn die verschiedenen sensomotorischen Muster auf diese Weise konstitutiv für das Sehen, das Hören usw. sind, dann ist die Frage, warum bestimmte sensomotorische Muster mit der Empfindung des Sehens und nicht mit der des Hörens oder des Tastens einhergehen, nicht sinnvoll. In Bezug auf die neuronale Aktivität eines bestimmten Bereichs des Gehirns kann man eine Frage dieser Art jedoch immer stellen: „Warum sollte die Gehirnaktivität in diesem Bereich des Kortex eher mit der Empfindung des Sehens als mit der des Hörens oder des Tastens einhergehen?" Um auf diese Frage angemessen zu antworten, muss die lokale neuronale Aktivität in ihren dynamischen sensomotorischen Kontext einbettet werden. Eine Erklärung anhand sensomotorischer Muster ist erfolgversprechender als das bloße Verweisen auf neuronale Korrelate des Bewusstseins (Hurley and Noë 2003, 146-147; Noë und Thompson 2004 a, b).

Die vorangegangene Frage nach der Beziehung zwischen kortikaler Aktivität und perzeptueller Erfahrung betrifft das Problem der Erklärungslücke in seiner von Hurley und Noë (2003) so genannten komparativen (intermodalen) Form.[6] Von diesem Aspekt ist die Frage nach der absoluten Lücke: „Why should neural processes be ‚accompanied' by any conscious experience at all?" zu unterscheiden (Hurley und Noë 2003, 132). Die absolute Lücke steht für das bekannte hartnäckige Problem des Bewusstseins (Nagel 1974; Chalmers 1996). Hurley und Noë beziehen sich jedoch auf die komparative, nicht die absolute Lücke. Sie räumen ein, dass die Überbrückung der komparativen Lücke mithilfe eines dynamisch-sensomotorischen Ansatzes nicht zugleich die Überbrückung der absoluten Lücke bedeutet und deshalb nicht die Frage klärt, warum es überhaupt Erfahrung gibt. Ihr Vorhaben ist es vielmehr zu erklären, warum ein Akteur eine ganz bestimmte Erfahrung im Vergleich zu anderen Erfahrungen macht und nicht, warum es sich überhaupt irgendwie anfühlt, ein Akteur zu sein. Ihr Ansatz setzt Bewusstsein und Subjektivität immer schon voraus, gehen sie doch von der Ausgangsannahme aus, dass es eine bestimmte Art und Weise gibt, wie es sich anfühlt, ein Handelnder zu sein.

O'Regan, Noë und Myin vertreten indes die Auffassung, dass der sensomotorische Ansatz auch in der Lage ist, die absolute Lücke zu überbrücken und ihr Vorschlag ist in der Tat für das Leib-Körper Problem relevant (O'Regan und Noë 2001a,b; Myin und O'Regan 2002; O'Regan, Myin und Noë 2005). Eine genaue Betrachtung ihrer Darstellung wird hilfreich sein, um zu zeigen, warum und wie der dynamisch-sensomotorische Ansatz sowohl mit einem enaktiven Ansatz des autonomen Selbsts als auch mit einem phänomenologischen Ansatz körperlichen Selbstbewusstseins zu kombinieren ist.

Die genannten Autoren gehen so vor, dass sie eine sensomotorische Beschreibung bestimmter charakteristischer Eigenschaften sensorischer Erfahrung geben, von denen sie glauben, dass sie den phänomenalen Charakter bewusster Erfahrung ausmachen. Diese Eigenschaften sind „erzwungene Präsenz" (forcible presence), „Eingenommensein" (ongoingness), „Unbeschreiblichkeit" (ineffability) und „Subjektivität".

> *Ongoingness* means that an experience is experienced as occurring to me, or happening to me here, now, as though I was inhabited by some ongoing process like the humming of a motor. *Forcible presence* is the fact that, contrary to other mental states like my knowledge of history, for example, a sensory experience imposes itself upon me from the outside, and is present to me wi-

---

[6] Die komparative Lücke kann auch eine intramodale Form annehmen: Warum geht eine bestimmte neuronale Aktivität mit einer Rotwahrnehmung und nicht mit einer Grünwahrnehmung einher oder ruft diese hervor? Siehe dazu Hurley und Noë (2003).

thout my making any mental effort, and indeed is mostly out of my voluntary control. *Ineffability* indicates that there is always more to the experience than what we can describe in words. Finally, *subjectivity* indicates that the experience is, in an unalienable way, *my* experience. It is yours or mine, his or hers, and cannot be had without someone having it. But subjectivity also indicates that the experience is something *for me*, something that offers me an opportunity to act or think with respect to whatever is experienced (Myin and O'Regan 2002, 30).

Erzwungene Präsenz und Eingenommensein werden mithilfe der Begriffe der „Leiblichkeit" (bzw. Körperlichkeit) und der „Aufmerksamkeitserregung" (bzw. dem Potential, Aufmerksamkeitsressourcen zu binden) als zwei komplementäre Charakteristika der Arbeitsweise sensomotorischer Systeme beschrieben, die das perzeptuelle Bewusstsein vom nicht-perzeptuellen Bewusstsein bzw. von Gedanken abgrenzen. Leiblichkeit verweist auf die Abhängigkeit sensorischer Stimulierung von eigenen Körperbewegungen. Je größer die Änderung in der sensorischen Reizung aufgrund körperlicher Bewegungen ist, desto höher ist der Grad an Leiblichkeit. Demzufolge bringt die visuelle Erfahrung eines Buches, welches unmittelbar vor einem liegt, ein höheres Maß an Leiblichkeit mit sich als das nicht-perzeptuelle Bewusstsein eines Buches, welches sich im benachbarten Zimmer befindet. Blinzeln, Augen-, Kopf- und Rumpfbewegungen haben einen Einfluss auf das Wirken des Buches auf die Sinnesorgane, beeinflussen die Wahrnehmung des Buches im Nebenzimmer aber nicht. Aufmerksamkeitserregung beschreibt die Tendenz eines Gegenstandes, jemandes Aufmerksamkeit auf sich zu ziehen. Das Sehen verfügt über einen hohen Grad an Aufmerksamkeitserregung, da plötzliche Änderungen im Sichtfeld sofort die Aufmerksamkeit auf sich lenken. So werden Verschiebungen oder Veränderungen des Buches, welches vor einem liegt, umgehend Auswirkungen auf den Aufmerksamkeitsfokus des Sinnesapparats haben, wohingegen dies bei Veränderungen am Buch im Nachbarzimmer nicht der Fall ist. Die Charakteristika der erzwungenen Präsenz und des Eingenommenseins werden von O'Regan und Noë mithilfe der Begriffe der Leiblichkeit und der Aufmerksamkeitserregung wie folgt erklärt:

(1) the book forces itself on us because any movement of the book causes us to direct our attention (our processing resources) to it. (2) The slightest movement of the relevant parts of our bodies modifies the sensory stimulation in relation to the book. Metaphorically, it is as if we are in *contact* with the book ... We can explain ongoingness in a similar way ... The sense of an ongoing qualitative state consists, (a) in our understanding that movements of the body can currently give rise to the relevant pattern of sensory stimulation (bodiliness), and (b) in our understanding that the slightest change in what we are looking at will grab our attention and in that way force itself on us. In this way we explain why it seems to us as if there is something ongoing in us without actually supposing that there is anything ongoing, and in particular, without supposing that there is a corresponding ongoing physical mechanism or process (O'Regan and Noë 2001b, 1012).

Nun müssen noch die zwei Charakteristika der Unbeschreiblichkeit und der Subjektivität erklärt werden. Dem sensomotorischen Ansatz zufolge sind perzeptuelle Erfahrungen aktive Manifestationen eines fähigkeitsbasierten Wissens und werden hinsichtlich ihres Handlungspotentials beschrieben. Es ist im Allgemeinen schwierig das einer Fähigkeit zugrunde liegende Wissen zu explizieren. In diesem Sinne wird das Charakteristikum der Unbeschreiblichkeit als unsere Unfähigkeit verstanden, unsere implizite, praktische Kenntnis der für die perzeptuelle Erfahrung konstitutiven sensomotorischen Muster verbal zu beschreiben. Subjektivität schließlich wird wie folgt erläutert:

> Someone is perceptually aware of something because she is interacting with it. It is her putting all the resources she has onto whatever she is conscious of that makes her conscious of it. So, once she is conscious of it, it is 'for her' – it is her subjective project to which she is devoting all her capacities. So, consciousness is, by definition, 'for the subject' (Myin and O'Regan 2002, 39).

Der hier vorgestellte dynamisch-sensomotorische Ansatz ist insofern aufschlussreich, als er wesentliche Eigenschaften von Erfahrung aus der dynamisch-sensomotorischen Perspektive betrachtet. Dennoch bin ich der Überzeugung, dass er auf zweierlei Weise unvollständig ist. Zum einen muss er durch eine enaktive Theorie der Selbstheit (selfhood) bzw. der Akteurschaft (agency) im Hinblick auf autonome Systeme gestützt werden. Zum anderen muss sein Verständnis von Subjektivität um die Einbeziehung prä-reflexiven leiblichen Selbstbewusstseins ergänzt werden.

Der Begriff des Selbsts bzw. der Akteurschaft ist insofern für den dynamisch-sensomotorischen Ansatz von Bedeutung, als dieser zur Erklärung perzeptueller Erfahrung auf sensomotorisches Wissen rekurriert. Dieses aber impliziert einen Wissenden oder einen Handelnden bzw. ein Selbst, welches das Wissen verkörpert. Wie muss nun aber ein sensomotorisches System organisiert sein, um ein genuiner sensomotorischer Akteur mit einer entsprechenden sensomotorischen Umgebung bzw. in Uexkülls Worten (1957), mit einer *Umwelt* zu sein?

Dem enaktiven Ansatz zufolge müssen für die Realisierung von Akteurschaft und Selbstheit Systeme autonom sein, das heißt, sie müssen sich selbst definieren bzw. sich selbst determinieren. Im Gegensatz dazu werden heteronome Systeme von außerhalb bestimmt und kontrolliert. Die Teilprozesse eines autonomen Systems erfüllen zwei Bedingungen: (i) sie sind für ihre Entstehung und ihre Realisierung als System rekursiv voneinander abhängig und (ii) sie konstituieren das System als eine Einheit in der Domäne, in der sie existieren (Varela 1979, 55). Ein autonomes System kann auch als ein System definiert werden, das organisationell und operationell geschlossen ist: jeder Prozess innerhalb des Systems resultiert in einem weiteren systeminternen Prozess (Varela 1979, 55-60; Varela und Bourgine 1991).[7] Das Musterbeispiel ist eine lebende Zelle. Sie

---

[7] Varelas „Geschlossenheitsthese" besagt: „Every autonomous system is organizationally closed" (Varela 1979, 58). Er weist darauf hin, dass diese These analog zu Churchs These zu verstehen ist, nach der jede Berechnung formal äquivalent mit einer rekursiven Funktion ist. „Rekursive Funktion" ist ein fachspezifischer Begriff, der dazu genutzt wird, den unpräzisen Begriff der Berechenbarkeit zu definieren. Ganz ähnlich handelt es sich auch bei der „organisationellen Ge-

besteht aus molekularen Bestandteilen im chemischen Bereich, das System als Ganzes aber ist ein biologisches Individuum oder ein Akteur. Ihre Individualität und Akteurschaft gründen in ihrer selbsterzeugenden bzw. *autopoietischen* Organisation: Die Zelle ist in einem sich selbst hervorbringenden und sich selbst erhaltenden Netzwerk organisiert, das seine eigene Begrenzung in Form einer Membran herstellt und aktiv seine Rahmen- und Grenzbedingungen reguliert, um in seiner Umgebung lebensfähig zu bleiben (Maturana und Varela 1980; Bitbol und Luisi 2004; Bourgine und Stewart 2004; Di Paolo 2005). Aufgrund seiner autopoietischen Organisation erweist sich das System als ein genuin autonomer Akteur.

Diese Grundform biologischer Autonomie wird in komplexerer Ausprägung bei vielzelligen Organismen mit einem Nervensystem rekapituliert. Die grundlegende Logik des Nervensystems besteht darin, Bewegungen mit einem Strom sensorischer Informationen in beständiger zirkulärer Weise zu verbinden (Maturana und Varela 1987). Das Nervensystem verknüpft im Körper sensorische Oberflächen (Sinnesorgane und Nervenenden) mit Effektoren (Muskeln, Drüsen) und integriert so den Organismus, indem es diesen als bewegliche Einheit und als autonomen sensomotorischen Akteur zusammenhält. Das Nervensystem schafft und erhält einen sensomotorischen Kreislauf, wobei dasjenige, was das Tier wahrnimmt, direkt von seinen Bewegungen und seine Bewegungen direkt von seinen Wahrnehmungen abhängen. Die operationell geschlossene Organisation des Nervensystems gewährleistet die Autonomie des Tieres, da dieses der Umgebung unter seinen eigenen sensomotorischen Bedingungen begegnet.

Während das biologische Selbst in seiner zellulären Form als Folge der Autopoiesis entsteht, ist das sensomotorische Selbst eine Folge der spezifischen Integration des vielzelligen Organismus durch das Nervensystem. In beiden Fällen wird die Organisation des Systems durch das System selbst erzeugt. Diese selbstschaffende Organisation definiert die Identität des Systems und legt eine Perspektive oder einen Bezugspunkt zur Umwelt fest. Das bedeutet, Systeme dieser Art enagieren (enact) bzw. bringen dasjenige selbst hervor, was für sie als Information gilt. Sie sind keine Transduktoren oder Funktionen, die eingehende Instruktionen in ausgehende Reaktionen umwandeln. Aus diesen Gründen ist es gerechtfertigt, sie mithilfe der Begriffe des Selbsts und der Akteurschaft zu beschreiben.

Nehmen wir als Beispiel freibewegliche Bakterien, die entlang eines steigenden Zuckergradienten schwimmen. Diese Zellen rotieren solange ungerichtet, bis sie eine Ausrichtung einnehmen, die ihren Kontakt mit Zucker erhöht. Anschließend schwimmen sie vorwärts, entlang des steigenden Gradienten zum Bereich mit der höchsten Zuckerkonzentration. Dieses Verhalten erklärt sich durch die Fähigkeit der Bakterien, mithilfe molekularer Rezeptoren in ihren Membranen die Zuckerkonzentration in ihrer nahen Umgebung chemisch wahrzunehmen und sich durch das propellerhafte Rotieren ihrer

schlossenheit" um einen fachspezifischen Begriff, der der Definition des unpräzisen Begriffs der Autonomie dient. In beiden Fällen ist es nicht das Ziel, die These zu bestätigen (es sind demzufolge keine Theoreme), sondern Gegenbeispiele zu finden (etwa im Fall einer intuitiv bestimmten Berechnung, die jedoch nicht formal äquivalent zu einer rekursiven Funktion ist oder bei einem System, welches intuitiv als autonom aufgefasst wird, das jedoch keine organisationelle Geschlossenheit aufweist).

Flagella vorwärts zu bewegen. Diese Lebewesen sind autopoietisch und verkörpern eine dynamische sensomotorische Schleife: Wie sie sich bewegen (ungerichtet rotieren oder vorwärts schwimmen) hängt davon ab, was sie wahrnehmen und was sie wahrnehmen hängt von ihren Bewegungen ab. Die sensomotorische Schleife ist Ausdruck der Autonomie der Zelle und ist zugleich der Erhaltung dieser Autonomie bzw. der Autopoiesis untergeordnet. Aus diesem Grund bringt jede sensomotorische Interaktion und jedes unterscheidbare Merkmal in der Umgebung die Perspektive des Bakteriums zum Ausdruck bzw. spiegelt diese wider. Demnach ist Saccharose zwar eine reale und präsente Gegebenheit der physikalisch-chemischen Umgebung, ihr Status als Nahrung ist es aber nicht. Dass Saccharose als Nährstoff fungiert, ist keine intrinsische Eigenschaft des Saccharosemoleküls, sondern ist ein relationales Merkmal, welches an den Metabolismus des Bakteriums gebunden ist. Saccharose hat zwar die Bedeutung oder den Wert als Nahrung, aber nur in dem Milieu, welches der Organismus selbst hervorbringt. Aufgrund der Autonomie des Organismus verfügt dessen Nische im Vergleich zur physikalisch-chemischen Umgebung über einen „Überschuss an Bedeutung" (surplus of significance) (Varela 1991, 1997).

Ein erhellender Vergleich ergibt sich mit Blick auf das von O'Regan und Noë angeführte Beispiel eines Raketenlenksystems. Sie schreiben, dass dieses System „,knows all about' or ,has mastery over' the possible input/output relationships that occur during airplane tracking" (O'Regan und Noë 2001a, 943). Im Falle des Raketenlenksystems allerdings scheint im Gegensatz zu den Bakterien (oder Organismen mit einem Nervensystem) das „sensomotorische Wissen" dem System lediglich durch den Beobachter zugeschrieben und nicht dem System selbstursprünglich zu sein. Dem System fehlt genuin sensomotorisches Wissen oder Können, weil es nicht autonom ist (weil es über keine autonome Organisation verfügt). Es handelt sich beim Raketenlenksystem nicht um ein sich selbst hervorbringendes und sich selbst erhaltendes System, das seine Grenzbedingungen aktiv reguliert, um seine kontinuierliche Lebensfähigkeit sicherzustellen. Es ist nicht in der Lage, eine eigene sensomotorische Identität im Sinne einer Invarianz seiner sensomotorischen Interaktionen mit der Umgebung selbst auszubilden und zu erhalten. Aus diesem Grund kann es auch nicht als ein genuiner sensomotorischer Akteur bzw. als ein Selbst verstanden werden, weshalb ihm die Verkörperung einer genuinen Perspektive oder eines genuinen Bezugspunkts auf die Welt abgesprochen werden muss.

Die Ergänzung des dynamisch-sensomotorischen Ansatzes um ein enaktives Verständnis des Selbsts stellt nur einen Teilaspekt der Auseinandersetzung mit dem Leib-Körper Problem dar. Zusätzlich muss ein Verständnis von Subjektivität im Sinne eines phänomenalen Empfindens leiblichen Selbstseins in Zusammenhang mit der korrelierenden Empfindung der Alterität mit einbezogen werden.

Dieser Gedanke führt uns zum präreflexiven leiblichen Selbstbewusstsein zurück. Wenn ich eine Flasche in die Hand nehme, erfahre ich sie als ein Anderes im Gegensatz zu mir, aber die Empfindung des Haltens der Flasche erlebe ich unmittelbar als mir zugehörig.[8] Das intentionale Objekt meiner taktilen Erfahrung ist die Flasche, gleich-

---

[8] Dies soll nicht bedeuten, dass etwas als ein Anderes erfahren wird, weil es sich außerhalb der eigenen biologischen Membran befindet. Merleau-Ponty weist darauf hin, dass ein Blindenstock in das leibliche Empfinden des Blinden integriert wird (Merleau-Ponty 1974, 173).

zeitig durchlebe ich aber auch meine Empfindung des Haltens auf nicht-intentionale (nicht auf das Objekt ausgerichtete) Weise. Um die Empfindung als meine Empfindung zu erfahren, muss ich sie nicht erst als die meinige identifizieren. Stattdessen geht die Empfindung mit einer intrinsischen „Meinigkeit" oder einer erstpersonalen Gegebenheit einher, die ihre Subjektivität begründet (Zahavi 2002, 2004; Kriegel 2003a,b).

Wie wir oben gesehen haben sind Myin und O'Regan (2002) der Überzeugung, der Subjektivität perzeptueller Erfahrung Rechnung zu tragen. Sie „de-reifizieren" Erfahrung, indem sie deren verschiedene phänomenale Eigenschaften – Eingenommensein, erzwungene Präsenz, Unbeschreiblichkeit und Subjektivität – getrennt herausstellen. Allerdings schließen Eingenommensein, erzwungene Präsenz und Unbeschreiblichkeit Subjektivität auf konstitutive Weise immer schon mit ein: „Ongoingness means that an experience is experienced *as occuring to me*, or *happening to me* here, now, as though *I was inhabited* by some ongoing process like a humming of a motor. Forcible presence is the fact that ... a sensory experience *imposes itself upon me* from outside, and is *present to me* without any mental effort, and indeed is mostly under *my voluntary control*" (Myin und O'Regan 2002, 30, meine Hervorhebung). Jede kursiv geschriebene Formulierung beschreibt einen Aspekt von Subjektivität oder des erstpersonalen Charakters von Erfahrung. In diesem Sinne bedeutet Unbeschreiblichkeit, dass *mir meine* perzeptuelle Erfahrung in gewisser Hinsicht unbeschreiblich erscheint. Myin und O'Regan widmen den größten Teil ihrer Bemühungen der Erklärung von Eingenommensein und erzwungener Präsenz und ihre Ausführungen zur Subjektivität beziehen sich vorrangig auf den bewussten Zugang des Subjekts zu intentionalen Objekten perzeptueller Erfahrung. Eine Auseinandersetzung mit dem erstpersonalen Charakter von Erfahrung und mit dem nicht auf Objekte gerichteten bzw. intransitiven Selbstbewusstsein, welches konstitutiv für Erfahrung ist, bleibt leider aus. Sie sind der Auffassung, dass das Bewusstsein insofern „für das Subjekt ist", als sich X bewusst zu sein so viel bedeutet wie all seine Aufmerksamkeit und seine sensomotorischen Ressourcen so auf X zu richten, dass man sich nicht nur X bewusst ist, sondern zusätzlich auch der Möglichkeiten für weitere Handlungen oder Überlegungen, die X erfordert.

Diese Erklärung ist als Beschreibung der Art und Weise der Gegebenheit oder Zugänglichkeit eines Objektes X „für ein Subjekt" plausibel: X ist das intentionale Objekt der Aufmerksamkeit des Subjekts (oder ist der Aufmerksamkeit zugänglich). Aber dieser Ansatz erklärt nicht, was es bedeutet, dass jemandes *perzeptuelle Erfahrung von X* auf intransitive Weise selbst-bewusst ist und somit erstpersonalen Charakter hat. Die Theorie von Myin und O'Regan mag zwar erklären, inwiefern die rote Wolle des Teppichs der Inhalt meiner gegenwärtigen visuellen Erfahrung ist. Sie macht aber nicht deutlich, was es bedeutet, dass die Erfahrung des Sehens der roten Wolle sich phänomenal als die meine erweist. Mit anderen Worten, dieser Ansatz thematisiert den bewussten Zugang zu intentionalen Objekten der perzeptuellen Erfahrung, nicht aber Subjektivität im Sinne der erstpersonalen Qualität von Erfahrung schlechthin. Folglich bleibt in dieser Darstellung eine erhebliche Leerstelle bestehen.

Ein damit zusammenhängendes Problem stellt die Gleichsetzung allen Bewusstseins mit transitiver oder objektgerichteter Erfahrung und allen transitiven Bewusstseins mit Aufmerksamkeit dar (O'Regan und Noë 2001a, 944, 955, 960). Diese Gleichsetzungen scheinen zu eng gefasst zu sein. Bedenken wir zuerst die Gleichsetzung von transitivem Bewusstsein mit Aufmerksamkeit. Block führt hierzu folgendes Beispiel an: Zwei Menschen führen ein intensives Gespräch, während draußen vor dem Fenster eine Bohrmaschine lärmt (Block 1997, 386-387). In das Gespräch vertieft, bemerken sie das Geräusch der Bohrmaschine lange Zeit nicht, bis sie es schließlich ganz plötzlich wahrnehmen. Block nutzt dieses Beispiel, um den Unterschied zwischen einem mentalen Zustand als phänomenal bewusst (subjektiv erfahren) und als zugangsbewusst (als dem Denken, verbaler Berichterstattung und Handlungsführung zugänglich) zu verdeutlichen. Seinem Verständnis nach sind sich die Gesprächspartner die ganze Zeit hindurch des Lärms der Bohrmaschine phänomenal bewusst, allerdings haben sie kein durchgängiges Zugangsbewusstsein davon. Erst wenn sie den Lärm bemerken, haben sie auch Zugangsbewusstsein von ihm (und realisieren vielleicht, dass sie ihn die ganze Zeit hindurch schon gehört haben). Von diesem Moment an haben sie sowohl phänomenales Bewusstsein als auch ein Zugangsbewusstsein vom Geräusch.

O'Regan und Noë (2001a, 964) stellen diese Darstellung infrage. Sie behaupten, dass man den Bohrer so lange nicht hört, bis man ihn bemerkt und seine Aufmerksamkeit auf ihn richtet. Das akustische System mag zwar selektiv auf den Lärm reagieren, aber man macht von der dadurch bereitgestellten Information keinen Gebrauch und ist auch nicht in der Lage, von ihr Gebrauch zu machen, bis man die Bohrmaschine bemerkt. Infolgedessen gibt es keinen Grund anzunehmen, dass es sich hier um einen Fall von phänomenalem Bewusstsein ohne Zugangsbewusstsein handelt. In Abwesenheit von Zugangsbewusstsein gibt es auch kein phänomenales Bewusstsein.

Aus einer phänomenologischen Perspektive heraus betrachtet, greifen beide Beschreibungen zu kurz. Der erlebte Unterschied zwischen dem Nichtbemerken und dem plötzlichen Bemerken des Geräuschs wird statisch verstanden, als wäre es ein diskreter Zustandswechsel ohne zeitlich ausgedehnte Dynamik. Zudem wird keine Unterscheidung zwischen den impliziten und den expliziten Aspekten innerhalb der zeitlichen Dynamik der Erfahrung vorgenommen. So kann man etwa ein Geräusch auf implizite Weise wahrnehmen, indem man es erlebt, ohne es als ein distinktes Objekt zu erfassen. Genauso ist es aber auch möglich, ein Geräusch wahrzunehmen, indem man seine Aufmerksamkeit auf es richtet oder indem die eigene Aufmerksamkeit davon erfasst wird. In diesem Falle wird es als ein distinktes Objekt wahrgenommen. Auf der impliziten Ebene muss schließlich im Verlauf der Erfahrung zwischen Momenten vergleichsweise schwacher und starker Wirkung des Geräusches differenziert werden.[9]

---

[9] Husserl beschreibt einen Fall dieser Art wie folgt: „Ein schwaches, immer lauter werdendes Geräusch nimmt in dieser sachlichen Wandlung eine wachsende Affektivität an, seine Bewußtseinslebendigkeit wächst. Darin liegt: Es übt auf das Ich einen wachsenden Zug aus. Schließlich wendet das Ich sich zu. Genauer besehen ist aber schon vor der Zuwendung eine modale Änderung der Affektion eingetreten. Bei einer gewissen, unter den gegebenen affektiven Umständen wirksamen Stärke hat der vom Geräusch ausgehende Zug das Ich so recht eigentlich erst erreicht, es ist im Ich zur Geltung gekommen, sei es auch nur im Vorzimmer des Ich. Das ich hört es nun schon in seiner Besonderheit heraus, obschon es noch nicht darauf hinhört in der Weise aufmerksamer Erfassung. Dieses „schon heraushören" besagt: Im Ich ist eine positive Tendenz, sich dem Gegenstand zuzuwenden, geweckt, sein „Interesse" ist erregt – es wird zu aktuell betätigtem Interesse in der Zuwendung, in der diese positive, vom Ichpol auf das Geräusch hingehende Tendenz sich

An dieser Stelle sind zwei Distinktionen, die Husserl in seinen phänomenologischen Arbeiten herausstellt, entscheidend (siehe Husserl 1966, 2000). Die erste betrifft die Unterscheidung von *Aktivität* und *Passivität*. Aktivität bedeutet in diesem Falle, dass man bei Tätigkeiten etwa des Beachtens, des Urteilens, des Bewertens, des Wünschens usw. eine kognitive Haltung einnimmt. Passivität bezeichnet die unbeabsichtigte Beeinflussung oder Affizierung durch etwas. Die zweite Unterscheidung wird zwischen *Rezeptivität* und *Affektivität* getroffen: „Receptivity is … the first, lowest, and most primitive type of intentional activity, and consists in responding to or paying attention to that which is affecting us passively. Thus, even receptivity, understood as a mere 'I notice' presupposes a prior affection" (Zahavi 1999, 116) „Affektion" bedeutet auf affektive Weise beeinflusst oder gestört zu sein. Wenn wir etwas bemerken, hatte das Bemerkte schon zuvor einen Einfluss auf uns und hat eine Art affektive Wirkung bzw. Anziehungskraft auf unsere Aufmerksamkeit ausgeübt (affektive Aufmerksamkeitserregung). Von der Psychologie wissen wir, dass Aufmerksamkeit typischerweise affektiv motiviert ist (Derryberry und Tucker 1994). Affektive Anziehungskraft bzw. Aufmerksamkeitserregung nimmt demgemäß eine dynamische Gestalt bzw. Figur-Grund Struktur an: Etwas wird aufgrund der Intensität seines Wirkungs- bzw. Erregungsgrades bemerkbar, welche ansteigen und abklingen kann, währenddessen andere Objekte aufgrund ihrer vergleichsweise schwachen Anziehungskraft weniger auffallend sind. Dieses dynamische Zusammenspiel von Passivität und Aktivität, von Affektivität und Rezeptivität bringt eine beständige „fungierende Intentionalität" zum Ausdruck, die dem auf Objekte gerichteten bzw. intentionalen Bewusstsein zugrunde liegt (Merleau-Ponty 1974, 15).

Diese Überlegungen legen den Schluss nahe, dass das Hören eines Geräusches, bevor es bemerkt wird, als ein Fall phänomenalen Bewusstseins betrachtet werden kann. Jemand kann ein Geräusch zunächst bewusst hören, ohne es zu bemerken, wenn „bemerken" so viel bedeutet wie die Aufmerksamkeit auf es zu richten. In diesem Falle wird das Geräusch implizit und präreflexiv erfahren. Man erlebt diesen Zustand der Affizierung durch das Geräusch, ohne dieses oder das eigene Affiziertsein zu thematisieren. Es handelt sich bei dieser Art von präreflexivem Bewusstsein um phänomenales Bewusstsein, weil das Aufkommen und der affektive Einfluss des Geräusches einen subjektiven bzw. erstpersonalen Charakter haben. Demzufolge erscheint die Aussage, man hätte keinerlei Erfahrung vom Geräusch, bis man es bemerkt, unzutreffend. Darüber hinaus gibt es keinen Grund anzunehmen, dass es sich bei dieser Erfahrung nicht auch um einen Fall von Zugangsbewusstsein handelt. Schließlich ist man doch bereit, vom impliziten und präreflexiven Hören des Geräuschs Gebrauch zu machen. Der Inhalt der Erfahrung ist

---

strebend erfüllt. Wir verstehen nun die wesentliche modale Änderung, die da eingetreten ist. Zuerst eine steigende Affektion; der affektive Zug ist aber noch nicht vom Ich her ein Gegenzug, noch nicht eine auf den gegenständlichen Reiz antwortende Tendenz, die ihrerseits den neuen Modus der aufmerkend erfassenden annehmen kann. Von da aus gehen dann weitere Unterschiede, die uns aber jetzt nicht angehen." (Husserl 1966, S. 166f.). Es handelt sich hierbei um eine Beschreibung, die den zeitlichen Verlauf und die Dynamik der Situation ausdrückt. Sie stellt phänomenales Bewusstsein als durch kontinuierliche, graduelle Transformationen der Zugänglichkeit charakterisiert dar und verankert modale Transformationen des Bewusstseins in der Dynamik von Erregungs- und Bewegungstendenzen (Emotionen).

zumindest zugäng*lich,* selbst wenn auf ihn nicht explizit zugegriffen wird.[10] Wenn wir uns andererseits vorstellen, dass jemand in keinster Weise kognitiv darauf vorbereitet ist, sich auf das Geräusch einzulassen, dann bräuchten wir einen überzeugenden Grund für die Annahme, dass diese Person das Geräusch nicht einfach nur unbewusst von anderen Eindrücken unterscheidet oder auf es auf andere Weise unbewusst reagiert, sondern dass ihr das Geräusch tatsächlich phänomenal bewusst ist. Aus unserem Beispiel allerdings wird ein solcher Grund nicht ersichtlich.

Bedenken wir nun die Behauptung, alles Bewusstsein sei transitives Bewusstsein. Wie wir schon gesehen haben, ist intransitives bzw. nicht-intentionales leibliches Bewusstsein konstitutiv für perzeptuelle Erfahrung. Wenn ich die rote Wolle des Teppichs sehe, habe ich transitives Bewusstsein vom wollroten Teppich, aber ich erlebe ebenso mein Sehen bewusst (mein Sehen ist intransitiv selbstbewusst). Wenn ich nach einer Flasche greife, bin ich mir der Flasche transitiv bewusst, aber ich nehme auch mein Ergreifen der Flasche bewusst wahr (mein Ergreifen ist intransitiv selbstbewusst). Es scheint nicht zuzutreffen, dass mein Sehen und mein Ergreifen unbewusst sind oder dass ich lediglich bereit bin, mir ihrer transitiv bewusst zu werden. Die erste Behauptung ist inkohärent. Es ist schwer zu begreifen, wie jemand eine bewusste Wahrnehmung von X haben kann, ohne sich jedoch seiner Wahrnehmung von X bewusst zu sein.[11] Die zweite Behauptung wiederum ist begrifflich und phänomenologisch undeutlich. Hat die Bereitschaft sich durch eine Verschiebung der Aufmerksamkeit seiner eigenen Wahrnehmung transitiv bewusst zu werden selbst einen phänomenalen oder subjektiven Charakter? Wenn das nicht der Fall ist, dann scheint es sich dabei um eine unbewusste oder eine subpersonale Disposition des Nervensystems zu handeln. Daraus ergibt sich allerdings die Herausforderung nachzuweisen, wie eine vollkommen unbewusste oder subpersonale Disposition das offensichtliche Vorhandensein nicht-intentionalen, leiblichen Selbstbewusstseins erklären kann. Wenn allerdings die Bereitschaft sich seiner eigenen Wahrnehmung bewusst zu werden bereits über einen phänomenalen und subjektiven Charakter verfügt – wenn man sich folglich bereit fühlt – dann muss dieser Empfindung als Teil des subjektiven Charakters von Erfahrung Rechnung getragen werden. Dies kann nicht einfach durch Referenz auf transitives Bewusstsein geschehen, gerade, weil diese Empfindung nicht über eine transitive bzw. eine Subjekt-Objekt Struktur verfügt. Im Gegenteil, eine Annäherung an das Phänomen des intransitiven und nicht-intentionalen Bewusstseins wäre von ganz anderer Art.

Als Fazit dieser Überlegungen lässt sich Folgendes festhalten: Eine vollständige Beschreibung perzeptueller Erfahrung muss den Aspekt des nicht-intentionalen

---

[10] Church schreibt in diesem Sinne: „The access*ibility* (i.e., the access *potential*) of the hearing experience is evident from the fact that I do eventually access it. Further, it seems that I *would* have accessed it sooner had it been a matter of greater importance – and thus, in a still stronger sense, it was accessible all along. Finally, it is not even clear that it was not actually accessed all along insofar as it rationally guided my behavior in causing me to speak louder, or move closer, and so forth" (Church 1997, 426).

[11] Die Frage, ob diese Form des Selbstbewusstseins nichtegologisch (wie in Husserls *Logische Untersuchungen* oder Sartres *Die Transzendenz des Ego*) oder egologisch (wie in Husserls transzendentaler Phänomenologie, vorgestellt beispielsweise in seinen *Cartesianischen Meditationen*) analysiert werden sollte, kann an dieser Stelle offen bleiben.

(intransitiven, nicht auf ein Objekt gerichteten), präreflexiven leiblichen Selbstbewusstseins berücksichtigen. Obgleich der dynamisch-sensomotorische Ansatz bedeutende Fortschritte im Bereich des transitiven perzeptuellen Bewusstseins verzeichnen kann, muss sich künftig auch mit Fragen zum leiblichen Selbstbewusstsein auseinandergesetzt werden. Diese Arbeit wird für ein Vorankommen beim Leib-Körper Problem von grundlegender Bedeutung sein.

4. Zusammenfassung

Im vorliegenden Text war es mein Ziel zu zeigen, dass die dynamisch-sensomotorische Theorie der perzeptuellen Erfahrung gewinnbringend durch einen enaktiven Ansatz des Selbsts und einen phänomenologischen Ansatz des leiblichen Selbstbewusstseins ergänzt werden kann. Ich hoffe zudem deutlich gemacht zu haben, dass diese Synthese notwendig ist, sollen Fortschritte beim Problem der Erklärungslücke in Gestalt des Leib-Körper Problems erzielt werden.

Grundsätzlich steht der enaktive Ansatz für die Überzeugung, dass sich Kognitionswissenschaften und Phänomenologie gegenseitig bereichern können. Er nimmt zur Erklärung der Kognitionswissenschaften die Phänomenologie und zur Erklärung der Phänomenologie die Kognitionswissenschaften in Anspruch. Begriffe wie etwa Leib und Organismus, leibliches Selbst und autonome Akteurschaft, intentionaler Bogen und dynamisch sensomotorische Abhängigkeiten sind nicht nur korrelative Konzepte, sondern können sich gegenseitig erhellen. Dieser Aufsatz soll ein Schritt in diese Richtung sein.[12]

Übersetzt aus dem Englischen von Annett Wienmeister

5. Literatur

Bermúdez, J. L. 1998. *The Paradox of Self-Consciousness*. Cambridge, MA: The MIT Press.

Bitbol, M. and Luisi, P.L. 2005. Autopoiesis with or without cognition: Defining life at its edge. *Journal of the Royal Society Interface* 1: 99–107.

Block, N. 1997.Ona confusion about a function of consciousness. In N. Block,O. Flanagan, and G. Güzeldere (eds.), *The Nature of Consciousness: Philosophical Debates* (pp. 375–416). Cambridge, MA: The MIT Press/ A Bradford Book.

Bourgine, P. and Stewart, J. 2004. Autopoiesis and cognition. *Artificial Life* 20: 327–345.

Chalmers, D. J. 1996. *The Conscious Mind: In Search of a Fundamental Theory*. New York: Oxford University Press.

Church, J. 1997. Fallacies or analyses? In N. Block, O. Flanagan and G. Güzeldere (eds.), *The Nature of Consciousness: Philosophical Debates* (pp. 425–426). Cambridge, MA: The MIT Press/A Bradford Book.

Crick, F. 1994. *The Astonishing Hypothesis. The Scientific Search for the Soul*. New York: Scribners.

Derryberry, D. and Tucker, D. M. 1994. Motivating the focus of attention. In P. M. Niedenthal and S. Kitayama (eds.), *The Heart's Eye: Emotional Influences in Perception and Attention*, (pp. 167–196). New York: Academic Press.

---

[12] Dieser Aufsatz basiert auf Studien, die für mein Buch *Mind in Life: Biology, Phenomenology, and the Sciences of Mind* (2007) grundlegend sind.

Di Paolo, E. 2005. Autopoiesis, adaptivity, teleology, agency. *Phenomenology and the Cognitive Sciences*, 4: 429-452.

Gallagher, S. 1986a. Lived body and environment. *Research in Phenomenology* 16: 139–170.

Gallagher, S. 1986b. Body image and body schema: A conceptual clarification. *The Journal of Mind and Behavior* 7: 541–554.

Gallagher, S. 2003. Bodily self-awareness and object perception. *Theoria et Historia Scientiarum: International Journal for Interdisciplinary Studies* 7: 53–68.

Gibson, J.J. 1979. *The Ecological Approach to Visual Perception*. Boston: Houghton Mifflin.

Hanna, R. and Thompson, E. 2003. The mind-body-body problem. *Theoria et Historia Scientiarum: International Journal for Interdisciplinary Studies* 7.

Humphrey, N. 2000. How to solve the mind-body problem. *Journal of Consciousness Studies* 4: 5–20.

Hurley, S.L. 1998. *Consciousness in Action*. Cambridge, MA: Harvard University Press.

Hurley, S. L. and Noë, A. 2003. Neural plasticity and consciousness. *Biology and Philosophy* 18: 131–168.

Husserl, E. 1963. *Cartesianische Meditationen und Pariser Vorträge*. Hrsg. von S. Strasser, Husserliana Bd. I, 2. Aufl., Den Haag: Martinus Nijhoff.

Husserl, E. 1966. *Analysen zur passiven Synthesis*. Hrsg. von Margot Fleischer, Husserliana Bd. XI, Den Haag: Martinus Nijhoff.

Husserl, E. 1991. *Ideen zu einer reinen Phänomenologie und phänomenologischen Philosophie*. 2. Buch. Hrsg. von Marly Biemel, Husserliana Bd. IV, [Neudruck von 1952] Dordrecht: Kluwer Academic Publishers.

Husserl, E. 2000. *Aktive Synthesen*. Hrsg. von Roland Breeur, Husserliana Bd. XXXI, Dordrecht: Kluwer Academic Publishers.

Kriegel, U. 2003a. Consciousness as sensory quality and as implicit self-awareness. *Phenomenology and the Cognitive Sciences* 2: 1–26.

Kriegel, U. 2003b. Consciousness as intransitive self-consciousness: two views and an argument. *Canadian Journal of Philosophy* 33: 103–132.

LeDoux, J. 2002. *Synaptic Self. How Our Brains Become Who We Are*. London: Penguin Books.

Legrand, D. 2003. How not to find the neural signature of self-consciousness. *Consciousness and Cognition* 12: 544–546.

Legrand, D. 2006. The bodily self: the sensori-motor roots of pre-reflexive selfconsciousness. *Phenomenology and the Cognitive Sciences* 5: 89-118.

Maturana, H.R. 1969. The neurophysiology of cognition. In P. Garvin (ed.), *Cognition: A Multiple View*, pp. 3–23. New York: Spartan Books.

Maturana, H.R. 1970. Biology of cognition. In H.R. Maturana and F. J. Varela, *Autopoiesis and Cognition: The Realization of the Living*, (pp. 2–58). Boston Studies in the Philosophy of Science. Volume 43. Dordrecht: D. Reidel.

Maturana, H. R. and Varela, F. J. 1980. *Autopoiesis and Cognition: The Realization of the Living*. Boston Studies in the Philosophy of Science, vol. 42. Dordrecht: D. Reidel.

Maturana, H. R. and Varela, F. J. 1987. *The Tree of Knowledge. The Biological Roots of Human Understanding*. Boston: Shambala Press/New Science Library.

Merleau-Ponty, M. 1974. *Phänomenologie der Wahrnehmung*. Übers. von Rudolf Boehm. Berlin: de Gruyter.

Merleau-Ponty, M. 2007. *Zeichen*. Auf der Grundlage der Übers. Von Barbara Schmitz, Hans Werner Arndt, Bernhard Waldenfels. Hamburg: Meiner.

Myin, E. and O'Regan, J.K. 2002. Perceptual consciousness, access to modality, and skill theories: A way to naturalize phenomenology? *Journal of Consciousness Studies* 9: 27–46.

Nagel, T. 1974. What is it like to be a bat? *Philosophical Review* 83: 435–450.

Noë, A. 2002. Is perspectival self-consciousness non-conceptual? *Philosophical Quarterly* 52: 185–195.

Noë, A. 2004. *Action in Perception*. Cambridge, MA: The MIT Press.

Noë, A. and Thompson, E. 2004a. Are there neural correlates of consciousness? *Journal of Consciousness Studies* 11: 3–28.

Noë, A. and Thompson, E. 2004b. Sorting out the neural basis of consciousness. Authors' Reply to commentators. *Journal of Consciousness Studies* 11: 87–98.

O'Regan, J. K. and Noë, A. 2001a. A sensorimotor account of vision and visual consciousness. *Behavioral and Brain Sciences* 24: 939–1011.

O'Regan, J. K. and Noë, A. 2001b. Authors' response: Acting out our sensory experience. *Behavioral and Brain Sciences* 24: 1011–1031.

O'Regan, J. K., Myin, E. and Noë, A. 2005. Sensory consciousness explained (better) in terms of 'corporality' and 'alerting capacity'. *Phenomenology and the Cognitive Sciences*, 4: 369-387.

Priest, S. 1998. *Merleau-Ponty*. London: Routledge Press.

Sheets-Johnstone, M. 1999. *The Primacy of Movement*. Amsterdam and Philadelphia, PA: John Benjamins Press.

Shoemaker, S. 1968. Self-reference and self-awareness. *Journal of Philosophy* 65: 55–567.

Shoemaker, S. 1984. *Identity, Cause and Mind. Philosophical Essays*. Cambridge and New York: Cambridge University Press.

Thompson, E. 2001. Empathy and consciousness. In E. Thompson (ed.), *Between Ourselves: Second-Person Issues in the Study of Consciousness*, Thorverton, UK: Imprint Academic. Also published in *Journal of Consciousness Studies* 8 (2001): 1–32.

Thompson, E. 2004. Life and mind: From autopoiesis to neurophenomenology. A tribute to Francisco Varela. *Phenomenology and the Cognitive Sciences* 3: 381–398.

Thompson, E. 2005. Empathy and human experience. In J.D. Proctor (ed.), *Science, Religion, and the Human Experience*. New York: Oxford University Press.

Thompson, E. and Varela, F.J. 2001. Radical embodiment: Neural dynamics and consciousness. *Trends in Cognitive Sciences* 5: 418–425.

Thompson, E., Palacios, A., and Varela, F.J. 1992.Ways of coloring: Comparative color vision as a case study for cognitive science. *Behavioral and Brain Sciences* 15: 1–74. Reprinted in Alva Noë and Evan Thompson (eds.), *Vision and Mind: Readings in the Philosophy of Perception*. Cambridge, MA: The MIT Press, 2002.

Varela, F. J. 1979. *Principles of Biological Autonomy*. New York: Elsevier North Holland.

Varela, F. J. 1991. Organism: A meshwork of selfless selves. In A. Tauber (ed.), *Organism and the Origin of Self* (pp. 79–107). Dordrecht: Kluwer Academic Publishers.

Varela, F. J. 1997. Patterns of life: Intertwining identity and cognition. *Brain and Cognition* 34: 72–87.

Varela, F. J. and Bourgine, P. (eds.) 1991. *Toward a Practice of Autonomous Systems. Proceedings of the First European Conference on Artificial Life* (Cambridge, MA: The MIT Press).

Varela, F. J. and Thompson, E. 2003. Neural synchrony and the unity of mind: A neurophenomenological perspective. In A. Cleeremans (ed.), *The Unity of Consciousness: Binding, Integration and Dissociation*. New York: Oxford University Press.

Varela, F. J., Thompson, E. and Rosch, E. 1991. *The Embodied Mind: Cognitive Science and Human Experience*. Cambridge, MA: The MIT Press.

von Uexküll, J. 1957. A stroll through the worlds of animals and men. In K.S. Lashley (ed.), *Instinctive Behavior: The Development of a Modern Concept* (pp. 5–80). New York: International Universities Press.

Zahavi, D. 1999. *Self-Awareness and Alterity. A Phenomenological Investigation*. Evanston, IL: Northwestern University Press.

Zahavi, D. 2002. First-person thoughts and embodied self-awareness: Some reflections on the relation between recent analytical philosophy and phenomenology. *Phenomenology and the Cognitive Sciences* 1: 7–26.

Zahavi, D. 2003. *Husserl's Phenomenology*. Stanford, CA: Stanford University Press.

Zahavi, D. 2004. Intentionality and phenomenality: A phenomenological take on the hard problem. In E. Thompson (ed.), *The Problem of Consciousness: New Essays in Phenomenological Philosophy of Mind. Canadian Journal of Philosophy*, Supplementary Volume.

Michael Tomasello, M. Carpenter, J. Call, T. Behne, H. Moll

Intentionen teilen und verstehen

Die Ursprünge menschlicher Kognition

Menschen sind ausgewiesene Experten darin, die Gedanken ihrer Mitmenschen zu lesen. Wenn es darum geht, zu bestimmen, was andere wahrnehmen, beabsichtigen, wünschen, wissen und glauben, sind sie weitaus begabter als andere Spezies. Wenn auch der Gipfel dieser Fähigkeit, Gedanken zu lesen (mind reading), das Verstehen von Überzeugungen und Glaubensinhalten ist – da diese zweifelsohne mental und normativ sind – so bleibt die Grundlage hierfür doch das Verstehen von Intentionen. Dieses Verständnis ist so grundlegend, weil es erst die interpretative Matrix dafür bereitstellt, präzise Annahmen darüber zu machen, was jemand überhaupt beabsichtigt. So könnte ein und dieselbe Bewegung als Versuch verstanden werden, etwas zu geben, zu teilen, zu leihen, zu bewegen, zurück zu geben, los zu werden, zu tauschen, zu verkaufen, und vieles mehr - je nach dem welche Ziele und Intentionen der Akteur verfolgt. Während sich aber die Fähigkeit, die Vorstellungen und Überzeugungen anderer zu verstehen, in der menschlichen Ontogenese nicht bis zum vierten Lebensjahr entwickelt, beginnt sich die Fähigkeit zum Verständnis von Intentionen bereits zum Ende des ersten Lebensjahres herauszubilden.

Menschen sind jedoch auch einzigartig im Hinblick auf ihre kulturellen Leistungen. Sie interagieren mit ihren Artgenossen nicht nur sozial, wie das viele Spezies im Tierreich tun, sie beteiligen sich auch an komplexen, gemeinschaftlichen Tätigkeiten. Gemeinsam stellen sie beispielsweise Werkzeuge her, bereiten Mahlzeiten, bauen sich Unterkünfte, spielen, betreiben Wissenschaft und vieles mehr. Diese kollektiven Tätigkeiten werden oft durch geteilte symbolische Artefakte, wie linguistische Zeichen und soziale Institutionen strukturiert, was ihre Weitergabe über Generationen hinweg erleichtert und ihre Komplexität im Laufe der Zeit beständig erhöht. Bereits in der frühen Kindheit werden Heranwachsende immer geschickter darin, mit anderen kulturell zu interagieren und zusammenzuarbeiten. Einmal mehr finden sich die Anfänge dieser Entwicklung zum Ende des ersten Lebensjahres.

Tomasello et al. (1993) legten unter Rückgriff auf empirische Arbeiten dar, wie eng das Verstehen von Intentionen und die Fähigkeit zu kultureller Interaktion miteinander verbunden sind. Vor allem die Art und Weise, wie Menschen die Wahrnehmung und intentionalen Handlungen anderer begreifen, befähigt sie zu außergewöhnlichen und arttypischen Formen kulturellen Lernens und sozialer Kooperation, die wiederum einzigartige Formen kultureller Kognition und Evolution ermöglichen. So kann sich beispielsweise ein Kind linguistische Symbole nur dann aneignen und sinnvoll nutzen, wenn es andere Menschen als intentionale Akteure versteht. Das Erlernen linguistischer Symbole setzt schließlich bereits ein Verständnis davon voraus, dass das Gegenüber willentlich Handlungen einleiten und seine Aufmerksamkeit auf Objekte in der Welt richten kann. Materielle und symbolische Artefakte aller Art, einschließlich sozialer Institutionen, sind im Wesentlichen intentional konstituiert (Bloom 1996; Searle 1995; Tomasello 1999a).

Neuere empirische Arbeiten verdeutlichen jedoch, dass das Verstehen von Intentionen das Phänomen der kulturellen Kognition nur zu einem gewissen Teil erklären kann. Der entscheidende Punkt ist hierbei, dass einige (nichthumane) Primaten intentionale Handlungen und Wahrnehmung besser verstehen, als bisher angenommen wurde (und das gilt zu einem gewissen Teil auch für Kinder mit Autismus). Dies bedeutet jedoch nicht, dass sie sich sozial und kulturell wie Menschenkinder auf andere einlassen können. Das Verstehen der intentionalen Handlungen und Wahrnehmung anderer ist nicht hinreichend, um typisch menschliche Formen sozialer und kultureller Interaktion zu ermöglichen. Es bedarf einer weiteren Komponente.

Unserer Hypothese nach handelt es sich bei dabei um die Fähigkeit zu geteilter oder auch gemeinsamer Aufmerksamkeit. Wir nehmen an, dass allein der Mensch biologisch darauf vorbereitet ist, mit anderen an gemeinsamen Tätigkeiten teilzuhaben und sozial koordinierte Handlungspläne (mit gemeinsamen Intentionen) zu entwickeln. Interaktionen dieser Art setzen nicht nur die Fähigkeit zum Verständnis von Zielen, Absichten und Wahrnehmungsinhalten anderer voraus, sondern erfordern zusätzlich sowohl die Motivation, diese Dinge mit anderen in der Interaktion zu teilen, als möglicherweise auch besondere Formen dialogisch-kognitiver Repräsentationen. Die Entwicklung der Motivation und Fähigkeiten, die es ermöglichen an dieser Form von „Wir-Intentionalität" zu partizipieren, ist tief mit den frühesten Phasen der menschlichen Ontogenese verwoben und verhilft Kleinkindern dazu, an der sozialen Kollektivität teil zu haben, die die menschliche Kognition ausmacht.

In diesem Artikel wollen wir diesen Ansatz weiter ausarbeiten und darlegen, wie Menschen ein Verständnis (1) intentionaler Handlungen entwickeln und (2) an Aktivitäten teilhaben können, die gemeinsame Intentionalität erfordern. Unser besonderes Interesse gilt dabei der Frage, wie sich diese Fähigkeiten im Verlauf der normalen Ontogenese verbinden. Gleichzeitig besprechen wir neuere empirische Arbeiten mit Menschenaffen und autistischen Kindern, um ein Grundgerüst für eine evolutionäre Darstellung dieses Prozesses zu entwickeln. Wir nutzen hierfür ein Regelkreismodell (aus der Kybernetik), um die Struktur intentionaler Handlungen zu charakterisieren, und bedienen uns des Konzeptes der „geteilten Intentionalität" (aus der Handlungstheorie), um die verschiedenen Arten kognitiver Fähigkeiten und sozialer Teilhabe zu bestimmen, die einzigartige, menschliche Errungenschaften ermöglichten, wie die Entwicklung und Verwendung linguistischer und mathematischer Symbole, die Herstellung und Verwendung von Artefakten und Techniken zur kumulativen Tradierung von Neuerungen über Generationen hinweg, und darüber hinaus die Gestaltung sozialer Praktiken und, auf kollektiven Über-

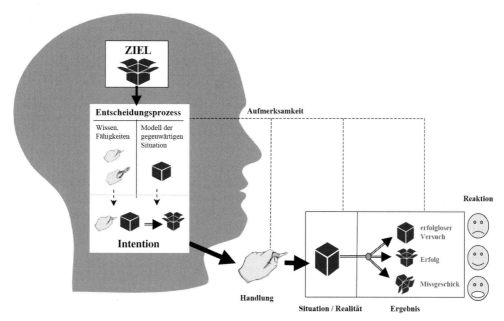

Abbildung IX.1: Intentionale Handlungen beim Menschen. Das Ziel ist ein offenes Paket; gegenwärtig ist das Paket verschlossen. Der Akteur entscheidet sich, wie hier durch die Hände dargestellt, für eine Vorgehensweise (Plan), was zur Entwicklung einer Intention führt. Die hieraus resultierende Handlung führt zu einem Ergebnis, das von einer Reaktion des Akteurs begleitet wird.

zeugungen beruhenden Institutionen, wie Heirat und staatlicher Verwaltung. Kurzerhand geht es also um all das, was wir als *Fähigkeiten kultureller Kognition* bezeichnen werden.

1. Intentionales Handeln

Wenn wir wissen wollen, wie Menschen intentionale Handlungen verstehen, benötigen wir zunächst ein präzises Modell dessen, was intentionales Handeln ist. Wir werden uns hierfür eines einfachen kybernetischen Regelkreismodells bedienen, in dem Ziel, Handlung und Überwachung, die Komponenten eines größeren adaptiven Systems bilden, welches die Interaktionen eines Organismus mit seiner Umwelt reguliert.

Wie bereits von Kybernetikern wie Weiner (1948) und Ashby (1956) dargelegt wurde, haben alle Maschinen, die „intelligent" und selbständig funktionieren können, einen im Grunde gleichen Aufbau, bestehend aus den folgenden drei Komponenten: (1) einen Referenzwert oder Zielzustand, den das System zu erreichen sucht, (2) die Fähigkeit zu agieren und so ihre Umwelt zu beeinflussen und (3) das Vermögen die Umwelt wahrzunehmen und so zu wissen, wann diese dem Zielzustand entspricht. Als prototypisches Beispiel für ein solches System kann ein einfaches Thermostat dienen, welches allein und ohne menschliche Intervention in der Lage ist, die Temperatur eines Raumes zu regulieren. Dies kann es, da es (1) über einen vom Menschen festgelegten Zielwert (z. Bsp. 25°C) verfügt, (2) in der Lage ist, durch Heizung oder Kühlung die Raumtemperatur zu beeinflussen und (3) zu messen (z. Bsp. mittels eines Thermometers) um schließlich das Ergebnis mit dem Zielwert zu vergleichen und zu bestimmen, ob ein weiteres Heizen, Kühlen oder keine Intervention erforderlich ist. Diese zirkuläre Organisation, in welcher ein Zielwert bestimmte Aktivitäten einleiten kann, die wiederum die Wahrnehmung der Umwelt (Feedback) beeinflusst und mittels kontinuierlichen Vergleichs mit dem Referenzwert weitere Intervention initiieren kann, macht das Thermostat zu einem sich selbst-regulierenden System.

In Abbildung 1 haben wir dieses Modell auf das Beispiel einer Person übertragen, die versucht, ein vor ihr liegendes Paket zu öffnen. Das Diagramm verwendet eine Vielzahl konventioneller Begriffe, auf welche wir in der Besprechung der empirischen Literatur zurückgreifen werden, und illustriert in wenigen wesentlichen Punkten unsere Vorstellung intentionalen Handelns. Zunächst einmal wäre da in der oberen Hälfte des Diagrammes der Begriff des Ziels, der durch seine systematische Ambiguität zu einiger Verwirrung beigetragen hat (Vgl. Want & Harris 2001). Wenn wir beispielsweise davon ausgehen, dass eine Person ein Paket öffnen will, können wir zwischen dem externen Ziel, das heißt einem bestimmten Zustand der Umwelt, wie etwa eines offenen Paketes, oder einem internen Ziel, in diesem Fall etwa der internen Vorstellung des offenen Paketes, welche das Verhalten der Person beeinflussen, unterscheiden. Wir werden im Folgenden den Begriff des Ziels nur für die interne Zielvorstellung verwenden und das externe Ziel als „erwünschtes Ergebnis" bezeichnen.

Eine weitere Unterscheidung, die oft nicht sauber getroffen wird, ist die zwischen Ziel und Intention. Bratman (1989) folgend schlagen wir vor, eine Intention als einen Handlungsplan oder eine Vorgehensweise zu sehen, für den oder die sich der Organismus entscheidet, um ein Ziel zu erreichen. Der Begriff der Intention umfasst daher sowohl die zur Handlung gehörenden Mittel (Handlungsplan) als auch ihren Zweck (in Abb. 1 umfasst die Intention sowohl die Zielvorstellung eines offenen Paketes als auch die Handlungen, die es zu ergreifen gilt, um das Ziel zu erreichen). Die Tatsache, dass die Intention das Ziel einschließt, erklärt, warum exakt gleiche Handlungen intentional gesehen unterschiedlich interpretiert werden können. Das Zerschneiden des Paketes beispielsweise könnte man sowohl als einen Versuch sehen, es zu öffnen als auch Brennmaterial zu besorgen - je nachdem, welches Ziel der Handelnde verfolgt. Ein Organismus hat also das Ziel, dass X der Fall sein soll, und die Intention A zu tun, um dieses Ziel zu erreichen. Bei der Wahl einer bestimmten Vorgehensweise (Treffen der Entscheidung in Abb. 1) muss der Organismus sowohl sein Vorwissen und seine Fähigkeiten als auch sein mentales Modell der gegebenen Situation berücksichtigen, da beide Aspekte im Hinblick auf das Ziel „relevant" sind. Die gewählte Handlung ist in dem Maße „rational", wie sie das Wissen, die Fähigkeiten und das Modell der gegenwärtigen Situation effektiv umsetzen kann.

Bewegen wir uns nun aus der Innenperspektive des Organismus heraus und konzentrieren uns auf das, was wir von außen beobachten können. Die Intention des Organismus manifestiert sich typischerweise in konkreten Verhaltensweisen der ein oder anderen Art (Vgl. Hand in Abb. 1). Dies wird zumeist von Anzeichen gewisser Bemühungen und der Ausrichtung des Blickes begleitet. Handlungsrelevant ist sowohl die Ausgangssituation – das geschlossene Paket in Abbildung 1 – als auch jedes weitere Hindernis im gegebenen Kontext (bspw. ein Verschluss am Paket). Nachdem die Handlung umgesetzt wurde, hat sich die Ausgangslage verändert (bzw. besteht weiter), was wir als Ergebnis der Handlung bezeichnen und typischerweise direkt beobachten können. In Abbildung 1 sind verschiedene Ergebnisse dargestellt, die dem Ziel mehr oder weniger entsprechen: (1) ein gescheiterter Versuch, bei dem die Handlung nicht zur gewünschten Veränderung des Ausgangszustandes führte; (2) ein erfolgreicher Versuch, bei dem das Ergebnis der Zielvorstellung entspricht; und (3) missglückte Handlungen, bei denen die Ergebnisse zwar ebenfalls nicht der Zielvorstellung entsprechen, dies aber andere Gründe hat (Die Handlung resultiert in einem unbeabsichtigten Ergebnis). Diese Handlungsergebnisse werden bei lebendigen Organismen meist von typischen emotionalen Reaktionen begleitet: Enttäuschung über das Scheitern, Freude über das Gelingen und Überraschung im Falle eines Versehens (Vgl. Abb. 1). Auf die beiden nicht erfolgreichen Versuche werden typischer Weise weitere beständige und vielseitige Bemühungen zur Erreichung des Ziels folgen.

Ein letzter und für den gesamten Prozess absolut grundlegender Teil des Modells ist die kontinuierliche, perzeptuelle Kontrolle und Überwachung des Prozesses (gestrichelte Linien in Abb. 1). Der Organismus überwacht die Situation, um festzustellen, (1) was gegenwärtig der Fall ist (ständig benutzte Information), (2) ob und wie die beabsichtigte Handlung ausgeführt wurde und, (3) welches Ergebnis aus der Handlung hervorging. In Abbildung 1 verwenden wir den Begriff *Aufmerksamkeit* anstelle von *Wahrnehmung*. Der Grund hierfür ist, dass der Organismus in jedem dieser Fälle nicht alles wahrnimmt, sondern seine Aufmerksamkeit eher den für das jeweilige Ziel relevanten Aspekten widmet. So würde der Organismus etwa der Farbe des Paketes, der Raumtemperatur oder anderen irrelevanten Dingen nur wenig Aufmerksamkeit entgegenbringen. Wie wir bereits dargelegt haben (vgl. Tomasello 1995), kann Aufmerksamkeit folglich auch als intentionale Aufmerksamkeit (d. h. selektive Aufmerksamkeit) verstanden werden. Dieser Kontroll- und Überwachungsprozess bildet die letzte Komponente der für intentionale Handlungen charakteristischen zirkulären Gliederung: Der Organismus handelt, um die Realität (wie er sie wahrnimmt) seinen Zielvorstellungen anzugleichen.[1]

Widmen wir uns nun zwei weiteren Problemen. Es ist zunächst einmal wichtig, die hierarchische Struktur des Handlungsprozesses zu erkennen (Powers 1973). Sobald der Organismus sich dafür entschieden hat, einen Handlungsplan umzusetzen, muss er auch Teilziele und Handlungspläne niederer Ordnung erstellen (lower-level goals). In Abbildung 1 könnte das Erreichen des Ziels beispielsweise die Verwendung eines Schlüssels erfordern. Dies setzt voraus, dass man einen geeigneten Schlüssel zur Hand hat (Teilziel), was unter Umständen die Erstellung eines Teilplanes erfordert, demzufolge man sich zum nächsten Schubfach bewegt, es öffnet, einen Schlüssel entnimmt und zum Pa-

---

[1] Man beachte, dass ein Organismus in einer Situation, in der die Realität den erwünschten Zielvorstellungen entspricht, nicht handeln wird (Er hat keinen Grund zu Handeln, da er sein Ziel bereits erreicht hat). Es ist darüber hinaus möglich, dass in einigen Fällen Untätigkeit eine gute Strategie zur Erreichung der eigenen Ziele darstellt. Dies bedeutet jedoch, dass Untätigkeit in diesen Fällen als intentionale Handlung verstanden werden kann – eine Einsicht, die man nur unter Berücksichtigung aller Komponenten des Kontrollsystems gewinnen kann.

ket zurückkehrt, um den besagten Schlüssel zu benutzen. Bei jedem Schritt der Teilziele und Pläne bieten sich eine Vielzahl potentieller Handlungsalternativen an, welche im Hinblick auf ihre jeweilige potentielle Effektivität zu bewerten sind. Wir werden dies im Folgenden als Entscheidungsprozess (*decision making*) bezeichnen. Gleichzeitig dürfen wir jedoch nicht eventuelle übergeordnete Ziele außer Acht lassen. Der Organismus hat aller Wahrscheinlichkeit nach einen ganz bestimmten Grund, das Paket zu öffnen. Vielleicht will er das übergeordnete Ziel erreichen, ein Geburtstagsgeschenk von Onkel Ralph zu empfangen, und das Öffnen des Paketes ist, aus der Perspektive dieses übergeordneten Zieles gesehen, nur ein Mittel zum Zweck. Allgemein gilt, was auf einem niedrigen Level der Handlungshierarchie als Ziel agiert, kann von einem höheren Level aus als Mittel erscheinen. Von einem beliebigen Level ausgehend können wir durch das Aufsteigen zu allgemeineren Zielen erklären, *warum* eine Person ein bestimmtes Ziel verfolgt. Sie möchte das Paket beispielsweise öffnen, um ein Geschenk zu erhalten. Bewegen wir uns in der Hierarchie abwärts zu spezifischeren Handlungsplänen, können wir angeben, *wie* eine Person ein Ziel erreichen will. Sie beabsichtigt beispielsweise, das Paket mit einem Schlüssel zu öffnen.

Ein zweites Problem ist, dass ein Organismus eine bestimmte Handlung oder Bewegung auch um ihrer selbst willen ausführen kann (*self-action*). Das Ziel eines Tänzers könnte es beispielsweise sein, bestimmte Körperbewegungen umzusetzen, die keine wahrnehmbaren Veränderungen der Umwelt nach sich ziehen. Ebenso könnte ein Objekt-bezogenes Ziel eine bestimmte Handlung als Komponente einschließen. Würde sich also beispielsweise ein Kind dem Paket nähern, könnten wir uns entweder vorstellen, dass es sein Ziel ist das Paket zu öffnen (und als Methode hierfür dient das Schneiden mit der Schere) oder aber, dass es das Paket nur öffnen möchte, um seine neue Schere auszuprobieren. Ein Test zur Unterscheidung ist einfach. Öffnen wir das Paket, bevor das Kind hinzu kommt, wird es im ersten Fall wohl zufrieden (es wollte nur, dass das Paket offen ist), im zweiten Fall aber eher unglücklich sein (es wollte die Kiste schließlich selbst mit seiner neuen Schere öffnen). Die Problematik, dass eine Handlung sowohl um ihrer selbst willen ausgeführt werden kann, als auch gleichzeitig um eine Veränderungen der Umwelt zu bewirken, spielt eine besondere Rolle bei der Imitation von Handlungen, da sich der Nachahmer oft entscheiden muss, ob er etwas genau so machen möchte, wie es im Beispiel vor ihm getan wurde. Diese Unterscheidung ist darüber hinaus auch wesentlich für das Verständnis gemeinschaftlicher, kooperativer Handlungen, bei denen es nicht nur darum geht, dass sie vollzogen werden, sondern ganz besonders auch darum, dass sie gemeinsam mit anderen ausgeführt werden. Grundsätzlich kann der Zustand der Umwelt, den der Organismus erreichen will – seine Zielvorstellung – in verschiedenen Fällen alles Mögliche umfassen, einschließlich gemeinsamer Handlungen und Tätigkeiten, die um ihrer selbst willen ausgeführt werden.

Dies ist unser Modell intentionalen Handelns. Unser Anliegen ist es aber nicht darzulegen, ob Organismen selbständig intentional handeln, was viele tun, sondern eher zu erklären, wie sie die intentionalen Handlungen anderer verstehen. Unser besonderes Interesse gilt dabei der Frage, wie und wann sich dieses Verständnis in der menschlichen Ontogenese entwickelt.

2. Intentionale Handlungen verstehen

In zahlreichen klassischen Studien zum kindlichen Verständnis intentionalen Handelns stellten Erwachsene Kindern explizit verbale Fragen über verschiedene Arten von Handlungen, etwa erfolgreiche, versehentliche und erfolglose, worauf die Kinder wiederum verbal antworteten. So präsentierte Piaget (1932) Kindern unter anderem Geschichten, in denen ein Kind etwas „vorsätzlich" oder „aus Versehen" tat, um dann im jeweiligen Fall nach der Verantwortung dieses Kindes zu fragen. In anderen Studien beobachteten Kinder Handlungen und wurden im Anschluss gezielt über die Ziele und Intentionen der Akteure befragt (Vgl. Baird & Moses 2001; Smith 1978; Shultz & Wells 1985). Neuere Arbeiten legten ihr Augenmerk darauf, ob Kinder Wünsche (oder Ziele) und Intentionen (oder Pläne) unterscheiden können. Es stellte sich heraus, dass sie hierzu ab dem fünften Lebensjahr sprachlich in der Lage sind (Vgl. Feinfield et al. 1999; Schult 2002). Ebenso aufschlussreich sind Studien, in denen Vorschulkinder über Artefakte und Kunstwerke mit Bezug auf die Intentionen derer sprechen sollten, die diese hergestellt hatten (Vgl. Bloom & Markson 1998; Gelman & Ebeling 1998).

Kinder beginnen jedoch schon in den frühesten Phasen ihrer Entwicklung, ihre Fähigkeit zum Verständnis intentionaler Handlungen zu zeigen, und unser primäres Interesse gilt eben diesen ontogenetischen Ursprüngen. Bereits um das erste Lebensjahr können wir drei verschiedene Level dieser Kompetenz unterscheiden (Hier und im Weiteren werden die Beobachterin als *sie* und der Akteur als *er* bezeichnet).

Lebendige Handlungen. Eine Beobachterin erfasst, dass ein Akteur seine Bewegung aus sich selbst heraus generiert; d. h. sie unterscheidet lebendige, *selbst eingeleitete* Bewegungen (self-produced action) von leblosen, verursachten Bewegungen. Dies bedeutet jedoch nicht, dass sie versteht, dass der Akteur ein Ziel verfolgt. Weder kann sie zwischen Mittel und Zweck, noch zwischen erfolgreichen und erfolglosen Handlungen unterscheiden. Obwohl die Beobachterin aus der Erfahrung lernen kann, wie sich Akteure typischerweise in bekannten Situationen verhalten, ist sie grundsätzlich nicht in der Lage, Vorhersagen über Verhaltensweisen anderer in ihr unbekannten Situationen zu treffen. (Übertragen auf Abbildung 1 würde der Kopf des Akteurs keine weiteren Elemente enthalten)

Ziele verfolgen. Die Beobachterin erfasst und versteht, dass der Akteur ein Ziel hat und dieses *beharrlich* verfolgt, bis die Realität seiner Vorstellung entspricht. Sie versteht, dass der Akteur Erfolg und Misserfolg seiner Handlungen bewertet und sein Verhalten angesichts von Misserfolgen fortsetzen wird. Dieses Verständnis impliziert, dass der Beobachter weiß, dass der Akteur Gegenstände wahrnimmt (bspw. zielrelevante Objekte, potentielle Hindernisse, Handlungsergebnisse) und ihm dies hilft, seine Handlungen auszurichten und ihren Erfolg zu bewerten. Handlungen in dieser Weise zu verstehen, ermöglicht es der Beobachterin zumindest in einigen unbekannten Situationen, Vorhersagen über mögliche Verhaltensweisen anderer zu treffen. (Übertragen auf Abbildung 1 befänden sich im Kopf des Akteurs die Elemente *Zielvorstellung* und *Handlungskontrolle.*)

Pläne wählen. Die Beobachterin erfasst und versteht, dass der Akteur verschiedene Handlungspläne in Betracht zieht und *auswählt,* welche er davon umsetzen wird (in Abhängigkeit davon, wie rational ihm diese in der gegebenen Situation erscheinen). Sie versteht darüber hinaus, dass der Akteur, während er sein Ziel verfolgt, darüber entscheidet, welchen Objekten er innerhalb seines Wahrnehmungsfeldes *Aufmerksamkeit* schenken wird. Allgemein versteht die Beobachterin, dass Akteure handeln und sich nicht grundlos auf Objekte konzentrieren, was es ihr ermöglicht, in einer Vielzahl neuer Kontexte Vorhersagen über das Verhalten eines Akteures zu treffen. (Übertragen auf Abbildung 1 würde der Kopf des Akteurs alle gegebenen Elemente enthalten.)

Das kindliche Verständnis dieser verschiedenen Aspekte intentionaler Handlungen und Wahrnehmung entwickelt sich in dieser Reihenfolge zu verschiedenen Zeitpunkten in der Kindheit.

a.   Andere als Lebewesen verstehen

Säuglinge erkennen selbst initiierte, biologische Bewegung innerhalb weniger Monate nach der Geburt (Bertenthal 1996) und beginnen auch bald darauf, der Blickrichtung anderer Personen zu folgen (D'Entremont et al. 1997). Um den sechsten Monat herum haben Kleinkinder genügend Erfahrungen über lebendige Handlungen gesammelt, um Vorhersagen darüber zu treffen, wie sich andere in bekannten Situationen verhalten werden. So konnte Woodward (1998) beispielsweise unter Verwendung eines Habituationsparadigmas zeigen, dass Kinder diesen Alters damit rechnen, dass Personen (menschliche Hände im Besonderen) nach Objekten greifen, nach denen sie bereits vorher gegriffen hatten. Kinder nehmen jedoch nicht an, dass unbelebte Objekte, die menschlichen Händen ähneln (bspw. eine Gartenkralle) in einer ähnlichen Situation nach bekannten Objekten „greifen".

Diese und ähnliche Studien werden gelegentlich als Beweis dafür gesehen, dass bereits sechs Monate alte Kinder menschliches Handeln als zielgerichtet verstehen (e.g. Woodward 1999). Aus unserer Sicht wäre objekt-gerichtet jedoch eine gelungenere Bezeichnung, was andeuten soll, dass die Kleinkinder in diesen Studien deutlich davon ausgingen, dass sich ein Erwachsener über kurze Zeiträume in seinen Interaktionen mit gleichen Objekten konsistent verhalten wird und ferner, dass sie seiner Blickrichtung auf ein Objekt folgen können. Um dies jedoch tun zu können, müssen Kinder lediglich verstehen, dass Personen sich spontan bewegen können (d. h. lebendig sind) und ihre Handlungen gewisse Ähnlichkeiten mit dem Verhalten haben, das sie typischerweise in ähnlichen Situationen an den Tag legen. Hierzu benötigen Kinder jedoch keinerlei Verständnis der inneren Struktur intentionaler Handlungen. Sie müssen beispielsweise nicht wissen, dass der Akteur seine Handlungen im Hinblick auf deren Effizienz bewertet und an seinem Verhalten beharrlich festhält, bis er sein Ziel erreicht, geschweige denn, dass er sich für eine bestimmte Vorgehensweise, die er absichtlich ausführt, aus „rationalen" Gründen entscheidet.

b.   Das Verfolgen von Zielen verstehen

Im Alter von zehn Monaten beginnen Kinder kontinuierliches Verhalten in Abschnitte zu gliedern, die dem entsprechen, was Erwachsene als separate, zielgerichtete Teilschritte verstehen würden (Baldwin et al. 2001). Kinder desselben Alters betrachten auch das

Gesicht eines Erwachsenen, wenn dieser sie mit einem Spielzeug neckt oder ihre Beschäftigung mit einem Spielzeug behindert (Carpenter et al. 1998b; Phillips et al. 1992), was ein Hinweis darauf sein könnte, dass sie versuchen, Informationen über die Ziele des Erwachsenen zu gewinnen, indem sie seine Blickrichtung und Stimmungslage erkennen.

Über das Aufteilen von Handlungen in Zwischenschritte und den Versuch hinaus, Absichten zu erkennen, zeigen Kinder dieses Alters ebenso die Fähigkeit, die zielstrebige und beharrliche Verfolgung einer Absicht seitens der Handelnden zu verstehen, was ein Verständnis darüber impliziert, dass andere ihre eigenen Handlungen verfolgen und bewerten, um festzustellen, wann ihr Verhalten die Umwelt in der gewünschten Art und Weise verändert hat. Im Fall von Handlungen, die nicht direkt erfolgreich sind, wird dies am Deutlichsten, da sich das Kind hier das Ziel des Handelnden aus verschiedenen Aspekten des Kontextes und Verhaltens erschließen muss, ohne dass es erreicht wird (und folglich auch nicht beobachtbar ist). Die zwei Hauptkategorien erfolglosen Handelns bilden erfolglose Versuche und Missgeschicke.

Dass Kinder erfolglose Versuche bereits früh als solche erkennen können, wurde in einer bekannten Serie von Habituationsstudien mit Hindernissen evident, die Gergeley und seine Kollegen durchführten (Csibra et al. 1999, 2002; Gergeley et al. 1995). In diesem klassischen Experiment wurden Kinder auf einen großen Punkt habituiert, der über ein Hindernis „springt", um sich einem kleinen Punkt zu nähern. In weiteren Versuchen ohne Hindernis konnte bei 9-12 Monate alten Kindern (jedoch nicht bei 6 Monate alten) eine Dishabituation für die gleiche Sprungbewegung festgestellt werden (obwohl die Bewegung identisch war mit jener in der Habituationsphase). In Versuchen, in denen der große Punkt sich dem kleinen direkt näherte, konnte keine Dishabituation festgestellt werden (obwohl diese Bewegung neu war). Der Gedanke dabei ist, dass die Kinder auch auf die neue Bewegung der zweiten Bedingung habituiert blieben, da sie die Bewegung des großen Punktes in gewisser Weise als zielgerichtete und effiziente Annäherung an den kleinen Punkt verstanden. Es scheint folglich der Fall zu sein, dass 9-12 Monate alte Kinder zumindest einen Aspekt von Versuchen verstehen: Akteure umgehen Hindernisse routinemäßig, um ihre Ziele zu erreichen.

Eine eher interaktive Methodologie nutzend, bezogen Behne et al. (2005) Kinder in ein Spiel ein, bei dem ein Erwachsener ihnen ein Spielzeug über einen Tisch hinweg reichte. Dabei wurden immer wieder Durchgänge eingestreut, in denen der Erwachsene eines der Spielzeuge hoch hielt, aber nicht herüber gab. Während dies in einigen Fällen daher rührte, dass er unwillig war, das Spielzeug weiter zu geben, war er in anderen Fällen auf die je eine oder andere Weise nicht dazu in der Lage, obwohl er es versuchte (beispielsweise konnte er das Spielzeug nicht aus einem Behälter entnehmen). Im Gegensatz zu 6 Monate alten Kindern zeigten 9-18 Monate alte häufiger Anzeichen von Ungeduld (bspw. greifen, sich abwenden), wenn der Erwachsene das Spielzeug ohne ersichtlichen Grund für sich behielt, als wenn er aufrichtig versuchte, es weiter zu geben. Es schien, als wüssten die Kinder es zu schätzen, dass der Erwachsene im letzteren Fall wenigstens versuchte, ihnen das Spielzeug zu geben, wenn er sich etwa mit dem widerspenstigen Behälter abmühte. Interessanterweise können sich Kinder ab dem 15. Monat sogar vorstellen, welches spezifische Ziel ein Akteur zu erreichen versucht, wenn er sich erfolglos bemüht, was dadurch bewiesen wird, dass Kinder, nachdem sie Zeuge erfolgloser Versuche waren, nicht die einzelnen beobachteten Handlungen nachahmen, sondern eher versuchen, das Ziel des Akteurs in der jeweiligen Situation durch neue Handlungen zu erreichen (Bellagamba & Tomasello 1999; Johnson et al. 2001; Meltzoff 1995).

In ähnlicher Weise zeigen Kinder ein Verständnis der beständigen Natur zielorientierten Handelns, wenn sie beabsichtigte und versehentliche Handlungen unterscheiden und wissen, dass eine versehentliche Handlung dem Ziel des Handelnden nicht dienlich ist. So gab es in der Studie von Behne et al. zwei weitere Bedingungen, in denen ein Erwachsener einem Kind ein Spielzeug entweder neckend vorhielt ohne es zu übergeben (unwillig) oder das Spielzeug hoch hielt und es versehentlich fallen ließ (unfähig). Die Reaktionen der neun Monate alten Kinder waren deutlich ungeduldiger, wenn der Erwachsene versuchte, sie zu ärgern, als wenn er sich lediglich ungeschickt anstellte. Im Gegensatz hierzu konnte im Verhalten der sechs Monate alten Kinder kein Unterschied gefunden werden. Das Alter, in dem Kinder erstmals versehentliche Handlungen verstehen, entspricht also jenem, indem sie auch beginnen, Versuche zu erkennen. Beides gelingt ihnen, wie mittels verschiedener experimenteller Paradigmen nachgewiesen werden konnte, frühestens ab dem 9. und nicht schon ab dem 6. Monat. Dieser Befund steht im Einklang mit den Ergebnissen einer Studie von Carpenter et al. (1998a), in der sich 14 bis 18 Monate alte Kinder eher dafür entschieden, absichtliche Handlungen nachzuahmen als versehentliche.

Wenn 9 Monate alte Kinder wissen, dass Akteure zielgerichtet handeln, müssen sie auch verstehen, dass diese dabei ihre Handlungen und deren Ergebnisse aufmerksam verfolgen. Nur wenn sie dies begreifen, können sie nachvollziehen, warum der Akteur nach dem Abschluss einer Handlung zufrieden oder enttäuscht sein kann. Und während Kinder bereits ab dem sechsten Monat der Blickrichtung von Erwachsenen folgen können, ist es doch wichtig zu bemerken, dass ihnen dies spätestens ab dem 12. Monat auch in zunehmend komplexen Situationen gelingt. So können 12 Monate alte Kinder der Blickrichtung von Erwachsenen etwa auch hinter Hindernisse folgen (Moll & Tomasello 2004). Dieses Verhalten geht über das einfache Verfolgen des Blickes hinaus, da das Kind in diesem Fall auf die Kopfbewegung des Erwachsenen nicht nur durch die Bewegung des eigenen Kopfes in die gleiche Richtung reagiert, sondern sich auch von der Stelle bewegen muss, um einen geeigneten Sichtwinkel zu gewinnen. Dies ist ein Zeichen dafür, dass es versteht, dass der Erwachsene etwas sieht, was es selbst nicht sehen kann (vgl. auch Studien von Caron et al. 2002 in denen Kinder gleichen Alters begreifen, dass die Sicht des Erwachsenen durch ein Hindernis verstellt ist).

Es erscheint vernünftig, aus all diesen Ergebnissen den Schluss zu ziehen, dass 9 - 12 Monate alte Kinder die Grundlagen zielorientierter Handlungen verstehen. Sie begreifen, dass Handelnde Ziele haben, dass sie diese auch nach gescheiterten Versuchen oder versehentlichen Handlungen und vorbei an Hindernissen beständig verfolgen. Ferner wissen sie, dass Akteure aufhören, auf ihr Ziel hinzuwirken, sobald sie es erreicht haben, was wiederum impliziert, dass sie wissen, dass Handelnde ihre Tätigkeit aufmerksam verfolgen um festzustellen, wann sie ihr Ziel erreicht haben. Dies ist jedoch bei weitem noch nicht alles, was es über intentionale Handlungen zu wissen gilt.

c.   Die Wahl von Plänen verstehen

In den Monaten nach Vollendung ihres ersten Lebensjahres beginnen Kinder zu verstehen, dass ein Akteur verschiedene Handlungspläne und -möglichkeiten (Mittel) in
Betracht ziehen kann, um ein Ziel zu erreichen, und sich aus bestimmten Gründen und in
Abhängigkeit der gegebenen Situation dafür entscheidet, welche dieser Möglichkeiten er
in einer intentionalen Handlung umsetzt. Es gibt nur eine Studie, die dieses Verständnis
in Kleinkindern nachweist. Sie bedient sich des Paradigmas der sogenannten rationalen
Imitation.

Gergeley et al. (2002) zeigten 14 Monate alten Kindern, wie ein Erwachsener mit seinem Kopf eine Box berührt, um ein Licht einzuschalten. Während bei der Hälfte der
Kinder der Erwachsene bei dieser Handlung etwas in den Händen hielt (er fror und hielt
sich eine Decke um die Schultern), hatte er bei der anderen Hälfte der Kinder während
der Handlung leere Hände. Unter beiden Bedingungen konnten die Kinder also verfolgen, wie der Erwachsene versuchte, das Licht mit seinem Kopf einzuschalten. Als sie
jedoch selbst an der Reihe waren (sie hielten selbst keine Decke), beugten sich die Kinder, die die freihändige Demonstration gesehen hatten, öfter nach vorn, um das Licht
selbst mit dem Kopf einzuschalten, als Kinder, in deren Bedingung der Erwachsene seine Hände anderweitig nutzte. Offensichtlich nahmen die Kinder an, dass der Erwachsene
wohl einen guten Grund dafür haben müsse, seinen Kopf zu benutzen, obwohl seine
Hände frei waren. Sofern es also seine Intention gewesen sein muss, das Licht mit dem
Kopf einzuschalten, folgten die Kinder seinem Beispiel. Waren die Hände des Erwachsenen jedoch anderweitig beschäftigt, konnte die Nutzung des Kopfes aus dem Kontext
erklärt werden – ohne die Decke zu halten, hätte er wohl die Hände benutzt – und so
stand es ihnen, da sie dieser Einschränkung selbst nicht unterlagen, frei ihre Hände zu
benutzen. Es wird deutlich, dass die Kinder in dieser Studie nicht nur verstanden, dass
der Akteur seine Handlungen verfolgte und ihre Effizienz im Hinblick auf sein Ziel ein-
schätzte, sondern auch annahmen, dass der Handelnde die gegebene Situation begreift
und rational einschätzt, bevor er einen Plan wählt, um die Situation seiner Zielvorstellung anzupassen.[2]

Mit Blick auf das Verstehen von Wahrnehmungen konnte festgestellt werden, dass
Kleinkinder dieses Alters auch selektive Aufmerksamkeit bereits teilweise zu begreifen
scheinen. Tomasello und Haberl (2003) ließen einen Erwachsenen gegenüber 12-18 Monate alten Kindern ausrufen: „Oh, wow! Das ist aber schön! Kannst du mir das geben?",
wobei er uneindeutig in die Richtung drei verschiedener Objekte gestikulierte. Zwei der
Objekte waren für den Erwachsenen „alt" – er und das Kind hatten bereits damit gespielt – während eines für ihn „neu" war (nicht jedoch für das Kind). Die Kinder gaben

---

[2] Diese und ähnliche Studien mit gleicher Logik gilt es noch mit jüngeren Kindern zu wiederholen.
Man könnte argumentieren, dass die Studie von Gergeley et al. (1995) zeigt, dass Kinder wissen,
dass Organismen ihr Verhalten realen Einschränkungen in Form von Hindernissen anpassen. Aber
die Dishabituationsmethodologie lässt einen solchen Schluss nicht zu, da das Kind keinen eigenen Handlungsplan entwickeln muss (anders in Imitationsstudien). Folglich mussten die Kinder in
dieser Studie nur zwischen normalem und ungewöhnlichem Verhalten unterscheiden. Zielorientierte Akteure entscheiden sich schließlich in den meisten Fällen nicht für den umständlichen Weg.
(Ähnliches könnte man auch über die Studie von Woodward und Sommersville (2000) behaupten.)

ihrem Gegenüber in der Regel das für diesen unbekannte Objekt. Sie schienen also zu verstehen, dass, obwohl der Erwachsene alle drei Objekte gleichermaßen sehen konnte, er seine besondere Aufmerksamkeit allein dem Gegenstand widmete, den er noch nicht kannte und folglich nun haben wollte. Eine Interpretation dieses Ergebnisses könnte sein, dass Kinder Wahrnehmung selbst als eine Art rationalen Handelns verstehen können, insofern sie wissen, dass Personen aus allen Objekten in ihrer Wahrnehmung nur einer kleinen Teilmenge ihre Aufmerksamkeit widmen und dass sie dies aus Gründen tun, die im Zusammenhang mit ihren Zielen stehen.

d.   Kulturelles Lernen

Schließlich ergibt sich das folgende Bild der Entwicklung. Sechs Monate alte Kinder erkennen belebte Bewegungen und können der Blickrichtung anderer folgen, was es ihnen erlaubt, Erfahrungen zu sammeln, auf deren Grundlage sie das Verhalten von Personen in bekannten Kontexten vorhersagen können. Mit neun Monaten verstehen Kinder, dass Personen froh oder unglücklich seien können, wenn sie ein Ziel erreichen oder nicht und dass sie ihre Ziele beharrlich verfolgen, bis sie erfolgreich sind (d. h. sie umgehen Hindernisse und lassen sich auch durch Versehen und missglückte Versuche nicht von ihrem Ziel abbringen). Mit 14 Monaten beginnen Kinder, intentionale Handlungen in vollem Umfang zu begreifen. Sie haben ein ansatzweises Verständnis davon, wie Personen rationale Entscheidungen bei der Wahl von Verhaltensweisen treffen und ihre Aufmerksamkeit selektiv zielrelevanten Aspekten einer Situation widmen, um ihre Ziele in bestimmten realen Kontexten zu erreichen.

Dieses Verständnis führt zu verschiedenen leistungsfähigen Formen kulturellen Lernens. Von besonderer Bedeutung ist hier das imitative Lernen, bei dem die Beobachterin das Verhalten des Akteurs im Bezug auf Mittel und Zweck durchdenkt und sich schließlich sagen muss: „Wenn ich das gleiche Ziel verfolge, kann ich den gleichen Weg (Handlungsplan) wählen". Diese Handlungsanalyse ist ferner notwendig, um die Frage stellen zu können, warum jemand etwas getan hat und ob sich dieser Grund auf die eigene Situation übertragen lässt („rationale Imitation"). Ohne diese Überlegungen sind nur einfachere Formen sozialen Lernens möglich (Tomasello et al. 1993, vgl. auch Punkt 4.1.1.). Der wichtigste Punkt jedoch ist, dass Einjährige ihre neu entwickelten Fähigkeiten zum Verstehen von Intentionen nicht nur nutzen, um Vorhersagen darüber zu treffen, wie sich andere verhalten werden, sondern auch um von ihnen zu lernen, wie man Dinge typischerweise in ihrer Kultur tut.

3.   Geteilte Intentionalität

Sobald Individuen, die sich gegenseitig als intentionale Akteure verstehen, sozial interagieren, ergeben sich Möglichkeiten für die potentielle Entwicklung verschiedener Formen geteilter Aufmerksamkeit. Geteilte Intentionalität, oft auch als „Wir"-Intentionalität bezeichnet, bezieht sich auf eine bestimmte Art gemeinsamer, kooperativer Interaktionen, bei denen die teilnehmenden Akteure ein gemeinsames Ziel und gegenseitige Verpflichtungen haben und sich ferner bei der Übernahme von Aufgaben (action roles)

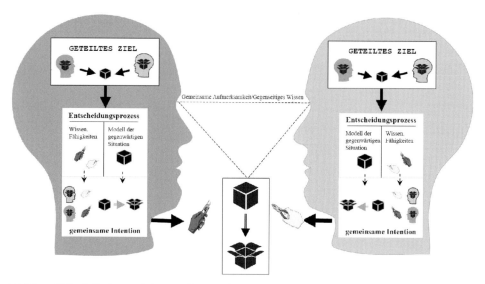

Abbildung IX.2: Beide Partner haben ein Konzept der gemeinsamen Tätigkeit, in welcher ein geteiltes Ziel und eine gemeinsame Intention (einschließlich sich ergänzender Handlungsrollen) gebildet werden.

zur Erreichung des gemeinsamen Ziels aufeinander abstimmen (Gilbert 1989; Searle 1995; Tuomela 1995). Dabei kann es sich sowohl um komplexe (bspw. ein Haus zu bauen, eine Symphonie aufzuführen) als auch recht simple (bspw. gemeinsam spazieren gehen, Konversation betreiben) Aufgaben handeln. Wesentlich ist, dass sich die Interaktionspartner in einer bestimmten Weise gemeinsam engagieren, sie sich aufeinander einlassen und ihre jeweiligen Ziele und Intentionen inhaltliche Gemeinsamkeiten aufweisen. Wenn Individuen in komplexen sozialen Gruppen wiederholt und in spezifischen Kontexten Intentionen miteinander teilen, entwickeln sich gewohnheitsmäßige, soziale Praktiken und Vorstellungen, die die Entstehung dessen ermöglichen, was Searle (1995) als soziale und institutionelle Fakten bezeichnet hat: Ehe, Geld und staatliche Verwaltung. Hierbei handelt es sich um Konzepte, deren Bestehen einzig und allein auf der Basis der geteilten Praktiken und Vorstellungen einer Gruppe möglich ist.

Bratmans (1992) Terminologie nutzend können wir drei essentielle Eigenschaften gemeinsamer kooperativer Aktivitäten unterscheiden, was es ermöglicht, diese von anderen Formen sozialer Interaktionen abzugrenzen (im Folgenden leicht abgeändert): (1) Die Interaktionspartner sind einander gegenüber responsiv, (2) und haben insofern ein gemeinsames Ziel, als sie (in gegenseitigem Wissen) die Absicht teilen, X gemeinsam zu tun, und (3) die Teilnehmer ihre Handlungspläne und Intentionen untereinander hierarchisch koordinieren. Dies setzt wiederum voraus, dass alle Interaktionspartner ihre Teilaufgaben und die des jeweils anderen verstehen, und potentiell in der Lage wären einander, bei der Umsetzung ihrer jeweiligen Rolle in der Interaktion zu helfen (*role reversal*). Einige Aspekte dieser Beschreibung von Intentionalität wurden in die schematische Darstellung in Abbildung 2 übertragen.

Bitte beachten sie die folgenden zwei Punkte in Abbildung 2, welche die mentalen Repräsentationen beider Interaktionspartner darstellen sollen. Zum einen ist es wesentlich, dass die Zielvorstellung sowohl das Selbst als auch den anderen umfasst. Das bedeutet, dass sie nicht nur das eigene Ziel, das Paket zu öffnen, einschließt, sondern auch, dass dies gemeinsam mit dem Partner erreicht wird. Man könnte schlicht sagen, dass das Ziel die wechselseitigen Handlungen betrifft. Da die Akteure jedoch keine spezifischen Erwartungen bezüglich des Verhaltens ihres Partners haben, sondern eher über dessen intentionalen Akte (die durch Absichten wie das Öffnen des Paketes bestimmt sind), sollten wir eher davon sprechen, dass der Akteur will, dass sein Interaktionspartner gemeinsam mit ihm die Absicht hat, das Paket zu öffnen, welche dieser wiederum mit allen möglichen Mitteln verfolgen könnte. Natürlich möchte der Partner, sofern er die gemeinsame Zusammenarbeit für erstrebenswert erachtet, dass auch sein Gegenüber das gleiche Ziel verfolgt, wodurch eine „gegenseitige Verpflichtung" (shared commitment) erzeugt wird (Gilbert 1989). So verkörpert die Abbildung unsere Annahme, dass es in echten gemeinsamen Handlungen eine besondere Art gemeinsamer Motivation in Form gemeinsamer Ziele gibt: beide Interaktionspartner haben Ziele, die sich auf die Ziele des anderen beziehen. Dies ist ein wesentlicher Punkt, auf den wir später zurück kommen, wenn wir menschliche Kooperation und intentionale Kommunikation von den sozialen Interaktionen anderer Primatenarten unterscheiden.[3]

Der zweite bemerkenswerte Punkt der Abbildung ist, dass auch die kognitive Repräsentation der Intentionen sowohl das Selbst als auch das Gegenüber umfasst, was diese zu einer gemeinsamen Intention macht. Dies ist notwendig, da beide Akteure ihren eigenen Handlungsplan im Hinblick auf (und in Koordination mit) den Handlungsplan des anderen wählen: Meine Aufgabe ist es das Paket festzuhalten, während du es aufschneidest. Das impliziert, dass beide während der Zusammenarbeit die kognitiven Repräsentationen beider Rollen in einem einzigen holistischen Modell wie aus der Vogelperspektive zusammenfassen. Erst auf dieser Grundlage werden Rollentausch und gegenseitige Hilfestellung möglich. Es folgt, dass es für gemeinsame, kooperative Aktivitäten zwar nötig ist, dass sich das Selbst und das Gegenüber einander anpassen, um ein gemeinsames Ziel zu entwickeln, dass sie sich gleichzeitig aber auch trennen müssen, um die verschiedenen, sich ergänzenden Handlungspläne der gemeinsamen Intention zu verstehen und zu koordinieren.

---

[3] Folgt man einigen Darstellungen geteilter Intentionalität, würde es bereits ausreichen, dass wir beide dieselben Ziele haben und wissen was wir tun (d. h. wir haben beide das gemeinsame Wissen darüber, dass wir dasselbe Ziel verfolgen). Dies ist jedoch nicht genug. Wir könnten beispielsweise beide den Willen haben das Paket zu öffnen und auch wissen, dass der andere dies ebenso will (evtl. konkurrieren wir sogar darum, wer das Paket öffnen kann). Es reicht ferner auch nicht aus, unser gemeinsames Handeln als Ziel zu haben. Würde ich Sie beispielsweise fragen, ob Sie mit mir ins Kino gehen möchten, so ist es Teil meiner Zielvorstellung, dass Sie mitkommen weil sie es selbst wollen und nicht weil Ihre Mutter Sie dazu zwingt – Ich will, dass wir eine gegenseitige Verpflichtung eingehen. (Es ist jedoch zu beachten, dass es aufgrund der hierarchischen Struktur von Handlungen durchaus zahlreiche Fälle geben kann in denen Sie aufgrund konkurrierender Ziele widerwillig kooperieren o. ä.)

Um das erste Lebensjahr herum interagieren Kleinkinder mit anderen Personen auf verschiedenste Art und Weise, was zunehmend zu einer mehr oder weniger ausgeprägten Teilnahme an Aktivitäten führt, die geteilte Intentionalität implizieren.

Dyadische Interaktion: Verhalten und Emotionen teilen. Ein Individuum stimmt sich mit anderen lebendigen Akteuren ab und interagiert mit ihnen im Wesentlichen durch das Ausdrücken von Emotionen und in sich einander systematisch erwiderndem Verhalten (turn-taking). (In Abb. 2 würden die Köpfe keine weiteren Elemente enthalten.)

Triadische Interaktion: Ziele und Wahrnehmung teilen. Ein Individuum interagiert zusammen mit einem anderen zielorientierten Akteur, um ein gemeinsames Ziel zu erreichen. Beide Interaktionspartner verfolgen das zielorientierte Verhalten und die Wahrnehmung des anderen. (Die Darstellung in Abb. 2 umfasst gemeinsame Ziele und die Kontrolle der Wahrnehmung.)

Gemeinsame Interaktion: Geteilte Intentionen und Aufmerksamkeit. Ein Individuum versucht, zusammen mit einem intentionalen Akteur ein gemeinsames Ziel zu erreichen. Sowohl koordinierte Handlungspläne, wie sie sich in gemeinsamen Intentionen manifestieren, als auch gemeinsame Aufmerksamkeit (gemeinsames Wissen) spielen hierbei eine Rolle. Beide Interaktionspartner haben eine mentale Repräsentation des gemeinsamen Zieles und Handlungsplanes einschließlich der jeweiligen sich ergänzenden Rollen. Es besteht die Möglichkeit, die Rollen zu tauschen und/oder dem anderen bei seiner Aufgabe zu helfen. (Zu vergleichen mit der vollständigen Darstellung in Abbildung 2)

Diese verschiedenen Arten gemeinsamer sozialer Beschäftigung, welche sich in der menschlichen Ontogenese in dieser Reihenfolge entwickeln, basieren auf einer, im vorherigen Abschnitt dargelegten, allgemeinen Form des Verständnisses von intentionalen Handlungen als lebendig, zielgerichtet oder intentional. Eine weitere Grundlage sehen wir in einer besonderen Motivation, psychologische Zustände mit anderen zu teilen, mit welcher wir uns im Folgenden befassen werden.

a. Dyadische Interaktion: Verhalten und Emotionen teilen

Kleinkinder sind extrem sensibel für soziale Kontingenzen. Mit Erwachsenen von Angesicht zu Angesicht interagierend zeigen sie bereits wenige Monate nach der Geburt die Fähigkeit, sich wie in einer Konversation mit ihrem Gegenüber abzuwechseln (turn-taking). Sie werden aktiver, sobald der Erwachsene passiv ist und passiver, wenn ihr Gegenüber aktiv ist (Trevarthen 1979). Wird dieser Transfer gestört, wie dies beispielsweise in Experimenten der Fall ist, in denen das Verhalten der Erwachsenen starr und vorprogrammiert ist (oder dem Kind zeitversetzt per Video gezeigt wird), zeigen sich Säuglinge sichtlich verstimmt und irritiert (vgl. Überblicksartikel von Gergeley & Watson 1999 und Rochat & Striano 1999). Die sozialen Interaktionen von Säuglingen sind folglich durch deutliche Zeichen dialogisch-responsiven Antwortverhaltens (mutual responsiveness) geprägt.

Aber es gibt einen weiteren Aspekt, bei dem diese Verhaltensweisen weit über simples Timing und Kontingenz hinausgehen. Kleinkinder und Erwachsene zeigen Zeichen dyadischer Interaktion in so genannten *Protokonversationen*. Dies sind soziale Interaktionen, bei denen sich ein Erwachsener und ein Säugling gegenseitig abwechselnd und sequenziell ansehen, berühren, lächeln und vokalisieren. Wie die meisten Beobachter von Kleinkindern feststellen konnten, ist nicht die soziale Kontingenz sondern der Austausch von Emotionen das bindende Element in diesen Protokonversationen (Hobson 2002; Trevarthen 1979). Belege hierfür finden sich in einer Studie von Stern (1985), welche aufzeigt, dass Erwachsene und Säuglinge sich in Protokonversationen nicht nur gegenseitig nachahmen oder willkürlich reagieren, sondern oft die gleiche Emotion durch unterschiedliche Verhaltensweisen zum Ausdruck bringen (der Erwachsene drückt Freude beispielsweise mimisch aus während das Kind vokalisiert). Während der Protokonversationen betrachten sich Säuglinge und Erwachsene gegenseitig und schauen sich von Angesicht zu Angesicht im so genannten *gegenseitigem Blick* (mutual gazing) in die Augen. Diese Interaktion ist dyadisch, da der Säugling dem Blick des Erwachsenen in diesem Fall nicht auf sich oder andere Objekte folgt, sondern ihn direkt und durch unmittelbare, visuelle Zuwendung erwidert.

Obwohl sich Protokonversationen in verschiedenen Kulturen unterschiedlich gestalten können – besonders im Hinblick auf die Art und Weise sowie Häufigkeit direkter Interaktion von Angesicht zu Angesicht – scheinen sie in ihren verschiedenen Formen doch ein universales Merkmal der Eltern-Kind Beziehung der menschlichen Spezies zu sein (Keller et al. 1988; Trevarthen 1993). Für Protokonversationen ist es nicht nur wichtig, dass sich die beiden Interaktionspartner einander als Lebewesen verstehen, sondern auch, dass sie gemeinsam über die Motivation und Fähigkeit verfügen, Emotionen miteinander zu teilen. Dieser zusätzliche Faktor ist von besonderer Bedeutung, wenn man sich vor Augen führt, dass Individuen verschiedener nicht menschlicher Spezies Artgenossen zwar als lebendige Akteure verstehen, aber dennoch keine Motivation zeigen, sich mit ihnen auf Protokonversationen einzulassen (vgl. Abschnitt 4.1.2. zu Menschenaffen). Das Teilen von Emotionen in der frühen Kindheit ist jedoch nur der Anfang eines viel längeren Entwicklungsprozesses. So wichtig sie auch als Grundlage sein mögen, Protokonversationen funktionieren ohne gemeinsame Ziele und Handlungspläne.

b.   Trianguläre Interaktion: Ziele und Wahrnehmungen teilen

Um den 9.-12. Lebensmonat, wenn Säuglinge anfangen, andere Personen als zielorientiert zu verstehen, beginnen sie an Interaktionen teilzuhaben, die eine triadische Struktur aufweisen, da sie das Kind, einen Erwachsenen und einen weiteren externen Gegenstand einschließen auf den beide ihr Handeln ausrichten. Hierbei handelt es sich um Aktivitäten wie das Geben und Nehmen von Objekten, das hin und her Rollen eines Balles, das gemeinsame Errichten eines Turmes aus Bausteinen und das Wegräumen von Spielzeugen. Weiterhin schließt dies Tätigkeiten ein, in denen beide spielerisch vorgeben zu „essen" und zu „trinken" oder Bücher zu „lesen" (pretend play) und gemeinsam auf Objekte zeigen, um sie zu benennen (Hay 1979; Hay & Murray 1982; Verba 1994). Während dieser Aktivitäten koordiniert sich der Blick des Säuglings mit dem des Erwachsenen und richtet sich triadisch auf relevante externe Objekte. Wenn sich Forscher auf diesen Aspekt gemeinsamer Aktivität beziehen, wählen sie meist den Begriff „gemeinsame Aufmerksamkeit" (joint attention) (vgl., verschiedene Artikel in Moore &

Dunham 1995). Wir werden hier jedoch zunächst von gemeinsamer Wahrnehmung sprechen.

Im Kontext geteilter Intentionalität stellt sich die Frage, wie der Säugling seine Interaktion mit dem Erwachsenen in diesen ersten triadischen Aktivitäten versteht. Stellen wir
uns beispielsweise vor, wie ein Kind und ein Erwachsener einen Turm aus Bausteinen
bauen. Es ist möglich, dass das Kind den Erwachsenen ignoriert und seine Bausteine auf
dem Turm platziert, ohne darauf zu achten, was der Erwachsene tut. Dies wäre keine triadische, sondern eine schlicht individuelle Aktivität. Ebenso können wir uns vorstellen,
dass das Kind nur auf den Erwachsenen reagiert und sich mit ihm abwechselt. Hierbei
würde es sich eher um eine Form dialogisch-responsiven Verhaltens als um die Verfolgung eines gemeinsamen Zieles handeln. Vielleicht haben der Erwachsene und das
Kind aber auch das Ziel entwickelt, gemeinsam einen Turm zu bauen. Dieses gemeinsame Ziel dient der triadischen Ausrichtung ihrer Handlungen auf das gleiche Objekt und
ermöglicht es dabei beiden Interaktionspartnern zu ahnen, was der andere wahrnimmt
und Vorhersagen darüber zu treffen, was er als Nächstes tun wird. Die Interaktion ist somit mehr als das dyadische Teilen von Verhalten und Emotionen. Sie setzt voraus, dass
Wahrnehmung und Zielvorstellungen triadisch und in Beziehung auf ein externes Objekt
geteilt werden. Wenn die Belege auch nicht ganz überzeugend sind, konnten Ross und
Lollis (1987; siehe auch Ratner & Bruner 1978) doch beobachten, dass Säuglinge ab
dem 9. Lebensmonat verschiedene Dinge tun, um einen unwilligen Erwachsenen wieder
zu gemeinsamen Aktivitäten zu bewegen. Beispielsweise übergeben sie ihm ein Objekt
oder gestikulieren, um ihm ihr Interesse am gemeinsamen Spiel zum Ausdruck zu bringen. Hierbei könnten sie möglicherweise auch die Absicht suggerieren wollen, dass sie
die Aktivität gemeinsam durchführen möchten (geteilte Zielvorstellung).

Folglich nimmt ab dem 9. Monat die Motivation, mit anderen gemeinsam zu fühlen,
wahrzunehmen und zu handeln eine neue Form an. Erst wenn Säuglinge verstehen, dass
andere Personen Ziele verfolgen, sind ihre Interaktionen mit diesen im vollen Sinne triadisch. Zusammen beginnen sie in ihren gemeinsamen Handlungen Ziele zu teilen, ihre
Umwelt gemeinsam zu formen und in Akten gemeinsamer Wahrnehmung zu begreifen.
Wenn auch Tiere miteinander an komplexen sozialen Interaktionen teilhaben, bei denen
sie die Ziele der anderen kennen und dies auch ausnutzen können, sind sie doch nicht dazu motiviert, gemeinsame Zielvorstellungen zu entwickeln und sich diesen - ähnlich wie
wir Menschen - zu verpflichten (derart, dass sie etwa verärgert wären, wenn der andere
absagt; vgl. Abschnitt 4.1.2 zu Affen). Aber auch an diesem Punkt haben wir noch nicht
alle Schritte der frühkindlichen Entwicklung in den Blick genommen. Triadische Interaktionen mit gemeinsamen Zielen erfordern immer noch nicht, dass Kinder gemeinsam
mit anderen planen oder dass sie spezifische intentionale Handlungen sich ergänzender
Vorgehensweisen in Abstimmung mit anderen koordinieren.

c.   Gemeinsame Interaktion: Geteilte Intention und Aufmerksamkeit

Um den 12. bis 15. Lebensmonat unterliegen die triadischen Interaktionen von
Säuglingen abermals einem bedeutenden qualitativen Wandel. In einer klassischen
Längsschnittstudie kategorisierten Bakeman und Adamson (1984) die Interaktion zwi-

schen Mutter und Säugling unter anderem nach „passiven gemeinsamen Interaktionen" und „koordinierten gemeinsamen Interaktionen". Während passive gemeinsame Interaktionen triadische Interaktionen im Allgemeinen bezeichneten, bezog sich die zweite Kategorie auf triadische Interaktionen, bei denen das Kind deutlich aktiver war. In diesen folgten die Kinder nicht nur der Führung ihres Gegenübers, sondern bestimmten und lenkten auch selbst das Verhalten und die Aufmerksamkeit des Erwachsenen in ausgeglichener Art und Weise. Dieser empirische Befund legte nahe, dass während sich das Verhalten der 9 Monate alten Kinder eher als passive gemeinsame Interaktion beschreiben ließ, 12 bis 15 Monate alte Kinder in beträchtlichen Maß an koordinierten gemeinsamen Interaktionen teil hatten.

Eine mögliche Erklärung für diese Veränderung könnte man darin sehen, dass Säuglinge kurz nach Vollendung des ersten Lebensjahres beginnen, nicht nur die spezifischen Handlungspläne anderer Personen zu verstehen, sondern auch im Ansatz zu begreifen, wie sie von diesen Personen gewählt werden (wie in Abschnitt 1 beschrieben). Dieses Wissen können sie in triadischen Interaktionen nutzen und beispielsweise verstehen, dass beim Verfolgen des Ziels, gemeinsam einen Turm zu erreichen, der Erwachsene die Konstruktion hält, während das Kind die Bausteine platziert. Kinder dieses Alters sind nicht nur in der Lage, Zielvorstellungen zu teilen, sondern auch verschiedene Rollen in Interaktionen zu koordinieren.

Ein möglicher Beleg für diese Interpretation findet sich erneut in einer Arbeit von Ross und Lollis (1987), die beobachten konnten, dass Kinder, sobald ein Erwachsener aufhörte, an einer gemeinsamen Aktivität teil zu haben, diesen ab einem Lebensalter von 14 Monaten aufforderten, wieder mitzumachen. Teilweise übernahmen sie sogar kurz den nächsten Schritt im Verhalten ihres widerwilligen Gegenübers. Dies weißt darauf hin, dass Kinder dieses Alters nicht nur das gemeinsame Ziel, sondern auch die impliziten Rollen der Interaktion verstehen und motiviert sind, ihrem Partner bei dessen Aufgabe behilflich zu sein. Ähnlich relevant ist eine Studie von Carpenter et al. (2005), bei der ein Erwachsener einem Kleinkind einen Korb entgegen hielt, in den es ein Spielzeug legen sollte. Als das Kind bereit war, platzierte der Erwachsene den Korb vor dem Kind und hielt das Spielzeug selbst. Bereits 12 Monate, häufiger jedoch 18 Monate alte Kinder verstanden, dass sie nun am Zug waren. Sie hielten dem Erwachsenen den Korb hin und sahen ihn in Erwartung darauf an, dass er etwas in den Korb legen werde. So scheint es, dass Säuglinge, nachdem sie sich zunächst mit einer Rolle einer Interaktion vertraut machen konnten, oft auch die andere Rolle verstehen. Dies ermöglicht eine gegenseitige Übernahme von Rollen, die man als *Rollentauschimitation* (role-reversal imitation) bezeichnen kann (vgl. auch Ratner & Bruner 1978). Eine mögliche Erklärung für diese qualitative Verschiebung sozialer Interaktionen von Säuglingen kurz nach Vollendung des ersten Lebensjahres ist, dass sie im Begriff sind, ein tieferes Verständnis intentionaler Handlungen hinsichtlich der zugrundeliegenden Pläne und Intentionen zu entwickeln. Ihre Motivation, diese zu teilen, führt sie schließlich dazu, nicht nur gemeinsame Ziele, sondern auch gemeinsame Intentionen mit entsprechend koordinierten Rollen in den Handlungsplänen zusammen mit anderen zu bilden.

Bei diesen Interaktionen koordinieren Säuglinge selbstverständlich auch ihre Wahrnehmung mit anderen, was wir an dieser Stelle als gemeinsame Aufmerksamkeit (joint attention) bezeichnen. Dies bedeutet, dass Säuglinge wissen, dass Personen sich dafür entscheiden können, sich auf bestimmte Objekte in ihrem Wahrnehmungsfeld zu konzentrieren (wie beispielsweise durch Studien von Tomasello & Haberl 2003 belegt wurde; vgl. auch Abschnitt 2.3). Im gleichen Alter zeigen Kinder auch erste ansatzweise Versuche, aktiv Zustände gemeinsamer Aufmerksamkeit durch Gesten und Zeigebewegungen herbeizuführen. Von besonderem Interesse ist hier natürlich das deklarative Zeigen, bei dem Kinder den Blick des Erwachsenen scheinbar allein mit der Motivation lenken, einem Objekt gemeinsam Aufmerksamkeit zu widmen. Entsprechend sind Säuglinge nicht zufrieden, wenn Erwachsene auf die Zeigebewegung nur dadurch reagieren, dass sie das jeweilige Objekt betrachten und wieder das Kind ansehen (und positive Emotionen signalisieren) oder schlicht nichts tun, was darauf schließen lässt, dass all dies nicht das eigentliche Ziel des Säuglings war. Reagiert der Erwachsene jedoch dadurch, dass er zwischen dem Kind und dem Objekt aufmerksam hin und her schaut und dies durch positive Äußerungen untermauert, sind Säuglinge zufrieden, was impliziert, dass es ihnen darum geht, Aufmerksamkeit und Interesse mit ihrem Interaktionspartner zu teilen (Liszkowski et al. 2004). Kinder dieses Alters werden oft auch schlicht auf Dinge zeigen, um Erwachsene wie in einer Art Hilfeleistung über diese zu informieren, sogar wenn sie selbst kein besonderes Interesse an diesen Gegenständen haben (Liszkowski et al. 2006; vgl. auch Kuhlmeier et al 2003, der belegen konnte, dass 12 Monate alte Kinder unterscheiden können, ob das Verhalten eines computeranimierten Punktes die Intention hatte, einen anderen Punkt beim Bewältigen eines Anstieges zu „helfen" oder zu „behindern".) Die Zielvorstellung von Einjährigen scheint folglich sowohl die gemeinsame Aufmerksamkeit selbst zu umfassen als auch das Bedürfnis, anderen beim Erreichen ihrer Ziele durch Lenkung ihrer Aufmerksamkeit auf relevante Aspekte behilflich zu sein.

Zusammen führen viele dieser Aspekte triadischer Interaktionen kurz nach Vollendung des ersten Lebensjahres zur Bewältigung einer weiteren bedeutenden Leistung: dem Spracherwerb. Sprache, im Sinne linguistischer Kommunikation, beginnt sich typischerweise erst um den 13. bis 14. Lebensmonat voll zu entwickeln. Theoretisch gesehen ist Sprache selbst im Wesentlichen eine Art gemeinsame Tätigkeit (Clark 1996) – und das aus zwei Gründen. Zum einen implizieren linguistische Symbole gemeinsame Interaktionen, da sie als Mittel bidirektionaler Koordination implizit die Rollen von Sprecher und Hörer vereinen. Eignen sich Kinder die Verwendung von Symbolen an, lernen sie beide Rollen zu übernehmen und verstehen Symbole unabhängig davon, welche Rolle sie selbst in einer gegebenen Situation inne haben. Das Erlernen von linguistischen Symbolen setzt somit sowohl die Fähigkeit zum imitativen Rollentausch (Symbole gegenüber anderen so zu verwenden, wie sie einem selbst gegenüber verwendet wurden) als auch zur Übernahme einer gemeinsamen Perspektive auf Gegenstände voraus. Gleiches gilt für die Einsicht, dass Menschen sich bewusst dafür entscheiden können, bestimmten Dingen ihre Aufmerksamkeit zu widmen, und Gegenstände auf vielfältige Weise konzeptualisieren können (Clark 1997; Tomasello 1999b).

Darüber hinaus ist das Betreiben einer Konversation eine gemeinsame Aktivität, weil es das gemeinsame Ziel der Neuorientierung der Intentionen und Aufmerksamkeit des Zuhörers impliziert, insofern es gilt, diese zwischen Hörer und Sprecher anzugleichen. Gemeinsame Ziele leisten dies auf verschiedenste Art und Weise in gemeinsamen Aktivitäten. So ist der Sprecher etwa kooperativ, indem er seine Intentionen so zum Ausdruck bringt, dass der Hörer sie potentiell verstehen kann, und diese, falls notwendig, durch weitere Erklärungen (Hilfestellung) verdeutlicht. Der Hörer wiederum kooperiert, indem er einen aufrichtigen Versuch macht, den Sprecher zu verstehen und den Signalen seines Gegenübers zur Ausrichtung seiner Aufmerksamkeit folgt, angemessene und relevante Schlussfolgerungen zieht und gegebenenfalls um Erklärungen (Hilfestellung) bittet. Bemerkenswert ist, dass sich Säuglinge bereits während ihrer ersten Schritte auf dem Gebiet linguistischer Kommunikation aktiv an Prozessen zur Klärung von Bedeutungen (negotiation of meaning) beteiligen, indem sie einen Erwachsenen etwa um Erklärungen bitten und unklare Äußerungen seinerseits gegebenenfalls verbessern (communicative repair) (Golinkoff 1993). Dies alles wird durch die gemeinsame kognitive Basis verschiedener Formen geteilter Aufmerksamkeit sozial strukturiert, welche wiederum die Grundlage für diese Prozesse liefern (Bruner 1983; Tomasello 1999b) und so verschiedenen Aspekten bestimmter Gegenstände ihre potentielle, wechselseitige Relevanz innerhalb der interpersonalen Kommunikation zukommen lassen (Sperber & Wilson 1986).

Zwischen dem 12. und 14. Lebensmonat scheinen die triadischen Interaktionen von Kindern und Erwachsenen um externe Objekte zunehmend koordinierter, da die Kinder beispielsweise in der Lage sind, Rollen zu tauschen und gegebenenfalls die Rolle ihres Gegenübers anzunehmen. Beides ist notwendig, um an gemeinsamen Aktivitäten teilzuhaben, die gemeinsame Intentionen realisieren. Bei der beginnenden Akquise linguistischer Symbole in diesem Alter demonstrieren Säuglinge einmal mehr ihr Verständnis der verschiedenen, komplementären Rollen sozialer Interaktionen - hier aber im Fall von Interaktionen, die den Austausch kommunikativer Intentionen in Form konventioneller Handlungen einschließen. Darüber hinaus sind sie motiviert, Erfahrungen mit anderen zu teilen und ihnen bei der Erreichung ihrer Ziele behilflich zu sein.

d.   Kulturelle Schöpfungsprozesse

Säuglinge scheinen schon in den frühesten Phasen ihrer Ontogenese eine sehr starke Motivation zu haben, emotionale Zustände gemeinsam mit anderen zu erleben und bereits vor der Vollendung des ersten Lebensjahres, das Bedürfnis zu entwickeln, Ziele und Wahrnehmungsinhalte mit anderen zu teilen. Zwischen dem 12. und 14. Monat greift diese Motivation auf die Teilhabe an Zielen und Wahrnehmungsinhalten über und erfasst schließlich auch das Teilen von eigenen und fremden Aufmerksamkeitszuständen und Handlungsplänen. Kinder können gemeinsam mit anderen Intentionen entwickeln und haben an Zuständen gemeinsamer Aufmerksamkeit teil. Dies bedeutet dann nicht nur, dass Kinder und Erwachsene gemeinsame Ziele verfolgen, sondern sich auch gegenseitig unterstützen und die Rolle ihres Gegenübers einnehmen, um zu koordinieren und teilweise zu planen, was sie tun werden, während sie zusammen ein gemeinsames Ziel verwirklichen und ihre Aufmerksamkeit denselben Gegenständen widmen. Kinder partizipieren somit nicht nur in einem kulturellen Lernprozess, welcher auf dem Verständnis anderer als intentionaler Akteure beruht, sondern beteiligen sich durch die Formulierung gemeinsamer Ziele und Intentionen in vollem Umfang an der Erzeugung von Kultur selbst. Ein weiterer Punkt, dem in diesem Kontext eine besondere Bedeutung zukommt, ist, dass ein- bis zweijährige Kinder an gemeinsamen „Als-ob"-Aktivitäten (pretend play) teilhaben können, in denen sie zusammen mit Erwachsenen und auf der Basis gemeinsamer Intentionen und Aufmerksamkeit fiktionale Realitäten entwickeln (Rakoczy et al. 2005).

Kognitive Repräsentationen müssen mindestens zwei hierarchische Ebenen umfassen, um gemeinsame Handlungen zu ermöglichen: eine höhere Ebene für das gemeinsame Ziel und eine niedrigere für gemeinsame Intentionen, welche wiederum mindestens zwei verschiedene Handlungspläne (Rollen) enthält. Dies bedeutet, dass die Darstellung in Abbildung 2 in vollem Sinne ernst zu nehmen ist. Die kognitiven Repräsentationen des Menschen müssen verschiedene Personen, deren intentionale Handlungen im jeweiligen Kontext, und die gemeinsamen Intentionen dieser Personen umfassen. Da sie im Wesentlichen der Abbildung sozialer Interaktionen dienen, können wir sie als „dialogisch-kognitive Repräsentationen" bezeichnen (Fernyhough 1996). Dialogisch-kognitive Repräsentationen sind nicht nur notwendig, um bestimmte gemeinsame Interaktionen während ihres Vollzuges zu erleichtern, sie sind darüber hinaus von grundlegender Bedeutung für die Entwicklung und Nutzung bestimmter Formen kultureller Artefakte. Dies gilt im Besonderen für linguistische oder anderweitige Symbole, welche bidirektional und sozial konstituiert sind. Dialogisch-kognitive Repräsentationen könnten sich während der Ontogenese entwickeln, indem ein Individuum mit anderen intentionalen Akteuren interagiert und diese Interaktionen dann internalisiert (vgl. Abschnitt 5.2).

Bezeichnenderweise ebnen dialogisch-kognitive Repräsentationen auch den Weg für eine weitere Leistung: die Entwicklung dessen, was wir im Allgemeinen als „kollektive Intentionalität" bezeichnen (Searle 1995). Die im Wesentlichen soziale Natur dialogisch-kognitiver Repräsentationen stellt Kindern eine Grundlage bereit, auf der sie später im Vorschulalter soziale Normen (z. Bsp. Wahrheit) konstruieren und generalisieren können, welche es ihnen ermöglichen, individuelle Gedanken und Überzeugungen zu konzeptualisieren und darüber hinaus zu teilen. Das Teilen von Überzeugungen ist eine grundlegende Bedingung für die Entwicklung sozial-institutioneller Tatsachen wie Geld, Ehe und staatlicher Verwaltung, deren Realität vollständig auf den kollektiven Praktiken und Überzeugungen dessen beruhen, was wir im Allgemeinen als soziale Gruppen verstehen (Tomasello & Rakoczy 2003). Sobald Kinder generalisierte, kollektive Konventionen und Normen internalisieren und nutzen, um ihr eigenes Verhalten zu gestalten, ermöglicht dies die Entwicklung einer neuen Form sozialer Rationalität (Moral), welche hervorbringt, was Searle (1995) als „wunschunabhängige Handlungsgründe" bezeichnen würde.

4. Affen und autistische Kinder

Angesichts all dessen bleibt es eine interessante Frage, ob und wie Primaten, unsere nächsten Verwandten im Tierreich, Intentionen teilen und verstehen. Eine Antwort auf diese Frage würde deutlich helfen, neues Licht auf die Phylogenese der sozialen Kognition des Menschen zu werfen. Gleichzeitig würde sie das Verständnis unserer Ontogenese verbessern, da sie einen in gewisser Weise allen Primaten gemeinen Ausgangspunkt liefert, der es uns ermöglichen könnte, die evolutionär einzigartigen Eigenschaften menschlicher Kognition isoliert zu betrachten. In gleichem Maße könnten Kinder mit

Autismus, die aus biologischen Gründen nicht in der Lage sind, andere Personen in einer arttypischen Weise zu verstehen und mit ihnen zu interagieren, durch ihre atypische Entwicklung eine weitere Perspektive auf die einzigartigen Fähigkeiten des Menschen bieten. Schließlich wäre es mittels derartiger Einblicke möglich, die Entwicklung dieser Fähigkeiten so nachzuvollziehen, wie sie sich naturgemäß bestimmt.

a.   Menschenaffen

(A.) Intentionale Handlungen verstehen

Nichthumane Primaten sind offensichtlich in der Lage, eine Vielzahl von Hinweisen zu nutzen, um Vorhersagen über das Verhalten anderer in bekannten Situationen zu treffen und dieses kommunikativ zu beeinflussen. Das weist darauf hin, dass sie Artgenossen als lebendige Akteure verstehen, die zur Initiierung spontanen Verhaltens in der Lage sind (Tomasello & Call 1997). Unter Verwendung des Woodward-Habituationsparadigmas (vgl. Abschnitt 2.1.) konnten Santos und Hauser (1999) experimentell nachweisen, dass einige Affen – ähnlich menschlichen Säuglingen - erwarten, dass Menschen nach Objekten greifen, die sie zuvor angesehen haben.

Ob sie jedoch ein Verständnis zielgerichteten Handelns entwickeln können, ist im Moment stark umstritten. Povinelli und Vonk (2003) betrachten das Wissen über Ziele und Wahrnehmungsinhalte anderer als ein Beispiel für das Verstehen mentaler Zustände. Ihrer Ansicht nach können Menschenaffen lediglich das Verhalten anderer nachvollziehen, sich jedoch nicht dessen mentale Aspekte erschließen. Im Gegensatz hierzu können Tomasello et al. (2003) (in Überarbeitung der in Tomasello und Call 1997 dargestellten Ansicht) nun neue Ergebnisse anführen, die es in überzeugender Weise erlauben, Menschenaffen im Hinblick auf Ziele und Wahrnehmungen, die Fähigkeit zum Verständnis intentionalen Handelns zuzuschreiben.

Ein wesentlicher Punkt ist beispielsweise, dass Menschenaffen scheinbar sowohl erfolglose Versuche als auch Missgeschicke verstehen können, obgleich in beiden Fällen das vom Akteur erwünschte Ergebnis nicht erreicht wird (Vgl. Abschnitt 2.2). Im Hinblick auf erfolglose Versuche bedienten sich Call et al. (2004) eines Aufbaus ähnlich der Säuglingsstudie von Behne et al. (Vgl. Abschnitt 2.2) und ließen einen Menschen einem Schimpansen Futter übergeben. Hierbei begann der Mensch, dem Affen durch ein Loch in einer Plexiglaswand das Futter zu reichen. In manchen Fällen zeigte er es aber nur, um sich dann entweder zu weigern, es weiter zu geben (unwillig) oder es demonstrativ und ohne Erfolg zu versuchen (unfähig). Ähnlich den 9 bis 12 Monate alten Kindern gestikulierten Schimpansen deutlich mehr oder verließen die Umgebung früher, wenn sich ihr Gegenüber unwillig zeigte. War der Mensch jedoch lediglich nicht in der Lage, warteten sie seine gut gemeinten, aber erfolglosen Versuche geduldig ab. Offensichtlich verstanden die Schimpansen das erfolglose Verhalten des Menschen in der zweiten Bedingung (unfähig) als beharrliche Versuche, ihnen das Futter zu geben.[4]

---

[4] In einem anderen experimentellen Paradigma benutzten sowohl Myowa-Yamakoshi & Matsuzawa (2000) als auch Call et al. (2005) Meltzoffs (1995) Nachahmungsparadigma (behavioral reenactment procedure) in Untersuchungen an Schimpansen. Beide fanden, dass Schimpansen, ähnlich den

Darüber hinaus legt der Vergleich eines weiteren Bedingungspaares aus der Studie von Call et al. (2004) nahe, dass Menschenaffen auch erkennen können, wenn jemand versucht, ihnen etwas zu geben, jedoch aus Mangel an Geschick scheitert. Das bedeutet, dass die Affen ebenso geduldig warteten, wenn der Mensch gut gemeinte, aber ungeschickte und erfolglose Bemühungen an den Tag legte. Call und Tomasello testeten das Vermögen von Menschenaffen, absichtliche und versehentliche Handlungen zu unterscheiden, zusätzlich in einem weiteren Paradigma. Sie trainierten die Versuchstiere darauf, eine auf einem von drei undurchsichtigen Eimern angebrachte Markierung als Zeichen für verstecktes Futter zu verstehen. In den Versuchsdurchgängen platzierte ein Mensch die Markierung absichtlich auf einem der Eimer, ließ die Markierungen jedoch vorher oder im Anschluss aus Versehen auf einen anderen Eimer fallen. In der Gruppe entschieden sich die Affen für den Eimer, der absichtlich markiert wurde.

Schimpansen haben ferner ein Verständnis davon, dass andere in ihrem Umfeld Dinge sehen können. Sie folgen der Blickrichtung ihrer Artgenossen auf externe Ziele (Okamoto et al. 2002; Tomasello et al. 1998) und vergewissern sich erneut über deren Blick (oder wenden sich gegebenenfalls ab), wenn es nichts zu sehen gibt (Call et al. 1998; Povinelli & Eddy 1996; Tomasello et al. 2001). Der Blickrichtung von Menschen folgen sie sogar zu Zielen hinter Sichtblockaden (Tomasello et al. 1999). Schimpansen wissen ferner, dass die Wahrnehmungsinhalte anderer Einfluss auf ihr Verhalten haben können. Hare et al. (2000, 2001) platzierten einen dominanten und einen untergeordneten Affen so in einer Versuchsanordnung, dass beide in direktem Konkurrenzkampf um Futter standen, welches zuvor im Raum verteilt wurde. Während ein Teil des Futters für beide sichtbar war, wurde ein anderer so platziert, dass ihn nur der untergeordnete Affe sehen konnte. In mehreren Versuchsdurchgängen bewiesen die untergeordneten Affen ihr Wissen darüber, was ihr stärkeres Gegenüber sehen konnte und was nicht, indem sie in den meisten Fällen versuchten, das Futter zu ergattern, das für den dominanten Affen nicht sichtbar war. Wichtig ist hierbei, dass die untergeordneten Affen wussten, was dies für das zielgerichtete Verhalten der dominanteren Affen bedeutet: Konnte der dominante Affe das Futter sehen oder hatte er es bereits gesehen, konnte der untergeordnete Affe darauf schließen, dass der dominante versuchen würde, das Futter zu bekommen (wohingegen dieser Schluss nicht hätte gezogen werden können, wenn es sich stattdessen etwa nicht um Futter sondern Steine gehandelt hätte). Es ist bemerkenswert, dass andere Affenarten sich in dem von Hare et al. (2000) entwickelten Paradigma nicht wie die Schimpansen verhielten und folglich diese Kompetenz wahrscheinlich Menschenaffen vorbehalten ist (Hare et al. 2003).

Als eine vernünftige Interpretation der Daten scheint sich daher die These zu ergeben, dass einige Menschenaffen zumindest bestimmte Aspekte intentionaler Handlungen und Wahrnehmung verstehen. Affen wissen, dass andere Ziele haben, dass sie diese beständig zu erreichen versuchen und dass sie sich dabei von ihrer Wahrnehmung leiten

---

Kindern, die Zielhandlung genauso oft und unabhängig davon ausführten, ob ihnen erfolglose Versuche oder erfolgreiche und vollständige Handlungen vorgezeigt wurden. Die Schimpansen führten die Zielhandlung jedoch ebenso häufig in der Kontrollbedingung aus in denen ihnen überhaupt keine Demonstration der Handlung gegeben wurde. Letzteres wiederum schränkt die Möglichkeiten, aus ihrem Verhalten Schlüsse über ihr Verständnis der gezeigten Handlung zu ziehen, stark ein.

lassen. Die umfassende, mentale Dimension intentionalen Handelns können sie jedoch nicht erschließen. Dies gilt im Besonderen für Prozesse der Entscheidungsfindung, mittels derer Akteure Handlungspläne erstellen und ausgehend von rationalen Einschätzungen ihrer Umwelt in intentionalen Handlungen umsetzen. Gegenwärtig gibt es keine Belege dafür, dass Menschenaffen diese mentalen Aspekte verstehen. Gleichzeitig gibt es für diese Kompetenz jedoch auch keine guten Tests, besonders da Imitationsparadigmen kaum geeignet sind, die soziale Kognition von Menschenaffen zu untersuchen. Tatsächlich konnten verschiedene Imitationsstudien zeigen, dass Menschenaffen in ihren Reaktionen auf Demonstrationen dazu neigen, die Ergebnisse in ihrer Umwelt zu reproduzieren (*Emulationslernen*), wobei sie den eigentlichen intentionalen Handlungen des Vorführers wenig Aufmerksamkeit widmen (für einen Überblick siehe Tomasello 1996). Diese Unfähigkeit, an menschenähnlichen Prozessen kulturellen Lernens teilzuhaben, könnte als ein weiterer Hinweis darauf angesehen werden, dass Menschenaffen nicht auf das Verstehen von Handlungsplänen und Intentionen vorbereitet sind.

(B.) Geteilte Intentionalität

Trotz des hohen Niveaus beim Verstehen vieler wichtiger Aspekte intentionaler Handlungen scheint Menschenaffen die Motivation und Fähigkeit zu fehlen, psychologische Zustände selbst auf grundlegendste Art und Weise mit anderen zu teilen. Während etwa Affenbabys dyadisch mit ihren Müttern interagieren und in ihrem Verhalten diesen gegenüber responsiv sind (Maestripieri & Call 1994) oder sogar mütterlichen Blickkontakt (maternal gaze) und soziales Lächeln zeigen (Mizuno & Takashita 2002; Tomonaga et al. 2004), gibt es keine Beobachtungen irgendeiner Form von Protokonversationen zwischen ausgewachsenen Affen und ihren Jungtieren. Persönliche Beobachtungen der Autoren weisen zwar darauf hin, dass alle Primaten ähnliche Emotionen in Form der Mutter-Kind-Bindung zeigen, menschliche Säuglinge und Mütter jedoch ein viel umfangreicheres Verhaltensrepertoire zum Ausdruck eines deutlich größeren Spektrums verschiedener Emotion besitzen als Menschenaffen (z. Bsp. Lachen, Weinen, Kosen, Lächeln). Dies gilt besonders für positive Emotionen, die der Bereicherung dyadischemotionaler Interaktionen zwischen Mutter und Kind dienen.

In ähnlicher Weise haben Menschenaffen nur sehr vereinzelt an gemeinsamen und auf Objekte orientierten triadischen Interaktionen teil. Sie bitten einander beispielsweise um Nahrung und ihre Jungtiere beziehen gelegentlich Gegenstände in ihr Spiel ein. Systematische Beobachtungen von Schimpansen- und Bonobomüttern und Jungtieren mit Gegenständen ergaben jedoch nur geringe Anzeichen für triadische Interaktionen und ließen keinen Schluss auf gemeinsame Ziele zu (Bard & Vauclair 1984; Tomonaga et al. 2004). Im Umgang mit Menschen können sich Affen schon eher auf triadische Interaktionen einlassen, wobei sich diese jedoch deutlich von denen zwischen Mutter und Kind beim Menschen unterscheiden. Beispielsweise beobachteten Carpenter et al. (1995) sowohl 18 Monate alte Kinder, als auch Schimpansen und Bonobos zusammen mit erwachsenen Menschen im Umgang mit verschiedenen Objekten. In diesen Kontexten interagierten alle drei Spezies mit den Objekten und verfolgten gleichzeitig und mit angemessener Häufigkeit das Verhalten des Erwachsenen. Es zeigten sich jedoch auch entscheidende Unterschiede. Menschliche Kinder widmeten Perioden gemeinsamer

Aufmerksamkeit deutlich mehr Zeit und ihre Blicke in das Gesicht des Erwachsenen dauerten im Durchschnitt doppelt so lang wie die der Menschenaffen. Die Blicke der Säuglinge waren darüber hinaus von gelegentlichem Lächeln begleitet, während Affen nicht lächeln. Diese Unterschiede vermittelten den Eindruck, dass es sich bei den Blicken der Menschenaffen eher um Kontrollblicke handelte (um zu sehen was der Erwachsene gerade tat oder wahrscheinlich als nächstes tun würde), wohingegen der Blick der Säuglinge zu den Erwachsenen ein teilnehmender Blick war (um Interesse zu signalisieren).

Was gemeinsame und kooperative Interaktion betrifft, so konnte beobachtet werden, dass sich Schimpansen innerhalb der Gruppe (in so genannten Koalitionen und Allianzen) zusammen an antagonistischen Interaktionen beteiligen. Ferner agieren sie gemeinsam, um die Gruppe gegen Raubtiere und andere Schimpansengruppen zu verteidigen. In diesen Interaktionen aber machen alle Individuen im Grunde das Gleiche. Sie agieren zwar gemeinsam, aber ohne dabei nachvollziehbare Pläne zu verfolgen. Die komplexeste kooperative Aktivität der Schimpansen ist die Gruppenjagd, bei der zwei oder mehrere Männchen unterschiedliche Rollen beim Einkreisen eines Affen zu übernehmen scheinen (Boesch & Boesch 1989). In einer neueren Interpretation des Verhaltens der bei dieser Art von Jagd über einen längeren Zeitraum beteiligten Tiere kommen einige Beobachter zu dem Schluss, dass diese Aktivitäten im Wesentlichen identisch mit dem Gruppenjagdverhalten anderer sozialer Säugetiere wie Löwen oder Wölfen ist (Cheney & Seyfarth 1990; Tomasello & Call 1997). Wenn es sich bei diesem Jagdverhalten auch um eine komplexe soziale Aktivität handelt, so bewertet doch jedes Tier im Laufe der Jagd seine jeweilige Situation jeden Moment neu und entscheidet, was für es selbst das Beste wäre. Darin ist nichts zu finden, was man als Kooperation im engeren Sinne, das heißt im Hinblick auf gemeinsame Intentionen und Aufmerksamkeit auf der Grundlage koordinierter Pläne, bezeichnen könnte. Das komplexeste Verhalten, das man in experimentellen Studien (vgl. z. Bsp. Crawford 1937; Chalmeau 1994) nachweisen konnte, ist etwa das gemeinsame und parallele Ziehen zweier Schimpansen an einem schweren Objekt. Während dieser Aktivität konnte nahezu keine Kommunikation zwischen den Partnern beobachtet werden (Povinelli & O'Neill 2000). Es gibt keine veröffentlichten experimentellen Studien – und zahlreiche unveröffentlichte negative Ergebnisse (davon zwei unserer eigenen) – in denen Schimpansen kooperieren und bei einer Aktivität verschiedene und sich ergänzende Rollen ausführen.

Im Allgemeinen ist es nahezu unvorstellbar, dass zwei Schimpansen gemeinsam spontan etwas so simples machen, wie etwas zusammen zu tragen oder anderen dabei zu helfen ein Werkzeug herzustellen. Dies würde schließlich bedeuten, eine Handlung mit der Absicht zu verfolgen, sie gemeinsam auszuführen und sich einander, wenn nötig, bei Teilschritten zu helfen. Tatsächlich konnten Hare und Tomasello (2004) in einer neueren Studie, bei der die einfache Aufgabe, Futter zu suchen, entweder kompetitiv oder kooperativ strukturiert wurde, zeigen, dass Schimpansen in der kompetitiven Bedingung deutlich geschickter waren. Auch die Kommunikation der Menschenaffen ist nicht im gleichen Maß gemeinschaftlich und kooperativ wie die des Menschen. Zunächst einmal sind äußere Gegenstände (Themen) fast nie Inhalte der Kommunikation, und es werden keinerlei Signale verwendet, die deklarativen oder informativen Zwecken dienen. Weder zeigen sich Affen gegenseitig Dinge oder deuten auf etwas, noch bieten sie Artgenossen

Dinge an.[5] Tomasello (1998) vertritt diesen Standpunkt ebenso und führt Belege dafür an, dass die Signale der Schimpansen nicht wirklich als bidirektional angesehen werden können. Dies würde nämlich bedeuten, dass Sprecher und Hörer wissen, dass sie beide Rollen einnehmen könnten (sie wissen aber beispielsweise nicht, dass es sich um das gleiche Signal handelt, wenn sie es äußern und empfangen).[6] Darüber hinaus gibt es eine Reihe von Studien, die zeigen, dass Affen nicht in der Lage sind kommunikative Intentionen zu verstehen, wie sie sich etwa im Akt des Zeigens manifestieren oder im Platzieren von Markierungen, um anzuzeigen, wo sich Futter befindet (für einen Überblick siehe Call & Tomasello 2005). Es scheint, als ob in keinem der Fälle irgendeine Form der Klärung intendierter Bedeutungen, des Bittens um Erklärung oder sonst eine Art von Verhandlung stattfindet (Liebal et al. 2004). Allgemein scheinen, obwohl in Freiheit lebende Gruppen von Schimpansen unterschiedliche „traditionelle" Verhaltensformen haben (Boesch 1996), die relativ bescheidenen kooperativen Fähigkeiten von Schimpansen nicht so geartet zu sein, dass sie eine kulturelle Entwicklung nach Art des Menschen ermöglichen könnten.

Es liegt nahe aus all diesen Belegen die Schlussfolgerung zu ziehen, dass Affen, obwohl sie auf unzählige und komplexe Weisen miteinander agieren, nicht die gleiche Motivation wie wir Menschen haben, Emotionen, Wahrnehmungen und Erfahrungen mit anderen ihrer Art zu teilen. Weder schauen sie einander an und lächeln, um Erfahrungen triadisch auszutauschen, noch laden sie andere dazu ein, Interessen und Aufmerksamkeit durch deklarative Gesten zu teilen, noch informieren sie sich gegenseitig über etwas oder helfen einander, noch haben sie mit anderen an gemeinsamen Aktivitäten mit geteilten Zielen und gemeinsamen Intentionen teil. Was geschieht aber, wenn sie in einer menschlich geprägten, kulturellen Umwelt aufgezogen werden, in der sie ermutigt werden, sich an gemeinsamen Aktivitäten zu beteiligen und durch Symbole zu kommunizieren? Die einfachste Antwort ist, dass Affen, die in einem derartigen Umfeld groß gezogen werden, Menschen zwar ähnlicher werden als ihre Artgenossen, jedoch nicht zu Menschen werden (Call & Tomasello 1996). So kann Savage-Rumbaugh (1990) beispielsweise davon berichten, dass der Bonobo Kanzi regelmäßig an sozialen Aktivitäten wie der Zubereitung von Nahrung und der Beschäftigung mit Spielzeug teilhat. Es ist jedoch unklar, ob er sich an diesen gemeinsamen Aufgaben mit einer für menschliche Zusammenarbeit typischen Hingabe und einem Gefühl von Verpflichtung beteiligt. Ferner gibt es keine Belege dafür, dass er die Rollen oder Aufgaben seines Gegenübers versteht und diese unterstützt. In seinen größtenteils aus Imperativen bestehenden Kommunikationsversuchen scheint es ihm nicht darum zu gehen, Interessen mit anderen zu teilen oder sie zu informieren. Weder versucht er Bedeutungen zu klären, noch unterstützt er sein Gegenüber im Kommunikationsprozess, indem er um Erklärungen bittet oder versucht, den

---

[5] Die Alarmrufe südlicher Grünmeerkatzen (vervet monkeys) und ähnliches müssen nicht als referentiell interpretiert werden. Tatsächlich haben Individuen dieser Spezies überhaupt nur sehr wenig Kontrolle über deren Produktion (Owren & Rendell 2001). Darüberhinaus gibt es keine Belege, dass irgendeine Affenart derartige Rufe verwendet (Tomasello & Call 1997).

[6] Wenn es auch manchmal nicht so dargestellt wird, so erlaubt die Studie von Povinelli et al. (1992) auch Interpretationen, die keinen Rollentausch implizieren (Tomasello & Call 1997).

Kenntnisstand seines Kommunikationspartners zu beeinflussen (Greenfield & Savage-Rumbaugh 1991).

b.   Autistische Kinder

(A.) Intentionale Handlungen verstehen.

Es ist klar, dass Kinder mit Autismus andere Personen als Lebewesen verstehen, die ihr Verhalten spontan produzieren. Dies spiegelt sich im Allgemeinen in ihrem Sozialverhalten wider. Zusätzlich konnte innerhalb der wenigen nonverbalen Studien, die hierzu durchgeführt wurden, nachgewiesen werden, dass diese Kinder einige Zeichen für ein Verständnis davon zeigten, dass andere Ziele haben können und Gegenstände sehen. Ist das Verhalten eines Erwachsenen ambig, so blicken drei- bis vierjährige autistische Kinder deutlich häufiger in sein Gesicht, als wenn es eindeutig ist. Vermutlich versuchen sie, das Ziel des Erwachsenen zu bestimmen (Carpenter et al. 2002; Charman et al. 1997; vgl. auch Phillips et al. 1992 für negative Ergebnisse). In einem Imitationsparadigma fanden Carpenter et al. (2002) heraus, dass drei- bis vierjährige autistische Kinder ungewöhnliches Verhalten seitens eines Erwachsenen, wie etwa das Betätigen eines Lichtschalters mit dem Kopf, nicht nur imitierten, sondern dabei auch auf das Licht achteten, was als ein Zeichen für das Verständnis der zielorientierten Natur seines Verhaltens gesehen werden könnte. Unter Verwendung von Meltzoffs (1995) Nachahmungsparadigma konnten autistischen Kindern in zwei weiteren Studien keine Einschränkungen im Verstehen erfolgloser Versuche nachgewiesen werden (Alridge et al. 2000; Carpenter et al. 2001), was darauf hindeutet, dass sie ebenfalls ein Bewusstsein für die Beständigkeit zielorientierten Verhaltens haben. Die Befunde zur Fähigkeit kulturellen Lernens bei autistischen Kindern sind dagegen uneinheitlich (siehe z. Bsp. Rogers 1999 für einen Überblick). Hobson und Lee (1999) fanden heraus, dass Kinder mit Autismus besondere Eigenheiten im Verhalten eines Vorführers seltener imitierten als andere Kinder. Dies ist unter anderem ein Hinweis darauf, dass es ihnen schwerer fällt, die für intentionale Handlungen typische Hierarchie von Mittel und Zweck zu analysieren.

Im Hinblick auf ihr Verständnis von Wahrnehmung zeigen autistische Kinder zwar deutliche Defizite in Tests zum spontanen Verfolgen von Blicken, können jedoch interessanterweise, wenn man sie dazu anweist, Angaben darüber machen, was sich die andere Person ansieht (Leekam et al. 1997). Es gibt nach unserem Wissen keine direkten Tests dafür, ob autistische Kinder auch in der Lage sind, der Blickrichtung anderer hinter Hindernisse zu folgen. Gleiches gilt für Verfahren, die zeigen könnten, ob sie verstehen, dass andere Personen Dinge nicht nur sehen, sondern auch ansehen und aufmerksam verfolgen. Es ist eine plausible Annahme, dass zumindest einige autistische Kinder (wahrscheinlich im hoch-funktionalen Spektrum) verstehen, dass andere Personen Gegenstände ansehen können, Ziele haben und beständig auf diese hinarbeiten. Es liegt nahe, dass sie kein Verständnis des rationalen Entscheidungsprozesses haben, aufgrund dessen sich ein Akteur zwischen verschiedenen Handlungsmöglichkeiten entscheidet, um intentional zu handeln. Jedoch liegen auch hierzu noch keine expliziten Untersuchungen vor.

(B.) Geteilte Intentionalität

Unglücklicherweise sind autistische Kinder nicht in der Lage, ihre Fähigkeit zum Begreifen intentionaler Handlungen und Wahrnehmung auf die Motivation und Fähigkeit zu übertragen, psychische Zustände mit anderen zu teilen – ein Defizit, das bereits der Name der Störung zum Ausdruck bringt. Hobson (2002) konnte in einem Überblicksartikel mit Hinblick auf die Fähigkeit zu gemeinsamen dyadischen Interaktionen einige Belege dafür geben, dass es Kindern mit Autismus besonders schwer fällt, Emotionen zu erkennen, zu verstehen und mit anderen zu teilen, weshalb sie sich auch nicht an Protokonversationen beteiligen.

Defizite bei den Fähigkeiten zur Teilnahme an triadischen Interaktionen und geteilter Aufmerksamkeit sind bei autistischen Kindern derart verbreitet, dass sie ein wesentliches diagnostisches Kriterium darstellen. Es ist wahrscheinlich von besonderer Bedeutung, dass Kinder mit Autismus selten in koordinierter Weise an gemeinsamer Aufmerksamkeit teilhaben oder durch deklaratives Zeigen mit dem Finger und das Präsentieren von Objekten versuchen, einen Zustand gemeinsamer Aufmerksamkeit zu erzeugen (z. Bsp. vgl. Baron-Cohen 1989; Charman et al. 1997; Mundy & Willoughby 1996), was ihren Mangel an Motivation diesbezüglich wohl am deutlichsten zum Ausdruck bringt. Ebenso selten erwidern sie die Versuche anderer, Zustände gemeinsamer Aufmerksamkeit herzustellen (vgl. bspw. Leekam et al. 1997). Im Hinblick auf gemeinsame Interaktionen lässt sich sagen, dass sich Kinder mit Autismus nur sehr selten am gemeinschaftlichen Spiel mit Gleichaltrigen beteiligen und allgemein kaum mit anderen zusammenarbeiten und kooperieren (Lord 1984). Ferner gibt es nur vereinzelte Belege dafür, dass sie die Rolle eines Gegenübers übernehmen oder diesem helfen (Carpenter et al. 2005). Ein weiteres Problemfeld stellt die sprachliche Kommunikation und die Nutzung von Symbolen dar. Die geminderte Fähigkeit autistischer Kinder, einen Mangel an Verständnis ihrerseits deutlich zu machen oder ihre eigenen sprachlichen Äußerungen zu erläutern, um anderen das Verstehen zu erleichtern, sind sehr gut belegt. Dies weist darauf hin, dass ihr kommunikatives Verhalten bestimmte Aspekte von voll ausgeprägten gemeinschaftlichen Interaktionen entbehrt (Loveland et al. 1990). Hobson (2002) kann mit Hilfe experimenteller Ergebnisse darlegen, dass all diese Probleme emotional bedingt sind, insofern sie alle aus einem Defizit der normalen menschlichen Motivation herrühren, Emotionen, Erfahrungen und Aktivitäten mit anderen zu teilen. Dies hat zur Folge, dass, mit einigen ungewöhnlichen Ausnahmen, die große Mehrheit autistischer Kinder in einer nicht annähernd normalen Weise an den kulturellen und symbolischen Aktivitäten ihrer Umwelt teilhaben kann.

c.   Zusammenfassung

Menschenaffen und autistische Kinder sind offensichtlich nicht für alle Aspekte intentionalen Handelns blind. Entgegen früherer Darstellungen scheinen sowohl Menschenaffen als auch Kinder mit Autismus Handlungen als zielgerichtet, wenn nicht sogar im vollen Sinne als intentional zu verstehen. Dies bedeutet, dass sie wissen, dass andere Ziele haben, diese beständig zu erreichen versuchen und ihren Bemühungen mittels ihrer Wahrnehmung folgen. Es ergibt sich ferner, dass beide, wenn auch nicht im gleichen

Umfang oder ebenso verbreitet wie ein- bis zweijährige Kinder, bestimmte Fähigkeiten zu sozialem Lernen an den Tag legen. Dennoch folgen weder Menschenaffen noch autistische Kinder dem Weg einer typisch menschlichen Entwicklung hin zur gemeinsamen sozialen Interaktion mit anderen Personen. Beide haben weder an geteilten dyadischen (Protokonversationen), noch an triadischen (geteilte Aufmerksamkeit) oder gemeinsamen Interaktionen (mit geteilten Intentionen und Wahrnehmungen) teil. Darüber hinaus scheinen sie nach unserem Wissen keinerlei Motivation dafür zu zeigen, einem Gegenstand gemeinsam mit anderen Aufmerksamkeit zu widmen, andere über etwas zu informieren oder ihnen zu helfen. Allgemein scheinen weder Menschenaffen noch autistische Kinder – zumindest nicht in einem für sich normal entwickelnde menschliche Kinder typischen Maß - die Motivation oder Fähigkeit dafür zu besitzen, Dinge mit anderen psychologisch zu teilen. Dies bedeutet, dass ihr Vermögen, Gegenstände auf einer kulturellen Ebene und gemeinsam mit anderen zu verstehen und zu schaffen, deutlich eingeschränkt ist.

5.   Zwei Hypothesen

Ausgehend von all diesen Ergebnissen ist es unsere Annahme, dass zusätzlich zum Verständnis anderer als intentionaler rationaler Akteure, Menschen über eine weitere soziale Fähigkeit verfügen, die ihnen die Motivation und kognitiven Fähigkeiten gibt, gemeinsam mit anderen zu fühlen, wahrzunehmen und zu handeln. Eine Fähigkeit, die wir mit Blick auf ihren ontogenetischen Endpunkt als geteilte (oder „Wir"-) Intentionalität bezeichnen können. Als eine sozial-kognitive Schlüsselkompetenz zur Ermöglichung kultureller Kognition und Kreation ist geteilte Intentionalität von herausragender Bedeutung bei der Erklärung der einzigartigen und beeindruckenden kognitiven Fähigkeiten des *Homo Sapiens*. So stellt sich uns die Frage: Wie konnte sich diese Fähigkeit zu geteilter Intentionalität phylogenetisch und ontogenetisch entwickeln?

a.   Eine phylogenetische Hypothese

Primaten sind extrem kompetitive Wesen. Den meisten Darstellungen folgend entwickelten sich die sozial-kognitiven Fähigkeiten, die Primaten von anderen Säugetieren unterscheiden, im Kontext kompetitiver sozialer Interaktionen. Humphrey (1976) zufolge prägten gerade Begriffe wie Primatenpolitik (primate politics; de Waal 1982) und machiavellistische Intelligenz (Byrne & Whiten 1988) die Diskussion über die soziale Kognition der Primaten. In experimentellen Vergleichen entfalteten zumindest einige Primatenarten das volle Potential ihrer sozial-kognitiven Fähigkeiten eher in kompetitiven als kooperativen Situationen (Hare & Tomasello 2004; Hare et al. 2000, 2001).

Unsere Hypothese ist, dass sich zusätzlich zu dem Vermögen, mit anderen in Wettstreit zu treten, (und den allen sozialen Tieren gemeinsamen Fähigkeiten zu koordiniertem Verhalten) bei Menschen Fertigkeiten und Motivationen dafür entwickelten, miteinander an Tätigkeiten teilzuhaben, die geteilte Ziele und gemeinsame Intentionen und Aufmerksamkeit erfordern. Ab einem bestimmten Zeitpunkt – vielleicht den Beginn der Entwicklung des modernen Menschen vor 150.000 Jahren ankündigend – hatten

Individuen, die in der Lage waren, bei verschiedensten sozialen Aktivitäten effektiver zusammen zu arbeiten, einen deutlichen Selektionsvorteil. Diese Entwicklung könnte sich nach einer These von Wrangham (1980) zunächst innerhalb einiger Gruppen vollzogen haben. Da viele Primaten selten oder nur in geringen Mengen verfügbare Ressourcen wie Früchte horteten und diese knappen Ressourcen leicht durch eine kleine Gruppe von Individuen unter Ausschluss von anderen kontrolliert werden konnten, könnten einige Primaten soziale Systeme entwickelt haben, in denen Untergruppen (bspw. matrilineare Verwandtschaftsgruppen oder kurzzeitige Koalitionen und Allianzen) zusammen agieren, um mit anderen innerhalb einer größeren Gruppe um wertvolle Ressourcen zu konkurrieren (vgl. auch van Schaik 1989). Menschen könnten diesen Prozess, bei dem kleine Untergruppen innerhalb größerer Gruppen miteinander konkurrieren, lediglich etwas weiter entwickelt haben, indem sie von gemeinsamen Handlungen zu echter Zusammenarbeit übergingen. Aber die Evolution der einzigartig menschlichen Fähigkeiten zur sozialen Zusammenarbeit hätte sich auch zwischen Gruppen ereignen können. Es ist möglich, dass spezifische Formen der Bestimmung von Gruppenzugehörigkeiten eine wichtige Rolle in der Entwicklung dieser gemeinschaftlichen Interaktionen spielte. Ebenso könnte es eine Veränderung der Verhaltensökologie der Spezies Homo ermöglicht haben, dass eine Gruppe gemeinsam und mit zahlreichen der ihr zugehörenden Individuen andere, kleinere Gruppen verdrängte (Sober & Wilson 1998).

Das grundlegende kognitive Fundament zur Ermöglichung fähigkeitsbasierter Zusammenarbeit bildet das Vermögen, Intentionen zu erkennen. So hilfreich diese Kompetenz auch in kompetitiven Szenarien sein kann, ist sie in diesen doch nicht absolut wesentlich, da es im Konkurrenzkampf hauptsächlich darum geht, was der andere *macht*. In kompetitiven Situationen müssen die Interaktionspartner keine Ziele im Hinblick auf die intentionalen Zustände anderer entwickeln. Beide Seiten haben schließlich dasselbe Ziel (bspw. wollen beide Futter) und es geht lediglich darum, einander zuvor zu kommen. Im Gegensatz dazu erfordern gemeinsame Interaktionen, dass die Interaktionspartner Zielvorstellungen über die intentionalen Zustände anderer entwickeln, damit sie die notwendigen geteilten Ziele und Vorgehensweisen entwickeln können. Folglich sind wir in kooperativen Situationen von Anfang an mit dem so genannten Koordinationsproblem konfrontiert: Allein um einen Anfang zu machen und ein gemeinsames Ziel aushandeln zu können, müssen wir uns koordinieren (über gemeinsame Ziele verfügen wir nicht von Anfang an, vgl. Levinson 2000). Um zusätzlich effektiv handeln zu können, müssen wir unsere Vorgehensweisen einander gemäß der Hierarchie des Handlungsplanes anpassen, was wiederum ein gewisses Maß an Kommunikation im engeren Vorfeld der Handlung voraussetzt.

Es ist vorstellbar, dass Selektionsprozesse, die im Verlauf der Phylogenese kooperativen Individuen Vorteile verschafften, derartige Veränderungen in der Fähigkeit Intentionen, zu lesen hervorbrachten, wie wir sie heute in Menschenaffen beobachten können. Wahrscheinlicher jedoch ist, dass frühe Angehörige der Gattung *Homo* besonders komplexe Fähigkeiten zum Erkennen von Intentionen im Kontext des imitativen Lernens von Fertigkeiten zur Nutzung und Herstellung von Werkzeugen entwickelten. Da diese wiederum bereits die Fähigkeit zur hierarchischen Analyse von Zielvorstellungen und Vorgehensweisen erfordern, könnte der Selektionsdruck, dem der moderne Mensch ausgesetzt war, besonders auf Individuen gewirkt haben, die bereits daran angepasst waren, die intentionale Struktur von Handlungen zu begreifen. Diese Darstellung könnte auch erklären, warum moderne Menschen beim Imitieren von Handlungen soviel geschickter sind als andere Primaten - besonders wenn die Aufgabe eine Mittel-Zweck-Analyse des beobachteten Verhaltens voraussetzt (Tomasello 1996).

Eine entscheidende Grundlage kooperativer Interaktionen ist die Motivation, Gefühle, Erfahrungen und Handlungen mit anderen Personen zu teilen, wobei Teilen hier einmal mehr bedeutet, über mentale Repräsentationen der psychologischen Zustände anderer zu verfügen. Hare und Wrangham (2002) folgend könnten wir beispielsweise annehmen, dass ein erster Schritt zum Festigen des Zusammenhalts der Gruppe darin bestanden haben könnte, dass sich Menschen (und in gewissem Maß auch Bonobos) gegenüber ihren gemeinsamen *Pan-Homo* Vorfahren vor 6 Millionen Jahren selbst „zähmten", indem sie überaggressive und wenig tolerante Gruppenmitglieder aus der Gemeinschaft ausschlossen. Dies allein jedoch reicht noch nicht aus. Fähigkeiten zur gemeinsamen Kooperation implizieren zusätzlich eine starke Motivation, Emotionen, Erfahrungen und intentionale Handlungen aktiv mit anderen zu teilen. Das kommunikative Verhalten des Menschen ist insofern einzigartig, als es sich allein dem Austausch von Informationen und Interessen an verschiedenen Dingen widmen kann (was Dunbar 1996 auch als Klatsch (gossiping) bezeichnet). Eine Schlüsselkomponente bei der Weitergabe menschlicher Kultur (Tomasello 1999b) und ebenso einzigartige Eigenschaft des Menschen ist es, das Verhalten anderer aus einer rein sozialen Motivation heraus zu imitieren - nicht um ein Ziel zu erreichen, sondern allein um anderen in der Gruppe zu gleichen. Zusätzlich scheinen Menschen über das „altruistische" Motiv zu verfügen, anderen helfen zu wollen, da ihre motivationale Struktur stark auf Reziprozität ausgerichtet und ihr Verhalten durch soziale Normen wie „Fairness" geleitet ist (Boyd et al. 2002; Gintis et al 2003).[7] Es ist auch hier möglich, dass Selektionsmechanismen, die kooperative Individuen begünstigen, derartige Veränderungen in der Motivation, Dinge mit anderen zu teilen, bewirkten, wie wir sie gegenwärtig bei Menschenaffen beobachten können. Es ist jedoch ebenso möglich, dass zu der Zeit, als dieser Selektionsprozess stattfand, die Gattung *Homo* bereits andere soziale Motivationen entwickelt hatte – möglicherweise im Kontext von Kernfamilien (Wrangham et al. 1999).

Wir stellen uns also vor, dass die Individuen einer prähistorischen, menschlichen Bevölkerung bereits so weit entwickelt waren wie heutige Schimpansenkulturen (Boesch 1996) und die für geteilte Intentionen notwendigen Fähigkeiten und Motivation erworben hatten, was sie zu besonders komplexen Formen der Kooperation befähigte und schließlich zur Entstehung moderner menschlicher Formen kultureller Organisation führte. Es ist möglich, dass dies allein auf dem Wege individueller Selektion geschah,

---

[7] Experimentelle Belege hierfür lassen sich durch die Nutzung von Paradigmen wie dem (1) Ultimatumsspiel (ultimatum game) gewinnen, in dem Individuen anderen zumindest teilweise mehr Geld anbieten als aus einer egoistischen Perspektive heraus sinnvoll wäre, da dies einfach das fairste Verhalten im gegebenen Kontext darstellt (Gintis et al. 2003); und (2) experimentelle Spiele, in denen Individuen einiges auf sich nehmen müssen um andere für ihren Mangel an „Fairness" zu bestrafen und dies selbst dann tun wenn der eigentliche Akt des Bestrafens dem Akteur keinerlei Vorteile bringt und die involvierten Kosten kaum aufwiegt (zu altruistischem Bestrafen, vgl. Fehr & Gächter 2002).

da gemeinschaftliches Handeln in den meisten Fällen beiden Teilnehmern die gleichen Vorteile bringt. Ebenso könnten zusätzlich bestimmte Selektionsformen auf der Gruppenebene (Sober & Wilson 1998) oder eine Art kultureller Gruppenselektion (Boyd et al. 2002) gewirkt haben, die auf starken Reziprozitäts- und Konformitätsnormen beruhten. Die Koevolution der Fähigkeiten zum Verständnis von Intentionen und gemeinsamen Handeln ermöglichte dann – vermittels kulturell-historischer Lernprozesse wie des Wagenhebereffektes - die Entwicklung verschiedener und für die menschliche Kultur konstitutiver kultureller Artefakte und sozialer Praktiken, die wiederum die kognitive Ontogenese der Jungtiere strukturierten. Unser Vorschlag ist somit, dass das machiavellistische Modell der kognitiven Evolution des Menschen, welches lediglich die Rolle von Konkurrenzkämpfen hervorhebt, durch ein kulturelles Modell zu ergänzen ist, welches zusätzlich die Bedeutung von gemeinschaftlicher Kooperation, kulturell-historischen Prozessen und starker sozialer Reziprozität basierend auf sozialen Normen betont.

b.   Eine ontogenetische Hypothese

Sollte unsere phylogenetische Hypothese zutreffen, so bedeuten Selektionsvorteile für gute Kooperationspartner ebenso Vorteile für Individuen, die (1) gut darin sind, Intentionen zu erkennen, und (2) eine starke Motivation haben, psychologische Zustände miteinander zu teilen. Unserer ontogenetischen Hypothese zufolge sind es genau diese beiden Fähigkeiten, die sich innerhalb des ersten Lebensjahres entwickeln und zusammen wirken, um den Weg für die normale Entwicklung des Menschen zu ebnen und zur Teilhabe an gemeinsamen kulturellen Praktiken führen.

Bezüglich des ersten Entwicklungsstranges, dem Verstehen von Intentionen, gibt es zahlreiche Erklärungsvorschläge, die diese Fähigkeit als einen, uns fest eingeschriebenen und in sich modular geschlossenen Teil des menschlichen Wahrnehmungsapparates betrachten. So wie Menschen automatisch kausale Zusammenhänge in bestimmten Wahrnehmungssequenzen erkennen (Leslie 1984; Michotte 1963), begreifen sie bestimmte Handlungen als von belebten Akteuren initiiert und zielgerichtet. Gergeley und Csibra (2003) nehmen an, dass menschliche Säuglinge ab der zweiten Hälfte ihres ersten Lebensjahres über ein spezielles Handlungsinterpretationssystem verfügen, mittels dessen sie menschenähnliche Handlungen als teleologisch und zielgerichtet verstehen. Ferner nehmen sie an, dass sich unabhängig davon ein Referenzinterpretationssystem zur Verfolgung von Blicken und Ähnlichem entwickelt (Csibra 2003). Baron-Cohen (1995) geht in ähnlicher Weise von der frühen Entwicklung zweier angeborener Module zum Erfassen von Zielen und Blickverläufen aus. Kurz nach Vollendung des ersten Lebensjahres entwickelt sich ein Mechanismus zur Verarbeitung gemeinsamer Aufmerksamkeit, der sich aus den Inhalten der beiden früheren Module speist.

Wenn unsere Sicht der Dinge auch einiges mit diesen Annahmen gemein hat, so gibt es doch zwei entscheidende Unterschiede. Zunächst einmal begreifen wir das kindliche Verständnis von Zielen/Intentionen und Wahrnehmung/Aufmerksamkeit nicht als modular und voneinander getrennt. Tatsache ist, dass einige der empirischen Belege, die wir hier vorgestellt haben, suggerieren, dass Säuglinge im Versuch, das Verhalten anderer und dessen Gründe zu verstehen, intentionales Handeln und Wahrnehmen als ein integriertes System begreifen (d. h. einer Art Kontrollsystem). Sie zeigen ein solches integriertes Verständnis bereits ab dem 9. Monat, wenn sie erfassen, dass ein Akteur Ziele beharrlich verfolgt (bis er sieht, dass die Welt seiner Zielvorstellung entspricht) und sie sich gemeinsam mit anderen Personen in triadischen Interaktionen um äußere Gegenstände einbringen. Dabei müssen sie aus den Zielen anderer auf deren Wahrnehmung und aus den Wahrnehmungen anderer auf ihre Ziele schließen. Wir können uns allgemein schwer vorstellen, wie ein Beobachter zielgerichtetes Handeln (und viel weniger noch rationales Handeln) verstehen soll, ohne zu begreifen, dass Organismen ihre Umwelt im Hinblick auf den Erfolg und Misserfolg ihres Verhaltens bewerten und dabei mögliche Hindernisse und Ähnliches beobachten.

Zweitens glauben wir, dass es, um die Ursprünge der kognitiven Fähigkeiten des Menschen zu verstehen, nötig ist, diese nicht schlicht als „angeboren" zu etikettieren. Auch wenn wir darin übereinstimmen, dass es eine biologische Adaption darstellt, Handlungen als zielgerichtet zu verstehen, sagt dies doch überhaupt nichts über deren ontogenetische Entwicklung aus. Es ist unserer Ansicht nach äußerst unwahrscheinlich, dass ein Mensch oder Affe, den man während seines ersten Lebensjahres in sozialer Isolation aufwachsen lässt, andere Personen bei einer ersten Begegnung plötzlich als zielorientierte und intentionale Akteure verstehen könnte. Es scheint plausibler, dass die Entwicklung des Verständnisses intentionalen Handelns von speziestypischen sozialen Interaktionen in der frühen Ontogenese abhängt. Dies bedeutet jedoch nicht notwendigerweise, dass es sich dabei um spezifische Erfahrungen handeln muss. Kaye (1982) geht etwa davon aus, dass Säuglinge, um Intentionen zu verstehen, von Erwachsenen selbst wie intentionale Akteure behandelt werden müssen. Da sie das Verhalten der Säuglinge gleich dem von Erwachsenen verstehen, beginnen sie den Kindern entsprechende Rückmeldungen zu geben. Das Problem mit dieser eher spezifischen Hypothese ist, dass es beträchtliche Unterschiede in der Art und Weise zu geben scheint, wie Erwachsenen in verschiedenen Kulturen mit Säuglingen umgehen. Es gibt Kulturen, in denen Erwachsene Säuglinge nicht wirklich wie echte intentionale Akteure behandeln, und doch entwickeln offensichtlich Kinder aller Kulturen ein Verständnis anderer Personen als intentionale Akteure.

Im Hinblick auf die zweite Entwicklungslinie, das Teilen psychologischer Zustände, ist zu bemerken, dass Autoren wie Trevarthen (1979), Bråten (2000) und besonders Hobson (2002) die interpersonale und emotionale Dimension der frühen menschlichen Ontogenese weitaus differenzierter ausgearbeitet haben, als es uns in diesem Artikel möglich ist. Wir stimmen im Wesentlichen mit ihren Darstellungen überein, finden aber, dass sie der Fähigkeit Intentionen zu verstehen, welche unserer Ansicht nach einen der bedeutendsten Pfeiler der sozial-kognitiven Entwicklung des Menschen darstellt, nicht genügend Aufmerksamkeit widmen. Unsere These ist es daher, dass sich die einzigartigen Aspekte der sozialen Kognition des Menschen nur durch ein Zusammenspiel arttypischer, sozialer Motivationen und dem allen Primaten gemeinen Verständnis belebter und zielgerichteter Handlungen entwickeln konnten. So ebnete das Vermögen des Menschenaffen, intentionale Handlungen zu verstehen, innerhalb der Entwicklungslinie des modernen Menschen den Weg für die Entfaltung der Fähigkeit, an Interaktionen mit geteilter Intentionalität teilzuhaben.

Wenn auch der genaue Ablauf dieser Interaktionen noch nicht vollständig aufgeklärt ist, teilen wir doch die allgemeine Überzeugung, dass Säuglinge erst beginnen, die speziellen Arten intentionaler und mentaler Zustände anderer zu verstehen, nachdem sie diese in ihren eigenen Handlungen erfahren haben und sich mittels dieser Erfahrung durch Simulation die Erfahrungswelt anderer erschließen konnten (Tomasello 1999b; für experimentelle Belege zur Stützung dieser Ansicht, siehe Sommerville & Woodward 2005). Doch entgegen früherer Darstellungen denken wir nicht mehr, dass allein die „Identifikation mit anderen" eine hinreichende Grundlage für den Simulationsprozess liefert. Speziell eine rein körperliche Identifikation kann keine hinreichende Basis bilden, da es mittlerweile Belege dafür gibt, dass neugeborene Schimpansen Gesichtsausdrücke in derselben Art und Weise nachahmen (facial mimicking) wie Säuglinge (Myowa 1996; Myowa-Yamakoshi et al. 2004) und sogar einige Vogelarten gut darin sind, Handlungen zu kopieren (siehe bspw. Zentall 1996). Deshalb möchten wir an diesem Punkt die Annahme äußern, dass tiefer gehende Formen psychologischer Identifikation - sofern sie hinreichend sein sollen, um es Individuen zu ermöglichen, die intentionalen und mentalen Zustände anderer in Analogie zu ihren eigenen zu simulieren – wesentlich auf den Fähigkeiten und Motivationen für interpersonale und emotionale dyadische Teilhabe beruhen. Diese sind charakteristisch für die Interaktion zwischen Säuglingen und ihren Bezugspersonen (Hobson 2002).

Hier können wir uns ebenfalls vorstellen, dass ein arttypisches soziales Umfeld einschließlich arttypischer sozialer Interaktionen mit anderen Personen für die Entwicklung der Motivation zur emotionalen Teilhabe und den mit ihr verbundenen Fähigkeiten zur sozialen Interaktion unentbehrlich ist. Aber auch in diesem Rahmen argumentieren einige Autoren dafür, dass bestimmte Formen spezifischer Erfahrungen notwendig sind. So ist es für Stern (1985) etwa unerlässlich, dass Erwachsene das emotionale Verhalten der Säuglinge „spiegeln". Gergeley (2001) geht ferner davon aus, dass das Timing für bestimmte Formen sozialer Kontingenz eine wesentliche Rolle spielt. Es ist aber unklar, ob Kinder in allen Kulturen diese Erfahrungen machen und ob Kinder, denen diese Erfahrungen verwehrt blieben, letztendlich nicht in der Lage wären, psychologische Zustände mit anderen zu teilen. Und so müsste angesichts der verschiedenen sozialen Umwelten, in denen Menschen aufwachsen können, der ontogenetische Prozess für das Teilen von Emotionen und Intentionen ziemlich robust sein.[8]

Basierend auf dieser Analyse und der in Abschnitt 2 und 3 vorgestellten Besprechung entwicklungspsychologischer Forschung schlagen wir den folgenden und für den Menschen charakteristischen Entwicklungsverlauf sozialer Kognition vor:

1. Säuglinge verstehen andere Personen als belebte Akteure, teilen Emotionen und haben mit ihnen an dyadischen Interaktionen teil;

2. 9 Monate alte Kinder verstehen andere Personen als zielorientierte Akteure, können mit diesen Ziele (und Wahrnehmungen) teilen und haben mit ihnen an triadischen Interaktionen teil;

---

[8] Dies gilt zumindest im Hinblick auf Grundlagen. Bestimmte Unterschiede in der Umwelt dürften selbstverständlich entscheidende individuelle Unterschiede hervorbringen – von denen man einige auch als pathologisch betrachten könnte.

3. 14 Monate alte Kinder verstehen andere Personen schließlich als intentionale Akteu-
   re, können Intentionen (und Aufmerksamkeit) teilen und mit ihnen an gemeinsamen
   Interaktionen teilhaben (und kreieren durch Internalisierung dialogisch-kognitive
   Repräsentationen).

Dieser Verlauf ist das synergistische Produkt der allen Menschenaffen gemeinen Ent-

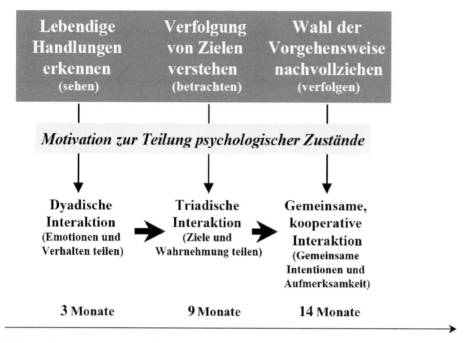

Abbildung IX.3: Die ontogenetische Entwicklung der menschlichen Fähigkeit zur Teilhabe an sozialen Interaktionen als das gemeinsame Ergebnis des Verständnisses intentionaler Handlungen und der Motivation psychologische
Zustände mit anderen zu teilen.

wicklung des Verständnisses intentionaler Handlungen und der für den modernen Menschen typischen Motivation, psychologische Zustände mit anderen zu teilen, welche ein
fester Teil der frühen Ontogenese des Menschen ist. Abbildung 3 bietet einen schema-
tischen Überblick dieses Verlaufs. Wie bereits zuvor in diesem Abschnitt erwähnt, gibt
es nahezu keine Untersuchungen – nicht einmal Versuche oder Korrelationsstudien – die
es ermöglichen würden, eine solide Verbindung zwischen irgendeiner Form spezifischer
sozialer Erfahrung, die Säuglinge haben müssten, und individuellen Unterschieden in
der Entfaltung ihrer Entwicklungsverläufe zu ziehen. In Ermangelung derartiger Belege
können wir den vorsichtigen Schluss ziehen, dass es sich hierbei um einen sehr robusten
und stark vorgeprägten ontogenetischen Entwicklungsverlauf des Menschen handelt, der
sich in jeder für den Menschen „normalen" Umwelt entfaltet.

Zu Beginn des zweiten Lebensjahres geht aus diesem Entwicklungsprozess eine neue Form kognitiver Repräsentationen hervor, welche wir als dialogisch-kognitive Repräsentationen bezeichnet haben, und die Kindern eine im vollen Sinne kooperative und gemeinschaftliche Teilhabe an kulturellen Praktiken wie sprachlicher Kommunikation und anderen Formen symbolischer Interaktion ermöglichen. Dialogisch-kognitive Repräsentationen schließen ein und gehen darüber hinaus, was andere theoretische Konstrukte wie die „Identifikation mit anderen" (Hobson 1993; Tomasello 1999b), die „wie-ich"-Haltung („like me" stance) (Meltzoff & Gopnik 1993) oder die „Selbst-Anderer Äquivalenz" (self-other equivalence) (Barresi & Moore 1996) als mögliche ontogenetische Vorläufer präsentieren. Das heißt, sie erfassen die Tatsache, dass das Kind sowohl weiß, dass es in gewisser Weise anderen äquivalent ist – Akteure können einander in Imitationsverhalten und Rollentausch ersetzen – sich aber gleichzeitig von anderen unterscheidet. Die funktionale Äquivalenz (jedoch nicht Identität) verschiedener Interaktionspartner, von denen einer das Selbst sein kann, ist ein fester Bestandteil dialogisch-kognitiver Repräsentationen. Sie haben jedoch zusätzliche Aspekte (bspw. Intentionen bezüglich der Intentionen des Gegenübers), die wiederum erst aus der Motivation, psychologische Zustände mit anderen zu teilen, hervorgehen.

Wir sind an dieser Stelle keinesfalls in der Lage, eine spezifische Hypothese darüber aufzustellen, wie dialogisch-kognitive Repräsentationen entstehen, die über die generelle etwa von Vygotsky aufgestellte These hinausgeht, dass bestimmte Teile psychologischer Zustände, an denen sich Kinder und ihre Bezugspersonen beteiligen, internalisiert werden. Vielleicht könnten wir aber vorsichtig die etwas spezifischere Vermutung äußern, dass es dem Kind möglich ist, eine besondere Form kognitiver Repräsentation zu entwickeln, wenn es das Verstehen der intentionalen Handlungen eines Erwachsenen - einschließlich des Verhaltens, das auf es selbst gerichtet ist - zur gleichen Zeit wie seine eigenen psychologischen Zustände bezüglich seines Gegenübers erfährt und diese Interaktion simultan aus der ersten und dritten Personenperspektive (siehe Barresi & Moore 1996) konzeptualisiert um eine Art Vogelperspektive auf die gemeinsame Handlung zu gewinnen – eine kognitive Repräsentation in der das Kind all diese Aspekte in einem einzigen repräsentationalen Format erfasst.[9]

Nach Monaten und vielleicht Jahren derartiger Interaktion zwischen dem ersten und fünften Lebensjahr und darüber hinaus, gelingt es Kindern, auf dialogische Weise soziale Normen und dergleichen, einschließlich der für sie konstitutiven konventionellen Praktiken und individuellen Überzeugungen zu konstruieren. Dies ermöglicht es ihnen schließlich, an den kollektiven sozialen Praktiken und Institutionen in ihrer Umwelt teilzuhaben und sich an der kollektiven Intentionalität der menschlichen Kultur zu beteiligen und in ihr einzubringen.

---

[9] Barresi und Moore (1996) konzentrieren sich auf ein anderes Problem, wenn sie behaupten, dass der Säugling zunächst gemeinsam mit anderen in Situationen interagiert, in denen beide ähnliche emotionale Reaktionen zeigen, um anderen psychologische Zustände zuschreiben zu können. Wir legen unseren Schwerpunkt auf kooperative, gemeinsame Interaktionen und dialogisch-kognitive Repräsentationen zwischen Akteuren, die einander bereits als intentional verstehen, sowie die These, dass das Kind diese Interaktionen in kognitiven Repräsentationen internalisiert, die gleichzeitig die erste und dritte Personenperspektive umfassen.

6.   Fazit

Die Kognition des Menschen ist so auffällig wie der Rüssel des Elefanten, der Hals der Giraffe oder der Schwanz des Pfaus. Sie ist zwar nur eine Form der Primatenkognition, erscheint aber absolut einzigartig, wenn man betrachtet, wie Menschen sich daran machen miteinander zu reden, zu schreiben, Symphonien aufzuführen, Mathematik zu betreiben, Gebäude zu errichten, an Ritualen teilzunehmen, Rechnungen zu bezahlen, im Internet zu surfen, staatliche Verwaltung zu installieren und vieles mehr. Einzigartig im Tierreich ist es auch, dass die menschliche Kognition verschiedener Kulturen sich höchst unterschiedlich gestaltet, wobei einige Kulturen komplexe Techniken zur Nahrungssuche und Navigation entwickelten, während andere kaum über diese verfügen. Während einige etwa Algebra und Infinitesimalrechnung hervorbrachten, haben andere nur wenig Verwendung für komplexe Mathematik. Und so muss die biologische Adaption, nach der wir suchen, fest in der Kognition von Primaten verankert sein, Menschen aber dennoch die kognitiven Mittel und Motivation bereitstellen, um Artefakte und Praktiken gemeinsam mit den Mitgliedern ihrer sozialen Gruppe zu entwickeln. Wir suchen nach einem kleinen Unterschied, der, indem er die Möglichkeit zu Kultur und kultureller Evolution eröffnete, einen großen Unterschied für die Kognition des Menschen machte.

Wir gehen daher davon aus, dass dieser „kleine Unterschied, der einen großen Unterschied machte" eine Anpassung ist, die es Menschen ermöglichte, gemeinsam an kooperativen Interaktionen und geteilten Intentionen teilzuhaben. Ein Unterschied, dessen Ursprung innerhalb der menschlichen Evolution in einer Selektion nach effizienten Fähigkeiten zum Verstehen von Intentionen und der Motivation, psychologische Zustände mit anderen zu teilen, begründet liegt. Während der Ontogenese wirken diese beiden Fähigkeiten – das Verstehen intentionaler Handlungen und die Motivation psychologische Zustände miteinander zu teilen – von Beginn an zusammen, um den einzigartigen Entwicklungsverlauf der kulturellen Kognition des Menschen zu ermöglichen, welche die außergewöhnlichen Formen sozialer Interaktion, symbolischer Kommunikation und kognitiver Repräsentationen umfasst. Was wir hier als dialogisch-kognitive Repräsentationen bezeichnen, ermöglicht es älteren Kindern, in vollem Sinne an der sozial-institutionellen und kollektiven Realität teilzuhaben, die die menschliche Kognition ausmachen.

Es gibt jedoch auch noch zwei weitere Ansätze, die zu bestimmen versuchen, was die menschliche Kognition im Tierreich einzigartig macht. Als erstes verweisen viele Autoren natürlich auf Sprache. Ohne Zweifel muss Sprache eine zentrale Rolle in der Diskussion über die Evolution menschlicher Kognition einnehmen. Aber zu sagen, dass nur Menschen über Sprache verfügen, kommt dem gleich zu sagen, dass nur Menschen Hochhäuser bauen, wenn Menschen doch tatsächlich die einzigen (unter den Primaten) sind, die überhaupt frei stehende Unterkünfte errichten. Sprache ist nicht grundlegend; sie ist abgeleitet. Sie beruht auf den gleichen grundlegenden kognitiven und sozialen Fähigkeiten, die es Säuglingen ermöglichen, in einer für andere Primaten untypischen Weise auf Dinge informativ und deklarativ zu zeigen und sie anderen zu präsentieren. Fähigkeiten, die es ihnen wiederum ermöglichen, an gemeinsamen Interaktionen mit geteilter Intentionalität teilzuhaben, welche unter Primaten einzigartig sind. Die allgemeine Frage lautet hier: Was ist Sprache anderes als ein Mittel, um die Aufmerksamkeit anderer zu lenken? Was könnte es bedeuten, zu behaupten, dass Sprache für das Teilen und Verstehen von Intentionen verantwortlich ist, wenn die Vorstellung von linguistischer Kommunikation ohne diese grundlegenden Fähigkeiten selbst inkohärent erscheint? Und so glauben wir, während Sprache weiterhin einen Hauptunterschied zwischen Menschen und anderen Primaten darstellt, dass sie eigentlich erst aus den einzigartigen Fähigkeiten des Menschen hervorgeht, Intentionen zu verstehen und mit anderen zu teilen, welche nicht nur ihre Entwicklung, sondern gemeinsam mit ihr auch die von deklarativen Gesten, kooperativer Zusammenarbeit, der Fähigkeit etwas vorzutäuschen (pretense) und Imitationslernen ermöglichen (Tomasello 2003). Natürlich gibt es in der späteren Ontogenese auch Entwicklungen, die nur auf der Grundlage der sprachlichen Version dialogisch-kognitiver Repräsentationen möglich sind. Diese verkörpern schließlich in besonderer Weise die verschiedenen Perspektiven und Interpretationen, die Menschen auf und von Gegenständen haben können (Lohmann et al. 2005).

Der zweite Anwärter für die Erklärung dessen, was die menschliche Kognition einzigartig macht, ist die *theory of mind* (Theorie des Geistes). Unser Ansatz ist natürlich eine ihrer Varianten, und wir würden in der Tat argumentieren, dass ein volles Verständnis intentionaler Handlungen, einschließlich ihrer rationalen und normativen Dimensionen, ein Verständnis mentaler Gegenstände voraussetzt. Im Sprachgebrauch der meisten Leute jedoch wird der Begriff *theory of mind* lediglich benutzt, um die Alltagspsychologie (belief-desire psychology) zu bezeichnen, mit der Schulkinder und Erwachsene operieren. Diese Form der *theory of mind* leitet sich jedoch erst aus grundlegenderen sozial-kognitiven Fähigkeiten ab. So können Tomasello und Rakoczy (2003) etwa auf der Grundlage empirischer Ergebnisse darlegen, dass während sich das Verstehen und Teilen von Emotionen unabhängig des jeweiligen kulturellen Umfeldes im ersten Lebensjahr entfaltet – ohne dass individuelle Unterschiede aufgrund von Umweltfaktoren gefunden werden konnten – sich das Verständnis von Gedanken und Überzeugungen erst einige Jahre später und zu verschiedenen Zeitpunkten in verschiedenen kulturellen Umfeldern entwickelt. Ferner gibt es deutliche Belege dafür, dass die Teilnahme an Konversationen mit anderen Personen (besonders wenn der Diskurs Perspektivübernahmen erfordert) eine bedeutende, wenn nicht sogar entscheidende Rolle in der normalen Entwicklung spielt. Deswegen möchten wir einmal mehr darauf hinweisen, dass unserer Einschätzung nach das Verstehen von Überzeugungen und Wünschen, obwohl es ohne Zweifel eine kritische Komponente in der einzigartigen Kognition des Menschen darstellt, selbst nicht grundlegend ist, sondern erst aus dem Vermögen, Intentionen zu verstehen und zu teilen, hervorgeht.

Nachdem wir dargelegt haben, dass eine Adaption für das Teilen von Intentionalität grundlegender ist als andere theoretische Anwärter wie Sprache und *theory of mind*, müssen wir doch auch zugestehen, dass es weitere Hypothesen über die Ursprünge der menschlichen Kognition gibt, die noch grundlegender sind. Man könnte beispielsweise plausibel machen, dass sich bei Menschen schlicht größere Gehirne entwickelten, die über größere Kapazitäten als die anderer Primaten verfügten – möglicherweise ein größeres Arbeitsgedächtnis, das es ihnen ermöglicht, mehrere Dinge gleichzeitig zu behalten (z. Bsp. siehe Olson & Karawar 1999) – und dass dies ausreichend ist, um all die Unterschiede zu kreieren, die wir heute zwischen Menschen und anderen Primaten finden. Ebenso könnte man annehmen, dass ein sehr einfacher Unterschied in der Sozialität des Menschen (zwischen Menschen und anderen Tieren), wie etwa die Tendenz für Belohnungen, Strafen und Anweisungen anderer in der Gruppe empfänglicher zu werden (vgl. Wilson 1999 zu Übereinstimmung (consilience)) für die weitere Entwicklung der menschlichen Kognition verantwortlich ist. Aber hierauf würden wir erwidern, dass diese unspezifischen Adaptionen kaum ausreichend sein können. Um von den sozialen Gruppen der Primaten zur menschlichen Kultur und der kollektiven Kognition zu gelangen, die sie verkörpern, bedarf es einer Adaption für die Teilhabe an gemeinsamen und kooperativen Interaktionen. Diese erst ermöglicht die Selektion nach Motivationen und Fähigkeiten für geteilte Intentionalität und bildet die eigentliche Grundlage für die kultur-historischen Prozesse, die aus diesen hervorgehen.

Es gibt natürlich noch viele Dinge, die wir über all diese Prozesse und Phänomene noch nicht wissen. Es ist unklar, in welchem Maße sich das Verständnis darüber, wie andere sich für Vorgehensweisen entscheiden - die rationalen Aspekte intentionalen Handelns also - bei Menschen und Affen unterscheiden, da man die meisten Studien, in denen man Säuglinge untersucht hat, nicht so einfach mit Affen durchführen kann. Wir haben sehr wenig genaue Informationen über die menschliche Motivation, psychologische Zustände mit anderen zu teilen. In diesem Fall liegt es daran, dass die aufschlussreichsten Experimente (bspw. Isolationsexperimente) unethisch wären. Wir wissen nicht, wie weit das Verständnis intentionaler Handlungen eines Kindes ausgeprägt sein muss, damit es an gemeinsamen und kooperativen Interaktionen teilhaben kann. Ferner ist unklar, ob die Formen gemeinsamer Aktivitäten, die in Kulturen bestehen, bevor Kinder geboren werden, eine notwendige oder nur fördernde Rolle in der Ontogenese haben oder ob ihnen zumindest zu Beginn überhaupt keine Bedeutung zukommt (wenn sich dies im weiteren Verlauf der Entwicklung auch bedeutend ändert). Es ist unsere Überzeugung, dass wir, um hier und in anderen Fragen Fortschritte machen zu können, unsere Forschungsanstrengungen in gleichem Maße auf zwei Schwerpunkte konzentrieren müssen. Einerseits benötigen wir weitere Einsichten in die erforderlichen, individuellen kognitiven Fähigkeiten, die das Verständnis intentionalen Handelns in all seinen Dimensionen ermöglicht. Andererseits bedarf es einer verstärkten Untersuchung der sozialen Motivationen und dialogischen Repräsentationen, welche den gemeinsamen, kooperativen Interaktionen und kollektiven Artefakten zugrunde liegen, die die menschliche Kultur und Kognition strukturieren.

Übersetzung aus dem Englischen von Gregor Stöber

7. Literatur

Ashby, W. R. (1956) *An introduction to cybernetics.* Chapman & Hall.

Baird, J. & Moses, L. (2001) Do preschoolers appreciate that identical actions may be motivated by different intentions? *Journal of Cognition and Development* 2: 413–48.

Bakeman, R. & Adamson, L. (1984) Coordinating attention to people and objects in mother-infant and peer-infant interactions. *Child Development* 55: 1278–89.

Baldwin, D. A., Baird, J. A., Saylor, M. M. & Clark, M. A. (2001) Infants parse dynamic action. *Child Development* 72: 708–17.

Bard, K. A. & Vauclair, J. (1984) The communicative context of object manipulation in ape and human adult-infant pairs. *Journal of Human Evolution* 13: 181–90.

Baron-Cohen, S. (1989) Perceptual role taking and protodeclarative pointing in autism. *British Journal of Developmental Psychology* 7: 113–27.

Baron-Cohen, S. (1995) *Mindblindness: An essay on autism and theory of mind.* MIT Press/ Bradford.

Barresi, J. & Moore, C. (1996) Intentional relations and social understanding.*Behavioral and Brain Sciences* 19: 107–29.

Behne, T., Carpenter, M., Call, J. & Tomasello, M. (2005) Unwilling versus unable: Infants' understanding of intentional action. *Developmental Psychology* 41: 328–37.

Bellagamba, F. & Tomasello, M. (1999) Re-enacting intended acts: Comparing 12- and 18-month-olds. *Infant Behavior and Development* 22: 277–82.

Bertenthal, B. (1996) Origins and early development of perception, action, and representation. *Annual Review of Psychology* 47: 431–59.

Bloom, L. (1996) Intention, history, and artifact concepts. *Cognition* 60: 1–29.

Bloom, P. & Markson, L. (1998) Intention and analogy in children's naming of pictorial representations. *Psychological Science* 9: 200–4.

Boesch, C. (1996) The emergence of cultures among wild chimpanzees. In: *Evolutionof social behaviour patterns in primates and man,* ed. W. G. Runciman, J. M. Smith, et al. *Proceedings of the British Academy* 88: 251–68.

Boesch, C. & Boesch, H. (1989) Hunting behavior of wild chimpanzees in the Tai National Park. *American Journal of Physical Anthropology* 78: 547–73.

Boyd, R. & Richerson, P. J. (2002) Group beneficial norms can spread rapidly in a structured population. *Journal of Theoretical Biology* 215: 287–96.

Bråten, S. (2000) *Modellmakt og altersentriske spedbarn.* Sigma.

Bratman, M. E. (1989) Intention and personal policies. In: *Philosophical perspectives, vol. 3, Philosophy of mind and action theory,* ed. J. E. Tomberlin. Blackwell.

Bratman, M. E.(1992) Shared cooperative activity. *Philosophical Review* 101: 327–41.

Bruner, J. (1983) *Child's talk.* Norton.

Byrne, R. & Whiten, A., eds. (1988) *Machiavellian intelligence: Social expertise and the evolution of intellect in monkeys, apes, and humans.* Clarendon.

Call, J. & Tomasello, M. (1998) Distinguishing intentional from accidental actions in orangutans (*Pongo pygmaeus*), chimpanzees (*Pan troglodytes*) and human children (*Homo sapiens*). *Journal of Comparative Psychology* 112: 192–206.

Call, J. & Tomasello, M. (1996) The effect of humans in the cognitive development of apes. In: *Reaching into thought: The minds of the great apes,* ed. A. Russon, K. Bard & S. Parker. Cambridge University Press.

Call, J. & Tomasello, M. (2005) What do chimpanzees know about seeing revisited: An explanation of the third kind. In: *Issues in joint attention,* ed. N. Eilan, C. Hoerl, T. McCormack & J. Roessler. pp. 234–53. Oxford University Press.

Call, J., Carpenter, M. & Tomasello, M. (2005) Copying results and copying actions in the process of social learning: Chimpanzees (*Pan troglodytes*) and human children (*Homo sapiens*). *Animal Cognition.* 8(3): 151–63.

Call, J., Hare, B., Carpenter, M. & Tomasello, M. (2004) 'Unwilling' versus 'unable': chimpanzees' understanding of human intentional action. *Developmental Science* 7: 488–98.

Call, J., Hare, B. & Tomasello, M. (1998) Chimpanzee gaze following in an objectchoice task. *Animal Cognition* 1: 89–99.

Caron, A. J., Kiel, E. J., Dayton, M. & Butler, S. C. (2002) Comprehension of the referential intent of looking and pointing between 12 and 15 months. *Journal of Cognition & Development* 3: 445–64.

Carpenter, M., Akhtar, N. & Tomasello, M. (1998a) Fourteen- through 18-monthold infants differentially imitate intentional and accidental actions. *Infant Behavior and Development* 21: 315–30.

Carpenter, M., Nagell, K. & Tomasello, M. (1998b) Social cognition, joint attention, and communicative competence from 9 to 15 months of age. *Monographs of the Society of Research in Child Development*

63(4): 1–143.

Carpenter, M., Pennington, B. F. & Rogers, S. J. (2002) Interrelations among social-cognitive skills in young children with autism and developmental delays. *Journal of Autism and Developmental Disorders* 32: 91–106.

Carpenter, M., Pennington, B. F. & Rogers, S. J. (2001) Understanding of others' intentions in children with autism and children with developmental delays. *Journal of Autism and Developmental Disorders* 31: 589–99.

Carpenter, M., Tomasello, M. & Striano, T. (2005) Role reversal imitation and language in typically developing infants and children with autism. *Infancy* 8: 253–78.

Carpenter, M., Tomasello, M. & Savage-Rumbaugh, S. (1995) Joint attention and imitative learning in children, chimpanzees, and enculturated chimpanzees. *Social Development* 4: 217–37.

Chalmeau, R. (1994) Do chimpanzees cooperate in a learning task? *Primates* 35: 385–92.

Charman, T., Swettenham, J., Baron-Cohen, S., Cox, A., Baird, G. & Drew, A. (1997) Infants with autism: An investigation of empathy, pretend play, joint attention, and imitation. *Developmental Psychology* 33: 781–89.

Cheney, D. L. & Seyfarth, R. (1990) *How monkeys see the world: Inside the mind of another species.* University of Chicago Press.

Clark, E. V. (1997) Conceptual perspective and lexical choice in acquisition. *Cognition* 64: 1–37.

Clark, H. (1996) *Uses of language.* Cambridge University Press.

Crawford, M. P. (1937) The cooperative solving of problems by young chimpanzees. *Comparative Psychology Monographs* 14: 1–88.

Csibra, G. (2003) Teleological and referential understanding of action in infancy. *Philosophical Transactions of the Royal Society of London B* 358: 447–58.

Csibra, G., Biró, S., Koós, O. & Gergely, G. (2002) One year old infants use teleological representation of actions productively. *Cognitive Science* 104: 1–23.

Csibra, G., Gergely, G., Bíró, S., Koós O. & Brockbank, M. (1999) Goal attribution without agency cues: The perception of 'pure reason' in infancy. *Cognition* 72: 237–67.

D'Entremont, B., Hains, S. M. J. & Muir, D. W. (1997) A demonstration of gaze following in 3- to 6-month-olds. *Infant Behavior and Development* 20: 569–72.

de Waal, F. (1982) *Chimpanzee politics: Power and sex among apes.* Jonathan Cape.

Dunbar, R. (1996) *Grooming, gossip and the evolution of language.* Faber & Faber.

Fehr, E. & Gächter, S. (2002) Altruistic punishment in humans. *Nature* 415: 137– 40.

Feinfield, K. A., Lee, P. P., Flavell, E. R., Green, F. L. & Flavell, J. H. (1999) Young children's understanding of intention. *Cognitive Development* 14: 463– 86.

Fernyhough, C. (1996) The dialogic mind: A dialogic approach to the higher mental functions. *New Ideas in Psychology* 14: 47–62.

Gelman, S. A. & Ebeling, K. S. (1998) Shape and representational status in children's early naming. *Cognition* 66: B35–B47.

Gergely, G. (2001) The obscure object of desire: *'Nearly, but clearly not, like me':* Contintency preference in normal children versus children with autism. *Bulletin of the Menninger Clinic* 65: 411–26.

Gergely, G. & Csibra, G. (2003) Teleological reasoning in infancy: The naive theory of rational action. *Trends in Cognitive Sciences* 7: 287–92.

Gergely, G. & Watson, J. (1999) Early socio-emotional development: Contingency perception and the social-biofeedback model. In: *Early social cognition,* ed. P. Rochat, pp. 101–36. Erlbaum.

Gergely, G., Bekkering, H. & Kiraly, I. (2002) Rational imitation in preverbal infants. *Nature* 415: 755.

Gergely, G., Nadasdy, Z., Csibra, G. & Biro, S. (1995) Taking the intentional stance at 12 months of age. *Cognition* 56: 165–93.

Gilbert, M. (1989) *On social facts.* Routledge.

Gintis, H., Bowles, S., Boyd, R. & Fehr, E. (2003) Explaining altruistic behavior in humans. *Evolution and Human Behavior* 24: 153–72.

Golinkoff, R. (1993) When is communication a meeting of the minds? *Journal of Child Language* 20: 199–208.

Greenfield, P. M. & Savage-Rumbaugh, E. S. (1991) Imitation, grammatical development, and the invention of protogrammar by an ape. In: *Biological and behavioral determinants of language development,* ed. N. A. Krasnegor, D. M. Rumbaugh, R. L. Schiefelbusch & M. Studdert-Kennedy, pp. 235–58. Erlbaum.

Hare, B. & Tomasello, M. (2004) Chimpanzees are more skilful in competitive than in cooperative cognitive tasks. *Animal Behaviour* 68: 571–81.

Hare, B. & Wrangham, R. (2002) Integrating two evolutionary models for the study of social cognition. In: *The cognitive animal*, ed. M. Beckoff, C. Allen, & G. pp. 363–70. Burghardt. MIT Press.

Hare, B., Addessi, E., Call, J., Tomasello, M. & Visalberghi, E. (2003) Do capuchin monkeys, *Cebus apella*, know what conspecifics do and do not see? *Animal Behaviour* 65: 131–42.

Hare, B., Call, J., Agnetta, B. & Tomasello, M. (2000) Chimpanzees know what conspecifics do and do not see. *Animal Behaviour* 59: 771–85.

Hare, B., Call, J. & Tomasello, M. (2001) Do chimpanzees know what conspecifics know? *Animal Behaviour* 61: 139–51.

Hay, D. F. (1979) Cooperative interactions and sharing between very young children and their parents. *Developmental Psychology* 15: 647–53.

Hay, D. F. & Murray, P. (1982) Giving and requesting: Social facilitation of infants' offers to adults. *Infant Behavior and Development* 5: 301–10.

Hobson, R. P. (1993) *Autism and the development of mind*. Erlbaum.

Hobson, R. P. (2002) *The cradle of thought*. Macmillan.

Hobson, P. & Lee A. (1999) Imitation and identification in autism. *Journal of Child Psychology and Psychiatry* 40: 649–59.

Humphrey, N. K. (1976) The social function of intellect. In: *Growing points in ethology*, ed. P. Bateson & R. Hinde. Cambridge University Press.

Johnson, S. C., Booth, A. & O'Hearn, K. (2001) Inferring the goals of a nonhuman agent. *Cognitive Development* 16: 637–56.

Kaye K. (1982) *The mental and social life of babies: How parents create persons*. University of Chicago Press.

Keller, H., Schölmerich, A. & Eibl-Eibesfeldt, I. (1988) Communication patterns in adult-infant interactions in western and non-western cultures. *Journal of Cross-Cultural Psychology* 19: 427–45.

Kuhlmeier, V., Wynn, K. & Bloom, P. (2003) Attribution of dispositional states by 12-month-olds. *Psychological Science* 14: 402–8.

Leekam, S., Baron Cohen, S., Perret, D., Mildres, M. & Brown, S. (1997) Eyedirection detection: A dissociation between geometric and joint attention skills in autism. *British Journal of Developmental Psychology* 15: 77–95.

Leslie, A. M. (1984) Spatiotemporal continuity and the perception of causality in infants. *Perception* 13: 287–305.

Levinson, S. C. (2000) *Presumptive meanings: The theory of generalized conversational implicature*. MIT Press.

Liebal, K., Call, J. & Tomasello, M. (2004) Use of gesture sequences in chimpanzees. *American Journal of Primatology* 2004; 64(4): 377–96.

Liszkowski, U., Carpenter, M., Henning, A., Striano, T. & Tomasello, M. (2004) Twelve-month-olds point to share attention and interest. *Developmental Science* 7: 297–307.

Liszkowski, U., Carpenter, M., Striano, T. & Tomasello, M. (2006) 12-montholds point to provide information for others. *Journal of Cognition and Development* 7(2): 173-187.

Lohmann, H., Tomasello, M. & Meyer, S. (2005) Linguistic communication and social understanding. In: *Why language matters for theory of mind*, ed. J. Astington & J. Baird, pp. 245–65. Oxford University Press.

Lord, C. (1984) The development of peer relations in children with autism. In: *Advances in applied developmental psychology*, ed. F. Morrison, C. Lord, & D. Keating. Academic.

Loveland, K. A., McEvoy, R. E. & Tunali, B. (1990) Narrative story telling in autism and Down's syndrome. *British Journal of Developmental Psychology* 8: 9–23.

Maestripieri, D. & Call, J. (1994) Mother-infant communication in primates. In: *Advances in the study of behavior, vol. 24*, ed. C. T. Snowdon. Academic.

Meltzoff, A. N. (1995) Understanding the intentions of others: Re-enactment of intended acts by 18-month-old children. *Developmental Psychology* 31: 838–50.

Meltzoff, A. N. & Gopnik, A. (1993) The role of imitation in understanding persons and developing a theory of mind. In: *Understanding other minds: Perspectives from autism*, ed. S. Baron-Cohen, H. Tager-Flusberg, &

D. J. Cohen, pp. 335–66. Oxford University Press.

Michotte, A. (1963) *The perception of causality*. Methuen.

Mizuno, Y. & Takashita, H. (2002) Behavioral development of chimpanzees in the first month of life: Observation of mother-infant pairs at night. *Japanese Psychological Review* 45: 352– 4.

Moll, H. & Tomasello, M. (2004) 12- and 18-month-old infants follow gaze to spaces behind barriers. *Developmental Science* 7: F1–F9.

Moore, C. & Dunham, P. J., eds. (1995) *Joint attention: Its origins and role in development*: Erlbaum.

Mundy, P. & Willoughby, J. (1996) Nonverbal communication, joint attention, and early socioemotional development. In: *Emotional development in atypical children*, ed. M. Lewis & M. Wolan. Basic.

Myowa, M. (1996) Imitation of facial gestures by an infant chimpanzee. *Primates* 37: 207–13.

Myowa-Yamakoshi, M. & Matsuzawa, T. (2000) Imitation of intentional manipulatory actions in chimpanzees (*Pan troglodytes*). *Journal of Comparative Psychology* 114: 381–91.

Myowa-Yamakoshi, M., Tomonaga, M., Tanaka, M. & Matsuzawa, T. (2004) Imitation in neonatal chimpanzees (Pan troglodytes). *Developmental Science* 7: 437–42.

Okamoto, S. Tomonaga, M., Ishii, K., Kawai, N., Tanaka, M. & Matsuzawa, T. (2002) An infant chimpanzee (Pan troglodytes) follows human gaze. *Animal Cognition* 5: 107–14.

Olson, D. R. & Kamawar, D. (1999) The theory of ascriptions. In: *Developing theories of intention: Social understanding and self-control*, ed. P. D. Zelazo & J. W. Astington, pp. 153–66. Erlbaum.

Owren, M. J. & Rendell, D. (2001) Sound on the rebound: Bringing form and function back to the forefront in understanding nonhuman primate vocal signaling. *Evolutionary Anthropology* 10: 58–71.

Phillips, W., Baron-Cohen, S. & Rutter, M. (1992) The role of eye contact in goal detection: Evidence from normal infants and children with autism or mental handicap. *Development and Psychopathology* 4: 375–83.

Piaget, J. (1932) *The moral judgement of the child*. Harcourt Brace.

Povinelli, D. J. & Eddy, T. J. (1996) Chimpanzees: Joint visual attention. *Psychological Science* 7: 129–35.

Povinelli, D. J. & O'Neill, D. (2000) Do chimpanzees use their gestures to instruct each other? In: *Understanding other minds: Perspectives from developmental cognitive neuroscience, 2nd edition*, ed. S. Baron-Cohen, H. Tager-Flusberg, & D. Cohen. Oxford University Press.

Povinelli, D. J. & Vonk, J. (2003) Chimpanzee minds: Suspiciously human? *Trends in Cognitive Science* 7: 157–60.

Povinelli, D. J., Nelson, K. E. & Boysen, S. T. (1992) Comprehension of role reversal in chimpanzees: Evidence of empathy? *Animal Behavior* 43: 633–40.

Powers, W. (1973) *Behavior: The control of perception*. Aldine.

Rakoczy, H., Striano, T. & Tomasello, M. (2005) How children turn objects into symbols: A cultural learning account. In: *Symbol use and symbolic understanding*, ed. L. Namy. Erlbaum.

Ratner, N. & Bruner, J. (1978) Games, social exchange and the acquisition of language. *Journal of Child Language* 5: 391–401.

Rochat, P. & Striano, T. (1999) Social-cognitive development in the first year. In: *Early social cognition*, ed. P. Rochat. Erlbaum.

Rogers, S. J. (1999) An examination of the imitation deficit in autism. In: *Imitation in infancy*, ed. J. Nadel & G. Butterworth, pp. 254–83. Cambridge University Press.

Ross, H. S. & Lollis, S. P. (1987) Communication within infant social games. *Developmental Psychology* 23: 241–48.

Santos, L. R. & Hauser, M. D. (1999) How monkeys see the eyes: Cotton-top tamarins' reaction to changes in visual attention and action. *Animal Cognition* 2: 131–39.

Savage-Rumbaugh, S. (1990) Language as a cause-effect communication system. *Philosophical Psychology* 3: 55–76.

Schult, C. A. (2002) Children's understanding of the distinction between intentions and desires. *Child Development* 73: 1727–47.

Searle, J. (1995) *The construction of social reality*. Free Press.

Shultz, T. R. & Wells, D. (1985) Judging the intentionality of action-outcomes. *Developmental Psychology* 21: 83–89.

Smith, M. C. (1978) Cognizing the behavior stream: The recognition of intentional action. *Child Development* 49: 736–43.

Sober, E. & Wilson, D. S. (1998) *Unto others: The evolution and psychology of unselfish behavior*: Harvard University Press.

Sommerville, J. A. & Woodward, A. L. (2005) Pulling out the intentional structure of action: The relation between action processing and action production in infancy. *Cognition* 95(1): 1–30.

Sperber, D. & Wilson, D. (1986) *Relevance: Communication and cognition*. Harvard University Press/ Blackwell.

Stern, D. N. (1985) *The interpersonal world of the infant*. Basic.

Tomasello, M. (1995) Joint attention as social cognition. In: *Joint attention: Its origin and role in development*, ed. C. Moore & P. J. Dunham, pp. 103–30. Erlbaum.

Tomasello, M. (1996) Do apes ape? In: *Social learning in animals: The roots of culture*, ed. C. M. Heyes & B. G. Galef Jr. Academic.

Tomasello, M. (1998) Intending that others jointly attend. *Pragmatics and Cognition* 6: 229–44.

Tomasello, M. (1999a) The cultural ecology of young children's interactions with objects and artifacts. In: *Ecological approaches to cognition: Essays in honor of UlricNeisser*, ed. E. Winograd, R. Fivush & W. Hirst. Erlbaum.

Tomasello, M. (1999b) *The cultural origins of human cognition*. Harvard University Press.

Tomasello, M. (2003) *Constructing a language*. Harvard University Press.

Tomasello, M. & Call, J. (1997) *Primate cognition*. Oxford University Press.

Tomasello, M. & Haberl, K. (2003) Understanding attention: 12- and 18-montholds know what is new for other persons. *Developmental Psychology* 39: 906–12.

Tomasello, M. & Rakoczy, H. (2003) What makes human cognition unique? From individual to shared to collective intentionality. *Mind and Language* 18: 121– 47.

Tomasello, M., Call, J. & Hare, B. (1998) Five primate species follow the visual gaze of conspecifics. *Animal Behaviour* 55: 1063–69.

Tomasello, M., Call, J. & Hare, B. (2003) Chimpanzees understand psychological states–The question is which ones and to what extent. *Trends in Cognitive Science* 7(4): 153–56.

Tomasello, M., Hare, B. & Agnetta, B. (1999) Chimpanzees, *Pan troglodytes*,follow gaze direction geometrically. *Animal Behaviour* 58: 769–77.

Tomasello, M., Hare, B. & Fogleman, T. (2001) The ontogeny of gaze following in chimpanzees and rhesus macaques. *Animal Behaviour* 61: 335–43.

Tomasello, M., Kruger, A. & Ratner, H. (1993) Cultural learning. *Behavioral and Brain Sciences* 16: 495–552.

Tomonaga, M., Tanaka, M., Matsuzawa, T., Myowa-Yamakoshi, M., Kosugi, D., Mizuno, Y., Okamoto, S., Yamaguchi, M. K. & Bard, K. A. (2004) Development of social cognition in infant chimpanzees (Pan troglodytes): Face recognition, smiling, gaze, and the lack of triadic interactions. *Japanese Psychological Research* 46: 227–35.

Trevarthen, C. (1979) Instincts for human understanding and for cultural cooperation: Their development in infancy. In: *Human ethology: Claims and limits of a new discipline*, ed. M. von Cranach, K. Foppa, W. Lepenies & D. Ploog. Cambridge University Press.

Trevarthen, C. (1993) The function of emotions in early communication and development. In: *New perspectives in early communicative development*, ed. J. Nadel & L. Camaioni. Routledge.

Tuomela, R. (1995) The importance of us: A philosophical study of basic social notion. Stanford University Press.

van Schaik, C. P. (1989) The ecology of social relationships amongst female primates. In: *Comparative socioecology: The behavioral ecology of humans and other mammals*, ed. V. Standen & R. Foley, pp. 195–218. Blackwell.

Verba, M. (1994) The beginnings of collaboration in peer interaction. *Human Development* 37: 125–39.

Want, S. C. & Harris, P. L. (2001) Learning from other people's mistakes: Causal understanding in learning to use a tool. *Child Development* 72: 431–43.

Weiner, N. (1948) *Cybernetics*. Wiley.

Wilson, E. O. (1999) *Consilience: The unity of knowledge*. Knopf.

Woodward, A. L. (1998) Infants selectively encode the goal object of an actor's reach. *Cognition* 69: 1–34.

Woodward, A. L. (1999) Infants' ability to distinguish between purposeful and non-purposeful behaviors. *Infant Behavior and Development* 22: 145–60.

Woodward, A. L. & Sommerville, J. A. (2000) Twelve-month-old infants interpret action in context. *Psychological Science* 11: 73–76.

Wrangham, R. W. (1980) An ecological model of female-bonded primate groups. *Behaviour* 75: 262–300.

Wrangham, R. W., Jones, J. H., Laden, G., Pilbeam, D. & Conklin-Brittain, N. (1999) The raw and the stolen: Cooking and the ecology of human origins. *Current Anthropology* 40: 567–94.

Zentall, T. (1996) An analysis of imitative learning in animals. In: *Social learning in animals: The roots of culture*, ed. C. M. Heyes & B. G. Galef Jr. Academic.

IV. Kontinuitäten und Diskontinuitäten
zwischen Mensch und Tier

MICHAEL N. FORSTER

Hermeneutik und Tiere

Wolfgang Welsch hat sich im Laufe seiner Karriere in mehreren Bereichen in der Philosophie verdient gemacht, unter anderem neuerlich in der philosophischen Auseinandersetzung mit der Evolutionstheorie. Darüber hinaus setzt er sich auch persönlich für die Tierethik ein. Dieser Beitrag ist im Geiste seiner Interessen und Anliegen geschrieben worden, sowohl in Anerkennung seiner wissenschaftlichen Arbeit und akademischen Verdienste als auch zum Dank für die zahlreichen fruchtbaren Gespräche und Diskussionen und die gute Zusammenarbeit in all den vergangenen Jahren.

Der Begründer der Evolutionstheorie, Charles Darwin, hat sich nicht nur als Theoretiker, sondern auch als genauer Beobachter von Tierverhalten ausgezeichnet. Er war der Meinung, dass es tiefe Kontinuitäten zwischen Menschen und anderen Tieren gibt, nicht nur im Körperlichen, sondern auch im Geistigen, einschließlich der Sprache. In seinem zweitberühmtestem Buch, *The Descent of Man* (1871), argumentiert er dementsprechend dafür, dass Menschen die folgenden geistigen Eigenschaften mit anderen Tieren teilen: Instinkte, Emotionen, Neugierde, Nachahmung, Aufmerksamkeit, Gedächtnis, Einbildungskraft, Vernunft, Fortschritt, die Benutzung von Werkzeugen und Waffen, Abstraktion, Selbstbewusstsein, den Sinn für Schönheit und sogar Glauben an Götter bzw. Geister. Und er vertritt insbesondere die Meinung, dass wir Menschen Sprache mit anderen Tieren teilen. In diesem Bezug erwähnt er unter anderem die Alarmrufe von bestimmten Affenarten und von Geflügeln, den zum Teil anerworbenen und sogar dialektenhaften Gesang von Vögeln, den intelligenten Gebrauch menschlicher Sprache durch Papageien, den Ausdruck allgemeiner Begriffe durch Hunde und die Kommunikation von Ameisen anhand ihrer Antennen.

Darwins Einsichten bezüglich Sprache bzw. Kommunikation unter nichtmenschlichen Tieren haben sich inzwischen bestätigt und erweitert. Was die Bestätigung angeht, hat z. B. die Forschung von Robert Seyfarth und Dorothy Cheney die differenzierten Alarmrufe von Vervetaffen im Detail dokumentiert, während die Forschung von Irene Pepperberg mit dem Papagei „Alex" dessen intelligenten Gebrauch menschlicher Sprache zur Beschreibung von Gegenständen und deren Eigenschaften und zur Äußerung seiner Wünsche bewiesen hat. Was die Erweiterung angeht, hat z. B. Karl von Frischs bahnbrechende Forschung mit Bienen deren informationsreichen Schwänzeltanz entschlüsselt, während andere Forscher einen neuen, hochkomplizierten Bereich von Kommunikation unter Insekten und anderen Tieren anhand von Chemikalien (Pheremonen) entdeckt haben.[1] Die Wissenschaft hat sogar gezeigt, dass jenseits von individuellen Lebewesen einzelne Zellen und deren Zusammenarbeit erst über eine Art intra- und interzellulare Kommunikation funktionieren.[2]

1.

Die Entdeckung dieser ganzen Welt von biologischer Kommunikation stellt Forscher vor mehrere schwierige und hochinteressante Fragen. Manche sind abstrakter Art. Eine davon lautet: Sind nichtmenschliche Kommunikationsformen wirklich *Sprache*? Die Behandlung dieser Frage in der relevanten wissenschaftlichen und philosophischen Literatur ist kaum befriedigend gewesen. Forscher, die die Frage verneint haben, haben immer wieder Kriterien angeboten, die angeblich nur von menschlicher Sprache erfüllt werden und eine negative Antwort rechtfertigen sollen: z. B. die Bezeichnung von Gegenständen (statt des bloßen Ausdrucks von Affekten); die Bezeichnung von (zeitlich oder räumlich) abwesenden Gegenständen; den Ausdruck allgemeiner Begriffe; Kreativität; den Sinn für sprachliche „Richtigkeit"; Zweckmäßigkeit statt bloßen Instinkts im Gebrauch von Symbolen; Rekombination; Rekursion; usw. Aber es hat sich herausgestellt, dass fast alle diese Kriterien manchmal doch von Tieren erfüllt werden. Vervetaffen bspw. bezeichnen Gegenstände; Bienen bezeichnen zeitlich und räumlich abwesende Gegenstände; Hunde drücken manchmal allgemeine Begriffe aus (wie Darwin schon am Beispiel des Hundes gezeigt hat, der einen Mann aus der Ferne als Mann im allgemeinen anbellt, aber dann aus der Nähe als einen bestimmten Bekannten begrüßt); von Menschen erzogene Schimpansen sind manchmal kreativ in ihrem Gebrauch von Wörtern; dieselben entwickeln einen Sinn für sprachliche Richtigkeit (und weisen einander demgemäß manchmal für Sprachfehler zurecht); die Abhängigkeit der Alarmrufe von Affen und gar Geflügeln von der Anwesenheit passender Zuhörer zeigt, dass sie zweckmäßig sind; Rekombination ist neulich unter Campbells Affen festgestellt worden, während von Menschen erzogene Schimpansen/Bonobos diese Fähigkeit gelegentlich auch aufweisen; und Rekursion ist sogar in dem Gesang von Staren festgestellt worden. Es besteht auch das zweite, noch gravierendere Problem, dass solche Kriterien in der Regel willkürlich aussehen. Warum sollte man gerade *diese* Eigenschaft als eine notwendige Bedingung für Sprache betrachten? Dieses zweite Problem ist deswegen gravierender, weil sich menschliche Sprache wohl doch von anderen Kommunikationsformen in bestimmten Hinsichten unterscheidet (seit Charles Hockett und Stuart Altmann hat es Versuche gegeben, die betreffenden Unterschiede aufzulisten), aber die Frage trotzdem noch übrigbleibt, ob solche Unterschiede

---

[1] Für weitere Details siehe E. O. Wilson, *Sociobiology*, Cambridge, Mass. 1975/2000, Kapitel 8-10.

[2] Siehe G. Witzany, „Sprache und Kommunikation als zentrale Struktur- und Organisationsprinzipien belebter Natur", in: L. Albers, O. Leiß (Hrsg.), *Körper – Sprache – Weltbild*, Stuttgart/New York 2001.

eine Beschränkung des Wortes „Sprache" auf menschliche Sprache allein rechtfertigen. Vermutlich haben wir es hier mit einem Begriff zu tun, der dem Begriff „Moral" ähnelt: Viele sind überrascht, wenn sie herausfinden, dass es außer unserer modernen europäischen Moral auch andere Wertsysteme gegeben hat und noch gibt und suchen nach einem Grund, nur *sie* als wirkliche Moral zu bezeichnen. Aber bei näherer Betrachtung stellen sich die verschiedenen vorgeschlagenen Kriterien, auch wenn sie tatsächlich unsere moderne europäische Moral von allen anderen Wertsystemen unterscheiden, als willkürlich heraus und der Versuch, nur diese Moral als Moral gelten zu lassen, als engstirnig. Wo genau man auf dem breiten Spektrum der Kommunikationsformen von Menschen bis hin zu einzelnen Zellen die Grenze der „Sprache" ansetzen soll, bleibt zwar eine schwierige Frage. Aber es scheint unwahrscheinlich, dass sie zwischen Menschen einerseits und dem „Rest" andererseits liegen soll.

Eine zweite abstrakte Frage ist die folgende: Drücken nichtmenschliche Kommunikationsformen Gedanken und Bedeutungen aus? Wie Darwin schon erkannt hat, ist es kaum plausibel, diese Frage angesichts von Affen, Hunden und sogar menschlich erzogenen Papageien zu verneinen. Aber je instinkthafter und unflexibler ein kommunikatives Verhalten ist – wie z. B. bei Bienen und Ameisen – desto geneigter wird man wohl sein, Begriffe wie „Gedanken" und „Bedeutungen" zu vermeiden (dies trifft erst recht auf die Kommunikation in und unter Zellen zu). In diesen Fällen wird man vermutlich solche Begriffe höchstens als Metaphern für eher rein mechanische Verfahren betrachten wollen (was einen allmählichen Übergang vom wörtlichen zum metaphorischen Gebrauch derselben nicht ausschließt).

Die Antworten auf diese zwei abstrakten Fragen lassen sich vielleicht folgendermaßen sinnvoll verbinden: Die Grenze zwischen Sprache und nichtsprachlicher Kommunikation fällt mit der Grenze zwischen der Anwesenheit von Gedanken und Bedeutungen einerseits und deren Abwesenheit andererseits zusammen.

2.

Eine weitere hier entstehende Frage ist weniger abstrakter und eher konkreter Art: Wenn wir angesichts des heute bekannten Reichtums nichtmenschlicher Kommunikation anerkennen, dass sie manchmal Gedanken und Bedeutungen ausdrückt, was für Gedanken und Bedeutungen sind das denn?

Diese Frage ist nicht nur an und für sich von großem Interesse, sondern auch deswegen, weil (wie insbesondere Donald Griffin betont hat) deren Beantwortung ein vielversprechendes Mittel zur Entschlüsselung der geistigen Vorgänge von Tieren überhaupt darstellt (a „window on animal minds").[3]

Die Beantwortung dieser Frage wird aber vermutlich nichts minder als leicht sein. Verhaltensforscher neigen öfters dazu, eine unangemessene Nachlässigkeit oder über-

---

[3] Man vergleiche hier die ursprüngliche Motivation der Sprachwissenschaft, wie sie sich bei Herder, Friedrich Schlegel und Wilhelm von Humboldt entwickelt hat: Die empirische Forschung von Sprachen und insbesondere von deren unterschiedlichen grammatischen Strukturen verspricht Einsichten in die davon abhängigen eigentümlichen Weltansichten von Sprachgemeinden.

triebene Zuversicht in dieser Hinsicht zu verraten, indem sie sich entweder gar nicht um die genauen Bedeutungen der Äußerungen von nichtmenschlichen Tieren kümmern oder mit ungefähren Wiedergaben derselben in menschlicher Sprache begnügen. Aber es besteht hier sowohl eine wichtige Gelegenheit als auch ein Bedürfnis nach Vorsicht. Die Erfahrung von Altertumswissenschaftlern und Ethnologen kann in dieser Hinsicht lehrreich sein: Die bloße Tatsache, dass eine Epoche oder ein Stamm irgendwie „primitiver" ist als wir, besagt gar nicht, dass die Bedeutungen ihrer/seiner Aussagen für uns deswegen uninteressant sein werden; eher das Gegenteil. Und dieselbe Tatsache bürgt gar nicht dafür, dass wir die betreffenden Aussagen deshalb leicht werden verstehen können; im Gegenteil, die „Primitivität" erschwert oft die Aufgabe des genauen Verstehens. Wir dürfen insbesondere nicht annehmen, dass wir entweder die allgemeinen Formen der betreffenden Aussagen und der darin ausgedrückten geistigen Einstellungen (z. B. die „illocutionary forces," die Gattungen und die „propositional attitudes") oder deren Inhalte (z. B. die Begriffe und die Propositionen) ohne weiteres werden verstehen können. Andererseits ist die Aufgabe der Interpretation in diesen menschlichen Fällen bestimmt nicht hoffnungslos; sie lässt sich über methodologisch geleitete und sorgfältige empirische Forschung erfüllen. Genau entsprechende Punkte gelten wohl für unsere Interpretation der Kommunikation von anderen Tierarten.

Wo werden wir aber die erforderliche leitende Methodologie finden? Es existiert schon eine methodologische Disziplin, die den Zweck hat, die entsprechende Aufgabe im Fall der menschlichen Sprache zu ermöglichen: die Hermeneutik (d. h. die Theorie des Verstehens). Diese Disziplin wurde fast durchgängig ohne Rücksicht auf die Kommunikationsformen von Tieren entwickelt; sie hat sich mehr oder weniger ausschließlich mit menschlicher Sprache beschäftigt.[4] Es scheint aber sinnvoll zu fragen, ob sie in ihrer Entwicklung von Richtlinien für die Interpretation von menschlicher Sprache (die ohne Zweifel ein sehr anspruchsvoller Fall ist) nicht auch Mittel hervorgebracht hat, die für die Entschlüsselung der Kommunikationsformen von Tieren taugen könnten. Ich vermute, dass dies so ist.

Um aber zu sehen, dass die Hermeneutik hier hilfreich sein kann, ist es wichtig, sich zunächst einmal auf den richtigen Teil der hermeneutischen Tradition zu konzentrieren. Die philosophisch prätentiöse und fragwürdige „philosophische Hermeneutik" von Heidegger und Gadamer lässt hier wenig erwarten. Aber die philosophisch nüchternere frühere Hermeneutik von Ernesti, Herder, Friedrich Schlegel, Schleiermacher und Boeckh enthält eine Vielvalt von Prinzipien, die hier nützlich sein könnten. Im Folgenden möchte ich demgemäß einige derselben herausgreifen und besprechen.

Ein erstes solches hermeneutisches Prinzip besteht in der Anerkennung von tiefen geistigen und kommunikativen Eigentümlichkeiten – vor allem zwischen Menschen aus voneinander entlegenen Epochen oder Kulturen, aber auch z. T. zwischen Individuen aus derselben Epoche und derselben Kultur. Dieses Prinzip ist grundlegend für die frühere hermeneutische Tradition gewesen. Es ließe sich vermutlich sehr wohl auf Tierarten anwenden (mutatis mutandis): auch hier sollte man tiefe geistige und kommunikative Eigentümlichkeiten zwischen Tierarten erwarten (d. h. Besonderheiten, die Tierarten von

---

[4] Vgl. P. Scheers, „Hermeneutics and Animal Being: The Question of Animal Interpretation." www.lancs.ac.uk/depts/philosophy/awaymave/.../peter%20scheers.rtf

uns oder voneinander scharf unterscheiden) und auch hier sollte man sogar beträchtliche Eigentümlichkeiten zwischen Individuen einer einzigen Tierart erwarten. Letzterer Punkt ist m. E. besonders oft vernachlässigt worden. Es besteht immer noch unter Philosophen und sogar unter manchen Wissenschaftlern eine weitverbreitete Annahme, dass die Individuen einer nichtmenschlichen Tierart im Grunde genommen einander gleich seien. Aber die Erfahrung, die Forscher mit besonders begabten Individuen (z. B. dem Bonobo Kanzi, dem Papagei Alex und dem Affe Imo) und auch mit besonders blöden (z. B. dem Schimpansen Nim Chimpsky) gemacht haben, sollten uns eines besseren belehren. (Eigentlich müsste diese individuelle Eigentümlichkeit schon fast jedem bekannt sein, der mehrere Haustiere derselben Tierart gehalten hat.) Übrigens ist diese Anerkennung individueller Unterschiede nichts weniger als unwissenschaftlich; außer den schon angedeuteten empirischen Belegen ist es ein zentraler und unabdingbarer Bestandteil der Evolutionstheorie, dass es solche individuellen Unterschiede gibt (ohne sie gäbe es nach der Theorie überhaupt keine Evolution).

Ein zweites Prinzip: Die frühere Hermeneutik hält dafür, dass die betreffenden geistigen und kommunikativen Eigentümlichkeiten zwischen Menschen eine genaue Interpretation unheimlich erschweren. Schleiermacher hat dementsprechend bekanntlich behauptet, dass entgegen der gebräuchlichen Annahme, Verständnis sei die Regel und Missverständnis eine Ausnahme, *Missverständnis* die Regel sei und Verständnis erst über methodologisch geleitete und sorgfältige interpretorische Arbeit geleistet werden könne. Diese Schlussfolgerung ließe sich sehr wohl auf unsere Interpretation von Tierarten und deren Individuen erweitern.

Ein drittes Prinzip: Die frühere Hermeneutik hat insbesondere auf eine weitverbreitete und gefährliche Versuchung in der Interpretation von anderen Menschen hingewiesen und davor streng gewarnt, nämlich die Versuchung, die Aussagecharakteristika und Ansichten eines Interpretierten aufgrund gewisser eher oberflächlicher Ähnlichkeiten mit den eigenen mit diesen einfach gleichzusetzen. Die betreffenden Aussagecharakteristika und Ansichten können entweder formale (z. B. die „illocutionary force" eines Satzes oder die Gattung eines Textes oder einer Rede) oder inhaltliche (z. B. bestimmte Begriffe oder Glauben) sein. Dieses Prinzip ließe sich wohl wiederum sehr vorteilhaft auf die Interpretation von Tieren anwenden (mutatis mutandis).[5] Beispiele der betreffenden Gefahr sind jedem aus dem naiven Anthropomorphismus bekannt, aber sie beschränken sich nicht auf Laien. Niko Tinbergens Theorie, dass das rituelle symbolische Verhalten von Tieren öfters aus einem Konflikt zwischen zwei oder mehr konkurrierenden Tendenzen entsteht – z. B. einem Konflikt zwischen dem Trieb anzugreifen und dem Trieb zu fliehen – ist vielleicht ein wissenschaftliches Beispiel dieser Gefahr auf der formalen Ebene. Spätere neurophysiologische Experimente haben diese Art von Erklärung eher widerlegt.[6] Und man könnte Tinbergens Fehler als das Resultat einer Zuschreibung von *uns* bekannten Trieben und Konflikten in Fällen, wo die betreffenden Triebe und deren Ausdrücke eigentlich anderer, uns bisher eher unbekannter Art sind, erklären. Was die

---

[5] Ich setze hier nicht voraus, dass nichtmenschliche Tiere genau das, was wir „illocutionary forces," „Gattungen" oder „Glauben" nennen, haben. Aber es scheint plausibel, dass sie öfters ungefähre Äquivalente haben.

[6] Siehe E. O. Wilson, *Sociobiology*, S. 225f.

inhaltliche Ebene angeht, ist die wissenschaftliche Literatur ziemlich voller Deutungen, die z. B. dem Alarmruf eines Affen oder eines Geflügels die Bedeutung „Adler" oder „Raubvogel" zuschreiben, während es bei genauerer Überlegung sehr unwahrscheinlich ist, dass diese Tiere solche durchaus menschlichen Begriffe besitzen.

Manch weiteres Prinzip aus der früheren Hermeneutik ist positiverer Art. Eines davon – das vierte auf unserer Liste – besteht in einer Empfehlung, dass die Identifizierung der formalen und inhaltlichen Eigenschaften eines Textes oder einer Rede auf eine durchgängig empirische Weise geleistet werden muss. Das heißt, sie soll unter Ausschluss absolut aprioristischer Annahmen und sogar unter schwerer Skepsis gegenüber relativ aprioristischen Annahmen (sprich: Annahmen, die auf entfernteren, aber ähnlich aussehenden Fällen basieren) erfolgen. Die frühere Hermeneutik betonte dieses Prinzip insbesondere bezüglich der Identifizierung von Gattungen und Begriffen. Eine ähnliche Empfehlung könnte wohl der Interpretation der Kommunikation von Tieren zugute kommen.

Ein fünftes Prinzip: Die frühere Hermeneutik hat zusätzlich empfohlen, dass schriftliche und mündliche Äußerungen immer holistisch interpretiert werden sollen, d. h. mit Rücksicht auf den unmittelbar dazugehörenden Kontext (z. B. einen ganzen Text), andere relevante Kontexte (z. B. andere Texte von demselben Autor und andere Texte derselben Gattung von anderen Autoren), die ganze Sprache, den ganzen geographischen, technischen, gesellschaftlichen und geschichtlichen Zusammenhang, den ganzen eigentümlichen Geist des Autors usw. Die frühere Hermeneutik hat sich auch erfolgreich mit einem aus dieser Empfehlung stammenden Problem auseinandergesetzt: dem Problem, dass sie zu einem Teufelskreis zu führen scheint (dem bekannten „hermeneutischen Zirkel"), indem die Interpretation des betreffenden Ganzen erst über die Interpretation solcher Äußerungen geleistet werden könnte. Die Hermeneutik hat die Lösung dieses Problems darin gefunden, dass Verstehen kein einfaches Entweder-Oder ist, sondern Grade zulässt, sodass man z. B. eine vom ganzen Text bisher abgetrennte Äußerung schon teilweise verstehen kann und auf dieser Basis ein vorläufiges Verständnis des ganzen Textes aufbauen kann, das dann zur Verfeinerung der Interpretation der Teile angewandt werden kann, deren genauere Interpretation dann ein genaueres Verständnis des ganzen Textes liefert, das dann nochmals zur Verfeinerung der Interpretation der Teile angewandt werden kann, usw. ad infinitum. Sowohl die Empfehlung des Holismus selbst als auch diese Lösung des daraus entstehenden Zirkelproblems ließen sich vermutlich auf die Interpretation der Kommunikation von Tieren vorteilhaft anwenden (mutatis mutandis).

Ein sechstes Prinzip: Die frühere Hermeneutik hat Bedeutungen bzw. Begriffe mit dem geregelten Gebrauch von Wörtern gleichgesetzt (nicht z. B. mit platonischen Ideen oder mit subjektiven Vorstellungen) und dementsprechend die zentrale Aufgabe des Interpreten, nämlich die Identifizierung der Bedeutungen bzw. Begriffe eines Autors, als im Grunde genommen ein Verfahren der Sammlung der schon bekannten Anwendungen eines Wortes und der Ableitung der sie leitenden Regel – z. B. der beabsichtigten Extension – konzipiert. Dasselbe Prinzip ließe sich wohl auch auf die Interpretation der Kommunikation von Tieren vorteilhaft anwenden. Wenn man z. B. einen bestimmten Alarmruf eines Tiers deuten will, sollte man Beispiele von dessen Anwendung sammeln und daraus auf die sie leitende gemeinsame Regel – z. B. die beabsichtigte Extension des Rufes (Adler?, alle Raubvögel?, alle größeren Vögel?, alle größeren Vögel in einer bestimmten Höhe? ...) – schließen.[7]

Das sind einige Prinzipien aus der traditionellen Hermeneutik, die vermutlich auf die Interpretation von nichtmenschlicher Kommunikation vorteilhaft angewandt werden könnten. Eine solche Anwendung wäre vielleicht besonders heutzutage an der Zeit wegen der heutigen erfreulichen Hinwendung der Verhaltensforschung zur Feldarbeit (im Gegensatz oder als Zusatz zur Forschung im Labor). Denn die Hermeneutik war schon immer auf die Deutung von vorgegebenen Texten und Reden zugeschnitten, so wie die Feldarbeit es hauptsächlich mit der Deutung von vorgegebenem kommunikativem Verhalten zu tun hat.

Die bisher angedeuteten Vorteile der Anwendung dieser Prinzipien auf Tiere waren theoretischer Art. Aber deren Anwendung auf Tiere hat voraussichtlich auch einen zusätzlichen Vorteil, der eher praktischer Art ist: Das von der früheren Hermeneutik angestrebte genaue Verständnis von anderen Menschen hing sehr nahe mit einem moralischen Respekt vor anderen Menschen zusammen. Eine Übertragung der Hermeneutik auf die Interpretation von Tieren verspricht eine wünschenswerte Erweiterung dieser moralischen Haltung auf Tiere.

3.

Wie man wohl erwarten könnte, ließen sich dieselben hermeneutischen Prinzipien weitgehend auch auf die nichtsprachliche Kommunikation von Tieren anwenden (mutatis mutandis). Es gibt aber auch ein weiteres Forschungsgebiet in bezug auf Tiere, dessen wissenschaftliche Behandlung vermutlich von der Hermeneutik profitieren könnte. Unsere Neigung, Tieren Gedanken und Begriffe zuzuschreiben, basiert nur zum Teil auf deren *kommunikativem* Verhalten. In manchen Fällen scheinen ihre Gedanken und Begriffe ihr kommunikatives Verhalten vielmehr weitaus zu übersteigen und ihnen aufgrund ihres *anderen* Verhaltens zugeschrieben werden zu müssen. Man denke z. B. an die Begriffe, Gedanken und sogar Schlussfolgerungen, die man öfters „intelligenten" Hunden zuschreiben möchte (Darwin liefert hier schon mehrere interessante Beispiele: Hunde, deren nichtkommunikatives Verhalten einen Besitz von Begriffen verrät oder deren erfinderische Strategien zur Lieferung von Beute unter außergewöhnlichen Umständen bei der Jagd vernünftiges Schließen verrät usw.). Oder man denke an Schimpansen, deren Begriffe, Gedanken, Schlussfolgerungen und Pläne ihre verhältnismäßig ärmlichen kommunikativen Fähigkeiten weitaus zu übersteigen scheinen (die Literatur zur gemeinsamen Jagd und anderen gemeinsamen Unternehmen unter Schimpansen und zu deren raffinierter Täuschung voneinander liefert hier gute Beispiele).[8] Man mag wohl zweifeln, ob solche Fälle letzten Endes im wortwörtlichen Sinne Gedanken oder Begriffe verraten; Sprachlichkeit ist womöglich eine notwendige Bedingung für Gedanken und Begriffe

---

[7] Wenn ein Autor oder ein(e) Tier(art) noch am Leben ist, kann man solche Schlussfolgerungen auch durch weitere Beobachtungen, Fragen oder Experimente entweder bestätigen oder widerlegen und berichtigen.

[8] Siehe z. B. die Schriften von Christoph Boesch und Frans de Waal.

stricto sensu. Aber auch wenn dem so ist, wird man mindestens in solchen Fällen eine Art Protogedanken und Protobegriffe anerkennen müssen. Und die werden einer Art Interpretation, oder wenigstens „Interpretation," bedürfen. (Anführungszeichen sind hier wohl eigentlich aus zwei Gründen angebracht, erstens weil es hier keine Kommunikation gibt, und zweitens weil es sich hier bloß um Protogedanken und -begriffe handelt.) Deren genaue „Interpretation" droht aber, wie die genaue Interpretation der eigentlichen Kommunikation von Tieren, für uns schwierig zu sein.

Die Hermeneutik kann auch hier hilfreich sein. Die meisten der schon erwähnten hermeneutischen Prinzipien wären wohl ohne weiteres auch hier anzuwenden: auch hier soll man auf tiefe geistige Eigentümlichkeiten, besonders von Tierarten im Vergleich zu uns und anderen Tierarten, aber auch z. T. zwischen Individuen einer einzigen Tierart gefasst sein; auch hier wird diese Eigentümlichkeit unsere „Interpretation" von Tieren sehr erschweren; auch hier werden wir insbesondere einer beständigen Versuchung widerstehen müssen, deren geistige Zustände unseren eigenen anzugleichen, und zwar sowohl in formalen Hinsichten (z. B. „propositional attitudes") als auch in inhaltlichen (z. B. bestimmte Begriffe und Sätze); auch hier wird die Identifizierung der betreffenden formalen und inhaltlichen geistigen Eigenschaften erst über methodologisch geleitete und sorgfältige empirische Forschung zu erzielen sein; und auch hier wird die erforderliche „Interpretation" holistisch verfahren müssen. Sogar das Prinzip, dass man die Entschlüsselung von Begriffen erst über ein Sammeln der Anwendungen des betreffenden Wortes und ein Schließen auf die sie leitende gemeinsame Regel zu erreichen hat, hat in diesen nichtkommunikativen Fällen ein ungefähres Gegenstück. Wenn man z. B. den Protobegriff von Raubtieren, den ein Tier in seinen Wahrnehmungen und seinen Ausweichmanövern verrät, genau interpretieren will, sollte man beobachten, welche Tiere genau – oder gegebenenfalls welche Tiere unter welchen Umständen – das betreffende Verhalten veranlassen und daraus die allgemeine Regel, die dabei befolgt wird, entnehmen (was wenigstens die Extension des betreffenden Begriffs ergeben soll und insofern dessen Inhalt).

Kurzum, die Hermeneutik kann auch für diese Art „Interpretation" von Tieren wichtige methodologische Prinzipien liefern.

4.

Ich habe oben versucht zu skizzieren, was die Hermeneutik für die Interpretation bzw. „Interpretation" des kommunikativen und nichtkommunikativen Verhaltens von Tieren leisten könnte. Aber man kann hier die Frage auch umkehren und überlegen, was eine Beachtung von Tieren für die Hermeneutik selber leisten könnte. Ich möchte zum Schluss diesbezüglich drei Punkte anführen.

Erstens hat die neuere (oder wenigstens neuerlich vertiefte) Einsicht, dass die biologische Welt geradezu von Kommunikation unter Tieren wimmelt und dass diese Kommunikation manchmal sogar sprachlicher Art ist und Gedanken und Begriffe zum Ausdruck bringt, diese wichtige Folge für die Hermeneutik: Auch wenn man fortfährt, die Hermeneutik nur als die Methodologie der Interpretation von *Sprache* bzw. *Äußerungen von Gedanken und Begriffen* zu konzipieren (was wohl ratsam ist), wird es kaum mehr vertretbar sein, diese Aufgabe auf *menschliche* Sprache bzw. Äußerungen zu beschränken. Schleiermacher hat bekanntlich für eine allgemeine Hermeneutik plädiert und dementsprechend nicht nur die biblische, die klassische und die rechtswissenschaftliche Hermeneutik vereinigt, sondern auch die Hermeneutik von Texten auf mündliche Äußerungen erweitert. Aber wir haben es hier mit einer noch dramatischeren Erweiterung zu tun: einer Erweiterung von Menschen auf andere Tierarten und deren Sprache bzw. Äußerungen sowie vermutlich auch auf andere sprachliche Medien als Schreiben und Sprechen (z. B. Gesten und sogar chemische Medien).

Zweitens haben wir oben gesehen, dass weitere Anwendungen der Hermeneutik auf Tiere wohl auch zu empfehlen sind, nämlich nicht nur auf die Entschlüsselung ihrer nichtsprachlichen Kommunikation, sondern auch auf die „Interpretation" ihres *nicht*kommunikativen, aber immerhin Protogedanken und Protobegriffe verratenden Verhaltens. Es gibt zwar Gründe, zu zweifeln, ob diese Anwendungen eine zusätzliche Erweiterung der Hermeneutik selbst darstellen; sie sind wohl eher als Übertragungen ihrer Methoden auf nahe verwandte Disziplinen zu betrachten. Aber sie gereichen immerhin zur Leistung und gleichsam zur Ehre der Hermeneutik.

Drittens hat die neuere (oder wenigstens neuerlich verstärkte und vertiefte) Einsicht, dass die biologische Welt außerordentlich reich an sprachlicher und nichtsprachlicher Kommunikation unter Tieren und sogar unter und in einzelnen Zellen ist, auch die wichtige Folge für die Hermeneutik, dass die Hermeneutik offenbar jetzt mit einer viel breiteren Theorie der Kommunikation ergänzt und darin kontextualisiert werden muss.[9]

---

[9] Diese Einsicht ähnelt gewissermaßen Thomas Sebeoks Begriff von einer menschliche Sprache übergreifenden, Tiere miteinschließenden Semiotik. Aber im Gegensatz dazu setzt sie Sprache nicht mit menschlicher Sprache gleich und sie räumt menschlicher Sprache keine Sonderstellung ein.

JOËLLE PROUST

Ein Lösungsvorschlag zum Problem der repräsentationalen Basis tierischer Metakognition

1. Einleitung

Selbstzutrauen speist sich aus zwei Quellen.[1] Eine Quelle sind die momentan zur Verfügung stehenden Evidenzen für unsere Urteile, also Hinweise auf die Art und Weise, wie die Welt beschaffen ist. Eine zweite Quelle des Zutrauens stammt aus der Einschätzung der eigenen Fähigkeit, in der Vergangenheit wahre Urteile gefällt zu haben.[2] Ist eine solche selbstbezügliche Fähigkeit spezifisch menschlich? Überraschenderweise lautet die Antwort nein: Es mehren sich die Hinweise, dass einige nicht-menschliche Tiere, wie zum Beispiel Makaken und Delphine, die nicht die Fähigkeit des Verstehens mentaler Konzepte[3] entwickelt haben, in der Lage sind, in Wahrnehmungs- und Gedächtnisaufgaben zutreffend den Grad ihres Selbstvertrauens einzuschätzen. Dies ist ein überraschender Befund, der einige neue und interessante Hypothesen über die Evolution des Bewusstseins, über die Rolle nicht-begrifflichen Wissens über das eigene Selbst, über die Grundlagen unserer rationalen Entscheidungsfindung und über epistemologische Konsequenzen anregt.

Die Gruppe der Dispositionen, die es möglich machen, dass sich Selbstzutrauen über die Zeit als Resultat vorheriger geistiger Betätigung entwickeln kann, wurde von der Experimentellen Psychologie unter dem Stichwort „Metakognition" eingehend untersucht. Dieser Begriff wurde jedoch auch unabhängig davon von Philosophen und Kognitionswissenschaftlern in dem Gebiet der Philosophy of Mind benutzt, um die Fähigkeit, mentale Begriffe zu bilden, die sich auf die eigenen intentionalen Zustände oder auf sich selbst als kognitiven Akteur beziehen, zu benennen. Dementsprechend verwenden die beiden Lager momentan den gleichen Terminus „Metakognition", um damit einerseits

---

[1] Die Forschung für diesen Text wurde als Teil des CNCC-Programms der European Science Foundation EUROCORES unterstützt vom CNRS und dem EC Sixth Framework Programm unter der Förderungsnummer ERAS-CT-2003-980409.

[2] Dies wird schon von David Hume (1739/1978, I, 4, 1) festgehalten.

[3] „mindreading" [Anm. des Übers.]

die Fähigkeit, seine eigenen kognitiven Leistungen zu kontrollieren und zu überwachen, oder um damit andererseits die Fähigkeit, sich selbst und anderen mentale Zustände zuzuschreiben, zu bezeichnen. Diese Mehrdeutigkeit verführt nun manche Forscher sehr leicht zu ungenauen Generalisierungen, indem sie entweder das Verstehen mentaler Begriffe als ein Kriterium für die Kontrolle subjektiver Unsicherheit ansehen (womit die Möglichkeit nicht-menschlichen Selbstzutrauens *apriori* ausgeschlossen wird), oder indem sie das Verstehen mentaler Konzepte als eine notwendig zu beherrschende Fähigkeit für alle selbstsicheren Tiere und Menschen ansehen (womit man eine zu weitgehende Zuschreibung der Fähigkeit, mentale Begriffe zu beherrschen, vornimmt). Um diese Ambiguität zu vermeiden, verwende ich den Begriff des „Verstehens mentaler Konzepte", um die Fähigkeit zu bezeichnen, Mentales als solches zu erfassen, und den Begriff „Metakognition", um mich auf die Kontrolle und Überwachung der eigenen kognitiven Leistungen zu beziehen.

Das Ziel des vorliegenden Textes ist es nicht nur, die verschiedenen Missverständnisse auszuräumen, die mit der Verwendung ein und desselben Begriffs für verschiedene Zwecke zusammenhängen. Das Ziel ist darüber hinaus, die Beschaffenheit und die semantischen Eigenschaften der Metakognition bei nicht-menschlichen Tieren aufzuklären. Wie jede das Bewusstsein von Tieren betreffende philosophische Untersuchung, so sollte auch eine Untersuchung der Metakognition bei Tieren *neue* Perspektiven auf die Struktur mentaler Gehalte *und* auf mentale Betätigungen im Allgemeinen eröffnen.

Die Untersuchung gliedert sich in vier Schritte. Erstens werden die wissenschaftlich-experimentellen Belege für Metakognition im Tierreich kurz dargelegt (Abschnitt 2) und die Schwierigkeiten einer metarepräsentationalen Deutung der Metakognition zusammengefasst. Zweitens wird die Möglichkeit alternativer, nicht-propositionaler semantischer Strukturen diskutiert (Abschnitt 3). Ein bestimmtes repräsentationales Format, das für die Entwicklung tierischer Metakognition hinreichend sein könnte, soll vorgeschlagen und untersucht werden (Abschnitt 4). Schließlich wird auf einige Einwände eingegangen und weitere Konkretisierungsmöglichkeiten des Vorschlages werden erörtert (Abschnitt 5).

2. Experimentelle Belege für Metakognition bei Tieren: eine grundsätzliche Frage

In Untersuchungen zur Psychologie menschlicher Metakognition sammelt man gewöhnlich mit einer sehr einfachen Methode die entsprechenden Daten darüber, inwieweit ein Proband glaubt, dass er fähig ist oder fähig sein wird, etwas wahrzunehmen[4] oder zu erinnern[5], oder wie gut er glaubt, dass er eine Aufgabe bewältigen (oder nicht bewältigen) wird: Man fragt den Probanden. Experimente zur Metakognition bei Tieren, *mutatis mutandis*, folgen den gleichen Modellen. Wahrnehmungs- oder Gedächtnisaufgaben werden dem Tier, mit oder ohne eine Ausstiegsmöglichkeit, vorgelegt: In manchen Versuchsreihen kann das Tier, nachdem ihm der Stimulus für eine Aufgabe dargeboten

---

[4] Zur Metaperzeption siehe Levin (2004).
[5] Zur Meta-Gedächtniseinschätzung siehe Koriat (2000) und Nelson & Narens (1992).

wurde, auswählen, die Aufgabe zu lösen oder sie nicht anzugehen. In anderen Versuchsreihen wird das Versuchstier gezwungen zu reagieren. Ein Tier mit der Fähigkeit zur Metakognition sollte in den Fällen dazu neigen, auf einen Stimulus hin die Unsicherheitstaste zu betätigen, in denen es bei einer gezwungenen Reihe für diesen Stimulusbereich nur zufällige Antworten gibt. Es ist dann vernünftig für das Tier, den Ausstieg zu wählen, d. h. es drückt seine Unsicherheit in den Fällen aus, in denen es vorhersagt, dass es den informationellen Anforderungen einer Aufgabe nicht genügen kann.[6] Das Ausstiegsmöglichkeits-Paradigma lässt sich gut am Beispiel der Studie von Hampton (2001) illustrieren. Versuchstiere müssen ihre Erinnerungsfähigkeit bezüglich der Frage, welcher Stimulus ihnen zuvor präsentiert wurde, bewerten: Nach einer variablen Wartezeit müssen sie angeben, ob ein gerade gezeigter Prüfstimulus in dem, was sie in einem früheren Ablauf gesehen haben, enthalten oder nicht enthalten war, oder sie können sich entscheiden, auszusteigen.

Das erste bemerkenswerte Ergebnis der Metakognitions-Experimente, die in der Komparativen Psychologie durchgeführt wurden, ist, dass einige Tiere, wie zum Beispiel Rhesusaffen und Delphine, ihr Selbstzutrauen zutreffend ausdrücken können, ohne dass sie Verstärkungsplänen ausgesetzt wurden.[7] Tiere, die eine metakognitive Aufgabe für eine Gruppe von Stimuli gelöst haben, sind dazu in der Lage, ihre Fähigkeiten auf neue Stimuli und Aufgaben zu übertragen. Kapuzineraffen[8] und Tauben jedoch neigen dazu, die „Unsicherheitstaste" zufällig zu wählen.[9] Ein zweites bemerkenswertes Ergebnis ist, dass Versuchssubjekte, unabhängig davon, ob sie menschlich oder nicht-menschlich sind, persönliche Präferenzen bzgl. ihrer Wahl einer bestimmten metakognitiven Strategie zu haben scheinen. Einige sind anscheinend sehr bereitwillig sich einzugestehen, dass sie unsicher sind, während andere es vorzuziehen scheinen, ein Risiko einzugehen und die damit einhergehenden Kosten zu tragen, indem sie probeweise direkt Antworten geben. Der Einschätzung der Komparativen Psychologen zufolge zeigt diese Variationsbreite, dass Metakognition in der Tat einen Entscheidungsprozess darstellt, in dem die allgemeinen epistemischen Einstellungen und Motivationen eines Subjekts zum Ausdruck kommen.[10]

Diese Ergebnisse kollidieren mit der weithin etablierten Auffassung, derzufolge Metakognition eine metarepräsentationale Fähigkeit impliziere: eine Fähigkeit, die sich bei menschlichen Kindern zwischen dem Alter von vier und fünf Jahren entwickelt und die ihnen erlaubt, sich selbst und anderen mentale Zustände zuzuschreiben: die Fähigkeit, mentale Konzepte zu verstehen.[11] Geht man davon aus, dass Vertebraten über eine Form propositionaler Repräsentation von Tatsachen verfügen, so besagt die klassische Sicht, dass subjektive Unsicherheiten im Denken durch rekursive Repräsentationen aus-

---

[6] Diese Experimente müssen natürlich verschiedenste methodologische Bedingungen erfüllen, um sicherzustellen, dass das Tier keiner Verstärkung ausgesetzt wurde und deswegen die Unsicherheitstaste wählt, wenn ihm gewisse Stimuli präsentiert werden. Zu diesen Bedingungen siehe Smith *et al.* (2006).

[7] Smith *et al.* (1998). Zur Diskussion siehe Smith et al. (2003) und Son & Kornell (2005).

[8] Michael Beran, mündliche Mitteilung.

[9] Inman & Shettleworth (1999), Kornell et al. (2007) und Smith *et al.* (2006).

[10] Smith *et al.* (2003) und Smith et al. (2006).

[11] Flavell (2004). Für eine ausführlichere Diskussion dieser Sicht siehe Proust (2007).

gedrückt werden, und zwar, indem Repräsentationen der ersten Stufe eingebunden werden in Repräsentationen der zweiten Stufe (z. B.: „mein Wahrnehmen, Urteilen, Glauben, dass dies eine dichte Präsentation ist"), wobei die letzteren wiederum die Eigenschaft haben, unsicher zu einem Grad p zu sein. Wie kann dann aber Affen und Delphinen Metakognition zugänglich sein, insofern sie über derartige mentale Konzepte nicht verfügen?

Ein Philosoph, der sich mit dieser grundsätzlichen Frage beschäftigt, wird jedoch einen genaueren Blick auf die empirischen Belege werfen wollen. Peter Carruthers (2008) behauptet, dass eine spezifische Kombination von Einstellungen erster Stufe hinreichend ist, um den Gebrauch der Unsicherheitstaste in Smith et al's metaperzeptuellen Versuchen zu erklären. Er schlägt zwei spezifische „Regeln" vor, die nach seiner Einschätzung ausreichen, um den experimentellen Ergebnissen Rechnung zu tragen. Die erste Regel besagt, dass, wenn ein Aufgabenstimulus an einem sensorischen Grenzwert prozessiert wird, dann sind die zwei möglichen perzeptuellen Kategorisierungen als diejenigen Überzeugungen, zwischen denen das Tier oszilliert, z.b. [das Muster ist karg] und [das Muster ist dicht], gleichermaßen schwache Antwortoptionen. In einem solchen Fall ist die Überzeugung, die sich durchsetzt, die stärkere. Gegeben, dass die Ausstiegstaste mit einer Belohnung assoziiert ist, so wird das Tier diese stärkere Antwortoption wählen. Eine zweite Regel soll die Fälle erklären, in denen das Tier „zögert zu handeln, und nach weiteren Informationen, oder nach noch einer weiteren Handlungsmöglichkeit sucht"[12], obwohl die Überzeugungen unterschiedliches Gewicht haben. Der zentrale Punkt ist hierbei, dass ein Konflikt im Input oder zwischen gleichen oder sehr ähnlich gewichteten Handlungsplänen (d. h. in Wahrnehmungen oder Kategorisierungen erster Stufe) das Tier dazu bringt, Verhaltensarten oder Reaktionen zu wechseln. Ein „Türwächter-Mechanismus" erlaubt dem Tier auszusteigen, wenn die Unsicherheit ein kritisches Maß erreicht.

Können die beiden Regeln von Carruthers das Ausstiegsverhaltensmuster bei nichtmenschlichen Tieren erklären? Ich werde meine Antwort auf diese Frage nur kurz zusammenfassen, da eine vollständige Diskussion andernorts nachgelesen werden kann.[13] Carruthers' erste Regel vermag in der Tat einen Teil der Ausstiegsreaktionen zu erklären, *wenn* eine Verstärkung von Versuch zu Versuch gegeben ist; denn in diesem Fall können Tiere den bestimmten voraussichtlichen Wert mit jedem individuellen Stimulus assoziieren, ohne ihre eigene subjektive Unsicherheit bewerten zu müssen. Wenn darüber hinaus die Unsicherheitstaste wahlweise durch eine kleine Portion Nahrung verstärkt wird, dann fungiert sie in der Versuchsaufgabe als ein Teil der Welt (als ein Prädiktor für eine kleine Portion Nahrung). In der gegenwärtigen Forschung werden diese beiden Probleme jedoch angegangen. Die Unsicherheitstaste wird nicht verstärkt, neue Teststimuli werden verwendet, und die Übertragung der Fähigkeit auf neue Aufgaben wird untersucht. Allerdings bleibt die zweite Regel anwendbar, doch ist sie mit einer metakognitivistischen Interpretation vollkommen kompatibel. Insofern das Subjekt über einen Zeitraum hinweg widersprechende Anreize spürt, auf einen gegebenen Stimulus zu reagieren oder nicht zu reagieren, ist es sich seiner Fähigkeit zu kategorisieren nicht sicher, obwohl es

---

[12] Carruthers (2008, Abschnitt 3.2).

[13] Vgl. Proust et al., „Metacognitive states in nonhuman animals: a defense" (im Erscheinen).

dennoch davon ausgeht, dass die Welt auf die eine oder die andere Weise verfasst ist. Damit hängt das Wechseln der Antworten von subjektiven – nicht von objektiven – Gegebenheiten ab, wie zum Beispiel von dem Gespür für die eigene Leistungsfähigkeit im Verbund mit dem praktischen Wissen des bestehenden Kosten-Nutzen-Verhältnisses.

Wenn diese Überlegungen zutreffen, können wir nun die grundsätzliche Frage präziser formulieren und angehen: Wenn Metakognition im nicht-menschlichen Bereich existiert, und wenn nicht-menschliche Lebewesen über propositionales Denken verfügen, wie ist das repräsentationale Format verfasst, das Tieren flexible metakognitive Reaktionen erlaubt?

3. Welches repräsentationale Format liegt der Metakognition zugrunde?

a. Auf partikularen Entitäten basierte und Charakteristika-basierte Systeme

Wenn davon ausgegangen wird, dass tierische Metakognition durch *Komparatoren* (d. h. den Torwächter-Mechanismen entsprechenden Kontrollmechanismen) ermöglicht wird, deren Funktion es ist, subjektive Unsicherheit zu überwachen und zu kontrollieren, so muss dies nicht als eine singuläre Fähigkeit angesehen werden, die in vielen unterschiedlichen Bereichen zum Ausdruck kommt; sie kann vielmehr aus vielfältigen Formen von Steuerungen erwachsen sein, die je unabhängig evolviert sind, um spezifische kognitive Mechanismen zu überwachen: jedes mit seiner informationellen Grundlage, seiner Dynamik des Lernens, seinem anatomischen Substrat und seiner speziellen Symptomatik. Man kann jedoch dafür argumentieren, dass diese verschiedenen metakognitiven Mechanismen nichtsdestotrotz möglicherweise ein gemeinsames repräsentationales Format besitzen und dass sie elementare anatomische Ressourcen teilen (unter anderem etwa die Einbeziehung des Arbeitsgedächtnisses und inhibitorischer Mechanismen).

Der Begriff „repräsentationales Format" bezeichnet die allgemeine Art, in der Informationen von einem System erfasst und verwendet werden, um sein Verhalten zu steuern. Philosophen setzen oft als selbstverständlich voraus, dass ein propositionales Format der einzig mögliche Weg ist, Gedanken zu haben. Es ist sehr plausibel anzunehmen, dass vollständig entfaltete, rationale, kommunizierbare Gedanken, wie sie Menschen bilden können, einer propositionalen Struktur bedürfen; aber es ist gut möglich, dass das Denken der Tiere, genauso wie menschliches Denken in bestimmten Situationen, auf anderen repräsentationalen Grundlagen der Erfassung, der Verknüpfung, des Abrufens und der Bewertung emotionaler, perzeptorischer und motorischer Informationen beruht.

Wie von Frege (1892/1951) bemerkt und von Strawson (1959) betont wurde, geht eine propositionale Analyse des Inhalts von Gedanken mit einer Metaphysik einher: die Welt scheint zusammengesetzt zu sein aus unabhängigen partikularen Entitäten als Trägern von Eigenschaften und Relationen, die ihrerseits von Universalien abhängen. Grundlegende partikulare Entitäten sind reidentifizierbare, unabhängige Einzelheiten: materielle Objekte oder Personen. Universalien sind entweder sortale Universalien (was häufig durch gewöhnliche Substantive ausgedrückt wird, die uns erlauben, partikulare Entitäten zu zählen, wie zum Beispiel „drei Äpfel"), oder sie bezeichnen selbst Universalien (ausgedrückt durch Verben und Adjektive). Ein propositionales Format bietet einen Rahmen für die Referenz auf Objekte und auf Wahrheitswerte in einem einheitlichen räumlich-zeitlichen System. Nennen wir Arten der Sprache oder des Denkens mit dieser Struktur ein *auf partikularen Entitäten basierendes repräsentationales System* (im Folgenden: PEBS).

Einer weit verbreiteten Auffassung unter Philosophen zufolge hängt menschliche Rationalität von einem propositionalen Format ab, weil dieses die Struktur der Welt im Mentalen abbildet und es dem Denken erlaubt, die Bestandteile willkürlich zu rekombinieren und begriffliche Ableitungen und Schlussfolgerungen auf der Grundlage probabilistischer Regelmäßigkeiten zu bilden. Es ist unumstritten, dass nicht alle Tiere Zugang zu einer solchen Art zu Denken haben (den meisten Invertebraten dürfte es fehlen, und Vertebraten haben wohl nur Zugang zu primitiven Formen propositionalen Denkens).[14] Es gibt insbesondere zwei Eigenschaften menschlichen Lernens, an denen es den meisten Invertebraten zu fehlen scheint. Sie haben wahrscheinlich keine Mittel, Objekte oder sich selbst als die selben über die Zeit hinweg zu reidentifizieren: Ihr repräsentationales System spricht nicht auf das *Prinzip der Gegenständlichkeit* an. Nennen wir „Protobegriffe" die protosymbolischen Klassifizierungsmechanismen, die nichtsprachliche Tiere verwenden, um Eigenschaften und Ereignisse zu kategorisieren und möglicherweise andere Eigenschaften aus diesen abzuleiten, ohne das Gegenständlichkeitskriterium zu erfüllen. Insoweit Tiere unabhängige Objekte nicht reidentifizieren können, können ihre Protobegriffe individuelle Entitäten nicht erfassen. Wenn Protobegriffe jedoch nicht auf individuelle, numerisch verschiedene Träger von Eigenschaften anwendbar sind, so ermangeln sie „genau bestimmt" zu sein, wie Begriffe dies normalerweise sind. Wie Frege (in Anschluss an Kant) klar formuliert hat, gilt: Für jede individuelle Entität muss es der Fall sein, dass sie entweder unter einen gegebenen Begriff erster Ordnung fällt oder nicht fällt. (Vage Konzepte haben diese Eigenschaft nicht, deswegen stellen sie ein ernsthaftes Problem für propositionales Denken dar.) Protobegriffe, wie vage Prädikate, haben keine genauen Grenzen. Sie haben stattdessen Bedingungen der Anwendbarkeit, die auf Ähnlichkeit basieren. Der Protobegriff [Beute] beispielsweise wird auf diejenigen visuellen Schemata anwendbar sein, die einem prototypischen Beute-Schema ähnlich sind. Dies wiederum macht es fraglich zu behaupten, dass ein Protobegriff sich *wahrhaftig* auf ein bestimmtes partikulares (gerade wahrgenommenes) Schema bezieht. Es wäre angemessener zu sagen, dass Protobegriffe mehr oder weniger effiziente Klassifikatoren sind: Sie haben Bedingungen der angemessenen Ausgestaltung oder der Effizienz, ohne dass ihre Wahrheit evaluiert werden könnte.

Ein zweiter, hiermit eng zusammenhängender Unterschied, der den Gebrauch von Protobegriffen betrifft, bezieht sich auf die Breite des Anwendungsbereichs: Protobegriffe ohne Gegenständlichkeit dürften wohl ebensowenig die Generalitätsbedingung erfüllen. Aufgrund der Generalitätsbedingung[15] würde das Verstehen der Wahrheitsbedingungen für „Peter wird kommen" und „Anna verspätet sich" ebenfalls das Verstehen der Wahrheitsbedingungen für „Anna wird kommen" und „Peter verspätet sich" ermög-

---

[14] Vgl. Proust (1997, 1999) und Bermúdez (2003).
[15] Vgl. Dummett (1973), Strawson (1959) und Evans (1982).

lichen: Prädikationen sind im Denken nicht an partikulare Entitäten gebunden, und umgekehrt gilt, dass auch partikulare Entitäten nicht an Prädikationen gebunden sind. Die *Generalitätsbedingung* betont die besondere Rolle der Fähigkeit im rationalen Denken, atomistische Sätze in beliebiger Weise gemäß regelgeleiteter Operationen zu kombinieren. Wenn ein Tier komplexe, durch Negationen, Quantifikationen oder hypothetisches Schlussfolgern bestimmte Gedanken nicht bilden oder erfassen kann, dann lässt sich nicht behaupten, dass es so denkt, wie ein Mensch denkt.

Eine plausible Hypothese besteht darin, dass die Ausprägung des begrifflichen und des nicht-begrifflichen Inhalts im menschlichen Denken die evolutionäre Abfolge zweier verschiedener, generativ fest verwurzelter[16] repräsentationaler Formate widerspiegelt. Das jüngere, auf partikularen Entitäten basierte repräsentationale System (PEBS) würde von einem früheren repräsentationalen System generativ abhängen, das weiter unten als ein *Charakteristika-basiertes repräsentationale System* (CBS) identifiziert wird. Das PEBS würde auf diese Weise fähig sein, das CBS anzureichern.[17] Viele Eigenschaften des CBS könnten im angereicherten Format weiterleben, wie zum Beispiel analoge Repräsentationen, Verkörperung[18] und Vagheit.

Meine Hypothese ist, dass Metakognition, Wahrnehmung und Handlung – zumindest in Teilen – in einem CBS-Format repräsentiert werden. Um die mögliche Struktur von CB-Repräsentationen zu untersuchen, wird die vorgeschlagene Sichtweise mit dem eng verwandten Begriff einer „Charakteristika-setzenden Sprache" kontrastiert werden.

b.   Charakteristika-setzende repräsentationale Systeme (CSS)

Verschiedene Autoren[19] haben versucht, die Fähigkeit von Tieren zur Steuerung ihrer Bewegung durch den Raum und zur Wahrnehmung der Zustände in der Umwelt in einer Weise zu beschreiben, die nicht eine Bezugnahme auf Objekte oder die Zuschreibung von Eigenschaften impliziert. Dieser Auffassung zufolge ist der Vorgang, ein Charakteristikum zu lokalisieren, eine grundlegende Fähigkeit, die ohne den Besitz von Begriffen, also ohne Generalitäts- oder Gegenständlichkeitserfassung ausgeübt werden kann. Im Gegensatz zu einer Eigenschaft kann ein Charakteristikum repräsentiert werden als exemplarisch oder „vorfallend"[20], ohne dass ein Bewusstsein eines Gegensatzes zwischen dem repräsentierenden Subjekt und dem repräsentierten Objekt besteht. Ein übliches Beispiel für einen Charakteristika-setzenden Satz ist:

(1) Wasser! (hier, jetzt)

---

[16] Zu diesen Begriff [„generativley entrenched", Anm. des Übers.] vgl. Wimsatt (1986) & Proust (2009).

[17] Zu den formalen Aspekten dieses Prozesses der Anreicherung siehe Carnap (1937).

[18] Anm. des Übers: Das Wort ‚embodiment' wird durchgängig als ‚Verkörperung', eine adjektivische Verwendung durch ‚verkörpert' o. ä. übersetzt.

[19] Vgl. Cussins (1992), Campbell (1993), Dummett (1993), Smith (1996) und Bermúdez (2003).

[20] Glouberman (1976).

In dieser Art von Sätzen wird ein Massenterm (z. B.: „Wasser") als zutreffend zu einer gegebenen Zeit an einem gegebenen Ort verwendet – Es kann kein individueller Referent spezifiziert werden, ebensowenig wird „Vollständigkeit" (verstanden als „Gesättigtheit") oder eine Identifikation eines Ortes vorausgesetzt. Sortale, auch „Zählwörter" genannt, können in diesem Format nicht ausgedrückt werden. Man kann zum Beispiel Wasser nicht zählen. Was man allerdings sagen kann, ist, in welchem Grad eine Affordanz vorhanden ist (es mag wenig, es mag viel Wasser geben). Eine minimalistische Theorie der Charakteristika fasst diese in enger Verwandtschaft zu Gibsons „Affordanzen" (d. h. Informationseinheiten mit Überlebensrelevanz) auf.[21] Charakteristika, wie diese Affordanzen, gehören zu einer Ontologie, in der keine Subjekt-Welt Trennung vollzogen wird.[22] Diese Informationseinheiten weisen das Tier darauf hin, dass auf etwas Wertvolles oder Gefährliches in einer bestimmten Weise reagiert werden muss (z.b. durch Ergreifen, Verzehren oder Fliehen).

Wie bereits im Abschnitt 3.a angedeutet, ist die durch (1) ausgedrückte Repräsentation keine Überzeugung, denn sie ist nicht propositional strukturiert: Sie kann nicht wahr oder falsch sein. Aber als eine Repräsentation erfüllt sie gewisse formale Bedingungen (z.b. Gradualität) und kann falsch angewendet werden: Sie hat Erfolgsbedingungen. Was in einem Charakteristika-setzenden Ereignis wie in (1) zum Ausdruck kommt, ist eine „Umwelterfahrungen"[23] kennzeichnende triebhaft-expressive Relation. Ein solches Geschehen kann misslingen, weil etwa der angesprochene Trieb nicht über eine angemessene Verhaltenskontrolle in einer gegebenen Umwelt verfügt oder weil die Umwelt den als angeboten angesehenen Faktor nicht beinhaltet (das Charakteristikum ist falsch gesetzt). Beide Fehler können in ein und demselben CSS-Geschehen auftreten.[24] Hierbei ist es besonders wichtig hervorzuheben, dass CSS-Repräsentationen eine Evaluierungsleistung vollbringen müssen, in der die Dringlichkeit des Bedürfnisses und die Quantität oder Intensität des damit assoziierten Ergebnisses verbunden werden. Entsprechend

---

[21] Vgl. Bermúdez (1998).

[22] Affordanzen sind eher relationale als subjektive oder objektive Eigenschaften. Wie Gibson festhält: „An important fact about the affordances of the environment is that they are in a sense objective, real, and physical, unlike values and meanings, which are often supposed to be subjective, phenomenal and mental. But, actually, an affordance is neither an objective property nor a subjective property; or it is both if you like. An affordance cuts across the dichotomy of subjective-objective and helps us to understand its inadequacy", Gibson (1979), 129. [„Es ist eine wichtige Eigenschaft der Affordanzen der Umwelt, dass sie im Unterschied zu Werten und Bedeutungen, die oftmals als subjektiv, phänomenal und geistig betrachtet werden, in einem gewissen Sinne objektiv, real und physikalisch sind. Doch genauer betrachtet ist eine Affordanz eigentlich weder eine objektive noch eine subjektive Eigenschaft, oder sie ist, wenn man so will, beides. Die Affordanz steht quer zur Dichotomie zwischen Subjektivität und Objektivität und hilft uns somit, ihre Unangemessenheit einzusehen."]

[23] Diesen Ausdruck [„environmental experience"] entleihe ich von Cussins (1992), 669. Ruth Millikan beschreibt derartige Gedanken als „Pushmi-Pullyu" (Millikan 1995). In diesem Artikel gibt es jedoch keinen Hinweis darauf, hierfür ein eigenständiges, nicht-propositionales repräsentatives Format vorzuschlagen.

[24] Es gibt Fälle, in denen eine fehlerhafte Verknüpfung zwischen triebhaften Zuständen und ihnen gemäßen Zielen für das Tier tödlich sein kann. Man führe sich vor Augen, wie zum Beispiel Köder und Fallen funktionieren.

empfiehlt sich die folgende Formulierung als Kennzeichnung der elementaren Struktur einer CSS-Repräsentation:

(2) Etwas (wenig, viel) Gelegenheit zum Trinken!

Was für eine Art zu Denken vollzieht somit ein Tier mit CSS-Repräsentationen? Es identifiziert Angebote der Umwelt, kategorisiert sie gemäß ihrer Intensität auf einer Gradientenskala und löst das zugehörige motorische Programm aus. In CSS zu denken ist voraussagend: die triebhaften und epistemischen Erwartungen bestimmen zu einem großen Teil, auf welche Charakteristika geachtet wird. Nachdem ein gegebenes Charakteristikum wahrgenommen wurde, kann eine Verstärkung durch Gefühle die Auswahl angemessener Handlungen ermöglichen.

c.   Charakteristika-basierte repräsentationale Systeme (CBS)

Die Fragestellung unserer Überlegungen ist es nicht herauszufinden, wie Gegenständlichkeit und räumliches Denken interagieren, denn Metakognition hat nur wenig mit räumlicher Information zu tun. Wir können das CSS jedoch derartig transformieren, dass es dasjenige, was es in einem zur Metakognition fähigen System zu erfassen gilt, auch erfassen kann. Um dieses Ziel zu erreichen, müssen wir zwischen einem „Charakteristika-setzenden" repräsentationalen System (CSS) und einem „Charakteristika-basierten" repräsentationalen System (CBS) unterscheiden. Der hauptsächliche Unterschied zwischen einem CSS und einem CBS besteht darin, dass das erste eine Affordanz *der Umwelt* als (zu einer Zeit und an einem Ort) bestehend bewertet, wohingegen das zweite eine *mentale* Affordanz als (zu einer Zeit) bestehend bewertet. Genauso wie eine Affordanz in der Umwelt repräsentiert wird, um das Ergebnis des zugehörigen motorischen Programms vorherzusagen, wird eine mentale Affordanz repräsentiert, um das Ergebnisse der zugehörigen mentalen Handlung vorherzusagen. Wenn zum Beispiel eine höchst profitable und höchst risikoreiche Aufgabe detailreiche Wahrnehmung (oder Erinnerung) voraussetzt, so muss das Tier entscheiden, ob es auf der Grundlage der ihm zur Verfügung stehenden Informationen angemessen ist zu handeln oder nicht. In Worten ausgedrückt lautet ein Beispiel für eine CBS-Repräsentation etwa wie folgt:

(3) Schlechte (exzellente usf.) Affordanz, A. zu tun!

„A. zu tun" bezieht sich hier auf die gegenwärtige mentale Fähigkeit, die als Teil einer Aufgabe in Anspruch genommen wird (Kategorisieren, Erinnern, Vergleichen usf.). Das Tier trifft zum Beispiel eine Einschätzung darüber, ob es eine Aufgabe, die eine „Erinnerungen an einen Teststimulus" (wie man sich in der Theoriesprache ausdrückt) verlangt, zu erfüllen vermag. Der metakognitive Teil der Aufgabe besteht nicht darin, sich an einen Teststimulus zu erinnern, sondern in der Voraussage, ob die eigene Erinnerungsfähigkeit ausreichend für die Anforderungen des Tests ist. So wie Menschen mitunter einschätzen müssen, ob sie zuverlässige Informationen vorliegen haben, bevor sie eine gegebene Aufgabe erfüllen können, so müssen die Tiere, die von Hampton, Smith und ihren Kollegen untersucht wurden, nicht nur bestimmen, ob das, was sie wahrnehmen oder an das sie sich erinnern, ein X ist, sondern *ob sie überhaupt wahrnehmen oder sich erinnern können.* Affordanzen sind dieser Analyse zufolge Beziehungen zwischen der Qualität einer mentalen Fähigkeit und einem gegebenen Ergebnis; eine „gute" Fähigkeit sagt Erfolg voraus, eine „schwache" sagt einen Fehlschlag voraus. Mentale Affordanzen sind darin den physischen Affordanzen vergleichbar, für die körperliche Fähigkeiten genauso relevant sind wie mentale. Es lässt sich dabei vermuten, dass dem Subjekt die physischen und mentalen Affordanzen durch spezialisierte Indikatoren angezeigt werden. Bevor wir auf diesen Punkt zu sprechen kommen, muss zunächst ein Einwand gegen die am Satz (3) orientierte Analyse des CBS erwogen werden.

So mag der Leser in der Tat einwenden, dass der Ausdruck „A zu tun" nur Sinn ergibt, wenn wir Tieren den Besitz des zugehörigen mentalen Konzepts „A zu tun" zuschreiben; nicht-menschliche Tiere können aber mentale Konzepte nicht verwenden. Als Entgegnung darauf ist zu betonen, dass das Tier „A zu tun" repräsentieren kann, ohne dies als eine *mentale Disposition* repräsentieren zu müssen. Es braucht nicht über den Begriff des „Sich-Erinnerns ans Erinnern" zu verfügen, und es bedarf nicht der Identifizierung von Erinnerungsbedingungen als Erinnerungsbedingungen, um sein Gedächtnis zu bewerten, so dass es entscheiden kann, was zu tun ist. Wie oben bereits gesehen, repräsentiert ein CBS nur *globale Affordanzen,* und zwar auf eine solche Weise, dass es nicht notwendig ist, subjektive von objektiven Aspekten zu unterscheiden. Wenn zugegeben wird, dass Affordanzen durch Charakteristika repräsentiert werden können, dann sollte man auch zugeben, dass mentale Affordanzen gleichermaßen einen möglichen Inhalt für Charakteristika-basierte Repräsentationen darstellen. (Dieses Argument wird in Abschnitt 4 unten weiter entfaltet.)

Vergleichen wir zusammenfassend eine CSS-Repräsentation [Beispiel (2)] mit einer CBS-Repräsentation [Beispiels (3)]. (2) verlangt lediglich eine erfolgreiche Koordinierung des Tieres in Bezug auf eine Affordanz in der Umwelt, um das zugehörige Charakteristikum (als im Raum seiend, aber nicht *als räumlich*) repräsentieren zu können. Entsprechend verlangt die Repräsentation von (3) lediglich, dass das Tier gegenüber einer mentalen Affordanz eine angemessene Koordinierungsleistung vollbringt, um sie in einem mentalen und normativen ‚Raum' (aber nicht *als* mental und *als* normativ) zu repräsentieren. Um zu klären, wie ohne das Vorhandensein von Reizen aus der Umwelt eine solche Koordinierungleistung erbracht werden kann, bedarf es eines weitergehenden Vergleichs damit, wie Koordinierungsleistungen in einem CSS geschehen.

d.   Charakteristika als nicht-begrifflicher Inhalt

Um die Parallelen zwischen CSS und CBS ausbuchstabieren zu können, muss zunächst verstanden werden, wie ein Tier die in einem CSS gegebenen Informationen verwenden kann. Wie könnte ein Tier zum Beispiel die folgende CBS Repräsentation

(4) [vorne, große Beute-Affordanz]

verwenden, um sein Verhalten zu steuern? Um dies zu beantworten, müssen wir uns fragen:

1. Was sind die Signale, die räumlich zu der Affordanz führen?
2. Wieviel „Beute-Material" gibt es vorne im Vergleich zu anderen Gegenden?
3. Ist es noch oder nicht mehr möglich zu handeln?
4. Was ist der optimale Weg zum Ziel?

Diese verschiedenen Aspekte legen in der Tat jedwede sich im Raum vollziehende Handlung fest: „Wo-", „Was-", „Wann-" und „Wie"-Fragen müssen beantwortet werden, damit eine Handlung ausgelöst wird. Ist die semantische Struktur der CSS-Gedanken, wie sie in (1-4) dargestellt wurde, ausreichend, um einem Entscheidungssystem diese Informationen zur Verfügung zu stellen?

Eine Beantwortung dieser Frage erfordert zwei Schritte. Der erste besteht darin, die Rolle der Verkörperung in der Generierung nicht-begrifflichen Inhalts anzuerkennen. Wie erstmalig von Evans (1982) gezeigt wurde, muss eine Theorie, die die Semantik nicht-begrifflichen Inhalts zu erfassen sucht, auf die Fähigkeiten und Fertigkeiten eines Tieres zurückgreifen;[25] Diese Fähigkeiten legen fest, wie nicht-begrifflicher Inhalt generiert und verwendet wird. Sie sind jedoch selbst keine *Konstituenten* der Repräsentationen, die das Tier in Interaktion mit seiner Umwelt bildet (genauso wenig, wie der Raum eine Konstituente einer CSS-Repräsentation ist). Oder in Cussins' Worten: Der „Bereich der Verkörperung" wird benötigt, um den „Bereich der Referenz" zu bestimmen, ohne ein Teil des letzteren zu sein.[26] Die tierischen Fähigkeiten und Fertigkeiten können damit als grundlegende Elemente in einer nicht-gegenständlichen, dynamischen Ontologie angesehen werden.[27] Cussins nennt sie „kognitive Pfade".

Betrachten wir ein Beispiel, auf welche Art Verkörperung kognitive Pfade festlegt. Die Springspinnenart *Portia labiata* ernährt sich anstelle von Insekten hauptsächlich von anderen Spinnen. Sie ist somit dafür ausgerüstet, sowohl in als auch außerhalb ihres Netzes Beute zu machen.[28] Da *Portia* allerdings im Gegensatz zu anderen Spinnenarten über hochauflösende visuelle Fähigkeiten verfügt, besitzt sie eine angeborene Fähigkeit, visuelle Suchmuster für bevorzugte Beute (andere Spinnenarten) zu bilden. Insofern die Spinne anstelle von unabhängigen Objekten nach bestimmten Beutemustern kategorisiert, so stellt dies ein Beispielfall eines Charakteristika-setzenden repräsentationalen Systems dar.[29] Die Möglichkeit zur visuellen Suche in unterschiedlichen Umgebungen

---

[25] Vgl. Evans (1982) und Cussins (1992).

[26] Vgl. Cussins (1992), 655-656.

[27] Wenn man ihn aus der Perspektive des Tieres betrachtet, bezieht sich der Begriff „Verkörperung" Cussins zufolge nicht auf ein tierisches Körper/Geistwesen, den dies hätte einen unerwünschten Gegensatz zwischen Körper/Geist und Welt zur Konsequenz, sondern er bezeichnet eher holistische „way-finding abilities through an environmental feature-domain" [Fähigkeiten der Wegfindung in einem Charakteristika-Bereich der Umwelt], Cussins (1992), 673. Affordanzen beziehen sich damit auf Wegfindungsfähigkeiten als Arten dieser Fähigkeit.

[28] Vgl. Jackson & Li (2004).

[29] Der Abschnitt 3.c benennt die Gründe, Spinnen Zugang zu einem PEBS abzusprechen, insofern ihnen Gegenständlichkeitserfassung ermangelt.

hängt sicher davon ab, wie *Portias* kognitive Fähigkeiten verkörpert sind (andere Spinnen bleiben im Netz und spüren ihre Beute durch die im Netz gefühlten Vibrationen auf). Evolution und Lernen erklären, dass das Verhalten und die Antriebe von *Portia* auf nicht-begrifflichen Repräsentationen, d. h. auf Suchmustern basieren. Was gilt jedoch für *Portias Erfahrung?* Ein Akteur hat Cussins zufolge keinen Zugang zu den kognitiven Pfaden, die er nutzt, denn diese sind lediglich reine Fertigkeiten. Was jedoch erfahren werden *kann*, ist das *Verfolgen eines Pfades*: Charakteristika werden auf nicht-begriffliche Weise so repräsentiert, dass sie eine situierte intensive Affordanz darstellen – und zwar auf eine Weise, die eine feinkörnige perzeptuelle Erfassung und Handlung erlaubt.[30]

In einem zweiten Schritt lässt sich nun die Beziehung zwischen einem kognitiven Pfad und dem Verfolgen einer Spur reformulieren als eine Beziehung zwischen dem Bereich der Steuerungsmöglichkeiten, die einem Tier als Ergebnis seiner phylogenetischen und ontogenetischen Genese zur Verfügung stehen, und einer gegebenen Kontrollhandlung innerhalb des möglichen Steuerungsbereichs. Tatsächlich bietet ein Steuerungsbereich (i) eine Beschreibung aller möglichen Trajektoren zu einem gegebenen Ziel (wobei ein „Trajektor" im Gegensatz zum ‚Pfad' nicht etwas Räumliches zu sein braucht, sondern sich auf eine Abfolge von (Handlungs-)Anweisungen bezieht) und (ii) eine Auswahl von Trajektoren (innerhalb dieses Bereichs), die dem Handelnden gegenwärtig zur Verfügung stehen (eine Auswahl, die durch seine Situierung im gegebenen Fall eingeschränkt ist). Ein Steuerungsbereich beinhaltet somit all die möglichen Trajektoren, die bereits in dem Handlungsrepertoire des Tieres gegeben sind, samt ihrer möglichen *Kombinationen*; er entspricht damit ziemlich genau Cussins' Menge der verfügbaren kognitiven Pfade.

Von dieser Konzeption ausgehend werden nicht-begriffliche Inhalte nicht nur durch die Art der Verkörperung, sondern durch einen Regulierungsraum bestimmt. Dieser Sicht zufolge ist es nicht vorrangig die Verkörperung, die nicht-begrifflichen Inhalt nicht-begrifflich macht, es ist seine dynamische Generierung durch Steuerungsabläufe, die in den meisten Fällen einen oder mehrere sich durch den Raum bewegenden Körper als Ausgangspunkt von internem und externem Rückkoppelungen beinhalten.[31] Damit beinhaltet der zweite Schritt lediglich eine theoretische Interpretation des ersten Schrittes. *Portias* vollständiger Bereich der kognitiven Pfade bildet ihren Regulierungsraum. Das Springen von *Portia* auf eine andere Spinne wird durch den nicht-begrifflichen Inhalt ihres visuellen Systems ermöglicht, der ihr zugleich die Motivation zum Agieren gibt (d. h. sie dazu bringt, einen gegebenen Pfad zu wählen und ein gegebenes Programm auszuführen).[32]

---

[30] Die Frage der Zuschreibung nicht-begrifflichen Inhalts zu subpersonalen Zuständen soll hier nicht weiter diskutiert werden. Ich setze hier schlicht voraus, dass jene Zuschreibung möglich ist, wie dies von Peacocke (1994) und Bermúdez (1995) verteidigt wurde. Es erscheint zulässig anzunehmen, dass, obwohl *Portia* keine Erfahrung der Art der Ersten-Personen-Perspektive besitzt, sie dennoch über nicht-begrifflichen Inhalt verfügt, der sie zu ihren Handlungen motiviert.

[31] Ein Körper selbst wiederum kann analysiert werden als eine integrierte Menge von Regulationen, die sich in einen Perzeptionsbereich und einen Kontrollbereich aufteilen lassen.

[32] Die Frage, ob ein Tier, das nur über CSS oder CBS – und damit nicht über Begriffe – verfügt, nicht-begrifflichen Inhalt besitzen kann, wird im Abschnitt 5 untersucht.

Unser nun vollständig explizierte Bezugsrahmen bietet somit klare Antworten auf unsere vier Fragen von oben. Die erste Frage kann in Anschluss an Evans und Cussins' Überlegungen in Steuerungsbegriffen beantwortet werden. Wenn es einen kognitiven Pfad zum Ziel gibt (d. h. wenn ein Steuerungsmodell im Steuerungsbereich zur Verfügung steht), dann erlaubt verkörperter, nicht-begrifflicher Inhalt (in diesem Fall visuelle Rückkopplung) der Spinne zu wissen, wo in ihrem peripersonalen Raum die Beute lokalisiert ist, selbst wenn sie nicht Räume als individuelle Orte identifizieren kann.

Die zweite Frage ist mit Blick auf unseren betrachteten Steuerungsapparat viel einfacher zu lösen. Eine Beantwortung der Frage, wieviel Beute im Unterschied zu anderen Gegenden oder Zeitpunkten vorliegt, scheint zunächst für ein Tier ohne Fähigkeiten zur Erfassung des objektiven Raumes oder alternativer Umstände unmöglich zu sein. Es gibt jedoch für ein Steuerungssystem eine einfache Möglichkeit der Konstruktion komparativer Intensitäten. Dazu genügt es, wenn im System aus den vergangenen Erfahrungen mit der gleichen Art der Affordanz ein Durchschnittswert gebildet wurde, der mit der gegenwärtigen Begegnung verglichen werden kann. Dieser Durchschnittswert kann auch in angeborener Form vorliegen, wie dies bei den primären Emotionen der Fall ist. Somit braucht die Normgröße nicht explizit repräsentiert zu werden, um ein Intensitätsurteil auslösen zu können. Das Tier benötigt lediglich einen Kalibrierungsmechanismus, der die Intensität eines Affordanztyps widerspiegeln und mit ihr in Resonanz sein kann. Die Repräsentation der Intensität ist genau dann erfolgreich, wenn sie *eine ausreichende Affordanz* für ein entsprechendes Verhalten bei einem gegebenen Motivationsniveau voraussagt. Die Intensität mag dabei durch ein Set subpersonaler Mechanismen in nicht-begrifflicher Form kodiert werden. Bei der Art *Portia* beispielsweise könnte die Intensität der Affordanz sowohl dem Durchschnittswert des Suchmusters entsprechend als auch entsprechend den mit der visuellen Erfassung ihrer Beute verbundenen Gefühlen und Dispositionen zum Handeln kalibriert sein. Auf diese Weise ist ein zum propositionalen Denken unfähiges Tier in der Lage, den Unterschied zwischen Intensitäten zu erfassen.

Um zu wissen, ob eine Affordanz noch immer zur Verfügung steht oder ob es zu spät zum Handeln ist, wie die dritte Frage lautete, kann sich das Tier auf die Zeit- und Frequenzaspekte seiner nicht-begrifflichen Repräsentationen beziehen, eine Art des Inhalts, die eine wichtige Rolle in der zeitlichen Organisation seiner Aktionen spielt und die die dynamische Abstimmung mit den Handlungen anderer beeinflusst. Auch hier gibt es besondere Arten des nicht-begrifflichen Wissens, die verwendet werden können, um eine richtige Handlungsanweisung auszuwählen und ihre erfolgreiche Umsetzung zu überwachen. *Portia* mag auf motorische Repräsentationen zurückgreifen, um zu wissen, wann und wie auf eine gegebene Affordanz, jeweils unter Berücksichtigung der spezifischen Größe und Beweglichkeit ihrer Beute, angemessen zu reagieren ist.

Schließlich hängt die Beantwortung der vierten Frage – wie ist ein optimaler oder zumindest zufriedenstellender Weg zum Ziel zu finden? – von inverser Modellierung ab. Sogenannten „modularen" Theorien der inversen Modellierung zufolge speichert ein System Paare von inversen und direkten Modellen, indem ein gegebenes realisiertes Ziel mit einer gegebenen Handlungsanweisung assoziiert wird.[33] Es wurde gezeigt, dass verkörpertes nicht-begriffliches Wissen in der Repräsentation dieser Paare wirksam ist.[34] So hilft etwa die wahrgenommene Lage einer Tasse bei der Wahl, welche Hand zum Greifen verwendet werden sollte und wie das Handgelenk räumlich auszurichten ist.

Wenn wir mit diesen Überlegungen auf dem richtigen Weg sind, dann drückt das CSS Affordanzen durch seine bestimmten nicht-begrifflichen Inhalte aus; derselbe Inhalt, der der charakteristischen Erfassung von Affordanz zugrunde liegt, strukturiert auch die Kontrolle des Tieres über diese Affordanzen. Damit ist deutlich geworden, dass nicht-begrifflicher Inhalt Bestandteil eines dynamischen Modells ist, der dem Tier (durch Vererbung oder Lernen) zur Steuerung von Wahrnehmung und Handlung zur Verfügung gestellt wird. Entsprechend lässt sich die folgende Formulierung (5) zur Darstellung der detaillierten nicht-begrifflichen Struktur, die mittels einer gegebenen CSS-Repräsentation erfasst wird, vorschlagen:

(5) Affordanz A (Intensität I, Richtung R, im Zeitintervall dt, mit Kontrolloption K).

Wenden wir uns nun dem Charakteristika-basierten repräsentationalen System (CBS) zu. Kann ein analoges Modell entwickelt werden, um die Fähigkeit zur Metakognition des Tieres zu Erklären?

4. Nicht-begrifflicher Inhalt in einem Charakteristika-basierten Format

Unser Vorschlag, Affordanz in der Metakognition zu repräsentieren, wurde durch folgendes Beispiel ausgedrückt:

(3) Schlechte (exzellente usf.) Affordanz, A. zu tun,

wobei „A zu tun" sich eher global auf Fähigkeiten als spezifisch auf eine mentale Disposition (z. B. Erinnern, Wahrnehmen usf.) bezieht. Ist unsere zweischrittige Vorgehensweise in der Lage, den in (3) zum Ausdruck gebrachten Informationen gerecht zu werden? Genauer gesagt: wie hat man die folgenden Fragen, analog zu den oben in Bezug auf das CSS gestellten Anfragen, zu beantworten?

1. Worin besteht der kognitive Pfad, der zu einer mentalen Affordanz führt?
2. Wieviel „Affordanz" gibt es im Vergleich zu anderen Zeiten?
3. Steht die Affordanz noch zur Verfügung oder ist es zu spät zum Handeln?
4. Was ist der optimale Weg zur mentalen Affordanz?

Um diese Fragen zu beantworten, ist es erneut notwendig zu untersuchen, ob solche Informationen auf eine systematische Art durch verkörperte Fertigkeiten und Fähigkeiten

---

[33] Vgl. Wopert & Kawato (1998).
[34] Vgl. Jacob & Jeannerof (2003).

des Tieres erfasst und strukturiert werden können: Kann nicht-begriffliches Wissen von einem Steuerungssystem auch dazu benutzt werden, um mentale Ziele auszuwählen (wie zum Beispiel zur Erwerbung von qualitativ und quantitativ adäquater Information)? Die Schwierigkeit für das CBS im Unterschied zum CSS besteht darin, dass Tiere, die ein CSS verwenden, nicht auf räumliche nicht-begriffliche Inhalte, wie z. B. Gestalt, Farbe oder Suchmuster, zurückgreifen können. Aber diese Schwierigkeit kann überwunden werden, wenn man bedenkt, dass es andere Arten der Informationen gibt, die bereits in einem CSS verwendet werden und die extrahiert werden könnten: insbesondere die Intensität der propriozeptiven Signale und zeitliche Informationen.

Um diese beiden Arten zu erläutern, werde ich aus Gründen der Anschaulichkeit mit einem menschlichen Beispiel beginnen: Das bekannte Phänomen, dass einem etwas, das man sagen will, auf der Zunge liegt („tip of the tounge" oder „ToT-Erfahrung"[35]), besteht in der Erfahrung einer muskulären Aktivität in der Zunge, die nicht als merkwürdige körperliche Erscheinung, sondern als ein Prädiktor für die Fähigkeit, mit einem vergessenen Wort aufwarten zu können, erlebt wird. Studien zur Phänomenologie der ToT-Erfahrung zeigen, dass in diesem Gefühl wohl drei qualitative Bereiche verschmolzen sind. Das erste ist die *Intensität eines gefühlten körperlichen Signals*. Ein zweiter Aspekt des nicht-begrifflichen Inhalts ist die *Intensität einer gefühlten Emotion*, die in der ToT-Erfahrung auftritt. Ein dritter Aspekt besteht in dem *Gefühl des unmittelbaren Bevorstehens* (d. h. in dem Gespür dafür, bald in der Lage zu sein, das vergessene Wort wieder zu erinnern). Ein hoher Wert in allen drei Bereichen scheint ein hohes subjektives Zutrauen und eine hohe Wahrscheinlichkeit einer schnellen Wiedererinnerung vorherzusagen.[36] Die Affordanz, die einem durch ein ToT-Gefühl angezeigt wird, ist die Fähigkeit, ein bestimmtes Wort in seinem Gedächtnis wiederzufinden.

Dieses Beispiel wird uns helfen, die vier oben gestellten Fragen zu beantworten. Die erste Frage verlangt eine Bestimmung des kognitiven Pfades zu einer mentalen Affordanz. So wie *Portia* ihr Raumverständnis auf eine verkörperte Weise prozessiert, so kann ein Tier Zugang zu einer mentalen Affordanz besitzen, indem es einen verstärkten kognitiven Pfad verwendet. Es gibt in der Tat eine *zeitliche Kontiguität* zwischen der Erfahrung, eine Wahl zu treffen (ein Muster als dicht oder karg zu kategorisieren, indem man eine Taste A oder B drückt), und der Erfahrung einer Verzögerung, die durch Unsicherheit generiert wird. Ein zeitlicher Rückstand kann vom Tier als Fehlersignal interpretiert werden: Im Vergleich zum normalen Verhalten ist die gegenwärtige Aktivität beeinträchtigt. Der entscheidende Punkt dabei ist folgender: Obwohl die Verzögerung eine natürliche Folge einer schwierigen Herausforderung darstellt, so wird sie zusätzlich ein natürliches Signal, das Informationen darüber enthält, *dass ein Bedarf besteht zu wissen, welche Affordanz gegeben ist*. Eine plausible Hypothese besteht daher darin anzunehmen, dass ein zeitlicher Vergleich zwischen der für die Beendigung einer Aufgabe erwarteten Zeit und der beobachteten Zeit, so wie dies in einer gegebenen Kontrolltätigkeit (d. h. in einer Kontrolle, die einen Komparator verwendet) auftritt, einen Schlüssel darstellt, durch dem einem Tier eine mentale Affordanz auffällig werden kann.

---

[35] Für eine Besprechung der ToT-Forschung siehe Brown (1991).
[36] Vgl. Schwartz et. al (2000).

Die zweite Frage zielt darauf ab, wie ein Tier auf nicht-begriffliche Weise die Stärke einer mentalen Affordanz einschätzen kann. Die Einschätzung einer Affordanz als hoch oder niedrig geschieht durch das, was in der Literatur über menschliche Metakognition ein „epistemisches Gefühl" genannt wird. Wie das ToT-Beispiel nahelegt, können Komparatoren *mehrere* nicht-begriffliche Aspekte der im Beispiel (3) repräsentierten Charakteristika überwachen. Epistemische Gefühle können als schwach oder stark empfunden werden, je entsprechend der Aktivität in ihren zuständigen somatischen Markern.[37] Sie können vom Gefühl einer mehr oder weniger unmittelbar bevorstehenden Auflösung eines Problems begleitet sein.

Schließlich können sie im höheren oder geringeren Maße mit motivationaler Kraft ausgestattet sein. Eine solche Motivation, eine mentale Aufgabe anzugehen – wie zum Beispiel sich stärker dabei anzustrengen, sich an etwas zu erinnern – könnte ein nicht-begrifflicher Indikator für die entsprechende Affordanz sein.[38] Eine weitere Quelle nicht-begrifflichen emotionalen Wissens besteht in dem besonderen, für eine mentale Affordanz charakteristischen dynamischen Intensitätsmuster. Einige epistemische Gefühle haben einen besonderen „Beschleunigungsaspekt", der auf natürliche Weise eine hochbegehrte dynamische Affordanz anzeigt (man vergleiche etwa Einsicht und Begeisterung).[39] Die Gefühle, auf die Smiths Makaken zurückgreifen können, werden wahrscheinlich durch eine perzeptuelle Gewandtheit erzeugt, eine okular-motorische Fertigkeit, die über einen Zeitraum hinweg einstudiert und entwickelt wurde: Auch hier mögen Intensität der Gewandtheit, die Dauer des Zögerns, gegensätzliche Motivationen fürs Handeln und zum Erreichen der Belohnung dem Tier helfen, seinen inneren Grad der Unsicherheit einzuschätzen.

Die dritte Frage lautete, wie ein Tier wissen kann, ob eine Affordanz noch immer oder nicht mehr besteht. In körperlichen und in mentalen Handlung kann gleichermaßen die Einschätzung der Zeit von Handlungsfolgen nur dadurch geschätzt werden, dass man Informationen aus einer partiellen Simulation der Ausführung der betreffenden Aufgabe gewinnt.[40] Das Tier kann einerseits die Durchschnittswerte der betreffenden Zeiten für i) die erforderliche Handlung (basierend auf der bisherigen Erfahrung mit einem Aufgabentyp) und für ii) seine bisherigen Anstrengungen, um ähnliche mentale Affordanzen zu erreichen, vergleichen. Es kann daher dafür argumentiert werden, dass die geschätzte Zeit, in der eine mentale Handlung ihr Ziel erreicht, genau wie im Falle körperlicher Handlungen durch eine Vorwärtsmodellierung dieser Aktivität eruiert wird. Nicht-begriffliches Wissen gibt damit einer solchen im Verborgenen ablaufenden Simulationsaktivität wichtige Wegmarken an die Hand.

---

[37] Ein somatischer Marker, wie er von Damasio definiert wird, ist ein körperliches Signal, dessen Funktion in der Beeinflussung des Prozesses der Reaktion auf einen Stimulus besteht. Hier wird der somatische Marker verstanden als den Prozess einer rationalen Entscheidung im Allgemeinen (inklusive der Metakognition) beeinflussend. Vgl. Damasio et al. (1996).

[38] Eine Analyse, die die Kontroll- und Steuerungsaspekte in dem Gefühl, etwas zu wissen, entflechtet, findet sich in Koriat et al. (2006) und Koriat (2000).

[39] Zu diesem Unterschied siehe Carver & Scheier (1998).

[40] Für eine ausführliche Verteidigung dieser These siehe Proust (2006).

Interessanterweise ist es viel einfacher, die vierte Frage für den Fall der Metakognition zu beantworten als für den Fall einer körperlichen Handlung. Will man eine Affordanz im Raum erreichen, so muss man auf der Basis eines CSS einen der kognitiven Pfade aus dem Repertoire auswählen, was zur Konkurrenz zwischen Lösungswegen führt. Mentale Affordanz (wie zum Beispiel die praktische Bewertung seiner Erinnerungsfähigkeit) scheint den Möglichkeiten ihrer Ausnutzung recht enge Grenzen zu setzen. Ein Subjekt, das einen Hinweis aus seinem Gedächtnis abrufen muss, scheint in CBS nur einen einzigen Pfad zur Verfügung zu haben. Dies mag damit zu tun haben, dass die zur Auslösung einer Handlung verwendeten Informationsarten auf Zeit und Intensität beschränkt sind; die Pfade können aufgrund mangelnden alternativen Feedbacks nicht leicht variiert werden. Dies ist jedoch vollständig anders, wenn ein menschliches Versuchssubjekt Zugang zu einer Speicherung von Informationen besitzt, die auf Begriffen basiert. In diesem Fall hat er einen möglichen Zugang zu Überzeugungen des gesunden Menschenverstandes über das Bewusstsein und mag alternative Strategien verwenden, um seine mentalen Affordanzen vorherzusagen (indem er zum Beispiel Heuristiken der Alltagsweisheit verwenden kann). Diese Überlegungen führen uns zur folgenden Formulierung der detailreichen nicht-begrifflichen Struktur Charakteristika-basierter prognostischer metakognitiver Repräsentationen:

(6) Mentale Affordanz A (Intensität I, im zeitlichen Intervall dt, mit Kontrolloption C)

5. Antworten auf kritische Einwände und weiterführende Fragen

Die vorgelegte Interpretation der tierischen Kognition zielte darauf ab, eine realistische Rekonstruktion der Informationen zu leisten, die in der Generierung des Verhaltens und der praktischen Entscheidungen von nicht-menschlichen Lebewesen kausal wirksam sind. Die zugrunde liegende Ansicht bestand darin, dass Kognition in zwei generativ fest verwurzelten Formaten operiert. Das älteste Format hat zwei Unterarten: ein *Charakteristika-setzendes* Format, das dem Tier zu navigieren und die Affordanzen der Umwelt zu kategorisieren und auszunutzen hilft, und ein *Charakteristika-basiertes* Format, das dem Tier die Ausnutzung seiner mentalen Affordanzen erlaubt.[41] Metakognition, so die Hypothese, wird in einem Charakteristika-basierten System repräsentiert, wodurch erklärt werden könnte, wie diese Fähigkeit bei einigen nicht-menschlichen Arten evolutionär hat entstehen können. Das jüngere Format ist propositional – d. h. es basiert auf partikularen Entitäten. Nur das letztere Format kann dazu verwendet werden, in rekursiver Weise Metarepräsentationen zu bilden.

Der Leser mag einwenden, dass unser Vorschlag vollständig ad hoc ist, insofern er ein repräsentationales Format erfindet, obwohl kein unabhängiger Grund besteht, dies zu tun. Es trifft zu, dass der Unterschied zwischen dem propositionalen und den bei-

---

[41] Der vorliegende Lösungsansatz hat sich auf die vorhersagende Metakognition konzentriert. Zukünftige empirische Forschung sollte auch der Frage nachgehen, ob nicht-menschliche Tiere ebenfalls auch retrospektiv ihre eigenen mentalen Handlungen in einer metakognitivistischen Weise beurteilen können (zum Beispiel das Bereuen einer Entscheidung).

den Charakteristika-bezogenen Formaten zunächst eingeführt wurde, um zu erklären, wie Metakognition funktionieren könnte, wenn man sich die verschiedenen Fragen vor Augen führt, die sich aufdrängen, sobald man das Funktionieren von Metakognition in metarepräsentationalen Begriffen beschreibt oder es auf unbefriedigende Weise durch Reduktion auf objektive Unsicherheit erklären will.[42] Es gibt jedoch zusätzliche Argumente für die vorgelegte Hypothese. Erstens erklärt sie die *Emergenz* eines flexiblen Umgangs mit Informationen in der Phylogenese. Viele nicht-menschliche Tiere, die keinen Sinn für Gegenständlichkeit und somit für die Repräsentation einer unabhängigen Welt besitzen, sind dennoch evidenterweise in der Lage, sich an den Veränderungen in der Welt anzupassen. Eine solche Flexibilität setzt die Fähigkeit voraus, sein Verhalten auf eine endogene Art zu kontrollieren (indem die Regularitäten der äußeren Welt extrahiert und ausgenutzt werden und indem die eigene Kognition überwacht wird), welches wiederum repräsentationaler Fähigkeiten bedarf.[43] Der vorgelegte Lösungsansatz besteht darin, dass Repräsentationen von Charakteristika die Grundlage für diese Flexibilität sind.

Ein zweiter Grund besteht darin, dass der Vorschlag hilft zu erklären, wie propositionaler Inhalt sich aus vorherigen repräsentationalen Formaten *evolutionär* hat entwickeln können. Es ergibt keinen evolutionären Sinn zu behaupten, dass begriffliches Denken mit dem Auftreten linguistischer Fähigkeiten beginnt, denn linguistische Fähigkeiten setzen ihrerseits die Fähigkeit zur flexiblen Kontrolle voraus. Die Vorstellung, dass ein propositionales System einen Inhalt, der von einem älteren Gedächtnissystem geliefert wird, neu beschreibt oder anreichert, wird von neueren neurowissenschaftlichen Belegen über die zweistufige Struktur des Arbeitsgedächtnis gestützt.[44] Es erklärt darüber hinaus die Präsens von nicht-begrifflichem Inhalt innerhalb des propositionalen Denkens.

Ein dritter Grund besteht darin, dass diese Annahme die Auflösung einiger Probleme der Theorie nicht-begrifflichen Wissens in Aussicht stellt. Wenn es zutrifft, dass CSS und CBS unabhängig von und früher als propositionales Denken existiert haben, dann könnte die Frage, ob sie zugleich mit dem propositionalen Denken im Menschen existieren oder ob sie durch das propositionale Denken ersetzt wurden, ein interessantes Thema für interdisziplinäre Forschungen werden. Der vorliegende Ansatz legt nahe, dass, wie immer man sich in diesen Fragen positioniert, der nicht-begriffliche Inhalt als eigenständig gegenüber dem Besitz von Begriffen angesehen werden sollte, insofern ein solcher Inhalt in einem Format gegeben ist, das keine Prädikationen beinhaltet. Eine solche Eigenständigkeitsthese wird unabhängig hiervon auch durch die Tatsache nahe gelegt, dass eine Theorie nicht-begrifflichen Inhalts einen nicht-zirkulären Zugang zu den Bedingungen des Besitzes von Wahrnehmungs- und Handlungsbegriffen bieten kann.[45]

Ein zweiter Einwand besagt, dass ein System ohne Gegenständlichkeitserfassung nicht die normativen Bedingungen aufweist, die mit mentalen Begriffen gegeben sind. Dieser zweite Einwand greift ein bekanntes Argument zur Zurückweisung der Eigenständigkeit nicht-begrifflicher Inhalte auf: Objektive Reidentifikation des Ortes ist eine fundamenta-

---

[42] Vgl. Proust (2007).
[43] Vgl. Proust (2006).
[44] Vgl. Gruber & von Cramon (2003).
[45] Siehe Cussins (1992) und Bermúdez (1994).

le Voraussetzung für den Besitz einer integrierten Repräsentation einer Situation.[46] Ohne Korrektheitsbedingungen für räumliche Repräsentationen ist eine solche Integration jedoch unmöglich, so dass selbst der Begriff eines Inhalts verloren geht. Entsprechend würden Charakteristika-setzende und Charakteristika-basierte Systeme *keine* Inhalte für Gedanken generieren.

Es gibt verschiedene Möglichkeiten, diesem Einwand zu begegnen. Eine Möglichkeit besteht darin zu zeigen, dass die Zurückweisung der Eigenständigkeit zu schwerwiegenden Problemen bei dem Erlernen von Begriffen führt.[47] Ein andere Weg besteht darin, nicht-begrifflichen Inhalt unabhängig von der Semantik propositionaler Systeme zu definieren, wie es in diesem Aufsatz unter Rückgriff auf Cussins' Vorschlag (1992) geschehen ist. Diesem alternativen Ansatz zufolge werden nicht-begriffliche Inhalte als *stabilisierende Funktionen* in der Kontrolle von Affordanzen verstanden.[48] Diese Stabilisierung hat zwei Aspekte, die in nicht-begrifflichen Inhalten aufs engste miteinander verbunden sind. Sie spielt eine funktionale Rolle in der Erkennung von Charakteristika über die Zeit (es sei daran erinnert, dass Charakteristika keine genauen Grenzen besitzen), und sie bewirkt eine erfolgreiche Interaktion mit der Umwelt. Wenn man einem Tier die Fähigkeit zur Bildung nicht-begrifflicher Inhalte abspricht, würde dies entsprechend beinhalten, dass man dem Tier auch die Fähigkeit abspricht, Affordanzen zu erkennen, auf sie zu reagieren und seine Charakteristika-bezogenen Vorstellung zu revidieren. Schließlich ließe sich ein Konzept epistemischer Normativität entwickeln, das nicht nur ausschließlich auf Propositionen anwendbar ist.[49] Wenn immer ein Tier die Charakteristika einer Situation repräsentiert, zielt es nicht darauf ab, die Wahrheitswerte seiner Gedanken zu erfassen, denn in der Tat bildet es keine explizite Repräsentation seiner selbst, noch kann es propositionale Gedanken, die wahr oder falsch sein können, repräsentieren. Dies besagt jedoch nicht, dass die Setzung von Charakteristika weder Bedingungen der Angemessenheit noch semantische Normen impliziere. Einige Kontrollhandlungen werden evidenterweise als kognitiv effizienter erkannt als andere, und sie scheinen genau deswegen ausgewählt und ausgenutzt zu werden, weil sie als kognitiv effizienter erkannt werden. In CSS und CBS könnte somit eine Sensibilität für die Normen kognitiver Adäquatheit entstehen. Dies ist ein Gebiet laufender aktueller Forschungen.

Drittens könnten einige Leser versucht sein einzuwenden, dass eine Reihe von Tieren, wie zum Beispiel die Springspinne *Portia*, keinerlei Repräsentationen, die wirklich diesen Namen verdienten, benutzen, insofern ihre Entscheidungen rein auf Prägungsmechanismen basieren. Entsprechend wäre der Versuch der Rekonstruktion ihrer mentalen Erlebnisse ein vergebliches Unterfangen: Sie besitzen schlicht keine. Dieses Argument ist allerdings schon seit den späten 60er Jahren zurückgewiesen worden: Wie Rescorla und Wagner (1972), Gallistel (2003) und andere gezeigt haben, hängt assoziatives Ler-

---

[46] Peacocke (1992), 90.

[47] Vgl. Bermúdez (1994).

[48] Siehe den Vorschlag von Cussins (1992), 677.

[49] Erfolgsbedingungen können in einer semantischen Theorie verwendet werden. Vgl. Stalnaker (1987) und Bermúdez (2003). Allerdings wurde eine Erfolgsbedingungs-Semantik für nicht-propositionales Format noch nicht vorgelegt.

nen von der durch das Tier repräsentierten Information ab und geht nicht ohne diese vonstatten. Der konditionierende Stimulus muss Informationen über den unkonditionierten Stimulus liefern, um eine Reaktion zu erzeugen; nicht die zeitliche Paarung ist hierbei der entscheidende kausale Faktor, wie zunächst angenommen wurde, sondern die Kontingenz.[50] Das Setzen von Charakteristika stellt ein repräsentationales Format dar, das im Einklang mit Theorien des assoziativen Lernens steht, denen zufolge Reize aufgrund ihres Voraussagewertes hinsichtlich bestimmter Affordanzen ausgewählt werden.

6.   Abschließende Bemerkungen

In diesem Aufsatz wurde versucht, einen Ansatz zu skizzieren, der der Fähigkeit zur Metakognition bei nicht-menschlichen Lebewesen Rechnung tragen kann. Es gilt noch viel Forschungsarbeit zu leisten, um menschliche und nicht-menschliche metakognitive Fähigkeiten zu vergleichen. Weitere interdisziplinäre Arbeit sollte sich insbesondere den vier für die Ausübung metakognitiver Fähigkeiten (d. h. mentaler Handlungen) zentralen Dimensionen des nicht-begrifflichen Inhalts widmen. Das Konzept der Anreicherung legt nahe, dass menschliches Denken Generalisierungen aus dem Alltagswissen schöpft, um seine verschiedenen Charakteristika-basierten epistemischen Gefühle zu beschreiben und zu beeinflussen. Die Frage, ob menschliche Metakognition ein spezielles Charakteristika-setzendes Format verwendet oder gänzlich im Modus des propositionalen Denkens aufgeht, ist noch offen. Doch mag die laufende Forschung schon bald mit interessanten neuen Ergebnissen aufwarten.

Aus dem Englischen übersetzt von Christian Spahn

7.   Literatur

Bermúdez, J. L. (1994). Peacocke's argument against the autonomy of nonconceptual representational content. *Mind and Language*, 9, 402-418.

Bermúdez, J. L. (2003). *Thinking Without Words*. New York: Oxford University Press.

Brown, A. S., (1991). A review of the tip-of-the-tongue experience. *Psychological Bulletin*, 109(2), 204-223.

Campbell, J. (1993). The body image and self-consciousness. In J. Bermúdez, T. Marcel & N. Eilan (Eds.), *The Body and the Self*. Oxford: Oxford University Press, 28-42.

Carnap. R. (1937). *The Logical Syntax of Language*. London: Routledge & Kegan Paul.

Carruthers, P. (2008). Meta-cognition in animals: a skeptical look. *Mind and Language*, 23, 58-89.

Carver, S.C. & Scheier, M.F. (1998). *On the Self-regulation of Behavior*. Cambridge: Cambridge University Press.

Clark, A. (2004). Feature-placing and proto-objects. *Philosophical Psychology*, 17, 443-469.

Cussins, A. (1992). Content, embodiment and objectivity: The theory of cognitive trails. *Mind*, 101, 651-688.

Damasio, A. R. Everitt, B. J. & Bishop, D. (1996). The somatic marker and hypothesis and the possible functions of the prefrontal cortex. *Philosophical Transactions. Biological Sciences*, 351, 1346, 1413-1420.

Dummett, M. (1973). *Frege. Philosophy of Language*. London: Duckworth.

---

[50] Vgl. Gallistel (2003) für einen Überblick.

Dummett, M. (1993). *The origins of Analytical Philosophy*. London: Duckworth.

Evans, G. (1982). *The Varieties of Reference*. Oxford: Oxford University Press.

Flavell, J. H. (2004). *Theory-of-mind development: Retrospect and prospect*. Merrill-Palmer Quarterly, 50, 274–290.

Frege, G. (1892/1951). On concept and object. Trans. P. T. Geach & M. Black, *Mind*, 60, 168-180.

Gallistel, C. R. (2003). Conditioning from an information processing perspective. *Behavioural Processes*, 62, 89-101.

Gibson, James J. (1979). *The Ecological Approach to Visual Perception*. Boston: Houghton Mifflin.

Glouberman, M. (1976). Prime matter, predication, and the semantics of feature-placing. In A. Kasher (Ed.), *Language in Focus*. Boston: Reidel, 75-104.

Gruber, O. &. von Cramon, D. Y. (2003). The functional neuroanatomy of human working memory revisited. *NeuroImage* 19, 797–809.

Hampton, R. R. (2001). Rhesus monkeys know when they remember. *Proceedings of the National Academy of Sciences U.S.A.*, 98, 5359-5362.

Hume, D. (1739/1978). *A Treatise of Human Nature*. Oxford: Oxford University Press.

Inman, A. & Shettleworth, S. J. (1999). Detecting metamemory in nonverbal subjects : a test with pigeons. *Journal of Experimental Psychology : Animal Behavioral Processes*, 25, 389-395.

Jacob, P. & Jeannerod, M. (2003). *Ways of seeing; the Scope and Limits of Visual Cognition*. Oxford: Oxford University Press.

Jackson, R. R. & Li, D. (2004). One-encounter search-image formation by araneophagic spiders. *Animal Cognition*, 7, 247-254.

Koriat, A. (2000). The feeling of knowing: some metatheoretical implications for consciousness and control. *Consciousness and Cognition*, 9, 149-171.

Koriat, A., Ma'ayan, H., Nussinson, R. (2006). The intricate relationships between monitoring and control in metacognition: Lessons for the cause-and-effect relation between subjective experience and behavior. *Journal of Experimental Psychology: General*, 135,1, 36-69.

Kornell, N., Son, L. K., Terrace, H. S., (2007). Transfer of metacognitive skills and hint seeking in monkeys, *Psychological Science*, 18, 1, 64-71.

Levin, D. T. (2004). *Thinking and Seeing. Visual Metacognition in Adults and Children*. Cambridge, Mass.: MIT Press.

Millikan, R. G. (1995). Pushmi-Pullyu. *Philosophical Perspectives*, 9, 185-200.

Nelson, T. O., and Narens, L. (1992). Metamemory: a theoretical framework and new findings. In T. O. Nelson (Ed.), *Metacognition: Core Readings*, 117-130.

Peacocke, C. (1992). *A Study of Concepts*. Cambridge, Mass.: MIT Press.

Peacocke, C. (1994). Content, computation and externalism. Mind and Language, 9, 303-335.

Proust, J. (1999). Mind, space and objectivity in nonhuman animals. Erkenntnis, 51, 1, 41-58.

Proust, J. (2006). Rationality and metacognition in nonhuman animals. In S. Hurley & M. Nudds (Eds.), Rational Animals , Oxford: Oxford University Press, 247-274.

Proust, J. (2007). Metacognition and metarepresentation: Is a self-directed theory of mind a precondition for metacognition? *Synthese*, 2, 271-295.

Proust, J. (2009). What is a mental function? In A. Brenner & J. Gayon (Eds.), *French Philosophy of Science*, Boston: Springer.

Rescorla, R. A., and Wagner, A. R. (1972). A theory of pavlovian conditioning: Variations in the effectiveness of reinforcement and nonreinforcement. In A. H. Black and W. F. Prokasy (Eds.) *Classical Conditioning* II. New York: Appleton-Century-Crofts, 64-99.

Schwartz,. B. L, Travis, D. M., Castro, A. M., Smith, S. M.(2000). The phenomenology of real and illusory tipof-the-tongue states. *Memory and Cognition*, 28, 18-27.

Smith, B.C. (1996). *On the Origin of Objects*. Cambridge, Mass.: MIT Press.

Smith, J. D., Schull, J., Strote, J., McGee, K., Egnor, R. & Erb, L. (1995). The uncertain response in the bottlenosed dolphin *Tursiops truncatus*. *Journal of Experimental Psychology: General*, 124, 391-408.

Smith, J. D., Shields, W. E., Allendoerfer, K. R., and Washburn, D. A. (1998). Memory monitoring by animals and humans. *Journal of Experimental Psychology: General,* 127, 227-250.

Smith, J. D., Shields, W. E., & Washburn, D. A. (2003). The comparative psychology of uncertainty monitoring and metacognition. *Behavioral and Brain Sciences,* 26, 317- 373.

Smith, J. D., Beran, M. J., Redford, J. S. & Washburn, D. A. (2006). Dissociating uncertainty responses and reinforcement signals in the comparative study of uncertainty monitoring. *Journal of Experimental psychology: General,* 135, 282-297.

Son, L. K. & Kornell, N. (2005). Metaconfidence in rhesus macaques: explicit versus implicit mechanisms. In H. S. Terrace & J. Metcalfe (Eds.), *The Missing Link in Cognition: Origins of Self-Reflective Consciousness.* Oxford: Oxford University Press.

Strawson, P. F. (1959). *Individuals.* London: Methuen.

Wimsatt, W. C. (1986). Developmental constraints, generative entrenchment, and the innate-acquired distinction. In W. Bechtel (Ed.), *Integrating Scientific Disciplines.* Dordrecht: Martinus Nijhoff, 185-208.

Wolpert, D. M. & Kawato, M. (1998). Multiple paired forward and inverse models for motor control. *Neural Networks,* 11, 1317-1329.

CHRISTIAN ILLIES

Die Selbstübersteigung der Natur im Schönen

Zum Beitrag der Evolution für eine allgemeine Ästhetik[1]

> „Beauty … cuts the knot"
>
> Darwin, *Notebook M* (1838)[2]

1. Das Versprechen evolutionärer Ästhetik

Die Evolutionstheorie erklärt den ganzen Menschen, warum und wie er ist, aber auch sein Handeln, Fühlen, Denken und schließlich die Kultursphäre. Das jedenfalls ist der Anspruch vieler Evolutionstheoretiker.

Diese Erklärungen schließen ästhetische Phänomene ein, so etwa die Schönheit des Menschen und seinen Sinn für Schönes. Auch sie sind Anpassungen, so wird argumentiert, denn sexuell sich reproduzierende Organismen werden von solchen Individuen angezogen, deren Erscheinung auf eine hohe genotypische wie phänotypische Qualität hinweisen – mit denen sich also die Paarung lohnt.[3] Das gibt es bei vielen komplexeren Tieren, einschließlich den Menschen. Damit bietet die Evolutionäre Ästhetik Erklärungen für zwei Phänomenbereiche:

1. Menschen und Tiere werden von ästhetischen Phänomenen sexuell angezogen. Und der Mensch, als bewusstes Tier, empfindet andere Menschen, die ihn sexuell anziehen, als „schön" – ein *Sinn für Schönheit* wäre damit eine evolutionäre Anpassung.

2. Entsprechend wird auch die *Schönheit in Organismen* erklärt: Das, was den jeweiligen Geschlechtspartner anzieht, ist für diesen schön, so etwa der Schwanz eines Pfaus oder das Gesicht einer Frau. Als schön empfundene Strukturen wären damit ebenfalls eine Anpassung.

---

[1] Für ihre hilfreichen Kommentare zu dieser Veröffentlichung und ihre Übertragung bin ich insbesondere Matthew Maguire, Graeme Napier, Mark Roche und Chrsitian Tewes sehr dankbar.
[2] In: H. E. Gruber, *Darwin on man: A psychological study of scientific creativity, together with Darwin's early and unpublished notebooks*, transcribed and annotated by P. H. Barrett, London 1974, S. 272f.
[3] Vgl etwa: M. Andersson, *Sexual Selection*, New Jersey 1994.

Diese beiden Bereiche sollen im Zentrum der folgenden Überlegungen stehen, auch wenn der Erklärungsanspruch der Evolutionären Ästhetik weiter geht und noch wenigstens drei Bereiche betrifft:

3. *Ästhetische Aktivitäten*, etwa Tanzen, Dichten oder Singen.

4. *Kunstwerke* oder andere Produkte künstlerischer Betätigung, so etwa Gemälde, modische Kleidung oder auch Schmuck.

5. Die *kulturellen Unterschiede*, die sich zwischen Kunstformen und ihrer Entwicklung finden lassen.

Damit wird all das Gegenstand der Evolutionären Ästhetik, was auch die allgemeine Ästhetik beschäftigt. Allerdings mit einem entscheidenden Unterschied in der Herangehensweise: Die Ästhetik hat zunehmend die Autonomie von ästhetischen Phänomenen betont, ihre weitgehende Unabhängigkeit von funktionalen Zusammenhängen. Im Gegensatz hierzu erklärt die Evolutionäre Ästhetik Schönheit als ein *natürliches* Phänomen. In Abwandlung von Darwins berühmten Diktum könnte man als ihr Credo formulieren: „Wer Paviane versteht, trägt mehr zur Ästhetik bei als Kant".[4]

Die Diskrepanz scheint kaum schärfer denkbar zu sein. Und doch ist es die These, die ich im folgenden vertreten möchte, dass es sich bei der evolutionären Ästhetik um keine die philosophische Ästhetik ausschließende Alternative handelt. Vielmehr können beide Herangehensweise in faszinierender Weise konvergieren: Der evolutionäre Ansatz, obgleich dem Paradigma funktionaler Erklärungen verhaftet, vermag die These der Autonomie ästhetischer Phänomene in bestimmter Weise zu untermauern – die Naturgeschichte lässt sich als hinführende Vorgeschichte der Kunstautonomie lesen. Aber zugleich fordert die Evolutionäre Ästhetik Modifikationen der philosophischen Ästhetik: Die Kultursphäre dürfte stärker an die Natur gebunden sein, als es der modernen Ästhetik lieb ist.

Um diese zwei Thesen im Folgenden zu begründen, werde ich zunächst eine Typologie evolutionärer Erklärungen geben. Dabei wird die besondere Bedeutung der Sexuellen Selektion für die Ästhetik deutlich werden (2.). Darauf wird gezeigt, inwiefern die Sexuelle Selektion von besonderer Wichtigkeit bei der Evolution des Menschen und seiner ästhetischen Vermögen gewesen sein dürfte (3.). Wie die Sexuelle Selektion genau zu deuten ist, ist die Frage des folgenden Abschnitts. Meine These wird sein, dass bei ihr die biologische Funktionalität ein Stück weit überschritten wird (4.). Damit ist der Weg für die zentrale These dieses Essays bereitet, nämlich dass in der Partnerwahl bereits eine Autonomie angelegt ist, die sich in den ästhetischen Phänomenen der Kultursphäre in reiner Form entfaltet (5.).

---

[4] „He who understands baboons would do more towards metaphysics than Locke", schrieb Darwin in seinem *Notebook N* am 16.08.1838 – das war knapp zwei Jahre nach seiner Reise mit der *Beagle* und 21 Jahre vor der Veröffentlichung von „*The Origin of Species*". Vgl.: http://www.press.uchicago.edu/Misc/Chicago/102436.html (12.01.2010).

2. Typologie evolutionärer Erklärungen

a. Natürliche Auslese

Wie die Natürliche Auslese Phänomene erklären kann

Evolutionäre Erklärungen stützen sich auf den Prozess der natürlichen Auslese, nach welchem sich erbliche Merkmale in einer Population ausbreiten, wenn sie die Überlebenswahrscheinlichkeit und Reproduktionsrate der Lebewesen positiv beeinflussen. Wenn dieser Prozess über eine lange Zeit hinweg anhält, so akkumulieren kleine Modifikationen, bis eine ursprüngliche Art sich in eine andere gewandelt oder in mehrere Arten verzweigt hat – *die Entstehung der Arten durch natürliche Zuchtwahl*.

Natürliche Auslese führt also zu adaptiven Merkmalen, das heißt zu phänotypischen Eigenschaften eines Organismus, die dessen Überlebens- und Reproduktionswahrscheinlichkeit erhöhen.[5] G. C. Williams definiert deswegen adaptive Merkmale (oder Anpassungen) als „*means* or *mechanisms* for a certain *goal* or *function* or *purpose* […] fashioned by selection for the goal.“[6]

Zu adaptiven Merkmalen zählen nun nicht nur physische Eigenschaften (wie die Schwimmhäute bei Wasservögeln), sondern auch Instinkte, emotionale Reaktionen oder Verhaltensdispositionen. Darauf hat bereits Darwin in *The Expressions of the Emotions in Man and Animals* und noch ausführlicher in *The Descent of Man* hingewiesen. Das leuchtet auch ein: Falls eine Verhaltensdisposition eine genetisch Grundlage hat, so dürfte sie dann positiv ausgelesen werden, wenn sie statistisch die Nachkommenzahl erhöht. Lebewesen ohne solche Dispositionen werden langfristig von konkurrierenden Artgenossen mit diesen Dispositionen quantitativ verdrängt. Darwin geht an dieser Stelle sehr weit, er argumentiert, dass auch hoch komplexe Eigenarten des Menschen biologisch angelegt sein könnten, etwa der Gebrauch von Sprache, kooperatives und anderes moralisches Verhalten, ja sogar das religiöse Empfinden. Und schließlich seien auch ästhetische Präferenzen Anpassungen; Darwin spricht vor allem von einem angeborenen „sense of beauty“. Aber gibt es den wirklich?

Evolutionäre Erklärungen für ästhetische Präferenzen und Schönheit

Bei der Vorliebe, die Menschen diverser Kulturen für bestimmte Landschaftstypen zeigen, handelt es sich vermutlich um eine solche angeborene ästhetische Präferenz.[7] Nahezu ohne Ausnahme mögen Menschen Savannen-Landschaften, die bestimmte Eigenschaften aufweisen: Bevorzugt werden hoch gelegene Orte, von denen man weit in die Fern blicken kann. Dabei sollte die Landschaft frisches Grün und einen lockeren

---

[5] Vgl.: T. Dobzhansky, *Genetics of the evolutionary process*, New York 1970, S. 4-6, 79-82, 84-87.

[6] G. C. Williams, *Adaptation and Natural Selection*, New Jersey 1996, S. 9.

[7] E. O. Wilson war der Erste, der die positiven menschlichen Reaktionen auf Pflanzen, Tiere und Habitate untersucht hat. Er gab diesem Phänomen den Titel *Biophilia*. Vgl.: E. O. Wilson, *Biophilia*, Cambridge, MA 1984.

Baumbewuchs haben. Weder handelt es sich um reines Grasland, noch gibt es dort dichten Wald. Zudem hat sich gezeigt, dass Menschen bei Bäumen solche vorziehen, die niedrige horizontale Äste aufweisen.[8] Ferner schätzen Menschen es, wenn sie Wasser vorfinden; Seen oder Flüsse erhöhen die Attraktivität von Landschaften. Diese allgemeine ästhetische Präferenz wurde vielfach anhand von Landschaftsfotografien nachgewiesen, die Versuchspersonen beurteilen sollten. Die Annahme einer solchen Vorliebe findet im Immobilienmarkt eine Bestätigung, denn höher gelegene Grundstücke mit Wasserblick und in Parklandschaften erzielen meist die höchsten Preise.

Abbildung XII.1: Hiddensee, Foto Friederike Strienz

Wie erklärt sich diese Landschaftspräferenz? Es wird vermutet, dass es bei der Entwicklung zum Homo sapiens in Ostafrika zur Ausbildung solcher Vorlieben gekommen sein könnte.[9] Dort dürften gerade die aufgeführten Präferenzen ein adaptiver Vorteil gewesen sein: Unsere Vorfahren, große terrestrische Primaten, die als Jäger und Sammler lebten, waren auf Landschaften angewiesen, in denen sie das Lebensnotwendige vor-

---

[8] Studenten in Australien, Brasilien, Kanada, Israel, Japan und den USA bevorzugen breit ausfallende Bäume gegenüber säulen- und kegelförmigen Baumkronen (vgl. R. Sommer and J. Summit, Crossnational rankings of tree shape, in: *Ecological Psychology 8*, (1993), S. 327-341).

[9] Vgl.: G. H. Orians, J. Heerwagen, Evolved Responses to Landscapes, in: J. Barkow, L. Cosmides, J. Tooby (Hrsg.), *The Adapted Mind*, Oxford 1992, S. 555-579; S. R. Ulrich, Biophilia, Biophobia and Natural Landscapes, in: St. R. Kellert, E. O. Wilson (Hrsg.), *The Biophilia Hypothesis*, Washington, D. C. 1993, S. 73-137.

fanden, ohne zugleich besonderen Risiken ausgesetzt zu sein.[10] Und die Feuchtsavanne ist geradezu ideal für diese nomadische Lebensweise. Sie bietet mehr Nahrungsquellen als der tropische Regenwald; höher gelegene Aussichtspunkte erlauben die frühe Wahrnehmung von Gefahren und die vereinzelten Bäume bieten Schutz vor Raubtieren und der Sonne. Das macht es plausibel, einen höheren Fitnesswert bei den Menschen anzunehmen, die wegen ihrer ästhetischen Präferenz entsprechende Landschaften aufsuchten. Und weil die Präferenz genetisch verankert ist, argumentiert die Evolutionäre Ästhetik, zieht es uns noch heute in grüne Parklandschaften – angetrieben von Genen, die in der grauen Urzeit unserer Art vorteilhaft waren. Auffallend und bestätigend für dieses Annahme ist, dass es Landschaftspräferenzen auch bei Tieren zu geben scheint: Bei Vögeln findet sich eine vergleichbare Vorliebe für eine bestimmte Dichte des Baumbewuchses mit einer für sie vorteilhaften Aststruktur.[11]

Drei Punkte sind an dieser Stelle hervorzuheben:

(i) Die Evolutionäre Ästhetik berücksichtigt durchaus Variationen ästhetischen Urteilens. So wird allgemein eingeräumt, dass flexible Dispositionen, die Lerneffekten gegenüber offen sind, positiv ausgelesen werden dürften, da sie für die Reproduktionsrate und Überlebenschancen besser sind. „Variability in people's preferences and assessments is expected, but that variability is not random. Rather it is a function of such biologically relevant factors as age, gender, familiarity, physical condition, and presence of others."[12] Die Präferenz für die Savannen-Landschaft, wie gerade aufgeführt, findet sich zum Beispiel viel stärker bei Kindern als bei Erwachsenen, bei denen offensichtlich Erlebnisse und Erfahrungen die Vorlieben modifizieren, auch wenn dadurch die angeborenen Reaktionen nicht vollständig zum Verschwinden gebracht werden.[13]

(ii) Eine Reihe weiterer Faktoren bestimmt die Präferenz für bestimmte Landschaften. So ist zusätzlich von Bedeutung, ob die jeweilige Landschaft etwas Geheimnisvolles an sich hat: Verweist sie auf interessante Dinge, so lockt sie den Betrachter, sich aufzumachen, um die Landschaft näher zu erkunden.[14] Diese Qualität wird beispielsweise durch Pfade, die um Hügel herum verlaufen, oder durch partielle Abschattungen hervorgerufen.

(iii) Bemerkenswert ist auch, dass die attraktiven Eigenschaften oftmals gar nicht *direkt* die Reproduktionsrate und Überlebenschancen positiv beeinflussen.[15] Viele sind indirekte Indikatoren. Der Reiz frischen Grüns wäre ein Beispiel, denn Menschen essen zwar

---

[10] Vgl. G. H. Orians, An ecological and evolutionary approach to landscape aesthetics, in: E. C. Penning-Roswell, D. Lowenthal (Hrsg.), *Landscape meaning and values*, London 1986, S. 3-25.

[11] Vgl. O. Hilden, Habitat selection in birds, in: *Annales Zoologici Fennici, no. 2* (1965), S. 53-75; M. L. Cody, Habitat Selection in grassland and open-country birds, in: *Physiol. Ecol. Ser.* (1985), S. 191-226.

[12] G. H. Orians, J. H. Heerwagen, Humans, habitats, and aesthetics, in: St. R. Kellert, E. O. Wilson (Hrsg.), *The Biophilia Hypothesis*, Washington, D. C. 1993, S. 165 [hier übersetzt].

[13] Vgl. J. D. Balling, J. H. Falk, Development of visual preference for natural environments, in: *Environment and Behaviour* 14, no. 1 (1982), S. 5-28.

[14] Vgl. G. H. Orians, J. Heerwagen, Evolved Responses, S. 560.

[15] Vgl. ebd., S. 555.

kein Gras, aber das Grün der Landschaft zeigt das für sie notwendige Vorhandensein von Wasser. Ganz ähnlich verhält es sich mit Blüten, die wir Menschen so lieben – sie stehen für Orte, an denen bald Früchte zu erhoffen sind. Auch das gerade genannte Geheimnisvolle bestimmter Landschaften ist ein solcher indirekter Indikator: Für sich selbst betrachtet hat es keinen Nutzen für die Reproduktion, führt jedoch zu einem Verhalten, eben dem Erkunden des Lebensraum, was durchaus Vorteile bringen kann.

Aber nicht nur Vorlieben für Landschaften, auch andere ästhetische Präferenzen scheinen bei uns biologisch angelegt zu sein und finden eine evolutionäre Erklärung, zum Beispiel die allgemeine Wertschätzung für Ordnung, Regelmäßigkeit oder auch Muster. Menschen haben eine Freude an visueller Ordnung, wie Ernst Gombrich in seinen Studien sehr detailliert nachgewiesen hat.[16] So werden Quadrate und Rechtecke, deren Seiten annähernd im Verhältnis des goldenen Schnitts zueinander stehen, als ästhetisch ansprechend wahrgenommen.[17] Dies mag der Grund dafür sein, dass bestimmte Stile der Architektur von so großem Reiz sind.[18] Und ganz so, wie Geheimnisvolles Landschaften besonders attraktiv macht, vermag ein gewisses Maß an Unregelmäßigkeit den ästhetischen Reiz eines Gegenstandes zu erhöhen – zu viel Ordnung und Regelmäßigkeit erzeugt Langeweile. Man denke an den berühmten Schönheitsfleck des 17. und 18. Jahrhunderts

Zudem scheint für uns Schönheit darin zu liegen, wenn die Strukturen sich als identifizierbare Zeichen, so genannte „super-signs" lesen lassen. Psychologen haben Versuchspersonen grüne und rote Quadrate gegeben und gebeten, damit schöne und hässliche Gestalten zu legen. Wie sich herausstellte, ließen die schön erscheinenden Gestalten die Wahrnehmung von Kreuzen und Zeilen zu, das heißt, sie enthielten „super-signs".[19] Eine Vielzahl von transkulturellen Studien sowie Untersuchungen mit Kindern haben diese Zusammenhänge bestätigt. Hier scheint ebenfalls eine angeborene Tendenz menschlicher Wahrnehmung vorzuliegen.

Eine Wertschätzung für Ordnung, Symmetrie und Regelmäßigkeit wurde darüber hinaus auch bei Affen, Waschbären und Vögeln nachgewiesen.[20] Worin aber besteht der evolutionäre Nutzen eines solchen ästhetischen Wohlgefallens? Eibl-Eibesfeld nimmt an, dass es uns dabei hilft, die enorme Quantität an Informationen, die wir jeden Augenblick vor Augen haben, zu bewältigen. Durch das unwillkürliche Erkennen von Regelmäßigkeiten, Mustern oder auch „super-signs" werden Informationen strukturiert, einfacher

---

[16] Vgl. E. H. Gombrich, *The Sense of Order. A Study of the Psychology of Decorative Art*, Oxford 1975.

[17] Vgl. I. Eibl-Eibesfeld, The Biological Foundation of Aesthetics, in: F. Reutscher et al. (Hrsg.), *Beauty and the Brain*, Basel, Boston, Berlin 1988, S. 30ff. Jüngere Untersuchungen legen allerdings nahe, dass Menschen weitaus mehr geometrische Verhältnisse angenehm finden als bloß den goldenen Schnitt.

[18] Vgl. F. Sander, Gestaltpsychologie und Kunsttheorie. Ein Beitrag zur Psychologie der Architektur, in: *Neue Psychologische Studien*, Nr. 8 (1931), S. 311-333.

[19] Vgl. D. Dörner, W. Vehrs, Ästhetische Befriedigung und Unbestimmtheitsreduktion, in: *Psychological Review*, no. 37 (1975), S. 321-334.

[20] Vgl. B. Rensch, Die Wirksamkeit ästhetischer Faktoren bei Wirbeltieren, in: *Zeitschrift für Tierpsychologie*, Nr. 14 (1957), S. 71-99.

fassbar gemacht, analysiert und memoriert.[21] Das ästhetische Wohlgefallen an Ordnung wäre also ein Anpassungsvorteil für Organismen, die mit einer begrenzten kognitiven Aufnahme- und Verarbeitungsfähigkeit versehen sind, aber in komplexen und herausfordernden Umgebungen überleben müssen.

Diese ausgewählten Beispiele für evolutionäre Erklärungen beziehen sich auf die weiter oben aufgeführte erste Klasse ästhetischer Phänomene (vgl. S. 225), die Darwin zur Annahme eines Sinnes für Schönheit („a sense of beauty") veranlassten – eines Sinnes wohlgemerkt, den er sowohl Menschen als auch Tieren zusprach. Wovon ist hier aber genau die Rede? Läßt sich überhaupt von einer „ästhetischen" Wertschätzung bei Tieren sprechen? Letztlich können wir nur ihr Verhalten beobachten und interpretieren. Darwin selbst räumt ein: „it is difficult to obtain direct evidence of their capacity to appreciate beauty".[22] Aber die Schwierigkeiten, die er anspricht, sind im Falle des Menschen um keinen Deut geringer, denn auch hier bleibt es unklar, was unsere ästhetischen Wertschätzungen genau bedeuten. Geht es darum, dass wir bestimmte ästhetische Urteile auf der Grundlage biologisch entwickelter Neigungen fällen? Oder geht es um positive Gefühle bei der Wahrnehmung schöner Gegenstände? Oder auch nur darum, dass wir zu bestimmten Handlungen tendieren, wenn uns etwas Schönes oder eine schöner Mensch begegnen? Diese, das Explanandum betreffende Unterbestimmtheit findet sich immer wieder bei den Aussagen der evolutionärer Ästhetik: So schreibt Darwin über einen Geschmack für das Schöne sowie über einen Sinn des Schönen („sense for the beautiful", „sense of the beautiful"). Und Eibl-Eibesfeld spricht von einer „perceptual bias to trigger aesthetic experiences". E. O. Wilson dagegen postuliert epigenetische Regeln („epigenetic rules"), die genetisch eingeschriebene Urteils- und Verhaltensmuster beschreiben, welche unserer Kultur zugrunde liegen sollen. Und die Evolutionspsychologie geht davon aus, dass psychologische Anpassungsleistungen unsere Gefühle, Emotionen, unser Lernen sowie Verhalten lenken.[23] Kurzum, einer der Kernbegriffe der Evolutionären Ästhetik, nämlich der menschliche Sinn für Schönes, bleibt unterbestimmt.

Wenden wir uns kurz Beispielen des zweiten oben genannten Phänomenbereichs zu. der Schönheit in Organismen. Blumen beispielsweise haben eine enorme Vielzahl an Farben, Formen und Düften ausgebildet, um Insekten anzuziehen. Und Mimikry, um für Feinde weniger sichtbar zu sein, hat eine Fülle schöne Musterungen bei Tieren hervorgebracht. Offensichtlich sind auch manche Eigenschaften der menschlichen Physis anziehend: Kinder mit ihrem markanten und runden Vorderkopf, kleinen Kinn und großen Augen ziehen uns an, wir finden sie „süß".[24] Auf diese Weise erzeugen sie wohlwol-

---

[21] Ähnlich erklären auch M. Enquist und A. Arak die Präferenz für Symmetrie (M. Enquist, A. Arak, Symmetry, Beauty and Evolution, *Nature*, no. 372 (1994), S. 169.)

[22] C. Darwin, *The descent of man, and selection in relation to sex, Vol. II*, London 1871, S. 111. Und dennoch ist Darwin optimistisch, solche Evidenzen mit Hilfe bestimmter Beobachtungen und Beispiele bringen zu können. (Vgl., ebd., S. 112.) In diesem Zusammenhang sind seine Ausführungen zu Laubenvögeln von Interesse, auf die im Folgenden noch eingegangen wird.

[23] Vgl.: I. Eibl-Eibesfeld, Biological Foundation, S. 29; E. O. Wilson, *Consilience: The Unity of Knowledge*, New York 1998, S. 150f.; R. Thornhill, Darwinian Aesthetics, in: *Handbook of Evolutionary Psychology*, hrsg. v. C. Crawford, D. L. Krebs, London 1998, S. 548.

[24] Diesbezüglich war die folgende Studie bahnbrechend: K. Lorenz, Die angeborenen Formen möglicher Erfahrung, *Zeitschrift für Tierpsychologie* 5, Nr. 2 (1943), S. 235-409.

lende wie bemutternde Impulse im Betrachter.[25] Und natürlich finden wir Schönheit in menschlichen Körpern, vor allem bei jungen Erwachsenen. Sich sexuell reproduzierende Organismen bevorzugen Partner von hoher Qualität. So nehmen wir eine zarte Haut und glänzende Augen als schön wahr, da sie Jugend und Gesundheit anzeigen, was beides für eine hohe Fertilität spricht. Aus demselben Grund bevorzugen Männer Frauen mit guter Figur, bei denen also die Taille im Verhältnis zur Hüfte schmal ist – es wurde gezeigt, dass die schmale Taille mit einem hohen Spiegel des Sexualhormons Östrogen korreliert, welches wiederum die Fruchtbarkeit erhöht.[26]

Aus evolutionärer Sicht ist noch viel mehr über solche sexuellen Präferenzen zu sagen, aber dazu kommen wir später. An dieser Stelle genügt es festzuhalten, dass eine natürliche Auslese für unsere Präferenzen, aber auch für die als reizvoll empfundenen Merkmale anzunehmen ist. Die evolutionäre Erklärung ist zunächst, dass sie als Indikatoren für bestimmte biologische Eigenschaften dienen. Schönheit bzw. dasjenige, was wir als schön wahrnehmen, ist also oftmals ein Versprechen von Lebenskraft und Kinderreichtum.

Unsere Freude an *ästhetischen Aktivitäten* – die dritte, oben aufgeführte Klasse von Phänomenen (vgl. S. 226) – mag ebenfalls eine biologische Grundlage haben und der natürlichen Auslese unterworfen sein. Tänze haben zum Beispiel alle Kulturen entwickelt, so dass die Annahme einer biologischen Disposition zum Tanzen plausibel erscheint. Vorteilhaft daran könnte sein, so wird jedenfalls vermutet, dass Tanzen kooperatives Verhalten befördert, die Gruppenidentität und den Zusammenhalt ganz allgemein stärkt. Körperbewegungen wie der Tanz dienen darüber hinaus als Formen non-verbaler Kommunikation, die individuelle Gesundheit und Fitness ausdrücken, und daher, wie das Märchen Aschenputtel zeigt, bei der Partnerwahl hilfreich sind.[27] Zudem kann der Tanz, jedenfalls sofern man mit der eigenen Frau tanzt, Paarbindungen stabilisieren, indem er lehrt, aufeinander zu achten und so Handlungen zu synchronisieren.[28]

Auch für das Erschaffen von *Kunstwerken* gibt es evolutionäre Erklärungen.– der vierte Phänomenbereich. Die menschliche Fähigkeit, visuelle Kunst und Selbstverzierungen zu erzeugen, scheint einzigartig in der belebten Welt zu sein, aber ist bei allen menschlichen Kulturen anzutreffen.[29] Hans Jonas sieht daher auch Kunstwerke als entscheidendes Kriterium, um wirkliche Menschen von vormenschlichen Lebensformen zu unterscheiden.[30] Was könnte der adaptive Wert dieser Fähigkeit sein? Thomas Juncker argumentiert, dass Kunstwerke Ziele und Emotionen kommunizieren. Dadurch hülfen sie, divergierende Intentionen innerhalb von Gruppen zu synchronisieren, um diesen ei-

---

[25] Vgl. G. D. Shermann, J. Haidt, J. A. Coan, Viewing cute images increases behavioural carefulness, in: *Emotion* 9, no. 2 (2009), S. 282-286.

[26] Vgl. D. Symons, Beauty is in the adaptations of the beholder – The evolutionary psychology of human female sexual attractiveness, in: P. R. Abramson, S. D. Pinkerton (Hrsg.), *Sexual Nature, Sexual Culture*, Chicago 1995, S. 80-120.

[27] Vgl. N. Hugill, B. Fink, N. Neave, The role of human body movement in mate selection, *Evolutionary Psychology* 8, no. 1 (2010), S. 66-89.

[28] Vgl. I. Eibl-Eibesfeld, Biological Foundation, S. 58.

[29] Vgl. E. Dissanayake, *Homo Aestheticus: Where art comes from and why*, New York 1992.

[30] Vgl. H. Jonas, Image-making and the freedom of man, in: *The Phenomenon of Life*, New York 1966, S. 157-175.

ne gemeinsame Ausrichtung zu geben. Dies wiederum dürfte die Kooperation innerhalb der Gruppe und somit auch ihr Überleben befördern.[31] Eine alternative Erklärung ist: Die Produktion von Kunstwerken könnte als Ausdruck besonderer Intelligenz wahrgenommen worden sein, denn der Künstler demonstriert sein Geschick im Umgang mit Ressourcen, die er offensichtlich reichlich zur Verfügung hat. Wer sonst könne seine Zeit damit zubringen, Kunstwerke zu schaffen? Das alles macht ihn zu einem attraktiven Geschlechtspartner.[32]

Natürliche Auslese nicht-biologischer Entitäten

Die Typologie evolutionärer Erklärungen muß um einen besonderen Fall erweitert werden: Die natürliche Auslese wird mitunter auch als Erklärungsprinzip für die Entwicklung nicht-biologischer Entitäten in Anspruch genommen. Darwin verweist in diesem Sinne auf die Sprache und vermutet, dass Wörter ebenfalls einer natürlichen Auslese unterliegen. Sie werden ja in der Tat ‚reproduziert‘, indem sie benutzt und von neuen Sprechern aufgenommen werden, und sie ‚vermehren‘ sich, wenn sie öfter und von mehr Individuen benutzt werden als andere Wörter. Andererseits ‚sterben sie aus‘, wenn sie nicht mehr gebraucht werden. Wörter sind aber offensichtlich nicht-biologische Entitäten, deren Wandlungen evolutionär erklärt werden. Diese Übertragbarkeit des Erklärungsprinzips sollte nicht überraschen, sofern wir es grundsätzlich mit Entitäten zu tun haben, die sich vermehren können, Merkmale haben, die sie an ihre Nachkommen weitergeben können, und die von begrenzten Ressourcen abhängig sind.

Entsprechend gibt es zahlreiche Versuche, auf evolutionäre Weise aber ohne Rückgriff auf biologische Gegebenheiten die Entwicklung anderer Kulturphänomene zu erhellen, so etwa die Verbreitung des lateinischen Alphabets, von technischen Innovationen oder Computerviren. Einen solchen Ansatz vertreten L. Cavalli-Sforza und Marcus Feldman mit ihrem Modell kultureller Transmission auf der Grundlage von kulturellen Merkmalen („cultural traits“).[33] Richard Dawkins und Susan Blackmore haben ähnlich argumentiert, dass die Kultursphäre durch sich vermehrende Bausteine, die sogenannten „Meme“ konstituiert werde. Diese seien als Einheiten eines selektiven Prozesses zu verstehen, der unabhängig von den biologischen Trägern sei.[34] Daniel Dennett hat diese Übertragbarkeit evolutionärer Erklärungen auf nicht-biologische Entwicklungen als „universellen Darwinismus“ bezeichnet. Darwin habe einen Algorithmus entdeckt, der universell wirksam sei (man fühlt sich an Hegels Dialektik erinnert). Denn in jeder Population zufällig variierender Selbstreplikatoren nehmen statistisch die Mitglieder an Zahl zu, welche über bessere Merkmale als andere verfügen. Sollten solche Prozesse tatsächlich auch im Kulturbereich ablaufen, dann kann man in der Tat von einer „Natürlichen Auslese“ sprechen – und das nicht lediglich im metaphorischen Sinn.

---

[31] Vgl.: T. Juncker, *Der Darwin-Code*, München 2009, 144-188.
[32] So schon Eibl-Eibesfeld und jüngst Denis Dutton (*The Art Instinct*, London 2009).
[33] Vgl. L. Cavalli-Sforza, M. Feldman, *Cultural Transmission and Evolution: A Quantitative Approach*, Princeton (N. J.) 1981.
[34] Vgl. S. Blackmore, *The Meme Machine*, Oxford 1999; R. Dawkins, *The Selfish Gene*, Oxford 1976.

Mit dieser Ausweitung über die Biologie hinaus können auch evolutionäre Erklärungen für den fünften Phänomenbereich vorgelegt werden, also für die Entwicklung unterschiedlicher Kunstformen. So scheint die Fotografie das klassische Porträt als Medium der Erinnerung ersetzt zu haben, also ‚positiv ausgelesen' worden zu sein, weil sie besser an die modernen Bedürfnisse und Ressourcen ‚angepasst' ist. Aus demselben Grund kam es jüngst zum Triumphzug der digitalen Fotografie – sie ist einfach billiger und vielfältiger in ihren Möglichkeiten und kann sich so im Wettstreit um die ‚Ressource' Mensch besser durchsetzen. Portraits in Öl sind dagegen zu einem lebenden Fossil geworden, das nur noch in kleinen Nischen überlebt, so etwa in der Speisehalle manches Colleges in Oxford.

Diese Erklärung kultureller Entwicklungen hat jedoch vielfach Kritik hervorgerufen. Auf begrifflicher Ebene haben Autoren den Ausdruck „natürliche Selektion" für nicht-biologische Entwicklungen zurückgewiesen – er solle ausschließlich für die Entwicklung von Lebewesen gebraucht werden. Fundamentaler ist der Einwand, dass es nur wenig Sinn habe, kulturelle Einheiten („units of culture") annehmen zu wollen und sie isoliert voneinander in einem Wettstreit zu sehen. In der Tat ist es sehr schwierig, genau zu präzisieren, was die sich reproduzierenden kulturellen Einheiten sein sollen. Überdies scheint das quasi-mechanische Modell der kulturellen Transmission durch bloße Imitation, wie von Blackmore vorgeschlagen, letztlich keine hinreichende Erklärung kultureller Entwicklungen anzubieten.

b.   Sexuelle Selektion

„In the earlier editions of Origin of Species, I probably attributed too much to the action of natural selection and the survival of the fittest. [...] That all organic beings, including man, present many modifications of structures which are of no service to them at present, nor have been formerly, is, as I can now see, probable"[35], schreibt Darwin in *The Descent of Man.* Statt alles durch Natürliche Selektion zu erklären, betont er grade für die Menschwerdung den wichtigen Beitrag der Sexuellen Selektion. Um was genau geht es dabei?

Bei der Sexuellen Selektion ist die Wahl des Geschlechtspartners ausschlaggebend für den evolutionären Prozess; diese Wahl entscheidet langfristig über die Merkmale, die sich durchsetzen. Darwin unterscheidet dabei zwei Typen der Sexuellen Selektion: Einerseits der intra-sexuelle Typ, nämlich eine vorwiegend unter männlichen Geschlechtspartnern ausgetragene Rivalität um die Kopulation mit weiblichen Geschlechtspartnern. Dies kann den Charakter gefährlicher Kämpfe annehmen und die Entwicklung von Waffen – so etwa Geweihe, scharfe Zähne und starke Muskeln – erklären. Zweitens gibt es einen Wettstreit der Geschlechtsgenossen darum, vom andern Geschlecht gewählt zu werden – in der Regel rivalisieren auch hier die Männchen, während die Weibchen wählen. Der zweite Typus entspricht der inter-sexuellen Selektion und findet sich vorwiegend bei polygamen Arten, bei denen sich

---

[35] C. Darwin, *Descent Vol. I*, S. 152. Zuvor hatte er die Sexuelle Selektion bereits *en passant* im vierten Buch von *On the Origin* behandelt.

nicht alle Männchen fortpflanzen können.[36] Die Weibchen treffen hier ihre Wahl auf der Grundlage bestimmter Charakteristika, die ihnen das jeweilige Männchen attraktiv erscheinen lassen.

Es ist gerade dieser zweite Typ, der für die Evolutionäre Ästhetik interessant ist. Das auffälligste ästhetische Phänomen, das durch inter-sexuelle Selektion erklärt werden kann, ist der Dimorphismus, also das unterschiedliche Erscheinungsbild von Männchen und Weibchen bei vielen Arten. Die Männchen haben oftmals schöne Verzierungen und glänzende Farben oder einen besonderen Gesang. Die verschiedenen Federkleider von Hahn und Henne finden in diesem Zusammenhang bei Darwin Erwähnung. Es gibt nur ganz wenige Fälle von Dimorphismus, bei denen die Weibchen Zierrat und leuchtende Farben haben.[37] Es scheint „almost a general law", wie Darwin sagt,[38] dass bei der inter-sexuellen Selektion die Männchen gewählt würden. (Mit seinem Konzept des „parental investment", hat Robert Trivers 100 Jahre später dafür eine plausible Erklärung vorgelegt.)

Eingehend beschreibt Darwin die Schönheit des Arguspfaus, dessen Schweif mit zahllosen kleinen ‚Augen' geschmückt ist. Der Name des Vogels geht zurück auf den hundertäugigen Riesen aus der griechischen Mythologie, dem Merkur das Haupt abschlägt, und dessen Augen anschließend von Göttinnen in das Gefieder des Pfaus eingesetzt werden.[39] Wenn der männliche Arguspfau ein Weibchen bezirzt, tanzt er vor ihr und gibt laute Rufe von sich. Dabei breitet er seine Flügel zu zwei großen Fächern aus, als würde er mit hundert Augen auf seine Umworbene blicken. Das Beispiel des Arguspfaus ist für Darwin von besonderer Bedeutung, weil es einen wichtigen Zusammenhang nahelegt: Schönheit in der Tierwelt dient möglicherweise *ausschließlich* dem Zweck, weibliche Geschlechtspartner anzuziehen.[40]

Und die Weibchen wählen nach ästhetischen Gesichtspunkten; sie werden von Männchen mit kunstvollem Schweif angezogen. Damit wird der opulente Schmuck, den auch wir als schön erleben, zu einem Tauglichkeitskriterium Sexueller Selektion – das schönere Männchen wird sich mit mehr Erfolg reproduzieren und so langfristig die Erscheinungsform der Art formen. Worin aber besteht der Reiz, Darwins spricht von „charms",[41] solcher Ornamente für das Weibchen? Darwin zählt die häufigsten Verzierungen auf, etwa leuchtend Farben, Kämme, Kehllappen, schöne Schwänze, verlängerte Federn, oder Haarknoten.[42] Abgesehen von solchem Zierrat, den Gesängen und Düften, gibt es auch komplexe Formen des Balzverhaltens, beispielsweise Liebestänze. Und das Auffällige: Diese Merkmale scheinen im Kampf ums Überleben ohne weitere Funktion

---

[36] P. Hooper und G. Miller haben die Umstände identifiziert, unter welchen solche Effekte auch bei monogamen Arten auftreten. Vgl. P. Hooper, G. Miller, Mutual mate choice can drive costly signalling even under perfect monogamy, in: *Adaptive Behaviour* 16, no. 1 (2008), S. 53.

[37] Vgl., ebd., S. 276.

[38] Vgl. C. Darwin, *Descent Vol. I*, S. 273.

[39] Vgl. Ovid, *Metamorphosen I*, S. 721-724.

[40] Vgl.: C. Darwin, *Descent Vol. II*, S. 92. Wie wir heute wissen, zählt der große Arguspfau zu den monogam lebenden Tieren (vgl.: Fußnote 36).

[41] Darwin schreibt: „... the most refined beauty may serve as a *charm* for the female, and for no other purpose." (Ebd.)

[42] Vgl. ebd., S. 233.

Abbildung XII.2: Balzender Arguspfau, Illustration aus Darwins *Descent of Man;* C. Darwin, *Die Geschlechtliche Zuchtwahl* (Leipzig: Kröner, 1909), 132.

zu sein; sie spielen lediglich für die Sexuelle Selektion eine wichtige Rolle. Auf diese Weise kommt es durch sie Sexuelle Selektion zu einem co-evolutionären Prozess, der auf der Seite des wählenden Geschlechts einen wachsenden Sinn für Schönheit und auf der Seite des gewählten Geschlechts immer größere Schönheit erzeugt.[43]

In einigen Fällen ist die anziehende Verzierung sogar vom Körper des Tieres getrennt: Beim in Australien und Neuguinea beheimateten Laubenvogel umwerben Männchen die Weibchen durch selbst erschaffene Artefakte. Darwin war von ihrem Balzverhalten fasziniert. Die Männchen, so seine Beobachtung, bauen am Boden dekorative Laubengänge aus Federn, Muscheln, Knochen und Zweigen. Diese Bauwerke dienen ausschließlich der Werbung, denn die Nester der Vögel befinden sich auf Bäumen.[44]

---

[43] Darwin spricht von der Möglichkeit eines fortschreitenden weiblichen Geschmacks. (Vgl.: C. Darwin, *Descent Vol. II*, S. 223.)

[44] Vgl.: C. Darwin, *Descent Vol. II*, S. 69.

Abbildung XII.3: Laubenvögel mit Laube, Illustration aus Darwins *Descent of Man*; reproduziert nach Darwin, Zuchtwahl, 121.

Welche evolutionäre Funktion hat nun das ungewöhnliche Balzverhalten der Lauben-vögel?[45] Die Evolutionäre Ästhetik geht davon aus, dass es sich bei den Lauben um Indikatoren für den Fitnesswert handelt, da Individuen mit geringer Lebenstauglichkeit solche Bauwerke nur schwer produzieren könnten. Wer raffiniertere Bögen als die Artge-nossen bauen könne, zeige seine überlegenen Fähigkeiten. Dabei mag das Signal darüber hinaus indirekt auf die biologische Fitness verweisen: Ein Männchen, das so viel Zeit und Ressourcen aufbringen kann, muss offensichtlich nicht sparen und zeigt damit indi-rekt wiederum seine hohe Lebenstauglichkeit.

Bei den sexuellen Reizen scheint es nun einige allgemeine Tendenzen im Tierreich zu geben. Ornamente dienen oft dazu, Unterschiede zwischen Artgenossen zu betonen, etwa indem sie neu sind oder vorhandene Eigenschaften betonen. Darwin betont, den Reiz des Neuen für die Weibchen – ganz so, wie neue Moden den Menschen anziehen. Er stimmt hier dem Duke of Argyll zu, den er zitiert: „I am more and more convinced that variety, mere variety, must be admitted to be an object and aim in nature."[46] Eine weitere Tendenz vermutet Darwin zum Ausgefallenen und Übertriebenen. Was konkret dazu dient, ist dabei letztlich fast unerheblich. Das zeige sich bei menschlichen Kultu-ren, die illustrieren, dass fast jede natürliche Eigenschaft ornamental gesteigert werden

---

[45] Vgl.: G. F. Miller, Aesthetic Fitness: How sexual selection shaped artistic virtuosity as a fitness indicator and aesthetic preferences as mate choice criteria, in: *Bulletin of Psychology and the Arts* 2, no. 1 (2004), S. 20-25.

[46] C. Darwin, *Descent Vol. II*, S. 230-231.

könne: „The truth of the principle, long ago insisted on by Humboldt, that man admires and often tries to exaggerate whatever characters nature may have given him, is shown in many ways. The practise of beardless races extirpating every trace of a beard, and generally all the hairs on the body, offers one illustration. The same principle comes largely into play in the art of selection and we can thus understand, as I have elsewhere explained, the wonderful development of all races of animals and plants which are kept merely for ornament. … always wish each character to be somewhat increased … they admire solely what they are accustomed to behold, but they ardently desire to see each characteristic feature a little more developed."[47] Viele Beispiele, so etwa der majestätische Pfauenschwanz sowie das gigantische Geweih des ausgestorbenen Irischen Riesenhirschs, können dies veranschaulichen.

Allgemein gilt, dass das Männchen, um die Aufmerksamkeit des Weibchens zu wecken, gegenüber Konkurrenten auffallen muss, sei es durch Erscheinung (Hautfarben, Gerüche, Federn, Körperformen,), Verhalten (Gesang, Balzverhalten) oder auch durch ein von ihm produziertes Artefakt. Der genaue Weg zum Ziel ist offen – alles mögliche kann dazu dienen, weswegen Darwin von der Launenhaftigkeit ästhetischer Ornamente und Präferenzen spricht.

c.   Was leisten evolutionäre Erklärungen?

Warum meint Darwin, die Sexuelle Selektion gehe über die Natürliche Selektion hinaus? Dies wird deutlich, wenn wir auf die Differenz der beiden Prozesse schauen: Während bei der Natürlichen Selektion eine Auslese nach Merkmalen stattfindet, die Lebenstüchtigkeit und Fruchtbarkeit befördern, werden bei der Sexuellen Selektion anscheinend Merkmale ausgelesen, die ohne Nutzen für die Tiere sind.[48] Damit verspricht die Erklärung auch vermeintliche Launen der Natur, das heißt eindrucksvolle Körper- oder auch Verhaltensmerkmale ohne funktionalen Wert einzuschließen. Diese Merkmale wären dann tatsächlich nur das, was sie zu sein scheinen, nämlich anziehend schöne Strukturen ohne Gebrauchs- und Nutzwert. Es ist aber gerade eine solche Unzweckmäßigkeit des Schönen, welche Kant als den Kern ästhetischer Phänomene verstanden hat.

Aber ist das wirklich so? Es gibt eine alternative Interpretation der Sexuellen Selektion, die ihr gerade diese Unabhängigkeit von Funktionalität bestreitet und sie für einen Spezialfall der Natürlichen Selektion erklärt. Sie basiert auf zwei Einwänden gegen Darwins Verständnis der Sexuellen Selektion:

Zum einen wird kritisiert, der angenommene „sense of beauty" sei kein reales Phänomen. Für Darwin besteht daran kein Zweifel, insbesondere seine Untersuchungen von Vögeln bekräftigten ihn darin, einen solchen Sinn anzunehmen. „The most aesthetic of all animals"[49] nannte er sie. Und er führt diesen Sinn in bewusster Nähe zum menschlichen Schönheitssinn ein; der entsprechende Abschnitt vn *The Descent of Man* steht

---

[47] Ebd., S. 351.
[48] Vgl. Fußnote 35.
[49] Vgl.: C. Darwin, *Descent* Vol. II, S. 39.

unter der Überschrift „Comparison of Mental Powers of Man and the Lower Animals".[50] Dagegen erheben seine Zeitgenossen ebenso wie viele heutige Evolutionsbiologen ihre Stimme, ohne allerdings bestreiten zu wollen, dass bestimmte Strukturen die Weibchen anziehen. Aber diese Anziehung habe nichts mit Ästhetik zu tun. „The whole notion of 'aesthetics' is a misguided domain, i.e. as a domain that carves nature at a joint, is misguided […] An adaptation that instantiates the rule 'prefer productive habitats' is no more or no less aesthetic than an adaptation that instantiates the rule 'prefer a particular blood pressure'." [51]

Zum anderen wurde ganz grundsätzlich argumentiert, dass die Sexuelle Selektion auf Natürliche Auslese zurückführbar sei – und zwar nicht nur die intra-sexuelle Selektion (bei der das kaum bezweifelt werden wird), sondern auch die inter-sexuelle Selektion: Alle Körper- und Verhaltensmerkmale, welche die Weibchen anziehen, auch die scheinbar nutzlosen Ornamente, seien letztlich Indikatoren für gute Gene, die Lebensfähigkeit und Fruchtbarkeit versprechen.

Auf den ersten Blick scheinen diese beiden Einwände unterschiedlich zu sein, aber letztendlich sind es nur zwei Seiten derselben Münze. Denn nur dann, wenn die Sexuelle Selektion kein bloßer Spezialfall der Natürlichen Selektion ist, hat es überhaupt Sinn, von genuin ästhetischen Phänomenen und einem genuin ästhetischen Sinn zu sprechen (und anzunehmen, dass sie mit entsprechenden Phänomenen der menschlichen Kultur verglichen werden können).

Die Frage nach der Rückführbarkeit der Sexuellen Selektion auf die Natürliche wird uns noch weiter in Abschnitt 4 beschäftigen. Aber für ihre Klärung muss zunächst ein Blick auf den Menschen geworfen werden – denn es lässt sich schwerlich bestreiten, dass es *bei uns* einen solchen Schönheitssinn tatsächlich gibt. Was hat nun die Evolutionäre Ästhetik zu einem Verständnis des Menschen und seiner Erfahrung des Schönen beizutragen?

3. Der besondere Weg des *Homo sapiens*

Obwohl Darwin die Sexuelle Selektion vor allem zur Erklärung der menschlichen Entwicklung heranzieht, ist er sich eines besonderen Problems beim Homo sapiens bewusst: Wir zeigen nicht den üblichen Dimorphismus, den Sexuelle Selektion des inter-sexuellen Typs gewöhnlich bewirkt, nämlich dass ein Geschlecht geschmückt ist, während das andere unscheinbar bleibt. Bei Menschen ist dagegen nicht nur ein Geschlecht schön, sondern beide. Die dem Menschen eigentümliche Nacktheit beispielsweise dürfte ein Ornament der Partnerwahl sein, ist aber bei Mann und Frau zu finden. Und das gilt für eine Vielzahl weiterer sexueller Ornamente des Menschen. Andere Zierden, wie der männliche Bart oder die weibliche Brust, sind dagegen beim Menschen geschlechtsspezifisch.

---

[50] Vgl., ebd., S. 63-65.
[51] Diese persönliche Anmerkung von D. Symons zitiert R. Thornhill. (Vgl.: R. Thornhill, *Aesthetics*, 543.)

Wie lässt sich die Gestalt des Menschen durch Sexuelle Selektion erklären? Einerseits spricht viel dafür, dass Männer die Partnerinnen gewählt haben, denn schließlich sind sie den Frauen physisch überlegen. Das wäre keineswegs ein singulärer Fall; selbst bei Vögeln treffen mitunter die Männchen die Wahl. Diese Annahme wird durch ethnologische Befunde unterstützt: In den meisten archaischen Kulturen wählen die Männer. Und doch gibt es andererseits Hinweise dafür, dass bei den Menschen die Wahl in der Hand der Frauen liegt. Auch Männer verfügen über geschlechtsspezifische sexuelle Ornamente, die eine aktive Rolle der Frau vermuten lassen, so Bärte und eine tiefe Stimme, deren Attraktivität für Frauen sich nachweisen läßt.[52] Darüber können Männer durchaus schön sein; sie sind keineswegs ein unscheinbares Geschlecht.[53] Es scheint daher, als hätten beide Geschlechter gewählt und im Lauf der Evolutionsgeschichte sich wechselseitig geformt.[54]

Da eine gleichzeitige Wahl beider Geschlechter schwer denkbar ist, wird man sich die Besonderheiten des menschlichen Dimorphismus so erklären müssen, dass das wählende Geschlecht irgendwann während der Evolution gewechselt hat. Ursprünglich mögen Frauen Männer ausgewählt haben, wodurch Bärte positiv selektioniert wurden und die Männer überhaupt ansehnlicher wurden. Dann aber trafen Männer die Wahl und die Frauen wurden attraktiver und entwickelten ihre Reize. Und möglicherweise hat irgendwann die starke Dominanz eines wählenden Geschlechts aufgehört und es kam zu einer gemischten Situation. Die Geschlechterpsychologie geht jedenfalls heute von einem subtilen Wechselspiel aus: Untersuchungen menschlichen Verhaltens zeigen, dass Frauen schon längst ihre Wahl getroffen haben, bevor Männer damit anfangen zu wählen - oder vielmehr glauben zu wählen. Frauen, so der Befund, lenken in geschickter und nicht immer bewusster Weise die (vermeintlich) männliche Wahl. Sie senden zum Beispiel Signale wie aufmunternde Blicke, um die Aufmerksamkeit von Männern zu erhaschen. Frauen steuern, fördern oder hemmen also durch Augenkontakt und Körpersprache die männliche Aufmerksamkeit und erregen so ein Balzverhalten.[55] Aber zugleich lassen sie den Männern die Illusion, sie würden die eigentlich aktiven sein, die frei wählen. Der Erfolg der Frau hängt bei dieser Dialektik des Wählens und gewählt Werdens freilich auch von Faktoren ab, die sie nur begrenzt kontrollieren kann, etwa ihrem Aussehen. Wird sie als abstoßend empfunden, nutzt auch das geschickteste Augenwimperflattern wenig (und sie muß, wie die hässliche Alte bei Papageno, zu anderen Mitteln greifen).

Wie ist es in der Evolution des Menschen zum Rollentausch und der Dialektik der Wahl gekommen? Hier gibt es nur Spekulationen. Eine Vermutung wäre: Unsere Urahnen lebten in polyandrischen Gruppen ähnlich wie manche Affenhorde, bei denen die

---

[52] Vgl.: Darwin, *Descent Vol. II*, 372.

[53] Der realtiv große menschliche Penis – er ist fünfmal so groß wie das Geschlechtsteil des Gorillas – deutet auf weibliche Polyandrie während früherer Phasen menschlicher Entwicklung hin, so eine evolutionäre Erklärung. Vermutlich habe es einen Sperma-Wettstreit zwischen mehreren, das Weibchen begattenden Männchen oder auch eine kryptische Sperma-Wahl des Weibchens nach der Kopulation gegeben. Vgl.: W. E. Eberhard, *Female control: Sexual selection by cryptic female choice*, Cambridge 1996.

[54] Vgl.: W. Menninghaus, *Das Versprechen der Schönheit*, Frankfurt a. M. 2003, S. 138-198.

[55] Vgl. M. Moore, Non-verbal courtship patterns in women. Context and consequences, in: *Ethology and Sociobiology* 6 (1985), S. 237-247.

Weibchen unter miteinander konkurrierenden Männchen wählen. In einer solchen Gruppe sind jedoch Vaterschaften niemals verbürgt – pater semper incertus lautet hier das bittere Schicksal für die Männern. Das ist durchaus nachteilig, da es die Gefahr bringt, sich für die Aufzucht von Nachwuchs einzusetzen, der gar nicht der eigene ist. Daher begehrten die Männer in evolutionär kluger Weise irgendwann gegen ihr Schicksal auf und nahmen sich einfach die Frauen bzw. entwickelten Fähigkeiten, um Frauen zu kontrollieren. In dem Moment dreht sich die Wahl und es kam zu einer Konkurrenz zwischen den Frauen darum, gewählt zu werden. Damit wurde weibliche Schönheit positiv selektioniert, die Frauen für Männer begehrenswert macht. So mag es zu einer Art selektiven Wettstreit, einem „arms race" zwischen den Geschlechtern darum gekommen sein, wer wählt und kontrolliert. Entsprechend brachte die Evolution immer ausgeprägtere bzw. raffiniertere Vermögen der sexuellen Kontrolle und immer schönere Ornamente hervor. (Nach Sigmund Freud ist diese Einsicht zentral Schlüssel, um den Menschen zu verstehen.)

Heraus stechende Merkmale des menschlichen Körpers, die ihn auffällig von den nah verwandten Affen abheben, sind möglicherweise die Folge Sexueller Selektion. Die nackte Haut, wie schon erwähnt, scheint sich so entwickelt zu haben: Irgendwann wurden Partner bevorzugt, die weniger behaart waren, bis schließlich das Prinzip der Übertreibung den Prozeß immer weiter trieb und so ein ganz ‚nackter Affe' entstand.[56]. Die unbehaarte Haut wurde zu einem Merkmal von Schönheit, bei Frauen noch etwas mehr als bei Männern. Und das, obgleich Nacktheit in heißen Klimaregionen keineswegs von Vorteil ist - weswegen keine andere Affenart und kein anderes Landtier diese Entwicklung genommen hat. Die menschliche Nacktheit ist ein extravagantes Ornament der Sexuellen Selektion.[57] Aber Darwin betont, dass uns das nicht erstaunen dürfe, denn die Sexuelle Selektion bringe nun mal die merkwürdigsten Ornamente hervor.[58]

Menschen aber sind nicht vollkommen unbehaart. Die Haupthaare scheinen ebenfalls ein sexuelles Ornament, das sich bis heute gehalten hat: Farbe, Länge und Textur der Haare sind für uns wichtige Merkmale eines schönen Menschen (in diesem Fall beider Geschlechter), vielleicht auch wegen des augenfälligen Kontrasts zu unserer nackten Haut.

Die wohlgeformte weibliche Brust gehört traditionell zu den Kennzeichen einer schönen Frau. Das sollte eigentlich erstaunen: Warum erscheint uns eine hervorgehobene, unbehaarte Brust als schönes Ornament, während die für die Reproduktion viel zentraleren Genitalien keineswegs ästhetisch reizvoll wirken (worauf Sigmund Freud schon hinweist)? Bei vielen Affen ist die Sexuelle Selektion den umgekehrten Weg gegangen: Der Mandrill stellt seine bunten Genitalien zur Schau, die zwischen Hellrot und Pink leuchten, und das Männchen präsentiert zudem den Weibchen einen nahezu unbehaarten Hintern in schillerndem Blau, was diese offenbar attraktiv findet. Das Alpha-Männchen erkennt man an der Intensität der Farbtöne im Genitalbereich. Kurz: In der Affenästhetik gelten gerade die Genitalien als höchst attraktiv, während große Brüste Männchen regelrecht in die Flucht schlagen. Und das ist sogar evolutionär klüger: Wie

---

[56] Vgl.:D. Morris, *The Naked Ape. A Zoologist's Study of the Human Animal*, 1967.
[57] Vgl. C. Darwin, *Descent Vol. II*, S. 375.
[58] Vgl. ebd., S. 378.

Abbildung XII.4: Studie weiblicher Ornamente, Foto Boris Niepoth

bei den meisten anderen Säugetieren, so ist auch die Äffinnenbrust nur dann gut sichtbar, wenn sie anschwillt, also das Weibchen laktiert. Während dieser Zeit kann sie aber nicht schwanger werden – was sie für eine Kopulation eigentlich uninteressant machen sollte. Deswegen sind bei Affen große Brüste kein sexuelles Ornament – der menschliche Schönheitssinn ist hier eine sehr merkwürdige Laune der Evolution. Es gibt Spekulationen darüber, warum wir diesen merkwürdigen Geschmack haben. Plausibel ist, dass damit eine ästhetische Kopulationsschranke zwischen Menschenmännern und den Weibchen anderer Primaten aufgebaut wurde. Dadurch wurden möglicherweise Kreuzungen zwischen frühen Hominiden und anderen Primaten verhindert. (Eine solche ausgeprägte Verschiedenheit sexueller Merkmale bei nahe verwandten Arten ist ein häufiges Phänomen.[59])

Indes scheint die Evolution des menschlichen Körpers zu einem Stillstand gekommen zu sein.[60] Welchen Einfluss die Sexuelle Selektion auch immer während früherer

---

[59] Vgl. J. A. Endler, Some general comments on the evolution and design of animal communication systems, in: *Philosophical Transactions of the Royal Society of London* B 340 (1993), S. 215-225.

[60] Es gibt einige wenige Ausnahmen. Von den Wodaabern, einem Stamm aus Nigeria und dem Niger, wird berichtet, dass bei ihnen nach wie vor die Frauen die sexuelle Wahl treffen – wenig attraktive Männer können sich dort nicht vermehren. Während lang ausgedehnter Tanzrituale präsentieren sich die Männer den zuschauenden Frauen. Die Art, wie sie sich schmücken, erinnert dabei an Zierden, die in Europa weiblich konnotiert sind. Die Wodaaberinnen achten bei ihren Männern auf

Phasen unserer Evolution gehabt haben mag, so kann von einem solchen Einfluss heute wohl nicht mehr die Rede sein.[61] Darwin macht dafür die Entwicklung der menschlichen Kultur verantwortlich. Wohl bedingt durch Monogamie und die sozialen Regeln, die sie erzwingen, hat die Sexuelle Selektion ihre gestaltende Kraft verloren. Im Prinzip kann sich bei Monogamie jedes Individuum reproduzieren und hat statistisch die gleiche Kinderzahl. Damit sind ästhetische Qualitäten für die Anzahl der Kinder unbedeutend geworden: „The men who succeed in obtaining the more beautiful women, will not have a better chance of leaving a long line of descendants than other men with plainer wives."[62]

Dass die Sexuelle Selektion heute nicht mehr den menschlichen Körper oder unseren Schönheitssinn formt, hat eine wichtige Konsequenz: Beides ist dadurch genetisch gleichsam eingefroren und weitgehend so, wie es schon vor Jahrtausenden gewesen ist. Unser ästhetischer Geschmack, jedenfalls insofern er biologisch grundgelegt ist, entspricht deswegen dem der Antike: Selbst nach tausenden von Jahren sind Nofretete und Aphrodite von Melos für uns einfach schön.

Mit den beiden Damen können wir uns kurz einem weiteren Spezifikum des Menschen zuwenden – der Erschaffung künstlerischer Artefakte. Bei Tieren konnte bisher zwar gelegentlich kulturelle Überlieferung von Wissen oder Verhaltensweisen sowie der Gebrauch von Werkzeugen nachgewiesen werden,[63] aber nur wir Menschen vermochten eine komplexe kulturelle Sphäre zu erschaffen, zu der auch Kunst und kunsthandwerkliche Produkte gehören. Auch diese Sphäre ist vermutlich stark durch Sexuelle Selektion bestimmt worden. Schauen wir auf Beispiele: Kosmetik wie Körperbemalung dient offensichtlich diesem Zweck und auch Schmuck betont oft die sexuellen Ornamente. Dort, wo die Natur nicht ebenso großzügig war wie bei Marilyn Monroe oder Jennifer Lopez, können spezielle Kleidungsstücke wie das Korsett ein wenig nachhelfen. Und auch die nackte Haut, dieses besondere sexuelle Ornament, wird durch die Mode betont – wer weniger zeigt, zeigt dadurch manchmal mehr. Das ist allerdings keineswegs ein weibliches Privileg: In den meisten Kulturen sind vorwiegend die Männer mit der Verschönerung ihrer selbst befasst; sie verzieren und bemalen sich, tragen besondere Penishüllen, Golduhren, oder fahren einen dicken Boliden. (Was auch mit der Annahme übereinstimmt, dass bei Menschen beide Geschlechter sexuell wählen.)

Selbstverständlich gibt es in der menschlichen Kultur viele ästhetische Phänomene, die nicht unmittelbar in den Bereich der Selbstverzierung gehören. Alle eigenständigen Kunstwerke sind zu nennen, auch wenn die visuellen Künste aus Körperverzierungen hervorgegangen sein mögen, wie Darwin argumentiert. Er erinnert etwa an das Balzverhalten der Laubenvögel, um einen möglichen Ursprung der menschlichen Kunst zu

---

Körpergröße, große Augen, weiße Zähne und gerade Nasen – dies sind wichtige Kriterien ihrer Wahl. Eine Folge hiervon ist, dass die Wodaaber größere Körper als die benachbarten Stämme entwickelt haben. Zudem zeigen sie auffallend weiße Zähne sowie einen sehr geraden Nasenwuchs.

[61] Vgl. C. Darwin, *Descent Vol. II*, S. 368.

[62] Ebd., S. 356.

[63] Volker Sommer ist solchen Zusammenhängen sehr detailliert nachgegangen. Vgl.: V. Sommer, Menschenaffen wie wir. Plädoyer für eine radikale evolutionäre Anthropologie, *Biologie in unserer Zeit* 39 (2009), S. 196-204; sowie ders., Kultur in der Natur. Wie Tiere Traditionen pflegen, in: *Das Plateau* 102, (2007), S. 5-26.

benennen; hier seien erstmals schöne Artefakt hervorgebracht worden, die sich völlig vom Körper gelöst hätten.

Aber haben sich die menschlichen Kunstwerke tatsächlich von ihrer ursprünglichen Funktion getrennt? E. O. Wilson beharrt darauf, dass sie stets biologisch rückgebunden bleiben: „the genes hold culture on a leash".[64] Viele Vertreter der Evolutionären Ästhetik sehen den Bereich des Schönen weiterhin biologisch bestimmt. Schöne Kunstwerke könnten beispielsweise ein indirektes Signal sein, weil sie nur mit hohen Kosten und großem Aufwand erzeugt werden. Wir fänden daher Kunstwerke anziehend, so Denis Dutton, die lediglich von Menschen mit hochgradig attraktiven (da funktionalen) Eigenschaften produziert werden können und somit Gesundheit, Energie, Ausdauer, motorische Kontrolle, Intelligenz, Kreativität oder Zugang zu seltenen Materialien signalisieren.[65] Hinter allen Kunstwerken stünde dann doch nur ein Balzverhalten; der Künstler wirbt für sich, die Faszination durch das Kunstwerk bliebe letztlich ein erotischer Reiz.

Kann diese starke Rückbindung an die Reproduktion überzeugen? Es ist nicht daran zu zweifeln, dass in der menschlichen Geschichte die wahrgenommene Schönheit eines Gegenstandes zum Teil von den Kosten seiner Herstellung, wie Zeit, Energie, Grad der Technik und eingesetzte Ressourcen, abhängig ist. Gegenstände jedenfalls, die ohne jeden Aufwand leicht gemacht werden konnten, wurden nahezu niemals für schön befunden („Das kann ja jeder!"). Auch sind und waren Künstler begehrte Sexualpartner, was manche unter ihnen, wie Pablo Picasso, durchaus zu schätzen wussten. Aber doch nicht alle. Entgegen der Annahme Wilsons korrelieren künstlerische Fähigkeiten nur selten mit hoher Kinderzahl. Und viele Künstler und Künstlerinnen hatten gerade deswegen keine Kinder oder Familie, weil sie sich ganz der Kunst hingaben. Kunst kann also durchaus den funktionalen Rahmen der Fortpflanzung oder Partnerwerbung überschreiten und sich ihm sogar bewusst entziehen. Wilsons „Leine der Gene" ist also keineswegs zwingend und sicher nicht kurz. Selbst wenn in vielen Fällen reproduktive Impulse unterschwellig beim Kunstschaffen oder Kunstgenuss eine Rolle spielen (man denke an den Tanz), können sie offensichtlich transzendiert werden. (Nach Sigmund Freund ist dieser Schritt, den er die Sublimation sexueller Impulse nennt, sogar geradezu konstitutiv für die Kultur; deswegen bleibe ein unauflösbares *Unbehagen in der Kultur*, wie er in dem gleichnamigen Buch argumentiert.[66]) Selbst wenn der Ursprung der Kunst vermutlich evolutionär-funktional war, lässt sich beim konkreten Kunstschaffen meist keine Verbindung mehr zu reproduktiven Vorteilen finden. Das wird schon in der griechischen Mythologie deutlich gemacht: Adonis, der Inbegriff der Schönheit, galt zugleich als unfruchtbar.[67]

---

[64] E. O. Wilson, *On Human Nature*, Cambridge, MA 1978, S. 167.

[65] Vgl. D. Dutton, Art and sexual Selection, in: *Philosophy and Literature* 24 (2000), S. 512-521.

[66] Gegen Freud wurde allerdings eingewandt, dass ein solcher Zusammenhang von Kreativität und einem unterdrückten oder sublimierten sexuellen Impuls nicht nachweisbar sei. Freud vermenge unzulässig den evolutionären Ursprung bzw. die eigentliche Funktion der Kunst mit den persönlichen Motiven des Künstlers. Vgl. G. F. Miller, Aesthetic fitness, 25.

[67] Vgl. W. Menninghaus, *Versprechen*, erstes Kapitel.

Dass sich ästhetische Kulturphänomene in dieser Weise von ihren evolutionären Ursprüngen entfernen, steht nun aber nicht im Widerspruch zur Evolutionären Ästhetik, sondern folgt sogar letztlich aus ihr. Wir hatten ja gesehen, dass zu den allgemeinen Prinzipien der Sexuellen Selektion gehört, eine Tendenz zu Neuheit und Übertreibung zu haben. Damit aber kann die Entwicklung eines sexuellen Ornaments eine Dynamik bekommen, die schließlich zur Abkoppelung von der Reproduktion führt. Die Mode verdeutlicht dies: Ursprünglich mag die schlanke, wohlproportionierte Figur einer Frau als attraktiv gegolten haben, weil sie Fertilität und Vitalität anzeigt, aber heute dominieren androgyne, einen regelrechten Magerkult verkörpernde Modelle, die keinen Kindersegen verheißen. Paul Türke hat dementsprechend sogar eine umgekehrte Beziehung zwischen Mode und Kinderzahl hergestellt: „Fashion and consumption of related luxuries increase with modernization, and therefore increasingly compete with services and resources necessary for rearing children […] A perceived need to be fashionable […] becomes an especially important reproductive constraint".[68]

Selbst für die Entwicklung der besonderen geistigen Fähigkeiten des Menschen, ohne die er kulturelle Artefakte gar nicht erschaffen könnte, wird eine Erklärungen durch Sexuelle Selektion angeboten. Darwin führt aus, dass Tiere, die Töne, Farben und Formen wertschätzen und als Kriterien der Partnerwahl nähmen, auch fähig sein müssten, zu lieben, zu wählen oder Eifersucht zu empfinden.[69] Der ästhetische Sinn setzt seiner Meinung nach hohe emotionale und intellektuelle Fähigkeiten voraus – und fördert umgekehrt deren Weiterentwicklung. Dieser Prozess beginne bei Tieren und sei beim Menschen am ausgeprägtesten. Und in der Tat: Wer beispielsweise modische Kleidung entwirft, ja selbst, wer sich nur modisch kleidet, weiß um sich selbst und wählt aus, wie er wahrgenommen werden möchte. Es setzt also ein Selbstbewußtsein und eine Selbstdistanz voraus und befördert diese zugleich.[70] Und das sind letztlich Fähigkeiten, mit denen der Mensch die Leine durchtrennen kann, mit mittels der seine Gene zunächst auch sein Kulturschaffen gelenkt haben mögen.

4. Kann die Sexuelle Selektion auf die Natürliche Selektion reduziert werden?

Die Theorie der inter-sexuellen Selektion kann vielfältige Phänomene, körperliche Merkmale und Verhaltenseigenschaften im natürlichen und kulturellen Bereich erklären,

---

[68] Vgl. P. W. Türke, Evolution and the demand for children, in: *Population and Development Review* 15, no. 1 (1989), S. 82.

[69] „In the lower divisions of the animal kingdom, sexual selection seems to have done nothing: such animals are often affixed for life to the same spot, or have the two sexes combined in the same individual, or what is still more important, their perceptive and intellectual faculties are not sufficiently advanced to allow of the feelings of love and jealousy, or of the exertion of choice. When, however, we come to the Arthropoda and Vertebrata, even to the lowest classes in these two great Sub-Kingdoms, sexual selection has effected much; and it deserves notice that we here find the intellectual faculties developed [...] to the highest standard." (Darwin, *Descent Vol. II*, S. 396.)

[70] Vgl. C. Darwin, *Descent Vol. I*, S. 258.

deren Entwicklung sonst unverständlich bleiben würde. Dennoch ist und war die Sexuelle Selektion als eigenständiger Erklärungsansatz sehr umstritten. Der Mitbegründer der Evolutionstheorie, A. R. Wallace hatte sie schon ausdrücklich zurückgewiesen und auch gegenwärtig wird die Sexuelle Selektion entweder ausgeklammert oder nur als Variante der Natürlichen Selektion interpretiert.

Die Gründe dafür sind zahlreich. Es dürfte ein Schock für die Viktorianische Weltanschauung gewesen sein, dass die *weibliche* Partnerwahl eine konstitutive Rolle in der Evolution gespielt hat soll, dass also das Weibchen mit einem größeren Sinn für Schönheit als das Männchen ausgestattet sein könnte.[71] Zudem scheint die evolutionäre Erklärung unseres ästhetischen Sinnes die höheren geistigen Kräfte des Menschen ihres Sonderstatus' zu berauben – eine Gefahr, die Wallace und Charles Lyell sahen. Entscheidend für die gegenwärtige Kritik ist aber vor allem, dass die Sexuelle Selektion eine Deutung der Evolution nahelegt, die in zweierlei Hinsicht problematisch scheint: Zum einen erscheint sie als Rückfall hinter Darwins eigentliche Leistung, denn durch die Wahl des Geschlechtspartners wird ein intentionales bzw. teleologisches Element zurück in die Evolutionstheorie gebracht – und es war gerade der Verzicht auf jede Teleologie, der Darwins Evolutionstheorie so erfolgreich machte. Zum anderen scheinen hier das Schöne und der Schönheitssinn, also nicht-funktionale Phänomene, eine konstituierende Rolle für die Evolution einzunehmen.

Was folgt aus der Kritik an der Sexuellen Selektion? Sie ganz zu verwerfen kann kaum überzeugen, da es zahlreiche Belege für ihren Beitrag gibt. Statt sie pauschal als Wirkmechanismus abzulehnen, wird deswegen argumentiert, dass es sich bei ihr letztlich nur um eine besondere Form der Natürlichen Selektion handele. Auch bei der Partnerwahl gehe es um Fitness und reproduktiven Erfolg durch funktionale Merkmale, denn attraktiv erscheine dem wählenden Partner stets das, was gesunde Nachkommen verheiße. Es sei also nicht anzunehmen, dass es einen genuin ästhetischen Geschmack gäbe.

Nun kann in der Tat kein Zweifel daran bestehen, dass die Wahl des Geschlechtspartner oft auf Charakteristika basiert, die ihn als Träger „guter Gene" zeigt. Denn einerseits paaren sich Tiere in der Regel nicht mit kranken Individuen, andererseits sind viele attraktive Eigenschaften offensichtlich Indikatoren für Überlebensfähigkeit und Fertilität. Männer präferieren generell Frauen mit glatter Haut und glänzendem Haar, einem schmalen Kiefer und großen, klaren Augen. Das sind alles Anzeichen von Jugend, die ein nachhaltiges Potential als Geschlechtspartner und reichen Kindersegen versprechen. Aber der umworbene Geschlechtspartner darf auch nicht zu jung sein. Deshalb werden hohe, hervortretende Wangenkochen und schmale Wangen bevorzugt, die anzeigen, dass die Frau die Geschlechtsreife bereits erlangt hat. Frauen haben hingegen eine Präferenz für reifer aussehende Männer. Ein generelles Kriterium ist in diesem Fall ein herzförmiges Gesicht mit einem schmalen Kinn und vollen Lippen, das als attraktiv beurteilt wird.

Die Korrelation kann auch weniger offensichtlich sein: Es zeigt sich beispielsweise, dass es gewisse Beziehungen zwischen dem Zustand des Immunsystems und hellen Farben und opulent entwickeltem Schmuck bestehen. Vor allem aber scheint die Symmetrie ein wichtiger Indikator. Es wird argumentiert, dass diese die Fähigkeit des Genoms zum

---

[71] Vgl.: G. F. Miller, *The Mating Mind*, New York 2000, S. 51.

Ausdruck bringe, die Entwicklung von Organismen in einer unvollkommenen Umwelt zu kanalisieren und abzufedern.[72] So sorgt ein Parasitenbefall beim Pfau dafür, dass sich der Schweif nur unvollkommen und asymmetrisch entwickelt. Pfauenweibchen schätzen nun nachweisbar große und symmetrische Schweife und sind in der Lage, selbst kleinste Abweichungen der bilateralen Symmetrie zu identifizieren (dies wird auch als „fluktuierende Asymmetrie" bezeichnet).[73] Ähnlich zeigen Experimente, dass weibliche Zebrafinken Männchen mit symmetrischen Färbungen wählen und dass weibliche Schwalben Männchen bevorzugen, die längere und symmetrischere Schwänze als ihre Konkurrenten vorweisen können. Ebenso finden Menschen aller Kulturen symmetrische Gesichter schöner als asymmetrische. Auch bei Menschen wird ein Zusammenhang mit guten Genen vermutet: So lässt sich etwa eine Korrelation zwischen der Symmetrie von Gesichtern und physiologischer wie psychologischer Gesundheit und Stabilität zeigen,[74] ja sogar zu mentalen Fähigkeiten.[75]

Sind diese Erklärungen für die Attraktivität bestimmter Merkmale hinreichend? Schließlich scheint es doch so zu sein, dass der opulente Pfauenschweif ein Nachteil im Überlebenskampf darstellt. Er ist sehr schwer und es fordert viel Energie, damit er überhaupt wachsen kann und erhalten bleibt. Zudem dürfte er den Pfau anfällig für Fressfeinde zu machen. Eine faszinierende Erklärung für diesen Sachverhalt wurde von Amotz Zahavi mit dem so genannten „Handicap-Prinzip" vorgeschlagen.[76] Zahavi argumentiert, dass verschwenderischer Schmuck wie der Schweif des Pfaus, der ein großer Nachteil beim Überlebenskampf zu sein scheint, gerade deswegen dem Partner gute Gene anzeigt, weil er so kostspielig und hinderlich ist. Wenn es denn ein Pfauenmännchen vermag, trotz dieses Schweifes zu überleben, dann muss er von ganz besonders großer Gesundheit und Qualität sein: Er kann sich die Energie zur Herstellung seines Schmucks leisten und besitzt genug Fitness, mit ihm zu überleben. Und je höher die Kosten für den Schmuck sind, je größer also der Schweif, desto schwieriger ist es, den damit verbundenen Energieaufwand bzw. die guten Gene nur vorzutäuschen – der Schweif erlaubt also auch vorgetäuschte von wahrer Qualität zu unterscheiden.

> Through female choice, males have been forced to evolve clear windows onto the quality of their genes, so that females can weed out the bad ones. In

---

[72] Vgl. C. H. Waddington, *The Strategy of the Genes. A Discussion of Some Aspects of Theoretical Biology*, London 1957.

[73] Vgl. L. van Valen, A study of fluctuating asymmetry, in: *Evolution* 16 (1962), S. 125-142.

[74] Vgl. T. K. Shackelford, R. J. Larsen, Facial Asymmetry as Indicator of Psychological, Emotional, and Physiological Distress, in: *Journal of Personality and Social Psychology* 72 (1997), S. 456-466.

[75] Vgl. B. Furlow, T. Armijo-Prewitt, S. W. Gangestad, R. Thornhill, Fluctuating asymmetry and psychometric intelligence, in: *Proceedings of the Royal Society of London* B 264 (1997), S. 823-829; T. C. Bates, Fluctuating asymmetry and intelligence, in: *Intelligence* 35 (2007), S. 41-46.

[76] Vgl. A. Zahavi, Mate selection: A selection for a handicap, in: *Journal of theoretical Biology* 53 (1975), S. 205-214.

this sense, females shape males to function as a kind of genetic sieve for the species. […] Out with the bad genes, in with the good.[77]

Nach dieser Interpretation der Sexuellen Selektion geht es also bei der Partnerwahl nicht wirklich um ästhetische Eigenschaften. Angenommen wird bei dieser Theorie letztlich eine strenge Isomorphie von Attraktivität und Fitness.[78]

Doch es lässt sich bezweifeln, ob die Sexuelle Selektion mit dieser Interpretation hinreichend erfasst ist. Denn zum einen ist die explanatorische Strategie der „guten Gene" für viele sexuelle Ornamente höchst spekulativ oder gar fragwürdig ist. Das berühmte Verhältnis von Hüfte und Taille (VHT), obgleich hier oft angeführt, erwies sich weder als ein kulturinvariantes Merkmal der Schönheit, noch kann man es, wie zunächst angenommen, ohne weiteres als Fitnessindikator auffassen.[79] Zumindest bei gegenwärtig lebenden Frauen scheint die Korrelation zwischen dem VHT und der Fertilität zweifelhaft zu sein.[80] Zum anderen hat sich gezeigt, dass bei Tieren fast *alle* körperlichen Merkmale als sexuelles Ornament dienen können, aber es unwahrscheinlich ist, dass sie *alle* Indikatoren für gute Gene sind. Und, mehr noch, dasselbe Ornament kann sich im Prozeß der Sexuellen Selektion in zwei Richtungen bewegen: Einige Vögel präferieren kurze Schwänze, wohingegen andere lange und ausgefeilte Schwänze bevorzugen. Wie können aber diese entgegen gesetzten Merkmale dann alle gleichzeitig Indikatoren für gute Gene sein?

Auch spricht einiges für Darwins interessante Annahme eines genuin ästhetischen Sinns im Tierreich. Es wurde beispielsweise nachgewiesen, dass einige Weibchen latente Präferenzen für Ornamente haben, die gar nicht in der eigenen Spezies vorkommt – also auch keine Indikatoren sein können. Wenn man die Beine von Zebrafinken mit roten oder schwarzen Plastikbändern ausstattet, werden weibliche Finken dieses Männchen wählen und andere Männchen, die blaue oder grüne Bänder tragen, zurückweisen.[81] Ähnlich bevorzugten weibliche Platy-Fische (Spiegelkärpflinge) in einem Experiment Männchen mit Plastikschwertern, die mit ihren Schwanzflossen künstlich verbunden sind, obwohl diese Art über keine verlängerten Schwanzflossen verfügt.[82] Da aber weder das Band noch die künstliche Schwanzflosse mit der Fitness des jeweiligen Tieres korrelieren, hat es keinen Sinn, die weibliche Präferenz als ein Angezogensein von Fitnessindikatoren zu deuten. Selbst wenn man argumentiert, dass das Vogelweibchen eine generelle Präferenz für rot und schwarz hat, die aufgrund des Farbbandes aktiviert wird, ließe sich damit die

---

[77] G. F. Miller, How mate choice shaped human nature, in: *Handbook of Evolutionary Psychology*, hrsg. v. C. Crawford, D. Krebs, London 1998, S. 96.

[78] Vgl. W. Welsch, Animal Aesthetics, in: *Contemporary Aesthetics* 2 (2004), Section 5.

[79] Vgl. D. W. Yu, G. H. Shepard, Is beauty in the eye of the beholder?, in: *Nature* 396 (1998), S. 321f.

[80] Vgl. A. Furnham, M. Lavancy, A. McClelland, Waist to hip ratio and facial attractiveness: A pilot study, in: *Personality and Individual Differences* 30, (2001), S. 494; W. Menninghaus, *Versprechen*, S. 160f.

[81] Vgl. N. Burley, Wild zebra finches have band-colour preferences, *Animal Behaviour* 36 (1988), S. 1235-1237.

[82] Vgl. A. L. Basolo, Female preference predates the evolution of the sword in swordfish, in: *Science* 250 (1990), S. 808-810.

Theorie der „guten Gene" nicht stützen, da diese generelle Präferenz nicht mit einem konkreten Fitnesswert in Beziehung stünde. Der Vogel wäre also affiziert bzw. angezogen durch die Farbe *als solche*. Und das bedeutet nun gerade, eine genuin ästhetische Wahrnehmung zu haben.

Es gibt jedoch noch ein weiteres Argument dafür, die Sexuelle Selektion als Mechanismus eigener Art zu sehen, nämlich die sogenannte „Runaway"-Phänomene, die in der Evolution oft auftauchen. Ronald A. Fisher hat mit anderen Forschern die These aufgestellt, dass es oft zu einer Ko-Evolution von Paarungspräferenzen und sexuellen Ornamenten gekommen sei. Dieser Prozeß hat nun oftmals eine eigene Dynamik entwickelt, bei der Ornamente wie Präferenzen sich immer weiter steigerten. *Übertreibung* bei Ornamenten ist ja, wie oben bereits gesagt, eine Strategie, um immer attraktiver als Konkurrenten zu sein. Das macht die wechselseitige Steigerung von Ornamenten und Präferenzen plausibel, die so lange fortfahren kann, bis ihr die Natürliche Selektion ein Ende setzt.

> The two characteristics affected by such a process, namely plumage development in the male, and sexual preference for such developments in the female, must thus advance together, and so long as the process is unchecked by severe counterselection, will advance with ever-increasing speed.[83]

Eine solche Entwicklung hat vermutlich der Irische Riesenhirsch durchlaufen. Es scheint so, als hätten der (ästhetisch-sexuelle) Geschmack der Hirschkühe zu einer immer weiteren Vergrößerung der Schaufeln geführt, bis sie 3,6 Metern erreichten, – die größten Schaufeln, die man bisher im Tierreich kennt. Stephen Gould hat überzeugend gezeigt, dass diese Schaufeln nur als sexuelle Ornamente gedient haben können. da sie aufgrund ihrer Schädelposition für den Kampf zwischen den Männchen ungeeignet gewesen sein dürften. Der Riesenhirsch brauchte nicht einmal seinen Kopf zu drehen, wie dics viele andere Hirscharten tun müssen, um die imposanten Schaufeln der Hirschkuh zu präsentieren.[84] Der Irische Riesenhirsch ist allerdings vor etwa 7700 Jahren ausgestorben. Es ist nun durchaus plausibel, dass seine Schaufeln seine Überlebensfähigkeit beeinträchtigt haben; die Hirsche konnten sich mit ihnen nur noch sehr schwer in den Wäldern Irlands bewegen und Nahrung suchen. Darüber hinaus geben jüngere Forschungsergebnisse Hinweise auf mögliche Gesundheitsprobleme: Eine sehr große Menge an Phosphat und Calcium war für das Wachstum und den Erhalt der Schaufeln notwendig, was während der Wachstumsphase vermutlich die Knochen der Hirsche stark geschwächt hat, da sie die hierfür erforderlichen Nährstoffe eben auch aus den Knochen beziehen mussten.

Dies wäre also ein Beispiel für einen Runaway-Prozeß, bei dem die Sexuelle Selektion ein bestimmtes Merkmal so lange positiv ausgelesen hat, bis es nicht nur vollständig von jeglichem Fitnesswert abgekoppelt war, sondern sogar zu einem schweren Nachteil für das Tier wurde. Das kann nur dadurch erklärt werden, dass sich die ästhetisch-sexuelle Präferenz der Hirschkühe zumindest ab einem gewissen Zeitpunkt nicht mehr auf Merkmale bezog, die mit einem hohen Fitnesswert korreliert waren, sondern eigenstän-

---

[83] Vgl. R. A. Fisher, *The Genetical Theory of Natural Selection*, Oxford 1930, S. 137.
[84] Vgl. S. J. Gould, The Origin and Funktion of Bizarre Structures: Antler Size and Skull Size in the Irish Elk – megaloceros giganteus, *Evolution* 28, no. 2 (1974), S. 191.

dig wurde. Hier wurde der strenge Isomorphismus von ästhetischer Anziehungskraft und reproduktiver Funktionalität durchbrochen.

Die genannten Einwände sprechen alle dagegen, dass die Sexuelle Selektion vollständig auf die Natürliche Selektion reduziert werden kann. Aber bedeutet dies, dass wir tatsächlich von einem genuin ästhetischen Sinn oder sogar von „einem Sinn für Schönheit" bei Tieren ausgehen dürfen? Die Möglichkeit eines solches Sinnes bei Tieren ist auf der Grundlage des bisher Ausgeführten anzunehmen, denn die Weibchen müssen die Ornamente auf irgendeine Art und Weise *als Ornamente* schätzen, sonst würden sie nicht von solchen Ornamenten angezogen, die nicht mehr länger (oder gar nicht) an einen positiven Fitnesswert gekoppelt sind wie das künstliche Platy-Fisch-Schwert oder die Hirschschaufeln. Der Einwand, dass die Tiere in diesen Fällen lediglich getäuscht würden, ist nicht stichhaltig, weil es die Form, Farbe oder Struktur *als solche* ist (also ästhetische Eigenschaften und Merkmale), über die sich das Tier täuscht und somit bei den Weibchen als Reiz fungieren. Wenn wir den „Sinn für Schönheit" in der Bedeutung der Alltagssprache definieren, also als eine angenehme oder positive Erfahrung bestimmter Strukturen, Muster, Formen, Farben und dergleichen mehr, dann müssen wir also auch von einem ästhetischen Sinn bei Tieren sprechen. Wolfgang Welsch hat diesen Punkt sehr deutlich herausgearbeitet:

> Aesthetic characteristics […] are the objects of choice and what finally cause pairing. So not even reference to a hidden logic of fitness can really bypass aesthetic appreciation of the beautiful. The female must like the *beautiful* male and not go for him in order to get the *fit* one. The proximate goal is beauty, and the ultimate goal would not be reached if aesthetic appreciation were not in place.[85]

Damit sollen die großen Unterschiede zwischen dem ästhetischen Sinn von Menschen und von Tieren nicht ignoriert werden. So ist der ästhetische Sinn bei Tieren in seiner Reichweite stärker begrenzt als beim Menschen, da er vorwiegend auf sexuelle Ornamente fokussiert bleibt. Überdies ist die Entkoppelung des ästhetischen Sinns bei Tieren von seinem sexuellen Ursprung niemals vollständig. Auch im Fall des exquisiten Vorliebe für gigantische Schaufeln bleibt es letztendlich die *Partnerwahl*, die für den ästhetischen Geschmack bestimmend ist. Es gibt also kein Kantisches ‚interesseloses Wohlgefallen' am Schönen. Ein weiterer Unterschied zwischen Mensch und Tier ist, dass die ästhetische Wertschätzung bei Tieren nicht gleichermaßen auf einer bewussten Erfahrung beruht, wie dies für die menschliche ästhetische Erfahrung konstitutiv ist. Anders als das Pfauenweibchen sind wir uns der Schönheit des Pfauenrades bewusst, wie auch des ästhetischen Vergnügens, das aus seiner Betrachtung resultiert. Aber das spricht nicht gegen die Kontinuitätsthese, also die entwicklungsgeschichtlich enge Verbindung des Sinnes bei Tier und Mensch. Auch unser Hunger ist uns bewusst und stellt dennoch lediglich eine Variation des tierischen Hungergefühls dar. Selbst-Bewusstsein kommt zu unseren Sinnen und Sinneseindrücken hinzu, aber schafft deshalb nicht vollständig neue Sinne oder Sinneseindrücke.

---

[85] W. Welsch, *Animal Aesthetics*, section 6.

Sicherlich wissen wir nicht und werden wir niemals wissen, wie es sich für Tiere anfühlt, etwas wahrzunehmen oder zu erfahren, wie bereits von Emil du Bois-Reymond argumentiert wurde.[86] Wir haben nicht das begriffliche Werkzeug, um die Erfahrungen anderer Spezies – wie die von Fledermäusen – objektiv zu erfassen.[87] Es ist demzufolge unmöglich, in sinnvoller Weise untersuchen zu wollen, wie es sich für eine Riesenhirschkuh anfühlt, wenn sie große Schaufeln wahrnimmt, oder wie es für ein Pfauenweibchen ist, der ästhetisch-sexuellen Anziehungskraft des opulent-symmetrischen Pfauenschweifes zu erliegen. Diese Grenzen unseres Vorstellungsvermögens sprechen aber nicht gegen die Annahme, dass einige Tiere über eigenständige ästhetische Erfahrungen verfügen, die mit unseren verwandt sind.

5. Philosophische Ästhetik im Lichte der Evolutionstheorie

a. Der ästhetische Sinn als kontinuierliches Phänomen

Es wird oft angenommen, dass die Evolutionäre Ästhetik einen biologischen Determinismus oder Funktionalismus impliziert und damit der Schönheit jede Autonomie abspricht. Nach den bisherige Überlegungen ist das aber gar nicht der Fall, sondern die Evolutionäre Ästhetik ist durchaus anschlußfähig für die zentralen Begriffe und Ideen der philosophischen Tradition, einschließlich einer Autonomie des Schönen. Allerdings haben die beiden Herangehensweisen, sofern man ihre Ergebnisse ernst nimmt, füreinander eine nicht unerhebliche Bedeutung.

Die erste, wichtige Bedeutung der Evolutionären Ästhetik für die Philosophische Ästhetik betrifft die Relevanz der Natur. Die Schönheit und ihrer Wertschätzung, wie wir sie heute erleben und zum Ausdruck bringen, hätte dann eine lange natürliche Vorgeschichte, die die Philosophische Ästhetik ernst nehmen sollte. Innerhalb dieser Geschichte können verschiedene Entwicklungsschritte unterschieden werden. Die Sexuelle Selektion ist vermutlich der größte und wichtigste, bevor es im Kulturbereich dann noch einmal zu einer ganz eigenen Ausprägung des ästhetischen Sinnes und einer im vollen Sinne autonomen Kunst gekommen ist. Der genuin menschliche Sinn für Schönheit aber bliebe in einem tiefen Zusammenhang mit Sinneserlebnissen anderer Lebensformen. „Man's mind is not so different from that of brutes", wie Darwin bemerkt.[88]

Mit dieser These einer Kontinuität von tierischen und menschlichen Schönheitssinn ist die Annahme verbunden, dass die Naturgeschichte der Schönheit bei uns immer noch wirkt. Die frühen Stadien ästhetischer Entwicklung sind nicht einfach vergangen, son-

---

[86] Vgl. E. du Bois-Reymond, Über die Grenzen des Naturerkennens (1872), in: *Reden von Emil du Bois-Reymond in zwei Bänden*, Bd. 2, Leipzig 1912, S. 441-473.

[87] Vgl. T. Nagel, What Is It like to Be a Bat?, in: *The Philosophical Review* 83, no. 4 (1974), S. 435-450.

[88] „[It is] hard to say what is instinct in animals and what [is] reason, in precisely the same way [it is] not possible to say what [is] habitual in men and what reasonable. ... as man has hereditary tendencies, therefore *man's mind is not so different from that of brutes*." C. Darwin, *Notebook C* [Transmutation of species (1838.02 - 1838.07)]. CUL-DAR122. – Transcribed by Kees Rookmaaker. (*Darwin Online*, http://darwin-online.org.uk/), S. 198.

dern weiterhin wirksam. Dies zeigt sich etwa daran, dass wir Menschen hinsichtlich unseres ästhetischen Geschmacks nicht vollkommen frei sind. Die Evolutionäre Ästhetik kann uns zunächst belehren, dass es gar nicht in unserer Freiheit steht, ob wir überhaupt ästhetische Urteile fällen wollen oder nicht – wir scheinen eine tief, nämlich biologisch verwurzelte Disposition dazu zu haben, Dinge als schön oder hässlich zu empfinden. Als sexuell aktive Tiere haben wir Menschen ästhetische Präferenzen, die uns dazu nötigen, ästhetische Empfindungen drängen sich uns gleichsam auf. Des Weiteren wirkt die Naturgeschichte in uns insofern, als wir einige ästhetische Kriterien vermutlich mit Tieren teilen, so die Faszination der Neuheit, Übertreibung, Betonung von Unterschieden und die Attraktivität eines hohen Kostenaufwands.

Die Evolutionäre Ästhetik kann ferner darauf verweisen, dass es ein gewisses Maß an geschmacklicher Übereinstimmung unter allen Menschen gibt, insbesondere hinsichtlich unseres Körpers, aber auch bezüglich Landschaften oder Mustern. Obwohl die evolutionäre Perspektive keine deterministische Sicht impliziert, unterstreicht sie damit, dass die Natur der Art Mensch bestimmte Tendenzen vorgibt, unser Sinn für Schönheit also nicht vollkommen arbiträr ist. Damit ist nicht bestritten, dass derart angelegte ästhetische Vorlieben kulturell stark geformt werden: Ein Hawaianer wird möglicherweise keine besondere Wertschätzung für die Schönheit von Feuchtsavannen entwickeln.

Eibl-Eibesfeld hat vorgeschlagen, drei Ebenen des menschlichen Schönheitssinns zu unterscheiden. (Sein Ausdruck lautet „perceptual biases"): Er nimmt erstens an, dass wir einfache und grundlegende Vorlieben mit den höheren Wirbeltieren teilen. Man denke an die weiter oben bereits aufgeführten Prinzipien der Neuheit und Übertreibung, welche überall, wo Sexuelle Selektion stattfindet, vorgefunden werden können. Weitere Beispiele hat Darwin genannt: „Yet man and many of the lower animals are alike pleased by the same colours, graceful shading and forms, and the same sounds."[89] Und noch konkreter: „We must suppose that the pea-hen admires peacock's tail as much as we do."[90] Zudem teilen wir unsere Präferenz für Symmetrie mit vielen Tieren, vor allem Vögeln. Darwin spricht Vögeln einen nahezu menschlich ausgeprägten Grad ästhetischen Geschmacks zu[91] – und wir können umgekehrt hinzufügen, dass der ästhetische Geschmack der Menschen manchmal geradezu vogelhaft ist. Eibl-Eibesfeld nimmt zweitens an, dass es artspezifische Tendenzen gibt. Beispiele hierfür wären menschliche Ideale schöner Körper, so etwa eine sanfte Haut, helle Augen sowie bestimmte Proportionen weiblicher Gesichter. Experimente mit Kindern haben in diesem Zusammenhang eine bemerkenswerte transkulturelle Konvergenz des Geschmacks nachgewiesen.[92] Unter den artspezifischen Tendenzen wiederum werden geschlechtsspezifische Präferenzen und Schönheitsvorstellungen unterschieden. So wird das figürliche Ideal der Wespentaille von Männern und Frauen eher unterschiedlich beurteilt. Drittens spricht Eibl-Eibesfeld von spezifisch kulturellen Tendenzen der Wahrnehmung. Diese sind nicht universell,

---

[89] C. Darwin, *Descent Vol. I*, S. 116.
[90] C. Darwin, *Notebook N*, in: H. E. Gruber, *Darwin on man: A psychological study of scientific creativity, together with Darwin's early and unpublished notebooks*, transcribed and annotated by P. H. Barrett, London 1974, S. 342.
[91] C. Darwin, *Descent Vol. II*, S. 39.
[92] Vgl. W. Menninghaus, *Versprechen*, 76.

sondern allein durch die Kultur geformt, in der jemand lebt.[93] An dieser Stelle zieht Darwin eher relativistische Schlussfolgerungen bezüglich der Schönheitskriterien.[94] Verschiedene Kulturen hätten ganz offensichtlich unterschiedliche Schönheitsideale. So sind die Strände unserer Tage mit Frauen gesäumt, die sich nach einer dunkleren, gebräunten Haut sehnen, während helle Haut in den meisten vorangegangenen Kulturen ein Zeichen weiblicher Schönheit war. Für Shakespeare bedeutete „fair" im Sinne von hell Schönheit.[95] In indischen Zeitschriften ist dies heute noch der Fall, was uns nicht überraschen sollte. Denn wenn die Betonung von Unterschieden zu einer verborgenen Logik der Schönheit zählt, werden Kulturen immer dazu tendieren, sich voneinander stark unterscheidende Schönheitsideale auszubilden – und zwar bis zu dem Punkt, von dem aus jeder einzelne Künstler als Schöpfer seiner eigenen Schönheitsstandards betrachtet werden kann, der wie Kants Genie der Kunst neue Regeln gibt.

Eibl-Eibesfelds hilfreiche Unterscheidung sollte durch eine vierte Ebene der Wahrnehmung ergänzt werden, nämlich die subjektiven Präferenzen, die aus Biographien und individuellen Erfahrungen resultieren. Menschen neigen beispielsweise dazu, in solchen Menschen potentielle Partner zu sehen, die sie an geliebte Menschen erinnern. Aber selbst diese individuelle Ebene ist nicht vollkommen losgelöst von ihrer evolutionären Entwicklung: Gewohnte oder auch erinnerliche Eigenschaften gegenüber ungewohnten als angenehmer wahrzunehmen, ist möglicherweise eine Anpassungsleistung. Und wenn Neuheit und Übertreibung fundamentale ästhetische Prinzipien sind, kann die Vielfalt individueller Geschmacksausprägungen kaum überraschen. Das Streben anders zu sein, sich von anderen zu unterscheiden, wäre Teil unseres evolutionären Erbes.

b.   Die Autonomie von Schönheit

Dass es eine *Autonomie* der Schönheit gibt, ist seit Kant eine vorherrschende Idee in der Philosophischen Ästhetik. Wie oftmals hervorgehoben wurde, schätzen Menschen die Schönheit um ihrer selbst Willen. Für diese Annahme gibt es auch viele empirische Belege: So pflanzen wir blühende Blumen in unsere Gärten, ohne dass wir ihre Früchte ernten wollen, und wir errichten Parklandschaften mit Bäumen, obwohl wir keine Zufluchtsorte vor wilden Tieren benötigen. Wir erfreuen uns ganz einfach an ihrem Anblick. In gleicher Weise genießen und schätzen wir die Schönheit der Nofretete-Büste trotz der Tatsache, dass wir keine Möglichkeit haben, uns mit ihr zu paaren.

Kant versuchte diesen Sachverhalt durch die Einführung einer Unterscheidung zwischen dem *Angenehmen* und dem *Schönen* aufzuklären. Wir haben angenehme Erfahrungen von Dingen, die uns nützlich sind. Diese Dinge sind so strukturiert, dass sie zum einen unseren Bedürfnissen dienen und zum anderen bereits eine Erscheinung aufweisen, die uns ihre Nützlichkeit verstehen lässt. Eine gut gefertigte Türklinke

---

[93] Vgl. I. Eibl-Eibesfeld, Biological Foundation, S. 29.

[94] Vgl. C. Darwin, *Descent Vol. II*, S. 350 und 354.

[95] Der Soziologe Peter Frost schreibt in seinem Vorwort zu *Fair Women, Dark Men*, Washington D. C. 2005: „Although virtually all cultures express a marked preference for fair female skin, even those with little or no exposure to European imperialism, and even those whose members are heavily pigmented, many are indifferent to male pigmentation or even prefer men to be darker."

mit ansprechenden Design kann uns Freude bereitet, weil wir ein Wissens um ihren Gebrauch haben. Etwas als *schön* zu erfahren ist nach Kant hiervon verschieden, weil diese Erfahrung von jedem menschlichen Zweck abstrahiert wird und das Objekt oder die Eigenschaft der ästhetischen Erfahrung für uns nutzlos sein muss. Die Eigenschaft der Schönheit in ihrer Instantiierung an einem Objekt wird wertgeschätzt oder einer reflektierenden Betrachtung unterzogen, aber nicht benutzt oder konsumiert; sie ist das Objekt eines interesselosen Wohlgefallens. Dennoch muss dem Objekt ein Prinzip der Organisation oder eine Charakteristik zugrunde liegen, die eine Struktur hervorbringt, die bedeutungsvoll oder nützlich ist (wenn auch nicht für uns). Kant spricht diesbezüglich auch von einer „Zweckmäßigkeit ohne Zweck". Das ist der Grund, warum wir eine Rose in ihrer Schönheit wertschätzen können: Wir benutzen sie nicht, aber wir können ihre Symmetrien und Strukturmuster in ihrer Organisation als ein zugrunde liegendes zweckmäßiges Prinzip erkennen. (Und ein Kunstwerk erscheint uns als schön, wenn der Künstler etwas erschaffen hat, das scheinbar seinen eigenen Regeln folgt; erneut also eine Zweckmäßigkeit ohne Zweck auftritt.)

Diese Unterscheidung, die durch Kant in die Ästhetik eingeführt wurde, hat die ästhetische Reflexion seither maßgeblich bestimmt – insbesondere der Gedanke einer speziellen Autonomie ästhetischer Objekte und Erfahrungen. Um nur ein zeitgenössisches Wörterbuch zu zitieren:

> Die Kunst besitzt ihr eigenes Gebiet, das von anderen menschlichen Aktivitäten abgegrenzt ist und bestimmt die eigenen Regeln und Prinzipien selbst. Die Kunst kann nicht ohne Verlust durch andere Aktivitäten ersetzt werden. Ästhetische Erfahrungen sollten mit Hilfe von ästhetischen Begriffen oder Attributen erklärt werden und Kunst sollte durch nichts anderes als durch sich selbst eine Bewertung erfahren. [Übersetzung des Autors][96]

Allgemein finden sich hier wie in den meisten anderen Definitionen vor allem zwei Gesichtspunkt, die von der Philosophischen Ästhetik betont werden, nämlich Irreduziblität und Eigenwert.

(1) *Irreduzibilität.* Die ästhetische Anziehungskraft von Kunstwerken (ihre Schönheit) kann nicht auf etwas anderes zurückgeführt werden, insbesondere nicht auf Nützlichkeit, argumentiert die Philosophische Ästhetik. Ästhetische Erfahrungen können nur aufgrund von ästhetischen Kategorien erklärt werden.

(2) *Eigenwert.* Es wird allgemein angenommen, dass die Autonomie von Kunst und Schönheit eine normative Dimension beinhaltet. Eine Sache wertzuschätzen bedeutet, dieser Sache gegenüber mit einer praktischen Pro-Einstellung zu begegnen, sie zu respektieren und ihr gegenüber zu einem bestimmten Verhalten motiviert zu sein. Dass Kunst *durch sich selbs*t eine Bewertung erfahren soll, bedeutet näher, dass ihr Wert intrinsischer Natur ist und ihr nicht lediglich instrumentell durch andere Werte oder Zwecke verliehen wird. Schönheit fordert eine Pro-Einstellung, die anerkennt, dass sie um

---

[96] „Aesthetic autonomy", in: *The Blackwell Dictionary of Western Philosophy*, hrsg. v. N. Bunnin, Y. Jiyuan, Oxford 2004.

ihrer selbst willen werthaft ist; ihr Wert bestimmt sich gerade nicht aus einem externen Zweck.

Betrachten wir nun die beiden wesentlichen Elemente der Definition von ästhetischer Autonomie und prüfen, ob sie mit Einsichten der Evolutionären Ästhetik vermittelt werden können.

Hinsichtlich der Irreduzibilitätsthese gilt: Wenn bestimmte Fälle Sexueller Selektion nicht als Prozesse der Selektion von Überlebensfähigkeit und Fruchtbarkeit interpretiert werden können, dann sind sexuelle Ornamente mehr als bloße Fitnessindikatoren. Sie sind stattdessen Launen („caprices"), um Darwins Ausdruck zu gebrauchen, oder eben doch Phänomene *sui generis*, welche auf nichts anderes zurückgeführt werden können. Der Irreduzibilität sexueller Ornamente geht einher mit einer eine ästhetische Erfahrung, die gleichermaßen irreduzibel ist, denn der ästhetische Sinn kann dann nicht als ein bloßer Fitnessdetektor aufgefasst werden. Sexuelle Ornamente werden als dasjenige wertgeschätzt, was sie sind, und nicht aufgrund ihrer Anzeigefunktion für Überlebensfähigkeit. (Dies gilt sogar für den Fall, wenn es tatsächlich eine „verborgene Logik der Fitness" hinter den ästhetischen Erscheinungen geben sollte.[97])

Damit soll aber nicht behauptet werden, dass ästhetische Phänomene in der Natur vollkommen ohne funktionale Eigenschaften sind: Die Sexuelle Selektion transzendiert lediglich den unmittelbaren Funktionszusammenhang zwischen ästhetischer Wertschätzung und Lebenstauglichkeit. Mag auch ein bestimmtes Ornament oder „Laune", keine direkte Funktionalität bzw. Adaptivität im Kampf um das Überleben aufweisen, so sind sie doch im Rahmen der Sexuellen Selektion funktional, insofern sie die Reproduktionschancen erhöhen. Das aufgrund seiner sexuellen Ornamente ausgewählte Männchen wird mehr Nachkommen haben, die wiederum wegen der ererbten Ornamente größere Reproduktionschancen in der nächsten Generation haben werden. Zudem wird das Weibchen, das über einen ausgeprägten ästhetischen Sinn verfügt, mehr Nachkommen haben: Wenn ihre Söhne die attraktiven Ornamente erben, werden sie begehrte Sexualpartner sein. Ihre Töchter werden dagegen erst eine Generation später mit mehr Kindern gesegnet sein, da Töchter, die von ihren Müttern einen guten ästhetischen Sinn erben, sich mit attraktiven Männchen paaren werden, was *ihnen* wiederum attraktive Nachkommen mit größeren Reproduktionschancen in den folgenden Generationen bescheren wird.[98]

Wir können auch sagen, dass die Sexuelle Selektion

> … eine *zweite Form von Nützlichkeit* hervorbringt. Sie entwickelt Dinge, die für den sexuellen Wettbewerb nützlich sind, ohne dass sie nützlich sind – tatsächlich sind sie häufig sogar nachteilig – im Kampf ums Überleben. So bewirkt die Sexuelle Selektion eine erste Distanzierung von den alleinigen Erfordernissen der natürlichen Fitness [Übersetzung des Autors] [99]

Und der Bereich der menschlichen Kultur kann als ein weiterer evolutionärer Schritt verstanden werden, um sogar „die zweite Form der Nützlichkeit", die wir bei den sexuellen

---

[97] Vgl.: W. Welsch, *Animal Aesthetics*, Abschnitt 6.
[98] Dies ist die Argumentation von Fisher. Vgl. R. A. Fisher, *General Theory*.
[99] Vgl. W. Welsch, *Animal Aesthetics*, Abschnitt 3d.

Ornamenten vorfinden, zu überwinden. Schönheit wird von der Funktion der Reproduktion entkoppelt. Allerdings wird es natürlich immer wieder Wege geben, durch die die Kunst mit irgendeiner anderen Funktion verbunden werden kann, wie zum Beispiel mit ökonomischen, religiösen oder auch sozialen Funktionen, aber wichtig ist, dass sie nicht mehr direkt mit der biologischen Reproduktion verbunden ist. Die evolutionäre Betrachtung zeigt somit, entgegen der ursprünglichen Erwartung, dass Schönheit als Phänomen nicht notwendig auf etwas anderes reduziert werden kann.

Richten wir unseren Blick nun auf den zweiten Teil der Definition, den *Wertaspekt*. Hier findet sich ebenfalls ein evolutionäres Äquivalent, weil die ästhetische Erfahrung eben auch eine praktische Seite hat. Ästhetische Phänomene in der Natur sind tief verbunden mit Pro-Einstellungen und entsprechendem Verhalten. Wir finden diesen Zusammenhang auf allen Ebenen. Die Biene ist beispielsweise angezogen von der Farbe der Blume und dies bewirkt, dass sie zu ihr fliegt. Sexuelle Ornamente und die Lauben des Laubenvogels reizen die Weibchen so sehr, dass sie bereit sind, sich zu paaren. Nicht alle diese Handlungen sind angenehm: Sie können schmerzhafte und oder brutale Ablehnung der weniger attraktiven Männchen inkludieren. (Darwin betont diese dunkle Seite der Schönheit, wenn er auf von einem „wonderfully great ... amount of suffering" spricht, das mit der Natürlichen wie auch der Sexuellen Selektion einhergeht.[100]) Aber alle ästhetischen Phänomene in der Natur steuern Handlungen und Verhaltenweisen.

An dieser Stelle könnte der Einwand erhoben werden, dass sexuelle Ornamente in der Natur nicht wirklich autonom sind. Denn alles was gezeigt wurde, ist, dass sexuelle Ornamente nicht durchgängig als Fitnessindikatoren wahrgenommen werden, aber ihre zweite Form der Nützlichkeit bleibt: Schließlich haben sie immer noch die verborgene Funktion, Tiere füreinander attraktiv erscheinen zu lassen und damit die Reproduktion zu begünstigen. Aber was die Situation so speziell macht, ist die Tatsache, dass auch in diesem Fall, Schönheit aufgrund *seines Selbstzweckcharakters* funktional ist. Warum? Weil wir die Abläufe auch in eine andere Richtung interpretieren können. Das erfolgreich sich selbst reproduzierende attraktive oder auch schöne Tier wird die attraktiven Eigenschaften eben multiplizieren, aufgrund dessen es positiv selektioniert worden ist. In dieser Sichtweise ist die Schönheit nicht funktional zum Zweck der Reproduktion, sondern es verhält sich gerade umgekehrt: Die Reproduktion ist funktional aufgrund des (und für den) Selbstzweckcharakters der Schönheit. Wir haben hier einen Rückkoppelungsmechanismus der Selbstaffirmation vorliegen. Nach dieser Lesart trägt die Schönheit ihren Zweck in sich selbst. Und wir können so die evolutionäre Genealogie der ästhetischen Erfahrung mit der Autonomie der Schönheit harmonisieren.

c.   Der Weg der Natur zur Schönheit oder auch der Weg der Schönheit durch die Natur

Gehen wir noch einen Schritt weiter, obwohl wir uns damit auf das dünne Eis spekulativer Naturphilosophie begeben. Wir können den evolutionären Prozess als eine Entwick-

---

[100] Vgl. C. Darwin, *Descent Vol. II*, S. 342; sowie W. Menninghaus, *Versprechen*, S. 68.

lung der Natur zur Autonomie der Schönheit rekonstruieren. Diese Entwicklung scheint fünf Stufen zu haben.

Die erste Stufe betrifft die akzidentielle Schönheit. Noch vor der Existenz sexueller Reproduktion haben Organismen eine Reihe von Strukturen ausgebildet, die wir als schön bewerten. Betrachten wir an dieser Stelle Seeanemonen oder auch bestimmte Quallenarten: „that are ornamented with the most brilliant tints, or are shaded and striped in an elegant manner" (Darwin[101]). In seinen *Kunstformen der Natur* (1899–1904) hat Ernst Haeckel einige dieser erstaunlichen Strukturen gemalt. Hier tritt Schönheit auf, ohne eine Relation zu irgendeinem Beobachter zu haben. Und tatsächlich sind sogar viele dieser schönen Strukturen auf immer dem Blick eines anderen Lebewesens entzogen.

Auf der zweiten Stufe der Evolution wird Schönheit zu einem relationalen Konzept. Pflanzen blühen beispielsweise, um Insekten anzuziehen. Die Erscheinung der Schönheit hat jetzt einen Rezipienten. Erstmalig haben wir es nicht nur mit Schönheit zu tun, sondern auch mit der Wertschätzung von Schönheit (obwohl der Schönheitssinn an dieser Stelle minimal sein dürfte). Wie Darwin in seinem Notizbuch bemerkt „[a]re Bees guided by smell – or sight. […] – a final cause of beauty of flowers."[102] Diese zweite Stufe wird erst mit der sexuellen Reproduktion erreicht, aber noch vor dem Auftreten der Sexuellen Selektion. Was interessant ist im Hinblick auf diese Ebene ist die Tatsache, dass sie Teil eines koevolutionären Prozesses ist, in dem der Sinn für Schönheit (zumindest im Hinblick auf Eigenschaften wie Farbe und Geruch usw.) geformt wird, genau so, wie die Schönheit diesen Sinn überhaupt erst herausbildet.

Die dritte Stufe der Entwicklung wird Millionen Jahre später mit der Sexuellen Selektion erreicht. Es verändert die Situation weitreichend aufgrund der Verbindung von Schönheit und Geschmack *innerhalb einer Art*: Die Schönheit dient jetzt dazu, die beiden gegensätzlichen Geschlechter miteinander zu verbinden.

> With the great majority of animals, however, the taste for the beautiful is confined, as far as we can judge, to the attractions of the opposite sex.[103]

Ein dynamisch verlaufender Prozess setzt nun ein, der die Schönheit der Körper wie auch den Sinn für Schönheit gleichzeitig weiter ausbildet.

Der besondere Weg des Menschen zeigt sich auf der vierten Stufe. Beide Geschlechter scheinen nun in einem dialektischen Prozess der Rückkopplung sich gegenseitig auszuwählen; das wählende Geschlecht wählt das andere, das aber zugleich auch seinen Partner wählt. Die beiden Seiten der Schönheit, nämlich die Schönheit selber und der Geschmack für die Schönheit, koinzidieren – beide Geschlechter haben und brauchen beides. Die Relation von Schönheit und Rezipient ist nicht mehr länger nur einfach eine zwischen zwei Geschlechtern, sonder zunehmend auch eine Relation innerhalb jedes Geschlechts. Damit gilt aber: Auf dieser Stufe der Entwicklung vermag Schönheit sich bereits indirekt selbst zu wählen, indem sie den Wählenden selbst wählt.

---

[101] Vgl. C. Darwin, *Descent Vol. I*, S. 322.

[102] C. Darwin, Questions and Experiments, in: *Charles Darwin's notebooks, 1836 – 1844: Geology, transmutation of species, metaphysical enquiries*, edited by P. H. Barrett et. al., Cambridge 1987, S. 5.

[103] C. Darwin, *Descent Vol. I*, S. 115.

Mit dem Aufkommen der Kultur wird die höchste und letzte Stufe der Entwicklung autonomer Schönheit erreicht: Die Schönheit um ihrer selbst willen in reiner Gestalt. Die Künstler schaffen und genießen etwas, das sie als schön betrachten, und sie kreieren es einfach aufgrund des Selbstzweckcharakters der Schönheit. Zugleich vollziehen sie diesen Prozess bewusst.

Die Entwicklung der Natur kann so als eine graduelle Zunahme der Schönheit aufgrund ihres Selbstzweckcharakters aufgefasst werden. Während die nicht-relationale Schönheit von Quallen nicht als ein Zweck für irgendjemanden existiert (akzidentielle Schönheit), wird die Schönheit wichtig auf der Ebene der Reproduktion von Blumen. Der nächste Schritt ist die Sexuelle Selektion, auf der die Schönheit zunehmend aufgrund ihrer selbst geschätzt wird, aber immer noch verknüpft ist mir reproduktiven Zwecken (obwohl in einem sehr speziellen Sinne vgl. die obigen Ausführungen). Schließlich wird auf der Ebene der menschlichen Kultur auch diese funktionale Verbindung aufgelöst. Die Schönheit durchschlägt den gordischen Knoten („cuts the knot") und wird ein vollständig autonomes Phänomen.

Abhängig davon, wie wir die Natur zu interpretieren wünschen, können wir diese Stufenreihe entweder als einen wundervollen, aber letztendlich akzidentiellen Prozess betrachten, den wir vielleicht umfassend genießen können (als Wesen mit einem Sinn für Schönheit), aber der sich doch nicht weiter verstehen oder mit Sinn belegen lässt. Oder wir betrachten diese gestufte Zunahme der Autonomie es als ein Geschehen, der uns etwas über die verborgene Architektur der Natur verrät.

> Evolution of life [may turn out to be] the slow and gradual process of the implementation in the material world of the idea[] of the [...] beautiful.[104]

---

[104] Vgl. V. Hösle, Objective Idealism and Darwinism, in: V. Hösle, C. Illies (Hrsg.), *Darwinism and Philosophy*, Notre Dame 2005, S. 216-242.

Isidoro Reguera

Das Menschliche und das Tierische

Betrachtungen über Wolfgang Welschs jüngste
und Ludwig Wittgensteins letzte Schriften

Es war November 2004, als Prof. Wolfgang Welsch in der Gesellschaft der schönen Künste (*Círculo de Bellas Artes*) von Madrid zwei Vorträge hielt, die m. E. inhaltlich einem entscheidenden Moment seines Denkens entsprachen. Sie schickten Ideen voraus, die er bis heute entwickelt hat. Ausgangspunkt dieser Seiten ist die Erinnerung an diese erste Begegnung.[1]

Auf dem Titel der meisten seiner bis dahin veröffentlichten Werke ist von *Widerstreit, Auswegen, Grenzgängen, Undoing, Beyond* oder *Transversalität* die Rede, die sicher (im letzten Fall weniger bestimmt) einem binnenphilosophischen Geist folgte. Als *Transversalität* versteht Welsch jedenfalls die zeitgenössische Kritikform der Vernunft.

Sicher, Prof. Welsch praktizierte schon damals die von ihm bis heute gepriesene Tugend der „Redlichkeit", Nietzsches gute Gewohnheit, keinen Tag vergehen zu lassen, an dem man nicht auch nur einen Gedanken gegen seinen liebsten Gedanken (ganz zu schweigen gegen den der Anderen) denkt (M3, 5). Er spürte sicher auch schon die unhaltbare Spannung der Grenzen jener verschlossenen Welt des Anthropozentrismus oder des modernen „Anthropismus",[2] der zumindest seit 250 Jahren, deutlich seit Diderot, den „Kokon" des Denkens oder vielmehr sein „Gefängnis", seine „Gummizelle", sein

---

[1] Zitiert werden hier das Manuskript dieser Vorträge und zwei darauffolgende, sie fortentwickelnde Manuskripte: (M1) „Epistemischer Anthropozentrismus. Genese, Versionen, Kritik der Denkform der Moderne", 28 S. (noch nicht veröffentlicht); (M2) *Inwiefern Heidegger – bei aller Kritik – der modernen Denkform verhaftet blieb. (Onto-Anthropologie statt Human-Anthropologie.)*, 24 S. Eine der Fassungen ist ohne die letzten Seiten, in denen Welsch gerade seine späteren evolutionistischen Standpunkte darlegte, auf Spanisch erschienen unter dem Titel: „Heidegger: Antropocentrismo ontológico", in: Félix Duque (Hrsg.), *Heidegger. Sendas que vienen*, 2 Bde., Madrid 2008, Bd. 1, S. 84-113; (M3) Die Kritik an Tomasello: „Just what is it that makes homo sapiens so different, so appealing?" (10 S.), erschienen inzwischen mit dem gleichen Titel in *DZPhil*, Berlin 55 (2007) 5, S. 751-760; (M4) Vortrag, gehalten in Bamberg am 4. Mai 2010: „Wie aus Natur Kultur hervorging", 15 S. (Die Veröffentlichung wird vorbereitet).

[2] So Welschs bevorzugte Bezeichnung aufgrund der gewissermaßen neuen semantischen Konnotationen nach der *Kopernikanischen Wende*.

„huis-clos", seine „Lähmung", „Sattheit", „Erstickung", „Trivialität" (all das verbunden mit einer anstößigen „Selbstzufriedenheit" – M3, 25, 2 ss.) darstellt.

Aber selbst die transversale Vernunft vermochte es nicht, diesen modernen Block zum Zerbröckeln zu bringen: weder das Dickicht der aufgeklärten, selbstzufriedenen, transzendentalen Subjektivität, noch die Falle endloser postmoderner Denkschwächen. (Vielleicht könnte dies eher eine evolutionäre Vernunft leisten …) Und was Ästhetik bzw. Kunsttheorie anbelangt, die Welsch schon immer als originäre *Aisthesis*, aristotelische Sinneslehre, verstanden hat: Seine entschieden sinnliche Orientierung enthielt bereits eine biologische Seite, die die grundlegenden Bedingungen des *wirklichen* menschlichen Empfindens, damit jenseits des anthropischen Zirkels vom *wie* der Mensch empfinden *kann* oder *soll*, an den Tag legte.

Weder für das eine noch für das andere, Vernunft und Sinnlichkeit, war die postmoderne Transkulturalität ein Ausweg, sondern eher eine Verstrickung in deren Wechselfälle, in einen neuen Zirkel: den der Unzählbarkeit ihrer verschiedenen Spiele. Das viele Kolorit vermag es nur, die Blässe des Gespenstes zu verbergen; nicht weil es viele haben, wird schon das Problem aufgelöst. Wenn also für Welsch „die Leitfrage der Philosophie ist, wie es sich im Ganzen verhält" (M4, 14), dann ist es erforderlich, neuen Boden zu gewinnen in einer allgemeinen Konzeption des Menschen, die ein neues Licht auf dessen Handeln bzw. Aktionswelt (überschattet nicht nur von Spaltungen jeder Art: Vernunft/Sinnlichkeit, Identität/Differenz, Einheit/Mannigfaltigkeit usw., sondern auch, alle zusammenfassend, von der Spaltung Mensch/Tier) wirft.

Es war notwendig, neue, wesentliche Fragen aufzuwerfen, um, in welchem Zusammenhang auch immer, sinnvoll weiter zu denken; um einen Erkenntnisbegriff jenseits des anthrophischen Zirkels und der Spaltung, aus der er entsteht (sozusagen wie eine Art schizoider Reaktion), zu definieren: jenseits der Entgegensetzung bzw. des Parallelismus zwischen menschlicher Subjektivität und natürlicher Objektivität. Dazu die unerlässliche Frage: Wie sollte eine Neubestimmung dieses Humanspezifikums jenseits von Subjektivität, Vernunft oder Sprache, jenseits all dieser durch eine essentialistische Tradition semantisch verfälschten, angesichts wissenschaftlicher Fortschritte unannehmbaren Begriffe, aussehen?

Der Mensch ist nicht ein in einem Körper verhafteter Geist, eine gefangene Vernunft in der Sinnlichkeit, eine gefangene Sprache in ihren Spielen, sondern eher Körperleib, Sinnlichkeit, unschuldiges Spiel. Oder man muss ihn wenigstens aus dieser Sicht zu begreifen versuchen: Es gibt nämlich viele Merkmale, die für speziell menschlich gehalten werden, die nicht nur dem Menschen zuzuschreiben sind. Wie also dann menschliche Erfolge und Errungenschaften erklären, die sich von denen anderer Lebewesen so stark unterscheiden, wenn man nicht mehr auf eine exklusive menschliche Natur zurückgreifen kann? Schwierige Fragen, deren Ausweg eine besonders faszinierende, vielversprechende Instanz anzubahnen schien: Die Evolutionstheorie und, über sie hinaus, ihre Fakten.

Dieser Rückgriff leitete eine neue Frage ein: Inwiefern wirken im Menschen Evolutionsfolgen fort, können sie Richtlinien für ein neues Verständnis seines Wesens und seiner Erkenntnis zeigen? Und eine Hypothese: Der Mensch ist aus einer sieben Millionen Jahre langen Geschichte hervorgegangen; man kann ihn nur evolutionär verstehen; seine objektive Erkenntnis ist nur möglich, weil die Evolution seiner zerebralen Bedingungen zur Evolutionsentwicklung der Welt angehört; sie hat sich mit ihr entwickelt.[3] Es ging einfach darum, *homo sapiens* ernst zu nehmen, nicht das bloße *animal rationale* (auch nicht den *homo animalis*) aus der metaphysischen (oder der rohen wissenschaftlichen) Tradition.

Die Veröffentlichungen seit etwa 1998, dem Jahr, als er den Lehrstuhl „Theoretische Philosophie" in Jena übernahm, deuten darauf hin, dass Prof. Welsch weniger auf theoretische Auswege aus seiner philosophischen Begriffswelt zurückgreift, sondern eher auf genetische bzw. genetische, in jedem Fall evolutionäre,[4] keineswegs aber spekulativ-evolutionistische oder essentialistische Auswege wie jene, die er 2007 Tomasello vorwirft. „Allein genetische Befunde und Überlegungen vermöchten aus der Sackgasse herauszuführen."[5] Es sind, darauf sei hier bestanden, Auswege aus der Sackgasse von Moderne und Postmoderne, dem modernen Anthropozentrismus und dem verwirrenden Spektrum transkultureller, postmoderner Spaltungen, von Differenzen, Indifferenzen, Schwächen, Rhizomen, Selbstlegitimierungen, Erzählungen, Spielen usw., die Welsch in seiner „Transversalen Vernunft" meisterhaft umrissen hat; Auswege oder Undoings also nicht nur aus der Vernunft, sondern auch, wie man sehen wird, aus der Sinnlichkeit selbst, die auch die Ästhetik aus alten kulturellen Fesseln lösen und ihr eine neue Zukunftsrichtung geben könnte.[6] Diese Auswege aus „Sackgassen" oder Befreiun-

---

[3] Dies waren Fragen und Ziele der Forschungsgruppe „Interdisziplinäre Anthropologie: Fortwirken der Evolution im Menschen – Humanspezifik – Objektivitätschancen der Erkenntnis" (EHO) (vom BMBF gefördert), die Prof. Welsch darstellte und von 2006 bis 2009 leitete, deren Ergebnisse im Frühling 2011 veröffentlicht worden sind. Vgl. Wolfgang Welsch, Wolf Singer, André Wunder (Hrsg.), *Interdisciplinary Anthropology. Continuing Evolution of Man*, Berlin, Heidelberg 2011.

[4] Ein entscheidendes Moment für diesen evolutionstheoretischen Schritt ist anscheinend durch seinen Aufenthalt in Standfort im Jahr 2000 und seine geistigen Erlebnisse bei seinen vormals einsamen Spaziergängen durch die Pazifik-Strände geprägt worden. Angesichts des Nachsinnens über Meer, Fische, Vögel, die unaufhörliche Bewegung, vitale Klangfülle – quasi mystisch – gewann der Gedanke die Oberhand: „Wir sind alle zusammengewachsen." Vgl.: „Reflecting the Pacific Ocean". http://www2.uni-jena.de/welsch/.

[5] M3 10; *DzPhil.* 55, 5, S. 758.

[6] Da hier nicht weiter darauf eingegangen wird, sei trotzdem zumindest Folgendes vermerkt: In einem auf dem *XVI. International Congress of Aesthetics* (Rio de Janeiro, Juli 2004) vorgelegten, im Prinzip auf Darwin beruhenden *Paper* mit dem Titel „Animal Aesthetics" (auf seiner Homepage: http://www2.uni-jena.de/welsch/), beharrt Welsch auf dem seit einigen Jahren bereits ankündigten „turn to transhuman aesthetics". Wenn das Menschliche heute generell nur in einem breiteren als dem menschlichen Kontext verstanden werden kann, dann gilt das auch für die Ästhetik, d. h. für die menschliche Sinnlichkeit als Basis dieser Sinneslehre. Wie aber das? „Indem z. B. unserer Lage um die kosmische und natürliche Umwelt oder unserer hauptsächlichen Konnektivität mit der Welt bzw. den nicht-menschlichen Schichten Rechnung getragen wird", schreibt er in Bezug auf einen seiner Artikel, der vor vier Jahren erschien (Art Transcending the Human Pale – Towards a Transhuman Stance, 2001, 1, vgl. S. 18). Nicht beispielsweise die hochvornehme Ästhetik eines Picassos, wohl aber „die ästhetische Haltung als solche" ist im Tierreich entstanden, die die kulturelle Evolution in uns weiter veredelt hat. Die ursprüngliche Basis der Ästhetik geht also weit über das klassische Griechenland hinaus, aber sie macht sozusagen ihrer griechischen Etymologie alle Ehre: Die Empfindung (elementare Eigenschaft der Tiere – empfindende im Unterschied zu den rationalen Wesen), d. h. die tierische Sinnlichkeit und der Grundgenuss, den sie hervorbringt, sind die Elementarbedingung des Geschmacks und ästhetischen Urteils, des emotionalen und geistigen

gen aus „Gummizellen" sind Ausgänge zu einer neuen „Lichtung" hin – weniger leer als die Heideggersche, viel dynamischer als die in sich gekehrte Erwartung des Seins in ihr: Man bricht zur schillernden Unklarheit der Gene, zur millionenfachen Evolution des Wilden bis zum Menschlichen auf – jede rationalmäßig essentialistische, anthropische und sinnlichkeitsgemäß versüßte Selbstzufriedenheit überwindend.

Ließe sich Wolfgang Welschs Denkentwicklung so (a grosso modo) zusammenfassen? So stelle ich sie mir wenigstens vor ... Seit seinem *evolutional turn*, ungefähr seit 2000, hat Welsch noch wenig zum Thema publiziert. Aber das wird sich bald massiv ändern. Als Prof. Welsch in Madrid war, befasste ich mich, dem späten Wittgenstein von *Über Gewissheit* auf der Spur, mit dem Begriff des „Tierischen". Sowohl die Kritik des modernen Denkens als Anthropie, dessen Ursprung er im ersten Vortrag analysierte, als auch die „Andeutungen" über den Evolutionismus, dem er sich merkwürdigerweise erst am Ende des zweiten Vortrags (über den nicht überwundenen Humanismus Heideggers) zuwandte, waren mir sehr nahe. Diese Nähe ist übrigens die beste Voraussetzung, jemanden zu verstehen. Ich hoffe, bisher verstanden zu haben und weiterhin zu verstehen.

1.   Das Menschliche. Welschs Weg zum Humanproprium

Die Themen, die eine solche, selbst wenn nur imaginierte, geistige Entwicklung aufwirft, sind nicht nur höchst interessant und aktuell, sondern auch äußerst dringend, um überhaupt über Philosophie (oder auch nicht) weiter nachdenken zu können. Ob die Moderne mit ihrem Humanismus übertrieben habe oder nicht. Die Frage jedenfalls „Was ist der Mensch?" bleibt philosophisch (und selbstverständlich auch nicht nur in der Philosophie) fundamental. Von ihr ist weiterhin alles abhängig. Aber sie kann nicht mehr zirkulär (aus

---

ästhetischen Vermögens. Klar ist es nun, dass aus einer evolutionären Perspektive der Hedonismus die Grundlage der Ästhetik ist. Die vorästhetische Analyse der Genussevolution und die Verortung ihrer neuronalen Basis können uns daher eine bessere, d. h eine genealogische und genetische Erkenntnis der ästhetischen Konstitution geben (vgl. S. 15).In diesem Sinne geht Welsch auf diese Konstitution Jahre später ein. Siehe: „Von der universellen Schätzung des Schönen" (In: Melanie Sachs & Sabine Sender (Hrsg.): *Die Permanenz des Ästhetischen*, Wiesbaden: Verlag für Sozialwissenschaft 2009, 93-119). Ihm geht es strenggenommen um eine „neuronale Grammatik" der Schönheit und Universalität ihrer Erfahrung und damit um ihre Erklärbarkeit. Er stellt die neuronale Basis allgemeiner Standards von Ästhetik und Universaltypen ihrer Erfahrungen dar: Bei Landschaften bzw. Körpern oder bei Erfahrungen großer, beeindruckender Schönheit (z. B.: Taj Mahal, Mona Lisa, Neunte Symphonie Beethovens). Jede dieser ästhetischen Erfahrungen (und Präferenzen) weist eine typische zerebrale Basis auf, die in Abhängigkeit von der Permanenz der entsprechenden genetischen Ausstattung steht. Es sind in der Phylogenese konfigurierte und selektierte Erfahrungen. In jedem Fall müsste (in strengem oder weniger strengem Sinne) nun die allgemeine Grundthese der Neuroästhetik gelten: Schönheit ist eigentlich *brain-happiness*. Welsch schreibt dazu: „Sie könnte trivial erscheinen – ist es aber nicht. Man überlege nur einmal, wie anders man Kunstausstellungen und Museen nutzen wird, wenn man dieser These vertraut. Man wird sie nicht mehr als Andachtstempel ansehen oder als Sonntagnachmittagspflicht aufsuchen, sondern man wird sie als Trainings- und Fitnesszentren für das Gehirn nutzen: zum Zweck des Besetzungsumbaus, zur Erzeugung neuer Verbindungen, für Integralerregungen. Oder einem Sonatensatz wird man nicht mehr als historische Kuriosität nachforschen, sondern man wird ihn auf das hin abhören, was er mit unserem Gehirn macht ..." (S. 110-111).

dem Denkzirkel führen die Fakten heraus), sondern in evolutionärer Linie gestellt werden. Statt metaphysischer Fragen stehen heutzutage Fakten zur Verfügung, mit deren Hilfe nunmehr sinnvoll begonnen werden kann, diese Frage zu stellen. Die Suche nach dem Charakteristischen, Bestimmenden, Besonderen, Wesentlichen, dem Spezifischen oder Eigentümlichen des Menschen ist also eine grundlegende Aufgabe. Die Aufgabe, die sich Welsch vorgenommen hat.

a.   Anthropische Einkapselung

Welsch geht davon aus, dass die Moderne doch übertrieben hat. Wie gesagt: Ihr Prinzip ist das, was er das „anthropische Axiom" nennt (formuliert von Diderot 1755 in der *Encyclopédie* und von Kant in der *Kritik der reinen Vernunft* 1781 erkenntnistheoretisch legitimiert[7]). Kant kommentierend, zeigt er das auszufechtende Ziel in aller Deutlichkeit: „All unsere Gegenstände sind grundlegend durch die apriorischen Formen des menschlichen Erkennens (Anschauungsformen und Kategorien) bestimmt. Daher können wir in unserer Erfahrung nur menschlich geprägten Gegenständen begegnen und darüber hinaus auch andere Gegenstände (Ding an sich, Gott, etc.) nur menschlich gefärbt imaginieren. ‚Wir können nicht anders als zu antropomorphisieren' – ‚Wir machen alles selbst'. – Die Welt ist eine menschliche und darin eine geschlossene Welt. Der Mensch bildet das Maß der Welt" (M1, 1). Seltsam, dass jenen modernen Denkern, trotz ihrer revolutionären Illusionen, die damit verbundene Einkapselung nicht auffiel, überdies noch mehr, dass ihre Nachfolger dessen unbewusst (wenn nicht doch bewusst und selbstzufrieden) geblieben bzw. ihrer Anmaßung (obgleich der unglückliche Mensch vom Leben und einem ungewollten Schicksal trotz seiner flüchtigen transzendentalen Epistemologie gelenkt wird) nicht satt geworden sind. Das Leben setzt die Begriffe, sagte Wittgenstein (Es ist die Welt, die sie setzt, könnte man heute in evolutionärer Hinsicht sagen); oder sie werden von der Macht, der Ideologie, der Mode u. v. m. gesetzt. Dies ist völlig evident, obgleich die modernen *lumiéres* fortan der Verblendung anheimfielen, hinter all dem nichts weiter als ein transzendentales Subjekt zu sehen. Dass die Welt meine Welt ist, ist offensichtlich; aber ebenso auch, dass die Welt nicht meine ist.

Freilich, seit der Aufklärung hat sich das moderne Denken entschieden in sich selbst geschlossen, darin, dass es nichts geben könne, was nicht von Denken bzw. Sinnlichkeit,

---

[7] deren Versionen Welsch im M1 anhand ihrer Hauptvertreter bis in die Gegenwart hinein durchgeht: Feuerbach, der Historismus, Nietzsche, die heutigen Human- und Kulturwissenschaften und die analytische Philosophie. Dabei sieht er, wie es sogar seinen Kritikern nicht gelingt, diesem Zirkel zu entgehen: Frege, Russell, Husserl, Foucault, Heidegger, dessen Fall er äußerst detailliert im M2 darlegt. Welsch gelingt es – eher alles andeutend –, diese Einkapselung schnell zu einem derartigen Spannungsextrem zu führen, in dem die sogar übernommene Selbstzufriedenheit grotesk und er selbst wegen seiner eigenen Trivialität und Inkonsistenz aufgelöst wird. Diderots Formulierung freilich (expliziter Ursprung des Ganzen), die programmatisch den modernen Anthropozentrismus definiert und sich von anderen, vorherigen Versionen unterscheidet, lautet: „L'homme est le terme unique d'où il faut partir, & auquel il faut tout ramener" (Vgl. M1, S. 3). Als „perfekte epistemologische Legitimation" seiner selbst zitiert er den Abschnitt B XVI des Vorworts der *Kritik der reinen Vernunft* (Ausgabe 1787). Vgl. M1, S. 6.

von der transzendentalen Logik bzw. Ästhetik des Menschen, bedingt sei. Niemand ent-
fliehe diesem Axiom, nicht einmal jene, die es nicht akzeptieren, schreibt Welsch und,
wie schon angemerkt, bezieht sich damit auf Nietzsche, Frege, Husserl oder Foucault,
aber insbesondere auf Heidegger, dem er seinen ganzen zweiten Vortrag in Madrid (M2)
widmet. Diese Einkapselung in der anthropischen Denkform ist demnach verarmend,
lähmt sogar das Denken. Darauf sei mit Welsch beharrt. Der *Anthropos* ist der Antwort-
joker auf alles.

b.   Evolutionärer Ausweg

Dennoch: man könne dieser verarmenden modernen Einkapselung doch entgehen.
Welsch geht radikal davon aus, dass die anthropische Annahme, wonach „wir nur eine
Welt aufbauen, aber sie nicht erkennen können", völlig falsch ist. Warum falsch? Aus
Gründen ihrer Inkonsistenz: Sie sei aus einer unmöglichen, ungebundenen Perspektive
formuliert, weil sie die Zugangs- mit den Geltungsbedingungen verwechselt: Einen
kognitiven Zugang zu etwas zu haben, bedeutet nicht unbedingt, dass man es wirklich
bedinge. Sie ist aber auch falsch, weil die Immunität, gar die Selbstzufriedenheit,
die die Moderne gegenüber der Grundinkongruenz ihres Denkens an den Tag legt
(die ihr übrigens nicht wichtig zu sein scheint) nicht rationalitätssymptomatisch,
sondern ideologieverdächtig ist. Folgendes ist aber, kaum verwunderlich, was Welsch
am meisten zu stören scheint: Egal was man kritisch dagegen (sei es Inkonsistenz,
Verwechselung oder ideologisches Sektierertum) sagt: Es zeigt keinerlei Wirkung, wird
von den modernen Denkern einfach ignoriert. Der Kerker scheint ihnen eine sichere
Zuflucht zu sein.

Angesichts dessen versucht Welsch zuerst, den Ursprung (seit Diderot) der Hartnäckigkeit dieser Denkform zu verdeutlichen und entwirft danach ihre Kritik und
Überwindung. Das tat er in Madrid 2004. Hier sei nur die Genese der Geschichte
dieser Hartnäckigkeit vorausgesetzt, die man in M1 zurückverfolgen kann. Wie entwarf
oder „suggerierte" Welsch aber in Madrid seinen darauffolgenden Weg zu einem
vom anthropozentrisch verschlossenen sich unterscheidenden Weltbild? Unter zwei
programmatischen Kriterien: Dieses Menschenbild müsse erstens die Evolution und
ihr Fortwirken auf uns berücksichtigen, um retrospektiv die gesamte Seinsgeschichte
(nicht nur eine textuelle Episode, wie bei Heidegger) ins Auge zu fassen. Es habe
zweitens zu beachten, dass die Evolutionsmaßstäbe, mit denen wir uns auf die Welt
beziehen, aus ihr heraus und in Interaktion mit ihr entstanden sind, dass sie a priori
ihren Grundstrukturen angepasst sind, im Apriori bereits die Welt eingeschrieben
ist bzw. die Arbeitsweise unseres Hirns, wie neurobiologische Erkenntnisse zeigen,
prinzipiell in Korrespondenz mit diesen Strukturen stehe. All dies (nur verschiedene
Seiten der gleichen Frage) setze Veränderungen des Menschenbildes voraus, mithin der
Objektivitätsbedingungen seines Erkennens bzw. der Ich/Welt-Relation. Daraus folge

generell: die anthropische Konzeption verschwindet neben ihrer unberücksichtigten Selbstzufriedenheit.[8]

Was in Madrid nur eine „Andeutung" war, wurde und wird immer mehr zu fassbarer Realität. Im September 2007 unterzieht Welsch Michael Tomasello einer sowohl überaus deutlichen wie auch respektvollen Kritik,[9] bei der auch sein eigener Standpunkt deutlich zutage tritt. Tomasellos fortschreitende Wendungen (schnell gesagt: von individueller zu geteilter und zu kollektiver Intentionalität), erzwungen durch die neuen Entdeckungen bei der Erkennung des Humanspezifikums, und sein endgültiges Scheitern, dieses zu verorten, stimmen Welsch nachdenklich, führen dann aber zur Festigung des eigenen Weges. Lässt sich aber dieses Humanspezifikum tatsächlich erfassen? Oder wird (wie bei Tomasello) die Suche nach dem Humanproprium und dem Ausweg aus dem anthropischen Denken durch eine Neubestimmung des Menschlichen nicht weiterhin eine absurde Aufgabe? (Vielleicht könnte das Menschliche bestimmt werden durch das Menschlich-Werden selbst...). Es kann aber auch sein, dass dieser ins Unendliche zu führen drohende Prozess die Folge einer falsch formulierten Perspektive sei und daher eine völlig neue eingenommen werden müsse.

Die These, nach der es ein (einziges) Humanspezifikum gibt, worauf sich Tomasellos ganze Arbeit stützt, scheint also irreführend zu sein. Bei einem Wissenschaftler seines Formats ist jedenfalls verwunderlich, wie er sich überwundenen Positionen des Essentialismus nähert, wonach es darum gehe, das Menschliche nach einer Sonderfähigkeit (Verstand, Sprache) zu differenzieren. Seine Natur beruht überdies nicht, wie Tomasello es glaubt, auf einer einzigen biologischen Anpassung, auf einer quasi aus dem Himmel gefallenen Anpassung als einer *Ursache* oder einer *qualitas occulta*. Im Licht neuerer Fakten scheint es unerlässlich, auf Gradualität zu setzen. Es gilt zu verstehen, wie aus einer gegebenen Struktur eine neue hervorgegangen ist. Tomasellos Erklärung ist eben nicht deswegen wirklich evolutionistisch, weil sie an faktischen Konstatierungen der Unterschiede zum Tierreich festhält. Seltsam ist jedenfalls in dem Zusammenhang Folgendes: Er lässt außer Acht, dass die Ursprünge unserer Kognition und unseres kulturellen Wesens selbst nicht kulturell sind und damit das Humanproprium bei der protokulturellen Evolution gesucht bzw. daraus erklärt werden muss. Es genügt also nicht nur, die Unterschiede zum Tier festzustellen. Sie müssen evolutionär erklärt werden. „Kulturell agieren wir ein protokulturell entstandenes Potential aus", schreibt Welsch.[10]

Dennoch, selbst nach diesen kritischen Betrachtungen wird nicht deutlich, was der Mensch ist: Etwas, das im Laufe der Evolution zu einem, wie es ist, besonderen Wesen wurde? Da liegt man zwar richtig, sagt man aber noch zu wenig. Es wäre zu wünschen, so Welsch, die psychologisch-faktisch ausgerichteten Untersuchungen Tomasellos mit genuin evolutionistischen Erklärungen zu verbinden. Erst dann würde sich auch der

---

[8] Vgl. nach dem bisher Gesagten, nunmehr in diesem Absatz: M1, passim und M2, 22 S. Im Folgenden: die Manuskripte 3 und 4.

[9] Eine Kritik vor allem an seinem Werk *The Cultural Origins of Human Cognition*, Harvard 1999. (*Die kulturelle Entwicklung des menschlichen Denkens. Zur Evolution der Kognition*, Frankfurt a. M. 2002.) (*Los orígenes culturales de la cognición humana*, Buenos Aires 2007). Vgl. auch Tomasello et al in diesem Band.

[10] M3, 10; *DZPhil* 55, 758.

falsche Anschein beheben lassen, dem Menschen eine essentialistische Einzigartigkeit zuordnen zu wollen, der Tomasellos Ausführungen anhafte. „Dann würde endlich begreifbar, wie der Mensch im *Zug der Evolution* zu dem besonderen Wesen geworden ist, als das wir leben."[11]

(Die kumulative kulturelle Evolution als *Proprium* des Menschen)

Mit dieser Perspektive geht Welsch in seinem Bamberger Vortrag vom August 2010 seinen Weg zur Erfassung der Eigenart des Menschen weiter. Erstens zeigt er deutlich den Widersinn des Essentialismus in seinem umfangreichsten Beispiel: dem der Rationalität, die seit der Antike das meistens zur Hilfe gerufene Unterscheidungsmerkmal als *animal rationale* war. Nach heutigen Entdeckungen gilt es als sicher, dass diese Rationalitätselemente (Begriffsbildung, Rechnung, Abwägen) nicht exklusiv menschlich sind. Unsere Rationalität stellt nur eine weitere Entwicklung tierischer Rationalität dar: „Nichts von dem, was wir beim Menschen finden, ist eine *absolute* Novität, die mit der Ankunft des Menschen plötzlich vom Himmel gefallen wäre, sondern es handelt sich bei alledem um Weiterentwicklungen von *prähuman* schon *Hervorgebildetem*" (M4, 2). Deswegen sind wir aber nicht *nur* Tiere oder Primaten. Mit unseren kulturellen *Leistungen* unterscheiden wir uns klar von anderen Lebewesen. „Der Generalnenner dieser den Menschen unterscheidenden Leistungen lautet ‚Kultur'. Der Mensch ist das Kulturwesen par excellence – und eben dadurch von den anderen Lebewesen unterschieden" (ebd.). (Ein erster Schritt zum *Proprium* des Menschen: das Kulturwesen par excellence).

Obgleich im Tierreich freilich Kultur vorkommt (staatliche Bildungen, ausgeklügelte Kommunikationsformen, Verwendung bzw. Erfindung von Werkzeugen usw., Kulturtechniken im Allgemeinen), fehlt ihm jene „kumulative kulturelle Entwicklung", die dem Menschen zu dieser, so deutlich von seinen lebenden Mitwesen unterscheidenden, gigantischen kulturellen Evolution geführt hat. Wir sind also Sonderwesen. Dennoch: es will nicht gelingen, einen exklusiv menschlich unterscheidbaren Faktor zu finden. Vielleicht sind wir auf dem Holzweg. Angesichts von Kontinuitätsfaktoren, die weiterhin entdeckt werden, stellt sich die Aufgabe freilich anders als eine essentialistische dar, nämlich „(…) eine neuartige Erklärung der menschlichen Besonderheit zu finden, die nicht auf einen Sonderfaktor setzt, der beim Menschen irgendwoher hinzugekommen wäre, sondern die strikt davon ausgeht, dass unseren Vorfahren auf dem Weg der Menschwerdung gar kein anderes Startkapital zur Verfügung stand als das unseren nächsten Verwandten ebenfalls zur Verfügung stehende Kapital." Die spannende Frage lautet dann, „wie dieses prähumane Startkapital beim Menschen im Verlauf der Hominisation eine Ausrichtung annehmen konnte, die ihn schließlich zu den eindrucksvollen Leistungen der kulturellen Evolution befähigte" (ebd., S. 2-3).

Zum Beweis durchläuft Welsch, je nach aktuellem Fragestand, die drei Phasen seit der Trennung von Australopithecus und Schimpansen bis zum heutigen Menschen: Vom Hominiden über *homo homo* zum *homo sapiens*, um nur die wichtigsten und eindrucksvollsten Evolutionsschritte hervorzuheben. Eine sieben Millionen Jahre lange Geschichte: etwa viereinhalb Millionen die Phase der Hominisation, zweieinhalb Millionen die protokulturelle Phase und 40.000 Jahre die Kulturphase. Wir sind sehr alt. Natürlich ereignete sich die Epiphanie der *ratio universalis* nicht im klassischen Griechenland und

---

[11] Ebd.

weniger, wie es manchmal scheint, durch göttliche Besessenheit oder durch das Wirken des philosophischen *Daimon*. Selbst die jüngste kulturelle Evolution, das Aufkommen der Hochkulturen, ereignete sich vor 6.000 Jahren: eine evolutionär nicht wirklich relevante Zeitspanne, für die allgemeine Denkgeschichte allerdings bedeutsam.

Bis vor 40.000 Jahren lässt sich nichts finden, was Mensch und Tier voneinander unterscheidet. Nicht einmal das früher gebildete Gehirn unterscheidet uns von den Tieren, ist also ein Humanspezifikum. Einstein verfasste tatsächlich die Relativitätstheorie mit einem Hirn aus der Steinzeit. Seitdem werden die kulturellen Leistungen des Menschen in einer Weise und Geschwindigkeit akkumuliert, dass er damit seinen biologischen Verwandten weit hinter sich lässt. (Dabei entwickelt sich das Gehirn nicht mehr biologisch). Will man relevante (kulturelle) Unterschiede zum Tier herausfinden, dann ist es notwendig, auf diese dritte Phase zurückzugreifen, in der, wie bisher bezeichnet, dieses „Kulturwesen par excellence", der Mensch, vorherrschte: Ein Kulturwesen schlechthin und ein schlechthin akkumulierendes Kulturwesen. – Das eine und das andere sind freilich im steten Werden begriffen.

Zur Entwicklung dieser fortschreitenden, kumulativ-kulturellen Entwicklung bedarf es gewisser Mechanismen, die nur dem Menschen eigen sind. Das sind schnelle, präzise, effiziente Bildungs- und Lernmechanismen, die das Gleichgewicht zwischen Identität und Differenz, Tradition und Innovation im evolutionären Ganzen einer Kultur zu gewährleisten imstande sind, nämlich: menschliches Nachahmungs-, Variations- und Innovationsvermögen bzw. die Fähigkeit, kulturelles Werden zu lebendigen und fortdauernden Institutionen festzubinden. Sehr interessant ist die Referenz auf die Schrift als das am meisten übliche der „Wildwuchs-Stornierungssysteme" (M4, S. 12). Die Institution der Schrift gewährleistet einerseits die Genauigkeit der Kopie, die identische Reproduktion, d. h. die Identität. Sie bildet andererseits das Substrat des Sinns. In ihr verselbständigt sich der Sinn von der Schrift. Und mit dem Sinn, dem Tor der Hermeneutik, kommt die Mannigfaltigkeit bzw. die Differenz hinzu: Aus einem gleichen Text können völlig verschiedene Sinnzusammenhänge erschlossen werden. Sofern in der Differenz die kulturelle Identität aus sich heraus überschritten wird, bildet der Sinn das Kernprodukt einer Kultur. Jede Kultur ist im Grunde Hermeneutik.

In der humankulturellen Identitäts- und Differenzdialektik kommt indes ein weiteres Signum auf dem Weg zum Menschlichen hinzu: Die Allgemeinheit ist der letzte Schritt zur Besonderheit des Menschen. Der Mensch ist Generalist, so Welsch, abstraktionsfähig, besitzt das Vermögen, sich universell zu verständigen, ohne sich auf relevante Aspekte der Lebenswelt beschränken zu müssen. Das Menschengehirn hat sich zu einem generellen Anpassungsapparat, zu einer „generelle(n) Problemlösungsmaschine" gewandelt, so Welsch. Das Charakteristische des Menschen besteht also nicht nur in der fortschreitenden Entwicklung konkreter Fähigkeiten, sondern vor allem darin, sie stets generell umorientieren zu können. Die prähumanen Fähigkeiten haben sich menschlich von ihrer Bindung zur Ausganssphäre gelöst und darüber hinaus ausgebreitet. „Menschen sind Primaten, die sich zu Generalisten entwickelt haben" (M4, 13).

Die Generalität ist insofern der letzte Schritt auf dem Weg zur Eigenart des Menschen, da sie den grundlegend erfinderischen Motor der Akkumulation darstellt: Sofern sie Problemlösungsüberschreitungen eines Referenzsystems auf andere sowie neue Kombinationen von Verfahrensmaßstäben ermöglicht, löst sie Kreativität und

Fortschritt, Paradigmenwechsel aus: „So fußt der kumulative Charakter der kulturellen Evolution insgesamt auf der humanspezifischen Generalitätstendenz / Flexibilität und der aus ihr erwachsenden Tendenz zum Überschreiten des Status quo" (ebd., S. 14). Dies ist Welschs endgültiger Schritt hin zum Humanproprium, der innerhalb des Gleichgewichts von Identität und Differenz, Tradition und Innovation deutlich in diesen Rahmen eingebettet wird: kumulativ-kulturelle Flexibilität, Innovationsvermögen in der Verallgemeinerung in der kulturellen Akkumulation. In diesem Sinne stellt die kumulativ-kulturelle Evolution letztendlich das Humanproprium dar.

Eine *kumulativ*-kulturelle Entwicklung – in all den bisher gesehenen Bedeutungen – und daher eine echte kulturelle *Evolution*, sowohl innerhalb des „Gangs" wie auch des „Übergangs" einer Kultur, kommt nur beim Menschen vor – diesem eminenten Kulturwesen. „Eine auch nur annähernd vergleichbare kumulative Entwicklung ist nirgendwo im sonstigen Tierreich – auch nicht bei unseren nächsten Verwandten – festzustellen. / zu finden" (ebd.). Welsch schließt seinen Bamberger Vortrag brillant ab, den ich hier nahezu wiederholt habe,[12] indem er sich auf Darwin (den Letzten, der für alles verantwortlich ist) im 200. Jahr seiner Geburt bezieht. Darwins Beweis nämlich, dass der Mensch aus dem Tierreich stammt, stelle keineswegs eine Kränkung der *conditio humana* dar, wie etwa Freud (oder vielleicht Heidegger) dachten. Ganz im Gegenteil. „Die evolutionäre Betrachtung zeigt: Die Menschen sind sehr besondere Wesen, weil nur bei ihnen aus dem gemeinsamen prähumanen Erbe etwas so Besonderes geworden ist; und sie haben in gewissem Sinne diese ihre Menschwerdung selber betrieben. Ein solches Wesen aber, das aus so bescheidenen Anfängen so besonders geworden ist, muss man doch wohl mehr bewundern, als eines, das nur aufgrund einer fremden Gabe und ohne eigenes Zutun eine Besonderheit aufweist. Die evolutionäre Betrachtung fügt uns und unserem Selbstbewusstsein gerade keine Kränkung zu, sondern kann, ganz im Gegenteil, eher Anlass zur Bewunderung bieten" (ebd., S. 15).

Das Menschliche: *kumulativ-kulturelle Flexibilität des Kulturwesens par excellence*. Und das Tierische?

2. Das Tierische. Das Mystische beim späten Wittgenstein

Nirgends in den von mir kommentierten Seiten zieht Welsch die metaphysischen Delirien explizit in Betracht, die ein selbstbezügliches, generalisierendes Hirn, mithin seine spekulative Flexibilität, erzeugen konnte. Auch nicht die Spannung, in der ein Mensch geistig bei ernsthafter Nutzung dieses übermäßigen selbstreferentiellen Vermögens nach innen lebt (10 Millionen Mal höher als die Referenz nach außen). Beide gehören auch zur Kultur und zur Erfahrung ihrer Hervorbringung, also zur kulturellen Evolution menschlicher Vernunft bzw. Sinnlichkeit. Das Tierische stellt hingegen Gemessenheit und Frieden dar. Das heißt: Die (imaginäre) Retroevolution des

---

[12] Ich hoffe, dass das Interesse für M4 und die Tatsache, dass es noch nicht veröffentlicht ist, den direkten und sogar buchstäblichen Bezug meines Kommentars entschuldigt, der gerade aus diesem Grund nicht interpretierend oder kritisch, sondern einfach deskriptiv sein wollte. Später wird es anders.

Menschen auf prähumane bzw. protokulturelle, sogar hominide (man muss einen Fächer von 7 Millionen Jahren aufmachen) Stadien oder die (faktische), wie auch immer latent bestehende, aktive Permanenz von Spuren prähumaner Etappen im Menschen können spekulative Begeisterungen auflösen und Denkfrieden verschaffen. Man nehme all dies ohne Übertreibung oder Schwülstigkeit. Es ist – selbstverständlich in menschlichem Sinne – sicher möglich, sich den Zustand der prähumanen, protorationalen Beschaffenheit (die evolutionär gesehen wir vor länger als 40.000 Jahren genossen) vorzustellen. Tatsache ist, dass das dem Denken Frieden gibt. Der schlagkräftigste Beweis ist – ohne Rückgriff auf Evolutionsfakten allerdings – Wittgenstein.

Darin würde ich, ausgehend von der von mir beschriebenen geistigen Welt Welschs, die wenigen, aber eindrucksvollen Bezüge des späten Wittgenstein auf das Tierische (oder auf das Kindliche) in *Über Gewissheit* einbetten. Es ist jedenfalls schwer, eine ernstere, tiefere und zugleich respektvollere Betrachtung des Tierischen (noch einmal nachdrücklich: aus der menschlichen Perspektive heraus) zu finden. Diese ernste und nüchterne Betrachtung Wittgensteins (die letzte Wissensgewissheit sei etwas, was jenseits des Begründeten und Unbegründeten liegt und insofern als „etwas Animalisches"[13] aufgefasst werden kann) hat explizit nichts mit der Evolution zu tun. Wittgenstein war kein Evolutionist. Man weiß, dass ihn nicht wissenschaftliche, sondern konzeptuelle und ästhetische Fragen begeisterten. In dem Sinne schätzte er Darwin (den er neben Kopernikus nennt) als einen Großen ein. Er sagt, beide hätten keine wahre Theorie entdeckt (etwas Absurdes), sondern einen neuen fruchtbaren Aspekt zur Betrachtung der Dinge (nach Wittgenstein das Höchste, was rational erreicht werden konnte). Er war jedenfalls der Ansicht, Darwins Entdeckung habe keinen besonderen Einfluss auf die Philosophie gehabt.[14]

Warum jetzt Wittgenstein (und auch Heidegger)? Wie gesagt: In seinem zweiten Madrid-Vortrag von 2004 (M2) zeigte Prof. Welsch Heideggers ebenso poetische wie auch flüchtige Betrachtung des Menschen, in der eine Geringschätzung des Tierischen durch einen auf das Sein ausgerichteten, den Anthropismus nicht überwundenen Humanismus zum Ausdruck kommt. Beim Zuhören dachte ich gleichzeitig an die ungleiche Option Wittgensteins, die ich nach so langer Zeit (erst im November 2010 und gerade in Jena, nochmals aus der Perspektive Welschs bzw. im Dialog mit seinem Standpunkt) darlegen konnte. Daher kommen Wittgenstein und Heidegger zum Vorschein, die auf jeden Fall größten Philosophen nach Nietzsche oder, man könnte sogar sagen, die größten (eher destruktiven als evolutionären) postnietzscheanischen Philosophen waren. Der Ausweg bzw. das Entrinnen aus der anthropischen Einkapselung lag für keinen der beiden in der Evolution selbst: Heideggers Bezug war das Ontologische (in dem Fall eine reduzierte Geschichte des Seins, wie gesagt), Wittgensteins das Tierische (ohne Geschichte). (Welsch hat das Erste in M2 untersucht, ich werde mich im Folgenden dem Zweiten zuwenden). Von diesem Standpunkt aus könnte man diese bloß rhetorische, propädeutische

---

[13] Vgl. ÜG 357-359 (*Über Gewissheit*), zitiert nach Paragraphen. VB (*Vermischte Bemerkungen*, Frankfurt a. M. 1977), zitiert nach Seiten dieser Ausgabe. TR (*Tractatus logico-philosophicus*), zitiert nach der Nummerierung der Sätze. PU I (*Philosophische Untersuchungen*, I. Teil), zitiert nach Paragraphen. TB (*Tagebücher 1914–1916*), zitiert nach dem Datum des Geschriebenen.

[14] Vgl. VB 42, TR 4. 1122.

Frage stellten, d. h. eine Frage, die keine theoretische Antwort erwartet, da es keine gibt. Sie würde lediglich versuchen, aus einem anderen Aspekt das bisher Geschriebene (oder mit all dem bisher Geschriebenen aus einem anderen Aspekt Wittgensteins Vorstellung des Tierischen) zu sehen: Steht das Humanproprium auf Heideggers „Seins"-Linie oder im Bezug zum Tierischen Wittgensteins? Zunächst der Kontext der Frage: 1. Heidegger entging der anthropischen Einkapselung nicht, Wittgenstein aber ja; 2. Der evolutionäre Standpunkt ist mit Heidegger inkompatibel, aber nicht mit Wittgenstein. So die Markierung des Weges. Zuerst ein kurzer Rückgriff auf Welschs „Madrider" Heidegger.

a.   Heidegger

Heidegger würde von vornherein den evolutionistischen Standpunkt als vorphilosophisch ablehnen. Ihm war unsere „kaum auszudenkende abgründige leibliche Verwandtschaft mit dem Tier" einfach irritierend. Damit wollte er uns im Glauben lassen, dass das Wesen des Göttlichen dem Menschen näher als das Fremde der Tiere sei. „Das ist nur noch schlecht weltanschaulicher (nicht einmal mehr philosophisch zu nennender) Unsinn", so Welsch. Gegenüber dieser verhassten Verwandtschaft mit dem Tier erhebt Heidegger den Anspruch, Menschliches durch den Bezug zum Sein zu erklären. Aber damit entgeht er dem Anthropismus durchaus nicht: Durch den Bezug zum vermeintlich innersten Wesen des Menschlichen gelingt es lediglich, es zu ontologisieren, d. h. es und damit den Anthropozentrismus metaphysisch zu überspannen. Man weiß definitiv nicht, ob der Mensch das Sein oder das Sein der Mensch ist: Das Sein konstituiert das menschliche Denken, aber das Sein denkt nichts ohne dieses menschliche Denken; der Bezug zum Sein konstituiert das Wesen des Menschen, aber das Sein hat keinen anderen Bezug als diesen selbst usw. Heidegger entgeht dem humanoiden Zirkel nicht bzw. nur unter dem Preis der Vergrabung in ihm selbst, da der wesentliche Bezug zum Sein bereits durch ihn selbst in einer ad hoc-Auffassung des Wesens begründet ist: Als „Ekstase" des Daseins (des Da des Seins) oder „Exzentrizität" des Zentrums (des Menschen). Der Weg aus dem Wesen hört nicht auf, wesentlich zu sein. Und wie auch immer, egal wie exzentrisch dieses Wesen sei, ist diese Exzentrizität ihm eigen und bleibt das Zentrum. Derart ist der Bezug zum Zentrum kein Ausweg, sondern nichts weiter als endloser Bezug.

Heidegger gab seinen Anthropozentrismus zu, aber er bezeichnete ihn – auch ad hoch – als „exzentrisch", wobei er vielleicht ehrlich glaubte, dass er damit etwas zum Ausdruck brachte: eine konzentrische Exzentrizität oder eher umgekehrt. Er blieb so versunken im konzentrischen Strudel der historischen Hermeneutik, in jener Hermeneutik der Gemeinplätze, die er selbst zerstören sollte. Genau das Gegenteil von Wittgenstein. Man ändert den Namen, aber im Kästchen bleibt der Käfer derselbe; oder was dasselbe bleibt, ist das Kästchen, und der Käfer ist der, der sich ändert, was freilich aufs Gleiche hinausläuft. Welsch mag es freilich lieber so: „Er hat das alte Privileg des animal rationale durch das neue des Partners (‚Nachbarn', ‚Hirten') des Seins ersetzt. Der Inhalt hat sich geändert, die Struktur ist geblieben" (M2, 21).

Trotz Bezüge, Exzentrizitäten und Ekstasen, so Welschs Schlussfolgerung, geht Heidegger über den Horizont des Menschlichen nicht hinaus, bleibt sozusagen eingeschlossen in diesem klebrigen Essentialismus der modernen Theorie des Menschlichen. Und in diesem Zirkel – den er „Lichtung" nennt – hinterließ er uns – andächtig – in Erwartung des Seins. (Eine evolutionäre Perspektive würde etwas anderes erwarten, eine andere Art, einen anderen menschlichen Horizont als den essentialistischen).

b. Wittgenstein I

Für den frühen Wittgenstein war das Wesen des Menschen dasselbe wie das der Welt: Die Logik (damals gab es für ihn kein anderes Wesen). Die Welt war die Gesamtheit der Tatsachen bzw. das Subjekt der Gesamtheit der Sätze: Alles reine Logik. Das Apriori waren die logischen Variablen, an sich eine einzige Konstante: die allgemeine Form der Sätze, die aufgrund ihrer sukzessiven Anwendung all die Sprachsätze und damit all die Weltfakten erzeugte. Sie war daher gleichzeitig das Wesen beider (einschließlich auch eine gute Beschreibung Gottes).[15] Die Logik identifizierte essentiell Welt und Sprache wie aus einem Hintergrund prästabilisierter Harmonie: „Wenn ein Gott eine Welt erschafft, worin gewisse Sätze wahr sind, so schafft er damit auch schon eine Welt, in welcher alle ihre Folgesätze stimmen. Und ähnlich könnte er keine Welt schaffen, worin der Satz ‚p' wahr ist, ohne seine sämtlichen Gegenstände zu schaffen" (TR, 5.123). Es ist klar: Den Tatsachen entsprechen die Sätze und den Worten die Dinge. Aufgrund dieser Harmonie oder logischer Wesensidentität zwischen Ich und Welt kann vom Anthropozentrismus beim ersten Wittgenstein nicht die Rede sein. Gegebenenfalls müsste man vom Solipsismus sprechen: Ich bin meine Welt, die Welt ist meine Welt; ein Solipsismus, der freilich, (zu dieser Harmonie oder Identität hin) äußerst zugespitzt, mit dem Realismus übereinstimmen muss.[16]

Für solche Fragen also, ob sich die Erkenntnis nach den Objekten richtet oder umgekehrt, ob das Zentrum das Subjekt oder die Welt ist, gibt es keinen Platz. Einfach gesagt: Es gibt kein Erkenntnissubjekt, und es gibt keine andere Welt als Ich. Welches Ich? Ein solipsistisches Ich, das die Welt ist, aber nichts von dem sein kann, was es in ihr gibt: Es ist kein vorstellendes Subjekt (nichts gibt es vorzustellen, alles bin ich), keine physische Entität (als Körper bin ich nur ein Ding mehr in der Welt), auch nicht eine psychische (die Seele als zusammengesetzte Entität von Vorstellungen z. B. ist ein Absurdum). Es ist ein metaphysisches Subjekt. Was ist es? Ein Ich, das sich darin erschöpft, Grenze der Welt zu sein, das durch Gotteswerk oder per Natura mit der Welt verbunden ist, das aber weder in ihr ist noch zu ihr gehört.[17] Wo ist es? Dies zu fragen gleicht zu fragen, wo die Logik ist. Und wenn „die Logik die Welt erfüllt", so wird das Subjekt als Grenze der Welt auch die Grenze der Logik sein. Eine Logik, die es auch selbst eingrenzt: „Wir können nichts Unlogisches denken, weil wir sonst unlogisch denken müssten" (TR, 3.03). „Dass nicht unlogisch gedacht werden *kann*" (ebd. 5.4731), ist die Einkapselung, eine Verschließung in sich selbst. Zu sagen, dass es aus der Logik keinen Ausweg gibt, ist gleichzeitig zu sagen, dass es aus dem Subjekt keinen Ausweg gibt. Diese Radikalität hat wenig mit Anthropismen zu tun: Ich bin die Grenze meiner Verschließung selbst.

---

[15] TR 5.471, 5.4711; Vgl. 5.4731 und TB 1.8.16.
[16] TR 5.63, 5.64, 5.641.
[17] Vgl. für das bisher Gesagte den Absatz: TR 5.631, 5.632, 5.641.

Wenn das Wesen als reine Logik betrachtet wird, verschwindet nahezu die metaphysische Breite. Das Subjekt ist an dem Ort, welcher es ist: die Grenze der Welt und die der Logik. Innerhalb von ihnen ist das Subjekt nichts – und ebenso nichts außerhalb.

Mit diesem solipsistischen *huis-clos* schrumpft das Ich progressiv zu einem dimensionslosen Punkt zurück, bis es dann verschwindet. Erst dann tritt die mit dem Ich verbundene Realität zutage (TR 5.64). Gibt es keinen anderen Ausweg als in anderer Form zutage zu treten? Das ist kein Ausweg. Man müsste die Grenze des Punktes überschreiten, an dem sich Realität und Subjekt ineinander auflösen. Aber wie? Wie man das immer gemacht hat: durch Rückgriff auf Gott, einen Rückgriff auf die Unendlichkeit. Oder wie man das heute machen kann: Beim Wenden des Blicks auf das Tierische unserer *conditio humana*, auf das Begreifen hin, dass diese Harmonie bzw. logische Verbundenheit zwischen Ich und Welt keineswegs wunderlich ist, denn sie hat sich in der evolutionären Anpassung zur Welt hin generiert. Die Welt ist also irgendwie in ihm, in meinem Hirn, weil mein Hirn (biologisch-adaptativ) Welt ist. Der Solipsismus kann dann anders betrachtet werden: aus der Perspektive dieses evolutionären Momentes, in dem Realität und Subjekt, Welt und Gehirn, nicht ineinander aufgelöst, sondern zusammen errichtet werden. Derart würde dann Harmonie bzw. Verbundenheit nichts Wunderliches mehr anhaften: Sie ist Genetik.

c.   Wittgenstein II

Beim ersten Wittgenstein war all das Sagbare oder Denkbare logisch. Beim zweiten ist dieses Ganze grammatikalisch. Eher als verschlossen in etwas oder im Ganzen zu sein, sei es Logik oder Grammatik, schloss sich Wittgenstein stets ins Bewusstsein dieser Verschließung ein, d. h. in sich selbst. Wir können die zweite Form der Wittgensteinschen Verschließung „logozentristisch" nennen: die Einkapselung in den Worten. Die Sprache (nicht die Welt) ist das ursprüngliche Faktum, aus dem es kein Entrinnen gibt. Die absolute Dispersion der unzähligen Sprachspiele zwingt dazu, unaufhörlich nach ihrer Begründung zu suchen, weil sonst die ganze Konstruktion in der Luft hängt – zumal es eine Letztbegründung nicht gibt. So spielt man ewig entweder mit dem schlechten Bewusstsein, Denken oder Leben seien nichts weiter als ein zu spielendes Spiel oder man muss dieses Bewusstseinsspiel irgendwann anhalten. Wo anhalten? Dasselbe wie vorhin, aber umgekehrt: Überließ Wittgenstein den ganzen logischen Apparat Welt-Ich, Ich-Welt einer Verschließung in sich, wobei der Ausweg aus dem Denken in einer unsagbaren und ewigen Welt ästhetischer, ethischer und religiöser Werte (eher in Gott, den er niemals erreichte) zu bestehen schien, so erscheint nunmehr das Tier als perfekter Vertreter dieses ewigen Schweigens. Das Mystische ist jetzt das Tierische. Entging man dem logischen Zirkel aus einer Intuition oder einem Gefühl *sub specie aeterni* der Welt zum Unendlichen hin fortschreitend, so entgeht man nun dem grammatischen Zirkel, indem man nicht zum Unendlichen, sondern einfach sehr weit zu einer realen Evolutionslinie der Welt zurückkehrt.

Es gibt allerdings keinen Grund, bis ins Detail auf der evolutionären Erklärung zu beharren, die zu einer anderen als der philosophischen Denkweise angehört. Philosophisch hat sie ohnehin nur eine relative Geltung. Es genügt also, diese generelle Annahme dem philosophischen Allgemeinbewusstsein zu überlassen.[18] Philosophisch betrachtet sehen die Dinge anders aus und sind nicht ganz so einfach. Die wissenschaftlich-evolutionäre Hypothese ist (gegenüber Essentialismen) kritischer als explikativ (qua Wahrheit) in der Philosophie. Die Einkapselung bzw. Auswegmöglichkeit lässt sich nicht anders als philosophisch verstehen. Sonst wird sie sogar zu einer lächerlichen Frage].

Zum Lesen von *Über Gewissheit* (Gedanken, die Wittgenstein in seinen letzten anderthalb Jahren verfasst hat; mehr als die Hälfte – vom Paragraph 300. an – in den letzten drei Monaten vor seinem Tod, allein in seinem Zimmer im Haus seines Arztes darauf wartend) ist angebracht, die Aufmerksamkeit vor allem auf diese Ansatzpunkte zu richten: 1. „Vergiß diese transzendente Sicherheit, die mit deinem Begriff des Geistes zusammenhängt" (47.).[19] 2. „Die Schwierigkeit ist, die Grundlosigkeit unseres Glaubens einzusehen" (166.). 3. „Die Begründung hat ein Ende" (563.).

---

[18] Obgleich ich, ebenso bescheiden wie ehrlich, glaube, dass es philosophisch besser ist, wissenschaftliche Hypothesen etwa zwischen hell und dunkel, im Zwielicht, also nicht vordergründig auf der Bühne der philosophischen *Lichtung* zu belassen, wo diese Hypothesen sich zu seltsamen Gestalten mit seltsamen Rollen mausern. Sie eignen sich aber zu interessanten philosophischen Fragen oder Spielen durchaus, wie z. B.: 1. Wenn wir, wie bereits getan, die solipsistische logische Einkapselung der biologischen Evolution der protorationalen Periode gleichstellen (wie gesagt: von vor zweieinhalb Millionen bis vor vierzigtausend Jahren), dann würde uns die evolutionäre Hypothese genügend Anlass geben, den Ausweg aus diesem Zirkel als äußerst schwierig zu umreißen. Es ist sozusagen schwierig, diesem paläolithischen Gehirn zu entgehen, das etwa 90 Prozent seines Volumens der „Re-Flexion" widmet, dessen interne Kommunikationswege (selbstreferentiell) die der externen Kommunikation (fremdreferentiell) in gigantischem Ausmaß übertreffen: Von den vermutlich tausend Billionen zerebralen Nervenfasern führt eine von hundert Millionen nach außen. (Uns blieben jedenfalls zehn Millionen Flucht-Möglichkeiten). 2. Eine andere Betrachtung des Auswegs: Wo das Tierische Wittgensteins, diesen Frieden des Denkens und der Wissensgewissheit, imaginiert jenseits jeglicher rationaler Begründung, ansiedeln? Genügt es, auf den Bewusstseinsstand der protokulturellen (in älterer Terminologie: quaternären) Menschen zurückzugreifen oder greifen wir überdies auf die tertiären Hominiden zurück, verfolgen ferner wirklich das Tierische bis hin zu den Säugetieren zurück, immer in der Hoffnung, einen exakt zu überschreitenden Punkt zu finden: diesen Punkt, an dem Wittgensteins Nicht-Frieden einsetzt? Oder beginnt er mit den metaphysischen Konstruktionen der Hochkulturen, sodass man nur auf 6.000 Jahre zurückgehen muss? 3. Und außerdem (falls nicht der letzte Fall): Warum keine neuronalen (genetischen) Spuren bei diesem Wittgensteinschen Frieden suchen? Ebenso wie beim ästhetischen Geschmack könnte man Spuren beim philosophischen Genuss, sich letztendlich der Urteilskraft zu enthalten, suchen: genetische Spuren bei *epoché, apatheia, ataraxia*. 4. Die Lernanstrengung wird mit der Geschwindigkeit der kulturellen Evolution belohnt. Aber man könnte auch die Frage stellen, ob gerade diese Geschwindigkeit die Ursache des kognitiven Stresses des Geistes ist, die Ursache der Einkapselung in einer immer mehr beschleunigten Geschwindigkeit, dass es daher als Ausweg einer Rückkehr zum „Schneckentempo" der biologisch protokulturellen Evolution bedürfe. 5. Oder ist die irgendwann metaphysisch undifferenzierte Allgemeinheit des Gehirns (zu „einer generellen Problemlösungsmaschine" geworden in derselben Zeit ihrer reflexiven Pracht) der Ursprung der Denkspannung. Wenn „Menschen Primaten (sind), die sich zu Generalisten entwickelt haben" (M4, 13), wie Welsch schreibt, dann muss man imaginär zur Primatennatur zurückzukehren, um sozusagen einen Böhmischen „Ungrund" zu finden.

[19] Wenn im Folgenden keine Quelle angegeben ist, gehört der zitierte Abschnitt zu ÜG.

Es ist bekannt, dass Wittgensteins zweite philosophische Phase, vor allem hinsichtlich der letzten Schriften, auch explizit bezogen auf ÜG,[20] einen Hang zum Begriff des Instinktiven hat. Dass ihn immer mehr das Instinktive interessierte, mag daran gelegen haben, dass er sonst keine andere Möglichkeit sah, irgendwo anzusetzen. 1948 schreibt er: „Wir dürfen nicht vergessen: auch unsere feineren, mehr philosophischen Bedenken haben eine instinktive Grundlage. Z. B. das ‚Man kann nie wissen …‘ Das Zugänglichbleiben für weitere Argumente. Leute, denen man das nicht beibringen könnte, kämen uns geistig minderwertig vor. *Noch* unfähig einen gewissen Begriff zu bilden" (VB 138). Hinter den Gesetzen des Grammatikspiels verbirgt sich nichts weiter als erlernte Routinen (das ist jetzt die Logik) und ein darin trainiertes Subjekt. Das alles hat eine instinktive Basis.

Es mag freilich sein: Ein geistig zurückgebliebener Mensch ist jener, der nicht fähig ist, seine instinktive Basis beim Lernen zu entwickeln. Wer hingegen (ein „normaler" Mensch oder ein Philosoph) das kann, kommt jetzt nicht viel weiter: Er bleibt ein armes Subjekt, von Kindheit an zu einer Sprache und Lebensform abgerichtet, das, einmal der Einkapselung des Sprachspiels gewahr, dem Gesamtspiel keinen anderen Sinn abzugewinnen weiß als lediglich weiter zu spielen; dessen einzig erlösendes Bewusstsein ist, dass seine seit Millionen Jahren beerbte Grundnatur darin bestehen müsse. Das begründet das Unbegründbare des Spiels. „*So* denken wir. *So* handeln wir. *So* reden wir darüber" (Zettel 309.). Auf diese letzte Möglichkeit zu handeln, können wir nur mit monstrativen Bestimmungen hindeuten: „Dieses" Spiel ist meins; oder mit modalen Ergänzungen: „So" sind, sprechen, rechnen, agieren wir. Es gibt aber letztendlich kein Warum. Ich tue einfach etwas oder nicht. Wie die Logik früher müsse nun „die Praxis für sich selbst sprechen".[21] Aber nur, so wie es früher bei der Logik geschah, weil unterhalb der Praxis etwas sie hält und mit der Welt verbindet.

Das ist alles. Diese Praxis des „So" umfasst aber freilich viel mehr als eine empirische Evidenz. Die menschliche Praxis und das Sich-in-ihr-Einüben führen über ihre eigene Tatsache hinaus. Die Bewährung des Sprachspiels durch ihre Geltung und Tatsächlichkeit mag die „Ursache" des Spielens, keineswegs aber „Grund" bzw. letzter Sinn sein, weswegen man überhaupt spielt (474.). Die Ursache führt zum Rationalen, das Fundament zum Tierischen. Die Abrichtung der Spiele lässt einen tierischen, zumindest prähumanen, Hintergrund[22] zutage treten.

---

[20] Zum Beispiel: „It is part and parcel of the view of knowledge advanced in On Certainty that we shall not understand the nature of human knowledge until we grasp how human intelligence develops out of animal instinct". So beginnt Allan Janiks interessanter Artikel: From Logic to Animality or How Wittgenstein Used Otto Weininger, der vom möglichen Einfluss von Hertz' „Rhetorik der Wissenschaft" und Weiningers „Psychologie des Tieres" auf Leben bzw. Philosophie Wittgensteins handelt. (In: *Nómadas*, Revista crítica de ciencias sociales y jurídicas, 4, julio-diciembre 2001, Text online in: Theoria: Portal Crítico de Ciencia Social, http://www.ucm.es/info/nomadas/4/ajanik2.htm.) Gegenwärtig gibt es keine andere Ausgabe.

[21] ÜG 139.; Vgl. 212., 148.

[22] „Das kindliche Verständnis der physischen Welt beruht auf der sicheren Grundlage der Primatenkognition." Aus Michael Tomasello: *Die kulturelle Entwicklung des menschlichen Denkens*, S. 220., zitiert nach Welsch (M3, 6).

Trotz neuronaler Konnexionen oder Sprachspiel-Trainings – oder gerade deswegen – ist weiterhin ein Rätsel, wie Gedanken entstehen. Sie entstehen freilich nicht logisch bzw. im Rahmen eines diskursiven Kontextes. Sie entstehen frei, lose, wie improvisierte Pinselstriche einer horizontlosen Landschaft – wie sie bei Wittgenstein aufschienen. Man könnte auch sagen, sie entstehen noch ohne den Horizont der (neolithischen) Kultur. Obgleich Gedanken in der Zeit der Virtualität weiter erscheinen, entspringen sie aus der Tiefe der Steinzeit. Aber wie entsteht Sprache? Freilich nicht aus einer Überlegung. Selbst unsere subtilsten Überlegungen haben eine instinktive Basis. Zum Denken und Sprechen bedarf es jedenfalls nicht viel Logik. Die Logik ist ein verzichtbarer, manchmal vergeblicher und gefährlicher Luxus. Besser ist es, die Dinge aus einer weniger als der zu sehr menschlichen Perspektive visionärer Begeisterungen, Vernunftungeheuer usw. zu sehen. Z. B: „Ich will den Menschen hier als Tier betrachten; als ein primitives Wesen, dem man zwar Instinkt, aber nicht Raisonnement zutraut. Als ein Wesen in einem primitiven Zustande. Denn welche Logik für ein primitives Verständigungsmittel genügt, deren brauchen wir uns auch nicht zu schämen. Die Sprache ist nicht aus einem Raisonnement hervorgegangen" (475.). Die Sprache ging aus dieser primitiven, minimal notwendigen Logik, einer instinktiven, sicherlich in der Tiefe der biologischen Evolution, vielleicht eher in der ontogenetischen Evolution des Individuums wahrnehmbaren, verankerten Logik hervor: Die Abrichtung durch Regeln bzw. ihre Einhaltung, was dasselbe ist (eine Regel versteht man nicht, kann man nicht verstehen, man hält sie ein – damit erfasst man sie am besten).

Ich habe ein „System" oder ein „Überzeugungsgebäude", womit, auch nur etwa im bewusstlosen Zustand, all das, was ich mit Überzeugung denke oder zu „glauben", „wissen", wovon ich „überzeugt" bin, dass es wahr ist, sage, natürlicherweise Kohärenz bewahrt. Dahin kommt man mit „Raisonnements", Überlegungen, nicht. Es ist unerschütterlich in „allen meinen *Fragen oder Antworten*", in allen meinen Analysen und Beweisen, verankert. Das System ist nicht nur Ausgangspunkt all unserer Argumente, sondern gehört zum Wesen dessen selbst, was wir ein Argument nennen: es ist das „Lebenselement der Argumente."[23] Wenn jemand behauptet: „er *wisse* etwas; was er sage, sei also unbedingt die Wahrheit", dann könnte es stimmen. Aber es „ist die Wahrheit nur insofern, als es eine unwankende Grundlage seiner Sprachspiele ist". Die mit vollkommener Gewissheit geäußerte Behauptung „bezieht sich nur auf seine Einstellung", auf seine Haltung: „Ich handle mit *voller* Gewißheit. Aber diese Gewißheit ist meine eigene".[24] Aber wo kommen diese Gewissheiten, Grundlagen, Kriterien her? Es ist ganz klar: „Es ist immer von Gnaden der Natur, wenn man etwas weiß" (505.).

Die Natur bringt einen auf Annahmen und Handlungen beruhenden strukturierten Aufbau von Evidenz und Irrtum mit sich.[25] Dieses auf Evidenzen beruhende System ist ein System von Glauben, die man von Kindheit an erlernt hat und deren Gewissheit nicht daher rührt, dass sie klar und offenkundig, sondern daher, dass sie bezüglich ihrer Umwelt kohärent seien. Ihre Gewissheit hängt vor allem davon ab, dass sie zum Handeln erlernt worden sind. (Daher das tierische Lernen: Der tierische Charakter unserer

---

[23] Vgl. ÜG 102.-104., 162., 185.
[24] Vgl. ÜG 403./404., 174.
[25] Vgl. ÜG 196., 254.

Art Sinn aufzubauen besteht gerade in diesem unauflöslichen Verflechten von Worten und Handlungen[26]). Es ist Praxis bzw. Kohärenz, die dieses nicht evidente System von Evidenzen (die das Glauben, was man glaubt, sind) erzeugen. Was wir glauben, hängt von Erlerntem ab. Z. B.: „Ich habe von Kind auf so urteilen gelernt": Das ist Urteilen, so „habe ich urteilen gelernt, *das* als Urteil kennengelernt."[27]

Es scheint einfach, gar offensichtlich zu sein. Es fällt aber schwer, all das zu verstehen und zu akzeptieren. Weil die „Schwierigkeit ist, die Grundlosigkeit unseres Glaubens einzusehen" (166.); einsehen, dass am „Grunde des begründeten Glaubens der unbegründete Glaube (liegt)" (253.); dass unser Glauben keine Rechtfertigung hat. Es liegt nicht in meiner Macht, zu glauben, was ich glaube; es scheint eher einfach von einem „Naturgesetz des ‚Für-wahr-haltens'" abzuhängen. Vielleicht stammt der feste Kern unserer Glauben, Wahrheiten, Gründe, das Gerüst all unserer Gedanken aus „unvordenklichen Zeiten". („Jeder Mensch hat Eltern".[28] Ebenda.)

Es ist schwer, dieses Defizit an Grundlagen nachzuvollziehen, weil man das nicht mag. Man bevorzugt den Selbstbetrug, den Rekurs auf die Illusion, über Natur bzw. deren Gesetze und über unsere fundamentale Eigenart hinweg. Weder weiter zurück noch weiter nach vorn haben die Dinge Sinn. „Es gibt nichts schwierigeres als sich nicht selbst zu betrügen" (VB 71). Warum? Weil es schwer fällt, den Anfang zu finden, am Anfang anzufangen, nicht den Versuch zu unternehmen, weiter zurückzugehen. Irgendwann muss man aufhören zu denken, das Denken aus dem Verkehr ziehen, es „auf ein totes Geleise" verschieben. Die Begründung hat ein Ende, aber das Ende, wie bereits angedeutet, ist nicht eine unbegründete Voraussetzung, sondern eine unbegründete Handlungsweise. Sie ist keine unmittelbare Evidenz, sondern unsere Art zu handeln, die auf der Grundlage des Sprachspiels steht.[29] Unsere Beschaffenheit eben.

Das ist nun alles, obgleich es, auch bei aller Klarheit, schwer nachzuvollziehen ist. Vielleicht war es Wittgenstein früher, 1937, nicht allzu klar. Früher hätte er gern mit Gott[30] diskutiert, sicher auch über die Konstruktion, die er den Dingen zugedacht bzw. zugeordnet hat. Derart bestand Wittgensteins Suche nach Wissens- bzw. Lebensgewissheit in der früheren, logisch aber unmöglichen, Hingabe an den christlichen Gottesglauben; einer Gewissheit, die er insofern nie fand, da es um einen Kampf zwischen dem Vernünftigen (nicht glauben) und dem Nicht-Vernünftigen (glauben) ging, wobei er Vernunft und Logik zugunsten des Absurden nicht aufzugeben bereit war. Jetzt findet er sie freilich, jenseits dieser Dichotomie, mit der Loslösung von dieser Art und Weise, die Zusammenhänge zu sehen; jenseits irgendeines Beweises, wo das Absurde nicht mehr vorkommen kann: Im Tierischen. Diese „beruhigte" Wissensgewissheit, da es nicht einmal Platz für den Zweifel gibt, ist nunmehr Lebensform bzw. eine Lebensform. „Das heißt doch, ich will sie als etwas auffassen, was jenseits von berechtigt und unberechtigt

---

[26] Vgl. A. Janik, a. a. O., 9.
[27] Vgl. ÜG 128./129.,114., 115., 160., 263., 286.
[28] Vgl. ÜG 175., 173., 172., 211.
[29] Vgl. ÜG 471., 210., 563., 110., 204.
[30] Vgl. L. Wittgenstein, *Denkbewegungen. Tagebücher 1930–1932/1936–1937*, Innsbruck 1997, 96 (17.3.37): „Ich möchte mit Gott ringen"; vgl. 137 (17. 4. 37).

liegt; also gleichsam als etwas Animalisches" (359.). So lautet die große Referenz von *Über Gewissheit* auf das Tierische.

Schließen wir mit dem Tierischen ab: Sowohl Lebensform wie auch Sprachspiel sind in einem Hintergrund von Praktiken verankert, die sich auf etwas Tierisches beziehen, sofern es eines Beweises nicht bedarf. Dass aber Wittgenstein akzeptiert hätte, all dies mit den Fakten zeitgenössischer evolutionistischer Theorien zu konkretisieren, ist sicher mehr als fraglich. Durch den Bezug auf seine Philosophie – eine gute Mischung – ist es aber durchaus möglich. Jede nicht zirkuläre, jenseits der Vernunft angesiedelte Letztbegründung fällt auf das Tierische zurück. Auch wenn das Tierische keine Begründung, sondern ein biologisches Grundfaktum ist, da jede Begründung meidet. Jenseits von metaphysischer Lähmung, dem Rekurs auf wunderliche Begründungen, stellt der Mangel an Logik oder die rudimentäre Logik des Tiers die einzig approximative Möglichkeit dar, logisch zu bleiben. Dessen Bewusstlosigkeit des Spiels ist das einzig zu verfolgende approximative Modell, um ohne zirkuläre Verschließung weiterhin dieses rational nachzuvollziehenden Gerüstes gewahr zu bleiben. Die Evolutionsfakten geben Wittgensteins Ideen Färbung, diese geben den Fakten allerdings Tiefe.

Wir sprechen vom „Tier", könnten aber auch über „Gott" reden. Warum diese letzte besprochene Gewissheit jenseits von Vernunft und Unvernunft; die letzte Evidenz der Erkenntnis, ihre Grundlage jenseits ihres Spiels, nicht als „Gott" (da sie all seine Attribute erfüllt) bezeichnen? Ich kann sehr wohl denken, es sei mir von Gott geoffenbart. Gott lehrt mich diese Dinge oder zeigt mir den Weg dazu, derer ich gewiss bin, verhindert, dass ich mich täusche (361.). Weswegen nicht? Der liebe Gott ist zumindest konzeptuell ein Bild dunklen Ursprungs, das außerdem nicht mehr als nur dunkel sein kann. „Ist Gott durch unser Wissen gebunden? *Können* manche unsrer Aussagen nicht falsch sein? Denn das ist es, was wir sagen wollen" (436.). Gott scheint aber am Ende keine gültige Annahme zu sein. Er steht außerhalb des Spiels, des menschlichen Wissens- und Sprachzusammenhangs; er steht noch nicht einmal in seinen Grenzen. Sicherlich gibt es Dinge, die ich weiß, worüber Gott selber mir nichts erzählen könnte (554.). Gott kann durch mein Wissen nicht bedingt, mithin nicht zu binden sein. Gott kann selbst gar nicht im Spiel sein, uns aber so spielen lassen zu wollen: Die Annahme seiner Existenz bzw. das Spiel damit macht ihn letztlich zum Gesamtverantwortlichen … Wir würden gerne all das oder auch das Gegenteil sagen. [Es ist unmöglich, sich darüber zu verständigen bzw. klar diesen Aspekt Wittgensteins nachzuvollziehen. Vermutlich denkt er, die Akzeptanz der Gottesannahme, die uns gewisse Grundwahrheiten offenbart und die Möglichkeit der Täuschung nimmt, ist eine Entscheidung. Eine Entscheidung, die er übrigens am Ende seines Lebens wahrscheinlich weder in einem oder anderem Sinne treffen konnte] (362.). Offenbar ist uns das Tierische, besonders ins Licht wissenschaftlicher Fakten gestellt, näher als das Göttliche. (Wir sind Tiere, nicht Götter: Gott ist eine schöne, völlig unwillkürliche, zu sehr unbegründete Annahme, um sozusagen die Wahl Grund/Ungrund zu übertrumpfen. So steht Gott außerhalb des menschlichen Spiels. Besser gesagt: Gott steht außerhalb des tierischen Spiels. Das Tierische ist das Spiel selbst: Es steht auch für die unserer Natur entsprechenden, tief bestehenden Grundregeln des Spiels.

Und das Kindliche? Das Kindliche bin ich – beim Spielanfang – selbst. Belassen wir endlich die Dinge beim Kind, denn die kindliche Natur hat die gleichen konzeptuellen Vorzüge des Friedens wie die tierische (und die göttliche). Wir sind vor kurzem Kinder – und Tiere vor langem – gewesen. Aber so wie wir weiterhin gleichermaßen die eine Sache sind, sind wir auch die andere; Sachen die, unseren vorigen Betrachtungen nach, auf dasselbe hinauslaufen. Wenn die Phylogenese gewissermaßen die Ontogenese reproduziert, dann erscheint im Kind irgendwie die ursprüngliche Animalität. Das Kind ist durch das Spiel bedingt, in ihm abgerichtet. Es weiß freilich nicht, dass es spielt, hat und braucht auch nicht die Kompetenz, danach zu fragen. Wie z. B. die Katze: „Glaubt das Kind, daß es Milch gibt? Oder weiß es, daß es Milch gibt? Weiß die Katze, daß es eine Maus gibt?" (478.); oder wie der Hund: „Ein Hund könnte lernen, auf den Ruf ‚N' zu N zu laufen und auf den Ruf ‚M' zu M, – wüßte er aber darum, wie die Leute heißen?" (540.) Das Kind lernt nicht, dass es etwas gibt oder nicht bzw. dass es Bücher, Sessel usw. geben kann; es weiß nicht, dass dies seine Hand ist. Es stellt sich überdies weniger die Möglichkeit vor, dass es sei oder nicht, existiere oder nicht, es erlernt die unzähligen Sprachspiele, die seine Hand beschäftigen (476./477., 374.). „Das Kind, möchte ich sagen, lernt so und so reagieren; und wenn es das nun tut, so weiß es damit noch nichts. Das Wissen beginnt erst auf einer späteren Stufe" (538.). Das Kind also glaubt, weiß, zweifelt usw. nicht. Im Prinzip geschieht das wie beim Tier. Es erwacht aber irgendwann zum Verstand, womit die Probleme auftauchen; es hört auf, Tier zu sein und verlässt damit den Frieden … Das größte Unglück des Menschen ist nicht, … Kind gewesen zu sein, sondern aufgehört zu haben, es zu sein. Dem folgt die verzweifelte Suche nach Begründungen. Zum Denken und Leben, d. h. für alles, genüge letztendlich diese (letzte, definitive, tierische) Begründung: „Du mußt bedenken, daß das Sprachspiel … etwas Unvorhersehbares ist. Ich meine: Es ist nicht begründet. Nicht vernünftig (oder unvernünftig). Es steht da – wie unser Leben" (559.). Das schreibt Wittgenstein am 19. 4. 51, zehn Tage vor seinem Tod. Diese „Begründung" genügte ihm oder war zumindest seine letzte und endgültige.

3.   Schluss

Menschliches und Tierisches: Einkapselung und Ausweg, Spannung und Frieden. Tier, Kind oder Gott: Ausfahrt und Rastplatz des Menschlichen. Sie sind die Gestalten von Rilkes achter Elegie:

> Mit allen Augen sieht die Kreatur
> das Offene.
> Nur unsre Augen sind
> wie umgekehrt und ganz um sie gestellt
> als Fallen, rings um ihren freien Ausgang.
> Was draußen ist, wir wissens aus des Tiers
> Antlitz allein; denn schon das frühe Kind
> wenden wir um und zwingens, daß es rückwärts
> Gestaltung sehe, nicht das Offne, das
> im Tiergesicht so tief ist. Frei von Tod.
> Ihn sehen wir allein; das freie Tier
> hat seinen Untergang stets hinter sich
> und vor sich Gott, und wenn es geht, so geht's

in Ewigkeit, so wie die Brunnen gehen.
(...)
Wäre Bewußtheit unsrer Art in dem
sicheren Tier, das uns entgegenzieht
in anderer Richtung –, riß es uns herum
mit seinem Wandel. Doch sein Sein ist ihm
unendlich, ungefaßt und ohne Blick
auf seinen Zustand, rein, so wie sein Ausblick.
Und wo wir Zukunft sehn, dort sieht es Alles
und sich in Allem und geheilt für immer.[31]

Wer erklärt übrigens mehr: Darwin oder Rilke?

Aus dem Spanischen: Hugo Velarde

---

[31] R. M. Rilke, *Die Duineser Elegien*, achte Elegie, 7./8.2.1922, Château de Muzot.

V. Historisch-systematische, kulturelle und interkulturelle Perspektiven

KLAUS VIEWEG

Die Schatztruhe des Aristoteles und die sanfte Macht der Bilder

Hegels philosophische Konzeption von Einbildungskraft

Für meinen Kollegen und Freund Wolfgang Welsch zum 65. Geburtstag

Wie laut Aristoteles ist der Anfang des Philosophierens schon der halbe Erfolg, die halbe Miete ist, so kommt dem Abschluß einer Philosophie die gleiche exorbitante Relevanz zu, hier schließt sich der Kreis. Hegels Enzyklopädie endet mit einer Stelle aus der Metaphysik des Aristoteles (XII, 7): „Das Denken an sich geht auf das an sich Beste, das höchste Denken auf das Höchste. Sich selbst denkt die Vernunft in Ergreifung des Denkbaren; denn denkbar wird sie selbst, den Gegenstand berührend und denkend, so daß Vernunft und Gedachtes dasselbe ist."[1] Hegel überlässt – und dies kann bei ihm als selbstbewusstem Denker in keiner Weise als selbstverständlich gelten – einem Andern das letzte Wort, aber eben nicht irgendeinem anderen, sondern dem Stagiriten. Denn speziell ihn und dessen Philosophie versieht er mit Superlativen: meisterhaft, spekulativer Geist, wahrhaft spekulative Idee, begreifendes Denken, Kenner der gründlichsten Spekulation und des Idealismus, wissenschaftliches Genie. In Aristoteles sieht Hegel einen wahrhaft Gleichgesinnten, einen, der auf dem höchsten Standpunkt der Philosophie sich bewegt, mit dem er auf Augenhöhe kommunizieren kann. Der griechische Großdenker habe den eigentlichen Schlüsselgedanken der Philosophie bereits formuliert: „Das Hauptmoment in der Aristotelischen Philosophie ist, daß das Denken und das Gedachte eins ist [...] Das Denken ist das *Denken des Denkens*."[2] Die spekulativen Gedanken des Aristoteles waren auch für einen eigenständigen und höchst innovativen philosophischen Kopf wie Hegel ein Orientierungspunkt für seinen Denkweg, der Polarstern für das ‚Hegeln'.

Für meinen Kollegen und Freund Wolfgang Welsch waren die beiden Meisterdenker Aristoteles und Hegel dieses Leuchtfeuer zur Orientierung im ‚uferlosen Ozean' der Philosophie, der Prüfstein für das Gelingen der eigenen denkerischen Unternehmungen. Beide sind für ihn unter den Philosophien dies, was der Diamant unter den Edelsteinen, der Pazifik unter den Ozeanen. Ich wiederhole mich hier gerne: Lieber Wolfgang, Deine

---

[1] G. W. F. Hegel, *Enzyklopädie der philosophischen Wissenschaften*, in: G. W. F. Hegel, *Werke in zwanzig Bänden, Theorie Werkausgabe* (im Folgenden Hegel: Werke), Frankfurt a.M. 1970, Bd. 10, S. 395.

[2] G. W. F. Hegel, *Geschichte der Philosophie, Werke*, Bd. 19, S. 162f.

Präferenz für die beiden ‚pazifischen‘ und ‚diamantenen‘ Denker war und ist eine gute Wahl! Nein: die beste! Das philosophische Oeuvre von Wolfgang Welsch belegt dies eindrücklich.

„Das Beste bis auf die neuesten Zeiten, was wir über [philosophische] Psychologie haben, ist das, was wir von Aristoteles haben". (19, 221). Die Gedanken des Aristoteles über den Geist und über das Erkennen, speziell seine Bücher über die Seele, sind „noch immer das vorzüglichste, einzige Werk von spekulativem Interesse über diesen Gegenstand".[3] Im Anschluss daran könne der Zweck einer Philosophie des Geistes kann nur der sein, den *Begriff* in die Erkenntnis des Geistes wieder einzuführen. Diese überschwengliche Eloge Hegels auf ein über 2000 Jahre altes Konzept – den „Schatz des Aristoteles"[4] sowie das massive Insistieren auf den *Begriff*, auf den *Logos des Wissens*, auf die *Logik des Epistemischen* erscheint angesichts gegenwärtiger Theorien des Wissen überraschend, befremdlich und als ein Griff in die philosophische Mottenkiste.

Und 200 Jahre nach Hegel empfehle ich genau solch einen unzeitgemäßen Griff und möchte Argumente dafür beibringen, dass für philosophische Überlegungen zum Erkennen die Rekonstruktion von Hegels Begriff der Einbildungskraft unabdingbar bleibt, zugespitzt gesagt: Der Blick in diese vermeintliche Rumpelkammer zeigt weithin unbekannte Schätze, liefert Grundbausteine für eine moderne Philosophie des Erkennens wie auch für die Ästhetik, damit vielleicht einen roten Faden für das Entrinnen aus dem babylonischen Meinungsgewirr über Einbildungskraft und Phantasie. Allerdings können hier nur einige Grundkonturen der an Aristoteles anschließenden Hegelschen Logik der Episteme gezeichnet werden.

1. Einbildungskraft und Geist

In der speziellen Einbettung in die Lehre vom Geist liegt ein gravierender Vorzug der Hegelschen Konzeption, diese Verortung in der Systemarchitektonik kann nur kursorisch behandelt werden, als Textbasis dient besonders der Abschnitt Philosophische Psychologie in der Enzyklopädie der philosophischen Wissenschaften.

a) Die Einbildungskraft gilt als eine spezielle Formationsstufe bzw. Entwicklungsphase, als eine allgemeine Tätigkeitsweise des Geistes. Unter Geist als dem philosophischen, metaphysischen Prinzip Hegels, das nicht mit *mind* oder *spirit* übersetzt werden kann, wird ein stufenförmiges Selbsthervorbringen verstanden. Dieses Sich-selbst-Generieren bedeutet Selbstbestimmen, Autonomie, ein Sich-selbst-Bestimmen des Geistes als Selbst-Befreiung. In der Freiheit besteht das formelle Wesen des Geistes, er kann als ein Prozess des ‚sich zu sich selbst Befreiens‘ gefasst werden, als Realisation des Begriffes seiner Freiheit. Auf diesem Wege macht er sich frei von allem, was seinem Begriffe nicht entspricht, *frei von allen ihm nicht angemessenen Formen*. Frei sein heißt, nicht bei einem Anderen sein, sondern zu sich selbst kommen.

---

[3] G. W. F. Hegel, *Enzyklopädie*, *Werke*, Bd. 10, S. 11.
[4] G. W. F. Hegel, *Geschichte der Philosophie*, *Werke*, Bd. 19, S. 198.

b) Dieses Selbstverhältnis als aktives Selbsthervorbringen wird als *logisch fundierter Stufengang von Tätigkeitsweisen des Geistes* konzipiert. Aus den niederen, abstrakten Bestimmungen werden denknotwendig, schlüssig die höheren, konkreteren Bestimmungen generiert, wobei die vorherigen Bestimmtheiten sich dann als Momente an den höheren Stufen zeigen, darin ihre partielle Geltung erweisen. Der Fortgang ist im Kern ein Kreisgang, ein Rückgang zum Grund, welcher das Denken selbst ist, dieses logische Begründungsverfahren des Fortgehens als Rückgang in den Grund vermeidet z.B. die oft anzutreffende, aber verfehlte Sicht der Erkenntnistätigkeiten als bloße Kollektion, als bloßes Aggregat von Vermögen, die gefunden, analysiert und dann in einen Zusammenhang gebracht werden sollen.[5] In klarer Absetzung von empirisch-psychologischen Verfahren bzw. von zeitlichen Abfolgen handelt es sich bei diesem Stufengang um die Selbst-Entwicklung des Geistes, von Anfang an ist dieser präsent als Denken, das auf dem logischen Wege seine Rechtfertigung gewinnt. Die Art und Weise der Erhebung zu einem bestimmten Wissen „ist selbst vernünftig und ein durch den Begriff bestimmter, nothwendiger Uebergang einer Bestimmung ihrer Thätigkeit in die Andere."[6] Somit kann Hegel Grundlinien einer Logik des Erkennens, einer Epistemologie im strengen Sinne fixieren, im klaren Unterschied zu bloßer Analytik und Synthetik mentaler Vermögen. Die in der *Wissenschaft der Logik* generierten Verhältnisse zwischen dem Einzelnen und dem Allgemeinen, zwischen Subjektivität und Objektivität liegen hier zugrunde und werden zugleich ‚realphilosophisch‘ legitimiert.

c) Die Einbildungskraft gehört zur zweiten Stufe des theoretischen Geistes, die Hegel mit dem Terminus *Vorstellung* beschreibt. Dem theoretischen Geist oder der Intelligenz (im Folgenden wird das Wort Intelligenz präferiert) kommt ein herausragender Platz im enzyklopädischen System zu. Innerhalb der Sphäre des subjektiven Geistes erfolgt der Wechsel von der Phänomenologie, dem Standpunkt des Bewusstseins, hin zum Standpunkt des Geistes. Somit stehen wir am formellen Anfang des Philosophierens – die Wissenschaft muss ‚die Befreiung von dem Gegensatze des Bewusstseins voraussetzen‘.[7] In der vorhergehenden Phänomenologie wurde als Resultat *die Einseitigkeit des Bewusstseinsparadigmas*, die Beschränktheit der *Dualismen von Bewusstsein und Gegenstand, von mind and world, von Subjekt und Objekt* aufgewiesen. Demonstriert wurde deren prinzipielle Identität in dem Sinne, dass wir nicht mit einer externen Relation, sondern mit einem internem Verhältnis zu tun haben, dem Geist als einem Selbst-Verhältnis, als einem sich selbst bestimmenden Allgemeinen. Alles worüber wir Wissen erhalten wollen, was wir kennen wollen, muss somit als eine Selbst-Formierung des Geistes genommen werden, es muss als Geist verstanden werden – ein Kernmoment des monistischen Idealismus.

Dieses Eins-Sein impliziert in Hegels Worten die Identität der vom Geist gesetzten Natur als *seiner* Welt und dem *Voraussetzen* der Welt als selbständiger Natur, der *gesetzten* und *voraus-gesetzen* Welt. Es geht um die Identität der Bestimmungen als dem

---

[5] Vgl. Klaus Düsing, Hegels Theorie der Einbildungskraft, in: Franz Hespe, Burkhard Tuschling (Hrsg.), *Psychologie und Anthropologie oder Philosophie des Geistes*, Stuttgart 1991, S. 298-307.

[6] G. W. F. Hegel, *Enzyklopädie der philosophischen Wissenschaften*, Zweite Ausgabe, Heidelberg 1827, S. 415.

[7] G. W. F. Hegel, *Wissenschaft der Logik*, Werke, Bd. 5, S. 45.

Objekte innewohnende, an ihm seiende *und* als durch den Geist konstituierte, die Objektivität erweist sich als subjektiv und die Subjektivität als objektiv.

Der Weg des Erkennens als ein logischer Stufengang des theoretischen Geistes, der subjektiv-intelligiblen Innerlichkeit, der abstrakten Selbstbestimmung in sich und ihres Ausdrucks in den ‚*Sprachen*‘ *des Erkennens* beinhaltet die Hauptstationen *Anschauung*, *Vorstellung* und *Denken*, wobei die *fantasia* die Mitte, die Nahtstelle zwischen *aisthesis* und *noesis* einnimmt.[8] Es handelt sich um den Weg von der bloßen Gewißheit zum wahren, legitimierten Wissen. Der an sich vernünftige Gehalt wird aus der Form des Äußeren-Einzelnen, des gemein-subjektiven Allgemeinen in die Form der wahren Identität von Einzelheit und Allgemeinheit, zur bestimmten Erkenntnis erhoben. Mit dieser Intellektualisierung des Erkennens wird die Notwendigkeit der Übersetzung des wahrhaften Inhalts aus *noch unzulänglicher, dem Geist unangemessener Form* in die Form des Begriffs erwiesen. Die Vorstellung bzw. die Einbildungskraft nimmt die unverzichtbare Zwischen- oder Mittelstufe in der Selbstkonstitutuion endlicher Subjektivität ein.[9]

2. Von der Anschauung zur Vorstellung

Für diese erste Etappe des Selbstbestimmens der Intelligenz müssen zunächst die Hauptcharakteristika von *Anschauung* kurz umrissen werden, dies ist Voraussetzung für das Verständnis der Einbildungskraft und hat erhebliche philosophische Implikationen. Aufgrund des überwundenen Bewusstseinsparadigmas steht die Intelligenz zu ihrem Inhalt nicht wie zu einem Gegenstand, sie verhält sich *ausschließlich* zu ihren eigenen Bestimmungen. Die Trennung ihrer Bestimmungen des Subjektiven und Objektiven wird sich als eine nur scheinbare erweisen.

Die logisch erste Form dieser Struktur haben wir in der Anschauung, in der eine gegebene, vorgefundene innere bzw. äußere Empfindung (Affektion) als eine Identität des Subjektiven und Objektiven hervortritt. Ein einzelner, partikularer Inhalt, der dem Objekt zukommt, erscheint zugleich als durch eine einzelne, isolierte Subjektivität gesetzt. Ein Inhalt, der vermeintlich bloß gefunden wird, gegeben scheint, im Sinne eines Empfangens von außen, eines Aufnehmens von Eindrücken bzw. der Einwirkung äußerer Dinge, erweist sich als identisch mit dem subjektiven Gesetztsein, der *Eindruck des Objektiven* zugleich als *Ausdruck des Subjektiven*, das Finden als Setzen. „The Myth of the Given" als realistische Supposition bleibt ein Schein, der als solcher offenzulegen und zu widerlegen ist, was übrigens auch für den entgegengesetzten „Myth of the Construction", die These des Subjektivismus, zutrifft. In Hegels Lesart: Die *Anschauung* bildet die unmittelbare, präsenteste Form in der sich Subjektivität zu ihrer Bestimmtheit als zu einem vermeintlich gegebenen, vorgefundenen Inhalt verhält, die *unmittelbare Gegenwärtigkeit*, die ‚Präsentation‘ des einzelnen Ich, Hier und Jetzt. Oder wie es im Rekurs auf Aristoteles heißt: die Identität von Rezeptivität und Aktivität im Anschauen.[10] Wir haben es nicht mit einer gedoppelten Galerie von Anschauungen zu tun, sondern mit

---

[8] H. F. Fulda, Vom Gedächtnis zum Denken, in: *Psychologie und Anthropologie*, S. 326.

[9] K. Düsing, Hegels Theorie der Einbildungskraft, S. 311f.

[10] G. W. F. Hegel, *Vorlesungen über die Geschichte der Philosophie*, Werke, Bd. 19, S. 205.

der unmittelbaren Einheit des vorhandenen und des gemachten Seins.[11] Die Feststellungen „Mein Sehen ist blau" und „es ist ein blauer Gegenstand da" sind identisch, in der Anschauung ist das Wirken beider Seiten als eins gesetzt. Das Sehende und das Gesehene, Hören und Schallen, mind and world sind als Identität genommen. Darin offenbart sich *die einfache Geist-Struktur* der Anschauung, ihre *Logosverfasstheit* (W. Welsch).[12] Reines, pures Anschauen (wie auch reines Vorstellen) ist ein Schein, der sich als solcher erweist, Anschauen wie Einbildungskraft sind von vornherein durch Denken kontaminiert, infiziert, bestimmt. Die Anschauung ist sinnlich *und* intellektual, natürlich *und* vernünftig in einem. ‚Producierendes und Producirtes fallen in Eins zusammen'.[13] „Denkend ist somit der Mensch immer, auch wenn er nur anschaut; betrachtet er irgend etwas, so betrachtet er es immer als ein Allgemeines, fixiert Einzelnes".[14] Dies findet seine Bestätigung bei einem Meisters des Sehens und Anschauens, bei Paul Cezanne, der in einem Gespräch mit Joachim Gasquet die gesehene Natur, die Natur dort draußen und die empfundene Natur, die Natur hier drinnen als „*gleichlaufende Texte*" versteht, *die sich durchdringen*.[15]

Die für die Empfindung erforderliche Aufmerksamkeit als abstrakte identische Richtung auf Etwas bezieht sich auf ein nur angeblich objektiv-selbständiges Sein (das Aufzumerkende), was aber ein abstraktes Anderssein seiner selbst ist. Es ist kein anderer Inhalt als der des angeschauten Objekts, die Intelligenz findet sich so *scheinbar* von außen bestimmt. Damit wird eine erste Kenntnis der Sache gewonnen, die aber noch keine volle Er-Kenntnis darstellt, zunächst eine erste Sicht der Sache, noch keine Ein-Sicht. Die Seite des Findens, des Gegebenen schließt ein oder unterstellt, dass es sich beim Inhalt der Affektion um ein außer dem Subjektiven Seiendes handeln muss. Die Anschauung wirft so notwendig diesen Gehalt in Raum und Zeit hinaus[16], schaut ihn als Partikularen in diesen Formen an. Diese Raum-Zeitlichkeit gilt als die „erste abstrakte Entäußerung"[17]. Die Intelligenz bedarf eines formalen Milieus, in dem sich diskret kontinuierlich etwas von anderem abhebt, dies sind unerlässliche Koordinaten für die epistemische Bestimmung von Gefühlsinhalten.[18]

Schelling versteht das Gegenwärtige als ein Zurückgetriebenwerden auf einen Moment, einen Zeitpunkt, in den wir nicht realiter zurückkehren können. „Das Ich muß, um das Objekt überhaupt als Objekt anschauen zu können, einen vergangenen Mo-

---

[11] G. W. F. Hegel, *Phänomenologie des Geistes, Werke,* Bd. 3, S. 231f.

[12] W. Welsch, *Aisthesis. Grundzüge und Perspektiven der Aristotelischen Sinnenlehre,* Stuttgart 1987, bes. S. 140-152.

[13] F. W. J. Schelling, *System des transzendentalen Idealismus, Ausgewählte Schriften,* hrsg. v. M. Frank, Frankfurt 1985, Bd. 1, S. 528. „Das ist Ich ist in einer und derselben Handlung formaliter frei und formaliter gezwungen." Ebd., S. 533.

[14] G. W. F. Hegel, *Enzyklopädie, Werke,* Bd. 8, S. 83.

[15] Paul Cezanne: Gespräch mit Joachim Gasquet, zitiert nach: W. Busch, *Geschichte der klassischen Bildgattungen in Quellentexten und Kommentaren,* Darmstadt 2003, Bd. 3, S. 324.

[16] G. W. F. Hegel, *Enzyklopädie, Werke,* Bd. 10, S. 249; vgl. dazu auch: F. W. J. Schelling, *System des transzendentalen Idealismus,* S. 530 ff.

[17] G. W. F. Hegel, *Enzyklopädie der philosophischen Wissenschaften,* zweite Auflage 1827, S. 418.

[18] J. Rometsch, *Hegels Theorie des erkennenden Subjekts* (Dissertation Heidelberg 2006), S. 173; hiermit danke ich Herrn Rometsch für die Möglichkeit der Einsicht in den Text der Dissertation.

ment als Grund des Gegenwärtigen setzen, die Vergangenheit entsteht also immer wieder nur durch das Handeln der Intelligenz, und ist nur insofern nothwendig, als dieses Zurückgehen des Ichs nothwendig ist."[19] Zeit und Bewegung kommen hier fundamentales Gewicht zu, es wird ein Geschehen angeschaut. Raum und Zeit sind für Hegel subjektive wie objektive Formen, womit zugleich sowohl gegen die Einseitigkeit objektivistischer Konzepte – Raum und Zeit als Existenzformen des Natürlichen - als auch gegen die Kantische Position – Raum und Zeit als nur subjektive Anschauungsformen – argumentiert wird. Der Vernunft kommt eben nicht nur ein regulatives Verhältnis zum Wissen zu, sondern ein konstitutives.

Die Aufmerksamkeit erfordert ein pures Versenken in den Gegenstand, das Absehen von allen anderen Dingen und von sich selbst. Dieses Hineinversetzen, um der Sache inne zu werden, beansprucht fundamentale Relevanz, bleibt unverzichtbar für das Erkennen. Es geht um hier um die totale Vertiefung in die Sache, ohne Reflexionen und unter *skeptischer Überwindung des Eigenen und Eitlen* lassen wir *die Sache in uns walten*, es geht um ein Sich-hingeben an den Gegenstand, was – so Hegels kritischer Seitenhieb – für die sogenannte vornehme Bildung als unnötig betrachtet werde.[20] Diesem Verzicht auf alle Vor-Urteile, auf alles angeblich sichere Wissen, dieser (pyrrhonisch-buddhistische) Stille des Insichseins, dieser Negation des eigenen Sich-geltend-Machens und des Tilgens der äußeren Zeit, das allerdings auch die Gefahr des Stehenbleibens darin, des Unfrei-Werdens in sich trägt, steht das Sich-geltend-Machen der Subjektivität gegenüber. Der Inhalt ist auch ein Meiniger, aber nicht bloß dieser Meinige, - die Subjektivität wird objektiv, die Objektivität subjektiv gemacht. Die Form der Innerlichkeit wird in die Form der Äußerlichkeit transformiert und umgekehrt, in dieser Inversion, in dieser (der pyrrhonischen Skepsis ähnlichen) Oszillation hat die Intelligenz die erste Stufe ihres Sich-selbst-Bestimmens erklommen, die formelle Selbstbestimmtheit. Die bloße einfache Partikularität impliziert die nur gemein-subjektive Allgemeinheit (eine Art der Gemeinsamkeit des Anschauens) und die Endlichkeit der Anschauung.[21] Mit dem Gehen ins Innere, dem Er-Innern wird die Anschauung als unmittelbare zur *Vorstellung aufgehoben*, aufbewahrt, vernichtet und auf höhere Ebene gebracht, womit sich die raum-zeitliche Bestimmtheit wandelt. Die kommende Marschroute skizziert Hegel wie folgt: „Der Weg der Intelligenz in den Vorstellungen ist, die Unmittelbarkeit ebenso innerlich zu machen, sich in *sich selbst anschauend* zu setzen, als [auch] die Subjektivität der Innerlichkeit aufzuheben und in ihr selbst ihrer sich zu entäußern und in ihrer *eigenen Äußerlichkeit in sich zu sein.*"[22]

---

[19] F. W. J. Schelling, *System des transzendentalen Idealismus*, S. 554.
[20] G. W. F. Hegel, *Enzyklopädie*, Werke, Bd. 10, S. 250.
[21] Vgl. dazu die erwähnte Studie von J. Rometsch, S. 173ff.
[22] G. W. F. Hegel, *Enzyklopädie*, Werke, Bd. 10, S. 257.

3. Die Vorstellung

a. Die Erinnerung

Am Anfang, im ersten Schritt wandelt sich die für Anschauung geltende Unmittelbarkeit, das Seiende, insofern es ein Endliches ist, in ein *Vergangenes*, aber zugleich bewahrt die Intelligenz die Anschauung als *innere, bewusstlose Gegenwärtigkeit* auf. Hegel spielt auf das deutsche Perfektum im Wort „haben" an, dies drückt sowohl das Vergangene als das Gegenwärtige, Vergangen-Gegenwärtiges aus.[23] „Als die Anschauung zunächst erinnernd, setzt die Intelligenz den *Inhalt des Gefühls* in ihre Innerlichkeit, in ihren *eigenen* Raum und ihre *eigene* Zeit."[24] Dieser als „Bild" bezeichnete Inhalt wird darin von seiner ersten Unmittelbarkeit und abstrakten Einzelheit befreit und in die Allgemeinheit des intellektuellen Ich aufgenommen. In diesem Sinne spricht Friedrich Schlegel vom Bild als einem ‚von der Herrschaft des Dinges befreitem Gegen-Ding'. Kantisch gesprochen geht es um das Vermögen, einen Gegenstand ohne dessen Gegenwart in der Anschauung vorzustellen. Diese von der Intelligenz gesetzte *eigene Raum-Zeit* gilt als *allgemeine* Raum-Zeitlichkeit, worin der Inhalt im Unterschied zur vergänglichen Anschauung erst Dauer gewinne.[25] Raum und Zeit der Anschauung hingegen sind Besonderheiten, gebunden an die unmittelbare Gegenwart der Sache, des Gegenstandes. Diese *äußerliche* Raum-Zeit löst sich auf Kosten der ursprünglichen Bestimmtheit des Gehaltes auf, der in der Gestalt meines Bildes willkürliche und zufällige Veränderungen erfahren kann.

Auf dieser Stufe – der Erinnerung als *erster Weise des Vorstellens* – erscheint die Intelligenz als ‚*bewusstloser*', zeit-loser Aufbewahrungsort der Bilder. Wohl im Anspielung auf Aristoteles gebraucht Hegel die von Derrida so geschätzte Metapher des ‚nächtlich, dunklen Schachtes', in welchem eine Welt unendlich vieler Bilder aufbewahrt wird, ohne dass sie im Bewusstsein wären, sie schlafen und sind die nichtwirksame Seele. Eine unzählige Menge von Bildern und Vorstellungen schlummern in diesem Schacht der Innerlichkeit, eine gewaltiges Reservoir von Bildern, die durch die nächtliche Finsternis verhüllt bleiben, eine dunkle Bilder-Galerie unermesslichen Ausmaßes, der Pariser Louvre im Finsteren, die florentinischen Uffizien ohne Licht. Diese Bilder sind zwar das *Eigentum* der Intelligenz, sie tragen den Rechtstitel des ‚*unveräußerlich*' Meinigen, aber sind noch *nicht in meinem wirklichen Besitz*; es fehlt am Vermögen, die schlafenden Bilder willkürlich herauszurufen. Es mangelt an der vollen, freien Verfügungsmacht über diese sagenhafte Schatzkammer. Alle Bestimmtheiten sind in nur virtueller Möglichkeit, als Keim enthalten, aber in einem bewusstlosen, dunklen Brunnen[26] dem *existierenden, an sich Allgemeinen, worin das Verschiedene noch nicht als diskret gesetzt ist*.[27] Dieses

---

[23] G. W. F. Hegel, *Enzyklopädie*, Werke, Bd. 10, S. 256 Zusatz.

[24] Ebd., S. 258.

[25] Ebd., S. 259.

[26] An anderer Stelle spricht Hegel anlässlich des Ich von einem Rezeptakulum, einem Behälter und Zufluchtsort für alles und jedes. „Jeder Mensch ist eine ganze Welt vor Vorstellungen, welche in der Nacht des Ich begraben sind." Das Ich ist das Allgemeine, in welchem von allem Besonderen abstrahiert ist, in welchem aber zugleich alles verhüllt liegt, das abstrakte Allgemeine und die Allgemeinheit, welche alles in sich enthält. *Enzyklopädie, Werke*, Bd. 8, S. 83.

[27] G. W. F. Hegel, *Enzyklopädie*, Werke, Bd. 10, S. 260.

rein Formlose, Chaotische, Indifferente, dieser uferlose Ozean, – the dark side of intelligence – ist eine neue Form der Allgemeinheit der Intelligenz, sie gleicht einer großen Schatztruhe, von der ich gewiss bin, dass sich darin ein Schatz befindet, aber nicht unterscheiden kann, welche unterschiedlichen Kleinodien aufbewahrt werden. Die Bilder sind Hegel zufolge nicht mehr existierend, nicht mehr im Bewusstsein, in Vergangenheit da, sie sind als ‚bewusstlose‘, weil erst mit dem Unterscheiden, dem Setzen von Differenz im Lichte der Gegenwärtigkeit das Erkennen weiterschreiten kann.

Damit erreichen wir die Brücke von der Erinnerung zur Einbildungskraft, den Übergang zur 2. Stufe der Vorstellung, zur *inneren Vergegenwärtigung, innerlichen Repräsentation*, durch das Setzen der *inneren Gegenwart des Bildes*, der Überwindung des Daseiend-Vergangenen. Das Innere wird *vor die Intelligenz gestellt*, vor-gestellt, vor das innere Auge gerückt. Das Aufwecken des schlafenden Bildes, das Erwachen der Intelligenz zu sich selbst, veranlasst die Beziehung des Bildes auf eine Anschauung gleichen Inhalts. Die ersten Schöpfungen der Einbildungskraft erscheinen auch als eine Welt raum-zeitlich unförmiger, maßloser Gestalten, Setzungen von denen man durchaus entsetzt sein kann.[28] Prinzipiell erfolgt eine Subsumtion etwa der Empfindung ‚blau‘ oder ‚Trauern‘ unter ein der Form nach Allgemeines – die ‚Bläue‘, die Trauer. Kant, dem Hegel hier ein Stückchen folgt, sprach vom tätigen Vermögen der Synthesis des Mannigfaltigen – „Die Einbildungskraft soll nämlich das Mannigfaltige der Anschauung in ein Bild bringen; vorher muß sie also die Eindrücke in ihre Tätigkeit aufnehmen, d. i. apprehendiren.“[29] Auf der Basis der *Apprehension*, der Subsumtion der Vielfalt unter die Einheit der Vorstellung, kann die Intelligenz ihr Eigentum, die Bilder, *innerlich in Besitz nehmen*, sie äußern, sie *im Innern mit dem Siegel des Äußeren versehen*, sie vermag ihr Eigenes innerlich sich gegenüberzustellen und darin ihr Dasein zu haben, bei sich selbst zu sein – die *innerliche Vergegenwärtigung als freie Subjektivität der Innerlichkeit*.

Schon mit diesem Subsumieren bzw. Reflektieren als einer Macht des Allgemeinen erweist sich die Vorstellung als Mitte zwischen dem unmittelbaren Sich-bestimmt-Finden und dem Denken als der Intelligenz in ihrer vollständigen Freiheit. Die speziell von Künstlern manchmal beanspruchte reine Einbildungskraft ohne alles Denken ist eine Täuschung, die Vorstellung ist wesentlich durch Denken infiziert und bestimmt, sie positioniert sich im Intermundium von Anschauen und Denken, als deren Scharnier, als die Verallgemeinerung des Sinnlich-Partikularen und die Versinnlichung, Partikularisation des Allgemeinen, die Allgemeinheit der Anschauung und die Veranschaulichung der Allgemeinheit, darin liegen die spezielle Kraft wie die Defizienz des Vorstellenden.

Nach diesem langen, aber für das Verständnis erforderlichen Anlauf komme ich direkt zu unserer Thematik, zur Einbildungskraft, zur Phantasie als dem ‚Bestimmenden der Bilder‘, zum eigentlichen Übergang vom Finden zum Er-Finden. Hier liegen die Grundpfeiler der Hegelschen Theorie der symbolischen Formen, seiner Logik der Zeichen, womit Hegel Derrida zufolge zum Begründer der modernen Semiologie avanciert.

---

[28] Vgl. F. W. J. Schelling, *Philosophie der Kunst*, Ausgewählte Schriften, Bd. 2, S. 222.
[29] I. Kant, *Kritik der reinen Vernunft*, KrV A, 120.

4. Die Einbildungskraft

a. Erste Stufe: Die reproduktive Einbildungskraft

Die Bilder werden (wie schon angedeutet) innerlich re-präsentiert, die Intelligenz setzt diese in einer neuen Raum-Zeit vor sich hin, wobei sich die ursprüngliche raum-zeitliche Konkretion auflöst. Aufgrund dieser Abstraktion und der Entstehung allgemeiner Vorstellungen geschieht eine zufällige und willkürliche Reproduktion des Inhalts. Dieses vermeintliche Aufeinanderfallen, die Attraktion zwischen ähnlichen Bildern bleibt die Tat der Intelligenz selbst, welche die einzelnen Anschauungen unter das innerliche konstituierte Bild unterordnet und sich damit Allgemeinheit gibt, das Allgemeine als ein Gemeinsames heraus-stellt, vor-stellt.[30] Die Intelligenz erhebt entweder eine besondere Seite einer Sache, an einer Rose die Röte, an einem Meer die Bläue in den Status des Allgemeinen oder fixiert ein konkret-Allgemeines, an der Rose die Pflanze, am Meer das Gewässer.

b. Zweite Stufe: Die produktive, assoziierende Einbildungskraft – die Phantasie

Mit der Tätigkeit des Assoziierens der Bilder, des Beziehens der Bilder aufeinander erklimmt die Intelligenz die nächsthöhere Stufe, die der Phantasie. Es handelt sich um die Tätigkeit des freien Verknüpfens, des Synthetisierens, des Kombinierens von Bildern und Vorstellungen, um die inventive innere Präsentation selbst kreierter Vorstellungen, ein frei-willkürliches Hervor-Stellen neuer Bilder. Diese schöpferische Einbildungskraft, die figürliche Synthesis sorgt für die unerschöpfliche Versinnlichung, Veranschaulichung eines Gehaltes ohne vorfindliches Beispiel. Infolge des Übergehens von einer objektiven Verbindung zu einem innovativen subjektiven Band wird einem aus der Intelligenz selbst stammenden, selbst konstituierten Inhalt *innerlich-bildliche* Existenz verliehen, womit sich die Selbstanschauung der Intelligenz vollendet, (die Kraft des In-Sich-Hinein-Bildens).

Die Intelligenz tritt ‚anticipirt genommen‘ als in sich bestimmte, einzelne, konkrete Subjektivität mit eigenem Gehalt hervor, hier zeigt sich das schon präsente Allgemeine des Denkens, dessen Legitimation schon von vornherein im Gange ist. Schlegel zufolge sind die Vorstellungen Antizipationen eines erst noch zu bildenden Begriffs. Die Intelligenz erweist sich als Souverän über den Vorrat der ihr angehörigen Bilder und Vorstellungen, als freie und sanfte Macht.[31]

In der Phantasie haben wir nun eine *neue, zweite Gegenwart*, willkürlich-frei und bewusst von der Intelligenz gesetzt, eine höhere Identität von Allgemeinem und Einzelnen, laut Jean Paul eine Beseelung des Körperlichen und die Verkörperung des Geistes. Das Gefundene und das Eigene werden vollkommen in eins gesetzt, Phantasie ist das Vermögen des Plastisirens (Novalis), die Gebilde der Phantasie stellen Vereinigungen des

---

[30] G. W. F. Hegel, *Enzyklopädie*, Werke, Bd. 10, S. 266.
[31] Vgl. D. Hume, *Ein Traktat über die menschliche Natur*, Hamburg 1989, S. 21.

Inneren-Geistigen und des Anschaulichen dar. Darin beweist die Intelligenz ihre Macht über die Bilder, sie erhebt sich selbst zur ‚Seele der Bilder‘, versucht sich darin Geltung und Objektivität zu geben, manifestiert und bewährt sich in den eigenen Kreationen. Die höherstufige Identität von Einzelheit und Allgemeinheit sieht Hegel darin, dass die Intelligenz jetzt als Einzelheit in Form konkreter Subjektivität ist, in welcher die Selbstbeziehung – die Grundstruktur des Geistes – zum Sein und zur Allgemeinheit bestimmt ist[32], in der Weise der Veranschaulichung des Allgemeinen, der Verallgemeinerung der Anschauung.

Die Intelligenz konstituiert neuartige innere Welten, einen Kosmos des Entstehens und Vergehens von Möglichkeiten, unzählige innere Welt-Bilder, sie erscheint als unbändige Bild-Gebungskraft, als der unermüdlich-geschäftige innerliche Bild-Hauer, als freies Spiel mit Möglichkeiten. Laut Hume gibt es nichts Bewunderungswürdigeres als die Bereitschaft, mit der die Einbildungskraft ihre Vorstellungen herbeiholt, die Phantasie „eilt von einem Ende des Weltalls zum anderen, um die Vorstellungen zusammenzuholen, die zu einem Gegenstand gehören“.[33] Für Kant wird ein ‚unabsehliches Feld verwandter Vorstellungen eröffnet, der Gehalt, ein bestimmter Begriff könne auf ‚unbegrenzte Art ästhetisch erweitert werden‘.[34] So vermag die schöpferische Einbildungskraft in ihren eigenen Produkten sich unerschöpflich zu ergehen. Dieses Spiel der Phantasie bilde – so Hegel – die allgemeine Grundlage der Kunst, das Formelle der Kunst, welche das wahrhaft Allgemeine in der Form des einzelnen Bildes darstellt.[35]

Aber das Spielen der Phantasie hat ein doppeltes Gesicht, ist unruhig und kann regellos sein, die Form der Vorstellung impliziert ein gleichgültiges Nebeneinandersein von vielgestaltigen und vieldeutigen Gebilden. Schöpferisches, Aktives, Unruhiges bleibt immer ambivalent, es ist nicht per se etwas Gelungenes. Das Nicht-Kreative, Ruhige, die Passivität und das einfaches Sein-Lassen sind keineswegs von vornherein abzuwerten, sie liegen ja der Einbildungskraft selbst zu Grunde. Die Phantasie vermag Menschliches und Unmenschliches zu schaffen, Himmel und Hölle zu erbauen und zeigt darin ihr Vermögen und ihre Defizienz selbst an. Sie kann die Gegenwärtigkeit ‚durch zurückgeworfene Schatten der Vergangenheit und nahgerückte Schatten der Zukunft verdunkeln‘. Dieses Spielen vermag - ähnlich dem Verstand - Ungeheuer aller Art zu zeugen. Hegel zufolge haben wir es in diesen Synthesen der Einbildungskraft nur mit formeller Vernunft zu tun, sie stellt also nicht das höchste Vermögen freier Wesen dar, es kann keine voll gelungene Vergegenwärtigung erlangt werden.[36] Der Gehalt ist der Phantasie als solcher gleichgültig, der Gedanke hat noch nicht die ihm angemessene Formation erreicht, erst im begreifenden, geprüften, legitimierten Denken sind Allgemeinheit und Einzelheit vollständig identisch, fallen Inhalt und Begriffsform zusammen.

---

[32] G. W. F. Hegel, *Enzyklopädie, Werke*, Bd. 10, S. 268.

[33] D. Hume, *Ein Traktat über die menschliche Natur*, S. 38.

[34] I. Kant, *Kritik der Urteilskraft*, KdU § 49, S. 195.

[35] G. W. F. Hegel, *Enzyklopädie, Werke*, Bd. 10, S. 267.

[36] Hegel zufolge geschieht im Christentum die Versöhnung des Gott-Menschen in der Vergangenheit, die des Menschen in der Zukunft, in der Gegenwart gelinge keine Versöhnung. Vgl. dazu: K. Vieweg, Religion und absolutes Wissen – Der Übergang von der Vorstellung in den Begriff, in: K. Vieweg/W. Welsch (Hrsg.), *Hegels Phänomenologie des Geistes*, Frankfurt a. M. 2008.

Als Substantivierung von *phainesthai* bedeutet Phantasia Erscheinen, Erscheinung, damit sind wir unversehens auf die Domäne der pyrrhonischen Skepsis geraten, der eigentlichen Sachwalterin des Scheinens. Sein Maßstab ist das Erscheinende, das *phainomenon*, worunter die Vorstellung, die *phantasia*, das Subjektive meines Vorstellens verstanden wird, das Scheinen als subjektives Fürwahrhalten. In der Vorstellung ist der Gegenstand ein noch Äußeres, Fremdes, er ist Erscheinung, noch eine Unmittelbarkeit, mit welcher der Gegenstand zunächst ‚vor uns kommt', vor uns gestellt ist, vorgestellt wird, das Ich bleibt nur eine Vorstellung, wurde noch kein Begriff. Der Gegenstand ist somit noch nicht von der denkenden Ichheit denkend durchdrungen. Kantisch gesagt: Das „Ich denke" muß alle meine Vorstellungen begleiten können. Negativität, Subjektivität, Relativität und Ataraxia als tragende Positionen der Skepsis haben ihre Mitteilungsweise in der Sprache des Scheins. Der Phantasie, der „phaenomenologischen Kraft" (Novalis) kommt die Funktion eines notwendigen Durchgangspunktes auf dem Wege des Erkennens, der gleich der Skepsis ein zweifaches Antlitz trägt, ein freies und unfreies, ein beharrendes und negatives, ein ruhiges und unruhiges, ein glückliches und ein unglückliches, eben das des Vorstellens, dem Amalgam aus Phänomenalem und Logischem, aus Bild und Begriff.[37]

Die Kunst, die in der Phantasie ihre formale Quelle hat, gilt bekanntlich als „freies Spiel mit dem Schein", als Welt des Scheins. Solch Wirken der Phantasie beschreibt Schiller als ein „Idealisieren", Humboldt zufolge erzeuge die Kunst als facultas fingendi „Idealisches", ein Nicht-Wirkliches, Bild und Schein, die aber alle Wirklichkeit übertreffen. Vorstellung bzw. Phantasie kann somit auch als „Ideation" verstanden werden. In ihren Einbildungen, in ihren durchaus ambivalenten Imaginationen ist die Phantasie freier als die Natur. Die Sphäre der empirischen äußeren und inneren Welt, die Lichter der Welt und das Feuern der Neuronen gelten nicht als Welt wahrhafter Wirklichkeit, sondern in noch strengerem Sinne als in der Kunst als bloßer Schein, als Erscheinen des Wesens, auch geprägt von Zufälligkeit und Willkür. Erst die auf der *schönen* Phantasie basierende Kunst gibt (verleiht) den Erscheinungen eine „höhere, geistgeborene Wirklichkeit ... weit entfernt davon, bloßer Schein zu sein, ist den Erscheinungen der Kunst der gewöhnlichen Wirklichkeit gegenüber die höhere Realität und das wahrhaftigere Dasein zuzuschreiben."[38] Als ‚Vergegenwärtigungsweisen des Allgemeinen sind' sie Monogramme des Absoluten (Schelling), aber nicht dessen höchste Darstellungsweise.

c.   Dritte Stufe: Die Zeichen machende Phantasie

Die Kreationen der Phantasie verbleiben zunächst aber bloß im Innern, subjektiv, ihre Gebilde sind *partikular und nur subjektiv anschaulich*. Das Moment des Seienden, die Ent-Äußerung, die *äußere Vergegenwärtigung*, die *äußerliche Neu-Repräsentation* als ein Schritt zur Objektivierung fehlt noch. Das zur inneren Selbstanschauung Voll-

---

[37] Näher dazu: K. Vieweg, *Skepsis und Freiheit – Hegel über den Skeptizismus zwischen Philosophie und Literatur*, München 2007.
[38] G. W. F. Hegel, *Vorlesungen über die Ästhetik*, Werke, Bd. 13, S. 22.

endete, die bloße Synthese von Begriff und Anschauung, das *bloß innerlich-Subjektive* muss als Seiendes bestimmt, zum äußeren Gegenstand gemacht werden. In dieser Tätigkeit, dem Äußern, produziert die Intelligenz neue Anschauungen, damit kehren wir auf höherer Ebene zum Ausgangspunkt „Anschauung" zurück. Im *Zeichen* wird der selbst konstituierten Vorstellung die eigentliche Anschaulichkeit hinzugefügt. Die Intelligenz macht sich – so Hegel – selbst zu einer Sache, zu einem Gegenstand, in dem die bloß vereinzelte Subjektivität überschritten ist, sie wird *Zeichen machende Phantasie*. In diesem Textstück finden sich die Grundlinien von Hegels Semiologie, einschließlich seines philosophischen Konzept der Sprache und der Sprachzeichen. Darin erweist sich Hegel als einer der Begründer der modernen philosophischen Verständnisses von Sprache.

Indem sich die Intelligenz auf der Stufe der Phantasie willkürlich-frei und identisch sich auf sich selbst bezieht, ist sie schon zur Unmittelbarkeit zurückgekehrt und muss so ihre selbst geschaffenen Bilder und Vorstellungen als Daseiendes, Ver-Objektiviertes hinaus-stellen, als Daseiende hinaus-setzen und erfüllt so die Geist-Struktur auf höhere Weise. Die Zeichen machende Phantasie konstituiert eine Einheit von selbst-geschaffenen, selbständigen Vorstellungen und einer Anschauung, wiederum eine höhere Identität von Subjektivität und Objektivität. Einem frei-willkürlich gewählten äußerlichen Gegenstand wird eine *diesem fremde Bedeutung* zugeschrieben, verliehen. Infolge dieser arbiträren Zueignung verschwindet der unmittelbare, eigentümliche Gehalt der Anschauung, ihr wird ein anderer Inhalt als innere Seele gegeben, als Bedeutung gegeben. Eine Anschauung wird radikal zu dem Ihrigen der Intelligenz transformiert, der vollen Souveränität der Intelligenz überantwortet und eine erfüllte Raum-Zeit geschaffen, kulminierend in der Sprache, in der Zeit des Tons und dem Raum des Buchstaben. In dieser Konstruktion, der *Er-Findung einer Zeichen-Welt* erweist sich die Intelligenz als der Souverän der Zeichen, der Bedeutungen, als die frei-herrschende semantische Macht, die unsere Erkenntnisse, unser Wissen aufzubewahren vermag, auf Dauer stellen kann und kommunizierbar macht, die Mnemosyne, welche das formelle Fundament von Geschichte bildet.

Als Metapher für das Zeichen dient Hegel die von Derrida für einen Aufsatztitel gebrauchte *Pyramide*[39], der Kreis vom Schacht zur Pyramide schließt sich: „Das *Zeichen* ist irgendeine unmittelbare Anschauung, die einen ganz anderen Inhalt vorstellt, als den sie für sich hat; – die *Pyramide*, in welche eine fremde Seele versetzt und aufbewahrt ist."[40] Auf höherem Niveau wird die Geist-Struktur wieder erreicht, speziell die geistgeborene Sprache mit ihrer Logos-Verfasstheit und inneren Logik indiziert den Transfer zum Denken, das in der Sprache seine ihm angemessene Form hat.

Die Phantasie steht zwischen der Anschauung und dem Denken, erreicht somit noch nicht die vollständige Identität des Selbstverhältnisses, des Selbstbestimmens in Form

---

[39] J. Derrida, Der Schacht und die Pyramide. Einführung in die Hegelsche Semiologie, in: *Randgänge der Philosophie*, hrsg. v. Peter Engelmann, Wien 1988; K. Vieweg, Das Bildliche und der Begriff. Hegel zur Aufhebung der Sprache der Vorstellung in die Sprache des Begriffs, in: K. Vieweg, R. T. Gray, Hegel und Nietzsche. Eine literarisch-philosophische Begegnung, Weimar 2007.

[40] G. W. F. Hegel, *Enzyklopädie*, Werke, Bd. 10, S. 270.

des Denkens des Denkens, den Ikonoklasmus des begreifenden Erkennens.[41] Die Produktivität des Hegelschen Anknüpfens an den ‚geistigen Schatz' des Aristoteles sollte hoffentlich etwas deutlicher geworden sein.

---

[41] „Im Denken *bin* ich *frei*, weil ich nicht in einem Anderen bin, sondern schlechthin bei mir selbst bleibe". G. W. F. Hegel, *Phänomenologie des Geistes, Werke*, Bd. 3, S. 156.

RALF BEUTHAN

Der west-östliche Hegel

Geist und Natur als Konvergenzpunkte zwischen Hegel und dem Konfuzianismus

1. Vorbemerkung: Methodische Herausforderung interkultureller Philosophie

Hegels Verständnis der Konfuzianischen Philosophie kann als ein Lehrstück über die besonderen Herausforderungen interkulturellen Philosophierens betrachtet werden. Wenn Philosophen, die in der Sache und ihrem Selbstverständnis nach tief in ihrem eigenen Kulturkreis verankert sind, Philosophien aus anderen Kulturkreisen beurteilen, dann kann es schnell zu Missverständnissen, oder zumindest zu starken Verkürzungen kommen. Dafür gibt es zahllose Beispiele. Hegel ist vermutlich ein Beispiel. Aber ein Besonderes. Hegel steht zugleich dafür, dass es in der philosophischen Betrachtung anderer Philosophien einzig darum geht, den systematischen Gehalt eines Gedankens zu erfassen und damit als Gedanken dieser Welt ernst zu nehmen. Hierin bleibt er ein großes Vorbild.

Ich werde in meinen folgenden Überlegungen Hegels zum Teil despektierliche Äußerungen über den Konfuzianismus nicht verschweigen. Es wird aber darum gehen zu zeigen, dass dessen ungeachtet das Hegelsche Denken sehr interessante Berührungspunkte mit dem Konfuzianismus hat. Diese werden aber erst sichtbar, wenn man die sozusagen „konfuzianischen Motive" in Hegels Denken nicht einfach dort sucht, wo sie dem „Buchstaben" nach erscheinen, sondern wo sie dem „Gedanken" nach verhandelt werden. Das kann zu überraschenden Befunden führen.

Achtet man mehr auf die Gedanken als auf die Buchstaben, dann – so meine These – wird man trotz signifikanter Unterschiede in wichtigen Punkten eine bemerkenswerte Nähe zwischen Hegel und dem Konfuzianismus finden können. Ein Punkt betrifft vor allem die Frage, wie sich die Sphäre des Sittlichen bzw. des Geistes zur Natur verhält. Im Blick hierauf wird man zugleich exemplarisch sehen können, dass auf einer prinzipiellen Ebene die *inter*kulturellen Differenzen manchmal kleiner sein können als die *intra*kulturellen. Ich vermute, dass dies eine Erfahrung sein dürfte, die man in Zeiten der Globalisierung oft wird machen können, und die uns zu denken geben sollte, wenn wir angesichts der kulturellen Besonderheiten dazu tendieren, die jeweiligen Eigenarten im Sinne eines strikten Partikularismus zu diskutieren.[1] – Doch kommen wir zu Hegel.

2.   Hegels Kritik an Konfuzius

Innerhalb der europäischen Kultur – und auch darüber hinaus – kommt Hegel das Verdienst zu, die *Geschichte*, und mehr noch: die *Geschichte der Philosophie* zu einem wesentlichen Inhalt der Philosophie selbst gemacht zu haben.[2] Und er gehört – bis heute – zu den wenigen, die dabei den Blick über die europäische Geschichte hinaus gewagt und versucht haben, nicht nur andere Kulturen zu beschreiben oder moralisch zu bewerten, sondern eben ihre leitenden Gedanken zu durchdringen und für das eigene Denken fruchtbar zu machen. Doch trotz seines, wie ich meine, nach wie vor gültigen philosophischen Ansatzes, sich auch einem kulturell, zeitlich oder geographisch fernem Denken *denkend* zu nähern und auf seine *Wahrheit* zu reflektieren, bleiben gerade seine konkreten Ausführungen zu Konfuzius enttäuschend. Hegel erkennt zwar sehr wohl an, dass Konfuzius' Werke „bei den Chinesen die geehrtesten" (TWA 18, 142) sind, dass Konfuzius eine „Autorität" (ebd.) ist; er sieht auch, dass seine Schriften, insbesondere seine „Gespräche" („Lun Yü"), wichtige „moralische Lehren" enthalten, und dass Konfuzius ein „praktischer Weltweiser" (ebd.) ist. Dennoch: Unterm Strich findet Hegel auf seiner interkulturellen gedanklichen Wanderung durch die „orientalische Philosophie" bei Konfuzius, wie er sagt, „nichts Ausgezeichnetes" (ebd.). – Woran liegt das? Ist es einfach ein Fall eurozentristischer Ignoranz, also ein Negativbeispiel interkulturellen Philosophierens?

Ich möchte mich nicht lange mit Erklärungen für Hegels wenig freundliche Beurteilung des Konfuzianischen Werkes aufhalten. Man mag als Erklärung die schwierige Quellenlage, die (in der Tat schwer überwindlichen) sprachlichen Grenzen und die da-

---

[1] Es gehört zu Wolfgang Welschs kulturphilosophischen Kernthesen, dass die unstrittig beobachtbaren kulturellen Differenzen und Besonderheiten keineswegs transkulturelle Verflechtungsstrukturen und Gemeinsamkeiten ausschließen. Um den bereits im Ausdruck „interkulturelle Philosophie" enthaltenen Gedanken der Differenz von voneinander unabhängigen Seiten nicht übernehmen zu müssen und Differenzen vielmehr im Sinne der Verflechtungsstrukturen neu zu fassen, spricht er stattdessen von „Transkulturalität". Das Konzept der „Transkulturalität" hat er in jüngster Zeit auf der Grundlage seiner Forschung zur Anthropologie weiter vertieft und mit dem Argument humanspezifischer Gemeinsamkeiten verknüpft. Die Theorie einer anthropologisch unterfütterten Transkulturalität ist meiner Überzeugung nach wegweisend. Ohne diese wären auch die vorliegenden Überlegungen kaum möglich gewesen. Dass ich dennoch von „interkultureller Philosophie" spreche, ist dem Umstand geschuldet, dass ich hier die spezifische theoretische Situation akzentuieren möchte, in der ein Denker aus seinem kulturellen Kontext eigens auf zunächst einmal fremde kulturelle Kontexte reflektiert. Betont wird hier in gewisser Weise die Situation des Begegnens oder Vorfindens, und noch nicht die Situation der Metareflexion, in der ich die Genese und den Status des Gefundenen explizieren kann.

[2] Es gab im Zuge der Aufklärungsphilosophie freilich Vorläufer und Wegbereiter dazu. Doch erst bei Hegel findet sich der wichtige Gedanke, dass die historischen Gestalten nicht im Schema einer Überbietungs- oder Unterbietungsgeschichte zu betrachten, sondern als ein systematischer und konstitutiver Zusammenhang des philosophischen Denkens zu würdigen sind.

mals nur geringe Kenntnis der chinesischen Kultur in Europa ins Feld führen. Aber auch unter diesen Bedingungen hätte das Urteil positiver ausfallen können. Man vergleiche dazu nur Leibniz (den Hegel hier selbst erwähnt), Voltaire und Kant – allesamt Konfuzius-Fans.

Meines Erachtens gab folgendes den Ausschlag für Hegels Konfuzius-Kritik:

(1) Zum Einen dürfte – subkutan – Hegels kritische Distanz zu der angedeuteten Aufklärungstradition eine Rolle gespielt haben. Dabei geht es für Hegel in der Sache um die Frage, ob eine Theorie über den Standpunkt einer anthropozentristischen „Verstandesphilosophie" hinauskommt. Dies leisten die Aufklärungsphilosophen für Hegel nicht. Und der moralphilosophische Schwerpunkt des Konfuzius – von den Aufklärern sehr geschätzt – gab ihm, wie es aussieht, zu wenig Anhaltspunkte, dass hier wesentlich mehr zu finden ist. Dass die Aufklärungsphilosophen Konfuzius so geschätzt haben, hat ihn für Hegel wohl eher verdächtig gemacht.

(2) Entscheidender allerdings war für Hegel, dass er im Konfuzianismus keinen systematischen philosophischen Ansatz erkennen konnte. Er vermisste die Züge derjenigen Philosophie, die er „spekulative Philosophie" (TWA 18,142) nennt, und zu der gehört, dass alle diskutierten Sachverhalte in einem allgemeinen und durchgängigen systematischen (begrifflichen) Zusammenhang stehen.

(3) Nicht weniger bedeutsam als die systematische Gestalt der Philosophie ist für Hegel der in ihr jeweils gedachte Begriff der Freiheit. Freiheit ist, daran gibt es keinen Zweifel, der Leitbegriff der Hegelschen Philosophie. Bereits Hegels geschichtsphilosophische Einordnung des Konfuzianischen Denkens in die Vorgeschichte der „wahrhaften Philosophie" (TWA 18,138) lässt erahnen, dass er im Konfuzianismus keinen, oder doch nur: einen unzureichend entwickelten Freiheitsbegriff zu finden scheint. – Ob diese geschichtsphilosophische Einschätzung der Perspektive des Hegelschen Denkens tatsächlich das letzte Wort zum Konfuzianismus sein muss, das wird allerdings im Folgenden zu hinterfragen sein.

3. Einige konfuzianische Motive in Hegelscher Perspektive betrachtet

Konzentrieren wir uns auf den Begriff der Freiheit. Es wäre natürlich ein Irrtum zu glauben, Freiheit beschränkte sich auf die Idee eines „Freiseins von etwas" – wie zum Beispiel das Losgelöstsein von Verpflichtungen und Verantwortung, oder das Freisein in dem Sinne, in dem jemand sich durch nichts und niemanden gebunden sieht. Sowohl Konfuzius als auch Hegel wussten, dass das „Freisein von" nur *ein* Aspekt des Freiheitsbegriffs sein kann. Auch wenn es schwer sein dürfte, einen Freiheitsbegriff ohne diesen Aspekt zu denken – eine Reduktion der Freiheit auf eine Art „Subjektivismus" oder individueller Willkür kann nicht überzeugen. Andere Aspekte müssen noch hinzu kommen.

Schaut man auf den Konfuzianismus – und damit meine ich nicht mehr nur die reine Lehre des Konfuzius, sondern die Lehre, wie sie in der Folge tradiert, weiterentwickelt und weltweit rezipiert wurde –, dann fällt auf, dass hier ein anderer Aspekt des Freiheitsbegriffs leitend ist. Entscheidend ist dabei eine für den Konfuzianismus zentrale

Idee: die Idee der *Harmonie*. Denkt man über diese Idee nach, dann wird man eines
Aspekts von Freiheit gewahr, welcher sich ungefähr so umschreiben lässt: Freisein heißt
nicht, sich von allem abzukapseln, sondern vielmehr sich als Teil eines Ganzen, eines organischen Zusammenhangs zu erfahren. Dieser, wie ich ihn nennen möchte, „holistische
Freiheitsbegriff", betont anstelle des *Isoliertseins-von-Allem* das *Verbundensein-mit-Al-
lem*. In diesem Sinne ist zum Beispiel das Individuum gerade dann frei von Zwang, wenn
es im Verbund mit anderen lebt, da es dann nämlich seiner sozialen Natur gemäß lebt.
Der „holistische Freiheitsbegriff" enthält also die wichtige Einsicht, dass die Zugehörigkeit des Individuums zu einer sozialen Ordnung nichts Sekundäres für das Individuum
ist, sondern zum Kern dessen gehört, was das Individuum für sich und für andere ausmacht.

Es ist kein Geheimnis, dass auch Hegel einen holistischen Freiheitsbegriff vertritt.
Hier deutet sich also ein Konvergenzpunkt zwischen Konfuzianismus und Hegel an.
Dem soll nun genauer nachgegangen werden. In systematischer Hinsicht möchte ich drei
Fragen in den Vordergrund rücken:

1. Welcher Art ist das verbindende Ganze, in dem sich die Individuen nicht als beschränkt, sondern als frei erfahren?
2. Welcher Art ist das Verhältnis des Individuums zu diesem Ganzen?
3. Wie verhält sich ferner das die Individuen umfassende Ganze (die „geistige" Ordnung) zur „natürlichen" Ordnung?

Ich werde diesen Fragen vor allem im Blick auf Hegels *Phänomenologie des Geistes*
(1807) nachgehen. Dabei wird sich, wie ich hoffe, auch aus der Perspektive des Hegelschen Denkens eine andere Einschätzung des Konfuzianismus ergeben als die, die sich
eingangs im Blick auf seine Geschichtsphilosophie zeigte.

4.   Zum Motiv einer harmonischen „sittlichen Welt"

Konzentrieren wir uns zunächst auf den Gedanken eines harmonischen Zusammenhangs.
An entscheidender Stelle innerhalb seiner *Phänomenologie des Geistes*[3] – nämlich beim
Übergang vom „Vernunft"-Kapitel zum „Geist"-Kapitel – macht Hegel deutlich, dass es
darauf ankommt zu verstehen, dass das Erkennen und Tun des einzelnen Bewusstseins
verankert ist in einer umfassenden *Einheit*, die er zunächst als das „geistige Wesen" (PhG
285/235) bezeichnet. Das „geistige Wesen" ist eine dem Individuum vorausliegende
allgemeine Struktur, „ein ewiges Gesetz" (ebd.). Mit der Einsicht in diesen Struktur-
zusammenhang, in der sich das Individuum als Teil eines Ganzen erfährt, welches ihm
in seiner Allgemeinheit jedoch nicht fremd ist, weil es diese ‚vernünftiger Weise' als sein
eigenes Wesen weiß, – mit dieser Einsicht lassen wir die Vorstellung hinter uns, dass die

---

[3] Ich zitiere im weiteren nach folgender Ausgabe: G. W. F. Hegel, *Phänomenologie des Geistes*,
hrsg. von H.-F. Wessels und H. Clairmont, mit einer Einleitung von W. Bonsiepen, Hamburg
1988. – Der Nachweis erfolgt im Text unter der Verwendung der Sigle „PhG". Es werden jeweils
die Seite der genannten Ausgabe und zusätzlich die Seite aus den *Gesammelten Werke (Band 9)*
angegeben.

„Vernunft" der Wirklichkeit äußerlich wäre. Und da es auch heute keine Selbstverständlichkeit ist, möchte ich es betonen: Wir haben es also hier mit der grundlegenden These zu tun, dass die Wirklichkeit in ihrer Tiefenstruktur vernünftig ist. Für den sich daraus ableitenden Freiheitsbegriff ergibt sich folgende These: Freiheit bedeutet im Einklang mit der vernünftigen Wirklichkeit zu leben. – Die Frage ist nur: Welche Wirklichkeit ist hier gedacht?

Hegel nennt diese Wirklichkeit „Geist" (PhG 288ff./238ff.). Damit meint er zunächst – in Absetzung vom „Vernunft"-Kapitel – eine zum „Gemeinwesen" (PhG 292/242) zusammengeschlossene „Vielheit des daseienden Bewusstseins" (ebd.). Mit dem „Geist" tritt der für Hegel zentrale Gedanke auf, dass das einzelne handelnde Bewusstsein wesentlich Teil eines Ganzen ist. Dieses Ganze ist das Medium und der Zweck seiner Handlungen. Es ist ein dynamisches System, in dem eine Vielheit von Handlungssubjekten und Handlungen zu einem „sittlichen Leben eines Volks" (PhG 290/240) verbunden ist. – Damit wird klar: Die Wirklichkeit, auf die hin das Individuum sich als Teil eines Ganzen begreifen und ferner seine Freiheit realisiert, ist in erster Linie eine *sozial* und *politisch* dimensionierte Welt. Es ist also nicht einfach eine natürliche Welt, sondern eine „sittliche Welt". Und ihre Gesetzmäßigkeiten werden von Hegel nicht etwa im Sinne von Naturgesetzen, sondern als Zusammenspiel von „menschlichem" und „göttlichem Recht" (PhG 297/245) ausgelegt.

Das historische Vorbild für die angedeutete „sittliche Welt" (PhG 292/241) findet er in der griechischen Antike und damit in unmittelbarer *zeitlicher* Nachbarschaft zu Konfuzius (551 v. u. Z. bis 479 v. u. Z.). Und interessanterweise sind zwei Hauptcharakteristika dieser Welt ausgesprochen „konfuzianisch": Denn zum Einen hebt Hegel – vor allem im Kontrast zur Moderne – hervor, dass die „sittliche Welt", näher: das sozial-politische Gefüge der griechischen Polis ein *harmonisches Ganzes* ist, in dem die Individuen in geradezu natürlicher Weise den allgemeinen Gesetzen folgen und so ihre Handlungen unmittelbar auf einander abstimmen. Zum Anderen wird deutlich, dass die Handlungssubjekte sich durch diesen Zusammenhang – und nicht etwa in der Isolation von diesem Ganzen – als *frei* erfahren. Beides, den *Harmonie*-Gedanke und den *holistischen Freiheitsbegriff* hat Hegel im Blick, wenn er die „sittliche Welt" mit den Worten beschreibt: „Das Ganze ist ein ruhiges Gleichgewicht aller Teile, und jeder Teil ein einheimischer Geist, der seine Befriedigung nicht jenseits seiner sucht, sondern sie in sich darum hat, weil er selbst in diesem Gleichgewichte mit dem Ganzen ist." (PhG 302/249) – Halten wir damit zunächst fest: Die Freiheit des Individuums wird hier als ein harmonisches Verhältnis zur „sittlichen" Struktur seiner Welt gedacht.

Doch Hegel entdeckt ein systematisches Problem in diesem zunächst harmonischen Ganzen der antiken „sittlichen Welt" und thematisiert in der Folge eine tiefgreifende Krisenerfahrung. Der springende Punkt ist der: Wenn das Individuum wesentlich ein ‚Teil des Ganzen' ist, dann ist die Spannung zwischen dem Einzelnen und dem Allgemeinen genau genommen nicht mehr einfach dadurch aufzulösen, dass der Einzelne seine Einzelheit aufgibt und sein Verhalten an die allgemeinen Regeln *anpasst*. Denn nunmehr ist der Gedanke da, dass die Spannung zwischen dem Allgemeinen und dem Einzelnen zum Wesen des Ganzen selbst gehört. Eben dieser Gedanke wird durch jene beiden genannten Gesetze bzw. Rechte zum Ausdruck gebracht – dem „menschlichen" und dem „göttlichen" Recht. In jenem schlägt sich der Primat des Allgemeinen, in diesem der Primat des Einzelnen nieder.

Damit wird die Tiefendimension und die Art der Krise erkennbar, um die es nun zu tun ist: Der Einzelne kann hier gar nicht sein Verhalten einer allgemeinen Ordnung anpassen, ohne dabei zugleich eine andere Ordnung des Ganzen zu verletzen, nämlich diejenige, die die Einzelheit als Moment des Ganzen wahrt. Wir haben es also hier mit einer „Entzweiung" (PhG 307/254) des Ganzen, sprich: des „sittlichen Wesens" (PhG 307/253) selbst zu tun. Da hilft letztlich keine Anpassungsleistung, Selbstleugnung oder „Unterdrückung" (PhG 314/259) des Einzelnen.

Für Hegel ist das Paradigma einer solchen Spaltung des Ganzen in „zwei Gesetze" (PhG 307/253), die von den Griechen entdeckte tragische Struktur, welche in exemplarischer Weise in der "Antigone" von Sophokles (497-406 v. u. Z.) zu finden ist. Die tragische Struktur ist kategorial verschieden von der vergleichsweise unproblematischen Differenz zwischen *einer* allgemeinen Ordnung und der sich dazu angemessen oder unangemessen verhaltenden Individuen. Die Besonderheit der in der griechischen Tragödie ausgetragenen Krise besteht in der *antinomischen Struktur* der sozial-politischen Wirklichkeit selbst, die in diesem geschichtlichen Horizont vom Einzelnen allerdings nur erkannt, aber nicht gebannt werden kann.

Halten wir bis hierher fest: Hegel teilt mit dem Konfuzianismus einen holistischen Freiheitsbegriff, versucht aber zugleich die darin angelegte Krisenerfahrung, die dramatische Spannung zwischen den Momenten des Ganzen – Allgemeinheit und Einzelheit – begrifflich zu klären. Sein Fazit: Das Ganze ist tragisch.

5. Zum Motiv der „Bildung"

Wer nun glaubt, mit der Krise der „sittlichen Welt" und dem damit verbundenen holistischen Freiheitsbegriff, verlassen wir zugleich den konfuzianischen Gedankenkreis, der irrt. Im Gegenteil: Hegels weiterer Argumentationsgang führt uns – freilich auf einem nicht-konfuzianischen Weg[4] – zu einem Leitmotiv des Konfuzianismus. – Doch schauen wir zunächst auf den Problemstand.

Die Schwierigkeit besteht darin: Wie kann die antinomische Struktur, der Widerspruch zwischen dem Primat der Allgemeinheit und dem der Einzelheit überwunden werden, ohne dabei ein Moment zu bevorzugen und das andere zu unterdrücken? Diese Frage ist insbesondere für den Freiheitsbegriff entscheidend. Der bisher genannte Freiheitsbegriff – Einklang des Einzelnen mit einer vernünftigen Wirklichkeit – droht angesichts der Widersprüchlichkeit der Normen dieser sozial-politischen Wirklichkeit sinnlos zu werden. Ein Leben im Einklang mit einer widersinnigen Wirklichkeit ist ein Unding. Die im Harmonie-Gedanken enthaltene Freiheitsidee scheint also an der Struktur der Wirklichkeit selbst zu zerbrechen.

Hegels Lösungsweg ist jedoch bereits in der Konzeption der „sittlichen Welt" vorgezeichnet. Genau besehen gibt es nämlich schon hier einen Schritt über die schlichte Opposition von Allgemeinheit und Einzelheit hinaus. Dass der Primat der Allgemein-

---

[4] D. h.: im philosophisch-systematischen Durchgang durch die antike europäische Geschichte.

heit sich im „menschlichen Recht" geltend macht, heißt zugleich: die Allgemeinheit ist den einzelnen Menschen keineswegs fremd und äußerlich, sondern ist Ausdruck ihres gemeinsamen, öffentlich-politischen Lebens; sie ist gleichsam ein *Raum der Gründe*, in dem alle Ansprüche und Gesetze für jedes Mitglied der Gemeinschaft nicht nur zugänglich, sondern transparent (verständlich) und im Prinzip anerkannt sind. Die hier gedachte Allgemeinheit ist also bereits auch Ausdruck einer nicht-unterdrückten Einzelheit. Auf der anderen Seite war die dramatische Unterdrückung der Einzelheit nicht einfach gegen ein von allen Regeln und Verbindlichkeiten losgelöstes Individuum gerichtet, sondern genau genommen gegen ein anderes System von Regeln und Verbindlichkeiten (nämlich die Ordnung der „Familie" und der „Blutsverwandtschaft"). Das heißt, die hier gedachte Einzelheit enthält bereits Momente der Allgemeinheit, nämlich die von transindividuellen Regeln. – Der darin vorgezeichnete Lösungsweg ist also auf folgende Formel zu bringen: Die Griechen haben die spannungsreiche Einheit von Allgemeinheit und Einzelheit [für das europäische Denken] entdeckt; es kommt aber nun darauf an die Allgemeinheit im Einzelnen zu realisieren. D. h.: Worauf es ankommt, ist nicht nur die begriffliche Verschränkung der opponierenden Seiten aufzudecken, sondern die dem Einzelnen innewohnende Allgemeinheit freizusetzen und damit die Allgemeinheit erst wahrhaft zu verwirklichen.

Damit sind wir bei einer entscheidenden Stufe in der Entwicklung des „Geistes". Ich muss natürlich auch hier darauf verzichten, ins Detail zu gehen, und werde mich darauf beschränken, die zentrale Idee zu verdeutlichen. Sie führt uns geradewegs zu einem weiteren „konfuzianischem" Motiv.

Ausgehend von den Prämissen, dass (1) dem Einzelnen als solchem das Merkmal der Allgemeinheit zukommt und (2) die Allgemeinheit nicht ohne Einzelheit bestehen kann, argumentiert Hegel für eine spezifische *Prozessualität des Geistes*. Hierbei steht der Gedanke im Vordergrund, dass das Individuum aus intrinsischen Motiven sich über seine temporären und partikulären Neigungen erhebt, um das ihm innewohnende Moment der Allgemeinheit herauszubilden. Dieser Gedanke ist (entsprechend der beiden Prämissen) unmittelbar mit einem zweiten Gedanken verkoppelt. Denn die Herausbildung der Allgemeinheit aus den intrinsisch dazu motivierten Individuen gilt zugleich als Verwirklichung der Allgemeinheit selbst. Das heißt, der *eine* Prozess des Geistes stellt *sowohl* eine Selbstverwirklichung des Individuums *als auch* eine Realisierung des umfassenden Ganzen dar. Dieser doppeldeutige Prozess, der das Allgemeine realisiert, ohne das Individuum zu unterdrücken, ist der Prozess der „*Bildung*" (PhG 320 ff./264 ff.).

„Bildung" ist ein – leider oft übersehener – zentraler Gedanke der Hegelschen Geistphilosophie, und es ist ein nicht minder zentrales, aber eben auch berühmtes Motiv des Konfuzianismus. Es wäre sicher lohnend, dem Konzept der „Bildung" im interkulturellen Gespräch genauer nachzugehen, denn an seiner kulturellen, sozialen und politischen Bedeutung kann gerade in einer globalisierten Moderne kein Zweifel sein. Ich konzentriere mich aber im Moment nur auf einen Aspekt der Hegelschen Konzeption, näher: auf die Frage, wie sich nach der tragischen Spaltung des Ganzen („sittliche Welt") das Individuum noch zum Ganzen verhalten kann. Hegels Antwort lautet im Kern so: Das Individuum kann sich überhaupt nur durch einen *aktiven*, die Allgemeinheit hervorbringenden Prozess zu dem Ganzen verhalten, nicht durch Passivität gegenüber einer gegeben Ordnung. Damit wird zugleich der holistische Freiheitsbegriff erhalten und erweitert. Denn das Individuum versteht sich auch jetzt noch als Teil einer transsubjektiven, allgemeinen und anerkannten Ordnung, aber diese Ordnung besteht zugleich nicht ohne die Aktivität des Individuums. Der springende Punkt ist also der, dass sowohl das Ganze als auch das Individuum, allererst durch einen aktiven Prozess, einem System von wissensgeleiteten Handlungen *konstituiert* wird.

Dabei darf der Prozess der Bildung jedoch aus zwei Gründen nicht mit einem bloßen *Aktivismus* verwechselt werden: Zum einen ist der Prozess, wie angedeutet, dadurch gekennzeichnet, dass hier das Individuum über seine eigenen partikulären Tendenzen und Willkürhandlungen hinausgeht, sich also in gewisser Hinsicht allererst „kultiviert" bzw. sich dazu überwindet und überwinden muss, seine innere Allgemeinheit zu realisieren. Zum anderen gestaltet sich der Prozess nicht nur als ein System von wissensgeleiteten Handlungen (in Ökonomie und Politik), sondern ist darüberhinaus darauf ausgerichtet, eine vernünftige sozio-politische Wirklichkeit und ein vernünftiges Wissen herauszubilden. Nicht zuletzt das *Telos eines vernünftigen, das heißt: die Wirklichkeit begreifenden Wissens* unterscheidet das Hegelsche Bildungskonzept signifikant von jeglichem Aktivismus und von gegenwärtig kursierenden, recht unbestimmten Bildungskonzepten.

Dass das Individuum wesentlich durch *Bildung* zur Erfahrung seiner *Freiheit* im Sinne selbstmotivierter Handlungen und im Sinne der Verbundenheit mit einer (dabei gebildeten) vernünftigen Wirklichkeit kommt, ist ein Gedanke, der der konfuzianischen Idee eines nicht hierarchischen Lernprozesses meines Erachtens sehr nahe steht. Hätte Hegel weniger auf den *Moralphilosophen*, als vielmehr auf den *Bildungsphilosophen* Konfuzius geschaut, wäre er vermutlich zu einem positiveren Urteil über ihn gekommen.

Doch die Nähe zu einem Konfuzianischen Schlüsselbegriff darf nicht darüber hinwegtäuschen, dass Hegels *phänomenologischer* Bildungsbegriff im weiteren Argumentationsgang zu einer nicht-konfuzianischen Konsequenz führt. Die Pointe sei hier im Blick auf die Fortbestimmung des Freiheitsbegriffs wenigstens kurz benannt: Ähnlich wie beim tragischen Ganzen der „sittlichen Welt" konstatiert Hegel auch für die Moderne eine Spaltung bzw. „Zerrissenheit"; er zeigt, dass das gebildete Bewusstsein, das sich auf adäquate Weise zu den allgemein-anerkannten politisch-ökonomischen Ordnungen der Wirklichkeit zu verhalten weiß und darin sein Selbstbewusstsein gewinnt, von einer anderen Art des Bewusstseins begleitet wird, dass sich nur parasitär zu jener Wirklichkeit zu verhalten weiß. Es geht hier um die Opposition, wie Hegel es nennt, von „edelmütigem" und „niederträchtigem" Bewusstsein (vgl. PhG 331 ff./273 ff.). Obwohl Hegel den höheren Status des „edelmütigen Bewusstseins", dessen Selbstbildung zugleich Bildung des Allgemeinen ist, durchaus herausstellt, macht er dennoch deutlich, dass das zunächst unvernünftige, weil nur um partikulare Interessen bekümmerte, „niederträchtige Bewusstsein" einen – auf das Ganze gesehen – vernünftigen Effekt hat. Das mag überraschen.

Das Argument für diese überraschende Pointe ist ein doppeltes: (1) Hegel zeigt nämlich, dass das „edelmütige Bewusstsein" allein noch keineswegs das Kernproblem – die Versöhnung der beiden Momente des Ganzen (Allgemeinheit/Einzelheit) – löst, weil mit ihm die dazu notwendige Struktur der Subjektivität noch nicht hinreichend entwickelt ist (es ist vereinfacht gesagt: zu wenig subjektiv); (2) und er zeigt, dass allein die durch die Partikularität generierte Dynamik des Ganzen allererst ein hinreichendes Verständnis von Allgemeinheit in den Blick bringt (nämlich eine solche Allgemeinheit, die, wie

Hegel an anderer Stelle sagt, die „Kraft des Negativen" in sich enthält). Die hier angedeutete Argumentation des „Bildungs"-Kapitels leitet den Übergang zu einem weiteren
Aspekt des Freiheitsbegriffs ein: der Freiheit im Sinne der *Autonomie* (vgl. „Morali-
täts"-Kapitel). Der dabei leitende Gedanke wird sein, dass die denkende Subjektivität
die Allgemeinheit nicht als eine fremdbestimmte Ordnung (wie am Ende in der „sittlichen Welt"), noch als eine entfremdete Wirklichkeit (wie am Ende des „Bildungs"-
Kapitels) erfährt, sondern qua *Selbstgesetzgebung* selbst ist. Doch das führt hier zu weit
– weg von Konfuzius, hin zu einer weitreichenden moralphilosophischen Debatte.

Fassen wir das Bisherige kurz zusammen: Es hat sich also bisher gezeigt, dass Hegels
phänomenologischer Gang durch die Sphäre des Geistes drei verschiedene Aspekte des
Freiheitsbegriffs akzentuiert – Freiheit (1) im Sinne einer *holistischen Weltverbunden-
heit*, (2) im Sinne eines *aktivischen Selbst- und Weltbildung* und schließlich (3) Freiheit
im Sinne von *Selbstgesetzgebung (Autonomie)*. Auf diesem Weg konvergiert er gleich
zweimal mit Schlüsselbegriffen des Konfuzianismus – der *Harmonie* und der *Bildung*
(Lernen im Sinne der Aneignung von Wissen und von Selbsttransformation). Dass Hegel zugunsten einer tiefergehenden begrifflichen Problemlösung – der Auflösung des
Widerstreits zwischen Allgemeinheit und Einzelheit – über das Ideal eines „edelmütigen
Bewusstseins" hinausgeht und damit den positiven Wert auch des modernen „zerrissenen
Bewusstseins" heraushebt, bedeutet freilich nicht, dass die vorangegangen Freiheits-
aspekte entwertet sind, sondern nur, dass sie in einem komplexeren Zusammenhang
gesehen werden. Und damit ist zugleich gesagt, dass die Nähe zu Konfuzius nicht damit
zurückgewiesen werden kann, dass Hegel auch nicht-konfuzianische Thesen vertritt.

6.   Zum Motiv einer umfassenden natürlichen Ordnung

Ich möchte noch auf einen anderen, vielleicht unscheinbaren, aber keineswegs unwich-
tigen Punkt zu sprechen kommen. Nachdem wir gesehen haben, dass Hegel einen holistischen Freiheitsbegriff vertritt, dabei (3.1) Freiheit zunächst im Blick auf eine sozial-
politische Wirklichkeit („sittliche Welt") hin denkt, und ferner (3.2) Freiheit um den Gedanken einer spezifischen Aktivität des Individuums (Bildung) erweitert, stellt sich nun
eine grundlegende Frage: Die in diesem Zusammenhang entwickelte Wirklichkeitskon-
zeption zielt auf ein mehrdimensionales System, das sozio-politische, ökonomische und
religiöse Sphären in sich begreift – aber wie verhält sich diese doch insgesamt *„menschliche" Ordnung* zum *System der Natur*? Ist die Eigenlogik jener geistigen Wirklichkeit
so zu denken, dass demgegenüber die Gesetzmäßigkeiten der Natur entweder nur als
ein Epiphänomen oder als durch eine logisch unüberbrückbare Kluft getrennt vorgestellt
werden müssen?

Angesichts der Fokussierung spezifisch menschlicher Ordnungssysteme liegt der Ver-
dacht nahe, dass Hegels Geistbegriff gleichbedeutend ist mit einer Marginalisierung der
Natur. Dass das *phänomenologische* „Geist"-Kapitel mit einer moralphilosophischen
Diskussion schließt, passt da ins Bild. Umso mehr muss es dann aber verwundern, dass
Hegel zu Beginn des „Bildungs"-Kapitels (PhG 326f./269f.) in merkwürdiger Selbst-
verständlichkeit die menschlichen Ordnungssysteme mit den elementarischen Naturpro-

zessen analogisiert, welche durch die Elemente „Luft", „Wasser", „Feuer" und „Erde" strukturiert sind.

Hegels expliziter Hinweis auf elementarische Naturprozesse im Kontext des Geistes wird oft und gerne übersehen. Doch auch wenn diese Analogie an dieser Stelle zugestandenermaßen keine argumentative Funktion hat – sie verweist dennoch auf eine fundamentale These. Sie kann vereinfachend so formuliert werden: *Die Ordnung des Geistes wird im Prinzip durch dieselbe Prozesslogik organisiert, wie die Ordnung der Natur.* Um den darin gedachten engen Zusammenhang zwischen Geist und Natur hervorzuheben, möchte ich an dieser Stelle von *Hegels metaphysischer These* sprechen.

Hegel argumentiert nicht in der *Phänomenologie* für die metaphysische These. Dies tut er erst – und kann er erst tun – im *enzyklopädischen* System der Philosophie, in der allererst die Ordnung der Natur und die des Geistes entfaltet werden. Grundlage seiner Argumentation wird die durch die *Phänomenologie* auf dem Weg gebrachte Einsicht sein, dass die von perspektivischen Verkürzungen bereinigte Bewegung des Denkens (das ist das Denken, das die bewusstseinsspezifische Beziehung des Ich auf einen Gegenstand auf ihren relationalen Grund hin durchsichtig gemacht und damit aufgehoben hat) durch sich selbst die Strukturmomente des Seins generiert. Die metaphysische Identität von Sein und Denken wird zunächst als kategorialer Prozess logisch entfaltet. Auf dem argumentativen Boden einer solchen metaphysischen Prozesslogik, beansprucht Hegel dann den Nachweis zu erbringen, dass auch die Ordnung der Natur von ihren logischen Anfängen (Raum und Zeit) und ihren ersten elementarischen Gestalten an von reflexiven Prozessen und deren Ausdifferenzierungen bestimmt ist. Kulminationspunkt dieser Differenzierungs- und Reflexionsprozesse ist eine Gestalt der Natur, deren Reflexivität das ganze Individuum in allen seinen Momenten organisiert und zugleich für das Individuum als eine transindividuelle Einheit zugänglich ist. Kurz: Kulminationspunkt des Naturprozesses ist die Struktur der Subjektivität. Das heißt zugleich: Diese muss auch für Hegel bereits als *natürliche* individuiert sein, um überhaupt in einen Entwicklungsprozess des Geistes eintreten zu können. Das Spezifikum der Prozesslogik des Geistes im Unterschied zu der der Natur wird Hegel dahingehend bestimmen, dass die biologisch evolvierte Reflexivität qua Selbstbewusstsein bzw. als ‚Wissen von sich selbst' eine eigene Ordnung ausbilden wird. Ihr *terminus ad quem* ist nicht mehr die individuierte Reflexivität, sondern die Entfaltung der durch die Reflexivität ermöglichten voluntativ-kognitiven Dimension. Diese ‚geistige' Dimension wird am Ende den Menschen in seinen natürlichen, sozialen, politischen und kulturellen Dimensionen umfassen. Der *terminus ad quem* des über den Naturprozess hinausgehenden Geistes ist die Weiterentwicklung des „Für-sich-selbst-Seins" – also der über die bloße Selbstreferentialität hinausgehende Reflexivität[5] – zu einem „Sich-Wissen" des ganzen Prozesses.

Die hier nur in groben Zügen skizzierte These wirft nochmal ein klärendes Licht auf die Ausgangsfrage (vgl. 3.1). Dort wurde gefragt, welcher Art das *Ganze* der Wirklichkeit ist, von dem her sich das Individuum als *Teil*, als ein harmonisches Verbundensein

---

[5] Zum Unterschied von Reflexivität/Selbstreferentialität vgl. L. Siep (2010*), Aktualität und Grenzen der praktischen Philosophie Hegels. Aufsätze 1997–2009*, München, S. 198ff. – Siep betont dabei, dass Reflexion im Unterschied zur Selbstreferenz „nicht nur Unterscheidung von der Umwelt, sondern Selbstbeobachtung des Systems" (ebd., S. 198) ist.

begreifen lässt. Angesichts der *metaphysischen These* sehen wir jetzt deutlicher: Hegel begreift zwar den Geist *phänomenologisch* in erster Linie als eine sozial-politische und ökonomische Wirklichkeit, aber diese Wirklichkeit ist für ihn keineswegs durch eine Kluft geschieden von der Wirklichkeit der Natur. Beide Wirklichkeitssphären – der Geist und die Natur – sind von derselben Vernunft durchdrungen. In beiden Sphären entfaltet sich dieselbe Prozesslogik. Und beide Sphären zusammen machen letztlich erst die Wirklichkeit der Vernunft aus. – Für den holistischen Freiheitsbegriff sind die Konsequenzen dieser metaphysischen These allerdings gravierend. Es bedeutet nämlich, dass die Idee eines harmonischen Verbundenseins nicht nur auf die sozial-politische Welt und die Figur des Anerkanntseins beschränkt sein kann, sondern auch die natürliche Welt, mithin auch die eigene biologische Natur und Bedürfnisstruktur mit einbegreift.

Es dürfte klar sein, dass eben diese Idee – der Konnex der sozialen Ordnung mit universellen Strukturen (Natur) – eine große Tradition im Konfuzianismus,[6] und dem zuvor ohnehin eine lange Tradition im Taoismus hat. Und diese Idee ist nach wie vor von großem Interesse. Mit ihr ist nämlich der, wie ich meine: sehr richtige Gedanke verbunden, dass unser Weltwissen nicht einfach eine *soziale Konstruktion* ist (wenn auch damit nicht bestritten ist, dass soziale, ferner auch: kulturelle Konstruktionen eine wichtige Rolle in unserem Weltzugang spielen). Oder anders gesagt: Wenn wir diese Idee nicht ernst nehmen, können wir keinen überzeugenden Begriff von Freiheit gewinnen; denn nur mit dieser Idee gewinnen wir einen Freiheitsbegriff, der unsere eigene Natur nicht ausblendet oder marginalisiert.

7. Nachbemerkung: Interkulturelle Konvergenzen und intrakulturelle Divergenzen

Eine abschließende Bemerkung zur interkulturellen Philosophie. Schauen wir zunächst auf die gegenwärtige europäische und nordamerikanisch geprägte Reflexionskultur, dann fällt eine starke Tendenz zu einem bestimmten Ideen-Set auf. Dieses theoretische Set ist geprägt durch die Überzeugung von der *sozialen Konstruktion* der Wirklichkeit und – im Gefolge – durch die Überzeugung eines unhintergehbaren *Kulturrelativismus*. Hegels Idee einer zwar geschichtlich-kulturell differenzierten, aber im Kern universellen, sowie Natur und Geist umfassenden Vernunftstruktur, erscheint in diesem Kontext wie ein Fremdling.

Deshalb macht gerade der letzte Punkt – die Konvergenz von Konfuzianismus und Hegel in der Idee einer Geist und Natur verbindenden Prozessstruktur – auf ein interessantes Phänomen aufmerksam: Bemerkt man, dass die oft als sehr *homogen* vorgestellten Theoriekulturen, näher besehen, in sich oft sehr heterogen sind, dann kann man ferner auch entdecken, dass sich die oft als sehr heterogen vorgestellten Theoriekulturen manchmal näher sind als man denkt. Oder mit Blick auf Hegel und den Konfuzianismus gesprochen: Die *intra*kulturellen Differenzen (hier zwischen Hegels metaphysischer These und den „westlichen" Soziokonstruktivisten) sind manchmal größer als die *in-*

---

[6] Ich danke Wolfgang Welsch für den Hinweis, dass insbesondere im Neukonfuzianismus das moralphilosophische und soziale Denken mit der Idee kosmischer Ordnung verbunden wurde.

*ter*kulturellen Differenzen (hier zwischen Hegels metaphysischer These und dem Konfuzianismus).

Man sollte jedoch nicht so weit gehen zu versuchen, kleiner werdende *Differenzen* auch gleich als *Identitäten* zu deuten. Aber man sollte dennoch festhalten, dass interkulturelles Philosophieren größere *Familienähnlichkeiten* (so das berühmte Konzept von Wittgenstein) *zwischen den Kulturen* entdecken lässt, als man manchmal *in einer Kultur* zu hoffen wagt.

Ich möchte mit einem Dialog zwischen Konfuzius und Hegel im Kreis der Unsterblichen schließen, dessen fragmentarische Überlieferung zwar aus einer zweifelhaften Quelle stammt, dessen Inhalt aber doch wahr sein könnte. Der Leser möge selbst entscheiden. – Konfuzius, der eine Zeit lang Hegel geduldig zuhörte, als dieser mit großer begrifflicher Anstrengung seine metaphysische These verständlich machen wollte, lächelte milde und sprach: „Guter Hegel, auch Du willst uns also das Älteste sagen: *An sich sind die Menschen von Natur aus ähnlich, aber durch Erfahrungen entfernen sie sich voneinander.*" – „Das ist wahr", erwiderte Hegel und nahm noch einen Schluck aus seinem Weinglas, „so schön und einfach hätte ich es nicht sagen können. Aber, lieber Konfuzius, wollen wir es wagen, den Gedanken um eine kleine Wendung zu bereichern?" Konfuzius nickte gelassen, und so fuhr Hegel munter fort: „Auch wenn es wahr ist, dass die Menschen sich durch Erfahrung voneinander entfernen, gibt es Rettung. Denn durch die *Erfahrung des Denkens* können sich die Menschen auch wieder näher kommen." – Leider bricht der Quellentext hier ab.

Ryosuke Ohashi

Die Naturschönheit als Schein

„Que tu viennes du ciel ou de l'enfer, qu'importe,

Ô Beauté, monstre énorme, effrayant, ingénu!

Si ton oeil, ton souris, ton pied, m'ouvrent la porte

D'un Infini que j'aime et n'ai jamais connu?"

Charles Baudelaire, *Les Fleurs du mal: Hymne à la Beauté* –

1.

Ob und in welcher Weise das Naturschöne und das Kunstschöne im Gegensatz zueinander stehen, und was diese seien, ist eine *wichtige Scheinfrage*. Sie ist deshalb eine
wichtige Frage, weil sie implizite die Frage nach der Kunst betrifft und in der Ästhetik seit Kant bis heute immer wieder neu entfaltet wurde. Sie bleibt aber dennoch eine
*Schein*frage. Der gemeinte „Schein" bedeutet nicht unbedingt Trugschein, sondern eher
das Scheinen, in dem Sinne, dass, um es mit Hegel zu sagen, das Schöne das ästhetische Scheinen der Idee ist. Das Scheinen trügt aber auch, allerdings in ganz bestimmter
Weise. Es verblendet nämlich die wirkliche Seinsweise dessen, was scheint, wie das
Scheinen der Sonne, das die Sonne durch ihren Glühglanz verdeckt. Die oben genannte Frage ist das Scheinen des zunächst selbstverständlichen Begriffsrahmens von „Natur
und Kunst", der letztlich auf das Begriffspaar von „Natur und Geist" zurückzuführen
ist. Wie wäre es, wenn die als selbstverständlich gesetzte Gegenüberstellung von Na-
turschönem und Kunstschönem das fundamentale Begriffspaar „Natur und Geist" in
seiner Problematik eher verblendet, als sichtbar macht? Die innerhalb der Philosophie
kaum beachtete Vorbestimmung seiner christlich-abendländischen Herkunft wird z. B.
in Auseinandersetzung mit einer anderen Geistestradition wie der fernöstlichen und deren „Naturbegriff" durchleuchtet werden. Mit dieser Durchleuchtung beginnt wohl ein
nie zu erschöpfender Dialog zwischen den genannten Geistestraditionen. Eine Vorberei-
tung für diesen Dialog ist das, was die vorliegende Betrachtung versucht. Die genannte

*Schein*frage ist dabei ein guter Ansatzpunkt für diesen Dialog, wobei es darum geht, ihren „Schein"-Charakter durch einen hermeneutischen Filter zu erblicken und sichtbar zu machen.

2.

Werfen wir einen Blick auf die Problemgeschichte des Natur- und Kunstschönen. Man könnte ihren systematischen Begin im § 23 der Kantischen *Kritik der Urteilskraft* sehen.[1] Das Naturschöne ist nach Kant das Gefühl der Zweckmäßigkeit, das im Zusammenwirken von Verstand und Einbildungskraft entsteht. Die Naturgegenstände werden dann als „schön" empfunden, wenn sie dieses Gefühl in uns erwecken. Dies heißt, dass die Schönheit keine an sich existierende, objektive Beschaffenheit der Dinge ist. So ist die „Technik der Natur", die das Naturschöne produziert zu haben scheint, keine der Naturwelt zugehörige, objektiv-mechanische Tätigkeit. Sie wird nur deshalb „Technik der Natur" genannt, weil es so aussieht, „als ob" sie die „schönen" Naturdinge geschaffen hätte. In Wahrheit ist aber dieses „als ob" der durch die Projektion unserer „Urteilskraft" produzierte Schein. In diesem Schein, der keineswegs ein negatives Bild ist, gibt es keine scharfe Trennlinie zwischen Natur und Geist.

In diesem Problemzusammenhang ist auch daran zu erinnern, dass Kant bekannterweise neben dem „Schönen" auch vom „Erhabenen" redet. Das, was in der Naturwelt das Gefühl des Erhabenen in uns erweckt, ist immer überwältigend und gewaltig, so dass das Gefühl der Zweckmäßigkeit, und somit das „Schöne", dabei nicht besteht. Das Erhabene wird nicht mit den Formen der Gegenstände, sondern mit den Vernunftideen in uns verbunden. „Zum Schönen der Natur müssen wir einen Grund außer uns suchen, zum Erhabenen aber bloß in uns und der Denkungsart" (ibid. § 23, 90). Das Erhabene betrifft die „Natur in uns", somit die „Natur im Geist" in der Weise des Enthusiasmus, des Affektes, der Verwunderung, der Empfindelei, der Schwärmerei usw. Diese nennt Kant die „zweite Natur" (§ 28).

Der Gedanke, dass die Natur in uns, somit im Geist, den Vorrang vor der Außennatur hat, ist eine Weiterentwicklung des Gedankens, den Kant in „Mutmaßlichen Anfängen der Menschengeschichte" (1786) vorgelegt hatte, und als ein wesentlicher Schritt zur Romantik sowie zum Deutschen Idealismus gilt.

Die Ästhetik Kants mit dem Gedanken des Naturschönen ist zwar die Wegweiserin der Ästhetik bis heute, nicht aber die Wegweiserin der Kunstphilosophie. Sie enthält kaum eine wichtige Kunstbetrachtung. Nur indirekt kann man die Kantische Ansicht über das Kunstschöne erblicken, wenn er sagt, dass das Interesse, welches wir an Schönheit nehmen, durchaus bedarf, „daß es Schönheit der Natur sei" und es verschwindet ganz, sobald man bemerkt, man sei getäuscht, und es sei nur Kunst (§ 42). Kant weist darauf hin, dass, wenn man den Liebhaber des Schönen insgeheim hintergangen, und künstliche Blumen (die man den natürlichen ganz ähnlich verfertigen kann) in die Erde gesteckt, oder künstlich geschnitzte Vögel auf Zweige von Bäumen gesetzt hat, und die-

---

[1] Vgl. I. Kant, *Kritik der Urteilskraft*, hrsg. v. Karl Vorländer, mit einer Bibliographie v. H. Klemme, Hamburg [7]1990.

ser den Betrug entdeckt, das unmittelbare Interesse, das er vorher daran nahm, alsbald verschwindet.

Jedoch ist im modernen Blumenstecken der Gegenwart wie von Hiroshi Teshigawara (1927–2001) das Interesse an den künstlichen Blumen eher die Hauptströmung. Überhaupt geht es in der modernen Kunst nicht mehr um das „Schöne", sondern um die „Gestaltung". Der Kunsttrieb in der modernen Kunst kann nicht mit der Kantischen Ästhetik des Naturschönen erklärt werden, und dies würde heißen, dass seine Ästhetik eine *Schein*frage im doppelten Sinne war: In ihr *scheint* der Begriffsrahmen „Natur und Geist" in ästhetischer Sicht, da dieser Rahmen in ihr in besonderer Sichtbarkeit zum Vorschein kommt. Aber was sie zur Kunst sagt, ist dem Sein der künstlerischen Tätigkeit gegenüber ein Schein, in dem Sinne, dass sie auf kein wirkliches Sein verweist.

3.

In dieser Hinsicht ist die Ästhetik Hegels kein Vorbeigang an der Kunst, weil ihr Anliegen eben die Kunst und nicht die Natur ist. Aber gerade deshalb wird der Bereich des Naturschönen von ihr getroffen und dadurch zum latenten Problem. Für Hegel besteht die erste Aufgabe der Kunst darin, „das an sich selbst Objektive, den Boden der Natur, die äußere Umgebung des Geistes zu gestalten und somit dem Innerlichkeitslosen eine Bedeutung und Form einzubilden, welche demselben äußerlich bleibt."[2]

Die „Natur" erhält die Bedeutung des innerlichkeitslosen „Materials" der Form gegenüber. So muss auch das Naturschöne in der Kunst aufgehoben werden, ohne als solches einen Platz in der Ästhetik zu bekommen. Die Rangordnung bei Kant, in der dem Naturschönen die höhere Stellung vor dem Kunstschönen gegeben wurde, wird bei Hegel verkehrt. Das Kunstschöne wird von der ästhetischen Betrachtung ausgeschlossen. Die Unterscheidung zwischen dem Naturschönen und dem Kunstschönen wird insofern in seiner Ästhetik zur *entscheidenden Frage*, die allerdings nicht als Frage thematisiert, sondern die selbstverständliche Voraussetzung für seine Ästhetik blieb. Insofern ist sie eine *Schein*frage.

Um ein Missverständnis im Voraus auszuschließen, ist zu bemerken, dass Hegel auch den Anreiz des Naturschönen kannte. Er sagt klar: „Als die sinnlich objective Idee ist die Lebendigkeit in der Natur *schön*."[3] Dieses Naturschöne bleibt allerdings die „sinnlich objektive" Idee. Hegel nennt es „das lebendige Naturschöne", das „weder schön *für sich* selber, noch *aus sich* selbst als schön und der schönen Erscheinung wegen *produziert*" ist.[4] Es bleibt dasjenige, was nur *für uns* schön ist – als das lebendige Material, dem erst die Form der Kunst gegeben werden muss. Dieses ist jedoch noch nicht der Selbstausdruck des Geistes.

Aber das in dieser Weise von der ästhetischen Betrachtung ausgeschlossene Naturschöne begleitet den Gedankengang der Ästhetik Hegels wie ein Schatten. Hegel sieht

---

[2] G. W. F. Hegel, *Vorlesungen über Ästhetik* II, *Werke, Theorie Werkausgabe*, Bd. 14, hrsg. v. E. Moldenhauer und M. Michel, Frankfurt a.M. 1986, S. 267.

[3] G. W. F. Hegel, *Vorlesungen über Ästhetik* I, *Werke, Theorie Werkausgabe*, Bd. 13, S. 167.

[4] Ebd.

z. B. den ersten Träger der genannten Aufgabe der Kunst in der Architektur. „Denn ihr Beruf liegt eben darin, dem für sich vorhandenen Geist, dem Menschen oder seinen objektiv von ihm herausgestalteteten und aufgestellten Götterbildern die äußere Natur als einen aus dem Geiste selbst durch die Kunst zur Schönheit gestaltete Umschließung heraufzubilden, die ihre Bedeutung nicht mehr in sich selbst trägt."[5]

Die „äußere Natur" als das Material der Architektur ist noch nicht das Naturschöne für sich. Aber in der Skulptur, die es im Vergleich zur Malerei mehr mit der Äußerlichkeit des Körpers von Tieren und Menschen zu tun hat, muss das äußere Material die schöne Gestalt aufweisen. Hegel sagte, nachdem er die Bedeutung der Seinsweisen der Körperteile von Tieren und Menschen betrachtete: „Die Alten haben nun auch für die Gestalt dieser Glieder und deren Ausarbeitung den höchsten Schönheitssinn bewiesen."[6] In der Skulptur ist das Material nicht nur eine beliebige Leiblichkeit des Menschen, sondern die „vollständige", somit eine Naturschönheit des Menschen. Allerdings ist der menschliche Körper, der durch Gymnastik trainiert wird, teilweise als ein Kunstschönes anzusehen. Mit Hegel zu sagen, muss er teilweise der Ausdruck des Geistes sein. So fügt er dem obigen Zitat hinzu: „doch dürfen auch diese Formen in der echten Skulptur sich nicht bloß als Schönheit des Lebendigen geltend machen, sondern müssen als Glieder der *menschlichen* Gestalt zugleich den Anblick des Geistigen geben, soviel dies die Leiblichkeit als solche imstande ist."[7] Aber dies ändert nichts daran, dass eine gewisse Naturschönheit des Materials vorausgesetzt werden muss.

Die Ansicht Hegels über die Skulptur und auch über die Kunst überhaupt kann heute nicht ohne Kritik akzeptiert werden, zumal es in dieser nicht mehr um die „Objektivität des Schönen" bzw. das Schöne für sich, sondern um die künstlerische „Gestaltung" geht. Bei Werken wie Rodins *„Der Mann mit der gebrochenen Nase"* oder Francis Bacons *„Selbstportrait"* wird das verunstaltete Gesicht dargestellt. Wenn die Unterscheidung zwischen dem Naturschönen und dem Kunstschönen zur entscheidenden Voraussetzung für die Ästhetik wird, erhält die künstlerische Darstellung der Ungestalt keinen Platz in der Skulptur. Dasselbe kann heute von der Kunst im Ganzen gesagt werden.

Aber es wäre ein ungerechter Anspruch, von Hegel, der in der ersten Hälfte des 19. Jahrhundertes lebte, die Vorwegnahme der Konstellation der Kunst im 20. und 21. Jahrhundert zu verlangen. Produktiver wäre es, in der Hegelschen Ästhetik die philosophisch prinzipielle, wenn auch nicht entwickelte Ansicht über die künstlerische Gestaltung zu suchen. Dazu sei der vorhin zitierte Satz Hegels über den Beruf der Kunst zu wiederholen: „... dem für sich vorhandenen Geist, dem Menschen oder seinen objektiv von ihm herausgestalteten und aufgestellten Götterbildern die äußere Natur als einen aus dem Geiste selbst durch die Kunst zur Schönheit gestaltete Umschließung heraufzubilden, die ihre Bedeutung nicht mehr in sich selbst trägt." (S. o.)

Dieser in sich mehrfach eingefaltete, typisch Hegelsche Satz kann wie folgt umformuliert werden: In der Kunst geht es um die Heraufbildung und Herausgestaltung der Natur zu einem Werk, das kunstschön ist. Dieser Gestaltungsakt ist die „Mimesis", die bei Hegel mehr als bloße Imitation ist. Der gemalte Löwe z. B. ist keine bloße Imitati-

---

[5] G. W. F. Hegel, *Vorlesungen über Ästhetik* II, *Werke, Theorie Werkausgabe*, Bd. 14, S. 270.
[6] Ebd., S. 396f.
[7] Ebd., S. 397.

on noch die Vorstellung des lebenden Löwen, sondern die Vorstellung der Vorstellung des Löwen, was der geistigen Tätigkeit zuzuschreiben ist. Als geistige Leistung ist der gemalte Löwe „mehr" als der lebende Löwe.[8]

Die Kunst ist auch nach Hegel die Gestaltung im weiten Sinne, obwohl die ausdrückliche Bestimmung der Kunst nach wie vor in der Darstellung des Schönen gesehen wird. So sieht Hegel das Wesentliche der Malerei darin, dass sie „Figuren in eine von ihr selbst in dem gleichen Sinn erfundene äußere Natur oder architektonische Umgebung hinein(-stellt) und weiß dies Äußerliche durch Gemüt und Seele der Auffassung ebenso sehr zu einer zugleich subjektiven Abspiegelung zu machen."[9] Man kann diesen Satz, wenn man ihn in einem etwas moderneren Stil ummodelt, prinzipiell als eine philosophische Erklärung der Grundtendenz des Expressionismus im 20. Jahrhundert verwenden. Denn auch in diesem geht es, so könnte man sagen, darum, die erfundene äußere Natur als die subjektive Abspiegelung zu gestalten.

Die Auffassung der Kunst als Gestaltung bleibt bei Hegel unausdrücklich. Damit hängt wohl auch zusammen, dass das „Häßliche" hinter dem „Schönen" als dem Hauptanliegen der Ästhetik zurücktritt, und nicht als ein Thema der Gestaltungskunst in Frage kommt. Aber es gibt in den Hegelschen Vorlesungen eine Stelle, wo das „Unschöne" bzw. das „Häßliche" nur periphärisch erwähnt wird. Hegel zitiert die Ansicht seines zeitgenössischen Kunstwissenschaftlers Johann Heinrich Meyer, der die malerische Darstellung der Märtyrer, der Kriegssklaven, des Hasses und des Spottes der Barbaren gegen die Christen, des Sterbebetts, usw. betrachtete. Diese sind alle charakteristische Figuren des Hässlichen, das Meyer als malerisches Motiv rechtfertigt: „Das Häßliche seinerseits bezieht sich näher auf den Inhalt, so dass gesagt werden kann, dass mit dem Prinzip des Charakteristischen auch das Hässliche und die Darstellung des Hässlichen als Grundbestimmung angenommen sei."[10] Offensichtlich erwähnt Hegel mit Zustimmung die Ansicht Meyers, ist aber auch der Ansicht, dass bei Albrecht Dürer der Sieg über diese extreme Barbarei errungen wurde.

Das „Prinzip des Charakteristischen" bleibt wie das Prinzip der Gestaltung in der Ästhetik Hegels kein ausdrückliches Thema. So wurde das Problem des Hässlichen von Hegel nicht weiter entwickelt. Im Rahmen der Ästhetik, in der die Unterscheidung zwischen dem Naturschönen und dem Kunstschönen den *entscheidenden* Ausgangspunkt ausmacht, erhält das Hässliche keinen Platz. Aber einer seiner Schüler, Karl Rosenkranz, hat die „Ästhetik des Häßlichen", wenn auch wiederum im ästhetischen Rahmen „schön – häßlich", betrachtet. Wenn das Hässliche nicht als der Gegensatz zum Schönen, sondern als das Anliegen der Gelstaltungskunst in den Vordergrund kommt, wird sich die Ästhetik des Kunstschönen als ein *Schein*problem erweisen. Rosenkranz ist nicht so weit gegangen, aber ohne sich dessen bewusst zu werden, hat er faktisch das Thema aufgenommen, das in diese Richtung weist.

---

[8] Vgl. G. W. F. Hegel, *Vorlesungen über Ästhetik* II, *Werke, Theorie Werkausgabe*, Bd. 14, S.272f.

[9] G. W. F. Hegel, *Vorlesungen über Ästhetik* III, *Werke, Theorie Werkausgabe*, Bd. 15, S. 18.

[10] G. W. F. Hegel, *Vorlesungen über Ästhetik* I, *Werke, Theorie Werkausgabe*, Bd. 13, S. 35.

4.

Eine der zentralen Thesen in der „*Ästhetischen Theorie*" (1973) Theodor Adornos lautet: „Wenn überhaupt, ist das Schöne eher im Häßlichen entsprungen als umgekehrt."[11] Diese These hängt mit seinem Hauptthema des „Naturschönen" zusammen, was zunächst ein Widerspruch zu sein scheint. Verfolgen wir seinen Gedanken um dieses zu klären.

Hinter seiner ästhetischen Theorie liegt seine kritische Theorie, in der alle ästhetischen Themen aus der Perspektive der Gesellschaftskritik betrachtet werden. „Der latente Inhalt der formalen Dimension häßlich-schön hat seinen sozialen Aspekt."[12] Nachdem er einige kunsthistorische Betrachtung zu unschönen Gegenständen in der Kunst gemacht hat, stellt er fest: „Daß Kunst im Begriff des Schönen nicht aufgeht sondern, um ihn zu erfüllen, des Häßlichen als seiner Negation bedurfte, ist ein Gemeinplatz."[13] Er bemerkt weiterhin: „In der Geschichte der Kunst saugt die Dialektik des Häßlichen auch die Kategorie des Schönen in sich hinein",[14] und die gemeinte Dialektik des Hässlichen ist die Dialektik der Gesellschaftsstruktur und deren Entwicklung.

Das von Adorno gemeinte Hässliche ist nicht das bloß ästhetische, sondern das gesellschaftlich betrachtete Hässliche, das dadurch entsteht, dass die Gesellschaft der Natur Gewalt antut. Was dadurch geopfert wird und verloren geht, ist das Naturschöne. Die „Natur" ist für Adorno kein selbständiges Gebiet vor dem Eingriff des technischen Eingriffs, sondern sie steht ständig im Wechselverhältnis zur Gesellschaft. Das Thema „Natur und Geist" sollte bei ihm umgeformt werden und heißen: „Natur und Gesellschaft". Ein von ihm gegebenes Beispiel ist die „Kulturlandschaft", als deren Beispiel die mit Steinen gepflasterten Straßen der mittelalterlichen Stadt gilt. Die Natur wird in seiner kritischen Theorie immer als in die Geschichtswelt eingewebt betrachtet.

Der Schein der Natur ist das Naturschöne. Die Natur ist in den Augen Adornos in der Industriegesellschaft verloren gegangen, und dies heißt, dass das Naturschöne in ihr nicht existiert. Denn in ihr wird die Naturwelt in die „Tourismusindustrie" integriert und überlebt höchstens als ein „Naturschutzpark".[15] Das Naturschöne gilt in der Weise der Abwesenheit als das kritische Merkmal der Entnaturalisierung und Entfremdung der Gesellschaft. Die Kunst ist nach Adorno der Versuch, dieses verlorene Naturschöne, wenn auch als die utopische Idee, als sozial-kritisches, negatives Kriterium darzustellen. Die Kunst ist die „gesellschaftliche Antithesis gegen die Gesellschaft."[16]

Die Kunst selbst wird in die dialektische Struktur der Gesellschaft aufgesaugt. Dies bedeutet, dass die Kunst selber ein „Schein" wird. Sie ist zunächst die Darstellung eines Gegenstandes, eine „Mimesis". Aber die Nachahmung von etwas heißt, dass in der Darstellung des Gegenstandes dieser seine soziale Realität abspiegeln lässt. „Die Mimesis der Kunstwerke ist Ähnlichkeit mit sich selbst."[17] Dies heißt aber: „Ihr (der Mimesis)

---

[11] Th. W. Adorno, *Ästhetische Theorie*, Frankfurt a.M. 1973, S. 81.
[12] Ebd., S. 78.
[13] Ebd., S. 74.
[14] Ebd., S. 77.
[15] Ebd., S. 107.
[16] Ebd., S. 19.
[17] Ebd., S. 159.

Ausdruck ist der Widerpart des etwas Ausdrückens."[18] Denn die soziale Realität des Ausgedrückten ist in der Industriegesellschaft in der Weise der Entfremdung, somit ist das Ausgedrückte nicht es selbst. Das Kunstwerk ist nicht die Illusion, die es verursacht, sondern es selbst ist ein „ästhetischer Schein".[19] Dieser Schein-Charakter der Kunst entspricht dem Schein-Charakter des Naturschönen, das nach Adorno heute nicht mehr in der realen Wirklichkeit existiert, und nur als „utopische" Idee die Antithesis gegen die Gesellschaft ausdrückt.

Bei Kant ist die Kunst nur dann die schöne Kunst, wenn sie wie die Natur aussieht. Das Kriterium des Kunstschönen ist das Naturschöne. Die Kunst ahmt das Naturschöne nach. Eine Paraphrase dieser Ansicht ist auch bei Adorno zu finden, wenn die Ansicht Kants in die Perspektive der kritischen Theorie übersetzt wird. Denn das Naturschöne ist das ideele Kriterium. Dem von der Kunst dargestellten ideelen Kriterium des Naturschönen soll die gesellschaftliche Realität gehorchen. „In einem sublimierten Sinn soll die Realität die Kunstwerke nachahmen."[20]

Um es mit der Terminologie der „negativen Dialektik" Adornos zu sagen, ist das, was die Kunst darstellt, von der Gesellschaft her gesehen das „Nicht-Identische" bzw. das „Negative". Denn die soziale Kritik beansprucht ihrer Natur nach, dass die soziale Realität am Ende folgt und sich selbst negiert. Sie affirmiert nicht die Realität; sie identifiziert sich nicht mit dieser Realität, was sonst durch die „Aufhebung des Widerspruchs" wie bei Hegel gemacht wird und die Philosophie des „Identischen" fortsetzt. Adorno will mit dem „Nicht-Identischen" durchaus negativ kritisch bleiben. Die Folge seiner negativen Dialektik bedeutet für die Kunst, dass diese als die gesellschaftliche Anthithesis gegen die Gesellschaft auch gegen sich selbst kritisch sein muss. „Aber die Funktion der Kunst in der gänzlich funktionalen Welt ist ihre Funktionslosigkeit; purer Aberglaube, sie vermöchte direkt einzugreifen oder zum Eingriff zu veranlassen. Instrumentalisierung von Kunst sabotiert ihren Einspruch gegen Instrumentalisierung; einzig wo Kunst ihre Immanenz achtet, überführt sie die praktische Vernunft ihrer Unvernunft."[21]

Die dem Anschein nach radikal scharfe, gesellschaftskritische Theorie Adornos erweist sich aber bei näherer Betrachtung als im Grunde sehr klassisch-platonisch, wenn man sieht, dass bei Adorno das Naturschöne als utopische Idee und zwar erst in der „anamnesis", nicht aber in der wirklichen Welt gesetzt wird. „Das Naturschöne ist die Spur des Nichtidentischen an den Dingen im Bann universaler Identität."[22] Aber gerade wegen dieses utopisch idealen Charakters des ästhetischen Scheins, den das Naturschöne hat, gerät die kritische Theorie Adornos in ein auswegsloses Paradoxon: „Zentral unter den gegenwärtigen Antinomien ist, daß Kunst Utopie sein muß und will und zwar desto entschiedener, je mehr der reale Funktionszusammenhang Utopie verbaut; daß sie aber, um nicht Utopie an Schein und Trost zu verraten, nicht Utopie sein darf."[23]

---

[18] Ebd., S. 171.
[19] Ebd., S. 155.
[20] Ebd., S. 199f.
[21] Ebd., S. 475.
[22] Ebd., S. 114.
[23] Ebd., S. 55.

Das Paradoxon, dass die Rationalität der Kunst im Vollzug der Irrationalität derselben liegt, bleibt zwar die „Logik der Auflösung",[24] aber sie selber hat nichts anzubieten für den Aufbau der neuen Realität. Sie kritisiert zwar, aber gestaltet nichts. Auch und letztlich in diesem Sinne ist das Naturschöne bei Adorno ein ästhetischer „Schein".

5.

Adorno begann seine „Ästhetische Theorie" mit dem Gedanken: „Zur Selbstverständlichkeit wurde, dass nichts, was die Kunst betrifft, mehr selbstverständlich ist, weder in ihr noch in ihrem Verhältnis zum Ganzen, nicht einmal ihr Existenzrecht".[25] Diesen Gedanken möchte ich anders als Adorno ausbauen, indem ich darauf hinweise, dass der Kunstbegriff innerhalb der europäischen Tradition des Verhältnisses „Natur – Geist", wie weiter oben skizziert, die Problematik des Scheins birgt und nicht mehr selbstverständlich ist, wenn die fernöstliche Kunst-Auffassung ins Auge gefasst wird. Wenn Adorno sagt: „Sie (die Kunst) bestimmt sich im Verhältnis zu dem, was sie nicht ist",[26] so kann dieses Wort auch im Hinblick auf die fernöstliche „Kunst" gesagt werden, da diese auch als eine Nicht-Kunst verstanden werden kann. Dies sei im Folgenden anhand des japanischen „Kunstwegs" zu skizzieren.

Der „Kunstweg" (jap.: *geidô*) hat eine Breite der Bereiche, die in der europäischen Kunstgeschichte kein Pendant findet. Ihm gehört zuerst die „Spiel-Kunst" (*yugei*) wie Tee-Weg, Blumen-Weg, Duft-Weg an, dann die „Theater-Kunst" wie Jôruri (Puppentheater), Kabuki, Nô, und schließlich auch die „Kampf-Kunst" wie Schwert-Weg, Bogenschießen-Weg oder Spieß-Weg. Der zweite und wesentlichere Charakter ist, dass diese „Kunst" im Grunde als „Lebenskunst" angesehen und ihr der im Buddhismus-Weg gepflegte Gedanke des „Wegs" zugrunde gelegt wird.

Der Begriff der „Kunst" im Kunst-Weg deckt sich nicht mit dem der europäischen Kunst. Wenn die Betrachtung des Kunst-Wegs als „Ästhetik" vollzogen werden soll, so wird ein neuer Begriff der Ästhetik verlangt. Aber andererseits ist der Versuch der Entgrenzung der Ästhetik innerhalb der europäischen Ästhetik nicht neu. Das Experiment von Wolfgang Welsch, „Grenzgänge der Ästhetik" (1946) gilt als ein exemplarisches Beispiel. Dieses Experiment könnte hier in ostasiatischer Sicht ein kleines Stück weiter vorangetrieben werden.

Zu allererst ist zu bemerken, dass der Naturbegriff dort grundsätzlich anders ist. Dies wurde bisher in verschiedenen Literaturen oft bemerkt, aber nicht so oft im Zusammenhang mit dem Kunstbegriff. Die Natur im fernöstlichen Sinne, „*shizen*" (jap.) bzw. „*zìrán*" (chin.) hat keine Bedeutung von „gebären" bzw. „geboren werden" wie „natura". Es bedeutet: So-sein-wie-es-ist. Die „Natur" als das *shizen* wird nicht zum „Geist" gehoben, und ist keine Schöpfung. Wenn dieses *shizen* der „Kunst" zugrunde gelegt und auf dem „Kunstweg" praktiziert wird, so ist es das letzte Ideal dessen, was man sonst in

---

[24] G. Rohrmoser, *Das Elend der kritischen Theorie*, Freiburg 1970, S. 148f.
[25] Th. W. Adorno, *Ästhetische Theorie*, S. 9.
[26] Ebd., S. 129.

Europa als das „Kunstschöne" bezeichnet. Auf dem Kunstweg ist das Naturschöne das Ideal des Kunstschönen.

Dieses *shizen*-Schöne entsteht, grob gesagt, dadurch, dass das *shizen* als die Seinsweise der Naturdinge vor dem künstlerischen Eingriff negiert und „geschnitten" wird. Das Wort „Schnitt" (*kire*) ist im Grundbegriff der japanischen Dichtkunst, in der sog. Schnitt-Silbe („kire-ji") enthalten. Diese hat die Funktion, den vorangehenden Ausdrucksstrom abzuschneiden, um den Raum zu schaffen, in dem eine neue Ausdrucksphase eröffnet wird. Der gemeinte Schnitt ist deshalb kein Abbruch oder Zerschneiden, sondern das Anschließen an den neuen Strom. Der „Schnitt" (*kire*) bildet darum zusammen mit einem anderen Wort „Kontinuum" (*tsuzuki*) einen weiteren Terminus „Schnitt-Kontinuum" (*kire-tsuzuki*). Um das Gesagte mit einem Beispiel zu verdeutlichen, ist ein bekanntes *haiku*-Gedicht von Bashô heranzuziehen.

Alter Teich – ein Frosch platscht hinein, mit Geräusch des Wassers

(*Furuike ya kawazu tobikomu mizu no oto*)

Das Schnitt-Kontinuum in diesem Gedicht liegt im Wörtchen „*ya*", das dem kurzen Strich nach dem Wort „Alter Teich" entspricht. Der alte Teich, der sonst unauffällig bleibt, kommt durch diese cut-continuance plötzlich vor unsere Augen. Die Schnitt-Silbe „*ya*" eröffnet eine neue Phase mit einem Frosch, der da hinein platscht. Die Stille des Teichs wird mit dem Geräusch des Wassers eher betont und hervorgehoben. Ein alltägliches Ereignis in der Natur wird in diesem Gedicht heraus-geschnitten und zum Bewusstsein gebracht. Durch diese „cut" wird die Alltäglichkeit der Natur bzw. die Natürlichkeit des Alltags plötzlich neu zum Ausdruck gebracht. Das Gedicht selbst ist hier ein „cut".

Ein weiteres und anschauliches Beispiel ist die Kunst des Blumensteckens („*ikebana*", wörtlich: Blumen-Belebung), und zwar nicht im Sinne der Blumengestaltung Teshigawaras, sondern im Sinne des Kunstwegs. Eine Blume im „*ikebana-*" Kunstweg ist die Blume, die zunächst abgeschnitten und vom natürlichen Leben abgetrennt werden muss. Sie wird weiterhin an den Zweigen – im Fall des Baums – oder an den üppigen Blättern geschnitten werden, so dass die in ihr versteckt gebliebene *blumenhafte Natur*, wenn man so sagen will, erst zum Ausdruck kommt. Diese Blume schafft es gerade noch, das Wasser in der Vase aufzusaugen, um ihr Leben zu bewahren, aber da sie keine Wurzel mehr besitzt, kann sie sich nicht mehr von selbst fortpflanzen. Dennoch kommt in ihr die blumenhafte Natur wesentlich mehr als in der sonst natürlich aufgewachsenen und geblühten Blume.

Ein drittes Beispiel kann mit dem „Trockengarten" („*karesansui*", wörtlich: Verwelktes Gebirge und Wasser") hinzugezogen werden. Die strengste Form dieser Gartenkunst ist im berühmten „Steingarten" im Ryôan-Tempel in Kyôto zu sehen. In diesem schlichten Garten, dessen rechteckige Fläche von 336,6 m^2 von einer einfachen Mauer umgegeben ist, sieht man fünfzehn Steine auf Kies liegen – sonst nichts. Weder Pflanzen noch Skulpturen. Steine und Kies sollen Gebirge und Flusswasser ausdrücken. Die Frage ist: Wieso „verwelktes" Gebirge und Flusswasser, d. h. leblose Steine und kalter Kies anstelle von lebenden Bäumen und dem fließenden Wasser? Der Gärtner und Zen-Meister Musô hat eigens die natürlichen Elemente des Gebirges und Flusswassers „verwelken" lassen, d. h. die Natürlichkeit der Außennatur abgeschnitten. Erst durch das Abschneiden und Verwelkenlassen des organischen Lebens kommt das in der Außennatur immer enthaltene Spiel von Ruhe und Bewegung, Strenge und Milde, als das Vorbildhafte zum Ausdruck. Der Steingarten im Ryôan-Tempel ist ein ausgezeichnetes Beispiel für die Kunst des „Schnitts".

Das vierte Beispiel lässt sich im „Teeweg" finden. Das Teezeremonie-Haus ist durch einen Pfad von der säkularen Welt abgeschnitten. Dieser Pfad namens „Roji" symbolisiert den Ort der Reinheit im buddhistischen Sinne. Wer durch diesen Ort hindurch zum Teezeremoniezimmer kommt, ist - nach der Idee des Teewegs - vom Staub der säkularen Welt gereinigt. Die Vorgänge im Teezeremoniezimmer beschränken sich auf „nichts anderes als das Wasser-kochen und Tee-machen, dann Tee-trinken", wie der bekannte Tee-Meister Rikyû im Kapitel „*Metsugo*" (Nach dem Tod) des Buchs „*Nampôroku*" schreibt, ganz wie man es im Alltag tut. Nur eines unterscheidet die beiden Bereiche voneinander: der „Schnitt", der schon räumlich im genannten Ort der Reinheit (*roji*) angedeutet wird. In diesem vom Alltag abgeschnittenen Zimmer wird die Alltäglichkeit in der Weise wiederhergestellt, dass die in ihr vergessene Sterblichkeit und Einmaligkeit des Lebens eigens erlebt wird. Was zur Tee-Zeremonie gehört, das Gerät, die Gebärde, die aufgestellte Blume, die aufgehängte Kalligraphierolle usw. ist alles Ausdruck des „Schnitt-Kontinuums" von Nichtalltäglichkeit und Alltäglichkeit.

Der „Schnitt" selbst ist ein künstlerischer Eingriff, der auf dem Kunst-weg praktiziert wird. Er muss aber in der Weise bemeistert werden, dass was er leistet, nicht „wie die Natur aussieht", wie Kant gemeint hat, sondern als die Natur selbst , als „*shizen*", realisiert wird, das als das Selbst des den Kunst-weg Gehenden gilt, und um dessen Realisation es für sie geht,

Es muss hier wiederholt werden, dass der gemeinte „Schnitt" nicht nur auf die grundlegende Kunst in der künstlerischen Tätigkeit beschränkt wird, sondern auch und in erster Linie die „Lebenskunst" überhaupt wird. Ein Missverständnis ist dabei zu vermeiden, als handele es sich hier um eine spezifische Lebenskunst, die nur von bestimmten „Fachleuten" praktiziert wird. Die Idee des Kunst-wegs ist verwendbar für jeden, der sich darum bemüht, seinen Lebensweg gewahr zu werden und zu gehen.

Im Problemzusammenhang der vorliegenden Betrachtung ist noch auf ein Wichtiges hinzuweisen: Der Kunst-weg ist auch der Weg des „*Scheins*". Leben und Tod werden nämlich im Mahayana-Buddhismus im Ganzen mit der Grundformel des Mahayana-Buddhismus „Die Erscheinung ist zugleich die Leere; die Leere zeigt sich zugleich als die Erscheinungen" aufgefasst. Diese Leere *sive* Erscheinung bzw. die Erscheinung *sive* Leere ist im Ganzen der „Schein" in dem Sinne, dass alles, was ist, bzw. alles Sein, zugleich als Schein erfahren wird. Der hier gemeinte „Schein" ist kein Gegensatz zum „Sein", auch nicht der „Trugschein". Er ist die Leere, die zugleich die Erscheinung ist. Hier *ist* der Schein das Sein, und das Sein *ist* der Schein.

Diese Mahayana-Buddhistische Formel mag als zu spekulativ und abstrakt empfunden werden. Aber sie wird in der Übungspraxis auf dem Kunst-weg ohne besondere Spekulation de facto *praktiziert*. Die Atmung dort z. B. ist das fundamentale Stück dieser Übung, in der gewahr wird, dass sie kein bloßes Kontinuum, sondern in jedem Augenblick ein einfaches Schnitt-Kontinuum von Ein- und Ausatmen ist, wie das einfache Gehen des Menschen, bei dem sich das rechte und das linke Bein jeweils entgegengesetzt bewegen, das somit ein Schnitt-Kontinuum ist. Was einfach ist, ist aber am schwersten, zu erschöpfen. Das Schnitt-Kontinuum vom Schein als Sein ist zwar in jedem Tun und Lassen im Leben da, aber es muss praktiziert werden. Dadurch kommt die „*shizen-*"Schönheit zum Ausdruck – als die Lebenskunst.

Das „Naturschöne" im Sinne der „*shizen*"-Schönheit ist die *wichtige Scheinfrage* für die den Kunstweg zu gehen Strebenden.

Die Idee des Kunstwegs, wie sie überliefert wird, ist jedoch noch nicht gewachsen für den Dialog mit der europäischen Ästhetik. Dennn ihr fehlt noch die genügende Reflexion. Aber andererseits vermag die europäische Ästhetik auch schwer, die erforderliche Entgrenzung ihrer selbst innerhalb der eigenen Geistestradition zu vollziehen, da das Scheinen dieser Tradition allzu stark und belastend ist. Eine Vermittlung für den genannten Dialog wird also benötigt, was die vorliegende Betrachtung abzielt. Der Weg ist natürlich sehr weit, aber jeder Schritt auf dem Weg ist jedenfalls ein Gehen *des* Wegs.

YVONNE FÖRSTER-BEUTHAN

Unsichtbares sichtbar machen

Kunst und der kulturelle Blick

1. Einleitung

„Schöne Kunst ist eine Kunst, sofern sie zugleich Natur zu sein scheint."[1] – So Immanuel Kant in der *Kritik der Urteilskraft*. Die Kunst scheint nicht ohne den Begriff der Natur auszukommen – mal als Widerpart, an dem es sich abzuarbeiten gilt, mal als Ideal, das zu erreichen wäre. Oder auch als das, was sich der Darstellung entzieht, vielleicht sogar als das Undarstellbare. In Kunst und Philosophie ist der Begriff der Natur zentral und problematisch zugleich, weil er ein Anderes des Denkens und der Kultur insinuiert, das, was sich der Erkenntnis anscheinend systematisch zu entziehen vermag. Fragen nach dem Ursprung und der Identität des Menschen und seiner Erkenntnis hängen an diesem Begriff, wie z. B. die nach den Objektivitätschancen seines Erkennens oder dem Humanspezifikum. Die innere Spannung des Naturbegriffs, entzogener Ursprung und zugleich gegenwärtig zu sein als das nicht Gemachte, das Gegenstück zur Kunst, legt es nahe, den Gegensatz von Sichtbarkeit und Unsichtbarkeit zur Veranschaulichung zu gebrauchen: Was wird sichtbar, wenn der kulturell instruierte Blick durch die Kunst irritiert wird? Kann das, was dann erscheint, Natur sein?

Es mag eigenwillig erscheinen, gerade Natur mit Unsichtbarkeit zu assoziieren. Denkt man bei diesem Begriff doch zunächst an alltägliche Erscheinungen wie Bäume oder Berge. Darüberhinaus hat der Begriff jedoch auch die Bedeutungsdimension, die auf das Wesen der Sache abhebt. Das Sehen eines Objekts beinhaltet mitnichten schon die Erfassung seiner Natur, seines Wesens. Ein klassisches Beispiel für eine solche Art der Unsichtbarkeit wären die Ideen Platons. Sie sind der Sichtbarkeit prinzipiell entzogen, obschon sie die Natur, das Wesen der Dinge ausmachen. Die Dinge selbst sind Abbilder, durch die die Idee nur indirekt zur Darstellung gelangt. Wirklich erfaßt werden kann sie jedoch nur denkend. Damit geht es nicht mehr um Wahrnehmung, sondern um Reflexion. Maurice Merleau-Ponty sagt in seinen Vorlesungen zur Natur von der klassischen Phi-

---

[1] I. Kant, *Kritik der Urteilskraft*, Frankfurt a. Main 1974 (weiterhin zitiert als KdU), § 45, B 179.

losophie: „Alles, was sie sieht, gehört zum Bereich der Reflexion."[2] Sie *sieht* demnach ihren Gegenstand nicht, sondern denkt ihn.

Hier möchte ich zunächst der unsichtbaren Natur nachgehen und versuchen zu zeigen, inwiefern diese vor allem in der Theorie der Kunst eine zentrale Rolle spielt. Dann möchte ich die Frage stellen, inwiefern Kunst etwas von dieser unsichtbaren Natur sichtbar zu machen vermag, das dem kulturell geschulten Blick entgeht, oder systematisch verstellt bleibt. Zunächst soll dafür der Begriff der Natur innerhalb der transzendentalen Ästhetik Immanuel Kants und vergleichend dazu in den aktuellen Ansätzen der evolutionären und Neuroästhetik betrachtet werden. Auf Basis dieser Überlegungen werden dann künstlerische Thematisierungen des Naturbegriffs untersucht.

2.   Der Naturbegriff in der Kunsttheorie

Liest man Kants *Kritik der Urteilskraft* oder die ästhetischen Erwägungen Friedrich Schillers in den *Kallias-Briefen*,[3] in denen er sich mit Kant auseinandersetzte, so fällt auf, dass Natur zunächst kein Gegenstand künstlerischer Darstellung ist, sondern als Begriff auf den Stil und die Machart von Kunstgegenständen angewendet wird. Ein Kunstwerk ist dann gelungen, wenn es den Anschein beim Rezipienten zu erwecken vermag, Natur zu sein. Dies wird in der eingangs zitierten Passage aus der KdU deutlich: „Schöne Kunst ist eine Kunst, sofern sie zugleich Natur zu sein scheint." Das Naturhafte an der schönen Kunst – das sagt Kant sehr deutlich – ist ein Schein. Wir haben es nicht mit Natur als solcher zu tun, sondern mit ihrem Schein. Die schöne Kunst weiß ihre Werke in einer Art und Weise zu präsentieren, damit sie als Natur erscheinen – und um diesen Schein weiß auch der Rezipient, dazu Kant: „An einem Produkt der schönen Kunst muß man sich bewußt werden, daß es Kunst sei, und nicht Natur."[4] Was aber kann natürlich *erscheinen*, ohne Natur zu *sein*? Um Gegenstände auf den Bildern kann es nicht gehen. Erstens ist die Kantische Ästhetik nicht an Gegenständen sondern an der ästhetischen Erfahrung der Subjekts orientiert und zweitens erscheinen zweidimensionale Gegenstände im Bild selten als Natur. Kant kann es also nur um die Form des Kunstprodukts gegangen sein. Von dieser sagt er (in Fortsetzung des obigen Satzes): „... aber doch muß die Zweckmäßigkeit in der Form desselben von allem Zwange willkürlicher Regeln so frei erscheinen, als ob es ein Produkt der bloßen Natur sei."[5] Laut Kant ist ein (schönes) Kunstwerk ein absichtsvoll hergestelltes Objekt, das jedoch die dahinterstehende Absicht zu verbergen weiß, indem es an seiner Form keine einfache äußere Gestaltungsregel erkennen läßt. Dadurch kommt das nicht endende Zusammenspiel von Begriffen und Wahrnehmung zustande, das Kant als das *freie Spiel der Erkenntnisvermögen* bezeichnet.

---

[2] M. Merleau-Ponty, *Die Natur, Vorlesungen am Collège de France 1956–1960*, München 2000, S. 71.

[3] F. Schiller, *Kallias oder über die Schönheit*, Stuttgart 1971.

[4] KdU, §45, B 179.

[5] Ebd.

Natur wird in diesem Zusammenhang mit Freiheit von willkürlichen Regeln und Selbstbestimmtheit assoziiert. Schön ist, was keinem äußeren Zwang zu unterliegen scheint – so Schiller in den *Kallias-Briefen*. Kant assoziiert in der *Kritik der Urteilskraft* mit der Naturhaftigkeit der Kunst die Vorstellung, dass an dem Kunstobjekt keine Regel zu finden ist, nach der es produziert worden ist. Es soll so aussehen, *als ob* es zu einem bestimmten Zweck hergestellt worden wäre, ohne dass eine Absicht des Künstlers in Form einer Gestaltungsregel sichtbar würde.

Schon an diesem Punkt tritt das Thema des Unsichtbaren in den Blick: Etwas, nämlich die Absicht oder die Regel der Herstellung des Kunstwerks soll verborgen, soll unsichtbar bleiben. Kunstwerke sind laut Kant nur der Form nach zweckmäßig, ohne dass ein letztendlicher Zweck tatsächlich existierte oder angebbar wäre. Dennoch bleibt die Tatsache bestehen, dass sie absichtsvoll geformte Objekte sind. Gerade diese künstliche Durchformung kann mehr oder weniger gelungen sein. Gelungen ist sie dann, wenn der Wille des Künstlers nicht in Form einer Regel am Objekt sichtbar wird: „Als Natur aber erscheint ein Produkt der Kunst dadurch, daß zwar alle Pünktlichkeit in der Übereinkunft mit Regeln, nach denen allein das Produkt das werden kann, was es sein soll, angetroffen wird; aber ohne Peinlichkeit, *ohne daß die Schulform durchblickt*, d. i. ohne eine Spur zu zeigen, daß die Regel dem Künstler vor Augen geschwebt, und seinen Gemütskräften Fesseln angelegt habe."[6] Nur wenn die Regel unsichtbar bleibt, kann etwas anderes, nämlich der Anschein des Natürlichen erscheinen. Hier geht es wohlgemerkt um den Schein der Natur, um die Natur, wie sie mit Mitteln der Kultur, mit Mitteln der Kunst hergestellt werden kann.

Das verbindende Element zwischen der künstlerischen Natürlichkeit und der Natur, die als Gegenbegriff zu dem der Kultur verstanden wird, ist jedenfalls im Kantischen Sinn die *Zweckmäßigkeit ohne Zweck*. Dabei handelt es sich um eine „Zweckmäßigkeit der Form nach",[7] welcher de facto kein erkennbarer Zweck zugrundeliegen muss. Diese eigentümliche Erscheinung von Zweckmäßigkeit ohne letzendlichen Zweck findet sich laut Kant sowohl im Naturschönen als auch im Kunstschönen. Dieses Formprinzip wird weder allein durch sinnliche Erfahrung noch durch Begriffe erkannt, vielmehr bedarf es dafür der ästhetischen Beurteilung, des Zusammenspiels der verschiedenen Erkenntnisvermögen. Dieses Zusammenspiel der Erkenntniskräfte bei der Betrachtung eines schönen Kunstwerks erzeugt Wohlgefallen bzw. ästhetische Lust.

Der Begriff der Natur steht hier also für ein ästhetisches Prinzip, das eine Freiheit von Zwecksetzungen und äußerlichen Regeln impliziert. Diese ästhetische Qualität firmiert bei Schiller unter dem Begriff der Freiheit – die jedoch in der Kunst die Technik zur ihrer Bedingung hat. Die technische oder künstlerische Verfertigung eines Gegenstandes stellt die Bedingung dafür dar, dass etwas als frei und damit schön erscheinen kann. Schön ist für Schiller nur, was frei erscheint. Hier ist zunächst festzuhalten, dass es sich bei der Rede von Natur und Freiheit um eine ästhetische Verwendung der Begriffe handelt und dabei keine Aussage darüber gemacht wird, ob diese etwas Substanzielles treffen, d. h. ob der Gegenstand tatsächlich natürlich oder selbstbestimmt und mithin frei sei.

---

[6] KdU, § 45, B 179.
[7] KdU, §10, B 33.

Schillers Schönheitsbegriff – Schönheit als die *Freiheit in der Erscheinung*[8] – speist sich aus Bildern der Natur: dem Vogel im Fluge oder dem leichtfüßigem Gang spanischer Pferde. Für die Erscheinung der Freiheit bei lebenden Kreaturen oder auch Gegenständen gibt Schiller ein Verhältnis von Masse zu Form und Kraft an. Schönheit nehmen wir überall dort wahr, *„wo die Masse von der Form* und (im Tier- und Pflanzenreich) von den lebendigen Kräften (in die ich die Autonomie des Organischen setze) *völlig beherrscht* wird."[9] Das, was für Schiller das Paradigma für Schönheit abgibt, sind spezielle Naturerscheinungen, in denen sich ein ausgewogenes Verhältnis von Form, Masse und Kraft zeigt. Was dabei Natur genannt wird, ist eine ganz spezielle Spielart des Natürlichen. Es ist bei weitem nicht alles „Natürliche" gemeint, sondern nur das, was als frei erscheint, also weder von der eigenen Masse noch äußeren Kräften bestimmt zu sein scheint.

Die transzendentale Ästhetik als Wahrnehmungstheorie des Schönen findet im Begriff der Natur einen Maßstab, nachdem Kunstwerke beurteilt werden können. Jedoch wird dieser Maßstab nicht vom Rezipienten bewusst angelegt. Vielmehr kristallisiert er sich erst in der Analyse des ästhetischen Urteils heraus. Kant würde nicht behaupten, dass wir unseren Begriff der Schönheit aus Vergleichungen mit natürlichen Erscheinungen abziehen. Vielmehr ist die ästhetische Erfahrung der Struktur nach analog zur Erfahrung des Naturschönens zu verstehen, mit einem entscheidenden Unterschied: Kunstwerk werden gemacht, Naturgegenstände nicht. Genau hier tritt die Faszination für Kunst ein. Wir haben es mit Gegenständen zu tun, die formal wie Natur wirken, ohne Natur zu sein.

In der Lust oder dem Wohlgefallen, das mit einer ästhetischen Erfahrung im Kantischen Sinne einhergeht, liegt noch ein weiterer, auf Natur verweisender Grundzug. Wie bereits erwähnt, spricht Kant vom harmonischen oder „freien Spiel der Erkenntnisvermögen"[10] in der ästhetischen Erfahrung. Dieser Zustand bereitet ästhetische Lust. Wolfgang Welsch hat diese Aussage vor dem Hintergrund neuroästhetischer Untersuchungsergebnisse betrachtet und beschreibt die ästhetische Erfahrung als *integrale und optimale Aktivierung*[11] unseres kognitiven Apparates. Die ästhetische Erfahrung antwortet demnach auf ein natürliches Bedürfnis nach einer bestimmten, als lustvoll erfahrenen Aktivierung unserer Erkenntniskräfte. Obschon die ästhetische Erfahrung nicht den Regelfall kognitiver Erfahrung darstellt, oder vielleicht gerade deswegen, wird sie zum Idealfall, in dem die Kognition auf besonders ideale Art und Weise funktioniert. Kant sprach seinerzeit von einer „Belebung der Erkenntniskräfte" in der ästhetischen Erfahrung, die gerade deshalb lustvoll ist, weil sie zweckmäßig ist, ohne in einer bestimmten Gegenstandserkenntnis zu münden. Es handelt sich bei der ästhetischen Erfahrung also um einen selbstzweckhaften Gebrauch des Erkenntnisvermögens.

Winfried Menninghaus spricht im Blick auf das Naturschöne von der Passung unserer Erkenntnisvermögen auf die Umwelt.[12] Die Lust am Naturschönen gibt dem Menschen

---

[8] F. Schiller, *Kallias*, S. 18.

[9] Ebd., 40.

[10] KdU, § 9, B 29.

[11] W. Welsch, Zur Universalen Schätzung des Schönen, in: M. Sachs, S. Sander (Hrsg.), *Die Permanenz des Ästhetischen*, Wiesbaden 2008, S. 110.

[12] Vgl. W. Menninghaus, *Kunst als Beförderung des Lebens*, München 2006.

ein Gefühl der Passung seines Erkenntnisvermögens mit seinem Gegenstand, der Natur. Dies erweist sich als lustvoll, da eine solche Erfahrung ein Ausnahme- und kein Regelfall ist. Dies läßt sich evolutionstheoretisch begründen, denn unser kognitiver Apparat hat seine Entwicklung vor langer Zeit abgeschlossen, laut Menninghaus in der Steinzeit.[13] Er dürfte also nicht mehr so optimal passen für die Welt, wie sie heute aussieht, mit ihren Megacities, Ackerflächen und Autobahnen. Die Erfahrung des Naturschönen stellt dann einen Spezialfall der Erfahrung dar, der eine Passung unseres kognitiven Apparats erfahrbar macht, welche nur noch selten eintritt. Gleichwohl vermittelt ein solcher Spezialfall den Eindruck der prinzipiellen Möglichkeit einer solchen Passung.

Der Naturbegriff, so sollte deutlich geworden sein, ist von zentraler Bedeutung in der transzendentalen Ästhetik. Die evolutionäre Ästhetik und Neuroästhetik scheinen dies in Grundzügen zu bestätigen, wie anhand der folgenden Überlegungen noch ausführlicher zu zeigen sein wird. Darüber hinaus wird in diesen Disziplinen nach universalen ästhetischen Wahrnehmungs- und Gestaltungsprinzipien gesucht, welche ich hier unter dem Schlagwort der *unsichtbaren Natur* untersuchen werde.

3.   Reproduktion natürlicher Strukturen in Kunstwerken

Untersuchungen des australischen Physikers Richard P. Taylor ergaben, dass die Actionpaintings von Jackson Pollock fraktale Strukturen aufweisen. Fraktale sind mathematische Eigenschaften formaler Strukturen. Diese sind sich selbst in verschiedenen Größen (nicht notwendigerweise identisch) wiederholende Formen, wie sie beispielsweise an den Verästelungen von Bäumen oder der Struktur von Eiskristallen beobachtbar sind. Solche Strukturen funktionieren auf der Basis von Selbstähnlichkeit, deren ästhetischer Reiz gerade darin besteht, kognitiv leicht erfaßbar, jedoch ohne bloße Wiederholung des Gleichen zu sein. Vielmehr erwecken selbstähnliche Strukturen den Eindruck einer generativen Dynamik, des natürlichen Entstehens, der Selbstorganisation.[14] In Pollocks Bildern finden sich über die Zeit hinweg vermehrt solche fraktale Strukturen. Das Vorkommen dieser Strukturen wird sogar als Indikator für die Echtheit von Pollock-Bildern genutzt.[15]

Für die Überlegungen zum Naturbegriff im Verhältnis zur Kunst ist dieses Phänomen interessant, weil sich damit zeigen lässt, dass natürliche Formen, die – so die evolutions-ästhetische These – bereits als Naturformen Gegenstand ästhetischer Wertschätzung sind, auch als artifizielle Reproduktionen ästhetisch ansprechend wirken. Das Gefallen an diesen Formen läßt sich nicht auf ein bewusstes Erkennen zurückführen. Es handelt sich um Formen, deren Eigenschaften erst mathematisch erschlossen werden mussten, um sie einer gemeinsamen Gruppe zuordnen zu können. Was daran ästhetisch gefällt,

---

[13] Vgl. ebd., S. 32.

[14] Vgl. W. Welsch, Zur Universalen Schätzung des Schönen, S. 104.

[15] Vgl. C. Redies, J. Hänisch u. a., Artists portray human faces with the Fourier statistics of complex natural scenes, in: J. Gallant, M. Lewicki (Hrsg.), *Sensory Coding*, special issue of *Network: Computation in Neural Systems*, 2007. Auch: I. Peterson zu *Jackson Pollock's Fractals*, http://www.maa.org/mathland/mathrek_9_20_99.html.

spricht ein evolutionär gesehen altes kognitives Muster an, worauf wir kognitiv geeicht sind, ohne dass wir dafür eines expliziten Wissens bedürften – insofern kann man hier ebenfalls von einem Unsichtbaren sprechen: Wir können bestimmte Formen wahrnehmen und davon berichten, dass sie ästhetische Lust bereiten. Wir *sehen* jedoch nicht, warum sie dies tun. Sie lösen diese Lust aufgrund ihres Ursprungs aus, nämlich natürliche Formen zu sein.

Fraktalähnliche Strukturen spielen überraschenderweise auch in gezeichneten Porträts eine Rolle, wie Christoph Redies und Kollegen zeigen konnten.[16] Laut ihren Erkenntnissen kommen fraktalähnliche Strukturen (Fourier-Transformationen), die zu den statistischen Eigenschaften von Landschaften und komplexen natürlichen Formen gehören, auch in gezeichneten Porträts vor, obschon weder reale Gesichter, noch Fotografien diese Eigenschaften in einem solchen hohen Grade aufweisen, wie es bei den Porträts der Fall ist. Der Porträtzeichner erzeugt demnach formale Verhältnisse, welche denen in ästhetisch ansprechenden komplexen natürlichen Formen entsprechen. Dieses Muster wird auf gezeichnete Gesichter übertragen. Eine solche Übertragung komplexer Strukturmerkmale wird kaum eine bewusste Entscheidung der Maler selbst sein, zumal das Wissen um die Existenz solcher Formen jünger ist, als deren Vorkommen in Bildern.

Das Auftreten von fraktalähnlichen Strukturen in Kunstwerken steht in erster Linie für eine Reproduktion von ästhetisch ansprechenden, natürlichen Vorkommnissen in der bildenden Kunst. Formen, deren Wahrnehmung im Laufe der Evolution mit positiven Effekten verbunden war, führen damit auch herausgelöst aus dem natürlichen Kontext zu ästhetischem Gefallen. Das Gefallen an diesen Formen wird evolutionstheoretisch dadurch begründet, dass jene Formen besonders schnell und effektiv kognitiv erfasst werden konnten: Mathematische Verhältnisse wie Fraktale, der Goldene Schnitt oder die Fibonacci-Reihe sind in ihrer materiellen Realisierung zumeist Zeichen für Selbstorganisation in der Natur. Das Vorkommen von Selbstorganisation zu erkennen, muss laut Wolfgang Welsch evolutionär betrachtet mit einem Selektionsvorteil verbunden gewesen sein, da es sich hierbei um das allgemeinste Prozessprinzip handelt, dass sich von kleinsten Organismen über kulturelle Gebilde hin zu den Galaxien durchhält. Die Fähigkeit, ein solches Prinzip zu erkennen, erlaubt die

> rasche, schier instantane Erfassung eines komplexen Datenzusammenhangs, den man ohne einen solchen Detektor aufwendig Punkt für Punkt abgreifen und dann synthetisieren müßte [...] Zweitens ist dieser Detektor, da zahlreiche natürliche Formen auf Selbstorganisation beruhen, weithin einsetzbar und dienlich. Er stellt beinahe einen kognitiven Universalschlüssel in einer Welt dar, deren Gegenstände großenteils auf Selbstorganisation beruhen.[17]

Dieser Schlüssel scheint so universell zu sein, dass er in der Kunst auch für Gegenstände eingesetzt wird, die ihrer Natur nach zunächst nicht zwingend jene Formprinzipien aufweisen. Das würde bedeuten, dass natürliche Formprinzipien in kulturellen Gegenständen übernommen werden, sich in diesen Gegenständen fortsetzen. Das Erkennen

---

[16] C. Redies u. a., Artists portray human faces with the Fourier statistics of complex natural scenes.

[17] W. Welsch, Zur Universalen Schätzung des Schönen, S. 105.

dieser Prinzipien ist mit Lust verbunden, weil es evolutionär betrachtet mit einem Selektionsvorteil verbunden war.

Die Disposition zum schnellen Erkennen komplexer Formen wie die der Selbstähnlichkeit als Eigenschaft von selbstorganisierenden Strukturen bietet die Möglichkeit, eine Kontinuität zwischen Naturformen und kulturellen Artefakten herzustellen. So ist eine Passung zwischen dem kognitiven Vermögen des Menschen und den Gegenständen des Erkennens denkbar, die gerade nicht von den konkreten Gegenständen zu bestimmten Zeiten abhängig ist und damit nicht Gefahr läuft, zu veralten. Vielmehr handelt es sich um universale Strukturen, die in grundlegenden Entstehungsprozessen immer wieder realisiert werden, seien sie natürlicher oder artifizieller Art.

Um nun auf das Begriffspaar Sichtbarkeit/Unsichtbarkeit zurückzukommen: Mit den Formen von der soeben beschriebenen Art, wird etwas sichtbar, was sich in den meisten Fällen der Sichtbarkeit entzieht: das Werden, die Selbstorganisation. Diese Formen, die besonders anschaulich von Friedrich Cramer und Wolfgang Kämpfer[18] dargestellt werden, sind prinzipiell offene, unabgeschlossene Formen. Sie verweisen stets auf eine mögliche Fortsetzung des Werdens. Sie können also zum visuellen Medium einer Prozessualität werden, die sich aufgrund ihrer zeitlichen Eigenschaften der Wahrnehmung mit dem bloßen Auge entzieht. Auf Kunstwerke zurückgewendet bedeutet das, dass solche formale Eigenschaften zu einer schnellen kognitiven Erfassbarkeit des Werkes führen und andererseits, um mit Kant zu sprechen, das freie Spiel der Erkenntniskräfte befördern, weil sie als offene, prozessuale Formen gerade nicht auf den Abschluss des Erkenntnisprozesses drängen, sondern einen Fortgang anregen oder imaginieren lassen. Das kantische Diktum von der Kunst, die nur dann schöne Kunst ist, wo sie Natur zu sein scheint, erhält damit seitens der evolutionären Ästhetik eine weitere Bestätigung. Denn es lassen sich wenigstens in bestimmten Werken formale Merkmale finden, welche aufgrund ihrer Eigenschaften mit einem grundlegenden Formprinzip in der Natur verwandt sind. Dieses Formprinzip ist in der Natur Ausdruck von Leben, von Autopoiesis – jener Lebendigkeit, die auch Schiller als Ideal der Schönheit ansetzte: Das aus sich selbst heraus sich die Regel gebende Leben, welches keiner Fremdbestimmung unterliegt.

Der Aufweis solcher Strukturmerkmale in der Kunst und die Untersuchung ihrer Erkenntnisbedingungen aus evolutionärer und neurowissenschaftlicher Perspektive ist ein schwieriges Unterfangen, schon allein aus dem Grund, weil Kunstproduktion und -rezeption immer über das Erkennen von Strukturen, über die sinnliche Erfahrung hinausgeht und, wie Kant bereits zeigte, auch das begriffliche Vermögen herausfordert. Die Frage, in welchem Verhältnis neuronale Prozesse und bewußte Erwägungen, Rezeptionssituation oder das Wissen um kunstgeschichtliche Zusammenhänge stehen, bleibt dabei noch ungeklärt und bildet ein Feld auf dem Philosophie, Neuroästhetik und alle anderen sich mit Kunst beschäftigenden Wissenschaften zusammenarbeiten müssen.

Ging es bisher eher um Formen der unsichtbaren Natur, so sollen abschließend künstlerische Sichtbarmachungsstrategien vorgestellt werden. Dafür werden zwei Beispiele aus der bildenden Kunst herangezogen, die das Thema der Natur inhaltlich in den Blick nehmen und sich konzeptuell mit der Gestaltung einer Sichtbarkeit auseinandersetzen,

---

[18] F. Cramer, W. Kaempfer, *Die Natur der Schönheit. Zur Dynamik der schönen Formen*, Frankfurt a. Main 1992.

die das scheinbar Unmögliche versucht, nämlich die unsichtbare Natur sichtbar zu machen.

4.   Die Entstehung der Welt in der Wahrnehmung – Paul Cézanne

In den bisherigen Ausführungen zum Verhältnis von Kunst und Natur lag die Betonung auf dem Anteil natürlicher Strukturen in den formalen Eigenschaften von Kunstwerken, namentlich den Formprinzipien, welche als ästhetisch ansprechend betrachtet werden. Dabei ging es gerade nicht darum, *was* in einem Bild gezeigt wird, sondern *wie*, auf welche Art und Weise ein Bild etwas zeigt. Das *Wie* des Zeigens wurde in einer sehr allgemeinen Art und Weise betrachtet, nämlich relativ unabhängig vom zu zeigenden Gegenstand. D. h. das bisher Vorgestellte abstrahierte weitgehend von den Bildgegenständen und interessierte sich nur für die sichtbaren Strukturen, phänomenologisch gesprochen – die Bedingungen der Sichtbarkeit von etwas im Bild. Im folgenden soll es auch um die Bedingungen pikturaler Sichtbarkeit gehen, jedoch in einer inhaltlich orientierten Form. Die Frage lautet nun: Was kann anhand der formalen Eigenschaften von Bildern sichtbar gemacht werden.

Cézannes Werk verfolgt in der Interpretation Merleau-Pontys einen besonderen Anspruch. Er möchte etwas sichtbar machen, das dem kulturellen Blick notwendig verborgen bleibt[19] – und das ist nicht, um es vorwegzunehmen, das ominöse *Ding an sich*. Laut Merleau-Ponty versuchte Cézannes das sichtbar zu machen, was in der normalen Wahrnehmung unsichtbar bleiben muss: Die Formation der sichtbaren Welt in der Wahrnehmung. Dabei war es nicht sein Anliegen, wie im Impressionismus, allein den Sinneseindrücken Sichtbarkeit zu verleihen und aus ihrer Summe sich den Gegenstand zusammensetzen zu lassen. Ihn interessierte die Materialität, die Schwere und Körperlichkeit der Gegenstände – jedoch nicht als das Resultat des Wahrnehmungsvorgangs sondern als dessen Initiation. Die Welt vor der Kategorisierung des kulturell gebildeten Blicks zu erfassen – die sichtbare Welt *in statu nascendi*, die „Materie, wie sie im Begriff ist, sich eine Form zu geben"[20] zu zeigen, war das Ziel der Arbeit Cézannes. Dabei geht es darum, die „primordiale Wahrnehmung"[21] in ihrer Einheit darzustellen, d. h. nicht nach Sinnes- und Gegenstandsgrenzen zu trennen.

Stilistisch bedeutet das unter anderem, dass Cézanne Linien (Zeichnung) vermied und Plastizität und Gegenständlichkeit über die Farbe sichtbar machte, ohne jedoch den Gegenstand wie im Impressionismus gewissermaßen zu immaterialisieren und in Lichtreflexe aufzulösen. Er versuchte, „... die festen Dinge, die in unserem Blick erscheinen, nicht von der flüchtigen Weise ihres Erscheinens [zu] trennen."[22] Zum Impressionismus soll Cézanne gesagt haben: „Sie machten Bilder, wir versuchen uns an einem Stück Natur."[23] Dabei ging es ihm jedoch nicht um die Freilegung eines ursprünglichen Seins,

---

[19] M. Merleau-Ponty, Der Zweifel Cézannes [1945], in: M. Merleau-Ponty, *Das Auge und der Geist. Philosophische Essays*, hg. von C. Bermes, Hamburg 2003.

[20] Ebd., S. 9.

[21] Ebd., S. 12.

[22] Ebd., S. 9.

[23] Ebd., S. 8.

um die Abziehung des menschlichen Anteils von der sichtbaren Welt, sondern um „ein logisches Sehen",[24] um die Vereinigung von Kunst und Natur.

Der Begriff der Natur wird hier dem Normalfall der Wahrnehmung als konstruktivem Prozess gegenübergestellt. „Natur im Urzustand"[25] sichtbar zu machen, heißt weder für Cézannes noch für Merleau-Ponty, den menschlichen Blick aus dem Bild herauszustreichen. Es geht nicht um eine naive Suche nach der Welt vor dem Menschen, sondern darum, das Sehen an seinem Anfang zu erfassen, bevor es durch denkende Kategorisierung die Welt neu ordnet. Der Mensch gehört damit zur Natur im Urzustand, er ist ihr noch nicht gegenübergestellt, noch nicht als denkendes Subjekt vom zu erkennenden Objekt unterschieden. Die Erfahrung, die Cézannes mit seinen Bildern möglich machen will, nämlich den Beginn des Sehens sichtbar zu machen (oder besser, den Beginn der Wahrnehmung, denn an diesem Punkt wird noch nicht zwischen den Sinnen unterschieden) – ließe sich mit dem erstaunten Blick vergleichen, mit dem man beim Aufwachen einen Ort abtastet, von dem man nicht weiß, wo oder welcher es ist. – Diese Erfahrung, die eintritt, wenn man binnen kurzer Zeit oft die Unterkunft gewechselt hat und sich nicht mehr zu erinnern vermag, wo man sich befindet. In diesem kurzen Augenblick des Erwachens scheinen die Gegenstände ein eigenes Leben zu haben, sie weigern sich, in einer klaren Perspektive zusammenzutreten. Auch das Gefühl, die Stimmung der Umgebung bleibt undefiniert, schwankend. Erst wenn sich das Wissen um den Ort und den Zusammenhang der Ereignisse wieder einstellt, gewinnt das Sichtbare seine Festigkeit zurück.

Auch die Bilder Cézannes kommen der Wahrnehmung gerade nicht in dem Sinne entgegen, als dass sie Strukturen aufweisen würden, welche es der Kognition erleichtern, die Komplexität des Bildes zu erfassen. Vielmehr zielen sie darauf ab, die Wahrnehmung in den Zustand der Kategorienlosigkeit zu versetzen und so den Prozess des Sichtbarwerdens selbst sichtbar zu machen. Cézanne versucht sich an der Herstellung einer Rezeptionssituation, welche nicht die kulturell vorgebildeten Seh- und Verstehenswerkzeuge zur unmittelbaren Verfügung hat. Ein Sehen, welches sich noch zwischen den Dingen, nicht vor den Dingen befindet, das diese noch nicht im Griff hat, sie noch nicht in die menschliche Perspektive hinein gezähmt hat.

Merleau-Ponty entdeckt bei Cézanne den Versuch, sichtbar zu machen, was dem auf Sehgewohnheiten beruhenden Blick systematisch verborgen bleibt. Dieses Sichtbarmachen einer Ansicht jenseits der durch Kultur formierten Sehgewohnheiten kann jedoch nicht auf direkte Weise realisiert werden. Cézanne schafft vielmehr eine Erfahrungsmöglichkeit, die wiederum auf der formalen Organisation seiner Bilder beruht – diese zeigen ihren Gegenstand in einer ungewohnten, wenig visuell vorstrukturierten Art und Weise – so zumindest das erklärte Ziel des Malers. Das, was dabei sichtbar werden kann, ist in letzter Instanz von der Performativität des Sehens des Betrachters abhängig. Erst in seiner Erfahrung mit dem Werk kann diese ursprüngliche Sichtbarkeit entstehen.

---

[24] Ebd., S. 9.
[25] Ebd., S. 10.

5. Überschreitung der Wahrnehmung – Hiroshi Sugimoto und der Ozean

„Wie sah die Erde aus, bevor der erste Mensch sie betrat?"[26] Diese Frage stellt sich der japanische Fotograf Hiroshi Sugimoto. Weiter fragt er in einem Interview zur Ausstellung seiner Fotoserie *Seascapes*: „... können wir heute noch einen Ort finden, an dem die Erde noch genauso aussieht wie damals?" Wir können, fand Hiroshi Sugimoto: „... dort wo man nichts sieht außer Luft und Wasser, Meer und Horizont."[27] Seine Fotografien der Weltmeere sind ein Beispiel für den künstlerischen Anspruch, die menschliche Wahrnehmung zu überschreiten auf eine Welterfahrung hin, die nicht nach dem Maßstab menschlicher Wahrnehmung formiert ist. Aus philosophischer Sicht drängt sich hier sofort ein Einspruch auf. Jeder, der auch nur Kants *Kritik der reinen Vernunft* im Bücherregal stehen hat, weiß, dass wir nicht hinter unsere Wahrnehmung und schon gar nicht hinter unsere Denkkategorien zurück können. Erkenntnis ist nur um den Preis der Perspektivität, der Bindung an die Kategorien unserer Form der Kognition möglich. Warum also ist es vielen Künstlern ein Anliegen, gerade dies zu überschreiten? Schon Cézanne, der die sichtbare Welt zunächst der Kategorisierung durch die vom Denken imprägnierte Wahrnehmung entkleiden wollte, versucht aus Kantischer Sicht das Unmögliche. Sugimotos Hoffnung, die Welt vor aller menschlichen Zurichtung unter Zuhilfenahme eines Apparates (!) sichtbar zu machen, scheint ein hoffnungsloses Unternehmen.

Sicherlich ist der künstlerische Anspruch, etwas zu zeigen, was die menschliche Wahrnehmung transzendiert, nicht unreflektiert vorgetragen. Die moderne Kunst zeichnet sich in ihren Werken und Kommentaren gerade durch einen hohen Grad an Selbstreflexivität aus. Sugimotos Hoffnung auf eine Ansicht der Welt, wie sie sich dem ersten Menschen darbot, muss eine kulturell geprägte Konstruktion bleiben. Das heißt jedoch nicht, dass nicht eine besondere ästhetische Erfahrung damit möglich wäre. Das, was Sugimoto mit seinen Bildern zeigt, beschreibt Welsch in seinem sehr persönlichen Essay „Reflecting the Pacific Ocean" von 2003.[28] In diesem Text kritisiert er die westliche Epistemologie seit Kant für ihre Fixierung auf das Subjekt und dessen Perspektive:

> This stance declares that all our cognition is bound by the human constitution; all we can recognize is – at best – our world, a man-made world; and we are able to recognize it precisely because we make it; for the same reason, however, our cognition is restricted to this human world and to be denied any validity beyond the human realm.[29]

Diese subjektzentrierte Sicht relativiert sich in der Erfahrung des Ozeans, so Welsch. Denn dieser stellt eine Herausforderung für die Grundkategorien unseres Denkens dar, allen voran die Unterscheidung zwischen Lebendigem und Nichtlebendigem. Der Ozean

---

[26] Zitiert aus einem Artikel anlässlich Hiroshi Sugimotos Ausstellung der Seascapes in Düsseldorf 2007: http://www.tagesspiegel.de/kultur/wachen-traeumen-sehen/988566.html
[27] Ebd.
[28] W. Welsch, Reflecting the Pacific Ocean, in (elektronische Publikation): Contemporary Aesthetics, Vol. 1, 2003: http://contempaesthetics.org/newvolume/article.php?articleID=198
[29] Ebd.

ist kein Lebewesen und erfüllt doch die Kriterien, die wir für Lebendiges ansetzen: er bewegt sich und erzeugt die Bewegung selbst. Bewegt man sich an seiner Grenze, dann bewegt man sich zugleich an der Grenze der menschlichen Welt – das Land endet und die unwirtliche Gegend endloser Meerestiefen beginnt – diese Tiefe bleibt jedoch nicht äußerlich, denn gerade in Betrachtung des Ozeans wird die Erfahrung der Verbundenheit mit der Welt möglich:

> Water, rocks, animals, wind, air and sand no longer appear as neatly distinct entities, but rather as parts of a common atmosphere, of a worldly and sensory symbiosis – that you are part of too. The world is less segregated into single objects and more like one being with various aspects.[30]

Auf diese Weise relativiert sich die Subjektzentrierung moderner Epistemologie, die gerade auf der Trennung von Subjekt und Objekt basiert. Für den Naturbegriff hat dies die Konsequenz, nicht mehr länger als Gegenstück zu Kultur gedacht werden zu müssen, vielmehr wäre es der gemeinsame Boden, von dem aus erst Denken und Erkennen möglich wird.

Sugimotos Seascapes vermitteln eine ähnliche Erfahrung mit den Mitteln der Fotografie. Auf seinen Bildern sind Meere und Ozeane in jeweils gleichem Stil abgebildet: Der Horizont exakt mittig, schwarz-weiß bis hin zu fast gänzlicher Einfarbigkeit, in der der Horizont sich im Grau oder Schwarz manchmal fast verliert. Die Bilder vermitteln den Eindruck fast gänzlicher Unbewegtheit, das Kräuseln der Meeres erreicht eine Plastizität, in der es schwer wie Öl erscheint. Die Mittigkeit des Horizonts macht eine Verortung des Betrachterstandpunktes schwierig, die Kamera scheint über dem Meer zu schweben. Die Tiefe des Bildes erschließt sich erst nach langer Betrachtung, es sind keine Bilder für einen vorüberschlendernden Betrachter. Sie verlangen vom Auge eine Gewöhnung an die Lichtverhältnisse im Bild, erst dann zeigen sie sich voll und ganz. Besonders eindrucksvoll ist das bei den Nachtaufnahmen, die zunächst als monochrome schwarze Fläche erscheinen und erst bei längerer Betrachtung den silbernen Schein des Mondlichts auf der Wasseroberfläche sichtbar werden lassen und dann auch die Konturen der Meeresoberfläche.

Der Betrachter muss sich erst im Bild heimisch machen, bevor es sich ihm wirklich erschließt. Dies ist jedoch nur bis zu einem bestimmten Grad möglich, durch das Schweben der Kameraperspektive ist es in letzter Instanz zum Scheitern verurteilt. Die Betrachtung der Weite des Ozeans im Bild übersteigt die Perspektive des Betrachters systematisch, in dem es ihm keinen festen Grund gewährt. Diese Irritation des Blicks angesichts eines radikal vereinfachten Bildaufbaus vermittelt das Gefühl, etwas zu betrachten, was noch nicht für die Betrachtung zugerichtet oder kultiviert wurde. Die *Seascapes* fangen den Blick des Betrachters nicht ein, in dem sie spektakuläre Ansichten bieten, vielmehr schicken sie ihn auf die Suche nach einer Perspektive in einer scheinbar entgrenzten Bildwelt. Hier wird eine Sichtbarkeit entwickelt, welche der unsichtbaren Regeln und Verweise zu entbehren scheint, die den kulturellen Blick unmerklich lenken.

Der Ozean, und hier berühren sich Philosophie und Kunst, bietet die Möglichkeit einer Überschreitung der menschlichen Perspektive, welche den Menschen nicht zum

---

[30] Ebd.

Verschwinden bringt, sondern seinen Blick für die Verbundenheit mit der Welt öffnet, die die Basis für die Objektivität des Erkennens ist.

6. Schlussbetrachtung

Die Frage, welche zu diesen Überlegungen führte, war, ob die Kunst in der Lage ist, etwas, von der Kultur perspektivisch Überlagertes sichtbar zu machen. Dass es ein Anliegen der Kunst ist, dieses Andere der Kultur, das Jenseits der subjektzentrierten Perspektive sichtbar zu machen, kommt in der Inanspruchnahme des Naturbegriffs zum Ausdruck. Die Verwendung dieses Begriffs in Kunsttheorie und Kunst ist jedoch keineswegs homogen. Anhand vorgestellten Theorien und Künstler wurden verschiedene Spielarten des Naturbegriffs aufgezeigt. Bei Kant zeichnete das Naturhafte die schöne Kunst aus – eine Kunst deren Formprinzip verborgen bleibt und damit den zweckfreien Naturschönheiten nahe kommt. Moderne Ansätze fördern jenes verborgene Formprinzip zu Tage und erkennen darin gerade etwas Natürliches, nämlich eine Form, die als Prinzip dem Lebendigen überhaupt zugrunde liegt – die selbstähnlichen Formen und Strukturen. Diese scheinen insofern universal zu sein, als das sie kulturübergreifend Gegenstand ästhetischer Schätzung sind.[31] Die hier vorgestellten Künstler führen Natur jedoch in einem anderen Sinn in ihrem Werk ein. Ihnen geht es weniger um die Produktion universell ansprechender ästhetischer Gegenstände. Sie zielen vielmehr auf die Durchbrechung kultureller Sehgewohnheiten, um etwas sichtbar zu machen, was sonst unsichtbar bleibt: die Entstehung der Wahrnehmung, die primordiale Sichtbarkeit. Der künstlerische Anspruch – zumindest jener, der an den ausgewählten Beispielen deutlich wird, zeigt ein anderes Interesse am Naturbegriff als das der Kunsttheorie. Jener andere Umgang mit dem Begriff der Natur macht diese Werke philosophisch interessant, weil darin die starre Ordnung von Subjekt und Objekt, die epistemologisch zementiert zu sein scheint, mit den Mitteln der Kunst irritiert und relativiert wird, ähnlich wie vielleicht ein Spaziergang am Pazifik es vermag.

---

[31] Vgl. dazu W. Welsch, Zur Universalen Schätzung des Schönen, S. 111 f., und V. S. Ramachandran, W. Hirstein zu „artistic universals" in ihrem Aufsatz: Science of Art. A Neurological Theory of Aesthetic Experience, in: *Journal of Consciousness Studies*, 6, No. 6-7, 1999, S. 17.

ECKART FÖRSTER

Wir Ideenfreunde

1.

Die Ideenfreude haben es schon in Platons *Sophistes* nicht leicht, und daran hat sich bis heute nichts geändert. Der Grund dafür ist so einfach wie scheinbar unüberwindlich: Freunde der *eide* sind wie Freunde der *sophia*, d. h. sie haben das nicht selbst, was sie lieben. Und weil sie Ideen nicht selbst schauen können, neigen sie dazu, diese in der Vorstellung dem, was sie sehen können, anzugleichen und zu verdinglichen. Dann können sie sich nicht zur Wehr setzen gegen Einwände wie z. B. die des Parmenides oder des eleatischen Fremden im *Sophistes*. Aber auch das Wissen, dass Ideen so nicht verstanden werden dürfen, nützt wenig, wenn man keine Kriterien für die Einteilung und Unterscheidung von Ideen angeben kann.

Aus diesem Grund müssen für jeden Ideenfreund besonders diejenigen Philosophen von Interesse sein, die nicht nur behaupten, Ideen zu kennen, sondern die die Erkennbarkeit der Ideen zu ihrem Thema gemacht haben. Allen voran natürlich Platon, aber auch z. B. Goethe – um nur die zu nennen, mit denen ich mich im Folgenden beschäftigen möchte.

2.

Zwischen beiden gibt es interessante Parallelen. Nehmen wir auf der einen Seite Platons Lehre von den Ideen, die er selbst zu schauen behauptete, und die Kritik an dieser Lehre, wie sie schon in der Akademie unter seinen Schülern einsetzte und in Aristoteles ihren bekanntesten Ausdruck gefunden hat: „Die Ideen, die wollen wir fahren lassen, sie sind ein Zikadengezirpe [*teretismata*], und wenn es sie gibt, so tragen sie zur Erklärung nichts bei, denn die Beweise haben es mit solchem zu tun, *was wirklich ist*" (An. post. 83a33-35; Herv. EF).[1]

Nehmen wir auf der anderen Seite das berühmte Gespräch zwischen Goethe und Schiller in Jena im Juli 1794, in welchem Goethe die Pflanzenmetamorphose beschrieb und für Schiller „mit manchen charakteristischen Federstrichen, eine symbolische Pflanzen vor seinen Augen entstehen" ließ. Zu Goethes Unbehagen „vernahm und schaute [Schiller] das alles mit großer Teilnahme, mit entschiedener Fassungskraft; als ich aber geendet, schüttelte er den Kopf und sagte: *das ist keine Erfahrung, das ist eine Idee*. Ich stutzte, verdrießlich einigermaßen: denn der Punkt der uns trennte, war dadurch aufs strengste bezeichnet ... ich nahm mich aber zusammen und versetzte: das kann mir sehr lieb sein daß ich Ideen habe ohne es zu wissen, und sie sogar mit Augen sehe."[2]

Dass Schiller mit ‚Idee' hier eine Idee im Kantischen, nicht Platonischen Sinne, meint, braucht uns nicht zu irritieren. Denn sein Einwand entspricht dem von Aristoteles: Die Urpflanze (eine Platonische Idee) ist Schiller zufolge ein *bloßer* Gedanke (eine Kantische Idee, „ein bloßes Geschöpf der Vernunft" [KrV A479]). Sie ist folglich *nichts Wirkliches*, das sich durch Erfahrung belegen und über das man wahrheitsfähige Aussagen machen könnte. Der Sache nach scheint sich damit zwischen Goethe und Schiller der alte Gegensatz zwischen Platon und Aristoteles bzgl. der Realität von Ideen unter neuen Vorzeichen zu wiederholen. Der gemeinsame Punkt – aus meiner Perspektive – ist die darin zum Ausdruck kommende Herausforderung, die Erkennbarkeit der Ideen selbst zu thematisieren und *philosophisch* nachvollziehbar zu machen.

Über Goethes Lösung will ich nur gegen Ende kurz etwas sagen und mich zunächst auf Platon konzentrieren.

3.

Es scheint weitgehend Konsens darüber zu bestehen, dass für Platon die Erkennbarkeit von Ideen in irgendeiner Weise an die Methode der *diairesis* (Teilung, Zergliederung) geknüpft ist. Im *Philebos* heißt es, diese Methode sei ein Geschenk der Götter, die uns aufgetragen hätten, auf diese Weise zu forschen [*skopein*], zu lernen und einander zu belehren (vgl. Phlb. 16c-e).[3] Und im *Phaidros* sagt Sokrates: „Hiervon also bin ich ein Liebhaber, Phaidros, von den Zerlegungen und Zusammenfassungen [*ton diaireseon kai synagogon*], um doch auch reden und denken zu können. Und wenn ich einen anderen für fähig halte, die *wahre Einheit in der Vielheit* zu schauen, so folge ich ihm auf seinen Spuren, als wäre er ein Gott" (Phdr. 266b; Herv. EF).

---

[1] Ich zitiere Aristoteles *Erste Analytik* (= An. pr.) und *Zweite Analytik* (= An. post.) im Text nach der griechisch-deutschen Ausgabe von H. G. Zekl, Hamburg 1998.

[2] J. W. von Goethe, „Glückliches Ereignis." In *Goethe. Die Schriften zur Naturwissenschaft*. Erste Abteilung, Band 9. Hrsg. von der Deutschen Akademie der Naturforscher Leopoldina, Weimar 1954, S. 81-2 (Herv. EF).

[3] Ich zitiere Platon im Text nach der von Gunter Eigler herausgegebenen griechisch-deutschen Ausgabe *Platon. Werke in acht Bänden*, Darmstadt 2001. Schleiermachers Übersetzung habe ich gelegentlich geändert.

Diesen Dialog möchte ich etwas näher anschauen, da Platon hier erstmals die *diairesis* einführt.[4] In mehrfacher Hinsicht ist der *Phaidros* ein ungewöhnlicher Dialog. Er ist der einzige der Platonischen Dialoge, der außerhalb der Stadt in der Natur spielt. Doch nicht nur das: Platon liefert zudem eine so detaillierte Beschreibung der Landschaft, dass wir genau angeben können, wo sich das Gespräch abspielt: die Unterhaltung findet am Ilissos statt und zwar, wie Sokrates erklärt, an einem „geweihten Ort", der „zwei oder drei Stadien oberhalb des Punktes, wo der Weg zum Heiligtum von Agra über den Bach führt" liegt (Phdr. 229c1-2)[5]. Im Heiligtum von Agra fanden jedes Jahr im Frühling die kleinen Mysterien statt, die vorbereitend den großen Mysterien in Eleusis (im September) vorangingen. In den großen Mysterien von Eleusis wurden einige wenige Auserwählte zur *epopteia* (Schau) geführt; in Agra durften viele gegen Bezahlung an der vorbereitende *myesis* (Reinigung, Deutung von Mythen, damit verstanden werden konnte, was man später schauen würde) teilnehmen. Das wusste jeder Leser Platons. Tausende Athener waren in Agra eingeweiht, und jeden September zog fast die gesamte Athener Bevölkerung in der Heiligen Prozession von Athen nach Eleusis – „Thyrsusträger die meisten", wie es *Phaidon* 69c heißt –, um die wenigen, die zur *epopteia* bestimmt waren, zu geleiten. Wenn Platon Sokrates im *Gorgias* ironisch sagen lässt: „Du bist glückselig, Kallikles, dass du in die großen Mysterien vor den kleinen eingeweiht bist; ich dachte, das wäre nicht erlaubt" (Gorg. 497c), sagt er etwas, was seine Leser selbstverständlich kannten und verstanden. Wir sind geographisch also in der Nähe des Orts der kleinen Mysterien. Das ist sicher kein Zufall.

Und der Titel des Dialogs: *Phaidros*. Wer war Phaidros? Zunächst einmal eine historische Figur.[6] Die Nacht vor dem Kriegszug 415 gegen Sizilien waren in Athen von zahlreichen Hermen die Köpfe abgeschlagen worden, was als schlimmes Omen gedeutet wurde. Im Zuge der Nachforschungen stellte sich heraus, dass ebenfalls durch eine Gruppe betrunkener Jugendlicher die Mysterien von Eleusis nachgespielt, d. h. profaniert worden waren, worauf in Athen die Todesstrafe stand. Einer der an der Profanierung Beteiligten war Phaidros, und er entkam der Hinrichtung nur dadurch, dass er ins Exil floh, wo er 393 starb. Auch das wussten Platons Leser natürlich. Mehr noch: da Phaidros im Dialog die Bedeutung des Orts, an dem er sich mit Sokrates befindet, erklärt werden muss, haben wir es mit jemanden zu tun, der nicht einmal die kleinen Mysterien kennt, aber (später) an der Verballhornung der großen teilgenommen hat. Dieser Phaidros wird nun an diesem geweihten Ort auf sonderbare Weise belehrt.

---

[4] Dihärese als philosophische Methode findet sich auch schon vor Platon, z. B. bei Heraklit, Fragment 1: „... *kata physin diaireon ekaston* ..." Ihre Ursprünge scheint sie in der antiken Musiktheorie und Mysterientradition zu haben; vgl. H. Koller, „Die dihäretische Methode", *Glotta* 39 (1961), 6-24, und ders., „Musik bei Platon und den Pythagoreern", in *Propyläen Geschichte der Literatur*, Erster Band, Berlin 1981, 275-88.

[5] „Ein dort gefundenes Relief, auf dem Acheloos, die Nymphen, Hermes sowie Demeter und Kore dargestellt sind, beweist, dass zwischen diesen Gottheiten und den Göttinnen von Eleusis eine enge Beziehung bestand. Die Mysten reinigten sich dabei im Wasser des Ilissos – genau wie Sokrates und Phaidros, die [zuerst] durch das reine Wasser waten (229a4-5)." (C. Schefer, *Platons unsagbare Erfahrung*, Basel 2001, S. 84)

[6] Vgl. D. Nails, *The People of Plato*, Indianapolis/Cambridge 2002, S. 232-234.

4.

Damit scheint der Inhalt des Dialogs allerdings zunächst gar nichts zu tun zu haben. Zuerst erfahren wir von einer schriftlichen Rede des Lysias, die Phaidros voller Begeisterung dem Sokrates vorliest und in der es um Nutzen und Schaden der Liebe geht. Darin argumentiert Lysias, ein Jüngling täte besser daran, seine Sympathien einem Nichtliebendem als einem Verliebten zu geben, da letztere sich wie Verrückte verhielten und dem Jüngling nur schaden können. Dann folgt Sokrates scharfe Kritik daran, seine ihm von Phaidros abgenötigte „bessere Rede über dasselbe Thema", dann eine zweite, ganz andere Rede zum selben Thema, dann eine Erörterung über Rhetorik und am Ende die berühmte Schriftkritik.

Die erste Frage, die sich unweigerlich stellt, ist, was an Lysias' Rede eigentlich so schlecht sein soll und ob bzw. inwiefern Sokrates erste Rede wirklich besser ist.[7] Ist Lysias' Rede tatsächlich so schlecht? Und ist Sokrates eigene Rede nicht selbst höchst sonderbar – und zwar so sehr, dass er sie aus Scham mit verhülltem Haupt hält? Da in dieser Rede die *diairesis* eingeführt wird, ist eine Klärung dieser Frage nicht unerheblich. Versuchen wir also, uns einen ersten Überblick über Sokrates' Rede zu verschaffen, indem wir deren Hauptthemen zu bestimmen und durch eine Art von Zwischenüberschriften kenntlich zu machen versuchen.

Sokrates erste Rede

1. Der Jüngling muss den Nichtverliebten begehren statt des Verliebten
2. Wer Verstand hat, untersucht zuerst das Wesen der Liebe, danach den durch den Verliebten verursachten Schaden.
3. Das Wesen der Liebe ergibt sich durch wiederholte Unterscheidung
4. Liebe ist erworbene unvernünftige Begierde für schöne Körper
5. Der Schaden, den Liebe anrichtet, ergibt sich durch wiederholte Unterscheidung
6. Wenn Verstand zurückkehrt, wird der Liebhaber treulos und lästig
7. Der Liebhaber begehrt den Jüngling wie der Wolf das Lamm

Dabei fällt auf, dass sich die Themen gewissermaßen spiegelbildlich um das 4. Thema wie um eine Mittelachse herum entwickeln, so dass man das Ganze besser so darstellen könnte:

---

[7] Das hat sich besonders G. R. F. Ferrari, *Listening to the Cicadas. A Study of Plato's Phaedrus*, Cambridge/New York 1987 gefragt.

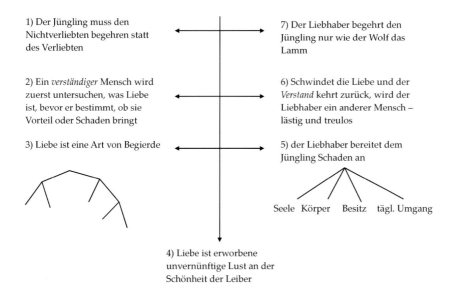

1) Der Jüngling muss den Nichtverliebten begehren statt des Verliebten

2) Ein *verständiger* Mensch wird zuerst untersuchen, was Liebe ist, bevor er bestimmt, ob sie Vorteil oder Schaden bringt

3) Liebe ist eine Art von Begierde

7) Der Liebhaber begehrt den Jüngling nur wie der Wolf das Lamm

6) Schwindet die Liebe und der *Verstand* kehrt zurück, wird der Liebhaber ein anderer Mensch – lästig und treulos

5) der Liebhaber bereitet dem Jüngling Schaden an

Seele   Körper   Besitz   tägl. Umgang

4) Liebe ist erworbene unvernünftige Lust an der Schönheit der Leiber

Dabei wird im dritten Punkt der Rede die Liebe als eine Art Begierde bestimmt und ihre Erkenntnis anhand einer *diairesis* vorgeführt:

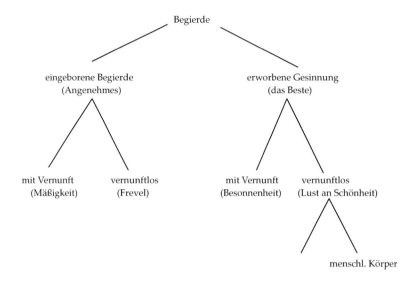

Resultat: *Liebe ist die erworbene vernunftlose Begierde an der Schönheit menschlicher Körper.*

Nun behandelt Sokrates in seiner zweiten Rede dasselbe Thema wie in der ersten Rede, nur braucht er sich dieses Mal für sie nicht zu schämen und seinen Kopf zu verhüllen. Damit stellt sich natürlich die Frage, wie die zweite Rede im Vergleich zur ersten Rede aufgebaut ist. Überraschenderweise: genauso!

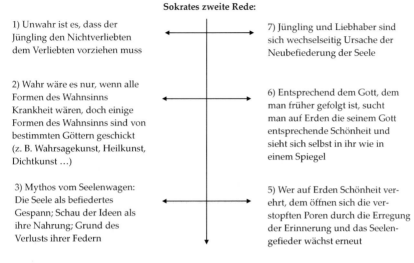

Sokrates zweite Rede:

1) Unwahr ist es, dass der Jüngling den Nichtverliebten dem Verliebten vorziehen muss

7) Jüngling und Liebhaber sind sich wechselseitig Ursache der Neubefiederung der Seele

2) Wahr wäre es nur, wenn alle Formen des Wahnsinns Krankheit wären, doch einige Formen des Wahnsinns sind von bestimmten Göttern geschickt (z. B. Wahrsagekunst, Heilkunst, Dichtkunst …)

6) Entsprechend dem Gott, dem man früher gefolgt ist, sucht man auf Erden die seinem Gott entsprechende Schönheit und sieht sich selbst in ihr wie in einem Spiegel

3) Mythos vom Seelenwagen: Die Seele als befiedertes Gespann; Schau der Ideen als ihre Nahrung; Grund des Verlusts ihrer Federn

5) Wer auf Erden Schönheit verehrt, dem öffnen sich die verstopften Poren durch die Erregung der Erinnerung und das Seelengefieder wächst erneut

4) Wer sich mit Erinnerung und göttlichen Dingen beschäftigt, kann seine Seele wieder heilen, wirkt auf andere aber wahnsinnig: die Liebenden und die Philosophen

Was hat es mit diesen Gliederungen auf sich? Wer sie bemerkt, erkennt, dass Sokrates an jedem Punkt seiner Rede nicht nur den folgenden, sondern alle übrigen Punkte im Bewusstsein haben muss – beim zweiten den sechsten, beim dritten den fünften usw. Sie bedingen sich gegenseitig. Dazu muss er in Gedanken nicht nur vom Anfang zum Ende der Rede gehen können, sondern zugleich vom Ende zum Anfang. Man erkennt: Hier werden nicht Teile aneinandergereiht (wie das Sokrates zufolge bei Lysias' Rede der Fall ist: Phdr. 264b), sondern die *Idee des Ganzen* ist in allen Teilen der Rede gleichzeitig anwesend, gestaltet diese und weist ihnen ihre Stellen im Ganzen an. Diese Idee – die „wahre Einheit in der Vielfalt", auf die es Sokrates ankommt – *zeigt sich* dem Leser bzw. Hörer, der den Zusammenhang für sich hergestellt hat, als überall wirksam, ohne selbst ausgesprochen zu sein.

Platons Ausdrucksweise erscheint vor diesem Hintergrund äußerst präzise, wenn er Sokrates z. B. sagen lässt: „dass eine Rede *wie ein lebendes Wesen* gebaut sein und ihren eigentümlichen Körper haben muß, so dass sie weder ohne Kopf ist noch ohne Fuß, sondern eine Mitte hat und Enden, die *gegeneinander und gegen das Ganze* in einem schicklichen Verhältnis gearbeitet sind" (Phdr. 264c; Herv. EF). Worauf es ihm ankommt, wird noch deutlicher, wenn er sagt:

> Mir erscheint alles Übrige in der Tat nur im Scherze gesprochen; nur dies beides, was jene Reden durch einen glücklichen Zufall [*sic*] gehabt haben, wenn sich dessen Kraft einer gründlich durch Kunst aneignen könnte, wäre es eine schöne Sache." – „Was doch für welches?" – „Das vielfach Zerstreute anschauend zusammenzufassen in eine einzige Idee [*idea*], um jeden Gegen-

stand eindeutig zu bestimmen, über den man gerade Belehrung erteilen will ... Und ebenso wieder nach Ideen [*eide*] zerteilen zu können, gliedermäßig wie jedes gewachsen ist, ohne etwa wie ein schlechter Koch verfahrend, irgendeinen Teil zu zerbrechen (Phdr. 265c-e).

Dass die beiden Reden kaum durch einen ‚glücklichen Zufall‘ vorführen können, wie das Zerstreute anschauend zusammenzufassen und ebenso gliedermäßig zu zerteilen ist, sondern durch eben die Kunst, die Sokrates hier fordert, braucht kaum extra betont zu werden. So kann es auch nicht überraschen, dass Platon den ganzen Dialog nach dem gleichen Schema konstruiert hat.

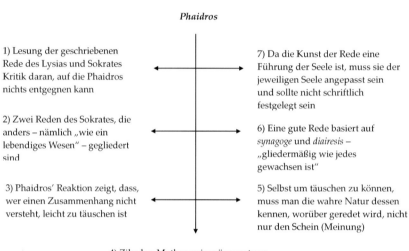

Phaidros

1) Lesung der geschriebenen Rede des Lysias und Sokrates Kritik daran, auf die Phaidros nichts entgegnen kann

7) Da die Kunst der Rede eine Führung der Seele ist, muss sie der jeweiligen Seele angepasst sein und sollte nicht schriftlich festgelegt sein

2) Zwei Reden des Sokrates, die anders – nämlich „wie ein lebendiges Wesen" – gegliedert sind

6) Eine gute Rede basiert auf *synagoge* und *diairesis* – „gliedermäßig wie jedes gewachsen ist"

3) Phaidros' Reaktion zeigt, dass, wer einen Zusammenhang nicht versteht, leicht zu täuschen ist

5) Selbst um täuschen zu können, muss man die wahre Natur dessen kennen, worüber geredet wird, nicht nur den Schein (Meinung)

4) Zikaden-Mythos: wir müssen etwas *tun*, um uns den Göttern wohlgefällig zu machen

Halten wir fest: Die beiden Reden liefern Sokrates' Paradigma für *diairesis* und *synagoge*.

Erstaunlich ist allerdings, dass in der ersten Rede die *diairesis* eingeführt wird – aber zunächst als Unsinn, der dann in der zweiten Rede richtiggestellt wird.

5.

Aristoteles hat bekanntlich das Platonische *diairesis* Verfahren einer fundamentalen Kritik unterzogen. Diejenigen, die es benutzen, sagt Aristoteles, irren, wenn sie glauben, es ließe sich damit das Wesen der Dinge erforschen: „Sie hatten [kein] Verständnis davon, was man, wenn man dieses Einteilungsverfahren anwendet, erschließen kann" (An. pr. 46a). Sie tun so, als ob sie sich eines Schussverfahrens bedienten, aber es wird dabei Aristoteles zufolge gar nichts erschlossen, vielmehr setzen sie auf jeder Stufe dasjenige voraus, was durch ein solches Verfahren erst zu erweisen wäre.

> Es sei also „Lebewesen" A, „sterblich" B, „unsterblich" C, Mensch dann, wovon es hier die Bestimmung zu erhalten gilt, D. Jedes „Lebewesen" nimmt dann entweder (die Eigenschaft) „sterblich oder „unsterblich" an; das bedeutet: Alles, was A ist, ist entweder B oder C. Und wieder setzt man „Mensch" im Laufe der schrittweisen Einteilung (schließlich) als „Lebewesen", so daß man also annimmt, A liegt an D vor. Der Schluß ist dann: D muß als Ganzes entweder B oder C sein; somit also ist zwar notwendig, daß „Mensch" entweder sterblich oder unsterblich ist, dagegen, daß er „sterblich Lebewesen" sei, das ist nicht notwendig, sondern es wird nur gefordert. Das aber war es doch, was durch Schluß erreicht werden sollte. (An. pr. 46a-b)

Stelle wir eine solche Dihärese, wie sie Aristoteles in den *Analytiken* (cf. An. pr. 46b, An. post. 91a-92a) vor Augen hat, wieder anschaulich dar, dann ergibt sich folgendes Bild:

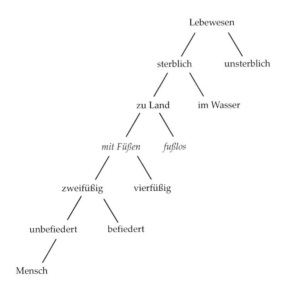

Resultat: *der Mensch ist ein unbefiedertes mit Füßen begabtes sterbliches Landlebewesen.*

Aus Aristotelischer Sicht ist eine solche Dihärese eine Begriffsspalterei, die zur Erkenntnis der Wirklichkeit nichts beiträgt, sondern das, was sie zu erschließen vorgibt, bereits voraussetzt. Denn an jeder Stelle – bei jeder Teilung – kann man fragen: Warum wird jetzt diese und nicht die andere Alternative gewählt? Statt einer Begründung „nimmt man" sich das gesuchte Ergebnis: „Ist der Mensch Lebewesen oder leblos? Dann *nimmt man* sich ‚Lebewesen', das ist nicht durch Schluß erreicht. Und aufs neue: Jedes Lebewesen lebt entweder auf Land oder im Wasser; dann nimmt man sich (in diesem Fall) 'auf Land'. Und daß nun gelten soll: Der Mensch ist das Ganze daraus, *zu Lande lebendes Wesen*, ist aufgrund des Gesagten nicht notwendig, sondern man nimmt sich auch das. Es macht dabei keinen Unterschied, das über viele oder wenige (Stufen) so zu tun; es ist immer das gleiche" (An. post. 91b18-26).

Folglich stellt Aristoteles unermüdlich seine eigene „physische" Betrachtungsweise derjenigen Platons entgegen, die bloß auf *logoi* schaue. So nennt er die Platoniker „diejenigen, die mit den logoi befaßt sind" (*Metaphysik* IX 8, 1050b35) und sagt mit Bezug auf Platons *Timaios*: „Die, die sich mit vielen logoi befassen, sind unfähig, die Tatsachen zu betrachten" (*Über Entstehen und Vergehen* I 2, 3168f). Ihre „Definitionen" sind daher „dialektisch und leer" (*De Anima* I 1, 403a2).

Damit scheint in der Tat ein schlagender Einwand formuliert zu sein. Wenden wir also Aristoteles Ergebnis auf das vorhin betrachtete Beispiel Platons an: die erste Rede des Sokrates im *Phaidros*. Sollen wir sagen, er habe das Wesen der Liebe falsch bestimmt, weil er sich bloß mit *logoi* und nicht mit den Tatsachen beschäftigt habe? Oder aus einem anderen Grund?

Ich habe oben bei der Aristotelischen Dihärese von „Lebewesen" (von welchen Platon in seinen Schriften *nie* ausgeht) noch einen Zwischenschritt eingefügt, der bei Aristoteles nicht vorkommt – „*zweifüßig, vierfüßig*". Bei Aristoteles fehlt dieser Schritt aus einem guten Grund: Wer sich mit Tatsachen statt mit *logoi* beschäftigt, weiß, dass die befußten Landtiere so nicht eingeteilt werden können. Wo blieben sonst z. B. die Käfer, die Tausendfüßler? Ich habe diesen Schritt aber eingefügt, weil sich derartige 'Fehler' dauernd in Platons Dihäresen finden. Dazu zwei Beispiele aus dem *Sophistes*, nämlich die Bestimmungen des Angelfischers und des Sophisten.

Die *diairesis* des Angelfischers geht vom Oberbegriff der Künste aus, zu denen die Angelfischerei (wie auch die Sophisterei) gehört. Zunächst werden die Künste in hervorbringende und erwerbende Künste geteilt, die letzteren in gutwillig erwerbende und solche, die durch Zwang zum Ziel kommen. Die bezwingenden Künste teilen sich in die durch Kampf oder durch Nachstellung ein, die nachstellenden in auf Lebloses oder Belebtes gehende, und die Lebewesen – da erst kommen wir bei Lebewesen an! – werden in Landtiere und schwimmende Tiere geteilt. Hier, bei der Bestimmung des Angelfischers, wird zuerst die Jagd auf schwimmende Tiere weiter verfolgt; später, bei der Bestimmung des Sophisten, dann die Jagd auf die Landlebewesen. Dort folgt dann als nächstes die Einteilung der Landlebewesen in wilde Tiere und zahme Tiere, die der zahmen Tiere in einzeln lebende und in Herdentiere – welche letzteren dann schnell mit dem Menschen identifiziert werden.

Landtiere teilen sich in wilde und zahme? Das ist überhaupt keine Wesensbestimmung von Tieren, sondern eine ganz äußerliche Einteilung, die hier fehl am Platz zu sein scheint. Kehren wir also zur Angelfischerei zurück und schauen, ob deren Bestimmung sachgemäßer durchgeführt ist. Wie sehen dort die nächsten Schritte aus? Die Jagd auf Wassertiere geht entweder auf Wasservögel oder auf Fische. Der Fischfang wird eingeteilt in den durch Netze oder durch Verwundung, und letzterer in den bei Nacht und bei Tage! Damit ist natürlich ebenfalls gar nichts über das Wesen der Angelfischerei ausgesagt.

Dass Platon derart offensichtliche Fehler unterlaufen sind, halte ich für unwahrscheinlich. Vielmehr wird man annehmen müssen, dass er solche Schritte bewusst und mit Absicht eingefügt hat. In die gleiche Richtung weist auch die Tatsache, dass nacheinander sechs ganz verschiedene, sich gegenseitig relativierende Dihäresen des Sophisten entwickelt werden, bis der Gesprächspartner seinen eigenen Fähigkeiten nicht mehr traut. Da bekommen wir bereits bei Platon drastisch vorgeführt, dass eine Dihärese *als solche* gar nichts beweist (was sich ja auch schon bei Sokrates' erster Rede über die Liebe im *Phaidros* zeigte).

Damit sage ich natürlich nichts Neues. Wie viele „Unebenheiten und Unklarheiten" die Dihäresen im *Sophistes* und *Politikos* enthalten, hat schon vor 100 Jahren Constantin Ritter gezeigt und daraus geschlossen, „daß es Platon jedenfalls nicht darauf abgesehen hatte, mit diesen Einteilungen der techne eine möglichst gute Übersicht über das Gebiet des menschlichen Wissens und der menschlichen Kunstfertigkeit herzustellen. Sein Zweck ist im allgemeinen logische Übung, und diesem Zweck dienen in der Tat die vorgenommenen Begriffseinteilungen recht gut, insbesondere, weil ihre mehrfachen Ungeschicklichkeiten immer darauf führen und zum Hinweise drauf benutzt werden, daß man dabei die empirischen Verhältnisse scharf ansehen und niemals außer Augen lassen dürfe, um nicht in bloßes Geklapper ohne vernünftigen Sinn hineinzugeraten".[8]

Dass es sich bei Platons Dihäresen um Übungen handelt, denke ich auch; bezweifeln möchte ich allerdings, dass es Platon primär um den Hinweis ging, 'die empirischen Verhältnisse scharf an[zu]sehen'. Worum aber dann?

(1) Zunächst fällt auf, dass es Platon bei der *diairesis* gar nicht um die zu teilende Sache selbst geht. So lesen wir z. B. im *Politikos*: „Fremder: Unsere Frage über den Staatsmann, ist sie uns mehr um seinetwillen selbst aufgegeben worden, oder damit wir in allem dialektischer werden? – *Sokrates der Jüngere*: Offenbar auch dies, damit wir in allem dialektischer werden. – *Fremder*: Und gewiß wird doch wenigstens kein irgend vernünftiger Mensch die Erklärung der Weberei um ihrer selbst willen suchen wollen." (Pol. 285d) Und von dem Angelfischer sagt Sokrates, dieser sei „etwas allen Bekanntes und viel Mühe auf ihn zu wenden gar nicht wert" (Soph. 218e). Es geht also um Übungen, die an bereits *Bekanntem* vorgenommen werden.

(2) Worin besteht aber die dihäretische Übung? „Gib also recht acht, ob wir irgendwo an ihr ein Gelenk bemerken." (Pol. 259d)[9] Entsprechend erfolgt die Mahnung: „Dass wir nicht ein kleines Teilchen allein von vielen und großen anderen aussondern und nie ohne einen *eidos*; sondern jeder Teil habe zugleich seinen eigenen *eidos*" (Pol. 262a). Was geübt wird (an Bekanntem), ist also die Unterscheidung von *bloßen* Teilen eines

---

[8] C. Ritter, *Neue Untersuchungen über Platon*, München 1910, S. 76.

[9] Im *Phaidros* hieß es 265e, wir müssen darauf achten, „gliedermäßig [zu teilen], wie jedes gewachsen ist".

Dinges einerseits, und solchen, die ihm wesentlich zukommen andererseits: von *meros* einerseits und *eidos* andererseits.

(3) Warum ist das wichtig? Die Antwort zeichnet sich ab, wenn wir das, was am Ende der Übung steht, ins Auge fasst: „Nun also sind wir, du und ich, von der Angelfischerei nicht *nur über den Namen* einig, sondern haben auch die Erklärung *über die Sache selbst* zur Genüge erlangt." (Soph. 221a-b; Herv. EF)[10]

Das ist m. E. der entscheidende Punkt: Wir fassen dauernd beobachtete Eigenschaften einer Sache in einem Begriff zusammen und nennen diese *synagoge* mit einem Namen. Aber weil in solche *synagoge* vieles eingeht, was nicht dem Dinge wesentlich ist, kann es unterschiedliche Meinungen über ihn geben, ja endloses Streitigkeiten unter den Philosophen, selbst wenn die Meinung richtig sein sollte – weil in Ermangelung der Wesenskenntnis die eigene Position nicht so vertreten werden kann, dass der Gegner zustimmen muss.

Mit anderen Worten: So wie es richtige (= sachgemäße) und falsche (= nicht-sachgemäße) Teilungen gibt, so auch sachgemäße und unsachgemäße Zusammenfassungen. Allgemein ist m. E. das Verfahren so: Du glaubst zu wissen, was *F* ist, weil Du einen Begriff von *F* hast, in dem eine Anzahl von Merkmalen vereinigt sind. Dies ist in Wirklichkeit aber kein adäquater Begriff, denn Deine *synagoge* ist eine bloß äußerliche Zusammenfassung. Dass dies kein Begriff im strengen Sinne ist, zeigt sich daran, dass Du bei der Dihärese des Begriffs wesentliche von unwesentlichen Merkmalen nicht richtig unterscheiden kannst – mit anderen Worten: Du kannst die Merkmale nicht aus dem Wesen der Sache ableiten; Du kennst die Sache nicht wirklich.

(4) Ergebnis: *Es geht bei Platons Dihäresen in Wirklichkeit primär um die Zusammenfassung, die synagoge!* Die Dihäresen sind nur (Übungs-)Mittel zu diesem Zweck. Die erwähnten ‚Unstimmigkeiten' bei den Zerteilungen sind beabsichtigt: sie sollen uns darauf aufmerksam machen, dass unsere Zusammenfassung (Begriffsbildung), unsere ursprüngliche *synagoge*, nicht sachgemäß war.

Allerdings stellt sich nun die Frage: wie hilft dabei die Dihärese? Sie selbst sagt doch nicht, was bloßer Teil und was wesentlich ist. Woran merke ich also, dass ich richtig, d. h. an den Gelenken, geteilt habe und es mit *eide*, nicht nur mit bloßen Teilen zu tun habe? Oder anders gesagt: Abgetrennt werden soll immer das, was unwesentlich ist; aber hat man damit schon automatisch das Wesentliche? Was ist hier der *Kontrollmechanismus*? Darauf scheint Platon keine Antwort zu geben. Er sagt nur, wir sollen fortfahren, „bis wir nach Absonderung *alles* dessen, was ihm mit anderen gemeinschaftlich ist, seine *eigentümliche* Natur übrig behalten" (Soph. 264e; Herv. EF). Aber woher wissen wir das? Dass man nicht weiter teilen kann, ist noch kein Beweis, dass man bei einem *eidos* angekommen ist. Auch 'bloße' Teile können irgendwann nicht mehr weiter geteilt werden, ohne dadurch zu *eide* zu werden.

Wir kommen hier einen Schritt weiter, wenn wir uns noch einmal an Aristoteles Kritik erinnern, wonach Platon sich bei der *diairesis* nur mit *logoi*, nicht mit Wirklichem be-

---

[10] Am Anfang der Untersuchung hieß es: „Denn jetzt haben ich und du von ihm nur erst den Namen gemein, die Sache aber, der wir ihn beilegen, mag vielleicht jeder von uns bei sich selbst besonders vorstellen." (Soph. 218b-c) – was dann anschließend anhand der sechs unterschiedlichen Dihäresen des Sophisten eindrucksvoll vor Augen geführt wird.

schäftige. An diesem Einwand ist tatsächlich etwas dran – wenn auch in einem anderen
Sinn, als Aristoteles es gemeint haben dürfte. Denn mit Ausnahme der *diairesis*-Parodie
im *Phaidros*, wo das Thema ‚Liebe' nicht von Sokrates selbst gewählt, sondern durch
Lysias' Rede vorgegeben war, geht keine von Platons Dihäresen über Naturgegenstände,
über einen natural kind. Bei der Bestimmung des Staatsmanns ist der Ausgangspunkt eine Kunst, nämlich die des Herrschens. Ähnlich bei der Bestimmung der Webkunst, auch
hier liegt eine *techne* vor. Der Angelfischer wird als Künstler [*technites*] bestimmt, und
parallel dazu wird der Sophist eingeführt als jemand, der im Besitz einer Kunst ist. In
allen Fällen wird also eine *techne* bestimmt, kein natural kind. Ist dies Zufall?

Diese Frage scheint mir besonders wichtig vor dem Hintergrund des *Parmenides*,
wo die Frage nach der Realität der Ideen an Hand von vier Beispielgruppen diskutiert
wurde: (a) mathematische Begriffe wie Ähnlichkeit, Einheit, Vielheit; (b) normative Begriffe wie Gerechtes, Schönes, Gutes; (c) physikalische Begriffe wie Mensch, Feuer,
Wasser; und schließlich (d) Haar, Kot, Schmutz (bei denen der ontologische Status nicht
ganz klar zu sein scheint). Sokrates, der in diesem Dialog gerade erst Anfang Zwanzig
ist, hat keinen Zweifel, dass es für die Dinge der ersten beiden Gruppen Ideen gibt, aber
bereits bei der dritten Gruppe kommen ihm Zweifel, und für die vierte Gruppe lehnt er
sie ganz ab (vgl. Parm. 130d). Das bringt ihm den Tadel des Parmenides ein, der Sokrates jugendliches Alter dafür verantwortlich macht und ihm vorwirft, es sei noch zu
sehr von der Meinung der anderen Menschen abhängig. Auch Parmenides weist auf die
Notwendigkeit von Übungen hin, aber worauf es mir ankommt, ist die Tatsache, dass die
Schwierigkeiten mit den Ideen bei den Naturgegenständen – Mensch, Feuer, Wasser –
einsetzen. Warum eigentlich?

6.

Warum das so ist, das möchte ich nun abschließend durch einen Vergleich mit Goethe zu
erhellen versuchen. Goethe hat zwar seinen philosophischen Anstoß nicht durch Platon,
sondern durch Spinoza erhalten. Aber wie Platon war auch Spinoza davon überzeugt,
dass unsere gewöhnlichen Begriffe eigentlich nur Namen sind, dass sie „nur Vorstel-
lungsweisen [sind] und keines Dinges Natur" (E1app)[11] ausdrücken. Die Mathematik
zeigt uns aber eine andere Wahrheitsnorm, indem sie uns lehrt, Eigenschaften aus dem
Wesen einer Sache zu erkennen bzw. abzuleiten. Wird z. B. ein Kreis definiert als eine
Figur, bei der die vom Mittelpunkt zur Peripherie gezogenen Linien gleich sind, dann
drückt diese Definition keineswegs das Wesen des Kreises aus, sondern bloß eine bestimmte Eigenschaft von ihm. Sie ist nicht adäquat. Wird dagegen der Kreis als eine
Figur definiert, die von einer Linie beschrieben ist, deren einer Punkt fest und deren anderer beweglich ist, so ist die Definition adäquat. Sie bringt die bewirkende Ursache
zum Ausdruck, und aus ihr lassen sich alle Eigenschaften des Kreises herleiten. Eine solche Erkenntnisart nennt Spinoza „anschauendes Wissen" oder „*scientia intuitiva*"

---

[11] Spinoza, *Die Ethik nach geometrischer Methode dargestellt*, übers. von O. Baensch, Hamburg
1967, S. 47.

(E2p40s2)[12]. Dazu bemerkt er: „Obwohl dies ... bei Figuren und anderen Gedankendingen nicht sehr wichtig ist, ist es doch anders bei physischen und wirklichen Seienden, *weil die Eigenschaften von Dingen sich selbstverständlich nicht begreifen lassen, solange deren Essenzen unbekannt sind.*"[13]

Das Projekt einer *scientia intuitiva* hat Goethe begeistert, aber auch frustriert: Begeistert, weil er im Gegenzug gegen Linnés *Systema naturae* ein natürliches System aufstellen wollte, das die Naturgegenstände nicht nur äußerlich (wie bei Linné), sondern gemäß ihrer Wesen klassifiziert, und dazu scheint die *scientia intuitiva* geeignet zu sein, denn ihr zufolge sollen ja die Eigenschaften aus dem Wesen der Sache abgeleitet werden; frustriert, weil Spinoza deren Methode überhaupt *nur* an mathematischen Beispielen illustrieren hatte. Bei mathematischen Dingen (und bei Artefakten) ist die zugrunde liegende Idee aber bereits bekannt und wir müssen von ihr nur auf adäquate Weise zu den Eigenschaften der Dinge fortschreiten. Bei Naturprodukten ist das gerade *nicht* der Fall. Hier können wir nicht von einer bekannten Idee (Wesen) ausgehen – vielmehr muss diese erst gefunden werden. Wie soll das gehen? Darauf hatte Goethe zunächst keine Antwort, bis ihm 1790 Kants *Kritik der Urteilkraft* in die Hände kam und ihm das Gefühl gab, er sei aus dem Dunklen in ein hell erleuchtetes Zimmer gekommen[14]:

In der Kritik der teleologischen Urteilskraft hat Kant den fundamentalen Unterschied zwischen äußerer und innerer Zweckmäßigkeit thematisiert und gezeigt, dass beim lebendigen Organismus, im Gegensatz zu einer Maschine, die ihn konstituieren Teile nicht vor oder außerhalb des Ganzen existieren; vielmehr sind beim Organismus Teil und Ganzes wechselseitig Ursache und Wirkung voneinander: kein Ganzes ohne Teil, kein Teil ohne Ganzes. Um das Wesen eines Organismus zu begreifen, müssten wir also in der Lage sein, nicht nur das Ganze aus seinen Teilen, sondern ebenso diese Teile aus dem Ganzen abzuleiten und zu bestimmen.

Wenn Kants Gedanke richtig ist, so schloss Goethe, dann muss Spinozas Weg bei lebenden Naturprodukten *umgekehrt* werden! Statt alle Eigenschaften aus der Idee abzuleiten, muss hier die Idee aus allen Eigenschaften erkannt werden! Denn da uns bei Naturprodukten ein Ganzes als Ganzes nie unmittelbar gegeben ist, müssen erst alle zu einem Phänomenbereich gehörenden Teile (Eigenschaften) aufgesucht und so zusammengefasst werden, dass sie ein Ganzes bilden. Dann müssen, in einem zweiten Schritt, die *Übergänge* zwischen den Teilen gedanklich nachgebildet werden, um zu sehen, ob in diesen ein Ganzes bereits bildend am Werk war, oder ob die Teile nur äußerlich-mechanisch zusammenhängen. Ist ersteres der Fall, dann wird damit zugleich eine Idee (Wesen) als dasjenige ideele Ganze erfahrbar, dem die sinnlichen Teile ihr Dasein und Sosein verdanken. Eine den empirischen Phänomenen zugrunde liegende Idee kann, wenn es eine solche gibt, im Fall natürlicher Dinge nur am Ende der Untersuchung erkannt werden.

---

[12] Ebd., 90.

[13] Spinoza, *Abhandlung über die Verbesserung des Verstandes*, übers. von W. Bartuschat, Hamburg 1993, S. 85f. (meine Herv.).

[14] Wie Arthur Schopenhauer berichtet in *Die Welt als Wille und Vorstellung*, Zweiter Band, hrsg. von Ludger Lütkehaus, Zürich1988, S. 168.

Auf die Einzelheiten kann ich hier nicht eingehen.[15] Wichtig im gegenwärtigen Zusammenhang ist der Gegensatz zwischen mathematischen und natürlichen Dingen, und die Umkehr von Spinozas Verfahren. Dies kann m. E. auch Licht auf Platons Verfahren werfen.

7.

Das Geheimnis der Platonischen *diairesis* ist die *synagoge*. Mit Definitionen hat dies zunächst gar nichts zu tun – das ist bereits Aristotelische Umdeutung! *Diairesis* ist geeignet für Fälle, wo wir die Idee schon zu kennen glauben, wie bei mathematischen Gegenständen[16], bei Artefakten, Künsten oder Berufen. An solchen Fällen führt Platon sie vor als Übungsmittel, weil man an ihnen, da die zugrunde liegende Idee schon bekannt ist, mittels *diairesis* den Unterschied zwischen wesentlichen und unwesentlichen Eigenschaften lernen kann.

Bei natural kinds wie z. B. Lebewesen, für die wir die Idee nicht kennen, sondern erst finden müssen, ist sie gar nicht geeignet. In solchen Fällen gälte sonst immer Aristoteles Einwand: will man durch *diairesis* die Idee (das Wesen) eines Naturprodukts finden, verfährt man immer *question begging*, d. h. man ,nimmt sich', was man erweisen sollte. Für Naturgegenstände ist eine ganz andere, aber komplementäre Methode nötig. Sie betrifft die Frage: Wie gelangt man bei solchen Dingen zur richtigen naturgemäßen *synagoge* – modern gesprochen, wie ein intuitiver Verstand auszubilden wäre. Das hat, wenn ich richtig sehe, erstmals Goethe systematisch untersucht. Das jeweilige Ergebnis kann aber nicht mehr diskursiv vermittelt werden, da es um das Erlernen einer Fähigkeit zum Bilden von Zusammenhängen geht. Es muss von jedem selbst erarbeitet werden.[17] Darum hat Platon von der *diairesis* gesprochen, die richtige *synagoge* aber nur gezeigt. Was Goethe hierzu geäußert hat, hätte Platon aber wohl nur unterstreichen können: „Betrachten Sie mir ja fleißig diese Übergänge (= die Gelenke), worauf am Ende alles in der Natur ankommt ... Den Zusammenhang aber müssen Sie selbst entdecken. Wer es nicht findet, dem hilft es auch nichts, wenn man es ihm sagt.“[18]

---

[15] Vgl. dazu E. Förster, *Die 25 Jahre der Philosophie*, Frankfurt 2011, Kap. 11: „Die Methodologie des intuitiven Verstandes".

[16] Vgl. z. B. O. Becker, Die diairetische Erzeugung der platonischen Idealzahlen, in: *Quellen und Studien zur Geschichte der Mathematik, Astronomie und Physik*, Band 1 (1931), S. 464–501.

[17] Wie bei den Reden im *Phaidros*: der Leser muss selbst den Zusammenhang aufbauen und z. B. zugleich 2. und 6. Punkt, 3. und 5. Punkt (und so für alle Punkte) im Bewusstsein festhalten, um zu sehen, ob etwas (oder nichts) in allen Teilen zugleich am Wirken ist und diese überhaupt erst möglich macht. Einen solchen Zusammenhang kann aber nur jeder selbst herstellen. Solange man der Sache bloß äußerlich gegenüber steht, kann man immer sagen: ,Die Einteilung ist willkürlich, eine andere wäre genauso möglich. Warum 7 Punkte? Warum nicht 6 oder 8? Etc.'

[18] *Goethes Gespräche* (Biedermannsche Ausgabe). München 1998, Band 5, S. 84f.

Dᴀʀʏᴀ ᴠᴏɴ Bᴇʀɴᴇʀ

I Zwei Bilderserien: Big Bang und Magnetismus

Aus der Serie Big Bang

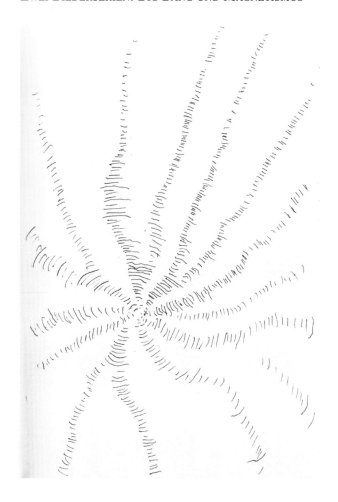

Aus der Serie Magnetismus

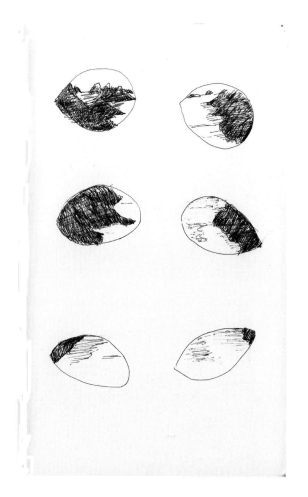

Text- und Bildnachweise

Donald, M. (2004): The definition of human nature, in the context of modern neuro-biology. In: D. A. Rees and S. P. R. Rose, (Hg.), *The new brain sciences: Perils and prospects*, 34-58. Cambridge University Press. Mit freundlicher Genehmigung.

Tomasello, M., Carpenter, M., Call, J., Behne, T., & Moll, H. (2005): Understanding and sharing intentions: The origins of cultural cognition, in: *Behavioral and Brain Sciences, 28*, 675 - 691. Cambridge University Press. Mit freundlicher Genehmigung.

Thompson, E. (2005): Sensorimotor subjectivity and the enactive approach to experience, in: *Phenomenology and the Cognitive Sciences* 4 (4):407-427. Springer. Mit freundlicher Genehmigung.

Proust, J. (2004): The Representational Basis of Brute Metacognition: A Proposal. In Robert W. Lurz (Hg.), *The Philosophy of Animal Minds*. 2004, 165-183. Cambridge University Press. Mit freundlicher Genehmigung.

Bilder aus der Serie Magnetismus (auch das Coverbild), Tintenroller auf Papier. Mit freundlicher Genehmigung Darya von Berner 2011.

Bilder aus der Serie Big Bang, Tintenroller auf Papier. Mit freundlicher Genehmigung Darya von Berner 2011.

Zu den Autoren

Tanya Behne ist als assoziierte Mitarbeiterin am Georg-Elias-Müller-Institut für Psychologie der Universität Göttingen tätig. Aufsätze (eine Auswahl): Theory of Mind and Pragmatics – Exploring Early Development, (2011); One-year-olds' understanding of nonverbal gestures directed to a third person (mit M. Gräfenhain und anderen 2009) Social Life and Social Knowledge: Toward a Process Account of Development. (mit M. Carpenter und anderen 2008), Children's understanding of death as the cessation of agency: a test using sleep versus death (2005).

Arnold Berleant ist ein Professor emeritus für Philosophie an der Long Island University und ehemaliger Präsident der International Association of Aesthetics. Wichtigste Buchveröffentlichungen; Art and Engagement (1993); The Aesthetic Field: A Phenomenology of Aesthetic Experience (1970); Living in the Landscape. Toward and Aesthetics of Environment (1997); Re-thinking Aesthetics. Rogue Essays on Aesthetics and the Arts (2004); Aesthetics and Environment, Theme and Variations on Art and Culture (2005); Sensibility and Sense. The Aesthetic Transformation of the Human World (2010) Zahlreiche Aufsätze zur Ästhetik und Ethik und ist zudem auch als Komponist tätig.

Darya von Berner ist eine spanische Künstlerin, deren künstlerische Tätigkeit einen Zeitraum von nunmehr 25 Jahren umfasst. Sie versteht ihre Kunstschaffen insbesondere auch als Mittel zur Erzeugung von Kritikfähigkeit.

Ralf Beuthan ist ein Assistant Professor an der Myongji Universität in Seoul, Korea. Wichtigste Buchveröffentlichungen: Das Undarstellbare: Film und Philosophie (2006); Geschichtlichkeit der Vernunft beim Jenaer Hegel (Hg. 2006). Aufsätze (eine Auswahl): Hegels phänomenologischer Erfahrungsbegriff (2008); Grundzüge und Perspektiven von Hegels phänomenologischen Bildungsbegriff (2010); Nach dem Kino: Reflexionen auf einen zeitgenössischen Naturbegriff (2010); „Bis ans Ende der Welt" – Bilder eines postmodernen Universalismus (2011).

Josep Call ist ein Senior Scientist und Direktor des Wolfgang Köhler Primate Research Center am Max-Planck Institut für evolutionäre Anthropologie. Aufsätze (eine Auswahl): Chimpanzee social cognition (2001); The gestural communication of apes and monkeys (2007); Does the chimpanzee have a theory of mind? 30 years later (mit M. Tomalsello 2008) Aninmal culture: Chimpanzee table manners? (2009).

Malinda Carpenter ist ein Senior Scientist am Max-Planck Institut für evolutionäre Anthropologie und leitet die „Minerva Research Group on Social Origins of Cultural Cognition". Aufsätze (eine Auswahl): Joint attention in humans and animals (2011); Social cognition and social motivations in infancy (2010), Prelinguistic communication (2009); Just how joint is joint action in infancy? (2009).

Merlin Donald ist ein Professor emeritus für Psychologie an der Queen's University, Kingston in Ontario, Kanada. Wichtigste Buchveröffentlichungen: Origins of the Modern Mind: Three stages in the evolution of culture and cognition (1991); A Mind So Rare: The evolution of human consciousness (2001). Zahlreiche Aufsätze zu neurobiologischen Fragen des Bewusstseins und zur kognitiven Evolution.

Eckart Förster ist Professor für Philosophie an der Johns Hopkins Universität in Baltimore; Kant's Opus postumum. Herausgegeben und übersetzt (mit Michael Rosen 1993); Kant's Final Synthesis (2000); Die 25 Jahre der Philosophie (2011); The 25 Years of Philosophy (2011); The Course of Remembrance and Other Essays on Hölderlin, by Dieter Henrich (Hg. 1997); Kant's Transcendental Deductions. The Three Critiques and the Opus postumum (1989). Zahlreiche Veröffentlichungen zum Deutschen Idealismus, Kant, und zur Geschichte der Philosophie und Metaphysik.

Yvonne Förster-Beuthan ist Junior-Professorin an der Universität Lüneburg. Wichtigste Buchveröffentlichungen. Die Zeit als Subjekt und das Subjekt als Zeit. Zum Zeitbegriff Merleau-Pontys (2008); Zeiterfahrung und Ontologie. Perspektiven der modernen Zeitphilosophie (2011); Aufsätze (eine Auswahl): Merleau-Ponty's Concept of Time as an Example of Wisdom in Academic Theory (2006); Nach der Natur – Vor der Kultur? (2010); Perspectives on the Concept of Fashion in Romanticism (2011).

Michael Forster ist Professor für Philosophie an der University of Chicago. Wichtigste Buchveröffentlichungen: Hegel and Skepticism (1989); Hegel's Idea of a „Phenomenology of Spirit" (1998); Wittgenstein on the Arbitrariness of Grammar (2004); Kant and Skepticism (2008); After Herder (2010). Zahlreiche Aufsätze zu Herder, Kant, dem Deutschen Idealismus und zur Sprachphilosophie.

Christian Illies ist Professor für Philosophie an der Universität Bamberg. Wichtigste Buchveröffentlichungen: An Essay in Kantian Ethics. A New Interpretation and Justification of the Categorical Imperative (1995); Darwin (mit Vittorio Hösle 1999); Philosophische Anthropologie im biologischen Zeitalter. Zur Konvergenz von Moral und Natur (2005); Darwinism and Philosophy (Hg. mit Vittorio Hösle 2005). Zahlreiche Aufsätze zur Philosophie der Biologie, Anthropologie, Ethik und Ästhetik.

Henrike Moll ist ein Dilthey Fellow am Max-Planck Institut für evolutionäre Anthropologie. Aufsätze (eine Auswahl): Twelve- and 18-month-old infants follow gaze to spaces behind barriers (mit M. Tomasello 2004), How 14- and 18-month-olds know what others have experienced (mit M. Tomasello 2007); Coopcration and human cognition: The Vygotskian intelligence hypothesis (mit M. Tomasello 2007); Infant cognition (mit M. Tomasello 2010).

Ryōsuke Ōhashi ist Fellow-Professor für Philosophie am Internationalen Kolleg Morphomata der Universität Köln. Wichtigste Buchveröffentlichungen. Zu Schelling und Heidegger (1975); Zeitlichkeitsanalyse der Hegelschen Logik (1984) Kire. Das „Schöne" in Japan. Philosophisch-ästhetische Reflexionen zu Geschichte und Moderne (1994); Japan im interkulturellen Dialog (1999); Die „Phäomenologie des Geistes" als Sinneslehre. Zur Idee der Phäomenoetik der Compassion (2009). Zahlreiche Aufsätze zur Phänomenologie, Ästhetik, Deutscher Idealismus, Heidegger, japanische und buddhistisch orientierte Philosophie.

Joëlle Proust ist Professorin und Wissenschaftsdirektorin am Institut Jean-Nicod in Paris. Wichtigste Buchveröffentlichungen: Questions of form (1989), Comment l'Esprit vient aux Bêtes, (1997), Les animaux pensent-ils (2003), La nature de la volonté (Folio-Gallimard, 2005). Zahlreiche Aufsätze zur Metakognition, Schizophrenie, Tierkognition und Handlungstheorie.

Isidoro Reguera ist Professor für Philosophie an der Universität Extremadura in Cáceres (Spanien) Wichtigste Buchveröffentlichungen: La miseria de la razón. (Taurus, Madrid 1980); La lógica kantiana (Visor, Madrid 1989); El feliz absurdo de la ética. (Tecnos, Madrid 1994); El tercer mundo popperiano (UNEX, Cáceres 1995), Wittgenstein (EDAF, Madrid 2002); Jacob Böhme (Siruela, Madrid 2003). Zahlreiche Aufsätze zur Sprachphilosophie, Wittgenstein und Kant.

Wolf Singer ist Professor für Neurophysiologie am Max-Planck-Institut für Hirnforschung in Frankfurt. Wichtige Buchveröffentlichungen: Hirnforschung und Meditation (mit M. Ricard 2008); Vom Gehirn zum Bewusstsein (2006); Ein neues Menschenbild? Gespräche über Hirnforschung. (2003); Der Beobachter im Gehirn. Essays zur Hirnforschung. (2002). Zahlreiche Aufsätze zur neuronalen Synchronisation (Bindungsproblem), neurophysiologischen Grundlagen von Aufmerksamkeits- und Identifizierungsvorgängen und zur Willensfreiheit.

Christian Spahn ist Assistant Professor für Philosophie an der Keimyung Universität, Korea. Wichtigste Buchveröffentlichung: Lebendiger Begriff – Begriffenes Leben. Zur Grundlegung der Philosophie des Organischen bei G. W. F. Hegel, (2007). Aufsätze (eine Auswahl): Zwecke der Natur und Zwecke des Geistes: Zum Verhältnis von Natur und Bildungsbegriff (2011, im Erscheinen); Prospects of objective Knowledge (2011); Alte, neue und ganz neue Skepsis. Hegels Begründung der Philosophie und Wege ihrer Aktualisierung (2011); Sociobiology: Nature and Nurture (2010).

Christian Tewes ist wissenschaftlicher Assistent am Lehrstuhl für Theoretische Philosophie an der Universität Jena. Wichtigste Buchveröffentlichung. Grundlegungen der Bewusstseinsforschung. Studien zu Daniel Dennett und Edmund (2007). Aufsätze (eine Auswahl): Heterophänomenologie versus Phänomenologie (2008); Neurophilosophischer Konstruktivismus und Epiphänomenalismus. Anmerkungen zu Wolf Singers neurophilosophischen Thesen (2009); Phänomenale Begriffe, epistemische Lücken und die phänomenale Begriffsstrategie (2009); Die Bedeutung exekutiver Funktionen für die Willensfreiheit und deren empirische Realisierung (2011); Naturalismus oder integrativer Monismus? Zur Verhältnisbestimmung von Natur und Geist (mit Christian Spahn 2011).

Evan Thompson ist Professor für Philosophie an der University of Toronto, Kanada Wichtigste Buchveröffentlichungen: Mind in Life. Biology, Phenomenology, and the Sciences of Mind (2007); The Cambridge Handbook of Consciousness (gemeinsam mit Philip David Zelazo, Morris Moscovitch 2007), Colour Vision. Study in Cognitive Science and the Philosophy of Perception (1995); The Embodied Mind: Cognitive Science and Human Experience (1992); Zahlreiche Aufsätze zur Phänomenologie, Kognitionswissenschaften und Philosophie des Geistes.

Michael Tomasello ist Professor und Direktor am Max-Planck-Institute für Evolutionäre Anthropologie in Leipzig. Wichtigste Buchveröffentlichungen: Why We Cooperate (2009); Origins of Human Communication. (2009); Constructing a Language: A Usage-Based Theory of Language Acquisition. (2003), The Cultural Origins of Human Cognition (1999). Primate Cognition (1999). Zahlreiche Aufsätze zur sozialen Kognition, Spracherwerb (komparative und kulturelle Perspektiven) und geteilten Aufmerksamkeit.

Klaus Vieweg ist Professor für Philosophie an der Universität Jena. Wichtigste Buchveröffentlichungen: Philosophie des Remis. Der junge Hegel und das Gespenst des Skeptizismus (1999); Skepsis und Freiheit. Hegel über den Skeptizismus zwischen Literatur und Philosophie (2007); Das Denken der Freiheit – Hegel Grundlinien der Philosophie des Rechts. München (2011 im Erscheinen); La idea de la libertad. Contribuciones a la filosofia práctica de Hegel. Mexico D. F. 2010; Il pensiero della libertá – Hegel e lo scetticismo pirroniano. Pisa (2007); Inventions of Imagination (Hg. Richard T. Gray/ Nicholas Halmi, Gary Handwerk, Michael Rosenthal, Klaus Vieweg 2011); Hegels Phänomenologie des Geistes. (Hg. Wolfgang Welsch, Klaus Vieweg 2008); Das Interesse des Denkens. Hegel aus heutiger Sicht (Hg. Wolfgang Welsch, Klaus Vieweg 2004.). Zahlreiche Veröffentlichungen zur Philosophie des Deutschen Idealismus (speziell Hegel) und zum Skeptizismus.

Dieter Wandschneider ist ein Professor emeritus für Philosophie an der RWTH Aachen Wichtigste Buchveröffentlichungen: Formale Sprache und Erfahrung (1975), Raum, Zeit, Relativität. Grundbestimmungen der Physik in der Perspektive der Hegelschen Naturphilosophie (1982); Grundzüge einer Theorie der Dialektik. Rekonstruktion und Revision dialektischer Kategorienentwicklung in Hegels ‚Wissenschaft der Logik' (1995), Das Problem der Dialektik (1997), Technikphilosophie (2004), Naturphilosophie (2008). Zahlreiche Aufsätze zu Fragen der Naturphilosophie, Letztbegründung, Emergenz und Letztbegründung und Logik.

Annett Wienmeister ist wissenschaftliche Mitarbeiterin am Lehrstuhl für Theoretische Philosophie in Jena. Sie arbeitet zurzeit an einer Dissertation zur Evolution menschlicher Erkenntnis und zu postdualistischen Epistemologien.

Personenregister